Ph. Van Tieghem

Éléments de Botanique

Botanique spéciale

Masson & Cie

ÉLÉMENTS

DE BOTANIQUE

DU MÊME AUTEUR

Traité de Botanique. *Deuxième édition, entièrement refondue et corrigée.* 2 vol. grand in-8° avec 1213 gravures dans le texte .... 30 fr.

Coulommiers. — Imp. P. BRODARD. — 884-97.

ÉLÉMENTS

DE

BOTANIQUE

II

BOTANIQUE SPÉCIALE

PAR

PH. VAN TIEGHEM

MEMBRE DE L'INSTITUT

PROFESSEUR AU MUSEUM D'HISTOIRE NATURELLE

TROISIÈME ÉDITION REVUE ET AUGMENTÉE

Avec 345 gravures dans le texte

PARIS

MASSON ET Cie, ÉDITEURS

LIBRAIRES DE L'ACADÉMIE DE MÉDECINE

120, BOULEVARD SAINT-GERMAIN

1898

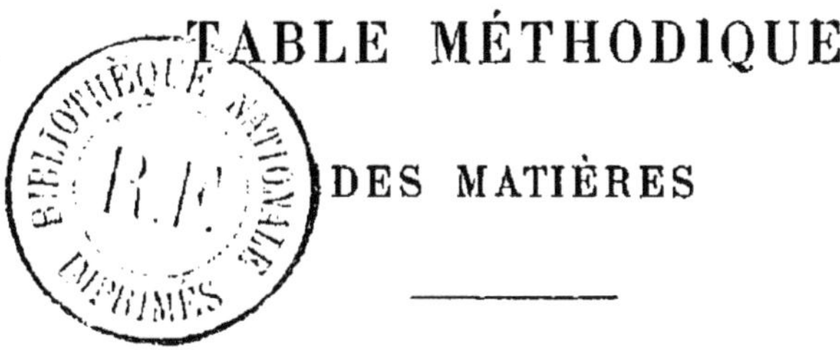

TABLE MÉTHODIQUE

DES MATIÈRES

DEUXIÈME PARTIE

BOTANIQUE SPÉCIALE

CLASSE II

EMBRANCHEMENT II

EMBRANCHEMENT III

SOUS-EMBRANCHEMENT I

ASTIGMATÉES OU GYMNOSPERMES

CLASSE I

SOUS-EMBRANCHEMENT II

STIGMATÉES OU ANGIOSPERMES

CLASSE II

SOUS-CLASSE II

SÉMINÉES

DISTRIBUTION DES PLANTES A LA SURFACE DU GLOBE

DEUXIÈME PARTIE

BOTANIQUE SPÉCIALE

Classification. — Si l'on considère l'ensemble des individus végétaux qui peuplent la Terre et de ceux qui l'ont habitée depuis l'époque où elle est devenue accessible aux êtres vivants, on voit facilement que certains d'entre eux, de tout point identiques, ne sont pas autre chose que les divers individus d'une seule et même plante, issus l'un de l'autre par voie de reproduction monomère : marcottes, boutures, propagules, spores, conidies, etc. ; ce qui réduit d'autant le nombre des plantes (voir I, p. 45). Pour celles-ci, soit par l'observation directe de leur descendance, soit par l'existence de formes de transition, soit enfin par les documents historiques, on acquiert la preuve que, par voie de reproduction dimère et de variation, elles se rattachent par groupes à autant de races, dont elles constituent les représentants isolés ou les variétés (voir I, p. 542).

Cette nouvelle réduction opérée, on se trouve en face d'un très grand nombre de portions de race plus ou moins différentes, dont l'origine demeure inconnue, dont le lien échappe, par conséquent, et dont on ne peut que constater et estimer les ressemblances et les différences. Le groupement par l'origine commune dûment constatée, tel qu'on le pratique pour les individus dans chaque plante, pour les plantes dans chaque variété, pour les variétés dans chaque portion de race directement observable, seule classification vraiment rationnelle, n'y est plus applicable et l'on se trouve réduit à une classification empirique fondée sur la similitude. A partir de ces portions de race directement observables, c'est, en effet, sur les divers degrés de ressemblance qu'est basée toute la Classification des plantes et que repose la définition des divers cadres qui la constituent.

Cadres de la Classification. — On nomme *espèce* la collection des variétés qui se ressemblent le plus; certaines de ces variétés, ayant une origine commune dûment constatée, appartiennent à la même race; d'autres, d'origine inconnue, leur sont adjointes seulement à cause de leur similitude, c'est-à-dire parce qu'elles ne diffèrent pas plus de ces variétés que celles-ci ne diffèrent les unes des autres, et qu'en entrant dans la collection elles n'en troublent pas l'homogénéité. L'espèce est donc une collection mixte, fondée en partie sur l'origine, en partie sur la similitude, en partie rationnelle, par conséquent, en partie empirique. On nomme *genre* la collection des espèces qui se ressemblent le plus; l'espèce dépassant déjà la portion de race directement observable, le genre est tout entier une collection empirique et il en est de même, à plus forte raison, des cadres suivants. On nomme *famille* la collection des genres qui se ressemblent le plus, *ordre* la collection des familles qui se ressemblent le plus, *classe* la collection des ordres qui se ressemblent le plus, *embranchement* la collection des classes qui se ressemblent le plus. Enfin le *règne* végétal, à son tour, n'est que la collection des embranchements des êtres vivants qui se ressemblent le plus. Une espèce peut d'ailleurs se réduire à une seule variété, un genre à une seule espèce, une famille à un seul genre, etc., comme une variété peut ne comprendre qu'une seule plante et une plante qu'un seul individu.

Ceci posé, c'est entre plantes de la même variété que la ressemblance est la plus étroite, la différence se réduisant à une légère variation. La similitude est encore très grande entre plantes de même espèce, et va diminuant de plus en plus quand on passe au genre, à la famille, à l'ordre, à la classe, à l'embranchement, au règne. Pour fixer les idées, admettons qu'il y ait dans la plante dix caractères ou groupes de caractères à comparer; représentons chacun de ces caractères par le chiffre 1 s'il est constant, par le chiffre 0 s'il est variable, et convenons de ranger les signes de gauche à droite suivant la valeur décroissante du caractère, le premier à gauche représentant le groupe de caractères le plus important de tous, celui qui définit les êtres vivants par rapport aux corps inorganiques, le dernier à droite figurant le plus léger de tous, celui qui varie quand on passe d'une génération à l'autre dans la même variété. Nous pouvons alors résumer la définition des divers cadres de la Classification de la manière suivante :

Plante	1 1 1 1 1 1 1 1 1 1
Variété	1 1 1 1 1 1 1 1 1 0
Espèce	1 1 1 1 1 1 1 1 0 0
Genre	1 1 1 1 1 1 1 0 0 0
Famille	1 1 1 1 1 1 0 0 0 0
Ordre	1 1 1 1 1 0 0 0 0 0
Classe	1 1 1 1 0 0 0 0 0 0
Embranchement	1 1 1 0 0 0 0 0 0 0
Règne	1 1 0 0 0 0 0 0 0 0
Êtres vivants	1 0 0 0 0 0 0 0 0 0

Chacune des valeurs particulières que prennent les caractères variables définit une variété dans l'espèce, une espèce dans le genre, un genre dans la famille, etc.

Outre les cadres principaux qu'on vient de définir, il est souvent utile, surtout pour certaines régions particulièrement chargées de la Classification, d'avoir recours à des subdivisions. Ainsi l'on distingue, dans certaines variétés, des *sous-variétés*, dans certaines espèces des *sous-espèces*, dans certains genres des *sous-genres* et des *sections*, dans certaines familles, des *sous-familles* et des *tribus*, dans certains ordres des *sous-ordres* et des *alliances*, dans certaines classes des *sous-classes*, dans certains embranchements des *sous-embranchements*.

Pour représenter les divers degrés de similitude ou, comme on dit quelquefois, d'*affinité* des plantes, qui servent de base à la Classification, on fait souvent usage de diverses constructions graphiques. On dispose les cadres de même valeur qu'il s'agit de comparer en une série linéaire, qui ne permet d'indiquer que deux affinités directes, mieux en séries parallèles qui mettent en évidence quatre similitudes, mieux encore sur une carte, analogue aux cartes géographiques, ou sur une série de lignes divergentes à la façon d'un *arbre généalogique*, deux moyens qui permettent de mettre en relief un plus grand nombre de rapports.

Nomenclature. — D'une façon générale, on ne nomme que les cadres. Parfois cependant, quand une variation remarquable se produit sans être héréditaire, de manière à n'appartenir qu'à une seule plante et à ne se conserver que par marcottage, bouturage ou greffe, on donne un nom à cette plante unique (Poiriers, Tulipes, etc.). Au lieu de nommer tous les cadres par des substantifs, on a jugé économique de ne dénommer ainsi que le principal cadre moyen, le genre (Lis, Chêne, Pin, etc.). Pour nommer l'espèce, on qualifie le nom du genre en le faisant suivre soit d'un adjectif (Lis blanc, Chêne pédonculé, Pin silvestre, etc.), soit d'un substantif pris adjectivement (Lis martagon, Chêne liège, Pin pignon, etc.), soit d'un substantif précédé de la préposition *de* ou *à* (Lis de Calcédoine, Chêne à galle, Pin de Lambert, etc.). Pour désigner la variété, on ajoute au nom de l'espèce un second adjectif qualificatif (Menthe silvestre commune, Menthe silvestre verte, etc.). Pour nommer un hybride, on associe par un trait d'union les deux qualificatifs d'espèce, en plaçant d'abord celui de l'espèce qui a fourni les gamètes mâles (Digitale jaune-pourpre, Digitale pourpre-jaune, etc.). Les noms de tribu, de sous-famille, de famille, d'alliance, d'ordre, de classe et d'embranchement se tirent soit du nom du genre le plus important affecté de la désinence *ées* pour les tribus, *oïdées* pour les sous-familles, *acées* pour les familles, *ales* pour les alliances, *inées* pour les ordres (tribu des Liliées, des Rosées, des Loranthées, etc.; famille des Liliacées, des Rosacées, des Loranthacées, etc.; alliance des Loranthales, etc.; ordre des Liliinées, etc.), soit de quelque propriété spéciale commune à tous les représentants du groupe (famille des Ombellifères, des Composées, etc.; classe des Gymnospermes, etc.), soit enfin de quelque dénomination particulière consacrée par un long usage (classe des *Champignons*, *des Algues*, *des Mousses*, etc.).

Avant de décomposer le règne végétal comme il vient d'être dit, pour en étudier séparément les diverses parties, il convient de le considérer un instant dans son ensemble, en le comparant au règne animal pour savoir en quoi il lui ressemble, par où il en diffère et comment on arrive à définir les plantes par rapport aux animaux.

Caractères communs à tous les êtres vivants. — Considérons d'abord les ressemblances entre l'animal et la plante, c'est-à-dire les caractères communs à tous les êtres vivants. Ils sont de deux sortes, les uns morphologiques, les autres physiologiques.

Au point de vue morphologique, s'il s'agit de la forme extérieure, même diversité dans le contour du corps, qui tend à se différencier de plus en plus en membres distincts, en divisant dans une pareille mesure son travail externe : d'où résulte un même critère extérieur de perfection. S'il s'agit de la forme intérieure, même structure ordinairement cellulaire, avec cellules composées de la même manière d'un protoplasme, d'un noyau et d'une membrane, même mode de *division du noyau, même* multiplication consécutive des cellules par bipartition, même différenciation progressive des cellules en tissus, en appareils et en régions : d'où résulte une même *division progressive du travail interne* et, par conséquent, un même critère intérieur de perfection. Même composition chimique, aussi, celle du protoplasme, et même motricité, le protoplasme se montrant partout *animé de mouvements divers.*

S'il s'agit du développement de l'être, même croissance avec identité des caractères propres en tous les points du corps, et même multiplication possible par parties détachées de l'ensemble. S'il s'agit enfin de la formation et du développement de la race, même constitution de l'œuf par combinaison de deux gamètes plus ou moins différenciés, avec des conséquences semblables quand il y a métissage et hybridité; même variation avec hérédité déterminant, sous l'influence de la même lutte pour l'existence, le même développement et le même *isolement progressif des variétés.*

Comme conséquence nécessaire de toutes ces ressemblances morphologiques, mêmes principes de Classification et mêmes règles de Nomenclature.

Au point de vue physiologique, les similitudes ne sont ni moins nombreuses, ni moins profondes. Mêmes conditions d'existence, en effet : radiation et aliment. Même action sur le milieu extérieur se traduisant par la respiration, la transpiration, l'absorption des liquides et des substances dissoutes comme base de l'alimentation, l'émission de liquides et notamment de liquides digestifs, avec digestion externe consécutive, l'assimilation du carbone chez ceux qui possèdent de la chlorophylle, le dégagement de chaleur et parfois de lumière, etc. Mêmes fonctions internes, les unes chimiques, comme l'assimilation, la désassimilation, la constitution des réserves et leur digestion ultérieure, la sécrétion; les autres mécaniques, comme la protection, le soutien, le transport des liquides, etc.

En résumé, *on voit* qu'il existe un grand nombre de caractères, et précisément les plus importants, qui sont partagés par tous les êtres vivants, sans acception d'animal ou de plante. C'est ce fonds commun qui est le terrain propre de la Biologie, tige dont la Zoologie et la Botanique ne sont que les deux branches.

Caractères distinctifs des plantes. Définition du règne végétal. — Malgré cette ressemblance si profonde, il est facile de distinguer une plante d'un animal, toutes les fois qu'on s'adresse aux représentants élevés ou moyens des deux règnes. L'animal a un système nerveux, une cavité digestive, un appareil circulatoire pourvu d'un cœur, une faculté locomotrice : toutes choses dont la plante est dépourvue. En retour, la plante a des caractères qui manquent à l'animal : une membrane de cellulose autour de ses cellules et de la chlorophylle dans son protoplasme. C'est même l'existence d'une membrane de cellulose qui explique l'absence de système nerveux, de cœur, de faculté locomotrice, en les rendant inutiles. C'est aussi l'existence de la chlorophylle et le pouvoir de prendre directement à l'atmosphère le carbone, c'est-à-dire son aliment principal, qui affranchit la plante d'une cavité digestive.

Mais si l'on descend dans les étages inférieurs des deux règnes, toute limite s'efface peu à peu. Système nerveux, cœur, cavité digestive, enfin, disparaissent chez l'animal; membrane de cellulose et chlorophylle disparaissent chez la plante, qui reprend en même temps la faculté locomotrice. On arrive enfin à des êtres formés d'un corps protoplasmique nu, avec ou sans noyau, et dont on ne peut dire s'ils sont animaux ou plantes, question dès lors sans intérêt d'ailleurs : ce sont des êtres vivants, et voilà tout. Les deux mots animal et plante expriment donc des différences qui ne s'introduisent dans le corps de l'être vivant qu'à partir d'un certain degré de différenciation, au-dessous duquel ils n'ont pas de raison d'être.

Division du règne végétal en quatre embranchements. — Ainsi défini, le règne végétal comprend plus de quatre cent mille espèces actuellement vivantes, auxquelles il faut ajouter la masse innombrable des formes disparues, dont on ne connaît encore, dont on ne connaîtra jamais qu'une bien petite quantité. On le divise, comme on sait (I, p. 6), d'après les divers degrés de la différenciation externe du corps, en quatre groupes principaux, qui sont autant d'embranchements : les Thallophytes, les Muscinées, les Cryptogames vasculaires et les Phanérogames. Les deux premiers, reliés par bien des transitions, forment ensemble, comme on l'a vu (I, p. 8), le groupe ou sous-règne des plantes sans racines ou non vasculaires; les deux derniers, unis aussi par une série d'intermédiaires, constituent le sous-règne des plantes à racines ou vasculaires.

Nous allons étudier, dans autant de Chapitres distincts, ces quatre embranchements, en suivant l'ordre ascendant du perfectionnement, c'est-à-dire en partant des Thallophytes les plus inférieures pour nous acheminer peu à peu vers les Phanérogames les plus élevées.

EMBRANCHEMENT I

THALLOPHYTES

Caractères généraux. — L'embranchement des Thallophytes comprend tout un monde de plantes infiniment variées, où les différences, accusées à la fois dans la forme extérieure et dans la structure du corps, dans sa reproduction et dans son développement, acquièrent une grandeur qu'on ne retrouve dans aucun des trois autres embranchements. Aussi est-il impossible de s'étendre longuement sur les caractères généraux d'un groupe aussi hétérogène. Ce qui en a été dit (I, chap. IX, p. 522) a suffi pour en donner une première idée.

Bornons-nous à rappeler que la forme du thalle, à l'état adulte, est tantôt simple et tantôt plus ou moins abondamment ramifiée, tantôt homogène et tantôt plus ou moins profondément différenciée ; la différenciation n'aboutit jamais à la formation d'une racine, mais elle parvient quelquefois à établir entre les diverses parties du thalle un contraste de même ordre et presque aussi grand que celui qui caractérise les tiges et les feuilles dans les trois autres embranchements. La structure y est quelquefois continue (Caulerpe, etc.); elle est le plus souvent cloisonnée, parfois en articles (Cladophore, etc.), ordinairement en cellules. La différenciation de la forme et le cloisonnement de la structure sont d'ailleurs deux phénomènes indépendants ; il y a, en effet, des thalles à structure continue qui sont profondément différenciés (Caulerpe, I, p. 11, fig. 1), et des thalles cloisonnés suivant une, deux ou trois directions qui sont complètement homogènes (Oscillaire, Spirogyre, Ulve, Chorde, etc.). En étudiant (I, p. 523) la formation de l'œuf chez ces plantes, on a constaté tous les passages entre l'isogamie complète, procédé dont elles ont le monopole exclusif, et une hétérogamie tout aussi prononcée que dans les trois autres embranchements. Le développement de l'œuf en plante adulte (I, p. 532) a révélé aussi d'assez grandes différences entre les divers types. Enfin ces plantes se multiplient souvent par des spores (I, p. 535), quelquefois de plusieurs sortes (I, p. 538), dont elles ont le monopole presque exclusif.

Division en deux classes : Champignons et Algues. — Ceci posé, si l'on considère l'ensemble des Thallophytes, on y distingue deux sortes de plantes. Les unes, absolument privées de chlorophylle, empruntent, comme les animaux, leur carbone à des composés complexes formés par les végétaux verts : ce sont les *Champignons*. Les autres, pourvues de chlorophylle, prennent leur carbone à l'acide carbonique du milieu ambiant et vivent à la façon des plantes des trois autres embranchements : ce sont les *Algues*. L'embranchement des Thallophytes se divise donc en deux classes : les Champignons et les Algues. La présence de la chlorophylle étant un signe de différenciation plus avancée et par suite de perfection plus grande, on étudiera la classe des Algues après celle des Champignons.

CLASSE I

CHAMPIGNONS

Thalle. — Le thalle des Champignons est toujours fort simple. Il est quelquefois continu, sans cloisons; il peut être alors sphérique ou ovoïde (Chytride, etc.), mais ordinairement il s'allonge en un tube qui se ramifie à divers degrés et dont les branches s'entre-croisent dans toutes les directions (Mucor, etc.); les derniers rameaux se séparent quelquefois par une cloison basilaire, en formant autant d'articles dans la structure partout ailleurs continue (Mucor, etc.). Mais le plus souvent le thalle est cloisonné en cellules; le cloisonnement ayant toujours lieu dans une seule et même direction, perpendiculaire à l'axe de croissance, les cellules sont superposées en longs filaments grêles, à croissance terminale. Elles ont très souvent deux noyaux, qui se divisent ensemble et parallèlement, de manière que chacun donne à chacune des deux cellules filles une de ses moitiés; les deux noyaux d'une même cellule sont donc indépendants, on peut les dire *conjugués*. Les filaments ainsi formés sont toujours ramifiés, soit en dichotomie, soit latéralement, et leurs branches se croisent en tous sens et s'enchevêtrent en un feutrage plus ou moins dense, ayant parfois la consistance d'une toile plus ou moins épaisse.

Le thalle se réduit souvent à un pareil lacis de filaments libres; il est alors homogène (Pénicille, Aspergille, Coprin, etc.). Mais souvent aussi l'on voit, en certains points du feutrage, les filaments se ramifier plus abondamment que partout ailleurs, serrer de plus en plus leurs branches et enfin les unir intimement en un massif compact de forme diverse, aplati en lame, arrondi en tubercule ou allongé en un cordon rameux plus ou moins épais; ce massif continue ensuite de croître par son bord, par toute sa surface ou par son sommet et peut atteindre une dimension considérable. Le thalle est alors hétérogène, différencié en une portion massive, qu'on nomme le *strome*, et une portion filamenteuse, précédant et produisant le strome, qu'on nomme le *mycèle*. Aux divers points de sa surface, le strome peut d'ailleurs émettre plus tard des filaments libres, qui s'enfoncent et se ramifient dans le milieu nutritif et dont l'ensemble forme ce qu'on appelle un *mycèle secondaire*.

Quelle que soit sa forme, le strome peut, à un certain moment, accumuler en lui toutes les réserves constituées par les filaments du mycèle, qui disparaît; il durcit alors, cutinise et colore en brun, en rouge ou en noir les membranes de ses cellules superficielles, se dessèche, passe à l'état de vie latente et constitue un corps de consistance cornée, auquel sa dureté a fait donner le nom de *sclérote* (Agaric tubéreux, Coprin stercoraire, Clavicèpe pourpre, etc.). Quand le sclérote s'allonge dans la terre sous forme d'un cordon rameux, il ressemble à une racine et on le nomme *rhizomorphe* (Armillaire de miel, Polypore amadouvier, etc.). Ailleurs, la couche externe de la membrane des filaments qui composent le strome se gélifie, se gonfle, conflue avec les voisines et forme une masse gélatineuse homogène où serpentent les filaments; le strome est alors gélatineux (Trémelle, etc.).

Au lieu de devenir massif en soudant ses filaments, le thalle peut devenir pulvérulent en les désagrégeant. Il arrive, en effet, que les cellules des filaments s'isolent aussitôt après le cloisonnement, par dissolution de la lamelle moyenne de la cloison; le thalle se compose alors d'une poussière de cellules dissociées (Levure de bière, etc.). Ces cellules dissociées ont quelquefois leur membrane dépourvue de couche cellulosique et réduite à une pellicule albuminoïde; elles se déplacent alors en changeant de forme (Myxomycètes).

Quand il est continu, le thalle est revêtu d'une couche cellulosique qui bleuit directement par le chloro-iodure de zinc, et son protoplasme renferme de nombreux noyaux (Mucoracées, etc.). Quand il est cellulaire, à l'exception des Myxomycètes, comme il vient d'être dit, la couche externe des filaments et la lame moyenne des cloisons sont également formées de cellulose, mais cette cellulose ne bleuit par le chloro-iodure de zinc qu'après un traitement plus ou moins long par la potasse. Au point où deux filaments viennent à se toucher, on voit souvent les deux membranes se dissoudre, d'abord la couche cellulosique, puis la couche albuminoïde, et par l'orifice les deux protoplasmes des cellules correspondantes se fondre en un seul, en produisant un symplaste local (I, p. 23); si les membranes n'ont pas de couche cellulosique, la fusion est directe (la plupart des Myxomycètes). Une pareille fusion des protoplasmes peut se faire aussi d'ailleurs entre les diverses branches d'un thalle continu ramifié (Mortiérelle, Syncéphale, etc.). Que le thalle soit continu ou cloisonné, les matériaux de réserve qui s'y accumulent sont principalement des corps gras, des dextrines, notamment de l'amylodextrine que l'iode colore en rouge-brun, et des principes sucrés, notamment du tréhalose dans le jeune âge et plus tard de la mannite. L'amidon en grains ne s'y rencontre que d'une manière transitoire, par exemple dans les sclérotes en germination (Coprin, Clavicèpe, etc.).

Mode de vie. — Ainsi constitué, et incapable d'assimiler le carbone de l'acide carbonique, puisqu'il manque de chlorophylle (I, p. 300), le thalle des Champignons exige, pour se développer, la présence des composés carbonés complexes formés aux dépens de l'acide carbonique par les végétaux verts, notamment des hydrates de carbone. Ces composés, en particulier le glucose, il les puise tantôt dans les débris des animaux ou des végétaux morts dont il achève la destruction, qu'il fait *moisir*, comme on dit, tantôt directement dans le corps des animaux ou des végétaux vivants. Dans ce dernier cas, ou bien il s'associe intimement avec une plante verte et vit en symbiose avec elle (I, p. 56) (Lichens, Mycorhize), ou bien il attaque une plante verte dans laquelle il s'établit en parasite (I, p. 57). Ce parasitisme comporte d'ailleurs tous les degrés, depuis l'envahissement total et la mort rapide de l'hôte, comme lorsque le Phytophtore infestant attaque et tue la Morelle tubéreuse, jusqu'à de simples dégénérescences locales sans effet bien nuisible pour l'ensemble, comme lorsque l'Écide du Sapin provoque dans l'écorce de cet arbre la formation de ces buissons de rameaux adventifs qu'on nomme *balais de sorcière*. Parmi les Champignons qui vivent habituellement en moisissures, il en est qui peuvent, dans des circonstances favorables, se nourrir en parasites (Pénicille crustacé, etc.); de même, parmi ceux qui vivent ordinairement en parasites, il en est qui peuvent, dans des conditions convenables, se nourrir en moisissures (Armillaire de miel, etc.); il y a donc des moisissures nécessaires et des moisissures facultatives, des parasites nécessaires et des parasites facultatifs.

Une fois pourvu, d'une manière ou d'une autre, des hydrates de carbone qui lui sont nécessaires, et notamment du glucose, le thalle peut, en présence de l'air et de l'eau, et à l'aide de composés minéraux où figurent sous une forme assimilable l'azote, le phosphore, le soufre, le potassium, le magnésium, le silicium, le fer, le zinc et le manganèse, en tout douze corps simples, réaliser progressivement la synthèse des composés albuminoïdes du protoplasme et acquérir son complet développement. Il est donc facile, toutes les fois qu'il n'est pas parasite nécessaire, de le cultiver dans de l'eau distillée où l'on aura dissous en proportion convenable du glucose, du nitrate de potassium, du phosphate d'ammoniaque, des sulfates de magnésium, de fer, de zinc, de manganèse et du silicate de potassium. La lumière n'est pas nécessaire; beaucoup de Champignons parcourent toutes les phases de leur existence dans l'obscurité la plus profonde (Truffe, etc.). Pourtant, il en est qui exigent des radiations lumineuses pour former et mûrir leur appareil reproducteur (Coprin, etc.). Qu'il vive en moisissure ou en parasite, le thalle se développe tantôt à l'intérieur, tantôt à la surface du milieu nutritif. Dans ce dernier cas, il plonge dans le milieu certains de ses filaments, plus courts et plus rameux que les autres, qui jouent le rôle d'organes absorbants et parfois même digestifs, se comportant, sous ces deux rapports, comme les poils radicaux des plantes vasculaires.

Reproduction. — Parvenu à l'état adulte, le thalle produit toujours des spores qui le multiplient, quelquefois des œufs qui donnent naissance à de nouvelles plantes.

Les spores sont produites par une portion du thalle plus ou moins différenciée, de forme et de complication très diverses, qui constitue l'appareil sporifère; quand le thalle est divisé en mycèle et strome, c'est sur le strome que se développe l'appareil sporifère. Les spores naissent d'ailleurs, comme on sait, par deux procédés différents : elles sont endogènes ou exogènes (I, p. 536). Dans le premier cas, elles sont parfois dépourvues de membrane de cellulose et mobiles dans l'eau à l'aide de cils vibratiles, en un mot des *zoospores* (Chytridiacées, Saprolégniacées, etc.); mais le plus souvent, et toujours quand elles sont exogènes, elles sont munies d'une membrane cellulosique et immobiles, tantôt simples et unicellulaires, tantôt cloisonnées et pluricellulaires. Quand elles passent à l'état de vie latente, leur membrane cutinise et souvent colore sa couche externe, qui forme l'*exine*, tandis que la couche interne demeure cellulosique et constitue l'*intine*. Dans cette cutinisation de la membrane, il y a souvent une ou plusieurs places réservées, où l'exine manque, et qui sont des *pores*.

Suivant les conditions extérieures, le même thalle peut porter successivement, ou en même temps, dans ses diverses régions, plusieurs sortes de spores de forme, d'origine et de rôle différents; il peut y avoir, comme on dit, *polymorphisme* dans l'appareil sporifère (I, p. 538). Parmi ces diverses sortes de spores, il en est alors une qui ne manque jamais et qui conserve ses caractères dans toute l'étendue de chaque division considérée; c'est à elle seule que l'on réserve le nom de spores. Aux autres, qui manquent souvent et dont les caractères varient beaucoup dans des plantes très voisines, on donne collectivement le nom de *conidies*.

La plupart des Champignons ne forment que des spores. D'autres, outre les spores, produisent des œufs comme il a été dit en général (I, p. 523), tantôt par isogamie à gamètes captifs (Mucoracées, etc.), tantôt par hétérogamie sans anthérozoïdes (Péronosporacées, Saprolégniacées, etc.), ou même par hétérogamie avec anthérozoïdes (Monoblépharite).

Après la maturation des spores et des œufs, le thalle disparaît souvent, parce que toute sa substance protoplasmique a été consacrée à la formation des corps reproducteurs : il est *monocarpique*. Fréquemment aussi il ne consacre qu'une partie de sa substance à la formation des corps reproducteurs; le reste persiste et continue de croître, soit tout de suite, soit après un passage à l'état de vie latente : le thalle est alors *polycarpique* ou vivace.

Œufs, spores ou conidies renferment en général les matériaux de réserve nécessaires au premier développement ultérieur. Il suffit alors de leur donner de l'air, de l'eau et une température convenable, pour les voir germer. En un ou plusieurs points de la surface, la membrane tout entière si elle n'est pas cutinisée, l'intine seule s'il y a une exine, pousse au dehors en forme de tube, qui s'allonge par son sommet et ne tarde pas à se ramifier. Ce tube rameux reste quelquefois continu, mais le plus souvent il se cloisonne perpendiculairement à son axe, de la *base* au sommet, et devient un filament cellulaire. S'il est ensuite convenablement nourri, comme il a été dit plus haut, le jeune thalle ainsi formé continue de croître et devient enfin *un thalle adulte, qui* produit à son tour des spores et quelquefois des œufs. Quand il y a polymorphisme de l'appareil sporifère, il peut arriver que les conidies soient extrêmement petites et dépourvues de *matériaux* de *réserve* (Coprin, Agaric, etc.); pour germer, elles exigent alors, dès le début, non seulement de l'air, de l'eau et de la chaleur, mais encore une nourriture appropriée. Dans ces conditions, elles grossissent d'abord en se faisant une provision de réserves, et après seulement poussent un tube, début d'un nouveau thalle.

Division de la classe des Champignons en quatre ordres. — Chez certains Champignons, le thalle, cloisonné et dissocié après chaque cloisonnement, a ses cellules éparses dépourvues de couche cellulosique et par conséquent mobiles : ce sont les *Myxomycètes*. Tous les autres ont leur thalle revêtu d'une couche cellulosique et immobile. Quelquefois ce thalle est continu, dépourvu de cloisons, et produit des œufs par des procédés divers : ce sont les *Oomycètes*. Le plus souvent il est cloisonné, cellulaire, chaque *cellule ayant* deux noyaux conjugués, et ne produit pas d'œufs. Les Champignons qui présentent ce double caractère se partagent en deux groupes. Les uns ont en commun cette propriété de produire leurs spores à l'extérieur de cellules mères, nommées *basides*, et sont réunis sous le nom de *Basidiomycètes*. Les autres forment, au contraire, leurs spores à l'intérieur de cellules mères, nommées *asques*, et sont rapprochés sous le nom de *Ascomycètes*.

De là une division de la classe en quatre ordres, que nous allons étudier comme il suit : Myxomycètes, Oomycètes, Basidiomycètes et Ascomycètes.

ORDRE I

MYXOMYCÈTES

Caractères généraux. — Le thalle des Myxomycètes vit aux dépens des débris végétaux en voie de décomposition : feuilles mortes, tiges pourries, tannées, etc., dans les interstices desquels il s'insinue en rampant. On ne connaît pas d'œuf chez ces plantes; pour esquisser les traits généraux de leur développement, il faut donc partir de la spore.

En germant, la spore déchire la couche cellulosique de sa membrane et épanche au dehors son corps protoplasmique, revêtu de la couche albuminoïde. D'abord arrondi en sphère, celui-ci ne tarde pas à s'animer d'un mouvement amiboïde, devient ce qu'on appelle un *myxamibe* et rampe en croissant dans le milieu nutritif. Quand il a acquis une certaine dimension, il s'arrête, s'arrondit et se divise en deux moitiés, qui se séparent, se meuvent chacune de son côté, grandissent et se divisent bientôt à leur tour; cette bipartition répétée se poursuit jusqu'à épuisement du milieu nutritif. A ce moment, le thalle se trouve donc constitué par un très grand nombre de myxamibes isolés, errant en tous sens dans les interstices du support. C'est alors qu'il se dispose à former ses spores. A cet effet, les myxamibes épars se rapprochent en convergeant autour de certains centres et s'unissent progressivement les uns aux autres en amas de plus en plus considérables, nommés *plasmodes*. Finalement, ces plasmodes parviennent à la surface du milieu nutritif, s'élèvent dans l'air en prenant une forme déterminée, se différencient de diverses manières, produisent de diverses façons des spores entourées d'une membrane de cellulose, et constituent enfin autant d'appareils sporifères, dans lesquels toute la substance du thalle se trouve employée. Les spores se disséminent ensuite et l'on se trouve ramené au point du départ.

A une phase quelconque de ce développement, si les circonstances deviennent tout à coup défavorables, sous l'influence de la sécheresse ou du froid par exemple, chaque myxamibe s'arrête, s'arrondit, s'entoure d'une membrane de cellulose et passe à l'état de vie latente, en formant ce qu'on appelle un *kyste*. Au retour de l'humidité et de la chaleur, le corps protoplasmique se réveille, perce sa membrane cellulosique, s'en échappe et reprend à la fois sa mobilité et sa croissance.

Division de l'ordre des Myxomycètes en trois familles. — La marche générale du développement que l'on vient d'esquisser subit, dans l'ordre des Myxomycètes, trois modifications qui caractérisent autant de familles.

Dans la grande majorité de ces plantes, l'union des myxamibes va jusqu'à la fusion complète de leurs protoplasmes, et chacun des amas qui en résulte est un symplaste : le plasmode y est fusionné. Mais il en est d'autres où cette union se réduit à une simple juxtaposition, sans aucun mélange des protoplasmes : le plasmode y est seulement agrégé. Ces derniers se groupent autour du genre Acrase et constituent la famille des *Acrasacées*. Parmi les Myxomycètes à symplaste, la plupart forment leurs spores par division à l'intérieur d'un sporange ; ils composent la grande famille des *Trichiacées*. Les autres, en petit nombre, les produisent, au contraire, librement au sommet de pédicelles à la périphérie de l'appareil ; ils appartiennent au genre Cérate et forment la famille des *Cératiacées*.

Ainsi composé :

Plasmode	fusionné. Spores	internes......................	*Trichiacées.*
		externes......................	*Cératiacées.*
	agrégé....................................		*Acrasacées.*

l'ordre des Myxomycètes est assez hétérogène pour qu'il soit nécessaire d'étudier séparément chacune de ses familles, en commençant par la plus importante de toutes, celle des Trichiacées.

Trichiacées. — En germant (fig. 1), la spore des Trichiacées (1) ouvre sa couche cellulosique et épanche au dehors son corps protoplasmique, muni d'un noyau et d'un hydroleucite contractile (2, 3). Celui-ci ne tarde pas à s'allonger, pousse un cil vibratile à l'une de ses extrémités et prend la forme d'une zoospore (4, 6), qui tantôt nage en tournant autour de son axe et en se contractant en tous sens, tantôt rampe en se déformant à la façon d'un amibe. Plus tard, elle rétracte son cil et, les mouvements amiboïdes demeurant seuls possibles, elle devient un myxamibe (6, 7). Celui-ci grandit et se divise en deux myxamibes (8), qui se séparent (9), grandissent et se segmentent à leur tour un grand nombre de fois, comme il a été dit plus haut. C'est la période de croissance, de bipartition et de dissociation. S'il arrive alors que deux myxamibes se rencontrent, ils glissent simplement l'un sur l'autre, puis se séparent de nouveau.

Quand le milieu nutritif est épuisé, au contraire, les myxamibes se rapprochent (10, 11) et se fusionnent en un symplaste (12), qui grossit longtemps par adjonction, soit de nouveaux myxamibes, soit d'autres symplastes. Le plasmode ainsi formé, où l'on compte autant de noyaux que d'éléments fusionnés, continue à être animé de ces mouvements à la fois externes et internes, étudiés en général (I, p. 15 et p. 20). Il

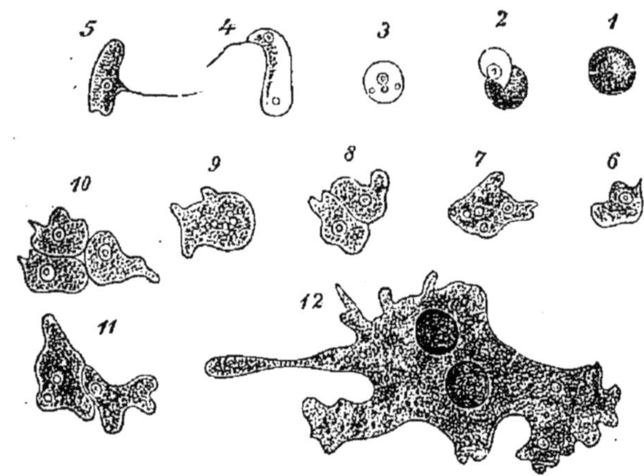

Fig. 1. — Chondrioderme difforme. 1, spore; 2, 3, sortie du corps protoplasmique avec son noyau nucléolé et son hydroleucite; 4, 5, il devient une zoospore à un cil; 6, 7, il perd son cil et devient amiboïde; 8, il se divise en deux myxamibes qui se séparent (9); 10, 11, fusion progressive des myxamibes; 12, un jeune plasmode, ayant incorporé deux corps étrangers.

prend en conséquence une forme réticulée (fig. 2) et se déplace sans cesse à l'intérieur du tan, du bois pourri, des feuilles mortes, etc., enveloppant de ses replis et englobant dans sa masse les particules solides qu'il rencontre sur son passage (fig. 1, 12), puis se rouvrant pour les mettre en liberté. Si ces corps solides sont de nature à être attaqués et dissous par les diastases que sécrète le plasmode, ils sont digérés par lui en partie ou en totalité, et contribuent à sa nutrition. On peut profiter de cette mobilité pour faire arriver le plasmode sur une feuille de papier humide, sur laquelle il s'étale en rampant; en coupant cette feuille avec des ciseaux, on taille le plasmode en morceaux réguliers qui jouissent de toutes les propriétés de l'ensemble et se prêtent aux essais les plus divers.

Le plasmode est le plus souvent incolore, parfois coloré en jaune (Fulige septique, Didyme serpule, Léocarpe fragile, etc.), en rouge (Lycogale épidendre, Physare perroquet, etc.), en violet (Cribraire, Dictyde, etc.). Il renferme quelquefois des granules arrondis, brillants, à contour sombre, qui sont du carbonate de calcium (Fulige, Didyme, Physare, etc.); ailleurs il est, au contraire, dépourvu de calcaire (Stémonite, Trichie, Lycogale, etc.). Il peut mesurer plusieurs centimètres carrés d'étendue (Diachée, Léocarpe, etc.); dans le Fulige septique, il forme à la surface du tan ces masses souvent larges de deux ou trois décimètres et épaisses de deux ou trois centimètres qu'on nomme vulgairement *fleurs du tan*, *tannée fleurie*.

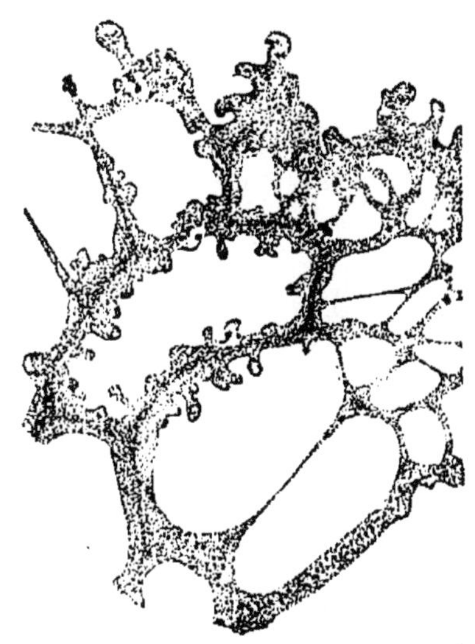

Fig. 2. — Portion du plasmode réticulé du Physare leucope, en voie de progression vers le haut.

Pendant la période de croissance, les cellules éparses, zoospores ou myxamibes, peuvent s'enkyster sous l'influence de la sécheresse, du froid, etc., comme il a été dit plus haut. Pareil enkystement peut se produire aussi plus tard sur les plasmodes, dans les mêmes conditions. La masse s'arrête alors, rentre tous ses prolongements, comble toutes ses mailles et s'arrondit; puis elle se divise en autant de cellules qu'elle renferme de noyaux, c'est-à-dire qu'elle contient de cellules fusionnées, et chaque cellule s'entoure d'une membrane de cellulose : en un mot, elle devient un kyste pluricellulaire, qui est une sorte de sclérote. Si l'enkystement porte sur de grands plasmodes achevés, on obtient de la sorte de gros tubercules de consistance cireuse ou cornée. Au retour des circonstances favorables, les membranes cellulosiques et albuminoïdes se dissolvent, les corps protoplasmiques se fusionnent de nouveau et le symplaste reconstitué reprend son mouvement amiboïde.

Au moment où il se dispose à fructifier, le plasmode vient se rassembler à la surface du milieu nutritif; il s'y déplace, rampe sur tous les corps voisins et s'éloigne souvent beaucoup de son lieu d'origine. S'il rencontre en route un support vertical, la tige d'une plante, par exemple, il grimpe à cette tige, monte le long de ses branches et vient en définitive s'étaler et s'arrêter sur les feuilles; il peut s'élever de la sorte à plusieurs mètres de hauteur. Une fois stationnaire, il se ramasse sur lui-même, prend une forme déterminée pour chaque espèce, s'entoure d'une membrane cellulosique qui, s'épaississant et durcissant de bas en haut, sert de support à la partie supérieure encore molle, produit les spores dans son intérieur et devient enfin tout entier l'appareil sporifère de la plante. A sa base, cet appareil adhère fortement au support par sa membrane cellulosique, qui s'étale tout autour en un rebord plissé et irrégulièrement lobé. Il se compose essentiellement d'un sporange tantôt presque sessile (Arcyrie, fig. 3), tantôt plus ou moins longuement pédicellé (Didyme, fig. 4, etc.); dans ce dernier cas, la cavité du pédicelle peut n'être pas séparée de celle du sporange (Trichie, Arcyrie, etc.) ou en être, au contraire, isolée par une cloison, souvent convexe vers le haut et qui s'élève plus ou moins dans l'axe du sporange en formant ce qu'on appelle la *columelle* (Didyme, fig. 4, etc.). Les sporanges sont solitaires, parce que chaque plasmode n'en produit qu'un (Didyme, etc.), ou groupés côte à côte, quoique distincts, parce que chaque plasmode en donne plusieurs (Licée, Tubuline, etc.), ou même intimement unis et plongés dans une masse commune, de manière à former un sporange composé (Fulige, Spumaire, etc.).

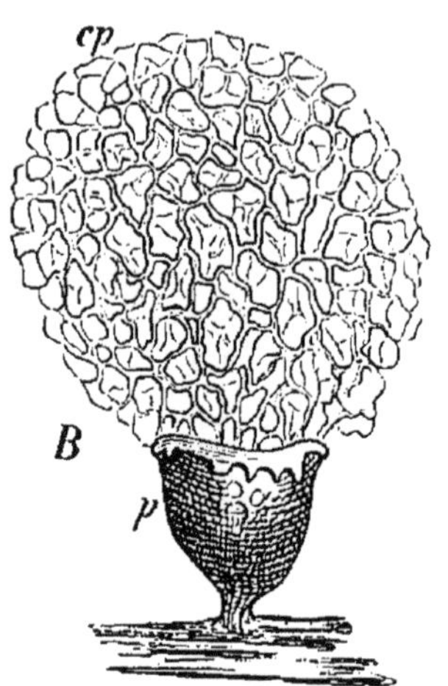

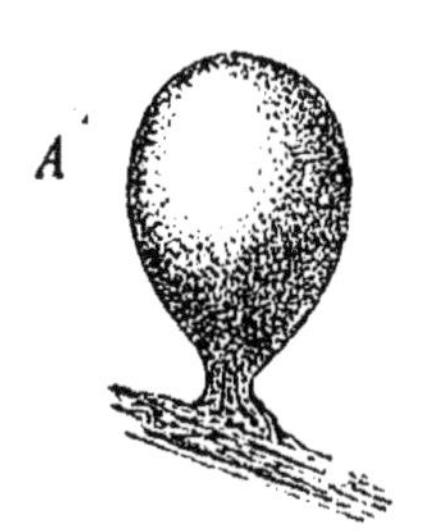

Fig. 3. — Arcyrie incarnate. *A*, appareil sporifère avec son sporange encore fermé; *B*, le même, avec sporange ouvert en pyxide *p*, ayant laissé échapper le capillite à filaments creux et réticulés *cp*.

La membrane du sporange est tantôt incolore, tantôt diversement colorée en violet, en brun, en rouge ou en jaune; elle est quelquefois incrustée de carbonate de calcium, en granules arrondis (Physare) ou en petits cristaux (Didyme, fig. 4). Pour former les spores, la masse protoplasmique du sporange se cloisonne simultanément en autant de cellules qu'elle contient de noyaux; puis ces cellules s'isolent, s'arrondissent en sphères et se revêtent d'une membrane de cellulose, ordinairement colorée, en violet, en jaune, en rouge, souvent hérissée de verrues ou de bandelettes réticulées. Quelquefois toute la masse protoplasmique est ainsi employée et le sporange mûr ne renferme que des spores (Licée, Cribraire, etc.); mais le plus souvent, certaines portions du protoplasme se séparent de la masse générale et se condensent en filaments solides de diverse forme dont l'ensemble, entremêlé aux spores, a reçu le nom de *capillite*. Ces filaments sont tantôt des tubes creux, simples (Trichie), ou ramifiés et anastomosés en réseau (Arcyrie, fig. 3, *B*, etc.), tantôt des cordons pleins, ramifiés et anastomosés en réseau, reliés d'un côté à la face interne de la membrane, de l'autre à la columelle, quand il y en a une (Didyme, fig. 4, Stémonite, etc.). Creux ou pleins, ils ont même couleur et même composition chimique que la membrane; quand elle est incrustée de calcaire, ils le sont aussi. Ils sont fortement recourbés et pelotonnés sur eux-mêmes à l'intérieur du sporange; la dessiccation les déploie; l'humidité les pelotonne de nouveau. En se détendant à la maturité sous l'influence de la sécheresse, ils contribuent puissamment d'abord à déchirer et à ouvrir la membrane du sporange, ensuite à disséminer les spores.

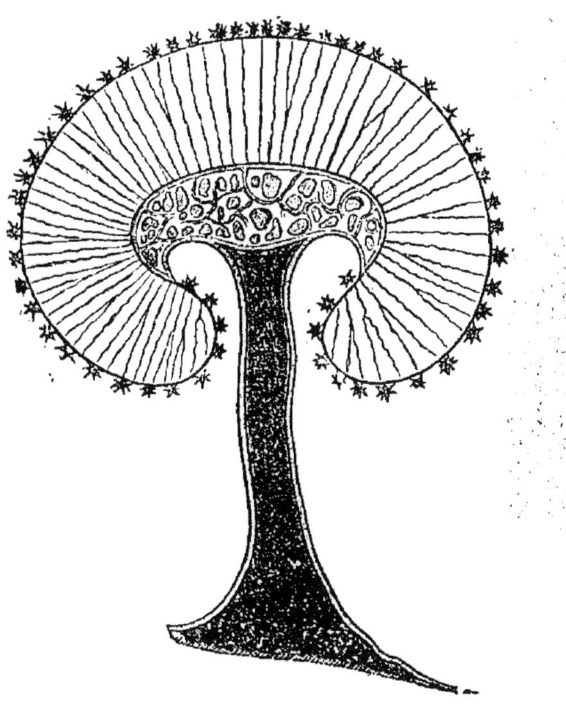

Fig. 4. — Didyme farineux, appareil sporifère en coupe longitudinale, sans les spores. Le sporange, muni d'une columelle, est traversé par les filaments rayonnants, pleins et dichotomes du capillite, et couvert de mâcles étoilées de carbonate de calcium.

(fig. 3, *B*). Le plus souvent, la déhiscence du sporange est irrégulière; en se desséchant, la membrane est devenue friable et au moindre contact elle se brise en petits fragments (Stémonite, Fulige, etc.); ailleurs elle se déchire au sommet (Lycogale, etc.).

Cette famille comprend 45 genres, avec environ 400 espèces. En s'en tenant aux principaux, on peut les grouper de la manière suivante en cinq tribus, réunissant chacune, à côté de types à sporange simple *a*, des types à sporange composé *b* :

1. *Tubulinées*. — Spores claires, ni capillite, ni columelle, ni calcaire. — *a*. Bursulle, Licée, Tubuline, Dictyde. — *b*. Entéride, Lindbladie.
2. *Trichiées*. — Spores claires, capillite, ni columelle, ni calcaire. — *a*. Trichie, Arcyrie, Lachnobole, Périchène. — *b*. Lycogale, Réticulaire.
3. *Stémonitées*. — Spores violettes, capillite, columelle, pas de calcaire. — *a*. Stémonite, Comatrie, Lamproderme. — *b*. Amaurochète.
4. *Physarées*. — Spores violettes, capillite, pas de columelle, calcaire. — *a*. Physare, Cratère, Léocarpe, Badhamie. — *b*. Fulige.
5. *Didymiées*. — Spores violettes, capillite, columelle, calcaire. — *a*. Didyme, Diachée, Chondrioderme. — *b*. Spumaire.

Cératiacées. — Les Cérates, dont les deux espèces forment seules cette famille, se développent sur le bois mort des Conifères. Le corps protoplasmique de la spore, après sa sortie de la membrane cellulosique, se partage par trois bipartitions successives en huit zoospores à un cil, qui plus tard passent à l'état de myxamibes. Ceux-ci croissent, se divisent jusqu'à épuisement du milieu nutritif et enfin se fusionnent en un plasmode réticulé, comme chez les Trichiacées; seulement les mailles du plasmode sont remplies ici par une gelée transparente.

Ce plasmode se rassemble à la surface du bois mort en un coussinet, sur lequel se dresse soit un buisson de petites tiges dichotomes (Cérate muqueux), soit une série d'alvéoles polygonales (Cérate porioïde). La substance protoplasmique ne fait que revêtir d'une couche mince la surface de ces petites tiges ou de ces alvéoles ; tout le reste est formé par la gelée transparente qui remplissait les mailles du plasmode. Cette couche se partage ensuite en autant de portions polygonales qu'elle a de noyaux, et chacune de ces cellules devient une spore. A cet effet, elle pousse vers l'extérieur en son milieu un prolongement grêle qui se renfle à son extrémité ; tout son protoplasme passe peu à peu dans ce renflement terminal, qui prend une forme ovoïde, se revêt d'une membrane de cellulose et constitue la spore. A la maturité, la plante se réduit donc à un corps gélatineux tout hérissé de pédicelles vides, transparents, terminés chacun par une spore, et ressemblant à un Hydne dans l'une des espèces, à un Polypore dans l'autre.

Acrasacées. — Les Acrasacées, 6 genres avec 12 espèces, vivent principalement sur les excréments (crottin de cheval, bouse de vache, etc.), dans la levure de bière étalée sur une surface humide, sur les graines en putréfaction, etc. Le corps protoplasmique de la spore, échappé de la membrane cellulosique, y devient immédiatement, sans passer par l'état de zoospore, un myxamibe qui se divise un grand nombre de fois. Quand le milieu nutritif est épuisé, tous les myxamibes convergent vers certains centres, s'y juxtaposent sans se fusionner et y forment autant de plasmodes agrégés. Chacun de ceux-ci se dresse aussitôt perpendiculairement au support et, par le glissement de ses éléments, qui grimpent pour ainsi dire les uns sur les autres, il prend une forme déterminée et constitue un appareil sporifère. La longue et active période qui, dans les Myxomycètes à symplaste, sépare la réunion des myxamibes de l'édification de l'appareil sporifère, fait ici entièrement défaut.

La structure différente de l'appareil sporifère caractérise les six genres actuellement connus. Chez les Cropromyxes, c'est une petite masse sessile, sphérique ou ovoïde, dont chaque cellule s'entoure d'une membrane de cellulose et devient une spore; cette petite masse est brièvement pédicellée dans les Guttulines. Chez les Acrases, les myxamibes se superposent en une file verticale, qui se différencie de la base au sommet; les cellules inférieures, plus grandes, cylindriques et fortement unies entre elles, prennent une membrane solide, se remplissent d'un liquide clair et constituent un pédicelle; les supérieures, plus petites, sphériques ou ovoïdes, forment dans le prolongement de ce pédicelle un chapelet de spores. Chez les Dictyostèles, les myxamibes s'entassent en une colonne cylindrique, qui devient un pédicelle plus ou moins épais, terminé par un renflement sphérique ou ovoïde dont les cellules constituent autant de spores. Dans le Polysphondyle, la colonne se ramifie et chacune de ses branches verticillées se termine, comme le tronc principal, par un groupe sphérique de spores. Dans la Cénonie, enfin, la colonne, simple ou ramifiée en verticilles, est fixée à la base par un crampon et se dilate au sommet en une cupule à bord denté qui supporte l'amas sphérique des spores.

ORDRE II

OOMYCÈTES

Caractères généraux. — Le principal caractère des Oomycètes, celui qui en même temps les distingue de tous les autres Champignons, est la propriété qu'ils ont de former des œufs. Ils emploient dans ce but les moyens les plus variés, depuis l'isogamie la plus complète jusqu'à l'hétérogamie la plus accusée, et c'est ce qui fait de leur étude spéciale l'un des chapitres les plus instructifs et les plus attachants non seulement de la Botanique, mais de la Biologie tout entière. En outre, leur thalle, qui prend d'ailleurs les formes les plus diverses, diffère de celui de tous les autres Champignons parce qu'il n'est pas cloisonné en cellules et, de plus, se distingue de celui des Myxomycètes parce qu'il est enveloppé d'une membrane de cellulose. Quelquefois l'apparition de cette membrane est tardive et jusque-là le thalle se montre animé de mouvements amiboïdes qui le font ressembler à un Myxomycète (certaines Chytridiacées).

Division de l'ordre des Oomycètes en sept familles. — Par la conformation diverse du thalle en rapport avec le mode de vie, mais surtout par le mode de formation des œufs et des spores, les Oomycètes se groupent en sept familles distinctes, de la manière suivante :

Œuf formé par	isogamie.	Zoospores	se fusionnant....	*Vampyrellacées.*
			ne se fusionnant pas............	*Chytridiacées.*
		Spores....	endogènes........	*Mucoracées.*
			exogènes.........	*Entomophthoracées.*
	hétérogamie	sans anthérozoïdes.	Spores exogènes.	*Péronosporacées.*
			Zoospores endogènes.	*Saprolégniacées.*
		avec anthérozoïdes...........		*Monoblépharitacées.*

Vampyrellacées. — Les Vampyrellacées vivent en parasites sur les plantes aquatiques, notamment sur diverses Algues : Diatomacées, Desmidiées, Confervacées, Characées, etc. Dès qu'il s'est fixé sur la plante hospitalière, le plus souvent en en perçant la membrane, le thalle, nu jusque-là et mobile, entoure d'une membrane de cellulose son protoplasme rouge (Vampyrelle), jaune (Protomyxe) ou incolore (Protomonade). Il grandit ensuite, en absorbant dans sa masse et en digérant peu à peu la substance de la cellule nourricière. Cela fait, il se divise en certain nombre de zoospores, qui s'échappent par une ouverture de la membrane de cellulose, où elles laissent le résidu de la substance digérée; elles ont tantôt un seul cil (Protomyxe, Monadopse, Pseudospore, Aphélide), tantôt deux cils (Protomonade, Diplophysale, Gymnocoque), tantôt un grand nombre de cils (Vampyrelle). Plus tard, elles rétractent leurs cils et prennent un mouvement amiboïde. Viennent-elles à se rencontrer, elles se fusionnent en un symplaste plus ou moins volumineux. Leurs mouvements les amènent enfin au contact de la plante nourricière, où elles se fixent comme il a été dit. La formation des œufs y est encore inconnue.

Constituée actuellement par ces huit genres, la famille des Vampyrellacées se relie d'une part aux Trichiacées par la forme amiboïde des zoospores et leur fusion en symplaste, de l'autre aux Chytridiacées.

Chytridiacées. — Les Chytridiacées, 42 genres avec environ 400 espèces, vivent en parasites, le plus souvent sur des plantes aquatiques, notamment des Algues et des Champignons, ou sur les Infusoires ou des animaux aquatiques plus élevés, comme les Molgules (Néphromyce) et les Anguillules (Caténaire), plus rarement sur des végétaux terrestres (Synchytre de la Mercuriale, de l'Anémone, etc., Olpide du Chou, Plasmodiophore du Chou). En se développant dans les racines des Choux, le Plasmodiophore y provoque des excroissances très nuisibles à la plante : c'est la maladie connue sous le nom de *hernie*.

Les zoospores, sphériques ou ovales, sont munies d'un long cil attaché en arrière et doué de contractions saccadées (fig. 5 et fig. 6); aussi se meuvent-elles par sauts brusques; rarement elles sont réniformes avec deux cils attachés latéralement et dirigés l'un en avant, l'autre en arrière (Myzocyte, Lagénide). Arrivée au contact de la plante nourricière, la zoospore rétracte son cil, rampe sur la membrane à l'aide de mouvements amiboïdes et la perce en un point convenable. Les choses se passent ensuite de deux manières différentes suivant les genres.

Tantôt le corps de la zoospore demeure en dehors de la plante hospitalière. Après s'être entouré d'une membrane de cellulose, il pousse dans la cellule nourricière, soit seulement un court stylet suffisant pour en traverser la membrane (Phlyctide), soit un petit tube simple ou ramifié formant un suçoir (Chytride, Rhizophide), soit un tube qui s'allonge dans le corps de l'hôte et s'y ramifie suivant le mode penné (Rhizide) ou en dichotomies répétées (Obélide, fig. 5, *A*), formant de la sorte un thalle filamenteux plus ou moins étendu. D'autre part, il grandit dans le milieu extérieur en prenant la forme d'une ampoule (Chytride, Rhizophide, Phlyctide, Rhizide, Obélide, fig. 5, *A*), d'un tube dressé divisé en quatre branches

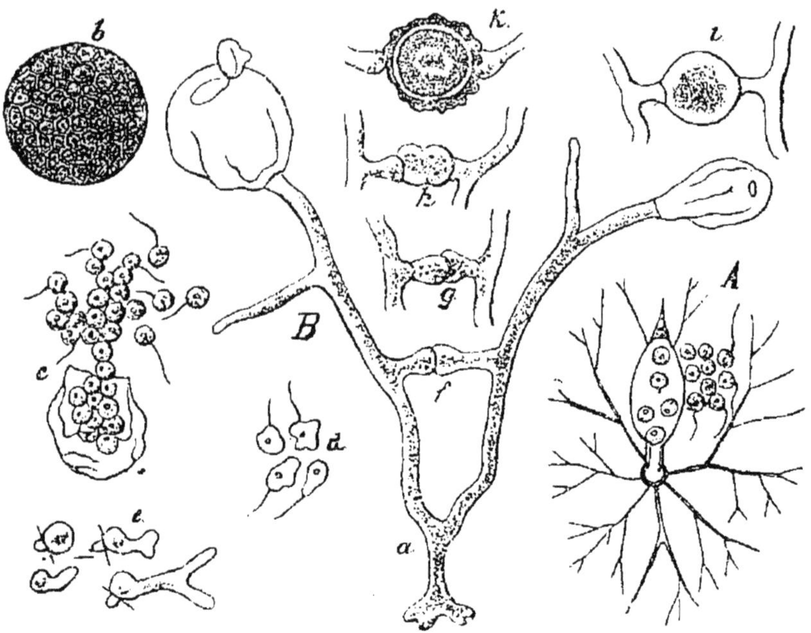

Fig. 5. — *A*, Obélide mucroné, thalle avec ses rameaux dichotomes internes et son sporange externe laissant échapper ses zoospores par un orifice latéral. *B*, Zygochytre orangé : *a*, thalle externe avec son suçoir à la base, portant deux sporanges vidés et se disposant à produire un œuf en *f*; *b*, masse protoplasmique sortie du sporange et se divisant en zoospores; *c*, émission des zoospores; *d*, zoospores avec leur cil, leur noyau et leur déformation amiboïde; *e*, germination des zoospores à la surface de l'hôte; *g*, séparation des deux cellules destinées à produire l'œuf; *h*, fusion de ces deux cellules; *i*, grossissement de l'œuf; *k*, embryon ou zygospore, à l'état de vie latente, avec sa double membrane.

(Zygochytre, fig. 5, *B*, Tétrachytre) ou d'un système rayonnant de minces filaments ramifiés en tous sens (Polyphage).

Tantôt la zoospore passe tout entière à travers la membrane dans le protoplasme de la cellule nourricière, s'y entoure d'une membrane de cellulose et s'y développe, quelquefois en un filament rameux dont les branches percent les cloisons des cellules voisines (Cladochytre, Caténaire), le plus souvent en un corps sphérique ou ovale qui demeure indivis (Olpide, Olpidiopse, fig. 6, Rozelle), ou qui s'allonge davantage et se cloisonne en un certain nombre d'articles quand il a terminé sa croissance (Synchytre, Voroninie, Myzocyte, fig. 7, Achlyogète, Lagénide, Ancyliste). Chez ces Chytridiacées internes, le thalle peut ne se recouvrir d'une membrane de cellulose qu'assez tard (Olpide, Rozelle, etc.), et même quand il a déjà terminé sa croissance (Ancyliste); dans le Plasmodiophore, il ne s'en enveloppe même jamais et demeure par conséquent jusqu'à la formation des spores animé de mouvements amiboïdes. De là une transition vers les Myxomycètes.

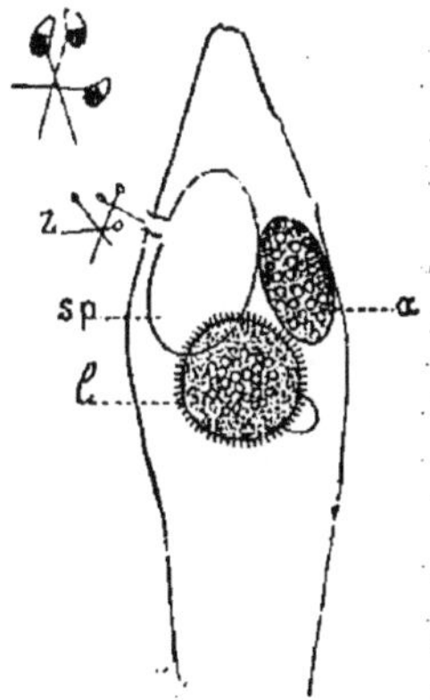

Fig. 6. — Trois thalles internes d'Olpidiopse, parasites dans un Saprolègne : *sp*, zoosporange ayant émis ses zoospores *z*, grossies en haut; *a*, zoosporange jeune; *l*, kyste à membrane échinée.

Quand le thalle est en plus ou moins grande partie extérieur, si la portion externe a la forme d'une ampoule, elle se divise tout entière pour former les zoospores, qui s'échappent par un orifice au sommet de la membrane (Phlyctide, Rhizide), par une (Obélide, fig. 5, *A*) ou plusieurs (Rhizophide) ouvertures latérales, ou par une fente circulaire qui détache un couvercle (Chytride). Si elle est tubuleuse, elle renfle en sphère soit l'extrémité de ses branches (Zygochytre, fig. 5, *B*, Tétrachytre), soit le centre d'où elles divergent (Polyphage), et cette sphère devient un zoosporange.

Quant le thalle est tout entier intérieur, s'il est filamenteux et ramifié, il renfle çà et là une portion de filament, qui se sépare du reste par deux cloisons pour devenir un zoosporange (Cladochytre, Caténaire); s'il est allongé en boudin, il se cloisonne et chaque article forme un zoosporange (Synchytre, Voroninie, Myzocyte, fig. 7, etc.); s'il est globuleux, il devient tout entier un zoosporange simple (Olpide, Olpidiopse, fig. 6, *sp*, Rozelle). Dans tous les cas, pour mettre les zoospores en liberté, le zoosporange pousse un tube qui perce la membrane de la cellule hospitalière et va s'ouvrir au dehors. Dans l'Ancyliste, chacun des tubes latéraux produits par les articles du thalle cloisonné s'allonge dans le liquide ambiant jusqu'à venir toucher par son sommet une nouvelle plante hospitalière, dont il perce la membrane et dans laquelle il déverse son protoplasme. Les zoospores sont donc supprimées dans cette plante, ce qui réduit beaucoup sa puissance de multiplication. Dans le Plasmodiophore, le thalle, sans se recouvrir d'une membrane de cellulose, divise son protoplasme en petites portions qui s'arrondissent, se revêtent chacune d'une membrane cellulosique et forment autant de spores, qui sont mises en liberté d'abord par la dissolution de la mince membrane albuminoïde du sporange, puis par la destruction du tissu de la plante hospitalière. En germant, chacune d'elles produit une zoospore à un cil, douée plus tard de mouvements amiboïdes.

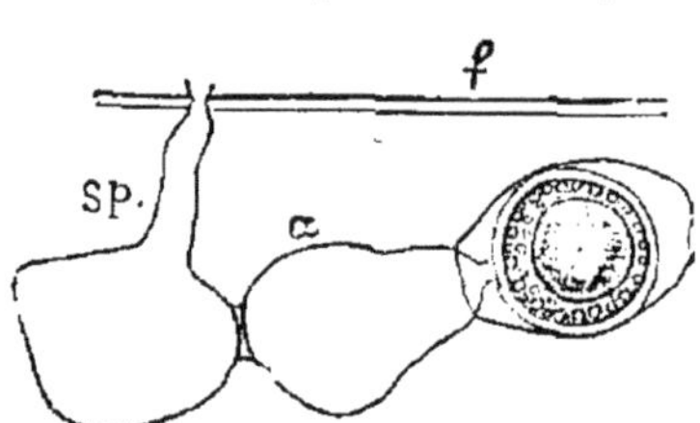

Fig. 7. — Myzocyte globuleux, thalle parasite dans une cellule de Conferve, dont on voit la membrane en *f*; il est cloisonné en trois articles : celui de gauche a formé un zoosporange *sp.* qui s'est vidé au dehors; celui du milieu *a* a déversé son protoplasme dans celui de droite, où il s'est formé un œuf contenant un globule oléagineux.

On ne connaît encore la formation des œufs que dans un petit nombre de Chytridiacées. Elle s'y opère par isogamie, tantôt avec gamètes mobiles ressemblant à des zoospores, comme dans la Reessie et le Tétrachytre où l'œuf formé germe immédiatement, tantôt avec gamètes immobiles et passage de l'œuf à l'état de vie latente, comme dans le Zygochytre (fig. 5, *B*), le Myzocyte (fig. 7), etc. Dans ce second cas, il peut arriver que les gamètes fassent chacun la moitié du chemin et que l'isogamie soit complète (Zygochytre, fig. 5, *B*, *f*, *g*, *h*, *i*, *k*). Mais le plus souvent l'un d'eux se déverse dans l'autre, qui reste en place, ce qui est une tendance marquée vers l'hétérogamie; le déversement a lieu soit d'un article à l'autre dans le même thalle (Myzocyte, *fig. 7*), soit entre deux thalles voisins (Lagénide, Ancyliste, Diplophyse, Urophlycte, Polyphage).

D'après le mode de végétation, on peut grouper les genres en deux tribus, de la manière suivante :

1. *Chytridiées*. — Thalle extérieur, tout au moins dans la partie sporifère : Phlyctide, Chytride, Rhizophide, Tétrachytre, Zygochytre, Polyphage, Novakovskie, Rhizide, Obélide, etc.
2. *Olpidiées*: — Thalle tout entier intérieur : Olpide, Sphérite, Reessie, Olpidiopse, Diplophyse, Rozelle, Cladochytre, Physoderne, Caténaire, Synchytre, Pycnochytre, Micromyce, Voroninie, Myzocyte, Lagénide, Achlyogète, Ancyliste, Plasmodiophore, etc.

Par le Plasmodiophore, dont le thalle ne s'enveloppe pas d'une membrane de cellulose et se résout en spores immobiles germant en zoospores, les Chytridiacées se rattachent aux Myxomycètes. Par les genres doués de zoospores réniformes à deux cils latéraux (Myzocyte, Lagénide), elles se relient aux Saprolégniacées, comme on le verra plus loin. Enfin, par leur mode de vie, elles ressemblent aux Vampyrellacées.

Mucoracées. — Les Mucoracées, 23 genres avec plus de 200 espèces, vivent le plus souvent en moisissures, c'est-à-dire dans les matières végétales ou animales en voie de décomposition : fruits, excréments, etc.; plusieurs d'entre elles comptent même parmi les moisissures les plus vulgaires (Mucor moisissure, Rhizope noir, etc.). Quelques-unes pourtant sont parasites sur d'autres Mucoracées (Piptocéphale, Syncéphale, Chétoclade, etc.), sur des Champignons de grande taille, des Agarics par exemple (Sporodinie, Spinelle, etc.), ou sur des Phanérogames (Choanéphore, etc.).

Le thalle est un filament non cloisonné, qui se ramifie un grand nombre de fois, le plus souvent suivant le mode penné (Mucor, fig. 8, etc.), quelquefois en dichotomie (Mortiérelle, fig. 10, etc.). Toutes ses branches peuvent être semblables (Mortiérelle, etc.), mais on y observe souvent une différenciation marquée ; les branches principales portent çà et là sur leurs flancs des rameaux courts, divisés en un pinceau de ramuscules et fréquemment séparés du tronc par une cloison basilaire (Mucor, fig. 8, etc.) : ce sont des organes de digestion, d'absorption et de fixation; de bonne heure ils perdent leur protoplasme et se remplissent d'un liquide hyalin. Tantôt le thalle se développe dans l'air à la surface du milieu nutritif, dans lequel il n'enfonce que ses rameaux absorbants (Rhizope, Spinelle, etc.); tantôt il se développe tout entier dans le milieu nutritif, ne poussant dans l'air que ses branches sporifères (Mucor, fig. 8, Pilobole, etc.); il exige alors une quantité d'oxygène beaucoup moindre que dans le premier cas. Si l'on vient à diminuer de plus en plus cette proportion, jusqu'à supprimer complètement l'oxygène, le thalle cesse ordinairement de croître et ne tarde pas à périr.

Quelques espèces cependant opposent à l'asphyxie une résistance remarquable; en l'absence d'oxygène libre, leur thalle continue de croître pendant un certain temps, mais en subissant une singulière déformation. Les nouveaux rameaux se découpent par des cloisons transversales en articles courts, qui s'arrondissent et forment des chapelets, faciles à dissocier. Après leur séparation, les articles arrondis bourgeonnent en divers points; les bourgeons grossissent, se détachent, bourgeonnent à leur tour, et ainsi de suite. Il se constitue de la sorte un thalle émietté, pareil à celui des Levures et notamment de la Levure de bière (Mucor à grappe, M. épineux,

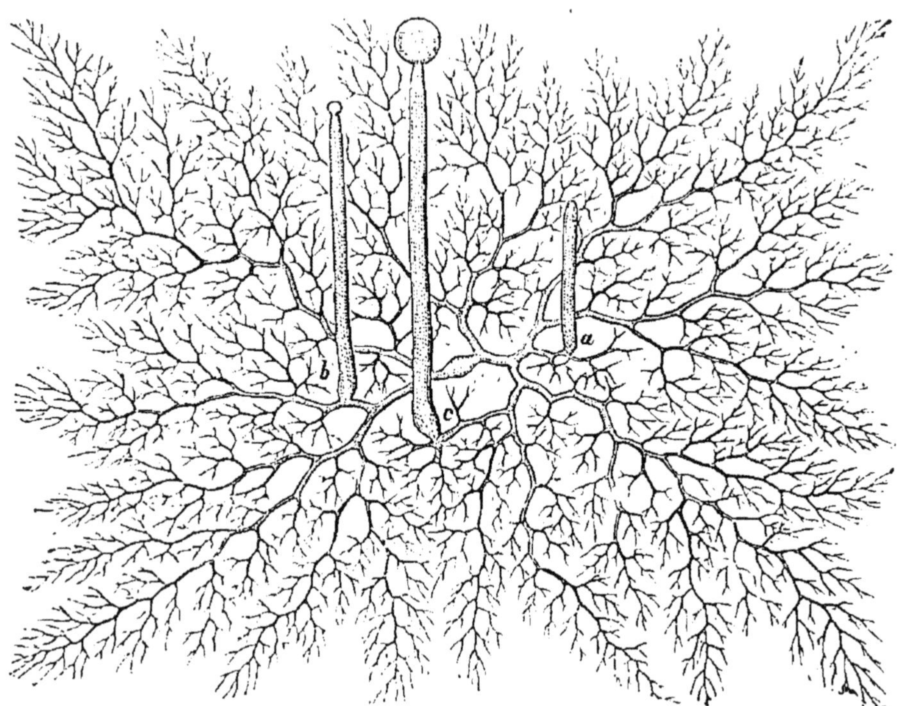

Fig. 8. — Thalle du Mucor moisissure, constitué par un tube rameux à structure continue, muni latéralement de rameaux absorbants; *a*, *b*, *c*, branches dressées à extrémité renflée, origines d'autant d'appareils sporifères.

M. circinelloïde, etc.). La ressemblance ne s'arrête pas là. Si le milieu nutritif renferme du glucose, si c'est du moût de bière, par exemple, ce thalle dissocié décompose le glucose en alcool, acide carbonique et produits accessoires, en un mot y provoque, comme on dit, la *fermentation alcoolique*, tout aussi bien que la Levure de bière dans ces mêmes conditions; la bière ainsi obtenue avec le Mucor circinelloïde, par exemple, est d'une limpidité parfaite et d'une saveur agréable avec un léger goût de prune. La seule différence avec la Levure de bière est que ces divers Mucors n'invertissent pas comme elle le sucre de Canne et par conséquent ne le font pas fermenter; on en tire une méthode générale de séparation du sucre de Canne dans les mélanges sucrés.

Pour produire ses spores, le thalle dresse çà et là une de ses branches, qui se renfle au sommet (fig. 8); le renflement se sépare du reste de la branche par une cloison et devient un sporange, porté sur un pédicelle plus ou moins long qui peut atteindre quinze (Mucor moisissure) et jusqu'à trente centimètres de hauteur (Phycomyce brillant). Il ne tarde pas, en effet, à se cloisonner simultanément en autant de cellules qu'il contient de noyaux (fig. 9); la lamelle moyenne de chaque cloison se gélifie et les cellules, ainsi désunies, s'arrondissent, s'entourent d'une membrane de cellulose, constituent enfin autant de spores. La disposition des sporanges, solitaires ou diversement groupés, leur forme et celle de leur cloison basilaire, la manière dont ils s'ouvrent pour disséminer les spores, varient et servent à caractériser les genres.

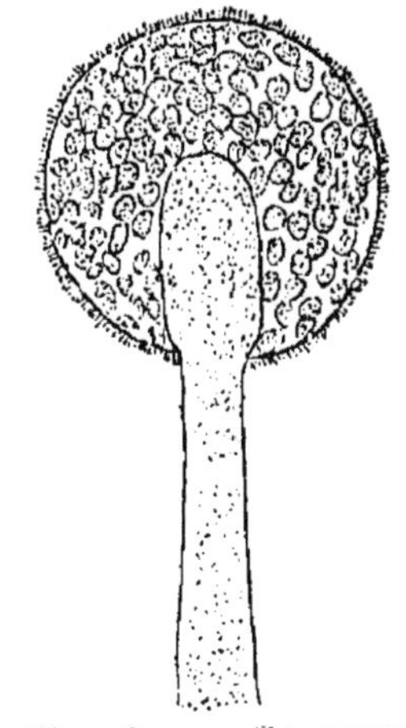

Fig. 9. — Sporange de Mucor moisissure, en coupe longitudinale optique, montrant la membrane hérissée d'aiguilles d'oxalate de calcium, la columelle et les spores séparées par une matière gélatineuse.

Le sporange est le plus souvent sphérique (Mucor, fig. 9, Mortiérelle, etc.), allongé parfois en massue (Absidie), ou en étroit cylindre (Piptocéphale, Syncéphale). Dans les deux premiers cas, il produit d'ordinaire un grand nombre de spores (Mucor, fig. 9, etc.), mais il peut être assez petit pour n'en renfermer que deux à quatre (Thamnide) ou même régulièrement une seule (Chétoclade); dans le troisième cas, il ne contient qu'une rangée de spores, qui se suivent en chapelet. Ordinairement tous les sporanges sont pareils; mais, dans quelques genres, il y en a de deux sortes : un grand, porté au sommet du filament dressé, et de nombreux petits, ou *sporangioles*, terminant des rameaux latéraux diversement disposés (Thamnide, Chétostyle, Hélicostyle, etc.); les spores issues de ces deux sortes de sporanges sont d'ailleurs identiques. La cloison qui sépare le sporange du pédicelle s'établit d'ordinaire à la base même du renflement, quelquefois plus ou moins haut dans l'intérieur (Absidie, Rhizope). Elle est quelquefois plane (Mortiérelle, etc.), le plus souvent relevée plus ou moins fortement vers le haut en forme de columelle (Mucor, fig. 9, Pilobole, etc.). Quand le sporange est très petit (Chétoclade, sporangioles de Thamnide, etc.) ou très étroit (Syncéphale, etc.), la cloison est nécessairement plane. Pour ouvrir le sporange, la cellulose qui en constitue la membrane se transforme d'ordinaire dans toute son étendue en une substance soluble; il suffit alors d'une goutte d'eau pour la dissoudre et mettre les spores en liberté (Mucor, Mortiérelle, Syncéphale, etc.). Si la membrane était incrustée de petits cristaux d'oxalate de calcium (Mucor, fig. 9, Rhizope, etc.), les cristaux s'éparpillent. Ailleurs, la membrane se cutinise et se colore dans toute la moitié supérieure du sporange, ne devenant soluble que dans la région inférieure, où la déhiscence s'opère circulairement, comme il vient d'être dit (Pilobole, Pilaire). Enfin elle persiste quelquefois dans toute son étendue et le sporange est indéhiscent; il tombe alors sur le sol, où plus tard seulement sa membrane se détruit (grands sporanges de certains Mucors, sporangioles de Thamnide, etc., sporanges monospores de Chétoclade).

Les spores ont un protoplasme ordinairement incolore, quelquefois coloré en jaune (Phycomyce, Pilobole, etc.); leur membrane demeure le plus souvent mince, lisse et tout entière cellulosique, mais parfois elle s'épaissit, cutinise sa couche externe et la relève de pointes ou de crêtes (Rhizope, diverses Mortiérelles, etc.). En germant, elles poussent un tube, qui ne tarde pas à se ramifier pour devenir le nouveau thalle.

Outre les spores, le thalle de quelques Mucoracées (Mortiérelle, Choanéphore, Syncéphale), placé dans des conditions différentes, produit des conidies (fig. 10). A cet effet, il dresse dans l'air de petits rameaux différenciés, isolés ou groupés, qui se terminent chacun par une spore unique, de forme et de propriétés différentes de celles des spores endogènes, mais qui germe de la même manière.

On sait déjà comment l'œuf se forme chez les Mucoracées et comment il se développe aussitôt sur la plante mère en un embryon arrondi et non cloisonné, auquel on donne improprement le nom de zygospore (I, p. 533, fig. 231). Cette formation a lieu dans l'air (Sporodinie, Absidie, etc.), à la surface du milieu nutritif (Phycomyce, etc.) ou dans son intérieur (Mucor, Rhizope, etc.). Tantôt les deux rameaux renflés marchent l'un vers l'autre en partant de directions opposées (Mucor, Rhizope, Absidie, Chétoclade, etc.); tantôt, issus de points voisins, ils cheminent parallèlement côte à côte avant d'unir leurs sommets (Syncéphale, etc.); tantôt enfin, et c'est un cas intermédiaire entre les deux précédents, ils sont juxtaposés à la base puis s'écartent l'un de l'autre en se courbant, pour se réunir de nouveau au sommet en forme de tenaille (Phycomyce, I, fig. 231, Spinelle, Pilobole, Mortiérelle, fig. 12, Piptocéphale, fig. 11, etc.). Le plus souvent les deux cellules qui se fusionnent sont de même grandeur ; mais quelquefois l'une est constamment plus petite que l'autre, d'où une tendance vers l'hétérogamie (Rhizope, Syncéphale, etc.). Ordinairement elles sont discoïdes et l'œuf a la forme d'un tonneau; quand elles sont beaucoup plus longues que larges, si les rameaux conjugués sont courbés en tenaille, l'œuf est arqué en V (Piptocéphale, fig. 11, *II*); s'ils sont juxtaposés, il prend la forme d'un U à branches très rapprochées (Syncéphale).

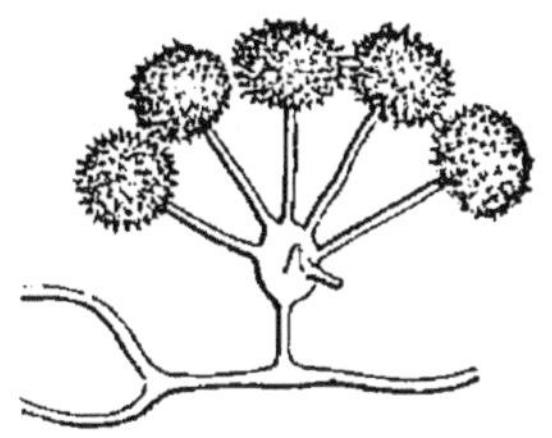
Fig. 10. — Conidies en ombelle de la Mortiérelle polycéphale.

Une fois constitué, l'œuf grandit aussitôt. S'il a la forme d'un tonneau, il se développe sur place en demeurant semblable à lui-même (Mucor, Rhizope, Phycomyce, I, fig. 231, etc.), ou en grandissant davantage du côté convexe de la tenaille qui l'enserre (Pilobole, Choanéphore). S'il est courbé en V ou en U (fig. 11, *II*), son protoplasme se condense au sommet de la courbure et y forme une protubérance sphérique de plus en plus grande, où finalement il se rend tout entier en abandonnant le tube arqué ; d'un œuf courbé en fer à cheval procède ici un embryon sphérique (Syncéphale, Piptocéphale, fig. 11, *III*). Les deux rameaux qui ont formé l'œuf

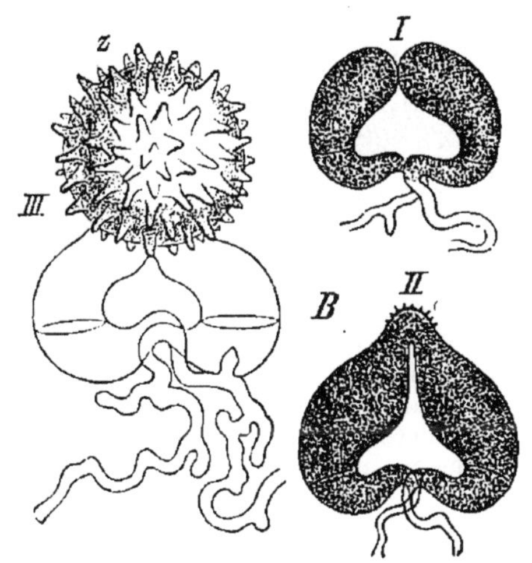

Fig. 11. — Formation et développement de l'œuf du Piptocéphale de Frésénius. *I*, contact des rameaux en pince; *II*, fusion des deux cellules et formation de l'œuf arqué en V ; *III*, transport de la substance au sommet pour former la zygospore ronde *z*.

et qui le nourrissent se bornent d'ordinaire à suivre sa croissance, en se renflant de plus en plus (Mucor, Rhizope, Sporodinie, Piptocéphale, fig. 11, etc.); mais quelquefois ils produisent des ramuscules à membrane cutinisée et colorée, qui enveloppent et protègent l'embryon (Absidie, Phycomyce, I, fig. 231, Mortiérelle, fig. 12). Parvenu au terme de sa croissance, celui-ci passe à l'état de vie latente. Il demeure enveloppé par la membrane des deux cellules conjuguées, fortement cutinisée et colorée ordinairement en brun noir (Mucor, Rhizope, etc.), parfois en jaune (Chétoclade, Syncéphale). Sa membrane propre est incolore, épaisse, cartilagineuse, souvent hérissée de verrues (Mucor, Rhizope, Piptocéphale, fig. 11, etc.); son protoplasme, pourvu de nombreux noyaux, est riche en matières grasses de réserve.

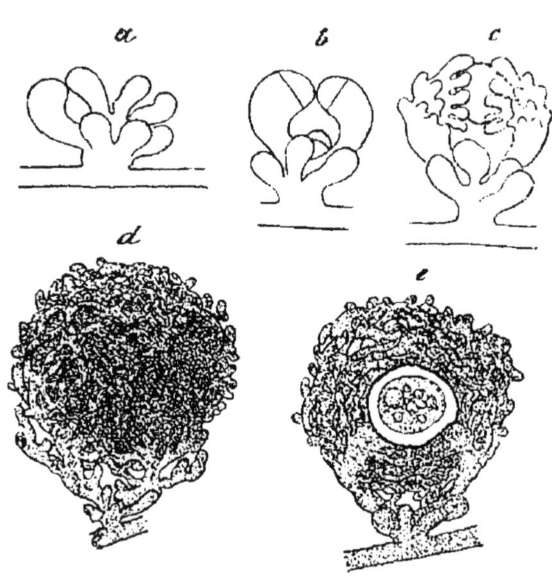

Fig. 12. — Formation et développement de l'œuf de la Mortiérelle noirâtre. *a* et *b*, premiers états; *c*, l'œuf formé commence à s'entourer de rameaux; *d*, tubercule massif renfermant la zygospore; *e*, le même coupé, montrant au centre la zygospore.

Au retour des conditions favorables, il germe; sa membrane cartilagineuse se déchire et son protoplasme, enveloppé par une fine membrane de cellulose, s'allonge en tube au dehors. Si l'embryon est placé simplement dans l'air humide, le tube, utilisant la réserve accumulée, se dresse aussitôt et se termine par un sporange, dont les spores se disséminent et germent ensuite en produisant autant de nouveaux thalles. C'est le mode normal de germination; il y a formation d'un sporogone et les spores qu'il produit sont des spores de passage (I, p. 535). S'il est plongé dans un milieu nutritif, le tube se nourrit au contraire aussitôt, se ramifie et se développe directement en un thalle nouveau. Le sporogone et les spores de passage se trouvent alors supprimés.

Les genres se groupent en quatre tribus, que l'on peut caractériser comme il suit :

1. *Pilobolées.* — Une columelle, pas de conidies, membrane du sporange cutinisée, excepté suivant un anneau basilaire, où elle est diffluе : Pilobole, Pilaire. — Dans les Piloboles, le sporange est lancé au loin par une brusque rupture du pédicelle, renflé en boule au-dessous de la ligne d'insertion de la columelle.
2. *Mucorées.* — Une columelle, toutes les fois que le sporange est polyspore, pas de conidies, membrane du sporange totalement diffluente ou indéhiscente : Mucor, Phycomyce, Spinelle, Sporodinie, Rhizope, Absidie, Circinelle, Pirelle, Chétoclade, avec une seule sorte de sporanges; Chétostyle, Thamnide, Hélicostyle, Dicranophore, avec deux sortes de sporanges.
3. *Mortiérellées.* — Pas de columelle, des conidies, sporanges sphériques et isolés : Mortiérelle, Herpocladielle, Choanéphore.
4. *Syncéphalées.* — Pas de columelle, des conidies, sporanges cylindriques et groupés en capitules : Syncéphale, Syncéphalastre, Piptocéphale.

Entomophthoracées. — Les Entomophthoracées, 7 genres avec 50 espèces, sont parasites ordinairement sur divers insectes : mouches, chenilles, etc., qu'elles tuent rapidement (Empuse, Entomophthore, Basidiobole), plus rarement sur des plantes : prothalles de Fougères (Complétorie) ou appareils sporifères de Trémellacées (Conidiobole). Une fois développé dans le corps de l'insecte ou de la plante, le thalle pousse au dehors des branches simples (Empuse, Basidiobole, etc.), ou ramifiées (Entomophthore) ; chaque branche renfle son sommet, qui se sépare du reste par une cloison et devient une spore. Après quoi, le tube progressivement distendu se rompt brusquement et la spore est lancée en l'air, seule si la rupture a lieu avec dédoublement de la cloison (Conidiobole, Entomophthore, Complétorie), avec un peu de la matière gélatineuse du tube si elle se produit directement au-dessous de la cloison (Empuse, Lamie), avec toute la portion renflée du tube si elle s'opère beaucoup plus bas (Basidiobole). Dans tous les cas, ce phénomène rappelle la projection du sporange chez les Piloboles. Ainsi projetées tout autour sur les insectes voisins, les spores s'y collent et y germent en poussant un tube qui perce la peau de l'animal et se développe en thalle dans son corps.

Les œufs se forment sur les rameaux du thalle, à l'intérieur du corps de l'insecte, par une isogamie qui ressemble beaucoup à celle des Mucoracées, avec cette différence pourtant qu'ici l'un des corps protoplasmiques fait tout le chemin pour s'unir à l'autre, qui reste en place (Basidiobole, etc.) : d'où une transition marquée vers l'hétérogamie.

Les genres sont groupés en deux tribus, d'après le mode de projection des spores :

1. *Entomophthorées.* — Spores projetées par dédoublement de la cloison : Entomophthore, Complétorie, Conidiobole.
2. *Empusées.* — Spores projetées par rupture du pédicelle sous la cloison : Empuse, Lamie. Basidiobole.

Péronosporacées. — Les Péronosporacées, 7 genres avec plus de 100 espèces, vivent en parasites dans le corps des Phanérogames et y provoquent des maladies redoutables. La maladie de la Pomme de terre, par exemple, est causée par le Phytophthore infestant, celle du Navet et de la Caméline par le Péronospore parasite, celle de la Vigne connue sous le nom de *mildiou* par le Plasmopare viticole, celle des Laitues connue sous le nom de *meunier* par la Brémie de la Laitue, celle des Crucifères connue sous le nom de *rouille blanche* par l'Albuge blanc, etc. ; de son côté, le Phytophthore des Cactacées ravage les cultures les plus diverses (Cactacées, Joubarbe, Passerage, Sarrasin, Clarkie, etc.). La connaissance de ces organismes est donc du plus haut intérêt pour l'agriculture.

Le thalle étend ses branches dans tous les espaces intercellulaires du corps de l'hôte, en perçant çà et là la membrane des cellules et y enfonçant, soit de petits suçoirs en forme de stylets terminés en boule (Albuge, Plasmopare, Brémie, etc.), soit des rameaux qui s'y divisent souvent au point de remplir la cavité (Péronospore, Phytophthore).

Plus tard, il pousse hors de la plante hospitalière, en divers points des tiges, des feuilles et des inflorescences, un appareil sporifère diversement conformé. Dans les Péronospores, une branche du thalle s'échappe par l'ouverture d'un stomate, s'allonge dans l'air perpendiculairement à l'organe, se dichotomise à plusieurs reprises et termine enfin chacun de ses rameaux par une spore. Il en est de même dans la Brémie, mais ici chaque dernière branche de la dichotomie se dilate en une large plaque, de laquelle partent les courts rameaux sporifères. Dans les Sclérospores et les Plasmopares, la ramification est latérale, et il en est de même dans les Phytophthores, à une différence près : sous chaque spore naît un rameau qui s'allonge en la rejetant de côté et se termine à son tour par une spore; sous celle-ci se produit de nouveau un ramuscule qui la rejette de côté, et ainsi de suite : en un mot, la ramification, commencée en grappe, s'y poursuit en cyme unipare. Enfin, dans les Basidiophores, la branche du thalle ne se ramifie pas, mais porte directement sur son extrémité renflée un certain nombre de spores, attachées par de courts pédicelles.

Dans les Albuges, les branches émanées du thalle sont courtes, simples, serrées en grand nombre de manière à former une assise au-dessous de l'épiderme soulevé (fig. 13); chacune d'elles renfle son sommet en une spore, qui se sépare par une cloison; elle s'allonge ensuite et forme une seconde spore sous la première, puis une troisième sous la seconde, etc., de manière à porter finalement un chapelet de spores; pressé de plus en plus par la masse de ces spores, l'épiderme finit par se déchirer pour les mettre en liberté sous forme d'une poussière blanche.

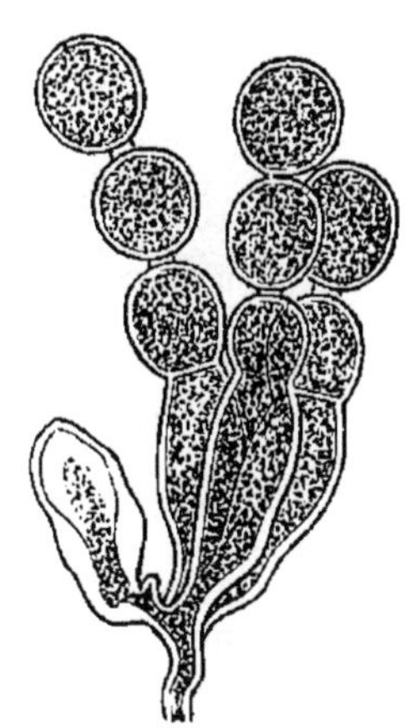

Fig. 13. — Rameaux sporifères de l'Albuge blanc.

Les spores germent d'une manière différente suivant les genres. Dans les Péronospores et la Brémie, elles poussent directement un filament au sommet (Brémie) ou latéralement (Péronospore). Dans les Plasmopare, Phytophthore, Albuge, etc., elles produisent chacune un certain nombre de zoospores réniformes à deux cils, qui se fixent plus tard, s'entourent d'une membrane de cellulose et poussent un tube. Direct ou indirect, le tube germinatif pénètre dans les espaces intercellulaires de l'hôte, soit en perforant l'épiderme (Péronospore et Phytophthore), soit en passant par un pore stomatique (Albuge).

Les œufs se forment à l'intérieur de la plante hospitalière, par hétérogamie sans anthérozoïdes, suivant le mode étudié en général (I, p. 529, fig. 228) précisément chez un Péronospore. L'oogone ne renferme qu'une seule oosphère (fig. 14, *B*); la portion de protoplasme que l'anthéridie déverse dans cette oosphère ne diffère du reste par aucun caractère appréciable. Protégé par la couche externe de sa membrane, qui est mamelonnée, cutinisée et colorée en brun (fig. 14, *C* et *D*), l'œuf passe l'hiver à l'état de vie latente et germe au printemps. Suivant les conditions extérieures, il produit alors soit directement un thalle rameux, soit un certain nombre de zoospores pareilles à celles que donnent les spores; ces zoospores se disséminent, se fixent et poussent un tube, qui pénètre dans la plante hospitalière comme il a été dit plus haut.

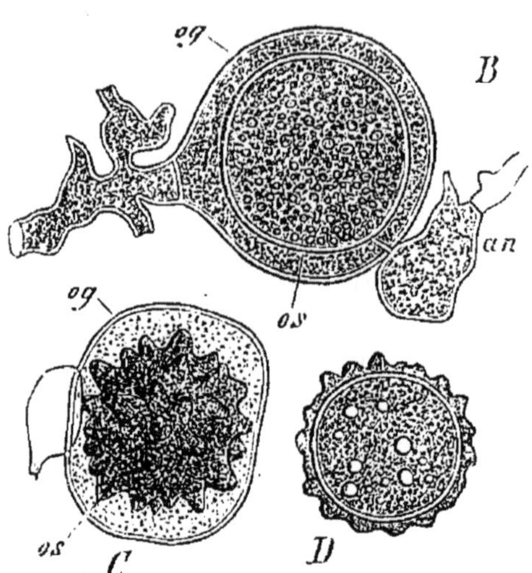

Fig. 11. — Formation de l'œuf de l'Albuge blanc. *B* : *og*, oogone avec son oosphère *os*; *an*, anthéridie appliquée sur l'oogone et poussant jusqu'à l'oosphère un tube de déversement; *C*, oogone renfermant un œuf mûr, avec son exine tuberculeuse; *D*, section de l'œuf montrant l'exine et l'intine.

Les spores et surtout les zoospores sont tuées par le sulfate de cuivre. Aussi le meilleur moyen pour empêcher la propagation de ces parasites, notamment du Plasmopare de la Vigne, est-il d'asperger les feuilles avec une dissolution de sulfate de cuivre à 5 pour 100.

D'après la conformation et le mode de sortie de l'appareil sporifère, les genres se groupent, comme il suit, en deux tribus :

1. *Péronosporées.* — Spores solitaires : Péronospore, Brémie, Plasmopare, Sclérospore, Phytophthore, Basidiophore.
2. *Albugées.* — Spores en chapelet : Albuge.

Saprolégniacées. — Les Saprolégniacées, 15 genres avec plus de 60 espèces, vivent la plupart dans l'eau sur les corps végétaux ou animaux en voie de décomposition : bois, insectes, poissons, etc. (Saprolègne, Achlye, etc.), ou dans les liquides chargés de substances organiques (Leptomite, etc.); quelques-unes s'attaquent aux plantes aériennes (divers Pythes).

Le thalle plonge ses branches absorbantes çà et là dans le milieu nutritif et développe les autres tout autour dans le liquide ambiant; ce sont ces dernières qui produisent les spores et les œufs. En conformité avec la vie aquatique, les spores ne sont pas immobibles et exogènes comme chez les Péronosporacées, mais mobiles et endogènes comme chez les Chytridiacées. Pour les produire, l'extrémité d'un filament de Saprolègne, par exemple, se renfle en massue et se sépare par une cloison : c'est le zoosporange (fig. 15). Celui-ci se cloisonne bientôt en autant de petites cellules polyédriques qu'il y a de noyaux (*a*); sans acquérir de membrane de cellulose, ces cellules se dissocient, s'arrondissent, s'échappent par un orifice terminal et nagent dans le liquide à l'aide de deux cils antérieurs : ce sont les zoospores (*b*). Elles se fixent bientôt, prennent une membrane de cellulose (*d*) et germent soit en poussant directement un filament (Leptomite, Pythiopse), soit en produisant d'abord une zoospore réniforme à deux cils latéraux, qui plus tard poussera un filament (Saprolègne, Achlye, etc.). Le zoosporange des Pythes donne directement naissance à des zoospores réniformes à deux cils latéraux, celui des Aplanes à des spores immobiles qui germent sur place en filament.

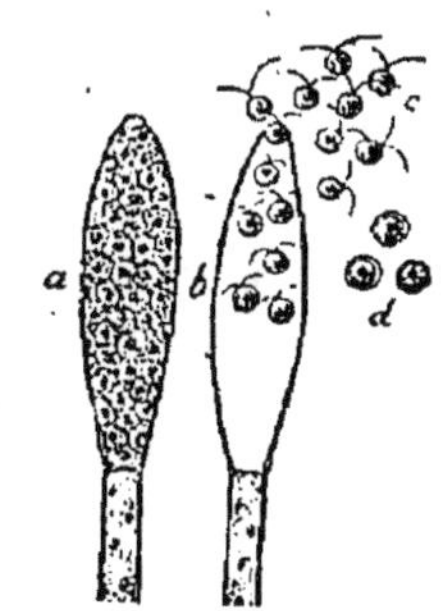

Fig. 15. — Formation des zoospores d'un Saprolègne : *a*, séparation du sporange et cloisonnement autour de chaque noyau ; *b*, dissociation et sortie des zoospores à deux cils (*c*); *d*, zoospores revêtues de cellulose et immobiles.

Les œufs sont formés, comme chez les Péronosporacées, par hétérogamie sans anthérozoïdes, suivant le procédé général qui a été étudié et figuré (I, p. 529, fig. 228) précisément chez une Saprolégniacée, le Pythe grêle. L'oogone produit tantôt une seule oosphère (Pythe, I, fig. 228, Rhipide, etc.), tantôt plusieurs oosphères dont le nombre varie alors avec sa grosseur (Saprolègne, Achlye, fig. 16). La portion de protoplasme que l'anthéridie déversera dans l'oosphère et qui en occupe la région centrale est nettement séparée de la portion inactive qui en occupe la région pariétale (Pythe, etc.); ce qui est un progrès marqué sur les Péronosporacées, où une pareille différenciation n'a pas lieu. A l'abri de la couche externe de sa membrane, qui est cutinisée et faiblement colorée, tantôt lisse (Saprolègne, etc.), tantôt hérissée (Pythe, I, fig. 228, etc.), l'œuf passe à l'état de vie latente. Plus tard, il germe en produisant, suivant les conditions extérieures, soit directement un thalle, soit d'abord une génération de zoospores, qui se disséminent et forment autant de thalles nouveaux.

D'après l'unité ou la pluralité des oosphères, les genres peuvent être groupés en deux tribus :

1. *Pythiées*. — Une seule oosphère : Pythe, Nématosporange, Rhipide, Leptomite, Apodachlye, Aphanomyce, Leptolègne, etc.
2. *Saprolégniées*. — Plusieurs oosphères : Saprolègne, Pythiopse, Achlye, Dictyuche, Traustothèce, Aplane, etc.

Les Saprolégniacées sont, comme on voit, très voisines des Péronosporacées, auxquelles elles se relient par les Pythiées, qui n'ont, comme les Péronosporacées, qu'une seule oosphère dans l'oogone. La différence principale est dans les spores, qui sont exogènes dans les Péronosporacées, endogènes dans les Saprolégniacées. Pareille différence a déjà été observée entre les Entomophthoracées, où les spores sont exogènes, et les Mucoracées, où elles sont endogènes.

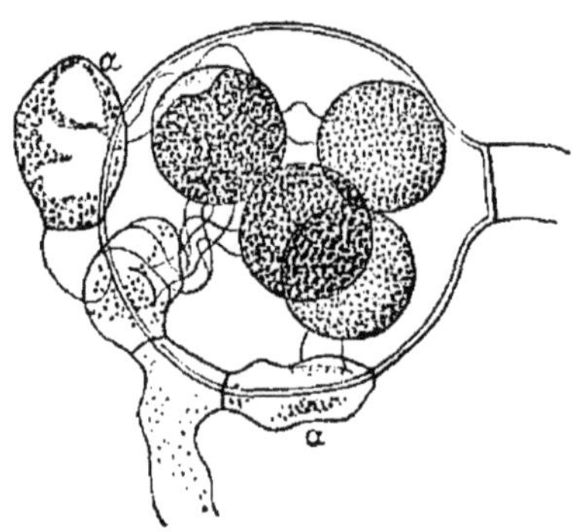

Fig. 16. — Formation des œufs dans l'Achlye tordue : trois anthéridies *a*, produites par la même branche du thalle, s'appliquent sur l'oogone et envoient un tube de déversement à chacune de ses quatre oosphères.

Monoblépharitacées. — Les Monoblépharites et les Gonapodyes, dont les 3 espèces composent seules cette petite famille, se développent dans l'eau et se multiplient par zoospores endogènes, comme les Saprolégniacées. Mais les zoospores y sont ovales triangulaires, munies d'un cil unique postérieur pendant la locomotion et douées d'un mouvement saccadé, comme celles des Chytridiacées.

Les œufs s'y forment par hétérogamie avec anthérozoïdes. Dans le Monoblépharite sphérique, par exemple (fig. 17), l'extrémité d'un filament se renfle en sphère et se sépare par une cloison pour devenir un oogone, dont le protoplasme se condense en une oosphère et dont la membrane s'ouvre largement au sommet. La portion du filament située sous l'oogone se sépare de son côté par une cloison et forme une anthéridie cylindrique ; par cloisonnement suivi de dissociation, celle-ci produit un certain nombre d'anthérozoïdes doués d'un seul cil postérieur et de mouvement saccadé comme les zoospores, mais moitié plus petits, qui s'échappent par une ouverture latérale de la membrane (fig. 17, *l*, *a*). Après avoir nagé quelque temps dans le liquide, l'un d'eux arrive sur l'oogone, rampe à sa surface, y pénètre par l'orifice terminal et se combine à l'oosphère. L'œuf ainsi formé se contracte et s'entoure d'une membrane de cellulose qui s'épaissit, cutinise sa couche externe, la couvre de verrues et la colore en brun (fig. 17, *m*, *o*).

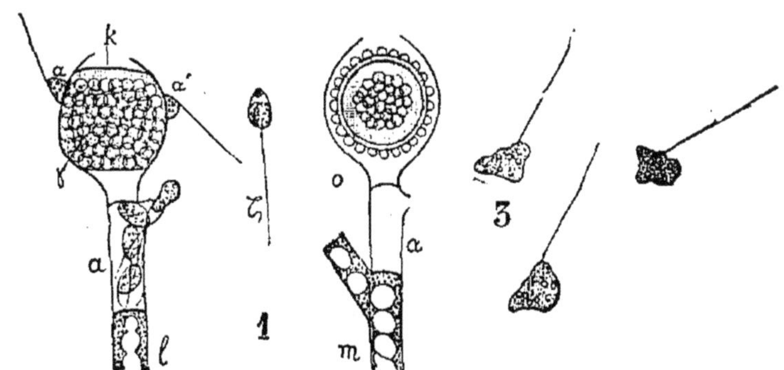

Fig. 17. — Formation de l'œuf du Monoblépharite sphérique. *l*, les anthérozoïdes sortent de l'anthéridie *a*, se meuvent librement (3), puis rampent sur l'oogone α, α', pour pénétrer enfin dans l'oosphère γ par l'ouverture *k*; *m*, l'anthéridie est vide et l'oogone *o* renferme un œuf mûr à exine tuberculeuse.

Un double intérêt s'attache aux Monoblépharitacées. D'une part, elles relient les Chytridiacées aux Saprolégniacées; de l'autre et surtout, elles occupent le rang le plus élevé dans le développement progressif et la différenciation sexuelle chez les Oomycètes; elles sont, en effet, les seuls représentants non seulement de cet ordre, mais de la classe des Champignons tout entière, qui possèdent des anthérozoïdes.

ORDRE III

BASIDIOMYCÈTES

Caractères généraux. — Les Basidiomycètes forment un ordre immense qui a pour types principaux les Trémelles, les Agarics, les Bolets, les Polypores, les Hydnes, les Lycoperdes, etc., plantes dont les fructifications de grande taille sont connues de tout le monde sous le nom de « Champignons » ou de « Champignons à chapeau ».

Le thalle vit ordinairement dans la terre riche en humus ou dans les corps végétaux en voie de décomposition : écorces, bois, feuilles mortes, etc., quelquefois dans les plantes vivantes où il s'établit en parasite (Ustilage, Tillétie, Puccinie, Uromyce, Exobaside, etc.). Il est formé de filaments cloisonnés en cellules, dont chacune a deux noyaux conjugués, ne renfermant l'un et l'autre que la moitié des bâtonnets de nucléine du noyau de la spore primitive, c'est-à-dire deux; ils doivent être considérés comme n'étant que des demi-noyaux. Ces filaments sont rameux, parfois anastomosés de branche à branche et même de cellule à cellule le long de chaque branche. Quelquefois le thalle est composé tout entier de pareils filaments libres (Coprin, etc.); mais souvent il se différencie en mycèle et strome, ce dernier pouvant passer à l'état de vie latente en formant un sclérote.

Une fois constitué, le thalle produit son appareil sporifère sur un filament s'il est tout entier filamenteux, sur le strome ou sur le sclérote quand il en existe un. A cet effet, une cellule ou un groupe de cellules voisines se ramifient abondamment; toutes les branches, pelotonnées et enchevêtrées, forment d'abord un tubercule de plus en plus dense, qui va grandissant, prend une forme déterminée et devient enfin un appareil sporifère. Celui-ci est ordinairement extérieur et c'est la seule partie de la plante qui se développe dans l'air; quelquefois cependant il se produit dans la terre et le Champignon est alors tout entier hypogé (Hyménogastrées).

Dans cet appareil sporifère, certaines cellules terminant les filaments, après avoir fusionné en un seul leurs deux noyaux conjugués et avoir acquis ainsi un noyau complet à quatre bâtonnets de nucléine, bourgeonnent et poussent de petits rameaux grêles nommés *stérigmates*, au nombre de 2 à 8, le plus souvent de 4, qui renflent leur extrémité en autant de spores. Ces cellules mères des spores, ou *basides*, sont ordinairement rapprochées côte à côte en une assise continue, où elles sont entremêlées de cellules stériles, nommées *paraphyses*; cette assise est ce qu'on appelle l'*hymène*.

Au lieu de produire directement les basides et leurs spores comme il vient d'être dit, l'appareil sporifère d'un grand nombre de Basidiomycètes parasites (Puccinie, Uromyce, Tillétie, Ustilage, etc.) donne naissance à des cellules spéciales qui, après avoir uni en un seul leurs deux noyaux conjugués, se remplissent de matières de réserve en épaississant leur membrane. Puis, aux dépens de ces réserves et sans plus rien emprunter au thalle, ces cellules spéciales germent soit immédiatement après leur maturité, soit le plus souvent après un passage à l'état de vie latente et produisent alors aussitôt chacune une baside avec ses spores. Il ne faut donc pas les confondre avec des spores, puisque en germant elles donnent non un thalle mais simplement une baside; elles sont comme un arrêt momentané dans le développement, comme un enkystement des basides : nous les nommerons des *probasides*. La formation des probasides n'ayant lieu que chez des Basidiomycètes parasites, il semble que le phénomène soit lié de quelque manière au parasitisme, comme s'il s'agissait de rendre, dans tous les cas, la production des spores indépendante de la vie parasitaire. Pourtant, quelques Basidiomycètes parasites développent leurs basides directement sur le thalle (Exobaside, etc.).

Qu'elle naisse directement du thalle ou qu'elle procède d'une probaside, la baside produit ses spores suivant deux modes distincts, qui offrent chacun deux aspects différents.

Tantôt la baside est renflée en massue et son noyau unique et complet, provenant, comme il a été dit, de la fusion des deux demi-noyaux conjugués que possède chaque cellule du thalle, se divise transversalement, d'ordinaire deux fois de suite à angle droit, en formant côte à côte quatre noyaux complets, juxtaposés en croix. Puis, s'il s'agit d'un Agaric, par exemple, sans qu'il se fasse entre les noyaux aucune cloison longitudinale, chaque fuseau de protoplasme correspondant à un noyau, fuseau qui occupe toute la longueur de la baside, mais seulement un quart de son pourtour, se dirige vers le haut, pousse au bord de la face supérieure un petit rameau, y passe avec son noyau et s'accumule au sommet autour de lui pour former la spore, bientôt séparée par une cloison basilaire du stérigmate et de la baside ainsi vidés. S'il s'agit, au contraire, d'une Trémelle, par exemple, il se fait, perpendiculairement à la ligne des centres des noyaux, deux cloisons longitudinales en croix qui rendent la baside quadricellulaire, ce qui n'empêche pas les fuseaux protoplasmiques ainsi séparés de se comporter ensuite exactement comme dans le premier cas. Que la baside soit entière ou cloisonnée, les spores sont donc toujours, dans ce premier mode, disposées en couronne à son sommet; en un mot, la baside est *acrospore*.

Tantôt la baside est cylindrique et son noyau unique se divise longitudinalement, d'ordinaire deux fois de suite en formant quatre noyaux complets, superposés en file. Puis, s'il s'agit d'un Tylostome, par exemple, sans qu'il se fasse entre les noyaux aucune cloison transversale, chaque disque de protoplasme correspondant à un noyau, disque qui occupe tout le pourtour de la baside, mais seulement le quart de sa longueur, se dirige latéralement, pousse sur le flanc un petit rameau, y passe avec son noyau et s'amasse au sommet autour de lui pour former la spore, bientôt séparée par une cloison basilaire du stérigmate et de la baside ainsi vidés. S'il s'agit, au contraire, d'une Auriculaire, par exemple, il se fait, perpendiculairement à la ligne des centres des noyaux, trois cloisons transversales qui rendent la baside quadricellulaire, ce qui n'empêche pas les disques protoplasmiques ainsi séparés de se comporter ensuite exactement comme dans le premier cas. Que la baside soit entière ou cloisonnée, les spores sont donc toujours, dans ce second mode, disposées sur ses flancs à des hauteurs inégales : en un mot, la baside est *pleurospore*.

Acrosporées ou pleurosporées, entières ou cloisonnées, les basides peuvent être, au moment de la maturité des spores, externes, c'est-à-dire situées sur la surface libre de l'appareil sporifère, ou internes, c'est-à-dire disposées dans des cavités internes de cet appareil. La plante sera dite *gymnobaside* dans le premier cas, *angiobaside* dans le second.

Enfin, outre les spores proprement dites, portées par les basides, beaucoup de Basidiomycètes forment une ou plusieurs sortes de spores accessoires, qui sont des conidies. Ces conidies se rencontrent tout aussi bien chez ceux qui sont munis de probasides que chez ceux qui produisent directement leurs basides.

Division de l'ordre des Basidiomycètes en cinq familles. — En se fondant sur ce que, pour produire leurs spores, les basides partagent leur noyau tantôt transversalement, sont acrospores, tantôt longitudinalement, sont pleurospores, on divise d'abord l'ordre des Basidiomycètes en deux sous-ordres : les *Acrosporées* et les *Pleurosporées*. Puis, suivant que les basides sont entières ou cloisonnées, nées directement sur l'appareil sporifère ou précédées de probasides, externes ou internes, enfin suivant qu'elles forment les spores en nombre fixe ou indéterminé, on partage le premier de ces sous-ordres en quatre familles, le second en cinq, de la manière suivante :

Basides					
acrospores.	Acrosporées.	entières (*Holobasides*).	directes	internes....	*Lycoperdacées.*
				externes....	*Agaricacées.*
			avec probasides..............		*Tillétiacées.*
		cloisonnées.. (*Phragmobasides*).			*Trémellacées.*
pleurospores.	Pleurosporées.	entières, directes, internes........ .... (*Holobasides*).			*Tylostomacées.*
		cloisonnées (*Phragmobasides*).	directes	internes....	*Ecchynacées.*
				externes....	*Auriculariacées.*
			avec probasides. Spores en nombre	déterminé...	*Pucciniacées.*
				indéterminé.	*Ustilagacées.*

L'ordre tout entier se trouve divisé de la sorte en neuf familles bien distinctes. Mais au point de vue de l'enseignement, et aussi pour ne pas rompre trop brusquement avec la tradition, il paraît préférable de simplifier cette classification en se bornant à faire intervenir d'abord la formation directe ou indirecte des basides, puis leur structure entière ou cloisonnée, ensuite la disposition externe ou interne de l'hymène au moment de la maturité, enfin le nombre fixe ou indéterminé des spores. L'ordre des Basidiomycètes se trouve alors divisé en cinq familles, de la manière suivante :

Basides			
formées directement	entières, hymène	externe.....	*Agaricacées.*
		interne.....	*Lycoperdacées.*
	cloisonnées..................		*Trémellacées.*
issues de probasides. Spores en nombre		déterminé..	*Pucciniacées.*
		indéterminé.	*Ustilagacées.*

Dans cette disposition simplifiée, que nous adopterons ici, les Tylostomacées se trouvent réunies aux Lycoperdacées, tandis que les Trémellacées, les Auriculariacées et les Ecchynacées forment ensemble les Trémellacées, et que les Tillétiacées avec les Ustilagacées constituent ensemble les Ustilagacées.

Agaricacées. — La famille des Agaricacées, nommées aussi *Hyménomycètes* parce que l'hymène s'y présente à nu au moment de la maturité, est la plus nombreuse de la classe des Champignons : on y compte 157 genres et plus de 10 500 espèces. Le thalle vit ordinairement dans la terre ou dans les débris végétaux ; il est quelquefois parasite sur les feuilles (Exobaside de l'Airelle), sur la tige (Polypore amadouvier, Polypore du Pin, etc.) ou sur la racine des arbres (Armillaire de miel, Hétérobaside ancien, etc.). Il forme souvent un strome étiré en cordons rameux plus ou moins gros, de couleur blanche (Psalliote champêtre, vulgairement Champignon de couche, où il constitue ce qu'on appelle le *blanc de Champi-*

gnon, etc.) ou brune (Armillaire de miel, etc., où il constitue ce qu'on appelle un rhizomorphe), aplati en lame solide de consistance coriacée ou même ligneuse (Polypore, Dédalée, etc.), ou renflé en tubercule (Agaric tubéreux, etc.). Ce strome est parfois phosphorescent (Armillaire de miel, Polypore amadouvier, Agaric tubéreux, etc.); plus tard il passe quelquefois à l'état de vie latente en constituant un sclérote tuberculeux (divers Agarics, Coprins, Typhules, Clavaires, etc.) ou allongé en cordon (Armillaire de miel, etc.).

L'appareil sporifère peut se réduire à un hymène, directement appliqué sur le thalle (Exobaside); ailleurs il forme, à la surface du milieu nutritif, une lame plus ou moins épaisse, membraneuse ou coriacée, dont la face supérieure est tapissée par l'hymène (Cortice, etc.). Mais d'ordinaire il se dresse perpendiculairement au support, quelquefois en une colonne simple ou abondamment ramifiée en buisson, toute couverte de basides (Clavaire, etc.), le plus souvent en un pied dilaté au sommet en un chapeau portant les basides seulement sur sa face inférieure (Agaric, Polypore, Hydne, etc.). La face supérieure stérile du chapeau est convexe à divers degrés, ou plane, ou concave et creusée en entonnoir. La face inférieure, revêtue par l'hymène, est quelquefois lisse (Cratérelle, etc.), le plus souvent munie de prolongements de formes diverses : pointes molles pendant comme des stalactites (Hydne), côtes saillantes (Chanterelle), lamelles perpendiculaires à la surface dirigées radialement de l'insertion du pied au bord du chapeau (Agaric) ou concentriquement (Cyclomyce), anastomosées en un réseau plus ou moins fin (Dédalée, Polypore) ou formant des tubes étroits serrés côte à côte, libres (Fistuline) ou soudés (Bolet). Quelle qu'en soit la forme, ces prolongements ont toujours pour résultat d'augmenter beaucoup la surface sporifère. Le chapeau est quelquefois dépourvu de pied; il est alors semi-circulaire et attaché au support vertical par son bord plan, à la façon d'une console (beaucoup de Polypores, etc.).

Le plus souvent l'appareil sporifère ainsi conformé est nu à tout âge. Quelquefois il est enveloppé tout entier dans sa jeunesse par une couche de filaments plus ou moins épaisse, nommée *volve*. Quand elle est très mince, la volve s'émiette plus tard et disparaît (Agaric versicolore, Coprin stercoraire, etc.); quand elle est épaisse, elle se déchire, laissant subsister une gaine à la base du pied et des écailles à la face supérieure du chapeau (Amanite, etc.). Que l'appareil sporifère soit nu ou enveloppé, il peut se faire que pendant sa croissance le chapeau soude son bord au pied. Pour s'étaler plus tard, il devra rompre cette attache; il en résulte, suivant la manière dont la déchirure a lieu, soit des lambeaux irréguliers qui pendent au bord du chapeau (Cortinaire, etc.), soit une manchette annulaire, ou *anneau*, qui reste adhérente au pied (Armillaire de miel, etc., sans volve; Amanite aux mouches, etc., avec volve). Cette soudure est un phénomène accessoire, variable d'une espèce à l'autre dans le même genre, comme on le voit notamment chez les Agarics et les Coprins.

Quelle que soit la conformation de l'appareil sporifère

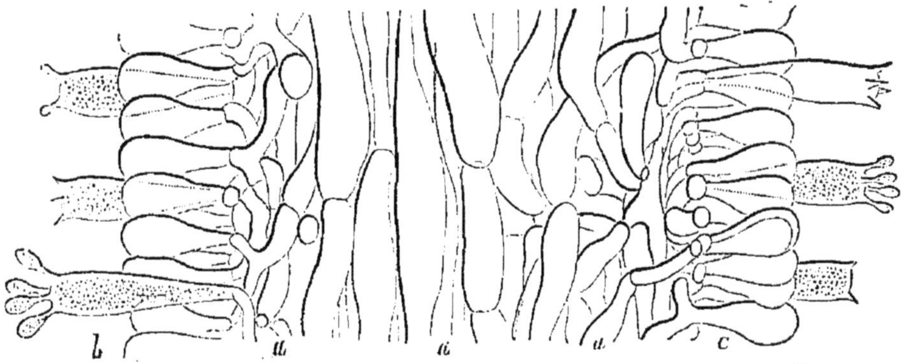

Fig. 18. — Agaric chevelu, coupe transversale d'une lamelle : *a*, *a*, filaments de la lamelle ; *b*, basides offrant les spores à divers états de développement : *c*, paraphyses.

l'hymène y offre essentiellement la même structure (fig. 18). Il se compose toujours de cellules renflées en massue, étroitement serrées les unes contre les autres et perpendiculaires à la surface. Beaucoup de ces cellules demeurent stériles et sont des paraphyses (*c*); d'autres plus longues, proéminant au-dessus de la surface générale, sont des basides (*b*). Chaque baside produit ordinairement quatre spores, quelquefois deux (Psalliote champêtre, Clavarielle, Pistillaire, Dacryomitre, etc.), rarement six (Chanterelle tubiforme, etc.). Précédées par une division transversale du noyau, comme il a été dit plus haut, ces spores sont disposées en couronne autour du sommet de la baside vidée. La membrane de la spore demeure souvent homogène et incolore; quelquefois elle se différencie en une intine incolore et une exine diversement colorée, marquée d'un pore au sommet (Coprin, etc.). Son protoplasme ne renferme qu'un seul noyau, qui est complet, ayant quatre bâtonnets de nucléine. Parmi les paraphyses, il en est parfois qui s'allongent au-dessus des autres et même au-dessus des basides, en formant des poils d'aspect divers, nommés *cystides* (Coprin, Cortice, Lactaire, Bolet, etc.).

L'appareil sporifère est ordinairement charnu et très riche en substances azotées; aussi fournit-il souvent à l'homme un précieux aliment (Psalliote champêtre, Bolet comestible, etc.); malheureusement il contient aussi quelquefois des substances très vénéneuses (Amanite aux mouches, Bolet satan, etc.). Il peut renfermer des filaments plus gros que les autres, remplis d'un suc laiteux diversement coloré (Lactaire, Fistuline, etc.); il est quelquefois phosphorescent (Agaric phosphorescent, Ag. de feu, etc.). Ailleurs il subérise, durcit ses membranes et prend une consistance coriacée ou ligneuse; il jouit alors de la faculté de continuer pendant plusieurs années la croissance de son chapeau, tant en épaisseur qu'en surface (Polypore, Lenzite, etc.).

Outre les spores, beaucoup d'Agaricacées produisent des conidies. Celles-ci peuvent naître directement du thalle sous forme de fines baguettes cloisonnées, droites (Coprin, etc.), ou spiralées (Agaric changeant, Ag. tendre, etc.), dont les cellules en bâtonnets se séparent bientôt et se disséminent, ou sous forme de chapelets de cellules arrondies, qui se désarticulent (Polypore, Phlébie, etc.). Ailleurs, elles sont solitaires sur de courts pédicelles, et rapprochées en capitule au sommet renflé de filaments spéciaux dressés sur le thalle (Hétérobaside, etc.). Elles peuvent aussi se produire sur les filaments qui composent l'appareil sporifère, soit latéralement en petits capitules (Fistuline), soit en file sur le trajet des filaments (Ptychogastre, etc.); elles prennent alors une membrane propre, plus ou moins épaisse, qui les rend comparables aux chlamydospores des Mucoracées. Les Nyctales, qui sont parasites sur les Russules, produisent sur leur thalle à la fois des conidies en chapelet et des chlamydospores; à la face supérieure de leur chapeau, elles forment aussi de nombreuses chlamydospores.

Par la disposition diverse de l'hymène sur l'appareil sporifère, les genres se groupent en neuf tribus :

1. *Exobasidiées.* — Appareil sporifère réduit à l'hymène : Exobaside, Microstrome, etc.
2. *Dacryomitrées.* — Appareil sporifère gélatineux, basides bispores à longs stérigmates : Dacryomyce, Guépinie, Calocère, Dacryomitre, etc.
3. *Hypochnées.* — Appareil sporifère filamenteux : Hypochne, Hypochnelle, Tomentelle, etc.

4. *Clavariées.* — Basides recouvrant toute la surface lisse de l'appareil sporifère, ordinairement dressé en colonne simple ou rameuse : Pistillaire, Typhule, Clavaire, Clavarielle, Sparasse, etc.
5. *Théléphorées.* — Basides recouvrant une partie de la surface lisse de l'appareil sporifère, ordinairement étalé : tantôt la face supérieure : Cyphelle, Corticé, etc.; tantôt la face inférieure : Stérée, Théléphore, Cratérelle, etc.
6. *Hydnées.* — Basides recouvrant des pointes de forme diverse sur la face inférieure du chapeau : Radulier, Grandinie, Odontie, Hydne, Phéode, Phlébie, Sistotrème, etc.
7. *Polyporées.* — Basides recouvrant des lames anastomosées en réseau ou en tubes plus ou moins larges, à la face inférieure du chapeau : Mérule, Dédalée, Lenzite, Polypore, Hétérobaside, Ptychogastre, Phéopore, Fistuline, Bolet, etc.
8. *Cantharellées.* — Basides recouvrant des côtes dichotomes rayonnantes, à la face inférieure du chapeau : Leptote, Leptoglosse, Chanterelle, etc.
9. *Agaricées.* — Basides recouvrant des lames rayonnantes, à la face inférieure du chapeau : Lentin, Pan, Marasme, Schizophylle, Coprin, Cortinaire, Paxille, Lactaire, Russule, Hygrophore, Gomphide, Nyctale, Agaric, Armillaire, Psalliote, Amanite, etc.

Lycoperdacées. — Les Lycoperdacées, nommées aussi *Gastéromycètes* parce que l'hymène y tapisse des cavités internes, comprennent 83 genres avec plus de 900 espèces. Leur thalle vit habituellement dans la terre, quelquefois dans le bois mort (Crucibule, Nidulaire), et produit souvent un strome en forme de cordon rameux, qui peut passer çà et là à l'état de sclérote allongé (Crucibule, etc.) ou tuberculeux (Tylostome). De ce strome dérive l'appareil sporifère, qui se développe tantôt dans l'air (Lycoperde, etc.), tantôt dans la terre (Hyménogastre, etc.), tantôt d'abord dans la terre et plus tard dans l'air (Tylostome, Géastre).

Il prend les formes les plus diverses et acquiert souvent une très grande dimension (Globaire, Boviste). Il est toujours creusé de cavités internes, ordinairement tapissées par l'hymène, parfois remplies par les filaments rameux que terminent les basides (Scléroderme, Pisolithe, Mélanogastre, etc.), et sa surface externe est stérile. Sa couche périphérique plus ou moins épaisse, nommée *péride*, homogène (Hyménogastre, etc.) ou formée de deux couches distinctes (Géastre, Lycoperde, etc.), se détruit ou s'ouvre de diverses manières, pour mettre les spores en liberté. Les cloisons qui séparent les cavités internes et qui sont revêtues de chaque côté par l'hymène se comportent aussi de différentes façons. Elles subsistent tout entières à la maturité (Hyménogastre, etc.); ou bien la partie médiane persiste, tandis que l'hymène et la couche sous-jacente se détruisent en agrandissant les cavités (Scléroderme); ou bien, au contraire, c'est la portion moyenne qui se résorbe, tandis que l'hymène et la couche sous-jacente subsistent et forment autour de chaque cavité une enveloppe particulière nommée *péridiole* (Nidulaire, Crucibule, etc.); ou bien enfin les cloisons se composent de deux sortes de cellules entremêlées, les unes à parois minces qui se détruisent dans toute l'épaisseur en même temps que l'hymène, les autres à membrane épaissie, très rameuses, qui subsistent et forment une sorte de feutrage ou de capillite, dont les interstices sont occupés par les spores et les débris des cellules détruites (Lycoperde, Boviste, Géastre, Tylostome, etc.).

La formation des spores sur les basides, disposées côte à côte en palissade (Lycoperde, Hyménogastre, etc.), ou portées par des filaments ramifiés dans la cavité (Scléroderme, etc.), s'opère ordinairement comme chez les Agaricacées; elles sont donc disposées en couronne autour du sommet de la baside, au nombre de 2 (Hyménogastre, etc.), de 4 (Lycoperde, etc.), de 6 ou 8 (Géastre, Phalle, Rhizopoge, etc.). Les stérigmates qui les portent sont tantôt très courts, presque nuls (Lycoperde, Globaire, Géastre, Pisolithe, Phalle, etc.), tantôt longs, très minces et se détachant avec les spores (Boviste, etc.).

Dans les Tylostomes, les quatre spores sont précédées d'une double bipartition du noyau dans le sens longitudinal et, par conséquent, elles sont insérées à des hauteurs différentes sur les flancs de la baside. En un mot, ces plantes sont pleurosporées, et par là diffèrent de toutes les autres Lycoperdacées.

Outre les spores, plusieurs Lycoperdacées produisent des conidies, naissant du thalle sous forme de rameaux grêles, enroulés en spirale, qui se découpent en nombreux bâtonnets; ceux-ci se séparent, se disséminent et germent dans des conditions de nutrition favorables (Cyathe, etc.).

D'après la structure de l'appareil sporifère et le mode très divers de dissémination des spores, on groupe les genres en cinq tribus, de la manière suivante :

1. *Lycoperdées*. — Péride double, à cavités tapissées par l'hymène, à cloisons se détruisant complètement à l'exception d'un capillite : Lycoperde, Globaire, Boviste, Géastre, Plécostome, Myriostome, etc., sans pédicelle entre les deux couches du péride; Tylostome, Batarrée, Gyrophragme, etc., avec pédicelle poussant dehors le péride interne; Podaxe, Sécote, avec pédicelle prolongé jusqu'au sommet en une colonne axile.
2. *Hyménogastrées*. — Péride simple, à cavités tapissées par l'hymène, à cloison tout entière persistante, sans capillite; le fruit, ordinairement hypogé, demeure charnu et offre l'aspect de la Truffe : Gau-

tiérie, Hyménogastre, Hydnange, Octavianie, Rhizopoge, Hystérange, etc.

3. *Sclérodermées*. — Péride simple, à cavités remplies par les filaments basidiophores ramifiés : Scléroderme, Mélanogastre, Pisolithe.

4. *Nidulariées*. — Péride simple, à cavités tapissées par l'hymène, à cloisons se détruisant dans la partie moyenne, de manière à isoler autant de péridioles : Nidulaire, Crucibule, Cyathe, Sphérobole, etc.

5. *Phallées*. — Le tissu sporifère est entraîné hors du péride par la dilatation d'un corps caverneux en forme de réseau ou de cylindre : Clathre, Simble, Cole, Lysure, Aséroé, etc., avec corps caverneux externe ; Phalle, Mutin, Dictyophore, Kalchbrennère, etc., avec corps caverneux interne.

Trémellacées. — Les Trémellacées, 34 genres avec 370 espèces, vivent presque toutes sur le bois mort, rarement en parasites sur les tiges ligneuses encore vivantes (Auriculaire, etc.), ou directement sur la terre (Sébacine, Gyrocéphale).

Leur appareil sporifère est ordinairement gélatineux ou cartilagineux. Les filaments qui le composent transforment, en effet, la couche externe de leur membrane en une gelée épaisse et confluente, à l'intérieur de laquelle ils serpentent et se ramifient. Quelquefois cette gélification n'a pas lieu et la consistance de l'appareil est sèche (Hélicobaside, Ecchyne) ou charnue et cireuse (Sébacine). Il affecte une forme très différente, suivant les genres, et peut atteindre de grandes dimensions.

Dans le Trémellode, c'est un disque semi-circulaire attaché par sa face plane ou prolongé de ce côté en un long pédicelle, muni d'appendices épineux sur sa face inférieure, qui est seule sporifère, à la manière d'un Hydne. Dans le Gyrocéphale, c'est une coupe ou un entonnoir pédicellé, de couleur rouge ou pourpre, portant les spores sur sa face inférieure. Dans les Exidies, c'est une coupe pédicellée (E. gélatineuse, E. tronquée) ou un disque sessile (E. glanduleuse, E. retroussée), velu et stérile sur la face inférieure, sporifère seulement sur la face supérieure. Dans les Auriculaires, c'est une lame concave, attachée au support par une région plus ou moins étroite de sa face inférieure convexe, sporifère seulement sur la face concave ; cette lame est repliée en pavillon d'oreille dans l'A. oreille-de-Judas, commune en hiver sur les tiges du Sureau. Dans les Trémelles et les Ulocolles, c'est aussi une lame contournée, cérébriforme, attachée au thalle par quelque point de sa face inférieure, mais cette lame est sporifère dans toute son étendue. Dans les Sébacines, Hélicobasides, etc., c'est une croûte à contour irrégulier, intimement appliquée dans toute sa largeur sur le milieu nutritif. Dans l'Ecchyne, enfin, c'est une sphère pédicellée qui, contrairement à tous les genres précédents, produit ses basides à une certaine distance au-dessous de la surface; la couche superficielle s'y détruit plus tard pour mettre les spores en liberté. Quand l'appareil sporifère s'étale en une lame, il peut atteindre jusqu'à dix et douze centimètres de largeur (Ulocolle foliacée, Auriculaire oreille-de-Judas, A. mésentérique, Exidie retroussée, etc.).

Dans l'appareil sporifère ainsi conformé, les basides, produites par le renflement terminal de certaines branches périphériques, sont toujours cloisonnées; mais, suivant les genres, le cloisonnement s'y fait de deux manières différentes.

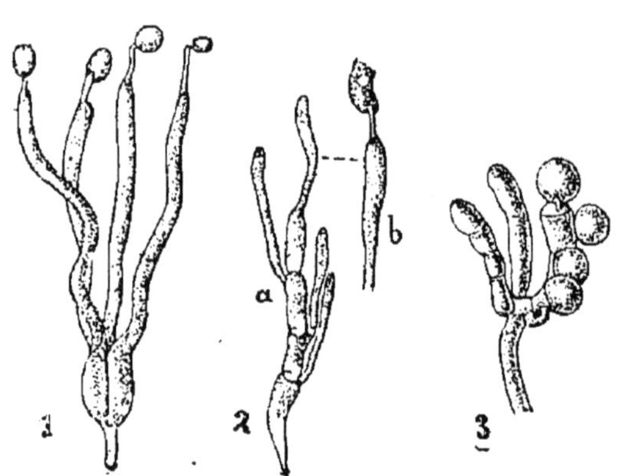

Fig. 19. — 1, baside de Trémelle, cloisonnée longitudinalement, à longs stérigmates; 2, baside d'Auriculaire, cloisonnée transversalement, à longs stérigmates; *a*, stérigmates jeunes; *b*, extrémité d'un stérigmate mûr avec sa spore; 3, basides d'Ecchyne à trois états de développement, cloisonnées transversalement, à spores sessiles.

Tantôt la baside est sphérique ou ovoïde et se divise, par deux cloisons longitudinales en croix, en quatre cellules juxtaposées (fig. 19, 1), qui poussent chacune au sommet un long stérigmate terminé par une spore (Trémelle, Exidie, Ulocolle, Gyrocéphale, etc.). La baside cloisonnée y est acrospore.

Tantôt la baside est grêle et allongée, prend trois cloisons transverses et se partage en quatre cellules superposées (fig. 19, 2); chacune de ces cellules pousse ensuite latéralement sous la cloison un rameau, qui s'allonge à travers la gelée et, parvenu au dehors, se renfle au sommet en une spore, qui se détache (Auriculaire, Platyglée, etc.). Si l'appareil sporifère n'est pas gélatineux, les stérigmates sont courts (Hélicobaside, Pilacrelle) et si, en outre, les basides sont internes, les spores sont sessiles (Ecchyne, fig. 19, 3). Dans tous les cas, la baside cloisonnée y est pleurospore.

Dans certaines conditions, le thalle des Trémellacées produit des conidies, de forme diverse suivant les genres. Elles naissent directement sur les filaments du thalle et sont cylindriques et droites dans l'Ulocolle, cylindriques et courbées en arc dans l'Exidie et l'Auriculaire, sphériques ou ovoïdes dans la Trémelle. Elles naissent dans des appareils spéciaux, précédant l'appareil sporifère, dans le Ditange. Enfin, chez la Sébacine, elles se forment dans l'appareil sporifère lui-même, sur des filaments rameux interposés aux basides dans l'hymène.

D'après le mode de cloisonnement des basides et d'après leur situation externe ou interne, on groupe les genres en trois tribus :

1. *Trémellées.* — Basides cloisonnées en long, externes : Trémelle, Exidie, Ulocolle, Ditange, Sébacine, Gyrocéphale, Trémellode, etc.
2. *Auriculariées.* — Basides cloisonnées en travers, externes : Auriculaire, Platyglée, Hélicobaside, Pilacrelle, etc.
3. *Ecchynées.* — Basides cloisonnées en travers, internes : Ecchyne.

C'est par les Trémellées, que les Trémellacées se rattachent aux deux familles précédentes ; il suffit, en effet, d'y supprimer les deux cloisons longitudinales pour que la baside des Trémellées devienne la baside entière des Agaricacées et des Lycoperdacées. C'est, au contraire, par les Auriculariées qu'elles se relient aux deux familles suivantes.

Pucciniacées. — Les Pucciniacées, 41 genres avec plus de 1700 espèces, sont parasites dans les végétaux terrestres et provoquent de graves maladies aussi bien dans les plantes cultivées, notamment dans les céréales, que dans les arbres des forêts. Les conidies, dont beaucoup d'entre elles sont abondamment pourvues, s'y forment sous l'épiderme, qu'elles déchirent pour se disséminer ; colorées d'ordinaire en jaune rougeâtre, elles paraissent sur les feuilles et sur les tiges comme des taches de rouille : d'où le nom de *rouilles*, donné dans les campagnes aux diverses maladies provoquées par ces parasites.

Le thalle se compose de filaments cloisonnés et ramifiés, qui ne s'étendent ordinairement que dans les méats intercellulaires, enfonçant çà et là dans les cellules de petits suçoirs arrondis en boule ou ramifiés en pinceau ; aussi ne déforme-t-il pas sensiblement le corps de l'hôte. Il ne produit quelquefois qu'une seule sorte de cellules reproductrices, qui sont les probasides, à l'intérieur de chacune desquelles les deux noyaux conjugués se sont fusionnés en un seul. Mais le plus souvent, à mesure que se modifient autour de lui les conditions du milieu, il donne d'abord naissance à une, deux, ou trois sortes de conidies différentes, appropriées chaque fois à la multiplication la plus efficace dans les conditions nouvelles, et c'est seulement ensuite qu'il forme les probasides. Dans ces diverses conidies, les deux noyaux conjugués demeurent distincts. S'il y a trois formes conidiennes successives, avec les probasides et les spores, cela porte à cinq le nombre des cellules reproductrices de la même plante. En un mot, il y a ici un polymorphisme très étendu dans l'appareil sporifère. Pour produire toutes les formes de conidies dont il est capable, le thalle doit quelquefois habiter alternativement deux hôtes différents.

L'exemple le plus frappant de ce polymorphisme avec changement d'hôte nous est offert par la Puccinie du gramen.

Pendant l'été, le thalle de cette plante produit par places, sous l'épiderme de la tige et des feuilles de diverses Graminées, notamment du Blé cultivé, un grand nombre de rameaux serrés, perpendiculaires à la surface (fig. 20, *III*, *ur*); chacun d'eux se renfle au sommet en une grosse conidie ovoïde, dont le protoplasme renferme des granules rouges et dont la membrane verruqueuse offre quatre pores sur son équateur. Il en résulte autant de bourrelets rougeâtres, étroits et allongés parallèlement aux nervures, le long desquels l'épiderme se déchire pour mettre à nu les conidies. Celles-ci se détachent de leurs pédicelles, se dispersent et tombent sur les feuilles de la même plante ou des plantes voisines de même espèce. Après quelques heures, elles germent en produisant à chaque pore équatorial (fig. 21, *D*) un tube qui s'enfonce par un ostiole stomatique dans les espaces intercellulaires, se cloisonne et se ramifie en un nouveau thalle. Au bout de six à dix jours, celui-ci achève sa croissance et pousse au dehors un nouveau bourrelet conidifère. Tout l'été durant, la Puccinie va se multipliant ainsi de proche en proche sur le Blé : c'est la *rouille orangée* des cultivateurs.

A l'automne, les rameaux serrés des bourrelets linéaires produisent à leur sommet (fig. 20, *II*) des cellules reproductrices allongées, divisées en deux par une cloison transversale, à membrane épaisse, fortement cutinisée, brune, munie d'un pore terminal pour chaque moitié, à protoplasme incolore, riche en matières de réserve, dont le pédicelle se cutinise aussi et qui ne s'en détachent pas : c'est alors la *rouille noire*. Ces cellules reproductrices (*t*) passent l'hiver à l'état de vie latente sur les tiges et les feuilles de la Graminée : ce sont les probasides, ici groupées par deux.

Au printemps, en effet, elles germent dans l'air humide

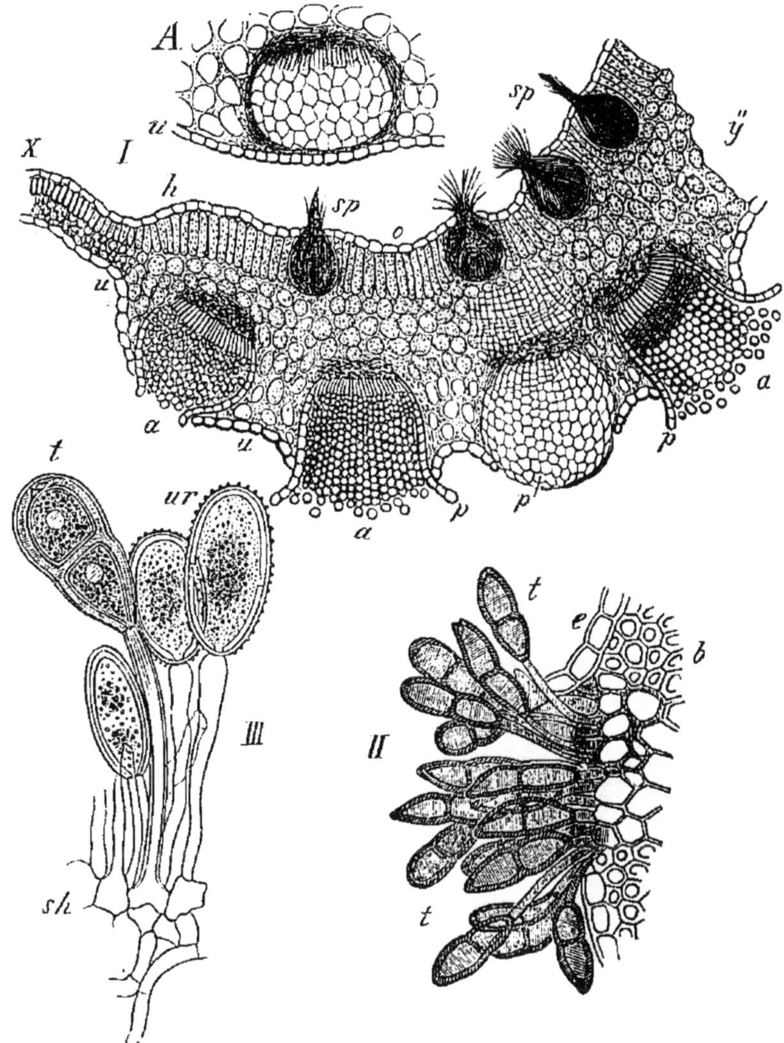

Fig. 20. — Puccinie du gramen. *I*, section transversale de la feuille du Berbéride vulgaire, avec des bouteilles conidifères *sp* sur sa face supérieure et des cupules conidifères *a* sur sa face inférieure; *A*, une cupule jeune. *II*, amas de probasides bicellulaires et cutinisées *t* sur une feuille d'Agropyre rampant; *e*, épiderme déchiré. *III*, portion d'un amas de conidies unicellulaires *ur* sur une feuille de la même plante, contenant déjà une probaside *t*; *sh*, thalle sous-jacent.

(fig. 21, *A* et *B*); chacune d'elles produit un tube simple, bientôt arrêté dans sa croissance et qui, par trois cloisons transversales, se divise en quatre cellules superposées; chacune de celles-ci pousse latéralement sous la cloison un petit

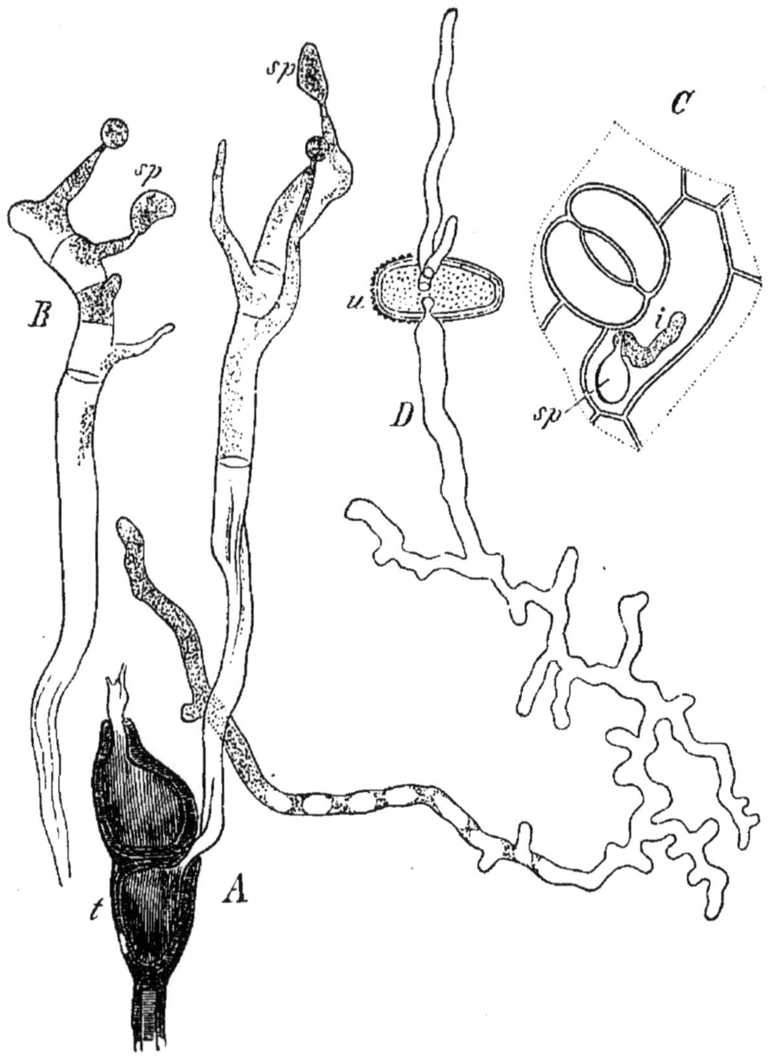

Fig. 21. — Puccinie du gramen. *A*, paire de probasides *t*, germant chacune en une baside cloisonnée transversalement, qui produit les spores *sp*; *B*, autre baside cloisonnée. *C*, fragment de l'épiderme de la feuille du Berbéride vulgaire, avec une spore *sp*, germant et enfonçant son tube en *i* dans l'épiderme; *D*, une conidie du Blé, germant par ses pores équatoriaux, après quatre heures.

rameau grêle, bientôt terminé par une spore ovale et incolore, qui s'en détache. Le tube germinatif est donc une baside cloisonnée transversalement, comme celles des Auriculariées, et les cellules reproductrices qu'il produit sur ses flancs sont les vraies spores de la plante.

Très légères et soulevées par le vent, ces spores sont déposées sur les feuilles de toutes les plantes voisines; mais elles ne germent que si elles viennent à tomber sur les feuilles fraîchement épanouies du Berbéride vulgaire, communément Épine-Vinette. Elles poussent alors un tube grêle qui, même si la germination a lieu au voisinage d'un stomate (fig. 21, *C*), perfore la membrane externe, puis la paroi interne des cellules épidermiques, pour s'allonger et se ramifier dans tous les espaces intercellulaires de l'écorce. Ainsi établi sur le Berbéride, le thalle y produit, après quelques jours et successivement, des conidies de deux sortes, les premières sur la face supérieure du limbe, les secondes sur la face inférieure.

Du côté supérieur, les filaments, en se pelotonnant çà et là, forment des sortes de bouteilles dont la paroi, constituée par une couche de filaments serrés, est tapissée en dedans par des poils (fig. 20, *I*, *sp*). Ces bouteilles percent l'épiderme et s'ouvrent au sommet, tandis que les poils qui en tapissent le col se projettent au dehors en forme de pinceau. Le fond de la bouteille est tout couvert de rameaux serrés, plus courts que les poils; chacun de ces rameaux forme à son sommet aminci une très petite conidie ronde, puis une seconde sous la première, une troisième sous la seconde, en un mot tout un chapelet de conidies. Celles-ci se séparent bientôt, s'accumulent en très grand nombre dans la cavité de la bouteille, puis enfin s'échappent par l'orifice terminal; le vent les enlève et, grâce à leur excessive petitesse, les transporte à de grandes distances. N'ayant en elles aucune réserve nutritive, elles ne peuvent germer dans l'eau ou dans l'air humide; il leur faut tout de suite un milieu nutritif convenable (p. 13). Dès qu'elles l'ont trouvé, elles grossissent beaucoup en devenant ovoïdes, puis bourgeonnent et forment des conidies secondaires, pourvues de matériaux de réserve. Celles-ci à leur tour, parvenues sur les feuilles du Berbéride, y germent sans doute en poussant un filament, qui perce l'épiderme et se développe en un nouveau thalle; mais on n'a pas encore jusqu'ici observé directement cette pénétration. Le parasite va se multipliant ainsi de proche en proche sur le Berbéride.

Sur la face inférieure de la feuille et plus tard, les filaments se pelotonnent également et forment un nodule sphérique (fig. 20, *I*, *A*), qui grandit, perce l'épiderme et s'ouvre largement au sommet en forme de coupe (fig. 20, *I*, *a*). Le fond de cette coupe est occupé par une assise de cellules, terminées chacune par un chapelet de conidies, nées progressivement du sommet à la base, sphériques et contenant des granules orangés dans leur protoplasme. Bientôt ces conidies se détachent, se disséminent dans l'air et retombent çà et là sur les feuilles des végétaux voisins. Mais elles ne donnent un thalle que si elles viennent à se déposer sur une tige ou sur une feuille de Graminée, notamment de Blé. Elles produisent alors un tube, qui pénètre par un pore stomatique pour s'allonger en se cloisonnant et se ramifier abondamment dans les espaces intercellulaires. Après six à dix jours, le thalle ainsi formé produit les bourrelets linéaires à conidies orangées que nous avons décrits tout d'abord. Nous sommes ainsi revenus à la saison d'été, et à notre point de départ.

En résumé, le cycle annuel de végétation de la Puccinie du gramen comprend, à partir des probasides formées à l'automne, trois phases distinctes : 1° une phase de croissance libre sur le sol au premier printemps, courte et réduite à la formation, par chacune des deux probasides accouplées et aux dépens de ses réserves, d'une baside pleurospore cloisonnée, produisant quatre spores légères que le vent emporte et par lesquelles le parasite monte, pour ainsi dire, à sa plante nourricière; 2° une phase parasitaire sur le Berbéride, où le Champignon forme au cours du printemps, d'abord, dans des bouteilles, des conidies de multiplication sur le Berbéride, puis, dans des cupules, des conidies de passage au Blé; 3° une phase parasitaire sur le Blé, où le Champignon forme, d'abord pendant l'été des conidies de multiplication sur le Blé, puis en automne des couples de probasides qui lui permettent d'hiverner à l'état de vie latente. Tant qu'elle est parasite, la Puccinie du gramen se montre donc incapable de produire ses basides et ses spores véritables; elle ne forme que des conidies de trois sortes, sans compter les conidies secondaires provenant de la germination des conidies des bouteilles sur le Berbéride, et en dernier lieu, sur la fin de sa vie parasitaire, des probasides. C'est seulement pendant sa courte période de vie indépendante, au premier printemps, qu'elle forme directement, aux dépens des réserves accumulées dans les probasides, ses basides et ses spores.

Le parasite ne pouvant revenir sur le Blé qu'après avoir

passé le printemps sur le Berbéride, on voit qu'il résulte de la connaissance de son cycle de développement un moyen bien simple de le faire disparaître : c'est d'exclure le Berbéride des terres à Blé, exemple remarquable d'application de la science à l'agriculture.

Toutes les Puccinies qui ont, comme la P. du gramen, leur cycle de développement parasitaire coupé en deux tronçons, avec changement d'hôte au milieu, sont dites *hétéroïques*. Telles sont la Puccinie vraie-rouille, qui passe le printemps sur les Borragacées, l'été sur les Graminées, où elle est très répandue et où elle provoque une rouille très redoutée ; la P. couronnée, qui passe le printemps sur les Nerpruns, l'été sur l'Avoine et la Houque ; la P. sessile, qui passe le printemps sur l'Ail des ours, l'été sur le Brachypode et le Phalaride ; la P. des bois, qui passe le printemps sur le Séneçon et le Pissenlit, l'été sur les Laiches ; la P. obscure, qui passe le printemps sur la Pâquerette, l'été sur les Luzules, etc. Cette hétérœcie est un phénomène remarquable, mais qui n'est nullement nécessaire à la vie de toutes les Puccinies. D'autres espèces de ce genre développent, en effet, leurs trois sortes de conidies, dans le même ordre, et finalement leurs probasides, sur une seule et même plante nourricière. Il y a alors *autœcie* et ces Puccinies sont dites *autoïques*. Telles sont les Puccinies de l'Asperge, du Poireau, du Gaillet, de l'Hélianthe, de la Gentiane, de l'Épilobe, de la Violette, de la Menthe, du Silène, etc. La P. de l'Hélianthe ravage, depuis 1886, dans toute la Russie méridionale, les cultures de l'Hélianthe annuel, destinées à l'extraction de l'huile.

Dans ces Puccinies autoïques, le développement se simplifie quelquefois, se raccourcit par suppression d'une ou de plusieurs sortes de conidies. Ainsi la P. suave, qui vit sur le Cirse et la Centaurée, la P. de l'Epervière, la P. bulleuse, qui vit sur diverses Ombellifères, etc., ne forment pas de conidies dans des cupules. La P. du Salsifis, la P. des Liliacées, etc., ne produisent pas de conidies libres. Les P. de la Renouée, de la Tanaisie, du Prunier, de l'Oseille, de l'Iride, du Jonc, etc., n'ont ni conidies des bouteilles, ni conidies des cupules. Les P. de la Bétoine, de la Campanule, de l'Asaret, de la Saxifrage, etc., ne forment pas de conidies du tout, et n'ont que des probasides. Enfin, parmi ces Puccinies autoïques ultra-raccourcies, il en est dont les probasides, sans passer à l'état de vie latente et se disséminer, germent tout de suite sur la plante nourricière en y formant leurs basides et leurs spores. Celles-là n'ont plus pour se propager que leurs basidiospores. *Telles* sont les P. des Malvacées, de la Sabline, de la Véronique, de la Herniaire, de la Circée, etc.

Les autres genres de la famille ont un développement calqué sur celui des Puccinies, dont *ils* se *distinguent surtout par* le groupement de leurs probasides.

L'Uromyce a ses probasides solitaires, avec un pore germinatif terminal. Il compte des espèces hétéroïques, comme l'U. du Pois, qui passe le printemps sur les Euphorbes, l'été sur les Viciées, comme l'U. du Dactyle, qui passe le printemps sur les Renoncules, l'été sur le Dactyle et le Paturin. Mais il possède aussi des espèces autoïques, les unes à développement complet, comme les U. de la Fève, de la Renouée, du Silène, du Trèfle, de la Bette, etc., les autres à développement plus ou moins raccourci. Ainsi les U. de la Scrofulaire, du Sainfoin, *etc.*, *n'ont pas* de conidies libres; les U. de l'Astragale, du Genêt, etc., n'ont ni bouteilles, ni cupules à conidies; les U. du Scille, de l'Ornithogale, etc., n'ont que des probasides. Enfin, dans l'U. pâle, *qui* vit sur le Cytise *capité*, les probasides germent immédiatement sur la plante hospitalière, en y formant les basides et les spores.

Dans le Triphragme, les probasides sont groupées par trois en triangle, une en bas, deux en haut. Dans le Phragmide, elles sont superposées en file de quatre à onze, munies chacune de quatre pores germinatifs, excepté la terminale qui n'en a qu'un. Dans l'Endophylle, les probasides sont superposées aussi en chapelet, mais se séparent avant de germer; de plus, ces chapelets sont d'abord enfermés dans une enveloppe sphérique, qui s'ouvre en cupule; par ces deux caractères, elles ressemblent aux conidies des corbeilles. Dans le Cronarte, les probasides forment encore de longs chapelets qui ne se dissocient pas, mais ces chapelets sont tous intimement soudés en une colonne massive, cupulée à la base comme chez l'Endophylle et séparée de la cupule par des conidies libres. Dans le Mélampsore, les probasides sont sessiles, solitaires et serrées côte à côte en *forme* de palissade ou de croûte, tantôt entre le parenchyme et l'épiderme (M. du Peuplier, du Bouleau, etc.), tantôt à l'intérieur même des cellules épidermiques (M. du Gaillet, de l'Airelle, etc.). Dans le Gymnosporange, les probasides, superposées par deux comme celles des Puccinies, sont unies par une matière gélatineuse provenant de la gélification de la membrane du pédicelle et forment toutes ensemble, sur les branches des Conifères où le parasite se développe, un amas de couleur brun jaunâtre, qui se gonfle par les temps humides et se contracte par les temps secs. Cette confluence gélatineuse des probasides s'opère aussi dans le Chrysomyxe, où elles sont superposées en chapelet.

Dans les Chrysomyxes et les Cronartes, les probasides germent immédiatement sur la plante hospitalière en y produisant leurs basides et leurs spores, comme on l'a vu chez certaines Puccinies et certains Uromyces.

Dans le Chrysopsore, genre exotique, les probasides sont par deux, comme dans les Puccinies, et germent aussitôt après leur maturité. A cet effet, elles se divisent, par trois cloisons transversales, en quatre cellules superposées et chacune de celles-ci pousse latéralement un stérigmate terminé par une spore. En un mot, la baside demeure ici incluse dans la probaside, au lieu d'en sortir comme dans tous les genres précédents. Il en est de même dans le Trichopsore, autre genre exotique, où les probasides sont superposées en chapelet et où ces chapelets sont soudés latéralement en une colonne comme dans les Cronartes. Il en est de même encore dans le Coléospore, genre indigène, où les probasides sont solitaires comme dans les Uromyces, avec cette différence qu'ici la probaside se divise en quatre cellules superposées, en un mot devient la baside, dès avant la maturité. Bientôt après, elle germe en poussant par chaque cellule un stérigmate terminé par une spore. La phase de probaside s'y raccourcit donc autant que possible et tend à la suppression.

D'après le mode de germination de la probaside, suivant qu'elle pousse une baside, ou devient une baside, en d'autres termes, suivant que la baside se forme à l'extérieur ou à l'intérieur de la probaside, les genres se groupent en deux tribus :

1. *Coléosporiées.* — Probasides devenant chacune une baside : Coléospore, Trichopsore, Chrysopsore.
2. *Pucciniées.* — Probasides poussant chacune une baside : Uromyce, Puccinie, Triphragme, Phragmide, Endophylle, Cronarte, Mélampsore, Pragmopsore, Mélampsorelle, Calyptospore, Gymnosporange, Chrysomyxe, etc.

Par les Coléosporiées, et surtout par les Coléospores, où la phase de probaside est presque supprimée, la famille des

Pucciniacées se relie directement aux Auriculariées et par elles aux autres Basidiomycètes.

Ustilagacées. — Les Ustilagacées, 27 genres avec 470 espèces, sont aussi des parasites, qui se développent dans le corps des Phanérogames terrestres, notamment des Angiospermes et surtout des Graminées, et y provoquent diverses maladies connues sous le nom de *charbon* (Ustilage, etc.) et de *carie* (Tillétie, etc.). Quelquefois ils n'attaquent la plante hospitalière qu'en de certaines places limitées, comme les Entylomes qui forment çà et là de petites pustules sur les feuilles de la Ficaire, de la Renoncule rampante, du Souci, etc. Mais le plus souvent ils pénètrent dans la plante lors de la germination, grandissent dans son corps à mesure qu'il se développe, en se détruisant rapidement dans les parties qui cessent de croître pour se concentrer toujours dans le bourgeon terminal, et viennent enfin former leurs spores à certains endroits déterminés, ordinairement dans la fleur. L'organe où ils produisent leurs spores est toujours complètement détruit : tantôt c'est seulement l'ovule (Tillétie du Blé, etc.), ou l'ovaire (Ustilage du Maïs, etc.), ou les étamines (Ustilage violet des Caryophyllées); tantôt c'est la fleur tout entière (Ustilage des moissons, U. bromivore, U. du Salsifis, etc.).

Le thalle est formé de filaments rameux, cloisonnés en cellules, qui demeurent quelquefois localisés dans les espaces intercellulaires (Entylome, etc.), mais le plus souvent perforent aussi les membranes, soit pour enfoncer seulement des suçoirs dans les cellules (Tuburcinie, etc.), soit pour les traverser de part en part. Parvenu au terme de son développement, il forme, dans la profondeur du corps de l'hôte, des cellules reproductrices à membrane épaisse, pourvue d'une exine colorée en brun, en violet ou en noir, dans chacune desquelles se fusionnent les deux noyaux conjugués : ce sont les probasides.

Chez les Tillétics, par exemple, les filaments qui remplissent l'ovaire de la Graminée infestée se couvrent d'innombrables rameaux courts et grêles, qui renflent leurs sommets gélifiés en autant de probasides sphériques à exine brune. Chez les Ustilages, les filaments se ramifient plus abondamment, se tortillent, gélifient leurs membranes et en même temps renflent toutes leurs cellules en autant de probasides à exine noirâtre. Plongées dans la substance gélatineuse, qu'elles font disparaître peu à peu en s'en nourrissant, ces probasides innombrables forment une masse qui, dans l'Ustilage du Maïs, peut atteindre la grosseur du poing. Cette masse gonfle d'abord, puis crève le corps de l'hôte, s'épanche au dehors, se dessèche et enfin dissémine les probasides comme une poussière charbonneuse. Ailleurs, les probasides sont unies deux par deux (Schizonelle, etc.) ou groupées en grand nombre de manière à former une masse solide, enveloppée dans le jeune âge par une couche de filaments stériles (Tolypospore, Tuburcinie, etc.), qui persiste quelquefois (Urocyste; Doassansie, Sphacélothèce).

Outre les probasides, la Tuburcinie et les Entylomes produisent dans l'air un appareil conidien. Certains filaments du thalle de la Tuburcinie, par exemple, traversent l'épiderme inférieur de la feuille du Trientale par les pores des stomates, s'allongent dans l'air et forment à leur sommet aminci une première conidie piriforme qui se détache, puis une seconde qui tombe de même, et ainsi de suite. Ces conidies germent sur la plante nourricière en y produisant un nouveau thalle.

Après un certain temps de vie latente, la probaside germe dans l'air humide. Elle pousse un tube bientôt arrêté dans sa croissance, qui est une baside; mais cette baside se comporte suivant les genres d'une manière différente.

Tantôt elle prend trois cloisons transversales, qui la divisent en quatre cellules superposées; puis chaque cellule pousse sous la cloison un stérigmate terminé par une spore incolore, qui s'en détache (fig. 22). La baside est donc pleurospore et cloisonnée, comme celle des Pucciniacées et des Auriculariées (Ustilage, Schizonelle, Tolypospore, Sphacélothèce, etc.). Il faut remarquer toutefois que les cloisons transversales peuvent s'y réduire à deux ou à une seule, et qu'au-dessous de la cloison, chaque cellule peut produire côte à côte deux ou plusieurs spores. Pour ces deux causes, le nombre des spores produites par la baside est donc sujet à varier.

Tantôt le tube court issu de la probaside ne se cloisonne pas et produit autour de son sommet un verticille de spores incolores, plus ou moins allongées et en nombre variable, de 4 à 12 par exemple dans les Tillétics (fig. 23). La baside est alors acrospore et entière, comme chez les Agaricacées et les Lycoperdacées (Tillétie, Entylome, Urocyste, Tuburcinie, etc.). Il faut remarquer toutefois que le nombre des spores n'y est pas fixe et déterminé.

Qu'elles procèdent d'une baside entière ou d'une baside

cloisonnée, les spores ont une tendance à s'unir deux par deux par une anastomose transverse en forme d'H (fig. 22 et fig. 23, *c*). Cette anastomose est de la même nature que celle qui unit fréquemment les cellules dans les filaments du thalle et que l'on observe assez souvent aussi d'une cellule à l'autre dans les basides cloisonnées.

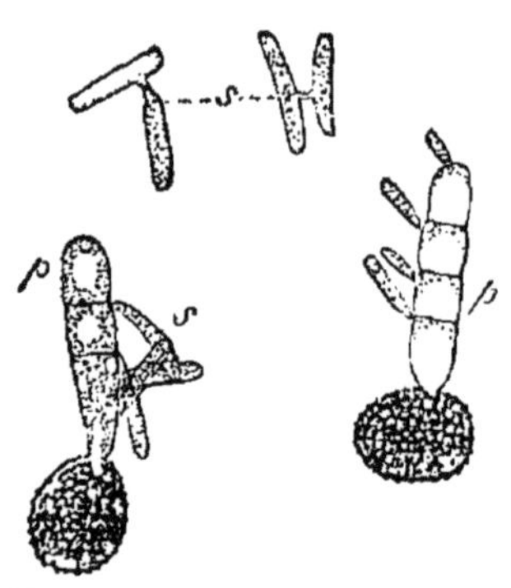

Fig. 22. — Probasides de l'Ustilage du Salsifis, germant en une baside pleurospore et cloisonnée *p*, produisant latéralement des spores *s*, qui se détachent et s'anastomosent parfois deux par deux (en haut).

Parvenues sur la *plante hospitalière*, pendant la première phase de sa germination, les spores y germent en poussant un filament qui perce le jeune épiderme notamment à l'endroit du collet, puis s'allonge et se ramifie à l'intérieur à mesure que la plante s'accroît, en se conservant seulement dans son bourgeon terminal, comme il a été dit plus haut. Semées dans un liquide nutritif, les spores des Ustilages bourgeonnent activement et produisent des chapelets rameux de cellules promptement dissociées, analogues à ceux des Levures, notamment de la Levure de bière; plus tard, ces cellules s'allongent en filaments ramifiés; mais ceux-ci ne produisent jamais de probasides dans ces cultures. Dans les mêmes conditions, les spores des Tillétics, etc., donnent un thalle rameux dont les branches portent à leur sommet des conidies et qui plus tard forment des probasides.

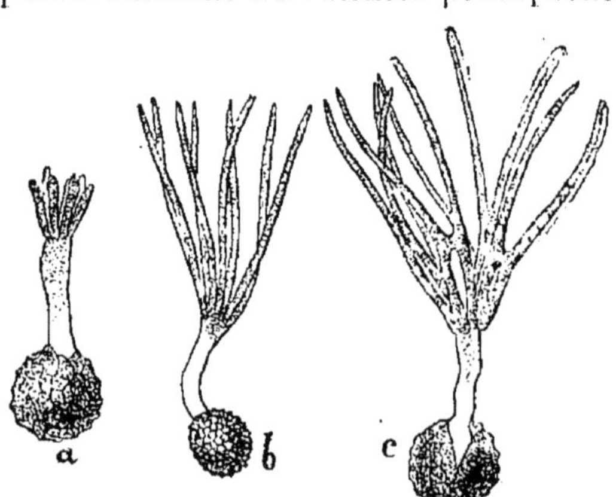

Fig. 23. — Probasides de la Tillétie du Blé, germant en une baside acrospore et entière; *a*, début de la formation des spores au sommet; *b*, spores filiformes entièrement développées; *c*, les spores se sont unies deux par deux en forme d'H.

Les probasides conservent assez longtemps leur faculté germinative : jusqu'à sept ans et demi dans l'Ustilage des moissons et huit ans et demi dans la Tillétie du Blé. Elles sont tuées par une immersion de quelques heures dans une solution de sulfate de cuivre à un demi pour cent. Aussi, pour éviter le charbon et la carie, suffit-il de faire tremper les graines dans une pareille dissolution pendant douze heures, en remuant de temps en temps; on sème après dessiccation.

D'après la conformation des basides issues de la germination des probasides, les genres peuvent être groupés en deux tribus :

1. *Ustilagées*. — Basides pleurospores, cloisonnées : Ustilage, Sphacélothèce, Schizonelle, Tolypospore, Thécaphore, etc.
2. *Tillétiées*. — Basides acrospores, entières : Tillétie, Urocyste, Entylome, Mélanotène, Tuburcinie, Doassansie, etc.

Par les Ustilagées, les Ustilagacées se rattachent directement aux Pucciniacées, et par elles aux Trémellacées. Par les Tillétiées, elles se relient aux Agaricacées et aux Lycoperdacées. Mais l'indétermination du nombre des spores portées par les basides, qu'elles soient entières ou cloisonnées, leur donne un caractère propre et fait de cette famille le représentant le plus inférieur de l'ordre des Basidiomycètes et, si l'on veut, l'origine commune à la fois des Holobasidiées (Agaricacées et Lycoperdacées) et des Phragmobasidiées (Trémellacées et Pucciniacées).

ORDRE IV

ASCOMYCÈTES

Caractères généraux. — De tous les ordres de la classe des Champignons, celui des Ascomycètes est assurément le plus riche en formes variées, tant au point de vue du mode de végétation du thalle que sous le rapport de la structure et du polymorphisme de l'appareil reproducteur.

Le thalle est formé de filaments cloisonnés en cellules, rameux et souvent anastomosés; comme chez les Basidiomycètes, les cellules renferment chacune deux noyaux conjugués, n'ayant chacun que la moitié des bâtonnets de nucléine de la spore primitive, ordinairement deux, et n'étant, en conséquence, que des demi-noyaux. Il est tantôt composé tout entier de pareils filaments libres, tantôt différencié en mycèle et strome, ce dernier pouvant passer à l'état de vie latente en constituant des sclérotes. Il se développe souvent dans les matières organiques en voie de décomposition ; aussi beaucoup de ces plantes comptent-elles parmi les moisissures les plus vulgaires (*Pénicille, Aspergille, Levure, etc.*); ailleurs, il vit dans la terre humide (Pézize, Morille, Helvelle, etc.), à l'intérieur de laquelle il produit même quelquefois son appareil sporifère (Truffe, etc.) ; ailleurs encore, il s'établit en parasite sur les végétaux vivants (Erysiphe, Clavicèpe, etc.), ou vit en symbiose avec des Algues inférieures pour constituer les Lichens.

Le thalle produit son appareil sporifère sur un filament s'il est tout entier filamenteux, sur le strome ou sur le sclérote quand il y en existe un. A cet effet, le filament produit quelquefois directement les asques à sa surface ou au sommet de ses rameaux (Levure, Endomyce, etc.) ; mais le plus souvent, il se ramifie d'abord abondamment, pelotonne et enchevêtre ses branches, et constitue un tubercule de plus en plus grand, qui prend une forme déterminée et devient l'appareil sporifère, nommé alors *périthèce*. Tantôt toutes les branches sont semblables au début, le tubercule est homogène et c'est assez tard que se différencient en lui les filaments dont les derniers rameaux constituent les asques. Tantôt, au contraire (fig. 24), la première branche (*c*) diffère de toutes les autres, qui l'enveloppent et forment la masse du tubercule (*p, r*); c'est d'elle seule alors que partent plus tard les filaments dont les derniers rameaux

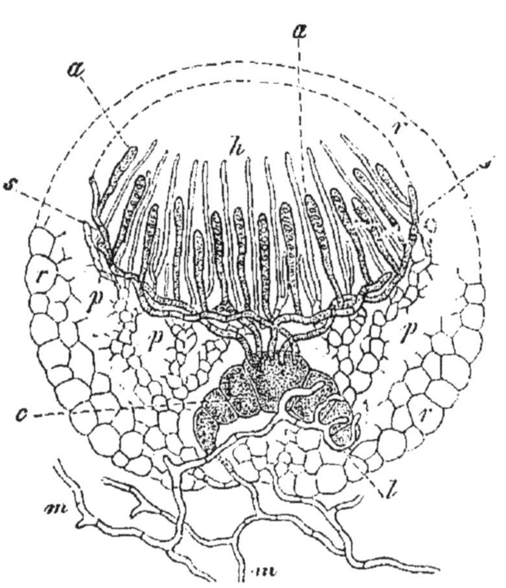

Fig. 24. — Ascobole furfuracé, section longitudinale théorique du périthèce ; *m*, thalle ; c, branche ascogène courbée en arc (ascogone) ; sa cellule médiane se ramifie seule pour former les asques *a* ; *p*, *r*, massif stérile du tubercule, d'abord fermé en haut, plus tard ouvert en disque, d'où procèdent les paraphyses *h*.

deviennent les asques (*a*) : aussi lui donne-t-on le nom d'*ascogone*.

Dans tous les cas, les asques une fois formés, après avoir au préalable fusionné en un seul noyau complet leurs deux demi-noyaux conjugués, produisent dans leur intérieur (fig. 25), par division répétée de ce noyau réintégré (*b*) et

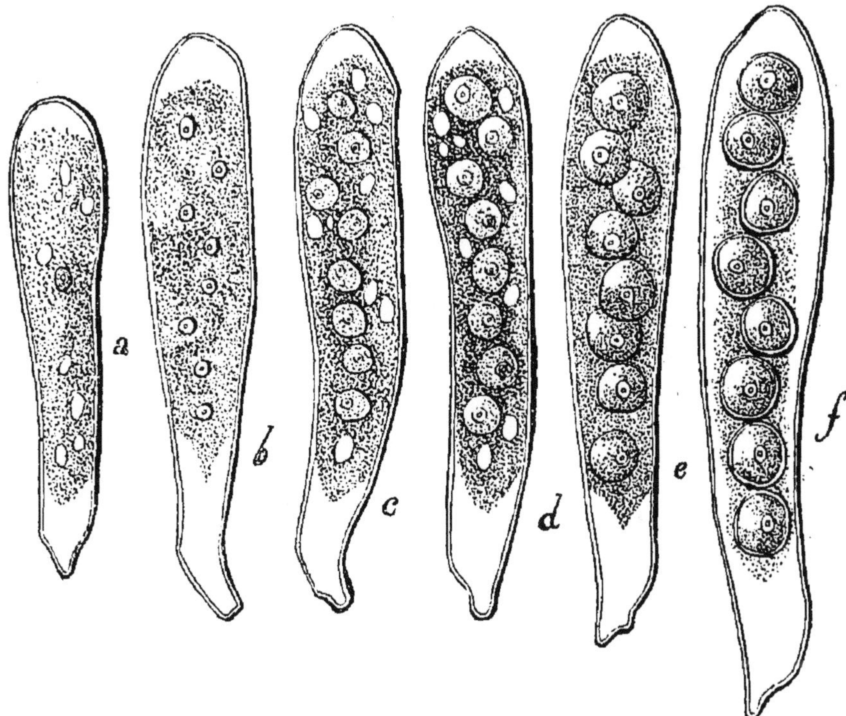

Fig. 25. — Formation des spores dans l'asque d'une Pézize. *a*, le noyau vient de se réintégrer, mais est encore indivis; *b*, il est divisé en huit par trois bipartitions successives; *c*, autour de chacun des huit noyaux s'est condensée une portion du protoplasme, qui s'entoure d'une fine membrane, et les spores sont formées; *d* et *e*, elles grandissent aux dépens de l'épiplasme; *f*, elles épaississent leur membrane et mûrissent, tandis que l'épiplasme a presque disparu.

condensation du protoplasme autour de chaque nouveau noyau (*c*), un certain nombre de spores libres. Quelquefois ce nombre est plus ou moins grand et indéterminé (Protomyce, Ascoïdée, etc.). Ordinairement il est déterminé, le plus souvent huit, quelquefois deux ou quatre, parfois aussi seize, trente-deux ou davantage, mais toujours un multiple de huit.

Ces spores grandissent au détriment de la portion non employée du contenu de l'asque (*d*, *e*); ce résidu, nommé *épiplasme*, contient en effet des matériaux de réserve et notamment de l'amylodextrine, colorable en rouge ou en violet par l'iode. A la maturité (*f*), les spores sont mises en liberté, soit par la dissolution totale de la membrane de l'asque, soit par sa déhiscence qui a lieu tantôt par une déchirure irrégulière au sommet, tantôt par une fente circulaire qui détache un opercule; cette déhiscence s'opère souvent avec une grande force qui projette au loin les spores.

Dans le périthèce, les asques sont quelquefois disposés en grappe (Aspergille, etc.); mais d'ordinaire ils sont serrés côte à côte en une assise continue, nommée *hymène* comme chez les Basidiomycètes, entremêlés le plus souvent de cellules stériles qui sont, ici aussi, des *paraphyses*. Ils sont situés tantôt à la surface du périthèce mûr, tantôt dans son intérieur, et alors celui-ci s'ouvre ou demeure indéhiscent : ces différences sont utilisées pour la caractérisation des familles.

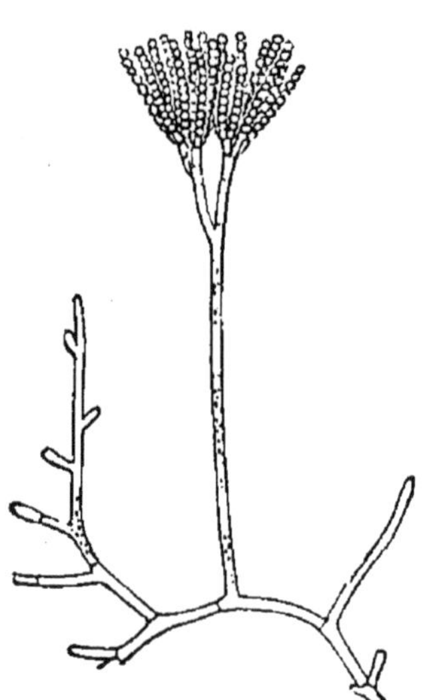

Fig. 26. — Appareil conidien du Pénicille crustacé; les conidies forment un pinceau de chapelets.

Outre les ascospores, qui sont essentiellement des spores de conservation et qui ne manquent jamais, beaucoup d'Ascomycètes produisent, dans d'autres conditions de milieu, une, deux, trois et quelquefois quatre sortes de conidies, toujours formées à l'extérieur des filaments, c'est-à-dire exogènes, et adaptées à une propagation rapide dans des circonstances favorables (fig. 26). Il en résulte un polymorphisme reproducteur beaucoup plus marqué que chez la plupart des Basidiomycètes, et dont la richesse rappelle celui des Pucciniacées. Les conidies peuvent naître directement sur les filaments du thalle, ou être groupées dans des appareils distincts, qui sont tantôt des filaments libres et dressés (fig. 26), tantôt des tubercules massifs, pleins et portant les conidies à leur surface, ou creusés en forme de bouteille et tapissés à l'intérieur par les rameaux conidifères. Les conidies elles-mêmes sont tantôt assez grandes, ovales ou sphériques, et germant dans l'eau, tantôt très petites, étirées en bâtonnets, et ne germant que dans des milieux nutritifs appropriés.

Division de l'ordre des Ascomycètes en quatre familles — D'après la structure du périthèce mûr et le mode de vie, l'ordre des Ascomycètes est divisé en quatre familles. Quand les asques sont, à la maturité, situés à l'extérieur du périthèce, qui prend alors le plus souvent la forme d'une coupe ou d'un disque tapissé par l'hymène sur sa face supérieure, c'est la famille des *Pézizacées*. Quand les asques sont intérieurs, si le périthèce s'ouvre au sommet pour disséminer les spores, c'est la famille des *Sphériacées*; si le périthèce ne s'ouvre pas, les spores ne devenant libres que par sa destruction, c'est la famille des *Périsporiacées*. A la rigueur, tous les Ascomycètes appartiennent à l'une ou à l'autre de ces trois familles; on en sépare pourtant tous ceux qui vivent en société avec des Algues, pour en former, à cause de la physionomie spéciale que leur imprime ce mode de vie, une famille distincte sous le nom de *Lichens*. Les Lichens sont donc une famille essentiellement physiologique, mais hétérogène au point de vue morphologique. En résumé :

Thalle	indépendant. Hymène	externe		*Pézizacées.*
		interne. Périthèce	s'ouvrant au sommet..	*Sphériacées.*
			indéhiscent	*Périsporiacées.*
	vivant en symbiose avec des Algues			*Lichens.*

Pézizacées. — Les Pézizacées, 278 genres avec près de 5000 espèces, renferment à la fois les Ascomycètes où le périthèce se réduit à sa plus simple expression, comme les Levures, et ceux où il atteint son plus haut degré de complication et sa dimension la plus grande, comme les Pézizes, les Morilles et les Helvelles.

Le thalle vit dans la terre humide (Morille, Helvelle, Pézize, etc.), à la surface des fruits charnus et sucrés (diverses Levures, etc.) ou même en parasite dans les feuilles et les tiges des Phanérogames (Ascomyce, Exoasque, Hypoderme, Phacide, Rhytisme, diverses Pézizes, etc.), ou dans l'appareil sporifère de divers Agarics (Endomyce, etc.). Il arrondit quelquefois ses cellules et les dissocie promptement (Levure, fig. 27, Ascomyce, Exoasque, etc.). En outre, dans certaines Levures, il a la propriété de croître pendant quelque temps sans oxygène libre dans un liquide renfermant du glucose; il décompose alors le glucose en alcool, acide carbonique et divers produits accessoires, parmi lesquels la glycérine et l'acide succinique : en un mot, il constitue un *ferment alcoolique* (Levure de bière sous ses deux formes, *haute* et *basse*, Levure ellipsoïde ou Levure ordinaire du vin, Levure apiculée, etc.). D'autres Levures n'ont pas cette propriété (L. mycoderme ou *fleurs du vin*, L. blanche du *muguet*, etc.). Parmi les premières, les unes produisent de l'invertine et dédoublent le sucre de Canne (Levure de bière, etc.), tandis que d'autres ne l'invertissent pas (L. apiculée, etc.). On voit que les propriétés des Levures et leur utilité pour l'homme varient beaucoup suivant les espèces. Les Sclérotinies produisent sur leur thalle des sclérotes, d'où procèdent plus tard directement les périthèces (S. de Fuckel, S. tubéreuse, S. des sclérotes, etc.).

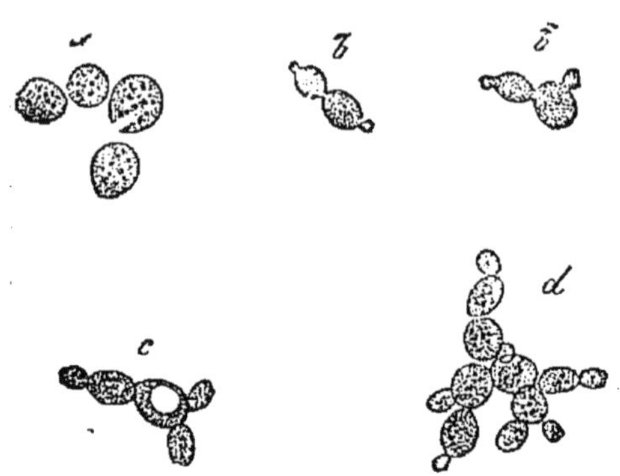

Fig. 27. — Levure de bière. *a*, cellules dissociées du thalle; *b*, *b*, *c*, croissance en chapelet et ramification progressive; *d*, thalle rameux, qui se dissociera bientôt de nouveau.

Le périthèce peut se réduire à un asque isolé (Levure, Ascomyce, Protomyce, Ascoïdée, Thélébole, Endomyce, Oléine, etc.) ou à un groupe d'asques serrés côte à côte et formant un hymène directement appliqué sur le thalle (Exoasque, etc.). Mais le plus souvent l'hymène, composé d'asques et de paraphyses (fig. 28), revêt la surface supérieure soit d'une coupe sessile ou pédicellée (Ascobole, fig. 24 et 28, Pézize, etc.), soit d'un corps massif de grande taille dont la forme varie suivant les genres (Morille, Helvelle, etc.). L'origine de ce périthèce est tantôt homogène (Pézize, Morille, etc.), tantôt différenciée, c'est-à-dire pourvue d'un ascogone (Ascobole, fig. 24, Pyronème, etc.).

Fig. 28. — Portion de l'hymène d'un Ascobole, avec deux asques octospores commençant à proéminer au-dessus des paraphyses, et un troisième qui s'est ouvert par un opercule au sommet, a lancé ses spores et s'est rétracté au-dessous des paraphyses.

Quand les asques sont isolés, ils sont quelquefois de forme

et de grandeur variables et produisent aussi un nombre de spores indéterminé (Protomyce, Ascoïdée, Thélébole, etc.). Ils ressemblent alors aux sporanges des Mucoracées et des Saprolégniacées. Parmi ces Pézizacées inférieures, il en est qui sont parasites et qui ne forment sur la plante hospitalière que de grosses cellules reproductrices exogènes; en germant plus tard à l'air libre, aux dépens de leurs réserves, celles-ci produisent directement chacune un asque. Ce sont donc des *proasques*, analogues aux probasides des Pucciniacées et des Ustilagacées. Il en est ainsi notamment dans les Protomyces, dont une espèce vit sur les Ombellifères, une autre sur les Composées Liguliflores.

Plusieurs Pézizacées ont, en outre, un appareil conidien très développé (Pézize, Sclérotinie, Bulgaire, Cénange, etc.). Dans la Sclérotinie de Fuckel, par exemple, qui, sous la forme conidienne, est une des moisissures les plus répandues sur les matières végétales en voie de décomposition : fleurs, feuilles, fruits, etc., l'appareil se compose d'un filament dressé, cloisonné et ramifié, dont chaque branche produit autour du sommet un capitule de conidies, puis se prolonge au-dessus, forme un nouveau capitule, s'allonge de nouveau, et ainsi de suite.

Les genres se groupent en six tribus, comme il suit :

1. *Proascées*. — Asques isolés, issus de la germination d'autant de proasques : Protomyce, etc.
2. *Exoascées*. — Périthèce réduit à l'hymène, lequel à son tour peut se réduire à un asque unique : Levure, Ascoïdée, Ascomyce, Endomyce, Oléine, Exoasque, Podocapse, Ascotric, Ascodesme, Stictide, etc.
3. *Patellariées*. — Périthèce subéreux ou coriacé : Patellaire, Tympanide, Cénange, Dermatée, etc.
4. *Phacidiées*. — Périthèce corné, d'abord clos, puis s'ouvrant : Phacide, Rhytisme, Hypoderme, Hystère, etc.
5. *Ascobolées*. — Périthèce gélatineux, d'abord clos, puis ouvert; asques proéminant le plus souvent au-dessus des paraphyses : Ascobole, Ascophane, Ryparobe, Thélébole, Bulgaire, etc.
6. *Pézizées*. — Périthèce céracé ou charnu, toujours ouvert; asques ne dépassant pas les paraphyses : Pézize, Sclérotinie, Hélote, Géoglosse, Léotie, Mitrule, Verpe, Morille, Helvelle, etc.

Sphériacées. — Les Sphériacées comprennent 305 genres avec plus de 8600 espèces. Leur thalle vit ordinairement dans les matières organiques en voie de décomposition. Quelquefois il est parasite sur les animaux, comme le Cordycèpe militaire, qui attaque les chenilles, et comme les nombreuses Laboulbéniées, qui vivent sur les Insectes, principalement sur les Coléoptères, notamment sur les Hannetons. Ou bien il est parasite sur les plantes, comme le Clavicèpe pourpre qui s'établit dans l'ovaire de diverses Graminées, notamment

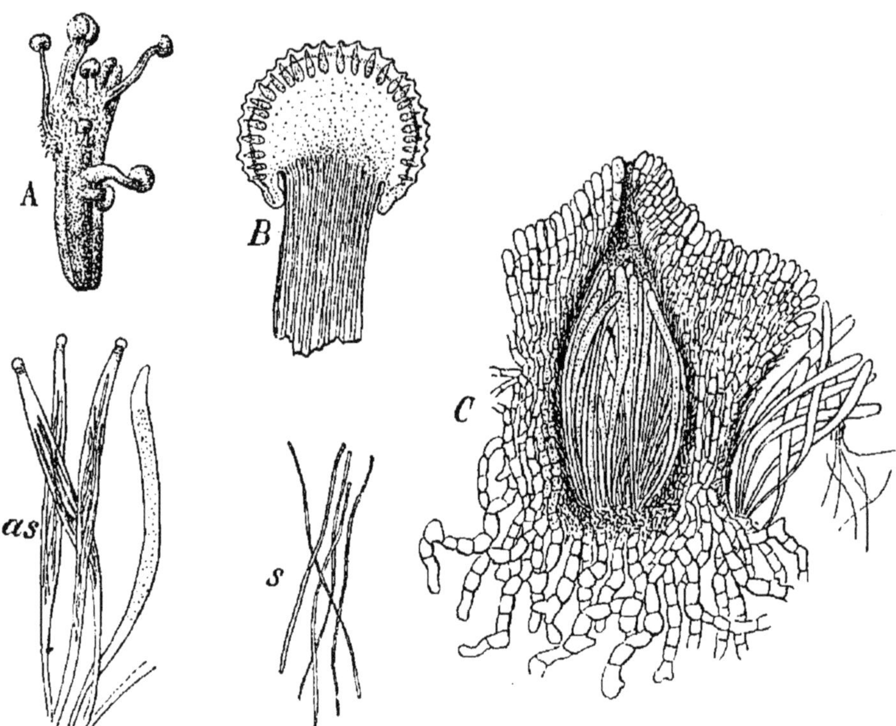

Fig. 29. — Clavicèpe pourpre. *A*, sclérote (ergot de Seigle) germant et produisant plusieurs stromes en colonne; *B*, section longitudinale de la tête sphérique du strome, montrant les périthèces; *C*, section grossie d'un périthèce, montrant les asques; à droite, on voit les spores filiformes s'échapper d'un asque par une fente circulaire à la base; *as*, asques grossis avec leurs spores; *s*, forme des spores.

du Seigle, et y forme un sclérote allongé qu'on nomme l'*ergot* (fig. 29, *A*).

Les périthèces sont toujours de petits conceptacles arrondis en sphère ou allongés en bouteille et percés d'un ostiole au sommet. Tantôt ils naissent directement des filaments du thalle, isolés ou rapprochés en troupe (Sphérie, Sordaire, Chétome, etc.; Laboulbénie, Stigmatomyce, etc.) : le périthèce est simple. Tantôt le thalle forme d'abord un strome aplati en lame ou allongé en cordon (fig. 29), quelquefois rameux, qui peut atteindre 8 et 10 centimètres de longueur (Cordycèpe, etc.); c'est alors dans la zone périphérique de ce strome que les périthèces prennent naissance, pour venir s'ouvrir à la surface (Clavicèpe, fig. 29, *B*, Valse, Hypoxyle, etc.) : le périthèce est composé.

La paroi du périthèce est constituée par deux couches : l'externe, dure, formée de cellules plus grandes à membrane cutinisée et colorée, projette souvent des poils vers l'extérieur; l'interne, molle, formée de cellules plus petites à membrane mince et incolore, est tapissée, notamment à la base, par les paraphyses et les asques dont l'ensemble forme l'hymène. Ici aussi, l'origine du périthèce est, suivant les genres, homogène, sans ascogone (Pléospore, Clavicèpe, etc.), ou différenciée, avec un ascogone tantôt droit (Laboulbénie, Stigmatomyce, etc.), tantôt spiralé ou pelotonné (Sordaire, Chétome, etc.).

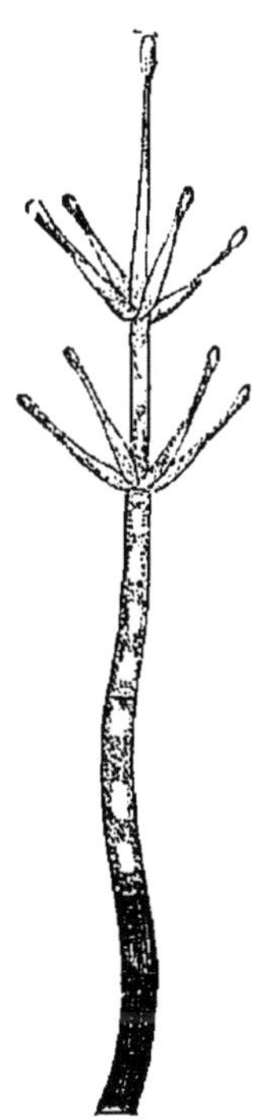

Fig. 30. — Appareil conidien filamenteux d'une Sphériacée.

Les Sphériacées sont pourvues de conidies plus abondamment encore que les Pézizacées. On peut en distinguer de trois sortes : 1° des conidies sur des filaments libres, affectant les formes et les dispositions les plus variées (fig. 30) ; 2° des conidies ovales ou arrondies, isolées au sommet de rameaux simples et unicellulaires qui tapissent la paroi d'une bouteille ; elles s'échappent librement par le col de la bouteille et germent ordinairement dans l'eau ; 3° des conidies linéaires, disposées à la fois au sommet et sur les flancs de branches rameuses et cloisonnées tapissant la paroi d'une bouteille pareille à la précédente (fig. 34) ; elles en sortent en nombre immense, souvent empâtées dans une substance gélatineuse, sous forme d'un filet tortillé qui prend, en se desséchant, une consistance cireuse ; elles ne germent que dans un liquide convenable, par exemple dans l'eau contenant du sucre et du tannin. Le même thalle peut porter, outre les périthèces, ces trois sortes de conidies et leurs intermédiaires, en même temps (Pléospore des herbes, Fumagine du Saule, etc.), ou successivement et dans l'ordre suivant : conidies libres, bouteilles à conidies linéaires, bouteilles à conidies arrondies et enfin périthèces (Cucurbitaire, Mélancone, Dothidée, etc.). Cependant l'une ou l'autre de ces formes peut manquer, séparément ou à la fois; ainsi les Laboulbéniées, les Xylariées et la plupart des Nectriées n'ont que des conidies libres.

D'après la conformation du périthèce, la nature du strome et le mode de vie, les genres se groupent en cinq tribus, comme il suit :

1. *Sphériées.* — Périthèce simple; plantes vivant en moisissures ou en parasites sur les végétaux : Sordaire, Hypocopre, Cératostome, Sphérie, Pléospore, Fumagine, Massaire, Cucurbitaire, etc.
2. *Laboulbéniées.* — Périthèce simple; plantes vivant en parasites sur les insectes, principalement sur les Coléoptères : Laboulbénie, Chitinomyce, Stigmatomyce, Rhachomyce, Cératomyce, etc.
3. *Valsées.* — Périthèce composé; strome corné, noir, le plus souvent recouvert par le liège de la branche où il se développe : Eutype, Polystigme, Dothidée, Valse, Mélancone, Diatrype, Quaternaire, etc.
4. *Nectriées.* — Périthèce composé; strome charnu, rose ou rouge, libre : Clavicèpe, Cordycèpe, Épichloé, Hypocrée, Hypomyce, Nectrie, etc.
5. *Xylariées.* — Périthèce composé; strome libre, dressé en stylet ou en buisson, ou aplati en coussinet ou en coupe : Hypoxyle, Ustuline, Poronie, Xylaire, etc.

Périsporiacées. — Les Périsporiacées renferment 105 genres avec environ 1050 espèces. Leur thalle se développe souvent dans les matières organiques en voie de décomposition, comme chez les Aspergilles, les Stérigmatocystes et les Pénicilles, dont les nombreuses espèces comptent parmi les moisissures les plus vulgaires; celui des Onygènes croît principalement sur la corne, les ongles, les plumes et les poils. Ailleurs, il s'étend en parasite à la surface des feuilles et des tiges des plantes terrestres, appliquant et enfonçant çà et là des rameaux en suçoirs dans les cellules épidermiques (Érysiphe, etc.). Quelquefois il se développe dans la terre, où il produit son périthèce (Truffe, etc.).

A l'état moyen de son développement, le périthèce consiste toujours en un tubercule massif, arrondi, plus ou moins gros (fig. 31, *II*), pédicellé dans les Onygènes, souterrain dans les Truffes, à l'intérieur duquel les asques se forment en résorbant à mesure le tissu ambiant; ce qui reste se détruit aussi plus tard pour mettre les spores en liberté.

Suivant les genres, ce tubercule procède, soit d'une origine différenciée, avec un ascogone court et droit (Érysiphe, etc.) ou long et enroulé en spirale (Aspergille, Pénicille, etc.), soit au contraire d'une origine homogène, sans ascogone (Stérigmatocyste, etc.). Le périthèce ne contient quelquefois qu'un seul asque (Sphérothèce, fig. 31, etc.); les asques ne renferment parfois que quatre ou même deux spores (Truffe, fig. 32).

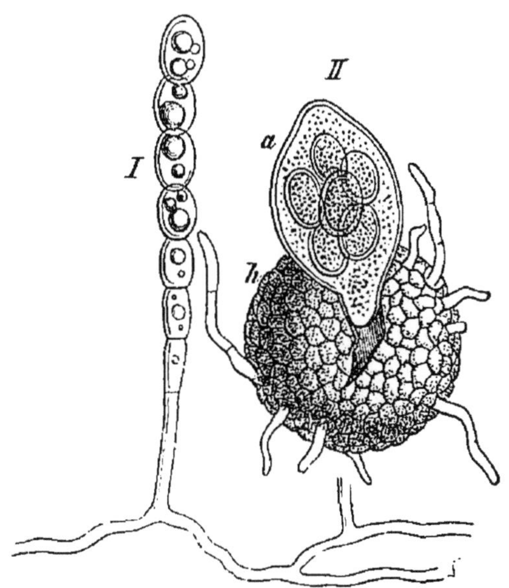

Fig. 31. — Sphérothèce de Castagne. *I*, appareil conidien; *II*, périthèce mûr faisant sortir par une déchirure son asque unique *a*.

Outre leur périthèce, bon nombre de Périsporiacées produisent un appareil conidien; plusieurs d'entre elles se présentent même beaucoup plus souvent sous cette forme qu'avec leurs ascospores. Dans les Érysiphes (fig. 31, *I*), c'est un filament cloisonné, simple, terminé par un chapelet de conidies, qui se désarticulent et tombent. Dans les Pénicilles (fig. 26), le filament cloisonné termine aussi sa dernière cellule par un chapelet de conidies; mais aussitôt, sous les dernières cloisons, il se forme des branches qui se terminent de même et s'appliquent contre le filament principal, de manière à réunir tous leurs chapelets en un pinceau. Les filaments principaux s'unissent parfois côte à côte en grand nombre, en une colonne massive terminée par tout autant de pareils pinceaux. Dans les Aspergilles, le filament n'est pas cloisonné et se renfle en tête au sommet; cette tête bourgeonne et se couvre de rameaux courts terminés chacun par un chapelet de conidies. Il en est de même dans les Stérigmatocystes (fig. 33), avec cette différence que les premiers rameaux s'y ramifient à leur tour et se terminent par un verticille de ramuscules, portant chacun un chapelet de spores. Des Érysiphes aux Stérigmatocytes, on voit donc croître de plus en plus le nombre des chapelets de conidies portés par un même filament.

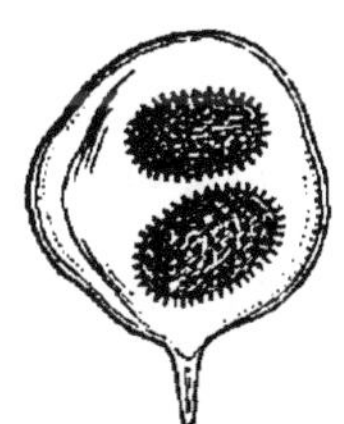

Fig. 32. — Asque à deux spores de la Truffe mélanosperme.

D'après la conformation du périthèce et le mode de vie,

les genres peuvent être groupés, comme il suit, en quatre tribus :

1. *Périsporiées.* — Thalle non parasite, périthèce sessile : Aspergille, Stérigmatocyste, Pénicille, Gymnoasque, Périspore, etc.

Fig. 33. — Appareil conidien du Stérigmatocyste noir, en section longitudinale optique.

2. *Érysiphées.* — Thalle parasite, périthèce sessile : Sphérothèce, Podosphère, Phyllactinie, Uncinule, Érysiphe, Microsphère, Apiospore, Lasiobotryde, etc.
3. *Onygénées.* — Périthèce pédicellé : Onygène.
4. *Tubérées.* — Périthèce souterrain : Truffe, Élaphomyce, Hydnocyste, etc.

Lichens. — Les Lichens comprennent 180 genres, avec plus de 1 500 espèces. Le thalle y est différencié en un mycèle, enfoncé dans le milieu nutritif et qui n'offre rien de particulier, et un strome aérien qui emprisonne, comme on sait (I, p. 56, fig. 19), le thalle pourvu de chlorophylle d'une de ces Algues d'un vert pur ou d'un vert bleuâtre qui vivent dans l'air humide. La forme extérieure de ce strome lui est imprimée tantôt par l'Algue, tantôt par le Champignon, suivant que l'une ou l'autre plante y prédomine. Le premier cas s'observe quand l'Algue est formée d'une file de cellules, simple ou rameuse, recouverte par une mince couche de filaments de Champignon qui se moule sur elle, comme dans l'Éphèbe, qui emprisonne un Stigonème, et dans le Cénogone, qui enferme une Trentépohlie. Il en est de même encore quand l'Algue est un Nostoc, dans la masse gélatineuse duquel les filaments d'un Collème ou d'un Leptoge se ramifient et se feutrent, sans en altérer beaucoup la forme, pour constituer un Lichen *gélatineux.*

Le second cas, où la masse du strome est formée par le tissu compact du Champignon, emprisonnant çà et là dans ses mailles les cellules vertes, isolées ou réunies par petits groupes, dont l'ensemble constitue le thalle dissocié de l'Algue, est de beaucoup le plus fréquent. Suivant les genres, la forme du Lichen varie alors beaucoup et peut se rattacher à trois types. Tantôt en effet, il s'étale en forme de croûte, étroitement appliquée sur les pierres et les écorces crevassées, ou intercalée entre les feuillets du liège des plantes ligneuses et ne poussant au dehors que les périthèces : le Lichen est dit alors *crustacé* (Graphide, Lécidée, Verrucaire, etc.). Tantôt il forme une lame membraneuse, souvent ondulée et plissée, parfois de grande dimension (Peltigère, Sticte, etc.), étalée à la surface de la terre, des rochers, de la mousse, des écorces, etc., mais s'en détachant facilement par la rupture des quelques filaments mycéliens libres ou juxtaposés en cordons qui la relient çà et là au support (fig. 34) : le Lichen est dit *foliacé* (Physcie, Parmélie, Peltigère, etc.). Ailleurs il n'est fixé au support que par une base étroite, sur laquelle il se dresse dans l'air en se ramifiant fréquemment en forme de buisson : le Lichen est dit *fruticuleux* (Cladonie, Roccelle, Usnée, Cénomyce, etc.). Dans ces trois cas, l'Algue est localisée dans une zone moyenne de l'épaisseur du strome, dite *couche verte* (*g*, fig. 34), laissant en dehors d'elle une couche incolore (*o*), dite *couche corticale*, et en dedans d'elle une masse également incolore (*m*), dite *couche médullaire*. Les Lichens crustacés et foliacés n'ont de couche verte que du côté supérieur, éclairé (fig. 34); les fruticuleux en ont tout autour.

A chaque espèce, à chaque genre de Lichens ne correspond pas une espèce d'Algue différente. Il suffit, au contraire, d'un très petit nombre d'Algues pour alimenter l'immense multitude des Lichens; aussi la même Algue se retrouve-t-elle dans les Lichens les plus différents, comme le Protocoque vert, par exemple, qu'on observe dans un grand nombre de Lichens foliacés et fruticuleux. Par contre, des Lichens très voisins peuvent renfermer des Algues très différentes, comme on le voit pour les Stictes et les Stictines, pour les Omphalaires et les Arnoldies, et même pour l'Opégraphe variée et l'O. filicine. Bien plus, le même Lichen peut emprisonner à la fois plusieurs Algues de genres et même d'ordres différents, une Algue vert bleu par exemple avec une Algue vert pur.

Diversement associés dans le strome, comme il vient d'être dit, le thalle du Champignon et celui de l'Algue s'établissent sur de nombreux points en contact intime (fig. 35). Au voisinage des cellules de l'Algue, les filaments du Champignon poussent, en effet, des rameaux qui appliquent simplement leur sommet dilaté sur la cellule verte ou qui rampent à sa surface, en se ramifiant de manière à l'envelopper partiellement (fig. 35, *A* et *B*) ou même à l'emprisonner dans une assise cellulaire complète (*C* et *D*). Dans ce contact intime, les deux thalles agissent l'un sur l'autre; il s'opère entre eux par voie d'osmose un échange nutritif, le Champignon puisant dans l'Algue une partie des hydrates de carbone qu'elle produit sous l'influence de la lumière et de la chlorophylle et que lui-même est impuissant à former, l'Algue prenant au Champignon une partie des matières albuminoïdes qu'à l'aide de ces hydrates de carbone il sait créer plus rapidement qu'elle. Dans cet échange, le bénéfice est assurément plus grand pour le Champignon que pour l'Algue; mais si l'on ajoute que l'Algue trouve, en outre, dans le Champignon à la fois un abri contre la sécheresse, le vent et la pluie, ce qui lui permet de se maintenir toute l'année sur les rochers, la terre et les écorces, et un support, grâce auquel elle peut s'étaler en lame ou se dresser en buisson, on comprendra que les avantages tendent à s'égaliser. L'union lichénique est

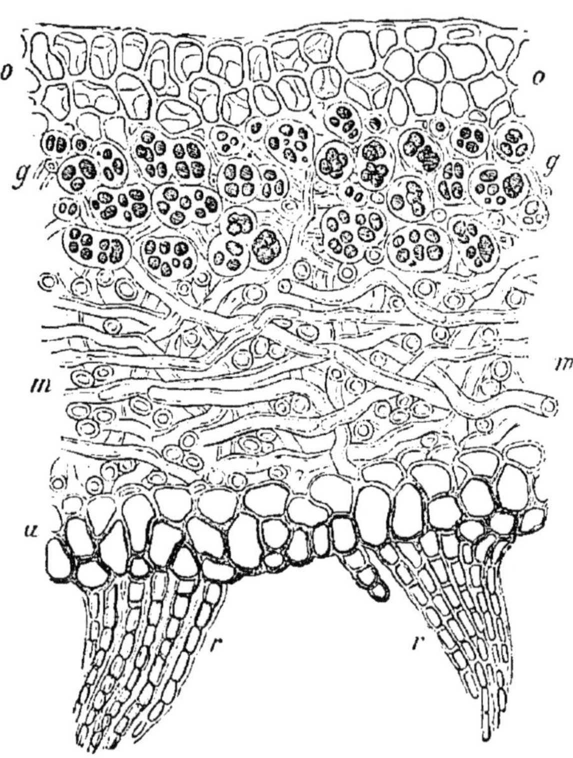

Fig. 34. — Sticte fuligineuse, Lichen foliacé, section transversale du thalle. *o*, couche corticale de la face supérieure; *u*, celle de la face inférieure, avec les filaments et cordons mycéliens *r*; *m*, couche médullaire; *g*, couche verte, logeant dans ses mailles les cellules de l'Algue.

donc bien une association à bénéfice réciproque, une symbiose.

C'est même uniquement par une pareille association que nous pouvons comprendre et que nous voyons, en effet, se manifester la première apparition durable de la vie végétale à la surface d'un sol stérile, d'un récif émergé, par exemple, d'un rocher éboulé, d'une pierre extraite de la carrière, d'une tige recouverte de liège, etc. Ce rocher reçoit les germes de toutes les plantes voisines, mais ni les graines des Phanérogames, ni les spores des Cryptogames vasculaires ou des Muscinées ne peuvent y développer ces plantes, faute d'un sol nutritif où enfoncer leurs racines et leurs poils absorbants. Les Champignons ne peuvent pas davantage y croître, faute de principes hydrocarbonés; seules, certaines Algues inférieures ont la faculté d'y vivre aux dépens de l'air, de l'humidité et de la lumière. Elles commenceront donc à s'y établir pendant les jours humides, et de fait, dans toutes les régions du globe, on voit le rocher se couvrir de Protocoques, de Nostocs, de Scytonèmes, etc.; mais leur vie sera de courte durée; viennent la sécheresse et la chaleur, elles disparaîtront, pour reparaître plus tard et s'évanouir de nouveau. A moins que, pendant leur végétation éphémère, elles n'aient reçu les spores de certains Ascomycètes qui, germant à la surface ou dans leur voisinage, les enveloppant de leurs filaments, en même temps qu'ils se nourrissent d'elles, les protègent et en assurent la permanence. Sous cette forme d'association, de Lichen, une végétation durable peut donc s'établir et s'établit en effet, l'Algue décomposant pour elle et pour le Champignon l'acide carbonique de l'air et faisant la synthèse des composés hydrocarbonés, le Champignon désorganisant la

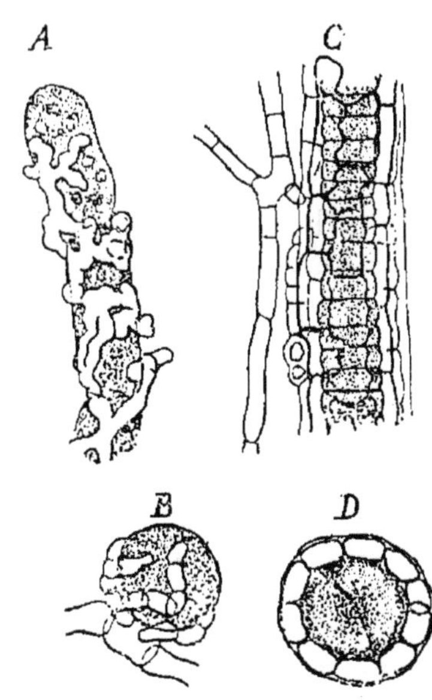

Fig. 35. — Union de l'Algue (en pointillé) et du Champignon (en clair) dans le Lichen. *A* est pris dans le Byssocaule neigeux; *B*, dans la Cladonie fourchue; *C* et *D*, dans le Dictyonème rose. *D* est la section transversale de *C*.

roche à l'aide de ses filaments et y puisant pour lui et pour l'Algue les sels nécessaires à la synthèse rapide des matières albuminoïdes à l'aide des hydrates de carbone. Plus tard, à mesure qu'ils meurent, les débris des Lichens s'accumulent avec les particules de roche désorganisée et le tout forme un sol où pourront se développer les Muscinées; puis, sur ce sol, rendu plus épais et plus fécond, pourront croître des plantes à racines, Cryptogames vasculaires et Phanérogames. Répandus partout, les Lichens sont donc partout les créateurs du sol.

Le périthèce est souvent ouvert largement à la maturité et étale son hymène en forme de coupe ou de disque, comme chez les Pézizacées : le Lichen est dit *gymnocarpe*. Ailleurs, il ne s'ouvre que par un pore terminal et garde la forme d'une bouteille immergée, comme chez les Xylaires et en général chez les Sphériacées à périthèce composé : le Lichen est dit *angiocarpe*. Dans l'un et l'autre cas, sa structure est exactement celle qui appartient à la famille correspondante des Ascomycètes ordinaires et son développement s'opère aussi de la même manière; il n'y a donc pas à y revenir. Disons seulement que les cellules de l'Algue nourricière, ou n'entrent pas du tout dans la composition du périthèce, ou n'y jouent qu'un rôle accessoire. Pourtant, chez certains Lichens angiocarpes, elles pénètrent dans l'hymène, entre les asques, et de là dans la cavité du périthèce; elles sont alors projetées en même temps que les spores et se fixent à côté d'elles. Il en résulte que, dès le début de la germination, les filaments, trouvant à côté d'eux les cellules nourricières, les saisissent aussitôt et reconstituent le Lichen. Grâce à cette dissémination simultanée, l'association des deux êtres ne se trouve pour ainsi dire jamais rompue.

Comme les Pézizacées et les Sphériacées, les Lichens sont abondamment pourvus de conidies. Rarement libres, elles naissent le plus souvent en grand nombre à l'intérieur de conceptacles en forme de bouteille, sont ordinairement linéaires et ne germent que sur un milieu approprié (fig. 36). Ces bouteilles conidiennes précèdent habituellement les périthèces.

La plupart des Lichens se multiplient abondamment à l'aide de corpuscules particuliers nommés *sorédies*, où les deux thalles sont représentés à la fois, de façon que dès le début l'association est toute faite. Une sorédie se compose d'une ou de plusieurs cellules vertes de l'Algue nourricière, enveloppées par une couche de filaments du Champignon : le tout se détache du strome et, s'accroissant au dehors, produit immédiatement un thalle nouveau : c'est une bouture. Elles prennent naissance naturellement dans la couche verte et finissent par s'y accumuler au point de déchirer la couche corticale, pour s'éparpiller ensuite au dehors comme une poussière, condensée quelquefois en masses arrondies.

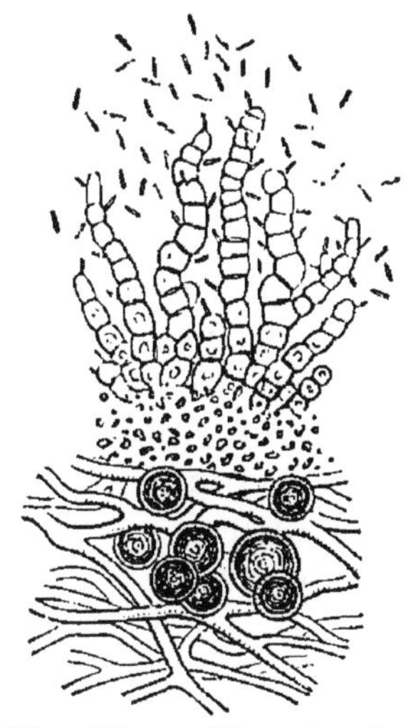

Fig. 36. — Physcie des murs. Portion de la partie interne d'une bouteille à conidies linéaires, montrant en haut les poils producteurs des bâtonnets, en bas le thalle avec ses filaments de Champignon et ses cellules d'Algue.

Plusieurs Lichens sont alimentaires : la Cétraire d'Islande fournit une farine aux habitants des contrées pauvres et un médicament précieux; la Lécanore comestible, ramassée sur elle-même en morceaux de la grosseur d'une noisette, est emportée par le vent à de grandes distances et retombe sur le sol comme une pluie de *manne*, dont l'homme se nourrit. La Cladonie des rennes constitue, dans les contrées septentrionales de l'Europe, un pâturage excellent pour les rennes. La Sicte pulmonaire remplace dans certains pays le houblon dans la fabrication de la bière. D'autres Lichens sont employés en teinture : ainsi la Roccelle tinctoriale fournit l'*orseille* et la Parmélie pâle la *parelle*.

Les genres se groupent en deux sous-familles d'après la forme du périthèce et, dans chacune de ces sous-familles, en cinq tribus d'après la conformation du strome comme il suit :

	I. Gymnocarpes. (Pézizacées-Lichens.)	II. Angiocarpes. (Sphériacées-Lichens.)
1. Strome ramifié par l'Algue..........	Cénogone, Cystocolée, etc.....	Éphèbe, Éphébelle.
2. Strome gélatineux.	Omphalaire, Synalisse, Physme, Collème, Leptoge, etc.	Lichine, Porocyphe, etc.
3. Strome crustacé...	Graphide, Opégraphe, Calyce, Lécidée, Lécanore, Urcéolaire, Pannaire, etc.	Pertusaire, Verrucaire, Pyrénule, etc.
4. Strome foliacé.....	Ombilicaire, Parmélie, Sticte, Imbricaire, Physcie, Peltigère, Solorine, etc.	Endocarpe, etc.

5. Strome fruticuleux.	Cétraire, Evernie, Ramaline, Usnée, Roccelle, Stéréocaule, Cladonie, etc.	Sphérophore, etc.

Un petit nombre de Basidiomycètes vivent de la même manière en symbiose avec des Algues et constituent aussi des Lichens. Ils sont gymnocarpes et se rattachent à la famille des Agaricacées, tribu des Théléphorées (Core, Rhipidonème, Dictyonème, etc.).

On voit par là combien est hétérogène cette famille des Lichens, ainsi définie par le mode de vie symbiotique, c'est-à-dire par un caractère exclusivement physiologique. Il serait plus conforme aux principes de la Classification de la supprimer comme telle, et d'en répartir les membres entre les deux ordres et les trois familles auxquels les rattache l'ensemble de leurs caractères morphologiques.

CLASSE II

ALGUES

Thalle et mode de vie. — Les Algues sont, comme on sait, des Thallophytes pourvus de chlorophylle (p. 8). La chlorophylle y est quelquefois seule, comme chez les Phanérogames, et le thalle est d'un vert pur. Mais le plus souvent il s'y ajoute un autre principe colorant, qui diffère de la chlorophylle par sa solubilité dans l'eau et son insolubilité dans l'alcool et l'éther : ce pigment surnuméraire est bleu, c'est la *phycocyanine*, jaune brun, c'est la *phycophéine*, ou rouge, c'est la *phycoérythrine*. Suivant la proportion où il se développe, il masque plus ou moins le vert de la chlorophylle, et le thalle se montre d'un vert plus ou moins bleu, d'un brun plus ou moins sombre, d'un rouge plus ou moins foncé. Associée à la phycocyanine, la chlorophylle imprègne toujours uniformément le protoplasme de la cellule ; pure, au contraire, ou mélangée à la phycophéine et à la phycoérythrine, elle est toujours localisée sur des chromoleucites de forme variée, qui se multiplient par division. Les chloroleucites produisent très fréquemment des grains d'amidon ; les phéoleucites et les érythroleucites n'en renferment pas.

Les Algues vivent presque toujours submergées dans l'eau, où leur thalle est tantôt libre, tantôt fixé au fond par des crampons, parfois soutenu à la surface à l'aide de flotteurs. A part quelques Monocotylédones et divers Champignons parasites, on peut dire que la population végétale de la mer est tout entière composée d'Algues. Comme elles ont besoin de lumière, elles ne peuvent vivre dans la mer au-dessous d'une certaine profondeur, les radiations lumineuses étant, comme on sait, promptement absorbées par l'eau; à 100 mètres elles sont déjà rares, à 400 mètres on n'en trouve plus. Dans la zone habitable, elles se répartissent par niveaux, d'après leur besoin spécifique de lumière, et cette zone se subdivise en quatre couches : la supérieure affectée aux Algues bleuâtres, la seconde aux vertes, la troisième aux brunes, l'inférieure aux rouges; aussi voit-on à marée basse le rivage bordé des quatre bandes concentriques correspondantes. Quelques Algues vivent dans l'air, mais seulement dans les lieux très humides et à condition d'y être de temps en temps humectées; quelques autres se développent à l'intérieur d'organismes étrangers, soit en symbiose, comme on l'a vu pour les Lichens, soit en parasites plus ou moins destructeurs, comme les diverses Bactériacées qui attaquent les animaux.

Le thalle affecte les formes les plus variées : il est simple ou abondamment ramifié, doué de croissance intercalaire ou de croissance terminale; il est homogène ou profondément différencié, parfois au point de rappeler le corps des plantes vasculaires avec sa tige, ses feuilles et ses racines. Quand il est simple et homogène, il est assez souvent doué de locomotion, et cette motricité s'observe tout aussi bien s'il est vert (Desmidiées, etc.), bleuâtre (Oscillariées, etc.), ou brun (Diatomacées, etc.). Il est quelquefois dépourvu de cloisons (Vauchérie, Caulerpe, Hydrodicte, etc.), ou cloisonné en articles (Cladophore, Sphéroplée, etc.); mais le plus souvent il est cloisonné en cellules, dans une seule direction s'il est filamenteux (Conferve, etc.), dans les deux directions du plan s'il est membraneux (Porphyre, etc.), dans les trois directions s'il est massif (Laminaire, Varec, etc.). Quand le thalle renferme de la phycocyanine, le protoplasme manque de noyaux, comme il manque de chromoleucites, et la cellule présente par conséquent sa structure la plus simple. Partout ailleurs, il est pourvu de noyaux en même temps que de chromoleucites, et, s'il est cellulaire, la cellule y atteint souvent un haut degré de différenciation interne. La membrane gélifie fréquemment sa couche externe; quand cette gélification porte aussi sur la lame moyenne des cloisons, il arrive souvent que les cellules s'isolent à mesure qu'elles se divisent et que le thalle est dissocié. Le cloisonnement est d'ailleurs sans rapport nécessaire avec la différenciation externe. Il y a des thalles continus qui sont très profondément différenciés (Caulerpe, etc.), et des thalles cellulaires qui sont tout à fait homogènes (Ulve, etc.). Tout ce qu'on peut dire, c'est que le cloisonnement, en soutenant le thalle, lui permet d'acquérir une dimension plus grande et offre ainsi un champ plus vaste à la différenciation.

Reproduction. — Parvenu à l'état adulte, le thalle produit quelquefois seulement des spores qui multiplient la plante (Nostoc, Bactérie, etc.), quelquefois seulement des œufs qui donnent naissance à autant de plantes nouvelles (Spirogyre, Varec, etc.), ordinairement à la fois des spores et des œufs.

Les spores sont parfois exogènes, le plus souvent endogènes. Dans ce dernier cas, elles peuvent être dès le début enveloppées d'une membrane de cellulose et immobiles (Floridées, Bactériacées, etc.); mais d'ordinaire elles sont nues et se meuvent dans l'eau à l'aide de cils vibratiles, en un mot ce sont des zoospores (I, p. 537). Au bout d'un certain temps, ces zoospores perdent leurs cils, se fixent par l'extrémité qui était antérieure pendant le mouvement et qui se dilate en crampon, se revêtent d'une membrane de cellulose et enfin s'allongent par leur extrémité postérieure en un thalle nouveau. Contrairement à ce qu'on a observé si fréquemment chez les Champignons, les Algues n'ont qu'une seule sorte de spores; on n'y observe pas de conidies, partant pas de polymorphisme dans l'appareil sporifère.

Les œufs se forment tantôt par isogamie, suivant l'un des deux modes signalés (I, p. 530), tantôt par hétérogamie, suivant l'un des quatre types étudiés (I, p. 523). Leur germination s'opère soit tout de suite (Fucacées, Floridées, etc.), soit après un temps de repos plus ou moins long (Conjuguées, etc.); dans le premier cas, ils se développent quelquefois sur la plante mère et à ses dépens (Floridées); ils produisent alors non pas directement un thalle, mais un sporogone avec des spores de passage, qui sont mises en liberté et développent autant de thalles nouveaux (I, p. 532).

Division de la classe des Algues en quatre ordres. — La nature du pigment qui colore le thalle est de la plus haute importance, puisque c'est elle qui règle l'assimilation particulière de la plante et sa distribution dans les eaux suivant la profondeur. Il convient donc de la prendre pour caractère ordinal. La classe des Algues se partage ainsi en quatre ordres : les Algues vertes ou *Chlorophycées*, les Algues bleues ou *Cyanophycées*, les Algues brunes ou *Phéophycées* et les Algues rouges ou *Rhodophycées*, nommées plus ordinairement *Floridées*. Par l'absence de noyaux et de chromoleucites, l'ordre des Cyanophycées réalise le degré le plus simple de l'organisation des Algues, c'est donc par lui que nous en commencerons l'étude; nous traiterons ensuite des Chlorophycées, puis des Phéophycées et en dernier lieu des Floridées. En un mot, nous considérerons ces quatre groupes dans l'ordre même où ils s'étagent suivant la profondeur de l'eau.

ORDRE I

CYANOPHYCÉES

Caractères généraux. — Répandues partout à profusion, dans la mer, dans les eaux douces, sur la terre humide, où plusieurs entrent dans la composition des Lichens, les Cyanophycées sont toujours dépourvues de noyaux et de chromoleucites. Le mélange de chlorophylle et de phycocyanine qui les colore en vert bleu, parfois nuancé de brun, de pourpre, de violet ou de noir, imprègne uniformément le protoplasme. Bon nombre sont, au contraire, dépourvues de chlorophylle, incapables par conséquent de décomposer l'acide carbonique, et dans la nécessité de se nourrir, comme les Champignons, avec des matières organiques en voie de décomposition ou aux dépens d'organismes vivants.

Le thalle, toujours simple dans sa forme, est rarement continu dans sa structure, presque toujours cloisonné en cellules, ordinairement dans une seule direction et filamenteux, quelquefois dans deux directions et membraneux, ou dans trois directions et massif. La membrane gélifie souvent sa couche externe. Filamenteux, le thalle peut, en se recourbant et se pelotonnant sur lui-même, prendre un aspect membraneux ou massif; il peut, au contraire, en gélifiant la lame moyenne des cloisons, se dissocier en baguettes plus ou moins longues, ou même en cellules isolées. Le filament, les baguettes ou les cellules isolées sont tantôt mobiles, tantôt immobiles.

Ces plantes se conservent et se multiplient à l'aide de spores; on ne leur connaît pas d'œufs. Les spores sont tantôt exogènes, tantôt endogènes. Dans le premier cas, ce sont des cellules ordinaires du thalle qui grandissent, changent de couleur, épaississent leur membrane et passent à l'état de vie latente; ce sont plutôt des kystes que des spores. Dans le second, elles naissent une à l'intérieur de chaque cellule du thalle, s'enveloppent d'une membrane de cellulose assez épaisse, passent à l'état de vie latente et sont enfin mises en liberté par la destruction de la cellule mère.

Division de l'ordre des Cyanophycées en trois familles. — D'après la structure, continue ou cellulaire, du thalle et d'après le mode de reproduction, les Cyanophycées peuvent se répartir en trois familles. Dans les unes, la structure du thalle est continue : ce sont les *Spirulinacées*. Dans les autres, elle est cellulaire. Parmi ces dernières, les unes se conservent par des spores exogènes ou kystes : ce sont les *Nostocacées*; elles sont toujours pourvues de chlorophylle. Les autres produisent des spores endogènes : ce sont les *Bactériacées*; elles sont le plus souvent dépourvues de chlorophylle.

En résumé :

Thalle	continu		*Spirulinacées.*
	cellulaire.	Spores exogènes ou kystes. De la chlorophylle	*Nostocacées.*
		Spores endogènes. Ordinairement pas de chlorophylle	*Bactériacées.*

Spirulinacées. — Les Spirulinacées ne comprennent jusqu'à présent que le seul genre Spiruline, avec 10 espèces. Le thalle est un filament simple, à structure continue, sans aucune cloison transversale, enroulé en une hélice à tours écartés (S. majeure, rose, très subtile, etc.), ou rapprochés au contact (S. versicolore, labyrinthiforme, etc.) et mobile dans le liquide ambiant. On n'y connaît pas de spores.

Nostocacées. — Qu'il soit cloisonné suivant une, deux ou trois directions, le thalle des Nostocacées offre dans toutes ses cellules une structure caractéristique. Le protoplasme y est homogène, sans noyaux ni leucites, uniformément imprégné par la chlorophylle et la phycocyanine. La membrane se compose d'une couche cellulosique très mince, intimement appliquée sur le protoplasme, et d'une couche gélatineuse dont la consistance, la couleur, la structure et la composition varient suivant les genres.

Tantôt cette couche gélatineuse ne se développe que sur les faces libres des cellules, de manière à entourer le thalle d'une gaine continue, à l'intérieur de laquelle les cellules demeurent intimement unies par leurs minces cloisons cellulosiques mitoyennes. Cette gaine est quelquefois très mince (Oscillaire, fig. 37, etc.); ailleurs elle est épaisse, mais mucilagineuse et sans contour limité (Anabène, etc.); le plus souvent, elle est épaisse, de consistance ferme et nettement limitée au dehors (Nostoc, fig. 39, Rivulaire, Lyngbie, etc.).

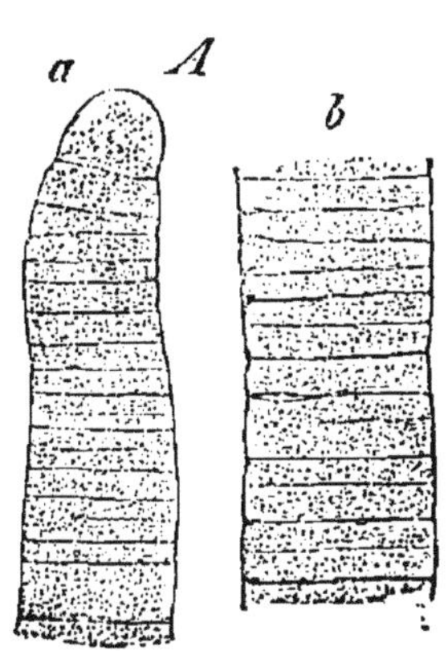

Fig. 37. — Oscillaire. *a*, extrémité d'un filament; *b*, fragment pris dans la région moyenne d'un filament.

Tantôt la couche gélatineuse se forme non seulement sur les faces libres, mais encore de très bonne heure dans la ligne moyenne de chaque cloison, qu'elle dédouble en deux minces feuillets cellulosiques, de manière à envelopper complètement chaque cellule et à dissocier dans une masse gélatineuse toutes les cellules du thalle (Chroocoque, Aphanothèce, Gléocapse, fig. 38, etc.).

Dans le premier cas, où le thalle demeure associé, on voit toujours, à certains moments, un disque gélatineux brillant se former çà et là dans l'épaisseur d'une cloison transversale. Les tronçons ainsi séparés sont mobiles et sortent successivement de la gaine (Nostoc, Rivulaire, etc.). A ces filaments mobiles qui, après s'être mus quelque temps, s'arrêtent, s'enveloppent d'une nouvelle gaine gélatineuse et s'accroissent en autant de thalles nouveaux, on a donné le nom de *hormogonies*. C'est une multiplication régulière par boutures.

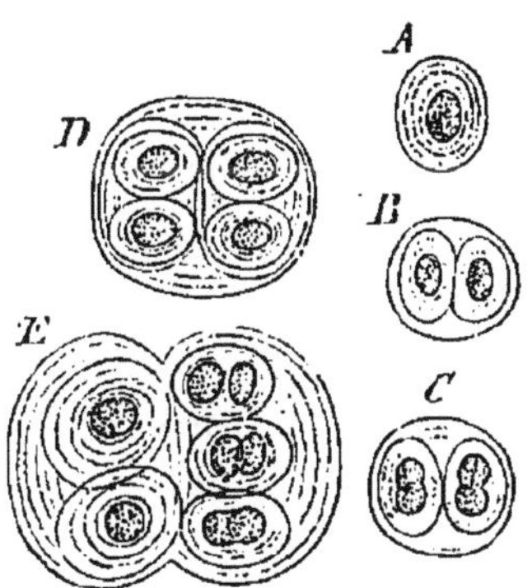

Fig. 38. — Gléocapse, cloisonnement successif dans les trois directions, avec gaine de gélatine.

Dans le second cas, les cellules isolées qui composent le thalle sont simplement de temps en temps mises en liberté par la déchirure ou la destruction de la masse gélatineuse qui les tenait unies; mais cette dissémination n'est accompagnée d'aucune mobilité (Chamésiphon, Gléocapse, fig. 38, etc.).

Cette double différence dans la structure du thalle et dans

son mode de multiplication sera utilisée pour le groupement des genres.

Les Nostocacées sans hormogonies se cloisonnent quelquefois dans une seule direction (Synéchocoque, Aphanothèce, Gléothèce, Chamésiphon, etc.), rarement dans deux directions (Mérismopédie), le plus souvent suivant trois directions (Clathrocyste, Gléocapse, fig. 38, Chroocoque, Aphanocapse, etc.).

Les Nostocacées à hormogonies se cloisonnent le plus souvent dans une seule direction, constituant ainsi de longs filaments droits (Oscillaire, fig. 37, Rivulaire, etc.), enroulés en hélice à la façon des Spirulines (Arthrospire, etc.), ou reployés en tous sens dans l'épaisse gaine gélatineuse (Anabène, Nostoc, fig. 39, etc.). Quelquefois au cloisonnement

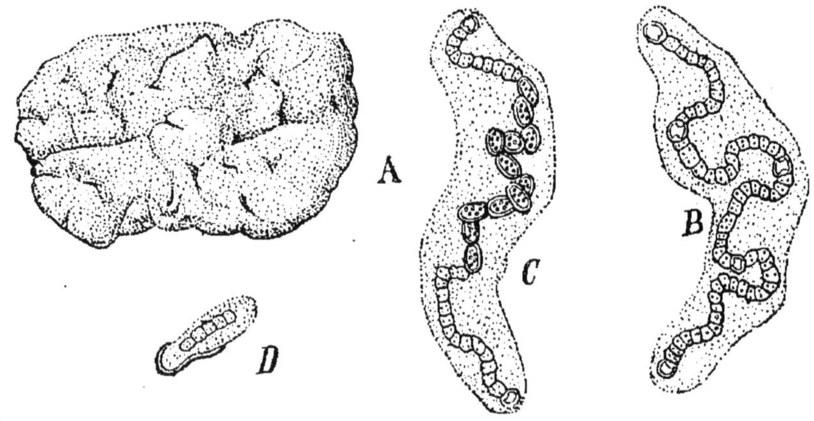

Fig. 39. — Nostoc verruqueux : *A*, thalle gélatineux cérébriforme ; *B*, filament onduleux avec ses hétérocystes et sa gaine de gélatine ; *C*, formation des spores en série dans l'intervalle des hétérocystes ; *D*, spore germant.

transversal s'ajoute un cloisonnement longitudinal dans les deux directions rectangulaires, ce qui rend le thalle massif (Stigonème, etc.).

Chez certaines de ces Nostocacées à hormogonies, toutes les cellules du thalle ont même forme, même structure et même croissance indéfinie (Oscillaire, fig. 37, Arthrospire, Lyngbie, Microcolée, etc.). Chez d'autres, certaines cellules, isolées sur le trajet des filaments, se différencient en cellules singulières, nommées *hétérocystes*, plus grandes que les autres, qui ne se divisent pas, perdent leur protoplasme et épaississent leur membrane, qui se colore le plus souvent en jaune ; le rôle en est encore inconnu (Nostoc, fig. 39, Rivulaire, Scytonème, etc.).

Tantôt toutes les cellules qui séparent les hétérocystes sont pourvues également de croissance intercalaire et de bipartition; il en résulte un pelotonnement de plus en plus grand des filaments dans la gaine gélatineuse (Nostoc, fig. 39, *B*, Anabène, etc.). Tantôt les cellules terminales du filament, allongées et amincies en un poil incolore, se montrent dépourvues de croissance intercalaire (Rivulaire, Calotriche, etc.). Tantôt enfin, c'est au contraire dans la cellule terminale du filament que se concentrent la croissance intercalaire et le cloisonnement (Scytonème, etc.).

Il s'opère quelquefois dans le filament une ramification apparente, provenant par exemple d'une rupture en un point et du développement oblique du tronçon inférieur le long du tronçon supérieur (Rivulaire, Calotriche, etc.).

Certaines Nostocacées à thalle filamenteux, associé et homogène, comme les Oscillaires et les Arthrospires, conservent indéfiniment la mobilité que toutes ces plantes possèdent à l'état d'hormogonies; c'est de là que le premier de ces deux genres a reçu son nom.

Les spores se forment quelquefois aux dépens de toutes les cellules du thalle (Nostoc, fig. 39, *C*, etc.); mais quand il y a des hétérocystes, elles se localisent assez souvent et ne se produisent qu'une par une contre les hétérocystes (Gléotrichie, Cylindrosperme, etc.).

En se fondant, d'abord sur le mode d'association des cellules et sur le mode de multiplication qui en résulte, puis sur la différenciation des cellules et sur la localisation de la croissance, on groupe les genres d'abord en deux sous-familles, puis en sept tribus :

I. Chroococcoïdées. — Thalle dissocié, sans hormogonies.
   1. *Chroococcées*. — Kystes dans toutes les cellules, division régulière : Synéchocoque, Aphanothèce, Gléothèce, etc., avec une direction de cloisonnement; Mérismopédie, avec deux directions de cloisonnement; Chroocoque, Aphanocapse, Gléocapse, Entophysale, Placome, Polycyste, Clathrocyste, etc., avec trois directions de cloisonnement.
   2. *Chamésiphonées*. — Kystes dans des cellules spéciales, à division irrégulière : Dermocapse, Cyanocyste, Cyanoderme, Chamésiphon, Hyelle, etc.

II. Nostocoïdées. — Thalle associé, à hormogonies.
   3. *Oscillariées*. — Cellules toutes semblables : Oscillaire, Arthrospire, Phormide, Lyngbie, Trichoderme, Microcolée, Hyphéotriche, etc.
   4. *Nostocées*. — Hétérocystes, croissance uniforme; Cylindrosperme, Anabène, Nostoc, etc.
   5. *Scytonémées*. — Hétérocystes, croissance localisée au sommet : Scytonème, Tolypotriche, Desmonème, etc.

6. *Stigonémées.* — Hétérocystes, croissance au sommet, cloisonnement longitudinal : Mastigocolée, Sirosiphon, Stigonème, etc.

7. *Rivulariées.* — Hétérocystes, sommet dépourvu de croissance : Calotriche, Polytriche, Rivulaire, Gléotrichie, etc.

Diverses Nostocacées entrent en symbiose avec des Champignons pour former des Lichens : tels sont, parmi les Nostocoïdées, les Nostocs avec les Collèmes, Leptoges, etc., les Scytonèmes avec les Stéréocaules, les Stigonèmes avec les Ephèbes, les Calotriches avec les Lichines, etc. ; et parmi les Chroococcoïdées, les Chroocoques avec les Peltigères et les Cores, les Gléocapses avec les Omphalaires, etc.

Bactériacées. — Les Bactériacées comprennent environ 40 genres, avec plus de 1000 espèces. Qu'il se cloisonne suivant une, deux ou trois directions, le thalle est toujours formé de cellules toutes semblables et d'ordinaire extrêmement petites. Sous ce rapport, ces plantes correspondent donc aux Nostocacées les plus inférieures, notamment aux Oscillariées, quand leurs cellules demeurent associées en un long filament (Beggiate, Leptotriche, etc.), et aux Chroococcées, quand leurs cellules se dissocient aussitôt dans la gelée (Bactérie, Hyalocoque, Leucocyste, etc.). Au contraire, par la formation de spores endogènes, elles se montrent supérieures à toutes les Nostocacées.

Les cellules sont sphériques (Microcoque, fig. 40, *a*, Leuconostoc, etc.), elliptiques (Bactérie, fig. 40, *b*, etc.) ou cylindriques ; dans ce dernier cas, elles sont droites (Bacille, fig. 41, Leptotriche, Beggiate, etc.), ou enroulées en hélice (Vibrion, fig. 41, Spirille, fig. 41, Spirochète, fig. 42, Myconostoc, etc.). Leur membrane cellulosique est enveloppée d'une couche gélatineuse plus ou moins épaisse, qui prend parfois une forte consistance et forme une gaine à contour ferme (Crénotriche, Leuconostoc, etc.). Tantôt cette gélification n'envahit pas les cloisons et les cellules demeurent intimement unies (Streptocoque, Leptotriche, Beggiate, Crénotriche, etc.). Tantôt elle s'opère aussi suivant la ligne médiane des cloisons, ce qui dissocie les cellules dans le liquide externe ou dans la gelée plus ou moins cohérente (Microcoque, fig. 40, *a*, Hyalocoque, Bactérie, fig. 40, *b*, Bacille, fig. 41, Vibrion, fig. 41, etc.). Toutefois ce caractère est ici plus variable et n'a pas la même importance que chez les Nostocacées. Dans tous les cas, lorsque la gelée offre assez de cohérence pour ne pas se dissoudre dans le liquide, ou lorsque la plante se développe sur un milieu solide, l'ensemble du thalle gélatineux parvenu à l'état adulte affecte une forme, une consistance, une couleur

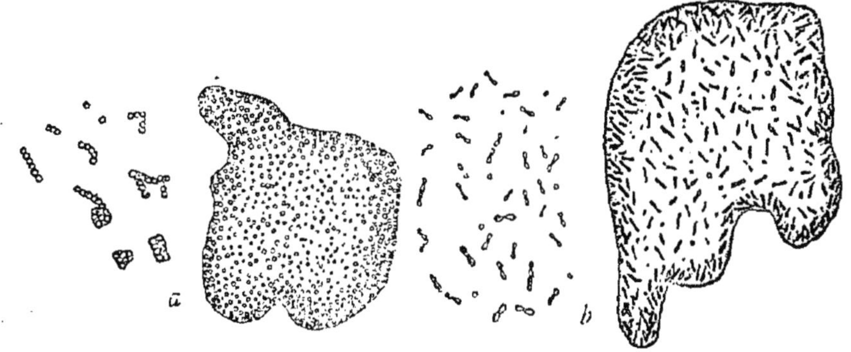

Fig. 40. — *a*, Microcoque, libre à gauche, dans la gelée à droite *b*, Bactérie, libre à gauche, dans la gelée à droite.

différentes, suivant les espèces et les genres, et qui peuvent servir à les caractériser.

Quand les cellules demeurent unies en filament, celui-ci est toujours simple, sans vraie ramification ; mais il s'y opère parfois des ramifications apparentes, dues ici, comme chez les Nostocacées, à ce qu'il se rompt en un point et à ce que le tronçon inférieur continue de s'allonger en glissant à côté du tronçon supérieur (Cladotriche, Sphérotile, etc.); ces fausses branches sont quelquefois renflées au sommet (Actinomyce).

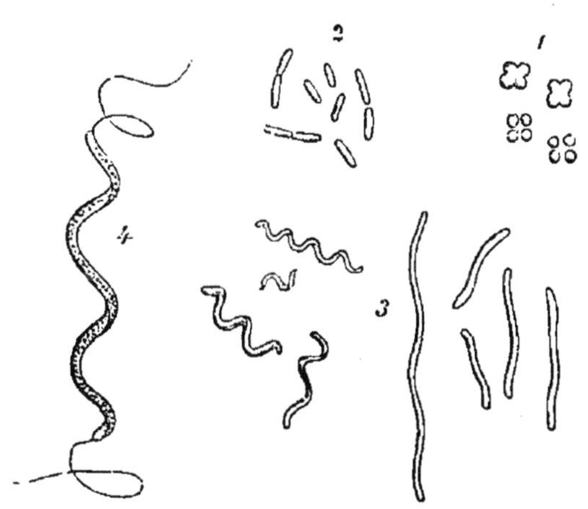

Fig. 41. — Quelques formes de Bactériacées. 1, Mériste ; 2, Bactérie ; 3, Bacille et Vibrion à droite, Spirille à gauche ; 4, Spirille grossi, muni de deux prolongements gélatineux en forme de cils.

Les filaments, tronçons ou cellules isolées sont tantôt immobiles (Microcoque, Leuconostoc, Leptotriche, Cladotriche, divers Bacilles et Bactéries, etc.), tantôt mobiles (Beggiate, Spirille, divers Bacilles et Bactéries, etc.). Dans ce dernier cas, les tronçons ou les cellules isolées entraînent parfois, à l'une des extrémités ou aux deux bouts, un fin prolongement gélatineux provenant de l'étirement de la lame moyenne gélifiée de la cloison (fig. 41, 4, et fig. 43, *B*). Ces prolongements, entièrement passifs dans le mouvement, *ont été pris à tort pour* des cils vibratiles. La même plante peut d'ailleurs être d'abord mobile et plus tard immobile, comme on le voit notamment dans le Bacille subtil (fig. 43).

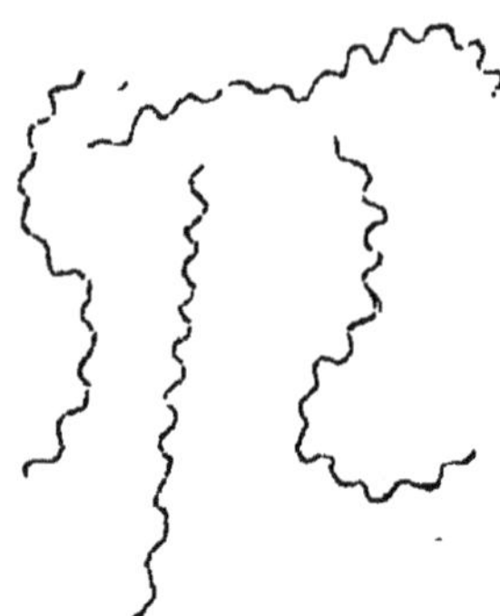

Fig. 42. — Spirochète, coloré à l'aniline, montrant les cloisons transverses.

Le plus souvent, le cloisonnement n'a lieu que dans une seule et même direction. Quelquefois il s'opère suivant les deux directions du plan, sans gaine de gélatine (Mériste, fig. 41) ou avec gaine gélatineuse (Lampropédie, etc.). Ailleurs il a lieu dans les trois directions de l'espace, en formant soit des amas cubiques (Sarcine, fig. 44), soit des sphères creuses (Lamprocyste, etc.).

Plusieurs des différences que l'on vient de signaler entre les

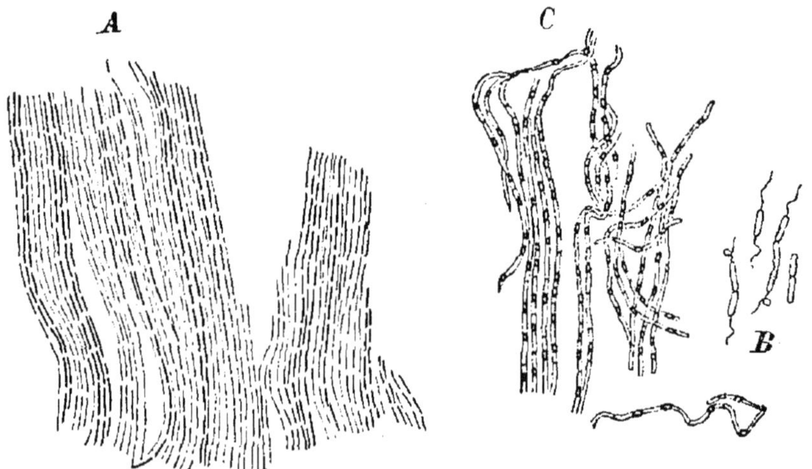

Fig. 43. — Bacille subtil. *B*, état dissocié, mobile dans le liquide. *A*, état associé, immobile dans le voile superficiel. *C*, spores dans les filaments du voile.

genres, notamment la forme des cellules, l'épaisseur de la couche gélatineuse qui les entoure, leur degré d'adhérence et leur mobilité, peuvent se rencontrer dans le cours du développement d'une seule et même espèce, quand les conditions de milieu varient autour d'elle, comme on le voit, par exemple, dans le Cladotriche dichotome. Il est donc nécessaire, ici plus encore que partout ailleurs, de suivre les diverses espèces dans toutes les phases de leur développement et de les cultiver à l'état de pureté dans les conditions de milieu les plus variées pour arriver à les définir exactement et à circonscrire nettement les genres qu'elles constituent.

Quelques Bactériacées possèdent de la chlorophylle à l'état d'imprégnation homogène dans le protoplasme : tels sont, par exemple, la Bactérie verte, le Bacille verdissant, etc. Ces plantes décomposent l'acide carbonique à la lumière, effectuent la synthèse des hydrates de carbone; en un mot, leur nutrition est directe, comme celle de tous les autres végétaux verts.

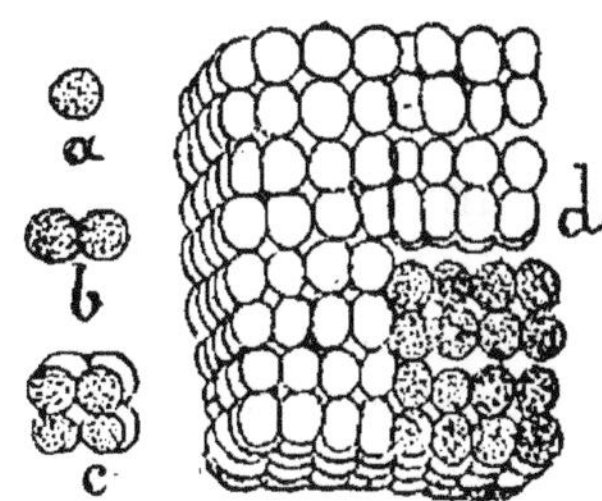

Fig. 44. — Sarcine de l'estomac; *a*, *b*, *c*, *d*, états successifs de la division.

D'autres, absolument privées de chlorophylle, ont leur protoplasme uniformément coloré par une matière rouge plus ou moins foncée, virant parfois au bleu ou au brun, la *bactériopurpurine*; tels sont, notamment : le Chromate d'Oken, le Bacille photométrique, la Bactérie rouge, le Spirille sanguin, etc., avec une direction de cloisonnement, la Thiopédie rose, avec deux directions de cloisonnement, le Lamprocyste rose, le Thiocyste violet, etc., avec trois directions de cloisonnement. La bactériopurpurine est insoluble dans l'eau, l'alcool, le chloroforme, etc. Elle absorbe, dans la lumière incidente, trois groupes de radiations, le premier et le plus fort dans le vert bleuâtre, le second dans le jaune, le troisième dans l'infrarouge. A l'aide de ces radiations, aussi bien des obscures que des lumineuses, les Bactériacées pourpres décomposent l'acide carbonique, dégagent de l'oxygène, réalisent ainsi, en dehors de la chlorophylle, la synthèse des hydrates de carbone, en un mot, assimilent le carbone.

Les Bactériacées qui ne sont ni vertes, ni pourpres, c'est-à-dire la très grande majorité de la famille, sont incapables d'assimiler le carbone de l'acide carbonique et vivent par conséquent aux dépens des matières organiques. On les cultive facilement dans des liquides ou sur des solides appropriés. La plupart exigent pour se développer le contact de l'air, elles sont aérophiles (Bacille subtil, etc.) ; quelques-unes ne se développent, au contraire, qu'en l'absence de l'oxygène libre, elles sont aérophobes (Bacille amylobacter, etc.). Les décompositions que ces Bactériacées incolores provoquent nécessairement dans les diverses substances dont elles se nourrissent se traduisent parfois par des phénomènes remarquables, que l'on peut grouper en sept catégories. Tantôt elles produisent et déposent dans leur protoplasme une substance analogue à l'amidon soluble, ou bien des granules de soufre : elles sont *amylogènes*, ou *thiogènes*. Tantôt elles émettent, par tous les points de leur protoplasme, une lumière plus ou moins vive : elles sont *photogènes*. Tantôt elles produisent et rejettent aussitôt en dehors d'elles, dans le milieu nutritif, des substances colorantes ou des diastases : elles sont *chromogènes*, ou *diastasigènes*. Tantôt elles provoquent dans le milieu nutritif des décompositions rapides, qui ne sont pas sous la dépendance des diastases, dont le mécanisme est encore inconnu et qu'on nomme des *fermentations* : elles sont *ferments*. Tantôt, enfin, elles se développent en parasites dans le corps de l'homme, des animaux ou des plantes, et y engendrent des maladies : elles sont *pathogènes*. Citons quelques exemples de ces sept sortes d'actions.

Quelques Bactériacées incolores ont leur protoplasme imprégné par un corps amorphe, bleuissant par l'iode, voisin de l'amidon par conséquent, et qu'on nomme *amyloïde*. Il en est ainsi, par exemple, dans le Bacille amylobacter (fig. 45) et le Spirille amylifère, qui doivent à cette propriété leur nom spécifique; il en est de même dans le Bacille de Pasteur, le Leptotriche buccal, etc. C'est surtout dans la période qui précède la formation des spores que l'amyloïde apparaît et s'accumule progressivement dans les cellules des *amylobactériacées*. Pendant la formation des spores, il diminue peu à peu et enfin disparaît; les spores n'en renferment pas. Cette substance joue donc le rôle d'une réserve accumulée en vue de la formation des corps reproducteurs et se comporte, sous ce rapport, comme l'amylodextrine qui imprègne l'épiplasme dans l'asque des Ascomycètes (p. 66).

Les diverses Bactériacées rouges et assimilatrices dont il a été question plus haut renferment habituellement, dans leur protoplasme coloré, des granules opaques et brillants, solubles dans le sulfure de carbone, et qui sont du soufre. Mais, en outre, de pareils granules se rencontrent abondamment chez plusieurs Bactériacées incolores (Beggiate, Thiotriche, fig. 46,

Spirille tournant, etc.). Le groupe des Bactériacées thiogènes, ou *sulfobactériacées*, est donc purement physiologique et renferme les formes les plus diverses. Toutes ont besoin pour vivre de pouvoir emmagasiner du soufre dans leur protoplasme et elles ne peuvent se procurer ce soufre que par l'oxydation de l'hydrogène sulfuré, en sorte que ce dernier composé leur est indispensable. Elles font subir à l'hydrogène sulfuré un premier degré d'oxydation, qui met du soufre en liberté; puis, dans un second degré d'oxydation, elles transforment ce soufre en acide sulfurique, lequel est éliminé à l'état de sulfate, principalement de sulfate de calcium. Sans hydrogène sulfuré, elles ne tardent pas à périr. Dans la nature, elles pullulent dans les sources sulfureuses, où on les connaît sous le nom de *sulfuraires* ou de *barégines*, et aussi dans tous les milieux où du sulfate de calcium est associé à des matières putrescibles. L'action réductrice qui accompagne la putréfaction transforme le sulfate en sulfure, lequel, sous l'influence des acides, dégage de l'hydrogène sulfuré, et dès lors le liquide se trouve propre au développement des sulfobactériacées.

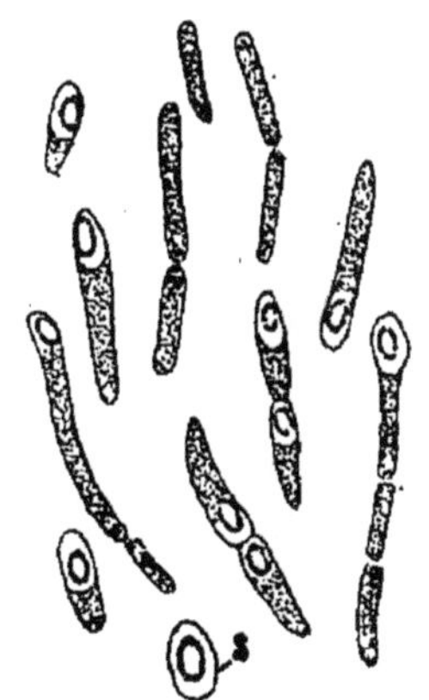

Fig. 45. — Bacille amylobacter. Bâtonnets mobiles, les uns sans spores, les autres avec spores; la partie teintée se colore en bleu par l'iode; *s*, spore isolée.

La phosphorescence de la mer est souvent due au développement de certaines Bactériacées; ce sont de courts Bacilles, dont on a réuni les diverses espèces dans un genre spécial, sous le nom de Photobactérie. La Photobactérie phosphorescente est la plus commune et c'est celle aussi qui rend le poisson phosphorescent. Toutes exigent pour se développer un milieu neutre ou légèrement alcalin, contenant 3 à 3,5 pour 100 de sel marin. Dans ces conditions, elles offrent des états mobiles et émettent des radiations lumineuses formées de jaune, de vert et de bleu. Cette phosphorescence est liée nécessairement à la présence de l'oxygène libre; elle est un des effets de la combustion respiratoire. Une trace d'acide dans le milieu nutritif suffit pour la faire disparaître.

Les Bactériacées chromogènes sont nombreuses. Les divers principes colorants qu'elles produisent au contact de l'air ont, dans l'ensemble de leurs réactions et dans leurs propriétés optiques, une remarquable analogie avec les couleurs d'aniline; la substance rouge du Microcoque miraculeux, par exemple, ressemble à la fuchsine. Ils se forment et sont contenus, non dans le protoplasme, mais bien plutôt dans la membrane d'où, s'ils sont solubles dans l'eau, ils se répandent tout autour dans le milieu nutritif; s'ils sont insolubles, ils restent confinés dans la gaine gélatineuse. La couleur est rouge dans le Bacille sanguin, ainsi que dans le Microcoque miraculeux qui se déve-

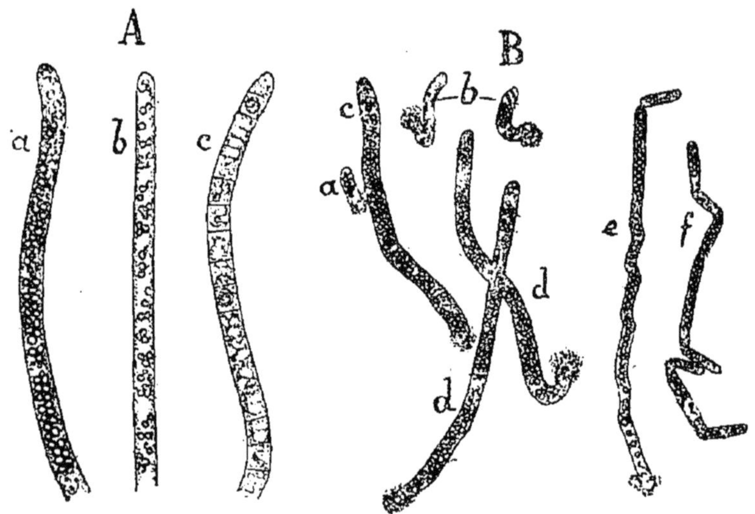

Fig. 46. — Sulfobactériacées incolores. *A*, Beggiate blanche; *a*, dans une eau riche en hydrogène sulfuré; *b*, après vingt-quatre heures dans une eau privée d'hydrogène sulfuré; *c*, après quarante-huit heures, le soufre a disparu, et les cloisons apparaissent nettement. *B*, Triotriche neigeux; *a*, *b*, *c*, *d*, filaments de plus en plus longs fixés à la base; *e*, *f*, filaments se rompant en baguettes mobiles.

loppe fréquemment sur les matières féculentes cuites (pain, hosties, pomme de terre, empois, etc.) et dans le lait en produisant le *lait rouge*. Elle est orangée ou jaune dans le Microcoque orangé, ainsi que dans le Bacille jaune qui fait le *lait jaune*; elle est verte dans le Microcoque vert, bleu dans le Bacille pyocyanique qui fait le *pus bleu* et dans le Bacille bleu qui se développe fréquemment dans le lait et fait le *lait bleu*, violette dans le Bacille violet, noire, enfin, dans le Bacille mélanospore.

Aux Bactériacées chromogènes on peut rattacher celles de ces plantes qui, comme le Crénotriche polyspore, le Leptotriche ochracé, etc., vivent dans les sources ferrugineuses; la gaine gélatineuse de leurs filaments s'y imprègne, en effet, de sesquioxyde de fer, qui les colore en jaune rouille. Pour se développer, elles ont besoin de sels de protoxyde de fer, qu'elles absorbent dans leur protoplasme; là, ces sels sont oxydés, transformés en sels de sesquioxyde, qui sont sécrétés ensuite par la cellule et qui imprègnent la membrane et sa gaine gélatineuse. Ces Bactériacées ferrugineuses, ou *ferro-bactériacées*, jouent un rôle important dans la nature. C'est à leur action qu'il faut attribuer les puissants dépôts de minerai de fer limoneux connus sous le nom de « minerais de marais, de lac, de prairie, de gazon, etc. ».

Diverses Bactériacées incolores produisent de l'invertine, qu'elles émettent dans le liquide ambiant; nourries avec du sucre de Canne, elles l'hydratent par conséquent et le dédoublent en un mélange à poids égaux de glucose et de lévulose (Bacille amylobacter, Leuconostoc mésentéroïde, etc.). D'autres sécrètent de l'amylase, qui hydrate et dédouble l'amidon à l'état d'empois ou même à l'état de grains, en le transformant en glucose (divers Microcoques, diverses Bactéries, Bacille amylobacter, etc.). Quelques-unes sécrètent de la cellulase, qui attaque la cellulose, la dissout et la transforme en glucose. Tel est, notamment, le Bacille amylobacter, qui détruit les tissus végétaux vivants plongés dans l'eau, surtout les parenchymes, en isolant les tissus morts (vaisseaux, fibres, etc.), la cuticule, le liège, etc., et qui se montre ainsi l'agent le plus actif de la macération et du rouissage. Quelques autres produisent de l'urase, qui hydrate l'urée et la dédouble en ammoniaque et acide carbonique. Tel est surtout le Microcoque de l'urée (fig. 47), qui se développe dans l'urine et qui, dans le monde entier, transforme chaque jour en carbonate d'ammoniaque toute l'urée sécrétée par l'homme et les animaux. D'autres sécrètent des diastases qui hydratent et dédoublent les matières albuminoïdes en les transformant en peptones. Ainsi le Tyrothriche ténu et les espèces voisines, qui se développent dans le lait et sont les agents de la fabrication des fromages, sécrètent de la caséase, qui hydrate, dédouble et peptonise la caséine. Bon nombre d'espèces appartenant aux genres les plus divers produisent de la trypsine et par conséquent hydratent, dédoublent et peptonisent la gélatine et l'albumine (Micrococque miraculeux, Bactérie terme, Bacille subtil, B. amylobacter, B. du charbon, Photobactérie indienne, etc.). Une même espèce peut d'ailleurs sécréter à la fois plusieurs diastases, comme on le voit, par exemple, pour le Bacille amylobacter, qui produit en même temps de l'invertine, de l'amylase, de la cellulase, de la lactase et de la trypsine.

Fig. 47. — Microcoque de l'urée.

Les fermentations provoquées par les Bactériacées sont très diverses, mais peuvent être rapportées à trois types. Ce sont, en effet, tantôt des phénomènes d'oxydation, tantôt des phénomènes de réduction, tantôt des phénomènes de dédoublement.

Parmi les ferments oxydants, il faut citer tout d'abord le Bacille du vinaigre (fig. 48), qui se développe à la surface des liquides alcooliques : vin, bière, etc., où il forme un voile muqueux continu; il oxyde l'alcool et le convertit en acide acétique : c'est l'agent de la fabrication du vinaigre. Le Microcoque nitrifiant pullule dans le sol, dont il oxyde les matières organiques azotées en formant de l'acide nitrique : il est l'agent de la nitrification. D'après ce qui a été dit plus haut, les Bactériacées thiogènes, ainsi que les Bactériacées ferrugineuses, doivent être considérées aussi comme des ferments d'oxydation.

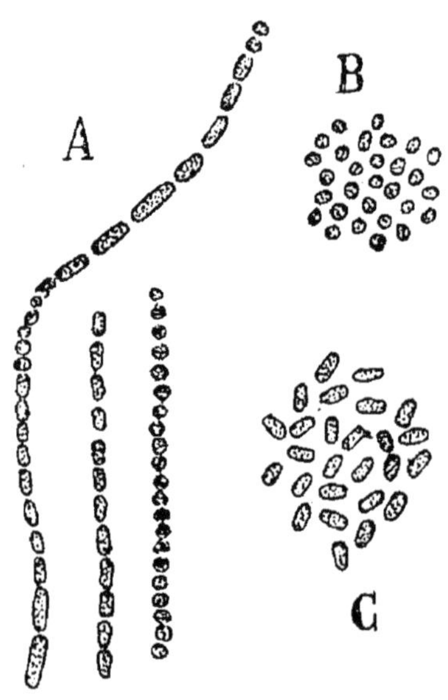

Fig. 48. — Bacille du vinaigre. *A*, filaments normaux, à cellules plus ou moins longues. *B*, amas de cellules courtes dissociées. *C*, amas de cellules longues dissociées.

Parmi les ferments réducteurs, il faut placer en première ligne le Bacille amylobacter, qui vit en l'absence d'oxygène libre et décompose les matières ternaires les plus diverses : amidon soluble, dextrines, glucoses, mannite, glycérine, etc., en acide butyrique, acide carbonique, hydrogène et autres produits accessoires : c'est, comme on dit, le ferment butyrique. Bon nombre d'autres Bactériacées aérophobes réduisent directement les nitrates dans la terre végétale et dans les liquides de culture, les uns en les ramenant simplement à l'état de nitrites, les autres, comme la Bactérie dénitrifiante, en dégageant du protoxyde d'azote ou de l'azote pur. L'Ascocoque de Billroth réduit aussi les nitrates, en dégageant de l'ammoniaque. D'autres enfin, qui vivent dans le fumier, réduisent les matières ternaires, en particulier la cellulose, et produisent des carbures d'hydrogène, notamment du formène, gaz qui se dégage, comme on sait, en abondance de la vase des marais où pullulent ces Algues.

Enfin, parmi les ferments dédoublants, il faut citer le Bacille lactique, qui se développe dans le lait et dédouble le lactose en acide lactique, sans dégagement de gaz. Le Bacille du Caucase, qui contribue avec la Levure kéfir à la transformation du lait en *kéfir*, y opère le même dédoublement sur une partie du lactose; l'autre partie est d'abord hydratée et dédoublée en galactose par la lactase sécrétée par la Levure, puis ce galactose est, à son tour, décomposé par cette Levure, en alcool et acide carbonique. Deux ferments, appartenant à deux classes différentes, une Algue et un Champignon, vivent ici en symbiose et collaborent à la fabrication du kéfir.

Les Bactériacées pathogènes qui vivent en parasites dans le corps des animaux et des plantes, sont depuis quelques années l'objet des recherches les plus actives. Ce sont, en très grande majorité du moins, des parasites facultatifs. On peut, en effet, les cultiver, en dehors des organismes, dans des milieux appropriés et on les rencontre dans la nature à l'état indépendant. Les maladies qu'elles provoquent paraissent dues à des causes diverses. Tantôt elles enlèvent à l'organisme quelque substance nécessaire à sa vie (Bacille du charbon, etc.). Tantôt elles détruisent progressivement pour s'en nourrir quelque organe indispensable à la vie (Bacille de la tuberculose, etc.). Tantôt et, semble-t-il, le plus souvent, elles produisent et émettent au dehors certaines substances solubles éminemment nocives, qu'on nomme des *toxines*, de la même manière que d'autres produisent et émettent au dehors des diastases et des matières colorantes (Bacille de la diphtérie, B. du tétanos, Bactérie de la peste, etc.).

Citons d'abord quelques exemples de Bactériacées parasites des animaux. Le Bacille du charbon, aérophile et immobile, en se développant dans le sang des animaux, enlève l'oxygène aux hématies, noircit le sang et provoque cette maladie rapidement mortelle qu'on nomme le *charbon*. On connaît aussi le Bacille septique, de la septicémie, le B. de la tuberculose, le B. de la lèpre, le B. typhique, de la fièvre typhoïde, le B. de la diphtérie, la Bactérie de la peste, celle du choléra des poules,

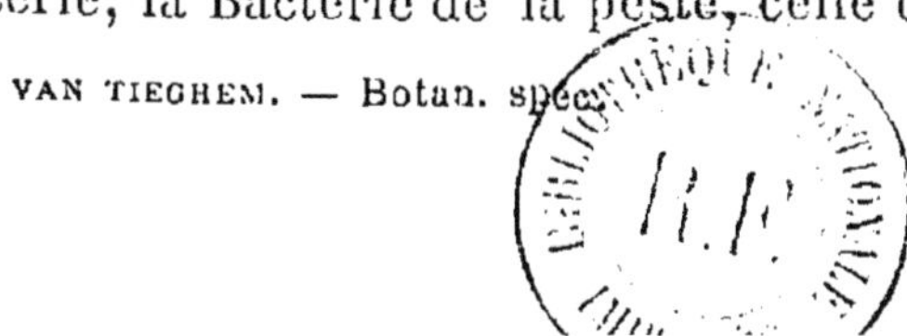

le Microcoque du rouget du porc, le Streptocoque de l'érysipèle, le Spirochète d'Obermeier, de la fièvre récurrente, la Microspire virgule, du choléra asiatique, le Leptotriche buccal, de la carie des dents, la Sarcine de l'estomac, etc. Presque toutes les maladies de l'homme et des animaux ont, de la sorte, une origine bactérienne. En les cultivant dans de certaines conditions, on réussit à atténuer la virulence de ces diverses Bactériacées pathogènes. Ainsi le Bacille du charbon, cultivé à la température de 42°-43° dans du bouillon neutralisé, ou à la température de 35° dans du bouillon additionné de 1/600 d'acide phénique ou de 1/2000 de bichromate de potasse, perd progressivement sa virulence et conserve ensuite dans toutes les cultures ultérieures cette virulence atténuée ; inoculé, il ne provoque plus alors chez l'animal qu'une maladie légère. Il en est de même pour le Microcoque du rouget du porc, pour la Bactérie du choléra des poules, etc. Ces maladies légères, provoquées par l'inoculation des Bactéries atténuées, suffisent cependant pour préserver, au moins pendant un certain temps, contre le développement des mêmes Bactéries virulentes. De là une première méthode générale de vaccination. Lorsque l'action nocive de la Bactériacée est due à une toxine sécrétée par elles, en injectant cette toxine dans le sang d'un animal déjà résistant à la maladie en question, d'un Cheval par exemple s'il s'agit de la diphtérie, du tétanos ou de la peste, on rend cet animal tout à fait impropre à contracter cette maladie. Si l'on vient ensuite à injecter sous la peau de l'homme une petite quantité du sérum du sang de l'animal ainsi immunisé, il y a guérison si la maladie est déjà contractée, vaccination si elle ne l'est pas encore. De là une seconde méthode générale, à la fois thérapeutique et préventive, qu'on a nommée la *sérothérapie*.

Parmi les Bactériacées parasites des végétaux, citons le Bacille radicicole, qui s'introduit dans les jeunes radicelles des Légumineuses, bientôt arrêtées dans leur croissance et renflées en tubercules. Il pullule d'abord dans le protoplasme des cellules, puis chacun de ses bâtonnets grandit en prenant une forme bizarre, bifurquée en Y, palmée, etc., et finalement meurt après s'être rempli de matières albuminoïdes qui le rendent opaque. Corrélativement à cette végétation maladive, qui conduit à la mort, ce Bacille est le siège d'un phénomène très remarquable et jusqu'ici sans exemple. Il absorbe, en effet, combine dans sa matière albuminoïde et assimile l'azote gazeux du sol et de l'atmosphère. Cette matière albuminoïde du Bacille mort peut ensuite servir de réserve à la Légumineuse et lui permettre de se développer dans un sol pauvre en azote ou même entièrement dépourvu d'azote combiné. Elle peut aussi, si les tubercules se détruisent dans la terre, enrichir le sol en substances organiques azotées ou le doter de ces substances s'il en était dépourvu. Ainsi se trouve justifié et expliqué ce fait, depuis longtemps reconnu dans la pratique agricole, que les Légumineuses sont des plantes *améliorantes*.

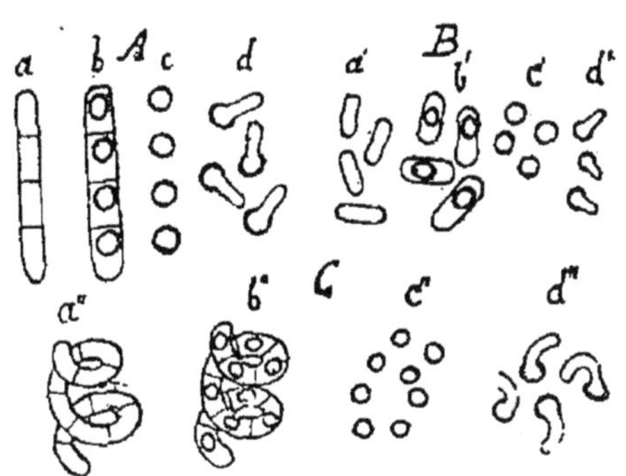

Fig. 49. — Formation et germination des spores : *A*, dans un Bacille ; *B*, dans une Bactérie ; *C*, dans un Spirille.

Quels que soient leur mode de vie et leurs propriétés particulières, lorsque le milieu nutritif est épuisé et que la croissance du thalle s'arrête, beaucoup de Bactériacées produisent des spores endogènes (fig. 49). Dans les Bacilles, par exemple (*A*, *a*), les cellules grossissent et se remplissent d'une matière de réserve, qui est de l'amyloïde dans le Bacille amylobacter, etc., du sucre dans la plupart des autres espèces. Puis, dans chaque cellule, le protoplasme se condense autour d'un centre en une petite masse sphérique ou ovale, qui s'entoure d'une membrane de cellulose et constitue la spore (*b*); en même temps, la substance de réserve disparaît et ne laisse, entre la spore et la membrane mère, qu'un liquide hyalin ; enfin, cette membrane se dissout à son tour et la spore est mise en liberté (*c*). Ces spores résistent à la dessiccation et à une température plus ou moins élevée suivant les espèces. Celles du Bacille subtil (fig. 43, *C*), par exemple, supportent une ébullition prolongée et même une température de 105° ; pour les tuer, il est nécessaire de les maintenir au moins pendant une heure à 110° dans l'eau ; dans l'air sec, il faut une température plus élevée. Il en est de même dans le B. amylobacter. Pour stériliser complètement à sec un vase de verre destiné à des cultures de Bactériacées, il est donc nécessaire d'en porter les parois pendant quelque temps vers 120°. Les spores du Bacille du charbon sont moins résistantes ; une ébullition de quatre heures les tue.

La spore germe en déchirant son exine plus ou moins épaisse et en s'allongeant en filament (fig. 49, *d*, *d'*, *d''*). L'allongement a toujours lieu dans le sens du grand axe de la spore, quand elle est ovoïde, et par suite dans la direction du filament qui a produit la spore.

D'après la forme et le degré d'union des cellules, les principaux genres peuvent être groupés en trois tribus de la manière suivante :

1. *Micrococcées.* — Cellules sphériques, toujours immobiles : Microcoque, Streptocoque, Hyalocoque, Leucocyste, Ascocoque, Leuconostoc, etc., avec une direction de cloisonnement; Lampropédie, Mériste, etc., avec deux directions de cloisonnement; Lamprocyste, Sarcine, Thiocyste, etc., avec trois directions de cloisonnement.

2. *Bacillées.* — Cellules cylindriques, se dissociant en tronçons plus ou moins longs : Bactérie, Chromate, Rhabdochromate, Bacille, Vibrion, Spirille, Microspire, Spirochète, Myconostoc, Ascobactérie, Cystobacter, etc.

3. *Leptotrichées.* — Cellules cylindriques, associées en longs filaments : Leptotriche, Crénotriche, Beggiato, Thiotriche, Cladotriche, Sphérotile, Actinomyce, etc.

Avec leurs cellules intimement associées en longs filaments, qui se rompent çà et là en tronçons mobiles comme des hormogonies, les Leptotrichées se rattachent aux Nostocacées à thalle associé et pourvu d'homogonies, notamment aux Oscillariées. Avec leurs cellules promptement dissociées, les deux autres tribus se rattachent aux Nostocacées à thalle dissocié, notamment aux Chroococcées. D'autre part, les espèces pourvues de chlorophylle ou de purpurine relient aussi les Bactériacées aux Nostocacées. Ces deux familles de l'ordre des Cyanophycées sont donc, sous tous les rapports, intimement unies.

ORDRE II

CHLOROPHYCÉES

Caractères généraux. — La plupart des Chlorophycées habitent les eaux douces, quelques-unes la mer; d'autres vivent dans l'air humide, sur la terre, les rochers, les écorces, comme ces formes inférieures qui entrent, on l'a vu (p. 75), dans la composition des Lichens. Leur thalle est quelquefois continu, le plus souvent cloisonné. Continu, tantôt il s'allonge en un tube ordinairement ramifié (Siphonées), tantôt il demeure microscopique, soit qu'il reste libre (Protococcacées), soit qu'il s'associe à d'autres pour former une colonie (Cénobiées). Cloisonné, il l'est habituellement dans une seule direction et s'allonge en un filament simple ou rameux (Confervées, etc.), quelquefois dans deux (Monostrome) ou trois directions (Ulve, etc.) ; il dissocie parfois ses cellules en gélifiant la lame moyenne des cloisons (Desmidiées, etc.).

Il y a d'ordinaire une multiplication par des spores, qui sont le plus souvent des zoospores, et toujours une reproduction par des œufs, qui sont produits de manières très diverses. L'œuf se développe indépendamment de la plante mère, d'ordinaire après un passage à l'état de la vie latente, quelquefois tout de suite (Acétabulaire, Hydrodicte, etc.). Il donne soit directement un thalle nouveau (Conjuguées, Characées, etc.), soit d'abord un certain nombre de spores ou de zoospores, qui se disséminent et produisent plus tard autant de thalles nouveaux (Œdogone, Coléochète, etc.).

Division de l'ordre des Chlorophycées en huit familles. — D'après la structure du thalle et le mode de reproduction, on divise l'ordre des Chlorophycées en huit familles, de la manière suivante :

Thalle	continu,	simple, à	noyau unique	*Protococcacées.*
			noyaux nombreux	*Siphonées.*
		composé		*Cénobiées.*
	articulaire			*Cladophoracées.*
	cellulaire.	Des zoospores. Cellules du thalle	dissociées	*Palmellacées.*
			associées	*Confervacées.*
		Pas de spores. Œuf formé par	isogamie	*Conjuguées.*
			hétérogamie	*Characées.*

Protococcacées. — Le thalle des Protococcacées est et demeure unicellulaire, la cellule qui le constitue ne se cloisonnant pas. C'est seulement au moment et en vue de la reproduction, que le noyau et le protoplasme s'y divisent pour produire des cellules nouvelles, qui s'échappent de la membrane primitive et sont soit des spores ou zoospores, soit des gamètes.

La cellule constitutive du thalle est tantôt immobile, parce que la phase de zoospore est courte, tantôt mobile à l'aide de cils vibratiles, parce que la phase de zoospore y dure très longtemps. Dans le premier cas, elle est parfois libre, sphérique (Protocoque, Scotinosphère, Chlorochytre, Endosphère, etc.), cylindrique et courbée en spirale (Ophiocyte), ou polyédrique à sommets plus ou moins saillants (Polyèdre); parfois fixée à la base, cylindrique et droite (Sciade), ou dilatée en massue au sommet (Charace). Dans le second cas, elle est toujours libre, ovoïde (Hématocoque, Chlamydomonade, Chlorogone, etc.), aplatie en lentille (Phacote) ou renflée en tonneau (Pithisque); elle a le plus souvent deux cils en avant (Hématocoque, Phacote, etc.), quelquefois quatre (Pithisque, Tétraselme, etc.); elle est parfois dépourvue de chlorophylle (Polytome, etc.), parfois aussi munie d'une matière colorante rouge qui masque la chlorophylle (Hématocoque).

Les zoospores ont habituellement deux cils en avant, quelquefois un seul (Sciade, Ophiocyte). Elles s'échappent tantôt par un orifice latéral (Charace, Hématocoque, etc.), tantôt par une fente circulaire détachant soit un couvercle terminal (Sciade, Ophiocyte), soit deux valves (Phacote, Pithisque, etc.). Dans le Protocoque vert, lorsqu'il vit dans l'air humide, les cellules reproductrices s'entourent d'une membrane de cellulose à l'intérieur de la membrane primitive; elles forment donc alors des spores immobiles, non des zoospores.

L'œuf se fait par l'union de deux gamètes ayant le même nombre de cils que les zoospores, mais plus petits (Endosphère, Chlamydomonade, Chlorogone, Polytome, Hématocoque, etc.).

Les Protococcacées qui vivent à l'air (Protocoque vert, etc.) entrent fréquemment en association avec des Champignons pour constituer des Lichens (voir p. 75).

D'après la durée, inversement longue, de l'état de repos et de l'état de mobilité du thalle, les genres se groupent en deux tribus, de la manière suivante :

1. *Protococcées*. — Thalle habituellement immobile : Protocoque, Scotinosphère, Chlorochytre, Endosphère, Polyèdre, Charace, Ophiocyte, Sciade, etc.
2. *Hématococcées*. — Thalle habituellement mobile : Hématocoque, Chlamydomonade, Chlamydocoque, Chlorogone, Phacote, Pithisque, Tétraselme, Chlorange, Coccomonade, *Polytome*, etc.

Siphonées. — Les Siphonées renferment 40 genres avec plus de 400 espèces. La plupart habitent la mer, quelques-unes les eaux douces ou même la terre humide (Botryde granuleux, Vauchérie terrestre, etc.); plusieurs sont parasites des végétaux vivants (Phyllobe, Phyllosiphon, etc.). Le thalle (I, p. 11, fig. 1) y est toujours continu, sans cloisons, avec un protoplasme renfermant un grand nombre de noyaux et de chloroleucites (I, p. 12, fig. 2, et p. 16, fig. 3). Il est quelquefois réduit à un petit sac sphérique ou ovoïde, aminci et fixé à la base (Valonie, I, fig. 1, *A*, Codiole, etc.), où il se prolonge quelquefois dans le sol en un crampon incolore et rameux (Botryde); mais le plus souvent il s'allonge en un tube ou siphon, ordinairement ramifié (Vauchérie, Derbésie, etc.), forme d'où la famille tout entière tire son nom.

Les branches principales portent quelquefois des rameaux à croissance limitée, pennés dans les Bryopses, dichotomes dans les Pinceaux, étalés en lame foliacée dans les Caulerpes (I, fig. 1, *C*), verticillés dans les Acétabulaires, où ils sont simples et soudés entre eux en forme de parasol, et dans les Dasyclades, Cymopolies, etc., où ils sont ramifiés en ombelles. Ailleurs, la ramification du tube est tellement abondante que toutes les branches se serrent, s'enchevêtrent et se soudent en un thalle d'apparence massive et souvent de grande dimension, arrondi en sphère (Code bourse), ramifié en cordon (Code tomenteux), aplati en feuille (Udotée, I, fig. 1, *B*), ou alternativement étranglé et dilaté à la façon d'une Oponce (Halimède). Pour se soutenir, ce thalle incruste assez souvent sa membrane de carbonate de calcium (Acétabulaire, Cymopolie, Pinceau, Halimède, etc.), ou bien la membrane envoie d'une face à l'autre, à travers le protoplasme, des cordons de cellulose anastomosés en réseau (Caulerpe, I, p. 22, fig. 8).

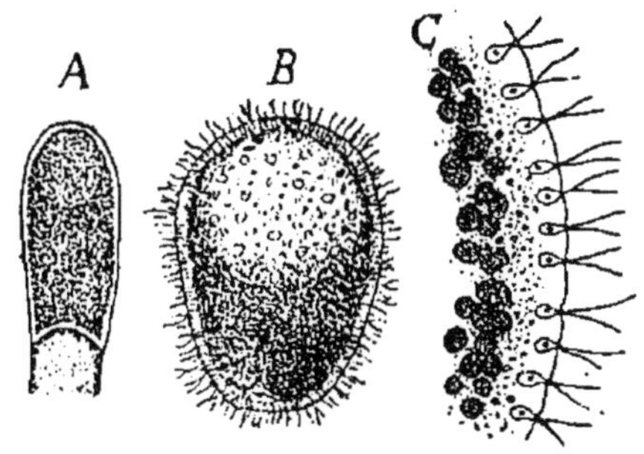

Fig. 50. — Vauchérie sessile. *A*, formation de la zoospore dans l'extrémité d'une branche, séparée du reste par une cloison; *B*, zoospore libre, toute couverte de cils; *C*, une portion de sa périphérie, plus fortement grossie, montrant les nombreux noyaux nucléolés et, en face de chaque noyau, deux cils vibratiles.

La multiplication s'opère quelquefois par des spores immobiles (Botryde vivant dans l'air, Phyllosiphon), le plus souvent par des zoospores munies d'un cil (Botryde dans l'eau), d'une couronne de cils en avant (Derbésie) ou de cils très nombreux couvrant toute la surface, où ils sont rapprochés deux par deux en face de chaque noyau (Vauchérie, fig. 50); dans ce dernier cas, la zoospore, qui est très grosse et qui se forme isolément dans l'extrémité d'une branche séparée par une cloison, peut être considérée comme une colonie de zoospores à deux cils.

La formation des œufs s'opère le plus souvent par isogamie avec gamètes mobiles à deux cils (Botryde, I, p. 44, fig. 18, *A*, Acétabulaire, Bryopse, Code, Dasyclade, Phyllobe, etc.), quelquefois par hétérogamie avec une oosphère très grosse, solitaire dans l'oogone, et de très petits anthérozoïdes à deux cils attachés latéralement et dirigés l'un en avant, l'autre en arrière, produits en grand nombre dans chaque anthéridie (Vauchérie). L'œuf formé passe à l'état de vie latente en cutinisant sa membrane et germe plus tard en produisant un nouveau thalle.

D'après le mode de ramification du thalle et le mode de formation des œufs, les genres se groupent en cinq tribus, comme il suit :

1. *Botrydiées.* — Thalle simple, isogame : Codiole, Valonie, Botryde, etc.
2. *Bryopsées.* — Thalle rameux, à ramification latérale ou dichotome, non massif, isogame : Phyllobe, Phyllosiphon, Derbésie, Bryopse, Chlorodesme, Pinceau, Caulerpe, etc.
3. *Dasycladées.* — Thalle rameux à ramification verticillée, non massif, isogame ; Dasyclade, Halycoryne, Néoméride, Cymopolie, Acétabulaire, etc.
4. *Codiées.* — Thalle rameux, massif, isogame : Code, Udotée, Halimède, etc.
5. *Vauchériées.* — Thalle rameux, non massif, hétérogame : Vauchérie.

Cénobiées. — Les Cénobiées, 24 genres avec 80 espèces, habitent exclusivement les eaux douces. Leur thalle demeure très petit et ne se cloisonne pas. Un plus ou moins grand nombre de ces petits thalles s'unissent de bonne heure par contiguïté, soudent leurs membranes (fig. 51) et constituent une association intime, une colonie de forme déterminée ; ce thalle composé, ce *cénobe*, comme on dit, fonctionne désormais comme un thalle simple : d'où le nom donné à la famille. Le plus souvent chaque thalle élémentaire n'a qu'un noyau et reste, comme dans les Protococcacées, à l'état de simple cellule ; dans les Hydrodictes, il grandit davantage, renferme un grand nombre de noyaux et devient un thalle de Siphonée.

La multiplication s'opère à l'aide de zoospores (fig. 51, *A*). Celles-ci s'entourent bientôt d'une membrane de cellulose et s'unissent, en se groupant de diverses manières, pour former le thalle : en une série linéaire en forme de palissade (Scénédesme), en un disque plein (Gone, fig. 52) ou troué (Pédiastre, fig. 51, *C*), en une sphère compacte (Sorastre, Stéphanosphère,

Pandorine), ou creuse à surface tantôt pleine (Eudorine, Volvoce), tantôt percée à jour (Célastre), en un sac irrégulier à larges mailles en réseau (Hydrodicte). En s'associant de la sorte, les zoospores tantôt perdent les deux cils qu'elles portent à leur extrémité antérieure, de façon que le thalle est immobile (Pédiastre, fig. 51, Scénédesme, Hydrodicte, etc.), tantôt les conservent, de sorte que la colonie est indéfiniment mobile (Gone, fig. 52, Pandorine, Stéphanosphère, Volvoce, etc.).

La formation des zoospores a lieu tantôt par la division

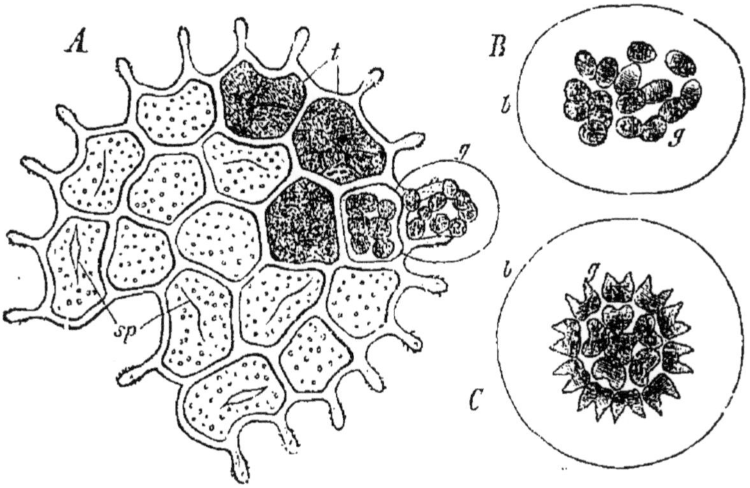

Fig. 51. — Pédiastre granuleux. *A*, cénobe immobile, composé de petits thalles continus, soudés en disque; ces thalles forment en *t* et expulsent en *g*, par une fente *sp*, des zoospores que l'on voit, en *B*, à l'état de mouvement à l'intérieur d'une mince membrane albuminoïde *b*: *C*, ces zoospores se sont fixées, accrues et soudées en un disque perforé, qui n'a plus qu'à grandir pour devenir pareil à *A*.

simultanée du protoplasme de chaque thalle autour de chacun des nombreux noyaux qu'il renferme, comme dans l'Hydrodicte, où le nombre des zoospores varie entre 7000 et 20 000 par thalle, tantôt par une bipartition répétée, comme dans le Volvoce, où leur nombre peut aussi s'élever jusqu'à 12 000. C'est à l'intérieur même du thalle que les zoospores, après s'être mues librement pendant quelque temps, s'unissent comme il vient d'être dit, de sorte que la colonie nouvelle s'échappe toute formée du thalle ancien (Hydrodicte, Volvoce, etc.).

Les œufs se forment tantôt par isogamie avec des gamètes mobiles biciliés, plus petits que les zoospores et nageant isolément dans le liquide ambiant (Hydrodicte, Pandorine, Stéphanosphère, Gone, etc.), tantôt par hétérogamie avec de grosses oosphères vertes et de petits anthérozoïdes jaunes, munis d'un bec incolore allongé et contractile, de deux cils et d'un point rouge (Eudorine, Volvoce). Dans les deux cas, l'œuf passe à l'état de vie latente, en cutinisant sa membrane. En germant, il donne soit directement, par bipartition répétée de son corps protoplasmique, une colonie nouvelle (Volvoce, etc.), soit d'abord des zoospores qui s'échappent et se meuvent librement dans le milieu extérieur, puis se fixent, grandissent et produisent chacun une colonie nouvelle (Hydrodicte, Stéphanosphère, etc.).

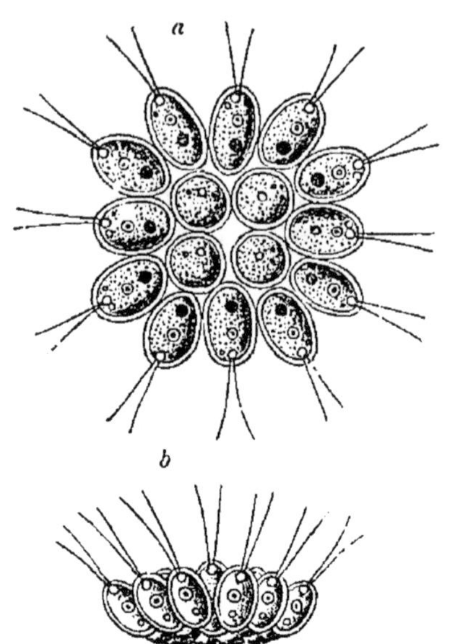

Fig. 52. — Gone pectoral. *a*, cénobe vu de face ; *b*, vu de profil.

Suivant que les thalles élémentaires sont multinucléés ou uninucléés et, dans le second cas, suivant que, en s'unissant, ils perdent ou conservent leurs cils vibratiles, les genres se groupent en trois tribus :

1. *Hydrodictyées*. — Thalles élémentaires multinucléés. Cénobe immobile : Hydrodicte.
2. *Pédiastrées*. — Thalles élémentaires uninucléés. Cénobe immobile : Scénédesme, Pédiastre, Célastre, Sorastre, etc.
3. *Volvocées*. — Thalles élémentaires uninucléés. Cénobe mobile : Gone, Stéphanosphère, Pandorine, Eudorine, Volvoce, etc.

Par les Hydrodictyées, cette famille se relie aux Siphonées ; par les Pédiastrées et les Volvocées elle se rattache respectivement aux Protococcées et aux Hématococcées de la famille des Protococcacées.

Cladophoracées. — Les Cladophoracées, 8 genres avec plus de 350 espèces, ont leur thalle cloisonné çà et là en articles renfermant chacun de nombreux noyaux. Le cloisonnement ne s'y opère que dans une seule direction et le thalle est un filament, quelquefois simple et libre (Sphéroplée, etc.), le plus souvent fixé à la base et ramifié (Cladophore, etc.). La ramification est parfois si abondante et si serrée que toutes les branches, ou bien se soudent entre elles dans le même plan en formant un réseau (Microdicte) ou une lame pleine (Anadyomène), ou bien s'enchevêtrent en tous sens en une masse compacte de forme sphérique ou ovoïde, pouvant atteindre plusieurs décimètres de diamètre (Cladophores de la section Egagropile).

La multiplication s'opère par des zoospores à quatre cils, formées dans chaque article par la division simultanée du proto-

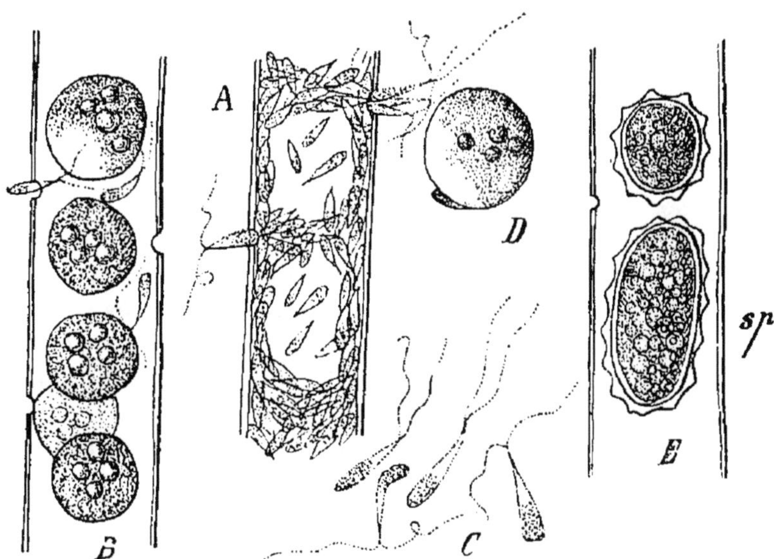

Fig. 53. — Sphéroplée annelée, formation des œufs. *A*, portion d'une anthéridie, dont les anthérozoïdes s'échappent par des orifices latéraux. *B*, portion d'un oogone avec plusieurs oosphères, où les anthérozoïdes s'introduisent par des orifices latéraux. *C*, anthérozoïdes libres. *D*, fusion d'un anthérozoïde avec une oosphère; *E*, œufs mûrs à l'intérieur de l'oogone.

plasme autour de chaque noyau préexistant (Cladophore, etc.) et mises en liberté par un orifice latéral ou terminal de la membrane.

La formation des œufs s'opère tantôt par isogamie à gamètes mobiles, plus petits que les zoospores et n'ayant que deux cils (Cladophore, etc.), tantôt par hétérogamie avec oosphère et anthérozoïde (Sphéroplée, fig. 53). Dans ce second cas, l'oogone et l'anthéridie résultent de la différenciation d'articles ordinaires et produisent le premier un assez grand nombre d'oosphères de forme sphérique (*B*), le second un très grand nombre d'anthérozoïdes fusiformes à deux cils antérieurs (*A*). Ceux-ci s'échappent de l'article par de nombreuses ouvertures dans la membrane, nagent dans le liquide (*C*) et pénètrent aussi plus tard dans l'oogone par de multiples orifices de la membrane (*B*), pour se combiner aux oosphères (*D*) et former avec elles autant d'œufs, qui passent sur place à l'état de vie latente (*E*).

A la germination, l'œuf produit soit directement un thalle articulaire (Cladophore, etc.), soit d'abord un certain nombre de zoospores, qui se développent plus tard en autant de thalles articulaires nouveaux (Sphéroplée, etc.).

D'après le mode de formation des œufs, les genres se groupent en deux tribus :

1. *Cladophorées.* — Œuf formé par isogamie : Siphonoclade, Chétomorphe, Rhizoclone, Gomontie, Cladophore, Microdicte, Anadyomène, etc.
2. *Sphéropléées.* — Œuf formé par hétérogamie : Sphéroplée.

Par leur thalle articulaire, les Cladophoracées se relient directement aux Siphonées. Ainsi, les Cladophorées, qui sont isogames, ressemblent aux Botrydiées et aux Bryopsées, qui sont également isogames; les Siphonoclades, par exemple, se relient aux Valonies par une série de transitions. De même, les Sphéropléées, qui sont hétérogames, se rattachent aux Vauchériées, qui sont également hétérogames. Cette famille, et c'est là son intérêt propre, tient le milieu entre les Siphonées, qui ont le thalle continu, et les Confervacées, qui ont le thalle cloisonné au maximum, c'est-à-dire cellulaire.

Palmellacées. — Le thalle des Palmellacées est toujours cloisonné en cellules; mais, comme la lamelle moyenne de chaque cloison se gélifie peu de temps après sa formation, les cellules se trouvent bientôt isolées, soit totalement, soit en demeurant d'abord réunies par petits groupes dans la gelée, si celle-ci est assez consistante; en un mot, le thalle y est dissocié. Le cloisonnement des cellules du thalle s'opère tantôt suivant une seule direction (Rhaphide, Stichocoque, Cosmoclade, etc.), tantôt suivant deux directions (Staurogénie, Tétraspore, etc.), tantôt suivant trois directions (Pleurocoque, Palmelle, Gléocyste, Botrydine, etc.).

Certaines de ces plantes vivent dans l'air humide, sur l'écorce des arbres, sur les rochers, etc., et dans ces conditions entrent fréquemment en symbiose avec des Champignons pour constituer des Lichens (Pleurocoque, Stichocoque, Palmelle, etc.). Elles sont quelquefois dépourvues de chlorophylle (Astasie, etc.), ou munies d'une matière colorante rouge qui masque la chlorophylle (Porphyride, etc.). Les chloroleucites forment parfois de l'amidon (Diselme, Chlorastre, etc.), ou bien le protoplasme renferme des grains de paramylon (Euglène, etc.).

A un moment donné, chaque cellule du thalle produit une ou plusieurs zoospores, qui s'échappent de la membrane, se meuvent dans le liquide pendant un temps très court (Pleurocoque, Tétraspore, etc.), ou au contraire pendant un temps très long (Diselme, Pyramimonade, Euglène, Astasie, etc.), et finalement se fixent en s'entourant d'une nouvelle membrane cellulosique. Ephémères ou durables, ces zoospores ont tantôt deux cils (Cosmoclade, Pleurocoque, Tétraspore, Diselme, etc.), tantôt quatre cils (Pyramimonade, etc.) ou cinq cils (Chlorastre, etc.), tantôt un seul cil (Euglène, Phace, Astasie, etc.). Quand la phase de zoospore est durable, la cellule subit, pendant cette phase, des divisions répétées. On n'y a pas jusqu'à présent observé d'œufs.

D'après la durée inverse de la période de repos et de mobilité et d'après le nombre des cils des zoospores, les genres peuvent être groupés en trois tribus :

1. *Palmellées*. — Zoospores éphémères, sans division : Rhaphide, Stichocoque, Pleurocoque, Hormospore, Cosmoclade, Staurogénie, Tétraspore, Porphyride, Palmelle, Botrydine, Gléocyste, etc.
2. *Diselmées*. — Zoospores durables, avec division, à plusieurs cils égaux; amidon dans les chloroleucites : Diselme, Pyramimonade, Chlorastre, Dimystace, etc.
3. *Euglénées*. — Zoospores durables, avec division, à un seul cil; paramylon dans le protoplasme : Euglène, Colace, Phace, Ascoglène, Astasie, Hétéronème, etc.

En somme, les Diselmées et les Euglénées ensemble sont aux Palmellées dans la famille des Palmellacées, ce que les Hématococcées sont aux Protococcées dans la famille des Protococcacées, ce que les Volvocées sont aux Pédiastrées dans la famille des Cénobiées. Il en résulte que les Diselmées et les Euglénées sont liées aux Hématococcées et aux Volvocées aussi intimement que les Palmellées aux Protococcées et aux Pédiastrées. Les quatre premières tribus jouissent ensemble d'une habituelle mobilité, dont les trois autres sont ensemble dépourvues. C'est ce caractère, regardé à tort comme l'apanage exclusif de l'animalité, qui a fait longtemps et fait encore parfois aujourd'hui regarder les plantes de ces quatre tribus toutes ensemble comme des animaux.

On voit aussi que par la structure du thalle dissocié, les Palmellées rappellent les Chroococcées parmi les Nostocacées : le Stichocoque, par exemple, correspond au Synéchocoque et l'Hormospore à l'Aphanothèce, la Tétraspore à la Mérismopédie, le Pleurocoque au Chroocoque, la Palmelle à l'Aphanocapse, et le Gléocyste au Gléocapse.

Confervacées. — Les Confervacées comprennent 52 genres avec plus de 470 espèces. La plupart habitent les eaux douces, quelques-unes la mer (Ulve, Entéromorphe, etc.) ou la terre humide (Trentépohlie, Schizogone); on y trouve quelques parasites (Céphaleure sur les feuilles de la Camellie, Trichophile sur les poils des Paresseux, etc.). Leur thalle est cloisonné en cellules et le cloisonnement n'a lieu le plus souvent que dans une seule direction, de manière à constituer un filament quelquefois simple (Œdogone, Schizogone, etc.), ordinairement ramifié. La membrane se gélifie parfois assez fortement pour englober toutes les branches dans une masse solide (Chétophore, Stigéoclone, Draparnaudie, etc.). Ailleurs, le cloisonnement s'opère suivant les deux directions du plan (Monostrome, Prasiole), ou même se complique d'une nouvelle division parallèle au plan (Ulve); les deux assises superposées peuvent alors s'isoler, excepté sur les bords, en formant un tube (Entéromorphe, etc.).

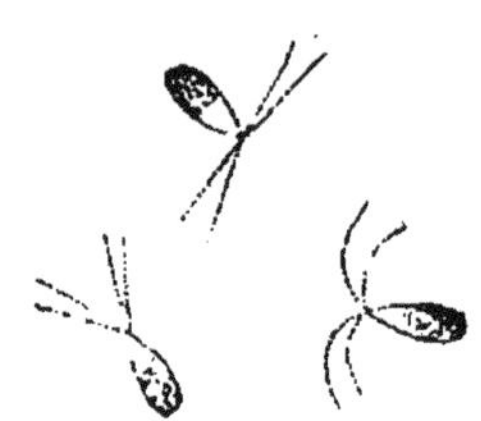
Fig. 54. — Zoospores du Chétophore élégant.

Fig. 55. — Zoospores de l'Œdogone vésiqueux.

La multiplication s'opère quelquefois par des spores immobiles (Prasiole, Draparnaudie, etc.), ordinairement par des zoospores, munies de deux (Coléochète), le plus souvent de quatre cils (Chétophore, fig. 54, Schizogone, etc.), parfois d'une couronne de cils (Œdogone, fig. 55). Elles peuvent naître isolément aux dépens du contenu tout entier de la cellule mère (Œdogone, fig. 56, Coléochète); mais ordinairement elles se forment en plus ou moins grand nombre par une bipartition répétée du noyau et du protoplasme (Schizogone, Ulve, etc.). Dans tous les cas, elles sont mises en liberté, le plus souvent par un orifice latéral ou terminal de la membrane (Ulve,

Coléochète, etc.), quelquefois par un déboîtement circulaire (Œdogone, fig. 56, Microspore, etc.).

La formation des œufs s'opère tantôt par isogamie avec gamètes mobiles à deux cils, comme il a été expliqué pour les Schizogones et les Monostromes (I, p. 531) (Schizogone, Hormiscie, Trentépohlie, Monostrome, fig. 57, Ulve, etc.), tantôt par hétérogamie avec oosphère et anthérozoïde, comme il a été dit pour les Œdogones (I, p. 523, fig. 225), (Œdogone, Bulbochète, Coléochète, etc.). Dans le second cas, l'oogone et l'anthéridie sont nettement différenciés et forment le premier une seule oosphère, la seconde un seul anthérozoïde (Coléochète, etc.) ou deux anthérozoïdes adossés (Œdogone, I, fig. 225, etc.). L'œuf passe à l'état de vie latente en cutinisant sa membrane (fig. 57, *e*); dans les Coléochètes, l'oogone se recouvre en même temps d'une assise de cellules polyédriques à membrane cutinisée. A la germination, l'œuf produit un certain nombre de spores immobiles (Coléochète) ou de zoospores (Œdogone, etc.), qui se développent bientôt en autant de thalles nouveaux.

Fig. 56. — Sortie de la zoospore d'un Œdogone, par déboîtement circulaire de la cellule mère.

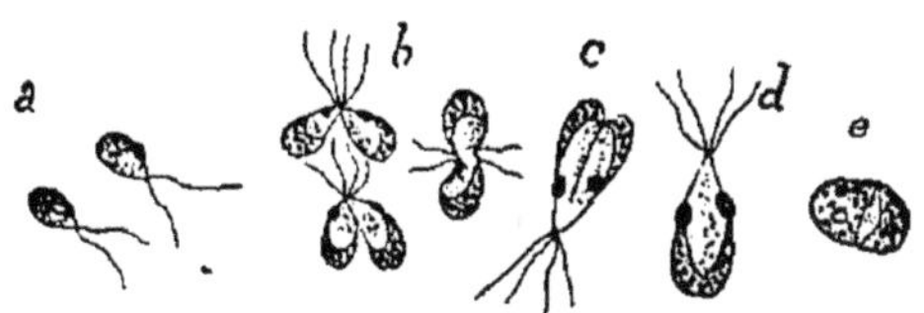

Fig. 57. — Formation de l'œuf du Monostrome bulleux.

D'après le mode de formation des œufs, on groupe les genres en deux tribus :

1. *Confervées.* — Œuf formé par isogamie : Schizogone, Hormiscie, Conferve, Microspore, Chétophore, Draparnaudie, Trentépohlie, Trichophile, Entocladie, Céphaleure, Phycopelte, etc., avec une direction de cloisonnement ; Monostrome, Prasiole, etc., avec deux directions de cloisonnement ; Ulve, Entéromorphe, Dermatophyte, etc., avec trois directions de cloisonnement.
2. *Œdogoniées.* — Œuf formé par hétérogamie : Cylindrocapse, Œdogone, Bulbochète, Coléochète, etc.

Conjuguées. — Les Conjuguées, 36 genres avec 1 160 espèces, sont toutes des Algues d'eau douce ; les Zygogones vivent sur la terre humide. Leur thalle est un filament simple, transversalement cloisonné en cellules toutes semblables, s'allongeant indéfiniment par la croissance intercalaire et la bipartition simultanée de toutes ses cellules, analogue par conséquent à celui de la plupart des Nostocacées et des Bactériacées. Çà et là, une cloison se fend en deux lamelles et le filament se sépare en tronçons plus ou moins longs; chez beaucoup de plantes de la tribu des Desmidiées, la gélification de la lamelle moyenne des cloisons s'opère même constamment et de bonne heure, de sorte que les cellules s'isolent aussitôt formées et se meuvent dans le liquide (Clostère, Pène, Pleurotène, etc.) :

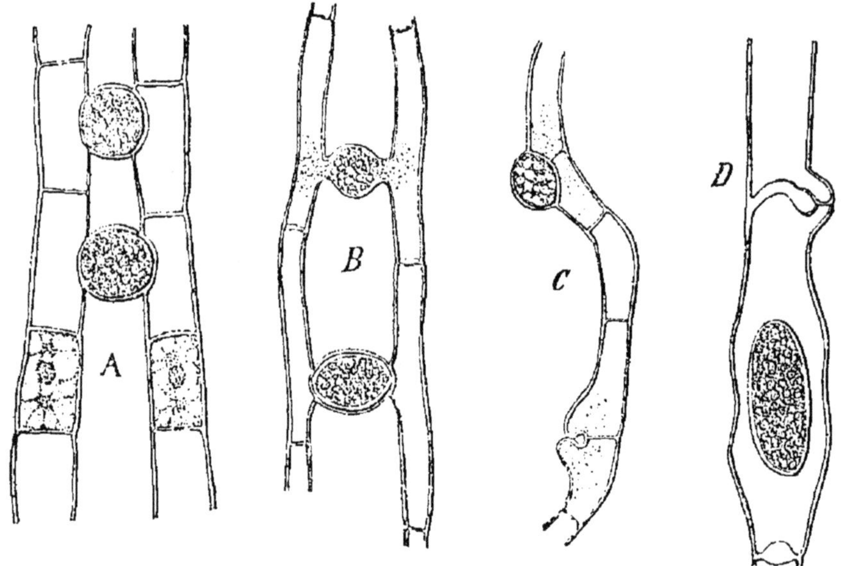

Fig. 58. — Formation de l'œuf des Conjuguées : *A*, dans le Zygogone pectiné : *B*, dans le Mésocarpe parvule; *C*, dans le Mésocarpe pleurocarpe; *D*, dans la Spirogyre carrée.

c'est encore un point de ressemblance avec les Chroococcées et beaucoup de Bactériacées.

Mais ce qui place les Conjuguées beaucoup au-dessus de toutes les Cyanophycées filamenteuses, c'est la profonde différenciation interne de leurs cellules. Il y a toujours ici un noyau et des chloroleucites, dans lesquels se forment des grains d'amidon; les chloroleucites y prennent même souvent des formes très compliquées et très remarquables : rubans pariétaux, droits (Clostère, etc.) ou spiralés (Spirogyre, I, fig. 225, Spirotène), corps étoilés disposés par paire (Zygnème, Zygogone, etc.), plaque axile (Mésocarpe, etc.), plaques rayonnantes se coupant suivant l'axe (Pène, etc.). A chaque extrémité de la cellule, on observe quelquefois une vacuole pulsatile, dont le suc contient de petits cristaux de sulfate de calcium en état de trépidation continuelle (Pleurotène, Clostère, etc.).

Pendant la nuit, chaque cellule divise son noyau et forme en son milieu une cloison, qui apparaît d'abord comme un anneau à la périphérie, puis s'avance progressivement jusqu'au centre, où elle se ferme. Les cellules sont ordinairement cylindriques; mais chez bon nombre de genres de la tribu des Desmidiées, elles prennent une forme différente : tantôt renflées au milieu, en forme de tonneau si elles demeurent unies (Bambousine), ou de fuseau si elles se séparent (Clostère, etc.); tantôt, et le plus souvent (fig. 59, *a*), étranglées au milieu et divisées par un isthme plus ou moins étroit en deux moitiés symétriques (Pleurotène, Cosmare, etc.), qui, à leur tour, peuvent se découper et se lober symétriquement (Micrastérie, Staurastre, etc.). Après chaque cloisonnement médian, la cellule, réduite à l'une de ses moitiés, se complète alors en produisant contre la cloison une nouvelle moitié, symétrique de la première; il en résulte que les deux moitiés d'une cellule sont toujours d'âge différent.

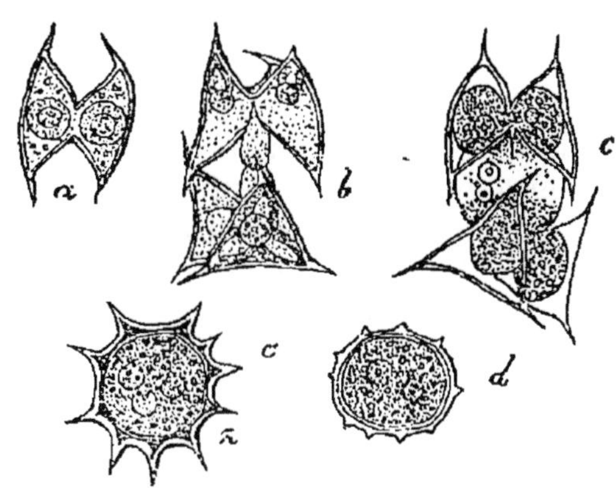

Fig. 59. — Formation de l'œuf du Staurastre négligé : *a*, une cellule isolée ; *b*, deux cellules, disposées perpendiculairement, émettent leurs protubérances, qui se fusionnent; *c*, épanchement des deux protoplasmes dans le canal, qui se gonfle ; *d*, œuf, séparé des deux membranes des cellules mères ; *e*, œuf mûr, avec son exine munie de pointes.

Les Conjuguées sont dépourvues de spores et se reproduisent par des œufs, qui résultent de la fusion de deux gamètes semblables, captifs et immobiles, comme il a été expliqué pour les Zygogones et les Spirogyres (I, p. 530, fig. 229). La fusion peut s'opérer tout aussi bien entre deux cellules consécutives du même filament qu'entre cellules en regard de deux filaments voisins (fig. 58, *C* et *D*). Dans les Desmidiées (fig. 59), la fusion a toujours lieu entre cellules libres ou préalablement dissociées, qui se rapprochent deux par deux en se disposant soit parallèlement (Clostère), soit perpendiculairement (Staurastre, fig. 59, Cosmare, etc.). L'isogamie est souvent complète (Zygogone, fig. 58, *A*, Mésocarpe, fig. 58, *B*, Desmidiées, fig. 59) ; mais elle offre quelquefois une tendance très marquée vers l'hétérogamie (Spirogyre, I, fig. 229, et fig. 58, *D*, Zygnème, Sirogone, etc.). Chaque gamète est formé le plus souvent par le contenu tout entier de la cellule mère, demeuré adhérent à la membrane (Desmidiées, fig. 59) ou préalablement contracté au centre (Zygnémées, fig. 58, *A* et *D*); mais quelquefois il ne prend, pour se former, qu'une partie de ce contenu, le reste demeure sans emploi (Mésocarpe, fig. 58, *B* et *C*). L'œuf passe à l'état de vie latente, en cutinisant la couche externe de sa membrane (fig. 59, *c* et *d*). Plus tard, il germe en déchirant cette couche cutinisée, et s'allonge directement en un thalle nouveau (Zygnème, Spirogyre, Mésocarpe, etc.), ou bien il se divise d'abord en deux moitiés, qui se développent en deux thalles distincts (Desmidiées).

En résumé, d'après la structure du thalle et le mode de germination de l'œuf, les genres se groupent en deux tribus :

1. *Zygnémées.* — Filament dépourvu de sulfate de calcium. Œuf donnant un seul thalle : Zygogone, Mougeotie, Spirogyre, Zygnème, Sirogone, Mésocarpe, Cratérosperme, Staurosperme, Gonatomène, etc.
2. *Desmidiées.* — Filament ou cellules dissociées, pourvus de sulfate de calcium ordinairement en cristaux. Œuf donnant deux thalles : Desmide, Bambousine, Pène, Spirotène, Clostère, Pleurotène, Cosmare, Euastre, Micrastérie, Staurastre, etc.

Characées. — Les Characées, 6 genres avec 160 espèces, habitent les eaux douces ou saumâtres. Leur thalle filamenteux, ramifié en verticilles, fixé à la base et dressé dans l'eau, mesure jusqu'à un mètre de hauteur, pour un à deux millimètres seulement d'épaisseur; il prend quelquefois de la solidité en incrustant ses membranes de carbonate de calcium. Le tronc principal croît indéfiniment par son sommet. Ses rameaux verticillés (fig. 60, *A*), qui naissent successivement dans chaque verticille et alternent d'un verticille à l'autre, ont au contraire une croissance limitée; à l'aisselle du plus âgé (Charagne) ou des deux plus âgés (Nitelle), se voit un bourgeon, qui s'allonge plus tard en une branche toute pareille au tronc principal.

A leur tour, ces rameaux portent un certain nombre de verticilles de ramuscules, mais qui, au lieu d'alterner, se superposent exactement; dans chacun d'eux, le ramuscule le plus âgé et le plus grand est toujours situé au milieu de la face supérieure du rameau, et les autres vont diminuant de grandeur à droite et à gauche. Il en résulte que le rameau tout entier, avec ses ramuscules, n'est symétrique que par rapport au plan qui contient son axe et celui du tronc. Tous ces caractères : croissance terminale limitée, faculté de produire des bourgeons axillaires, disposition sur le tronc en verticilles alternes, symétrie par rapport à un plan, arrangement des ramuscules en verticilles superposés, ont fait comparer avec raison ces rameaux à des feuilles et leurs ramuscules à des folioles; aussi les nomme-t-on habituellement des *feuilles* et donne-t-on par conséquent le nom de *tige* au tronc qui les porte. C'est la première ébauche de la différenciation du corps en tige et feuilles, qui n'arrive, comme on sait, à sa pleine expression que dans les Muscinées.

La tige et les branches sont composées de cellules superposées en file, qui sont de deux sortes et alternent régulièrement : les unes s'allongent beaucoup en se tordant en hélice, jusqu'à acquérir 10 à 15 centimètres de longueur, ne se cloisonnent pas et forment les entre-nœuds; les autres demeurent très courtes et se divisent par des cloisons longitudinales, de manière à constituer un anneau de cellules périphériques entourant deux cellules internes : le tout forme un nœud. En s'allongeant vers l'extérieur, les cellules périphériques du nœud produisent tout autant de feuilles, constituées comme la tige par une alternance de longues cellules internodales et de disques nodaux, qui à leur tour développent leurs cellules périphériques en autant de folioles.

Dans les Charagnes, le nœud basilaire de chaque feuille allonge de très bonne heure sa cellule périphérique supérieure en un tube qui s'applique intimement sur l'entre-nœud supérieur, et sa cellule périphérique inférieure en un tube qui s'applique de même sur l'entre-nœud inférieur; tous ces tubes se soudent latéralement, et ceux qui montent finissent aussi par se souder à mi-chemin avec ceux qui descendent; en même temps, ils se cloisonnent. Il en résulte que chaque grande cellule internodale de la tige est de bonne heure enveloppée complètement par une couche de petites cellules, dite corticale, qui suit son allongement ultérieur et sa torsion en hélice.

Le nœud inférieur de la tige principale développe ses cellules externes en longs tubes hyalins ramifiés, çà et là cloisonnés, qui se dirigent obliquement vers le bas et s'enfoncent dans le sol, où ils fixent le thalle : ce sont les *rhizoïdes*.

Les Characées sont dépourvues de spores. Les œufs s'y forment par la fusion d'un anthérozoïde et d'une oosphère, dont la différenciation est poussée plus loin que dans toutes les autres Chlorophycées. Les anthéridies et les oogones naissent sur les feuilles et côte à côte dans les espèces monoïques (fig. 60, *A*). L'anthéridie est une sphère colorée d'abord en vert, puis en rouge. Sa paroi est composée de huit cellules aplaties, dont quatre, disposées autour du pôle supérieur libre de la sphère, sont triangulaires, tandis que les quatre autres, disposées autour de la base, sont tronquées pour laisser passer la cellule qui porte l'anthéridie (fig. 60, *B* et *C*). Du milieu de la paroi interne de chaque cellule aplatie, part une cellule cylindrique qui se dirige vers l'intérieur à peu près jusqu'au centre de la cavité sphérique, où elle se termine par une cellule hyaline, arrondie en forme de tête (fig. 60 et fig. 61, 1). Toutes ensemble, ces 25 cellules constituent la charpente de l'anthéridie. Chaque tête porte en son milieu six cellules plus petites, ou têtes secondaires, de chacune desquelles procèdent ensuite, par une double dichotomie, quatre filaments longs et grêles, plusieurs fois enroulés sur eux-mêmes et qui remplissent toute la cavité de l'anthéridie (fig. 61, 1). Chacun de ces filaments, au nombre de 192, est cloisonné transversalement en une série de petites cellules discoïdes et incolores, dont le nombre varie entre 100 et 200

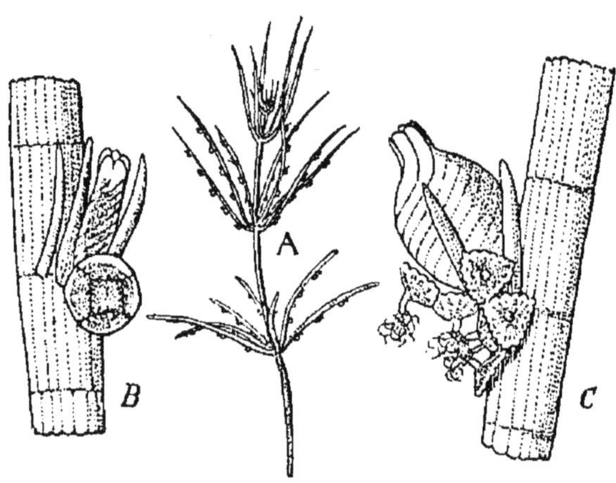

Fig. 60. — Charagne fragile. *A*, un rameau dont les feuilles portent les oogones et les anthéridies; *B*, portion de feuille montrant l'oogone sur sa face supérieure et l'anthéridie au-dessous; *C*, la même avec l'oogone fécondé et l'anthéridie ouverte.

(fig. 61, 2). Dans chacune de ces 20 000 à 40 000 cellules naît un anthérozoïde; il est constitué par un filament grêle et brillant, enroulé en spirale, provenant du noyau étiré et courbé de la cellule mère, épaissi en arrière et portant à son extrémité antérieure effilée deux cils vibratiles provenant du protoplasme de la cellule mère (fig. 61, 2, *a*, *a*). A la maturité, les huit cellules périphériques se séparent et ouvrent l'anthéridie (fig. 60, *C*); les anthérozoïdes quittent leurs cellules

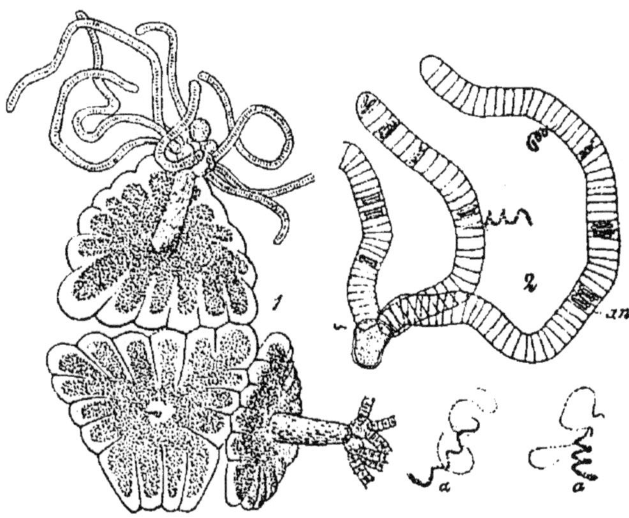

Fig. 61. — Charagne fragile, structure de l'anthéridie : 1, trois cellules pariétales d'une anthéridie ouverte, montrant les filaments quatre par quatre sur les six têtes secondaires disposées au sommet de chaque cellule rayonnante; 2, sortie des anthérozoïdes de leurs cellules mères *an*; *a*,*a*, anthérozoïdes libres.

mères, dont la membrane se dissout dans l'eau, et nagent activement dans le liquide ambiant (fig. 61, 2).

L'oogone est ovoïde et se compose d'une cellule centrale, qui est l'oogone proprement dit, étroitement enveloppée par cinq tubes enroulés en spirale (fig. 60, *B* et *C*). Issus d'une cellule nodale située sous l'oogone et qui est elle-même rattachée à la feuille par une cellule basilaire, ces tubes dépassent le sommet de la cellule centrale et ce prolongement en forme de couronne est composé, dans les Charagnes et Lychnothamnes, de cinq cellules, dans les Nitelles et Tolypelles de cinq paires de cellules plus petites. A la maturité, les tubes s'écartent latéralement dans la partie inférieure de la couronne, et c'est par les fentes ainsi produites que les anthérozoïdes pénètrent dans l'oogone, dont la membrane s'est alors gélifiée au sommet, et se fusionnent avec l'oosphère qu'il contient.

L'œuf ainsi formé s'entoure d'une membrane propre et passe à l'état de vie latente, tandis que la paroi interne des tubes se lignifie et se colore en noir; plus tard, la paroi externe des tubes et la couronne se détruisent, ne laissant adhérer à la surface de l'œuf que la paroi interne lignifiée et les parois latérales, qui y dessinent autant de crêtes spirales. A la germination, l'œuf se divise, par une cloison transversale voisine de l'extrémité qui correspond à la couronne, en une grande cellule inactive qui sert de réservoir nutritif et une petite cellule qui rompt en cinq valves l'enveloppe dure et s'allonge au dehors pour produire le thalle.

D'après la conformation de la couronne et la structure du thalle, les genres se groupent en deux tribus :

1. *Nitellées*. — Tubes spiralés de l'oogone tricellulaires, pas de cortication : Nitelle, Tolypelle.
2. *Charées*. — Tubes spiralés de l'oogone bicellulaires, presque toujours cortication : Charagne, Lychnothamne, Tolypellopse, Lamprothamne.

ORDRE III

PHÉOPHYCÉES

Caractères généraux. — La plupart des Phéophycées sont marines; quelques-unes habitent les eaux douces (Pleurocladie, Hydrure, etc., diverses Péridiniacées, beaucoup de Cryptomonadées, de Chromulinées, Diatomacées, etc.). Parfois unicellulaire, sans cloisonnement (Péridiniacées), leur thalle est ordinairement cloisonné en cellules, quelquefois dans une seule direction en forme de filament simple ou rameux (Ectocarpe, etc.), le plus souvent dans les trois directions en forme de massif plus ou moins épais, simple (Chorde, etc.), ou diversement ramifié (Varec, etc.). Dans ce dernier cas, il se différencie parfois profondément, offrant à la base un crampon rameux qui fait fonction de racine, au milieu des parties cylindriques analogues à des tiges, au sommet des parties aplaties et minces semblables à des feuilles, et d'autres renflées en boule et pleines d'air, jouant le rôle de flotteurs (Sargasse, Macrocyste, etc.); il peut acquérir alors une dimension considérable, plusieurs centaines de mètres de longueur

(Macrocyste, etc.). Les cellules sont munies d'un noyau et de phéoleucites, mais dépourvues d'amidon. Elles gélifient souvent la couche externe de leur membrane ; d'ordinaire la gelée est résistante et les cellules demeurent unies ; mais quelquefois les cloisons se gélifient et se liquéfient dans leur lame moyenne aussitôt après leur formation, de façon que les cellules s'isolent à mesure qu'elles se divisent et que le thalle est à toute époque composé de cellules libres (la plupart des Cryptomonadacées et des Diatomacées). On retrouve donc ici les divers états dissociés déjà rencontrés parmi les Cyanophycées, chez les Chroococcées, et parmi les Chlorophycées, chez les Palmellacées.

La multiplication a lieu quelquefois par spores immobiles (Dictyotacées, Diatomacées, etc.), le plus souvent par zoospores munies parfois d'un seul cil (Hydrurées, Chromulinées) ou de deux cils antérieurs (Cryptomonadées), plus fréquemment de deux cils attachés latéralement et dirigés l'un en avant, en manière de rame, l'autre en arrière, en forme de gouvernail. Les Fucacées sont dépourvues de spores.

L'œuf est produit tantôt par isogamie avec gamètes immobiles (Diatomacées, etc.) ou mobiles (Ectocarpe, Laminaire, etc.), tantôt par hétérogamie avec gamètes immobiles tous les deux (Dictyote, etc.) ou avec anthérozoïde et oosphère (Varec, etc.). Sans passer à l'état de vie latente, il germe directement en un nouveau thalle.

Division de l'ordre des Phéophycées en six familles. — D'après la conformation du thalle et le mode de reproduction, l'ordre des Phéophycées se divise, comme il suit, en six familles :

Thalle	non cloisonné, unicellulaire			*Péridiniacées.*
	cloisonné en cellules	dissociées à membrane	non silicifiée	*Cryptomonadacées.*
			silicifiée	*Diatomacées.*
		associées.	Zoospores	*Phéozoosporées.*
			Spores immobiles	*Dictyotacées.*
			Pas de spores	*Fucacées.*

Péridiniacées. — Les Péridiniacées comprennent 32 genres avec 150 espèces. La plupart vivent dans la mer, à la surface de l'eau, et plusieurs sont phosphorescentes (Hirondinelle fuseau, H. trépied, etc). Divers genres sont pourtant représentés dans les eaux douces, mais aucune des espèces d'eau douce n'est douée de phosphorescence (Glénodine, Péridine, etc.). Leur thalle est et demeure unicellulaire, la cellule ne se cloisonnant pas; sous ce rapport, il ressemble à celui des Protococcacées parmi les Chlorophycées. Il ressemble surtout à celui des Hématococcées, parce que la cellule y est habituellement mobile à l'aide de cils vibratiles. Il y a deux cils, mais disposés tout autrement que chez les Hématococcées. Ils sont attachés latéralement (fig. 62); l'un se dirige en arrière dans un court sillon longitudinal; l'autre s'infléchit latéralement dans un sillon transversal et ses vibrations produisent l'effet d'une ceinture de cils. La membrane est cellulosique, tantôt lisse et fine au point de paraître faire défaut (Glénodine, fig. 62, Gymnodine, etc.), tantôt au contraire épaisse et pourvue d'une sculpture en réseau (Péridine, Hirondinelle, etc.). Sous la membrane, le protoplasme renferme une couche de petits phéoleucites jaune brun, et à la base des cils un point rouge. Mais on trouve aussi çà et là, dans divers genres, des espèces incolores (Péridine divergent, Diplopsale lenticulé, etc.).

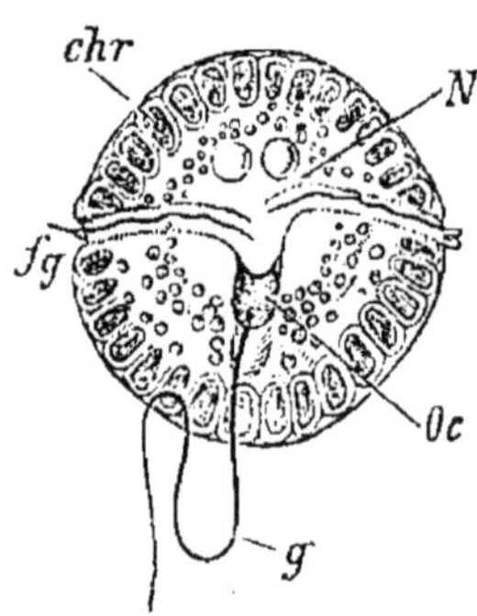

Fig. 62. — Glénodine à ceinture; *fg*, cil du sillon transversal; *g*, cil du sillon postérieur; *oc*, point rouge; *ch*, phéoleucites; *n*, noyau.

De temps à autre, la cellule s'arrête, perd ses cils, divise d'abord transversalement son noyau, puis longitudinalement son protoplasme et produit deux zoospores, qui s'échappent successivement par une ouverture de la membrane.

On y a observé aussi une fusion deux par deux de cellules ciliées, produisant une cellule sphérique, entourée d'une épaisse membrane de cellulose et dont le contenu est brun foncé. Cette cellule est un œuf formé par isogamie.

D'après la structure de la membrane, les genres sont groupés en deux tribus :

1. *Glénodiniées*. — Membrane mince et lisse : Glénodine, Gymnodine, Amphidine, Hémidine, etc.
2. *Péridiniées*. — Membrane épaisse et sculptée : Péridine, Hirondinelle, Goniodome, Diplopsale, etc.

Cryptomonadacées. — Le thalle des Cryptomonadacées est cloisonné en cellules; mais de bonne heure la lamelle moyenne de chaque cloison se dissout ou se gélifie, de manière à séparer les cellules dans le liquide ambiant, ou dans une substance gélatineuse ; en un mot, le thalle y est dissocié. Sous ce rapport, ces plantes ressemblent donc aux Palmellacées parmi les Chlorophycées. Les cellules sont quelquefois dépourvues à la fois de chlorophylle et de phycophéine (Chilomonade).

La multiplication s'y opère par des zoospores à un cil (Hydrure, Chromophyte, Chromuline, Microglène, etc.) ou à deux cils antérieurs (Cryptomonade, Hyménomonade, Synure, Chilomonade, etc.). Quelquefois la phase de zoospore dure peu et le thalle est habituellement immobile (Hydrure, Chromophyte, etc.). Le plus souvent la phase de zoospore est durable et le thalle est ordinairement mobile (Chromuline, Cryptomonade, etc.).

On n'y a pas jusqu'à présent observé d'œufs.

En tenant compte de la durée de la mobilité des zoospores et du nombre de leurs cils, on groupe les genres en trois tribus, comme il suit :

1. *Hydrurées.* — Thalle habituellement immobile : Hydrure, Chromophyte, Zooxanthelle, etc.
2. *Cryptomonadées.* — Thalle habituellement mobile, avec deux cils : Cryptomonade, Hyménomonade, Néphroselme, Synure, Syncrypte, Chilomonade, etc.
3. *Chromulinées.* — Thalle habituellement mobile, avec un cil : Chromuline, Microglène, Epipyxide, Dinobryo, Uroglène, etc.

De même que les Péridiniacées correspondent aux Hématococcées parmi les Protococcacées, de même les Hydrurées répondent aux Palmellées, les Cryptomonadées aux Diselmées, les Chromulinées aux Euglénées et, par conséquent, la famille tout entière des Cryptomonadacées à la famille tout entière des Palmellacées parmi les Chlorophycées.

Diatomacées. — Les Diatomacées, 170 genres avec une multitude d'espèces, vivent en nombre immense au fond des eaux douces, saumâtres ou salées, et aussi sur la terre humide, couvrant toutes les surfaces d'une couche brune et gélatineuse. Toujours cloisonné dans une seule direction, leur thalle conserve quelquefois ses cellules unies en un filament simple (Mélosire, Fragilaire, etc.); mais le plus souvent il les dissocie après chaque cloisonnement, de sorte que les cellules vivent isolées dans le liquide, ordinairement libres (Navicule, Pinnulaire, etc.), parfois fixées sur un pédicelle gélatineux (Gomphonème, Lycmophore, etc.), ou enveloppées complètement dans une gangue gélatineuse solide qui peut se développer en cordons régulièrement ramifiés, mesurant parfois plus d'un décimètre de longueur (Schizonème, Encyonème, etc.). Sous tous ces rapports, le thalle n'est pas sans analogie avec celui des Desmidiées. Comme chez les Desmidiées aussi, quand elles sont isolées et libres, les cellules sont mobiles; elles rampent sur les corps solides, sans organes moteurs visibles. Mais contrairement aux Desmidiées, les cellules isolées ont ici leur plus grande dimension perpendiculaire au filament idéal dont elles font partie, c'est-à-dire au sens du cloisonnement; cette dimension peut atteindre jusqu'à 2 (Coscinodisque) et même 3 millimètres (Synèdre, Thallothriche). La plus petite dimension est toujours dirigée dans l'axe du filament. Vue suivant l'axe du filament, la forme des cellules varie d'ailleurs beaucoup : circulaire (Actinocycle, Coscinodisque, etc.), elliptique allongée (Pinnulaire, fig. 63), en losange (Navicule, etc.), courbée en S (Pleurosigme), triangulaire (Tricérate), quadrangulaire (Amphitétrade), parfois avec ses sommets étirés en quatre longues cornes (Chétocère), fortement allongée avec extrémités arrondies ou pointues (Synèdre).

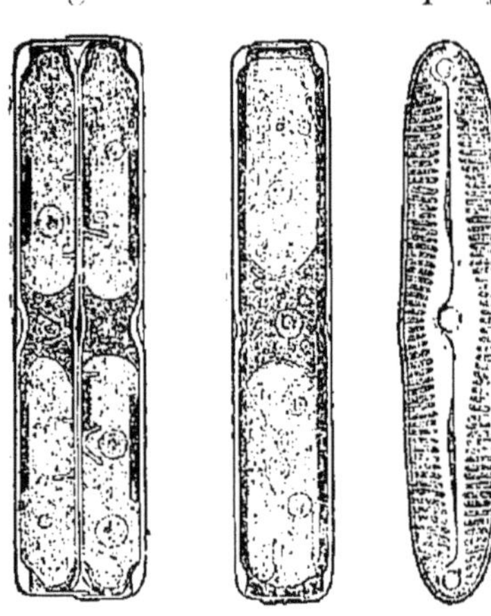

Fig. 63. — Pinnulaire verte. A droite, la cellule est vue de face, montrant la sculpture de sa membrane; au milieu, de profil, montrant son protoplasme, son noyau, ses leucites et ses deux valves emboîtées; à gauche, de profil aussi, mais après le cloisonnement qui la divise en deux cellules à valves emboîtées.

Souvent ornée des sculptures les plus élégantes et les plus variées (fig. 63), la membrane des cellules est toujours fortement silicifiée, incapable de croître par conséquent une fois formée et se conservant indéfiniment après la mort ou même après l'incinération. C'est là le caractère le plus original de ces plantes, par où elles se distinguent non seulement des autres Thallophytes, mais de tous les autres végétaux. Grâce à lui, elles jouent un rôle important dans la constitution des dépôts sédimentaires qui s'accumulent au fond des mers, des estuaires et des lacs. Ce rôle, elles l'ont joué aussi dans les temps anciens et l'on rencontre aujourd'hui dans l'écorce terrestre des couches d'une grande surface et d'une grande épaisseur, composées en majeure partie et quelquefois exclusivement de membranes siliceuses de Diatomacées : ceux de Berlin et de Kœnigsberg sont d'origine récente ; ceux de Richmond, aux États-Unis, de Caltanisetta, en Sicile, d'Oran, en Algérie, remontent à l'époque tertiaire ; ces roches pulvérulentes servent à polir les métaux ; on les nomme *tripoli*. Quand le dépôt est exclusivement formé de carapaces de Diatomacées, il est blanc et son homogénéité le rend précieux pour entrer, sans danger d'explosion, en mélange avec la nitroglycérine dans la composition de la *dynamite*.

Malgré cette silicification et la rigidité qui en résulte, il est nécessaire que la cellule puisse se contracter et se dilater dans une certaine mesure ; aussi la membrane siliceuse est-elle divisée en deux moitiés ou valves, étroitement emboîtées, qui peuvent jouer l'une sur l'autre comme une boîte dans son couvercle (fig. 63). Le mouvement de reptation a toujours lieu sur la face des valves, jamais sur les côtés emboîtés. Quand la cellule se dispose à se cloisonner, elle se dilate, l'emboîtement diminue jusqu'à ce que les bords du couvercle et de la boîte arrivent au même niveau ; puis le noyau se divise et entre les deux nouveaux noyaux se forme, parallèlement aux valves, une cloison dont les deux couches externes se replient en sens inverse sur le pourtour, tandis que la couche moyenne se gélifie et se dissout, séparant ainsi les deux nouvelles cellules (fig. 63). Il résulte de là que, dans toute cellule, la boîte est plus jeune que le couvercle, et que les cellules, à mesure qu'elles se divisent, deviennent de plus en plus petites.

Quand elles sont parvenues de la sorte à un certain minimum de grandeur, chacune d'elles produit une ou deux spores. A cet effet, elle sépare et rejette latéralement ses deux valves silicifiées, puis s'entoure d'une fine membrane de cellulose et constitue une spore. Celle-ci s'accroît d'abord jusqu'à atteindre une certaine dimension maximum, ce qui lui a valu le nom d'*auxospore* ; puis, sous la membrane de cellulose qui ne tarde pas à se détruire, elle produit une membrane silicifiée, formée de deux moitiés successives emboîtées l'une dans l'autre ; après quoi le cloisonnement recommence, jusqu'à ce que la dimension des cellules soit redescendue au minimum de grandeur où s'opère une nouvelle formation de spores (Cocconéide, Cyclotelle, Mélosire, Coscinodisque, etc.). Quelquefois, au moment de se dépouiller de sa membrane silicifiée, la cellule se divise en deux cellules filles, qui s'isolent, se revêtent d'une membrane cellulosique et constituent deux auxospores, produisant plus tard deux thalles distincts (Rhabdonème, Achnanthe, etc.).

Dans quelques-unes de ces plantes, après avoir rejeté leur enveloppe siliceuse et avant de s'être revêtus de leur membrane cellulosique, les protoplasmes de deux cellules voisines s'unissent et se fondent l'un dans l'autre; puis, le tout s'enveloppe d'une membrane de cellulose et constitue un œuf, qui grandit et donne naissance à un nouveau thalle, comme s'il s'agissait d'une simple spore. L'œuf s'y produit donc par isogamie avec gamètes immobiles (Surirelle, Cymatopleure, Épithémie, Amphore, etc.).

En se fondant sur le nombre et la disposition des phéoleucites, ainsi que sur la symétrie des valves, on groupe les genres en six tribus :

I. — Phéoleucites en grains nombreux.
1. *Mélosirées.* — Valves centriques : Mélosire, Coscinodisque, Eupodisque, Biddulphie, Cyclotelle, etc.
2. *Fragilariées.* — Valves bilatérales : Fragilaire, Tabellaire, Diatome, Méride, Licmophore, etc.

II. Phéoleucites en une ou deux plaques.
3. *Cocconéidées.* — Une plaque valvaire : Cocconéide, etc.
4. *Gomphonémées.* — Une plaque latérale : Nitchie, Amphore, Cocconème, Cymbelle, Gomphonème, etc.
5. *Surirellées.* — Deux plaques valvaires : Eunotie, Synèdre, Surirelle, Cymatopleure, etc.
6. *Amphipleurées.* — Deux plaques latérales : Amphipleure, Plagiotrope, Navicule, Pinnulaire, Achnanthe, Pleurosigme, Stauronéide, etc.

Phéozoosporées. — A quelques exceptions près (Pleurocladie, Lithoderme, Phéothamne, etc.), toutes les Phéozoosporées sont marines; elles comprennent 120 genres avec 400 espèces. Le thalle n'est quelquefois cloisonné que dans une seule direction et se compose d'un filament ramifié, dont les branches sont tantôt libres et nues (Ectocarpe, Tiloptéride, etc.), tantôt enchevêtrées et soudées en un corps massif (Myriacte, Élachistée, Mésoglée, etc.), tantôt revêtues seulement d'une couche corticale plus ou moins épaisse, formée par des rameaux enchevêtrés et soudés (Desmarétie, Arthrocladie, etc.). Le plus souvent, il est cloisonné dans les trois directions, massif et prenant les formes les plus diverses; suivant les genres, sa croissance s'opère alors uniformément par toute la surface (Ponctaire, Aspérocoque, etc.), par le bord (Cutlérie, etc.), par le sommet à l'aide d'une grande cellule terminale (Sphacélaire, Stypocaule, etc.), ou par une zone intercalaire (Laminaire, Lessonie, etc.). Dans ce dernier cas, le thalle peut acquérir une très grande dimension; celui des Lessonies mesure plus de 4 mètres de haut avec environ 0 m. 20 de largeur à la base; celui des Macrocystes est grêle, mais dépasse 200 mètres de longueur. Sa forme générale est celle d'une feuille longuement pétiolée, fixée aux rochers par un crampon rameux; le pied est simple dans les Laminaires, dichotome dans les Lessonies, ramifié latéralement dans les Macrocystes, où chaque rameau est renflé à la base en un flotteur piriforme. Au point d'union du pied et de la lame, se trouve la zone de croissance intercalaire, qui produit chaque année vers le bas un tronçon cylindrique s'ajoutant au pied ancien qui est vivace, vers le haut une lame nouvelle soulevant la lame ancienne qui se détache et tombe.

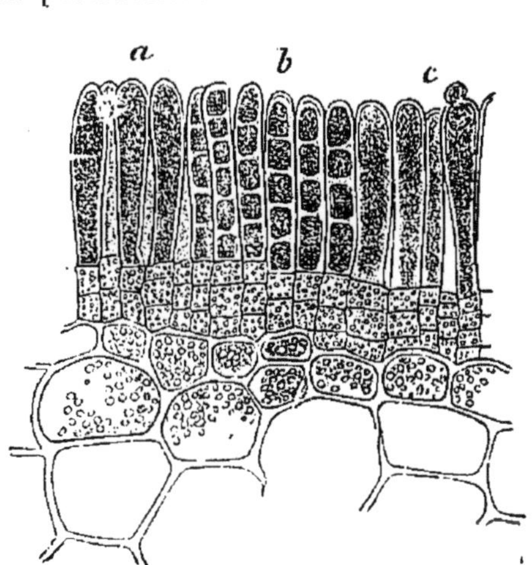

Fig. 61. — Zanardinie à collier, formation des zoospores; *a*, zoosporanges jeunes; *b*, division en zoospores unisériées; *c*, *c*, sortie des zoospores et zoospores libres, en haut.

Toutes les Phéozoosporées se multiplient par des zoospores piriformes, munies d'un point rouge et de deux cils attachés latéralement en face de ce point rouge et dirigés l'un en avant, l'autre en arrière (fig. 64). Elles naissent en plus ou moins grand nombre dans des cellules mères, ou zoosporanges, et s'en échappent par une ouverture de la membrane, ordinairement terminale. Quand le thalle est filamenteux, les zoosporanges occupent le plus souvent le sommet soit de branches ordinaires, soit de courts rameaux différenciés à cet effet dès le début (Ectocarpe, Mésoglée, etc.). Quand il est massif, ce sont certaines cellules périphériques qui se développent en zoosporanges, également répandus sur toute la surface (Phyllite, etc.), ou localisés en certaines places (Ponctaire, Laminaire, etc.). Quelquefois ces cellules ne diffèrent en rien des cellules ordinaires (Phyllite, Ponctaire, etc.); ailleurs, au contraire, elles s'élèvent au-dessus de la surface en forme de poils cylindriques (Zanardinie, fig. 63, Cutlérie, etc.), ou renflés en sphère (Laminaire, Aspérocoque, etc.), entremêlés de poils stériles ou paraphyses.

La formation des œufs s'opère, suivant les genres, de trois manières différentes, savoir : par isogamie avec gamètes mobiles (Ectocarpe, Scytosiphon, etc.); par hétérogamie avec anthérozoïde et oosphère mobiles tous les deux (Zanardinie, fig. 65, Cutlérie, etc.) ; par hétérogamie avec anthérozoïde mobile et oosphère immobile (Tiloptéride, etc.).

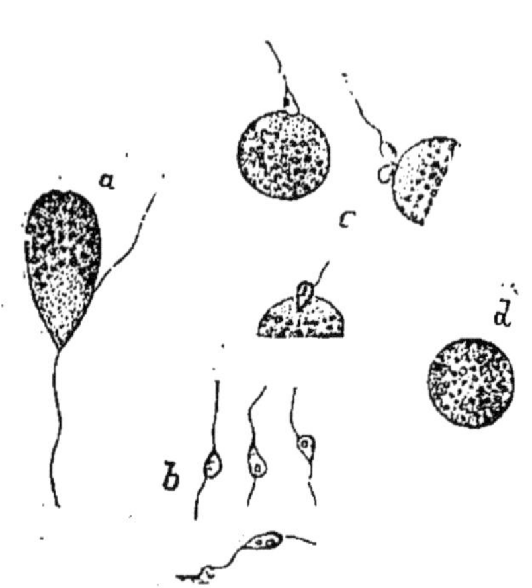

Fig. 65. — Zanardinie à collier, formation de l'œuf; *a*, oosphère ciliée; *b*, anthérozoïdes ciliés; *c*, pénétration de l'anthérozoïde dans l'oosphère, qui a préalablement perdu ses cils; *d*, œuf.

Dans le premier cas, les gamètes naissent dans des cellules qui, au lieu de rester simples comme les zoosporanges, se cloisonnent d'abord ; puis chaque logette produit par division un certain nombre de gamètes à deux cils, tout semblables aux zoospores, mais plus petits. Pour les mettre en liberté, la membrane se perce ordinairement au sommet et les cloisons des logettes se dissolvent progressivement de haut en bas. Ils s'unissent ensuite deux par deux pour produire les œufs.

Dans le second cas (fig. 65), les gamétanges sont également pluriloculaires, mais il y en a de deux sortes : les uns, à logettes plus petites et plus nombreuses, sont des anthéridies et produisent ordinairement huit anthérozoïdes par cellule; les autres, à logettes plus grandes et moins nombreuses, sont des oogones et ne forment qu'une seule oosphère par cellule. Anthérozoïdes et oosphères s'échappent par autant d'ouvertures qu'il y a de logettes et se meuvent d'abord de la même manière (*a*, *b*) ; puis les oosphères s'arrêtent et c'est seulement alors qu'un anthérozoïde pénètre dans chacune d'elles (*c*) et s'y unit pour former l'œuf (*d*).

Enfin, dans le troisième cas, la différenciation des gamétanges est poussée plus loin encore, car les oogones sont uniloculaires et ne forment qu'une seule et grande oosphère, immobile à tout âge, qui est expulsée par une ouverture de la membrane.

Partout, l'œuf germe tout de suite sans passer à l'état de vie latente.

En tenant compte à la fois du mode de formation des œufs et du mode de croissance du thalle, on groupe les genres de cette vaste famille en six tribus :

I. — Isogamie à gamètes mobiles.

1. *Ectocarpées.* — Thalle filamenteux : Ectocarpe, Desmarétie, Arthrocladie, Mésogléc, Myriacte, Élachistée, etc.
2. *Sphacélariées.* — Thalle massif à croissance terminale : Sphacélaire, Chétoptéride, Stypocaule, Cladostèphe, etc.
3. *Ponctariées.* — Thalle massif à croissance superficielle uniforme : Ponctaire, Phyllite, Scytosiphon, Aspérocoque, etc.
4. *Laminariées.* — Thalle massif à croissance intercalaire : Laminaire Alaire, Macrocyste, Lessonie, etc.

II. — Hétérogamie avec oosphère mobile.

5. *Cutlériées.* — Thalle membraneux à croissance marginale : Cutlérie, Zanardinie.

III. — Hétérogamie avec oosphère immobile.

6. *Tiloptéridées.* — Thalle filamenteux à croissance intercalaire : Tiloptéride, Haplospore, etc.

Dictyotacées. — Les Dictyotacées, 10 genres avec environ 100 espèces, sont une petite famille de Phéophycées marines. Toujours cloisonné dans les trois directions, leur thalle est aplati en lame mince (Zonaire, Padine) ou en ruban (Dictyote, Phycoptéride, etc.), et se ramifie en dichotomie dans un seul et même plan.

Les spores sont immobiles, naissent par quatre dans des sporanges formés par la croissance de certaines cellules périphériques qui proéminent au-dessus de la surface, et s'en échappent par un orifice terminal.

Les œufs se forment par hétérogamie avec gamètes libres et immobiles. Anthéridies et oogones naissent sur le thalle à la façon des sporanges, mais l'anthéridie produit et met en liberté un grand nombre de petits anthérozoïdes incolores et immobiles, tandis que l'oogone ne donne et n'expulse qu'une seule grosse oosphère brune, comme dans les Tiloptéridées. La fusion d'un anthérozoïde et d'une oosphère produit l'œuf, qui germe aussitôt sans passer par l'état de vie latente.

Fucacées. — Les Fucacées comprennent 26 genres avec

315 espèces. Toujours cloisonné dans les trois directions et fixé aux rochers par un crampon rameux, leur thalle tantôt prend dans toute son étendue la forme d'un cordon ou d'un ruban dichotome, comme dans les Varecs ou Fucus, tantôt possède à la fois des parties cylindriques analogues à des tiges et des parties aplaties semblables à des feuilles, comme dans les Sargasses. Dans tous les cas, sa couche corticale est creusée de cryptes pilifères arrondies, communiquant au dehors par un étroit orifice. Elle est, en outre, chez plusieurs de ces plantes, munie de vésicules closes pleines d'un gaz qui paraît être de l'azote pur et qui jouent le rôle de flotteurs; quand le thalle est peu différencié, elles se forment çà et là à des places indéterminées (Varec vésiculeux, Ascophylle noueux, etc.); quand il est fortement différencié, au contraire, ce sont toujours de petits rameaux spécialisés qui se renflent en vésicules et les flotteurs ressemblent à des fruits pédicellés (Sargasse baccifère, etc.). C'est grâce à ces flotteurs que s'accumulent peu à peu à la surface de l'eau, notamment dans la moitié septentrionale de l'océan Atlantique, ces grands amas de thalles du Sargasse baccifère, sortes de prairies flottantes, qui portent le nom de *mers de Sargasse*.

Totalement dépourvues de spores, les Fucacées ne se reproduisent que par des œufs, formés par hétérogamie avec anthérozoïdes mobiles, comme il a été expliqué pour les Varecs (I, p. 526, fig. 226). Anthéridies et oogones sont souvent réunis côte à côte dans le même conceptacle (Halidre, Pelvétie, Carpoglosse, Myriodesme, Cystosire, Varec platycarpe, etc.), quelquefois séparés dans des conceptacles distincts situés dans des thalles différents, c'est-à-dire avec diœcie (Himanthalie, Ascophylle, Varec denté, V. vésiculeux, etc.). Les conceptacles sont répartis uniformément sur toute la surface (Durvillée, Myriodesme, etc.), ou localisés sur les extrémités renflées et charnues du thalle (Varec, Ascophylle, Pelvétie, etc.); quelquefois les segments fertiles se différencient davantage et prennent la forme d'une gousse (Halidre, etc.). ou se ramifient en une sorte de grappe composée (Anthophyce). L'anthéridie produit toujours de nombreux anthérozoïdes, mais l'oogone forme tantôt une seule oosphère (Himanthalie, Cystosire, etc.), tantôt deux (Pelvétie), quatre (Ascophylle) ou huit oosphères (Varec).

D'après la répartition uniforme ou localisée des conceptacles sur le thalle, les genres se groupent en deux tribus :

1. *Myriodesmées*. — Conceptacles répartis uniformément : Durvillée, Myriodesme, Himanthalie, etc.
2. *Fucées*. — Conceptacles localisés au sommet des branches : Cystosire, Varec, Ascophylle, Pelvétie, Halidre, Sargasse, Anthophyce, etc.

ORDRE IV

FLORIDÉES

Caractères généraux. — Les Floridées sont en très grande majorité marines ; quelques-unes seulement vivent dans les eaux douces à cours très rapide (Batrachosperme, Lémanée, etc.). Toujours fixé par sa base, le thalle est toujours cloisonné en cellules, tantôt dans une seule direction en forme de filament, simple (Bangie) ou très rameux (Callithamne, Griffithsie, etc.) et s'enveloppant parfois d'une couche corticale (Batrachosperme, Cérame, etc.), tantôt dans les deux directions du plan en une simple assise de cellules (Porphyre), le plus souvent dans les trois directions de l'espace en une lame massive, plus ou moins épaisse, entière (Schizyménie, etc.) ou diversement découpée (Delessérie, Calophyllite, etc.), ou en un cordon ordinairement ramifié soit en dichotomie (Furcellaire, Chondre, Polyide, etc.), soit suivant le mode penné (Gigartine, Gélide, Laurencie, etc.), parfois développé en sympode (Plocame, Dasie, etc.).

Dans ce dernier cas, les branches se différencient quelquefois : les unes s'allongent indéfiniment, les autres ont une croissance limitée. Celles-ci sont distribuées régulièrement sur les premières, soit en verticilles, soit isolément avec des divergences comme $\frac{1}{2}$, $\frac{1}{3}$, $\frac{2}{5}$, $\frac{3}{8}$, etc. (Polysiphonie, etc.) ; elles sont quelquefois aplaties perpendiculairement à l'axe cylindrique qui les porte (Constantinée, etc.) ; elles produisent quelquefois à leur base un rameau axillaire (Chondriopse, diverses Polysiphonies, etc.). Sous tous ces rapports, elles ont avec les feuilles des plantes supérieures une ressemblance analogue à celle qui a été rencontrée chez les Characées ; si on leur donne le nom de *feuilles*, l'axe qui les porte sera une *tige*. Quelque compliquée que soit sa forme, le thalle n'atteint que d'assez petites dimensions ; il dépasse rarement quelques décimètres.

Toujours munies d'un noyau et d'érythroleucites sans amidon, les cellules forment dans leur protoplasme des grains ayant la forme, la structure et les propriétés optiques des grains d'amidon, mais ne bleuissant pas par l'iode; ce réactif leur communique une teinte jaune rougeâtre, acajou plus ou moins foncé : on peut les regarder comme des grains d'amylodextrine. Les membranes gélifient d'ordinaire leur couche externe, quelquefois très fortement (Chondre, Gigartine, Gléopelte, etc.); dans l'eau bouillante, le thalle se convertit alors en une gelée épaisse et nutritive, connue sous le nom de *gélose* ou d'*agar-agar*. Parfois, au contraire, les membranes s'incrustent de carbonate de calcium et le thalle prend l'aspect et la dureté du corail (Coralline, Mélobésie, etc.). Les cloisons séparatrices des cellules portent ordinairement à leur centre une ponctuation criblée qui facilite les échanges diffusifs.

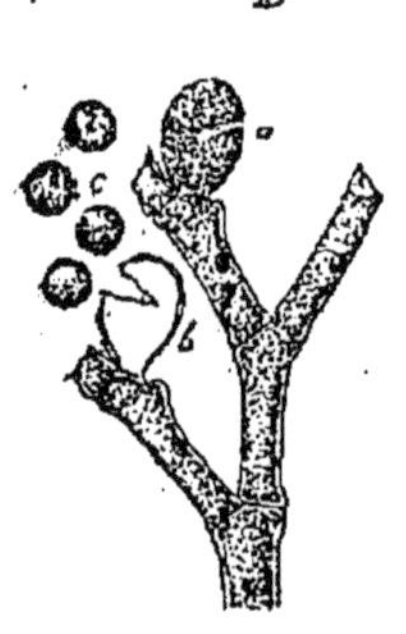

Fig. 66. — Callithamne à corymbe, formation des tétraspores : *a*, cloisonnement de la cellule ; *b*, sortie des spores *c*.

La multiplication a lieu par des spores, qui naissent habituellement par quatre dans une cellule et sont nommées *tétraspores* (fig. 66). A cet effet, la cellule mère, ou *tétrasporange*, se divise en quatre soit simultanément (*a*), soit par deux bipartitions successives; puis les cloisons se gélifient, la membrane de la cellule mère se perce au sommet (*b*), et les quatre spores s'échappent sans se mouvoir (*c*); elles s'enveloppent bientôt d'une membrane cellulosique propre et germent tout de suite en autant de nouveaux thalles. Dans les Floridées filamenteuses, ce sont les cellules terminales de courts rameaux latéraux qui se développent en tétrasporanges (Callithamne, fig. 66, Griffithsie, Dudresnaie, etc.). Dans les Floridées massives, les tétrasporanges se forment le plus souvent à l'intérieur de la couche corticale; quelquefois ils tapissent le fond d'un conceptacle en forme de bouteille (Coralline, etc.).

La formation de l'œuf des Floridées par hétérogamie avec anthéroïdes immobiles et son développement sur la plante mère en un sporogone, c'est-à-dire en un corps embryonnaire produisant des spores de passage dont la germination immédiate donne autant de thalles nouveaux, ont été décrits dans leurs traits généraux (I, p. 527, fig. 227, et p. 532). Pour les distinguer des tétraspores, qui sont les vraies spores, ces spores de passage, qui ne sont pour ainsi dire que la monnaie de l'œuf, peuvent être nommées *protospores*.

Le développement de l'œuf en sporogone est souvent direct, c'est-à-dire que l'œuf bourgeonne à sa surface pour produire les filaments générateurs des protospores : c'est le cas le plus simple, étudié (I, p. 532, fig. 227, *B* et *C*). Mais fréquemment aussi le sporogone ne procède pas directement de l'œuf; au voisinage de l'œuf, on trouve alors une cellule prédestinée pour servir de nourrice à l'œuf lors de son développement. C'est la cellule *auxiliaire*. L'œuf se borne à pousser un tube de longueur suffisante pour atteindre la cellule auxiliaire, s'anastomoser avec elle et y déverser tout son contenu. Après quoi, la cellule auxiliaire, qui a reçu en elle le corps de l'œuf et y a ajouté sa propre substance, bourgeonne comme fait l'œuf lui-même dans le premier cas et produit le sporogone.

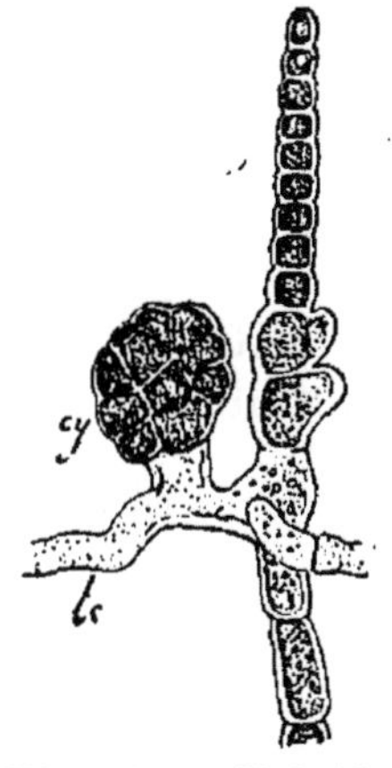

Fig. 67. — Polyide rond; *tc*, l'un des rameaux grêles du sporogone, s'anastomosant avec une cellule végétative et produisant à droite un nouveau rameau rampant, à gauche un rameau dressé portant un amas de protospores *cy*.

Que son développement soit direct ou indirect, la forme et le mode de nutrition du sporogone varient aussi suivant les genres. Ici, c'est un buisson de rameaux peu divergents, qui ne se nourrit que par le point de contact de l'œuf ou de l'auxiliaire avec le thalle sous-jacent (I, fig. 227, *B* et *C*). Là, ce sont des branches divergentes et rampantes qui, partant de l'œuf ou de l'auxiliaire, s'enfoncent dans le thalle, s'y ramifient en tous sens, s'anastomosant çà et là avec les cellules végétatives (fig. 67) et produisant, autour de chacun de ces centres de nutrition, d'abord de nouvelles branches rampantes, puis un rameau dressé, fertile. De sorte que, dans sa végétation rampante et parasitaire, le même sporogone produit un grand nombre de massifs de protospores, espacés les uns des autres.

Dans tous les cas, les protospores naissent solitaires dans les cellules du sporogone, s'échappent de la cellule mère par la déchirure de la membrane, se revêtent bientôt d'une membrane cellulosique propre et germent aussitôt. D'ordinaire elles donnent directement un nouveau thalle; mais quelquefois elles développent d'abord un système de filaments rameux, comparable au protonème des Mousses, d'où procèdent plus tard, par bourgeonnement, un ou plusieurs thalles définitifs (Lémanée, Batrachosperme, etc.).

Enfin, dans quelques genres de Floridées, l'œuf ne grandit pas sensiblement. Il se borne à se cloisonner dans les trois directions et à produire une spore dans chacune des cellules ainsi formées (Bangie, Porphyre). Le sporogone s'y réduit à un sporange.

Division de l'ordre des Floridées en cinq familles. — D'après le mode de formation direct ou indirect de l'œuf et d'après la structure du sporogone, suivant qu'il se réduit à un sporange ou qu'il se développe en un appareil filamenteux à spores exogènes et, dans ce dernier cas, suivant qu'il est simple, c'est-à-dire ne produit qu'un seul amas sporifère, ou composé, c'est-à-dire donne naissance à plusieurs amas sporifères séparés, l'ordre des Floridées se divise en cinq familles :

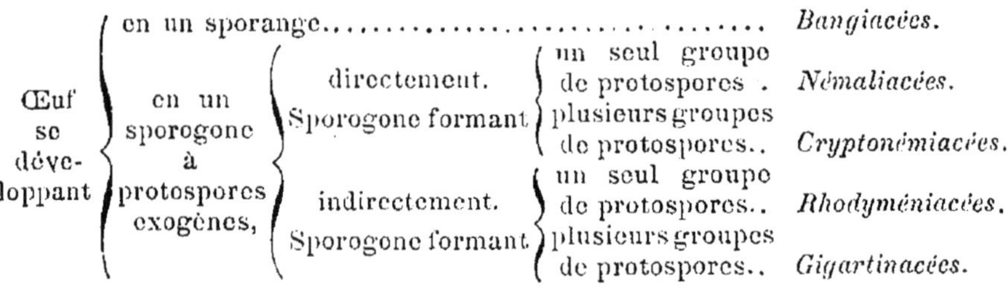

Bangiacées. — Les Bangiacées, 4 genres avec environ 35 espèces, sont de toutes les Floridées celles dont l'organisation est le plus simple. Leur thalle, en effet, se compose de cellules disposées soit bout à bout en un filament simple (Bangie), soit côte à côte en une assise formant une lame à contour irrégulier (Porphyre); les cloisons séparatrices des cellules n'ont pas de ponctuation criblée centrale. Dans ce filament ou dans cette lame, toutes les cellules sont semblables, elles grandissent et se cloisonnent en même temps. Les Porphyres sont toutes marines, mais plusieurs Bangies habitent les eaux douces à cours rapide, notamment les chutes de moulins. Les tétraspores se forment dans les cellules ordinaires du thalle.

Pour devenir une anthéridie, une cellule ordinaire du thalle se borne à se décolorer, puis se divise dans les trois directions en un massif de petites cellules, qui s'isolent par la dissolution des cloisons et sont autant d'anthérozoïdes. Pour devenir un oogone, une cellule ordinaire se borne à pousser au dehors une petite proéminence en forme de papille, qui est un trichogyne rudimentaire. Une fois formé, l'œuf, sans changer de forme ni de dimension, se cloisonne dans les trois directions et produit 8 (Porphyre) ou 16-32 cellules (Bangie), qui s'isolent et constituent autant de protospores; le sporogone est donc réduit ici à sa région sporifère.

Némaliacées. — Les Némaliacées comprennent 36 genres avec 150 espèces environ. Plusieurs vivent dans les eaux douces à cours rapide, notamment aux chutes naturelles, aux barrages des écluses, aux vannes des moulins (Batrachosperme, Lémanée, etc.); toutes les autres sont marines. Leur thalle est filamenteux et abondamment ramifié. Les filaments demeurent parfois libres et nus (Chantransie, etc.); ailleurs ils sont encore libres, mais les rameaux qu'ils portent les enveloppent d'une couche corticale, directement appliquée (Batrachosperme, Gélide, etc.), ou située à quelque distance (Lémanée, etc.). Le plus souvent ils s'associent parallèlement, en plus ou moins grand nombre, en un faisceau axile, produisant latéralement des rameaux filamenteux ramifiés qui le recouvrent d'une couche corticale (Némale, Helminthore, Liagore, Scinaie, etc.).

Les Chantransies et les Batrachospermes produisent des spores solitaires; elles sont par quatre dans les Liagore, Gélide, Caulacanthe, etc.; elles manquent dans les Lémanée, Némale, Helminthore, etc.

Les anthéridies naissent par petits bouquets à l'extrémité des filaments libres (Chantransie, Batrachosperme, etc.), ou au sommet des branches rayonnantes qui forment la couche corticale (Némale, I, p. 527, fig. 227, Lémanée, etc.). Les oogones occupent le sommet des filaments libres (Chantransie, Batrachosperme) ou l'extrémité de courts ramules enfoncés dans la couche corticale et attachés latéralement sur les filaments rayonnants (Lémanée, Némale, I, fig. 227, etc.); le trichogyne est d'ordinaire étiré en un long poil (Némale, I, fig. 227, Chantransie, etc.), quelquefois renflé en massue (Batrachosperme, Lémanée).

L'œuf bourgeonne directement (I, fig. 227, *B*) et les branches de premier ordre, ramifiées ensuite plusieurs fois en fausse dichotomie, forment un buisson qui transforme en spores quelquefois toutes ses cellules (Lémanée, Scinaie), le plus souvent ses cellules terminales seulement (I, fig. 227, *C*). Le sporogone ainsi constitué est ordinairement extérieur, quelquefois intérieur au tissu du thalle (Gélide, Naccaire, etc.).

D'après la structure du thalle et la situation externe ou interne du sporogone, les genres se groupent en trois tribus :

1. *Batrachospermées.* — Thalle formé d'un simple filament, nu ou cortiqué; sporogone extérieur : Chantransie, Balbianie, Batrachosperme, Lémanée, Thorée, etc.
2. *Helminthocladiées.* — Thalle formé d'un faisceau de filaments, cortiqué; sporogone extérieur : Némale, Helminthocladie, Helminthore, Liagore, Scinaie, etc.
3. *Gélidiées.* — Thalle formé d'un simple filament, cortiqué; sporogone intérieur : Gélide, Ptérocladie, Caulacanthe, Naccaire, Wrangélie, etc.

Cryptonémiacées. — Les Cryptonémiacées renferment 60 genres avec plus de 300 espèces. Les unes ont un thalle massif, tantôt aplati en feuille simple (Schizyménie, etc.), ou diversement découpée (Halyménie, Cryptonémie, etc.), tantôt ramifié soit en dichotomie (Furcellaire, Polyide, etc.), soit suivant le mode penné (Dumontie, Grateloupie, etc.). Il est composé quelquefois d'un simple filament, cortiqué par des branches rayonnantes (Dudresnaie, Calosiphonie, etc.), le plus souvent d'un faisceau de filaments à croissance terminale indépendante, revêtu à son tour d'une couche corticale.

Chez d'autres, le thalle s'étend sur les supports en forme de croûte, de membrane, de feuille, quelquefois de ruban dichotome (Rhizophyllite) et y adhère plus ou moins intimement; il s'incruste alors parfois de carbonate de calcium (Peyssonélie). Il se compose d'une assise cellulaire profonde, sur laquelle se dressent verticalement des filaments simples ou rameux, soudés ensemble ou du moins réunis par une gangue gélatineuse commune.

D'autres encore ont leurs membranes cellulaires si fortement incrustées de carbonate de calcium, que le thalle acquiert la dureté de la pierre et, quand il est rameux, l'aspect d'un corail (fig. 68). Par ce caractère, ces plantes se distinguent nettement de toutes les autres Floridées, si l'on met à part les Peyssonélies. Les organes reproducteurs seuls échappent à l'incrustation. Dans les Mélobésies et les Lithophylles, le thalle est une lame mince, arrondie, fortement appliquée sur le support et à croissance périphérique ; dans les Lithothamnes, cette lame va s'épaississant beaucoup, au point de recouvrir les conceptacles saillants qui renferment les corps reproducteurs; il en résulte autant d'excroissances obtuses (fig. 68).

Le thalle des Corallines, des Janies, etc., est au contraire dressé sur un crampon, cylindrique et ramifié suivant le mode penné; l'incrustation calcaire n'ayant pas lieu le long de certaines zones régulièrement espacées, il en résulte des articulations très nettes qui permettent au thalle de s'infléchir en divers sens.

Les tétraspores sont quelquefois superposées en chapelet (Cruorie, Mélobésie, Coralline, etc.), et les tétrasporanges occupent parfois le fond de conceptacles en forme de bouteille (Mélobésie, Coralline, Lithothamne, etc.).

Les anthéridies naissent d'ordinaire au sommet des filaments corticaux, tandis que les oogones sont situés dans la couche corticale. Les uns et les autres sont parfois disposés au fond de conceptacles, pareils à ceux qui renferment les tétrasporanges (Hildbrandtie, Mélobésie, Lithophylle, Coralline, etc.).

Fig. 68. — Thalle calcifié du Lithothamne à grappe.

L'œuf, plongé dans la couche périphérique du thalle, bourgeonne directement et pousse une ou plusieurs branches grêles, qui tantôt divergent tout de suite et se répandent dans la couche corticale (Calosiphonie, Dumontie, etc.), tantôt s'anastomosent d'abord avec une des cellules du ramuscule qui porte l'oogone, ou avec une des cellules voisines (Pétrocèle, Coralline, Mélobésie, etc.), pour s'allonger ensuite et se ramifier avec plus de vigueur (Dudresnaie, Polyide, etc.). Dans tous les cas, ces filaments rampants et diffus s'anastomosent en de nombreux points avec les cellules du thalle (fig. 67). La portion anastomosée du filament se sépare du reste par des cloisons et se renfle en une ampoule, de laquelle part une branche, origine d'un système sporifère. Cette branche demeure quelquefois simple et ne forme qu'un chapelet de protospores (Coralline, Mélobésie, etc.). Le plus souvent, elle bourgeonne tout autour et produit une masse de petits rameaux, serrés en un tubercule arrondi (fig. 67); finalement ces rameaux produisent des protospores, dans toutes leurs cellules (Calosiphonie, etc.), dans quelques-unes de leurs cellules périphériques, disposées en courts chapelets (Dudresnaie, Halyménie, etc.), ou dans les cellules terminales seulement (Polyide, fig. 67, etc.).

Grâce à ce mode de végétation rampante, qui rappelle celui d'un Fraisier, le sporogone produit ici un grand nombre de massifs sporifères séparés et constitue un sporogone composé. Ordinairement ces massifs sporifères sont disséminés dans l'épaisseur du thalle, qui les enveloppe et dont la couche périphérique s'ouvre à la maturité au-dessus de chacun d'eux pour mettre les protospores en liberté. Quand l'œuf se forme au fond d'un conceptacle, ils sont à nu dans le conceptacle.

D'après la structure et le mode de végétation du thalle, les genres sont groupés en trois tribus :

1. *Cryptonémiées*. — Thalle massif libre, non incrusté de calcaire : Gléopelte, Gléosiphonie, Halyménie, Grateloupie, Cryptonémie, Dumontie, Dudresnaie, Constantinée, Calosiphonie, Schizyménie, Furcellaire, Némastome, Polyide, etc.
2. *Squamariées*. — Thalle membraneux appliqué, ordinairement sans calcaire : Rhizophyllite, Pétrocèle, Cruorie, Peyssonélie, Hildbrandtie, etc.
3. *Corallinées*. — Thalle appliqué ou libre, incrusté de calcaire ; conceptacles : Mélobésie, Lithophylle, Lithothamne, Coralline, Janie, etc.

Rhodyméniacées. — Les Rhodyméniacées comprennent 183 genres avec plus de 1000 espèces. Les unes ont un thalle filamenteux et abondamment ramifié ; les filaments demeurent le plus souvent nus, mais quelquefois ils se recouvrent de bonne heure d'une couche corticale directement appliquée (Cérame, etc.), ou située à quelque distance (Ptilote, Gléocladie, etc.).

Ailleurs, il est massif et s'accroît par une seule cellule terminale, qui découpe une (Polysiphonie, etc.), deux (Nitophylle, etc.) ou trois séries de segments (Gracilaire, etc.). Il se ramifie alors latéralement en formant soit des branches pareilles à l'axe qui les porte, soit des rameaux à croissance limitée, régulièrement dichotomes, formés d'une simple série de cellules, disposées suivant une des divergences $\frac{1}{2}$, $\frac{1}{3}$, $\frac{2}{5}$, etc., produisant quelquefois des feuilles à leur aisselle (Polysiphonie, Chondrie, etc.), méritant enfin le nom de *feuilles* qu'on leur donne.

L'oogone est accompagné d'une cellule auxiliaire, avec laquelle l'œuf s'anastomose aussitôt formé, par un tube assez long (Gléocladie), par une courte papille (Callithamne) ou même par contact direct (Lejolisie, Cérame, etc.), suivant le degré de rapprochement des deux cellules; il se vide dans l'auxiliaire et c'est elle ensuite qui bourgeonne pour produire le sporogone.

Dans les Rhodyméniacées filamenteuses, tantôt le sporogone conserve libres ses branches de divers ordres et prend la forme d'un buisson plus ou moins serré (Spermothamne, etc.), tantôt les serre fortement et les unit en un tubercule massif entouré par une couche gélatineuse (Callithamne, Griffithsie, Cérame, etc.).

Dans les Rhodyméniacées à thalle massif, le sporogone condense ses branches en un tubercule ou un buisson serré, enveloppé soit par un tégument bivalve qui existe déjà autour de l'oogone (Polysiphonie, Chondrie, etc.), soit par un tégument tardif pourvu d'un orifice terminal (Gracilaire, Rhodyménie, Plocame, etc.), ou entièrement clos (Chylocladie).

Les protospores se forment soit dans les cellules périphériques seules (Spermothamne, Bornétie, Chylocladie, Chondrie, etc.), soit dans plusieurs des cellules supérieures de chaque branche en formant de courts chapelets (Gléocladie, Dasie, Gracilaire, etc.), soit enfin dans toutes les cellules, excepté l'auxiliaire et le premier rameau issu d'elle et qui forme l'axe du sporogone (Cérame, Callithamne, etc.).

D'après la structure du thalle et la conformation de l'oogone, les genres se groupent en trois tribus :

1. *Céramiées*. — Thalle filamenteux : Cérame, Spyridie, Antithamne, Ptilote, Plumaire, Callithamne, Monospore, Bornétie, Griffithsie, Spermothamne, Sphondylothamne, Lejolisie, etc.
2. *Rhodomélées*. — Thalle massif, oogone à tégument bivalve : Polyzonie, Dictyure, Dasie, Polysiphonie, Chondrie, Rytiphlée, Laurencie, Rhodomèle, etc.
3. *Rhodyméniées*. — Thalle massif, oogone sans tégument : Bonnemaisonie, Gléocladie, Chylocladie, Rhodyménie, Plocame, Chrysyménie, Nitophylle, Delessérie, Sphérocoque, Gracilaire, Hypnée, Chondryménie, etc.

Gigartinacées. — Les Gigartinacées renferment 43 genres avec 350 espèces. Le thalle y est massif, de consistance charnue ou cartilagineuse, et sa structure est analogue à celle des Rhodyméniacées.

L'oogone et l'auxiliaire sont aussi disposés de même, mais ici l'auxiliaire produit sur toute sa surface des filaments rayonnants, qui s'enfoncent et se ramifient dans le tissu du thalle, en s'anastomosant çà et là avec les cellules végétatives et produisant, à chaque point de nutrition, un rameau renflé, bientôt cloisonné et ramifié. En un mot, le sporogone est intérieur et forme un plus ou moins grand nombre de massifs sporifères séparés, comme chez les Cryptonémiacées. Tantôt ce sporogone composé est diffus et sans contour défini (Gigartine, Chondre, etc.); tantôt il demeure condensé autour de l'auxiliaire agrandie, en forme de sphère creuse (Rhodophyllite, Soliérie, etc.). Ce second cas fait transition vers le sporogone simple des Rhodyméniacées.

Tantôt chaque cellule des ramuscules forme une protospore (Chondre, etc.); tantôt la cellule terminale seule de chaque ramuscule produit une protospore (Soliérie, etc.). Les amas de protospores s'accusent au dehors par autant de protubérances plus ou moins fortes; celles-ci s'ouvrent plus tard au sommet pour mettre les protospores en liberté.

D'après la conformation du sporogone composé, les genres se groupent en deux tribus :

1. *Gigartinées.* — Sporogone composé diffus : Endocladie, Chondre, Iridée, Gigartine, Callyménie, etc.
2. *Rhodophyllitées.* — Sporogone composé en forme de sphère creuse : Rissoelle, Cystoclone, Rhodophyllite, Soliérie, etc.

Résumé de l'embranchement des Thallophytes. — En somme, l'embranchement des Thallophytes comprend 2 classes, 8 ordres et 45 familles. Pour en résumer la classification dans un tableau général, il suffit d'ajuster ensemble le tableau des classes (p. 8), les deux tableaux partiels des ordres (p. 13 et p. 83) et les huit tableaux partiels des familles (p. 15, p. 22, p. 43, p. 67, p. 84, p. 101, p. 119 et p. 132). Faute d'espace, on laisse au lecteur le soin de tracer ce tableau général.

EMBRANCHEMENT II

MUSCINÉES

Caractères généraux. — Les Floridées nous mènent directement aux Muscinées. Seules, en effet, parmi les Thallophytes, elles développent leur œuf, sur la plante mère et à ses dépens, en un embryon sporifère dont les spores engendrent ensuite autant de thalles nouveaux. Le développement de la plante y est coupé en deux tronçons, un petit tronçon sur la plante mère, à partir de l'œuf jusqu'aux protospores, et un grand tronçon dans le milieu extérieur, à partir de la protospore jusqu'à l'état adulte et aux œufs nouveaux. Or, c'est précisément ce mode de développement qui est le caractère le plus général des Muscinées, comme il a été dit (I, p. 517). D'autre part, bon nombre des Muscinées ont, comme les Algues, un véritable thalle et l'on y peut suivre pas à pas la transition entre le thalle et la tige feuillée, telle qu'on la rencontre dans les représentants les plus élevés de l'embranchement, c'est-à-dire chez les Mousses.

La tige et les feuilles des Mousses ont été étudiées dans leur structure et leur mode de formation (I, p. 181, p. 183, p. 286). La formation de l'œuf à l'aide d'une anthéridie et d'un oogone un peu plus compliqué auquel on a donné le nom d'archégone, son développement en sporogone, la germination des spores en protonème, la formation des tiges feuillées sur ce protonème, enfin le mode de multiplication de la plante adulte par des propagules, ont été décrits dans leurs traits essentiels (I, p. 513 et suiv.). Les caractères généraux de cet embranchement sont donc bien connus, et il est inutile d'y revenir.

Division en deux classes : Hépatiques et Mousses. — Il se divise en deux classes, les *Hépatiques* et les *Mousses*, que l'on peut définir comme il suit.

Dans les Hépatiques, la spore forme directement le corps végétatif adulte. Celui-ci est tantôt un thalle rampant aplati et dichotome, tantôt une tige rampante à deux ou trois rangs de feuilles et à symétrie bilatérale. Le sporogone demeure, jusqu'à la maturité des spores, inclus dans l'archégone; à ce moment, celui-ci est déchiré par l'allongement du pied du sporogone, dont le sporange s'ouvre de diverses manières pour disséminer les spores.

Dans les Mousses, la spore produit un protonème très développé, pourvu de chlorophylle, composé soit de filaments rameux, soit d'une lame membraneuse, d'où le corps végétatif adulte procède par bourgeonnement adventif. Celui-ci est toujours une tige feuillée, dressée et à symétrie radiaire. Le sporogone ne reste que peu de temps inclus dans l'archégone; il le déchire de bonne heure et le soulève à son sommet en forme de coiffe. C'est seulement alors qu'il se différencie en deux portions, le sporange et le pied. Le sporange, recouvert d'un épiderme et pourvu de stomates dans sa région inférieure, s'ouvre habituellement par une fente circulaire pour mettre les spores en liberté.

En résumé :

Appareil végétatif	rampant, sans protonème. Sporogone inclus.	*Hépatiques.*
	dressé, avec protonème. Sporogone libre...	*Mousses.*

CLASSE I

HÉPATIQUES

Appareil végétatif et mode de vie. — Les Hépatiques vivent dans les lieux humides et ombragés. Leur appareil végétatif rampe sur le sol, sur les murs humides, sur l'écorce des arbres, etc., et se fixe au support par des poils unicellulaires; sa face supérieure, éclairée, est autrement conformée que sa face inférieure, obscure : il en résulte une symétrie bilatérale très nettement exprimée. On y observe toutes les transitions entre un thalle homogène et une tige feuillée. Dans les Anthocères et les Pellies, le thalle est une lame arrondie à bord lobé; dans les Aneures et les Metzgéries, cette lame s'allonge, s'épaissit suivant sa ligne médiane en une côte saillante, et se ramifie en dichotomie dans son plan. Dans les Riccies, Lunulaires, Marchanties, etc., le ruban dichotome porte sur sa face inférieure une série de lamelles transversales, qui ressemblent à de petites feuilles. Dans les Blasies, on voit en outre le ruban découper ses deux bords en segments, qui forment sur la côte médiane comme deux séries de feuilles parallèles à l'axe. Enfin dans les Radules, Frullanies, Jongermannies, etc., c'est une tige filiforme et rampante portant trois rangs de feuilles, deux sur les flancs, le troisième sur la face inférieure.

Dans les Hépatiques feuillées, les feuilles sont réduites à un seul plan de cellules, ordinairement sans nervure, et la tige, dénuée d'épiderme différencié, est constituée par un parenchyme homogène. Dans les Hépatiques à thalle, la différenciation interne peut être poussée plus loin; ainsi les Marchanties ont un épiderme bien caractérisé et pourvu d'orifices en forme de stomates. Qu'il s'agisse d'un thalle ou d'une tige feuillée, la croissance s'opère par les cloisonnements d'une cellule terminale en forme de coin dans le premier cas, de pyramide triangulaire à base bombée dans le second.

Reproduction. — La multiplication a lieu fréquemment à l'aide de propagules (fig. 69). Ce sont quelquefois les cellules marginales qui se séparent tout simplement pour devenir autant de propagules (Madothèce, etc.). Ailleurs il se forme, sur la face supérieure éclairée du thalle, des conceptacles particuliers en forme de bouteille (Blasie), de corbeille (Marchantie, fig. 69), ou de croissant (Lunulaire); du fond de ces conceptacles s'élèvent des papilles dont la cellule terminale se développe en un corps pluricellulaire aplati, de grande dimension, qui constitue un propagule. Ces propagules sont expulsés et germent aussitôt en un thalle nouveau (fig. 69, *C*).

Les anthéridies et les archégones, diversement disposés suivant les genres, comme il sera dit plus loin, se forment et produisent l'œuf comme dans les Mousses (I, p. 514). L'œuf se développe en sporogone à l'intérieur du ventre de plus en plus dilaté de l'archégone, qui porte, à partir de ce moment, le nom de *coiffe*. La forme et la structure du sporogone complètement développé varient suivant les groupes. Dans les Anthocéracées, c'est une longue silique, insérée à sa base sur le thalle et s'ouvrant en deux valves. Dans les Ricciacées, c'est une capsule à paroi mince, entièrement remplie de spores et enfoncée avec sa coiffe dans l'épaisseur du thalle. Dans les Marchantiacées, c'est une sphère à court pédicelle qui, outre les spores, renferme encore de longues cellules fusiformes dont la membrane mince et incolore porte sur sa face interne une à trois bandes d'épaississement spiralées de couleur brune; ces cellules qui, par leur hygroscopicité, jouent dans la dissémination des spores un rôle analogue à celui du capillite chez les Myxomycètes, sont des *élatères* (fig. 70, *b*). Après avoir percé sa coiffe, ce sporogone s'ouvre soit par une déchirure irrégulière, soit par une fente circulaire qui détache un opercule. Dans les Jongermanniacées enfin, le sporogone mûrit encore à l'intérieur de la coiffe, mais il la perce ensuite et se développe au

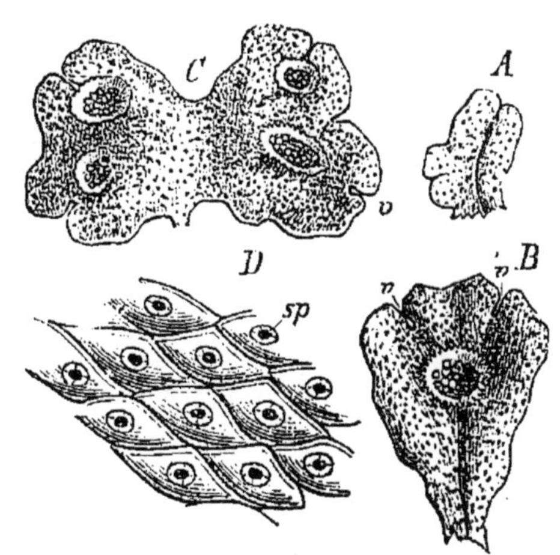

Fig. 69. — Propagules de la Marchantie polymorphe : *A*, jeune branche du thalle; *B*, branche plus âgée portant une corbeille à propagules; *C*, thalle provenant d'un propagule et portant quatre corbeilles; *D*, épiderme de la face supérieure; *sp*, orifices en forme de stomates au centre de chaque plage en losange.

dehors en une sphère portée par un long pédicelle; cette sphère renferme aussi, outre les spores, des élatères; mais elle s'ouvre en quatre valves, à la face interne desquelles les élatères demeurent suspendues.

Nées quatre par quatre dans les cellules mères, comme il a été dit pour les Mousses (I, p. 518), les spores ont ordinairement leur membrane différenciée en une exine cutinisée brune et une intine cellulosique incolore; quelquefois l'exine est très mince et la spore contient de la chlorophylle (Pellie, Fégatelle, etc.). En germant, la spore donne un protonème très simple, rudimentaire, lequel produit ensuite latéralement ou à son sommet l'appareil végétatif.

Division de la classe des Hépatiques en deux ordres. — La classe des Hépatiques se divise en deux ordres : les *Jongermanninées*, où la déhiscence du sporange est longitudinale, et les *Marchantinées*, où elle est apicale, transversale ou nulle.

Ainsi :

Sporange s'ouvrant	en long..............................	*Jongermanninées.*
	en travers ou au sommet...........	*Marchantinées.*

ORDRE I

JONGERMANNINÉES

L'ordre des Jongermanninées renferme à la fois toutes les Hépatiques à tige feuillée et bon nombre de formes à thalle. D'après la conformation du sporogone mûr, il se subdivise en deux familles :

Sporange	pédicellé, s'ouvrant en quatre valves, avec élatères.	*Jongermanniacées.*
	sessile, s'ouvrant en deux valves, sans élatères..	*Anthocéracées.*

Jongermanniacées. — La famille des Jongermanniacées est de beaucoup la plus nombreuse et la plus répandue; elle comprend 135 genres avec plus de 3320 espèces. On y rencontre, à côté de formes à thalle homogène (Metzgérie, Aneure, Pellie), des formes de transition où le thalle porte une rangée de feuilles sur sa face inférieure (Diplolène), deux séries de feuilles latérales (Fossombronie), ou même trois rangées de feuilles, deux sur ses flancs et une sur sa face inférieure (Blasie). Mais la majorité des genres ont une tige filiforme, pourvue de feuilles sessiles à large insertion (fig. 70, *a*); ces feuilles ne forment quelquefois que deux séries rapprochées sur la face supérieure de la tige (Radule, Scapanie, Plagiochile, etc.) ; mais normalement il y a trois rangs de feuilles, parce que, outre les deux séries dorsales, il s'en fait une troisième sur la face ventrale de la tige (Frullanie, Madothèce,

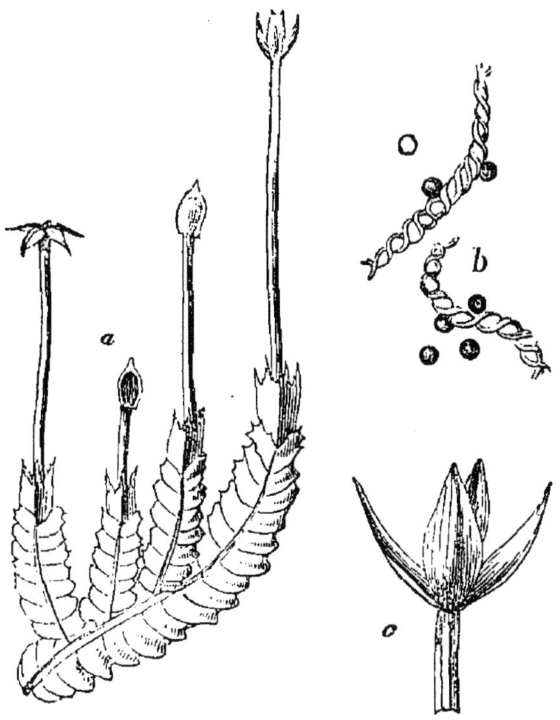

Fig. 70. — Jongermannie ; *a*, la plante entière avec ses sporogones en voie d'allongement au milieu, mûrs et ayant ouvert leurs sporanges en quatre valves à droite et à gauche ; *b*, spores et élatères ; *c*, sporange ouvert en quatre valves.

Jongermannie, etc.); ces feuilles ventrales sont souvent nommées *amphigastres*. Thalle ou tige feuillée, l'appareil végétatif rampe sur le support et sa symétrie est bilatérale ; l'Haplomitre de Hooker, avec sa tige dressée portant trois rangs de feuilles insérées transversalement, fait seul exception à la règle.

Les thalles croissent par une cellule terminale cunéiforme et se ramifient en dichotomie dans leur plan. Les tiges feuillées croissent par une cellule terminale en forme de pyramide triangulaire et se ramifient latéralement (fig. 70, *a*); leurs branches sont de deux sortes : les unes naissent au côté inférieur des feuilles dorsales et sont exogènes; les autres procèdent de l'aisselle des feuilles ventrales et sont endogènes.

Anthéridies et archégones sont disposés tantôt sur la même plante, tantôt sur des plantes différentes. Dans les formes à thalle, ils naissent sur la face dorsale des branches, protégés par une enveloppe qui est produite soit par le reploiement de la branche elle-même (Metzgérie) ou de ses bords, soit par des excroissances particulières du tissu voisin (Pellie, Blasie, etc.). Dans les formes feuillées, ils naissent au sommet des branches principales (fig. 71) ou de petits rameaux particuliers produits par voie endogène sur la

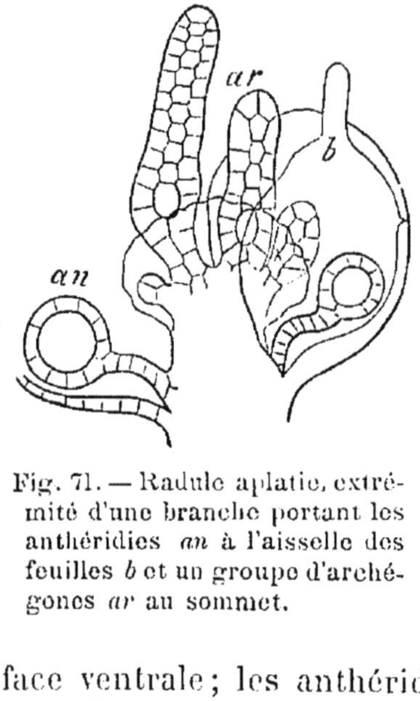

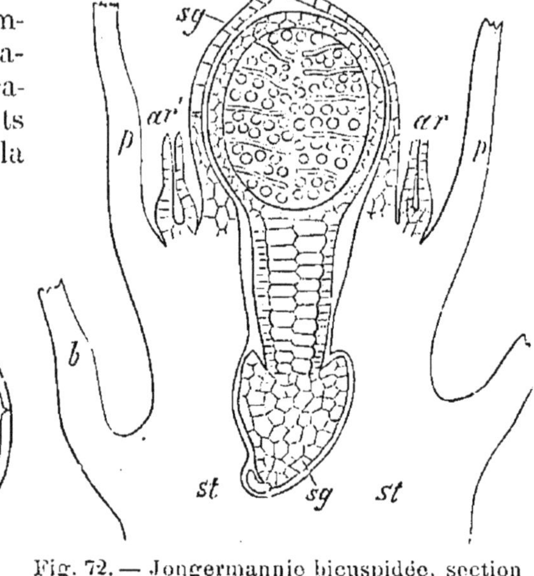

Fig. 71. — Radule aplatie, extrémité d'une branche portant les anthéridies *an* à l'aisselle des feuilles *b* et un groupe d'archégones *ar* au sommet.

Fig. 72. — Jongermannie bicuspidée, section longitudinale du sporogone *sg* en voie de développement : *ar*, coiffe; *ar'*, archégones non fécondés; *p*, périanthe; *b*, feuilles du périchèze; *st*, sommet de la tige formant vaginule autour de la base renflée du sporogone; le sporange contient déjà les spores et les élatères.

face ventrale; les anthéridies sont axillaires, isolées ou groupées; les archégones sont enveloppés par les feuilles voisines, qui forment autour d'eux un involucre appelé *périchèze*; en outre, il se produit habituellement autour des archégones une sorte de repli membraneux, qui a reçu le nom de *périanthe* (fig. 72).

Le sporogone en voie de développement (fig. 72) renfle en toupie sa partie basilaire et l'enfonce dans le tissu de la tige, aux dépens de laquelle il se nourrit et qui l'enveloppe d'une gaine, nommée *vaginule*. Il produit dans son intérieur les spores et les élatères (fig. 72); puis son pédicelle, jusque-là fort court, s'allonge fortement en déchirant la coiffe au sommet (fig. 70, *a*). Ainsi soulevé dans l'air, le sporange sphérique ne tarde pas à ouvrir sa paroi en quatre valves longitudinales, qui se rabattent en étoile en entraînant les élatères et disséminant les spores (fig. 70, *a*, *b*, *c*).

Les genres se groupent en deux tribus :

1. *Metzgériées*. — Un thalle : Metzgérie, Aneure, Pellie, Blasie, Blyttie, etc.
2. *Jongermanniées*. — Une tige feuillée : Fossombronie, Lejeunie, Frullanie, Radule, Madothèce, Lépidozie, Mastigobrye, Géocalice, Jongermannie, Scapanie, Plagiochile, Haplomitre, Gymnomitre, etc.

Anthocéracées. — Les Anthocéracées, 3 genres avec 103 espèces, ont un thalle aplati en ruban dichotome, parfois muni d'une nervure médiane (Dendrocère), dont les cellules ne contiennent qu'un seul chloroleucite englobant un grain d'amidon et enveloppant le noyau.

Les anthéridies sont enfermées à l'origine dans des cavités closes, dont le sommet se déchire plus tard pour permettre à l'anthéridie de s'ouvrir et de disséminer ses anthérozoïdes. Les archégones sont, au contraire, extérieurs, mais pourtant leur col ne proémine pas au-dessus de la surface.

Le sporogone s'enfonce dans le thalle par sa base élargie, dont les cellules se prolongent en poils absorbants; en même temps, le thalle se développe tout autour de lui et forme une sorte d'involucre, qu'il percera plus tard en s'allongeant. Le tissu central du sporange demeure stérile et forme une columelle (Anthocère), qui manque quelquefois (Notothyle); les cellules mères des spores sont disposées en une simple assise en forme de cloche entre cette columelle et la couche pariétale. Il ne se fait pas d'élatères et le sporange s'ouvre progressivement de haut en bas en deux valves. En même temps, il continue pendant longtemps à s'allonger à la base par croissance intercalaire, de manière à former une sorte de baguette de 15 à 20 millimètres de longueur.

ORDRE II

MARCHANTINÉES

L'ordre des Marchantinées ne renferme que des Hépatiques

à thalle. D'après la conformation du sporogone, il se divise en deux familles :

Sporogone	sans pédicelle, ni élatères....................	*Ricciacées.*
	avec pédicelle et élatères....................	*Marchantiacées.*

Ricciacées. — Les Ricciacées, 3 genres avec 110 espèces, ont un thalle aplati, dichotome, ordinairement terrestre (Riccie, etc.), parfois aquatique (Ricciocarpe), portant à sa face inférieure une rangée de lamelles transversales, qui se déchirent plus tard au milieu de leur longueur et forment deux séries; entre elles se développent un grand nombre de poils absorbants, dont la membrane présente sur sa face interne des épaississements coniques. Ces deux séries de lamelles sont parfois distinctes dès l'origine (Tesséline). La face supérieure du thalle offre çà et là, dans sa couche chlorophyllienne, des enfoncements plus ou moins larges, produits par le développement prédominant des parties voisines, en un mot des cryptes aérifères; plus tard ces cryptes sont recouvertes par la dilatation de l'épiderme, mais de façon qu'il subsiste ordinairement au centre du toit un ostiole analogue à un stomate.

Anthéridies et archégones naissent au fond de cryptes de même origine que les cryptes aérifères; le tissu du thalle forme autour d'eux une sorte d'involucre. Le sporogone sphérique se réduit à un sporange, sans pédicelle, différencié en une couche pariétale et en cellules mères des spores, sans mélange d'élatères.

Marchantiacées. — Les Marchantiacées, 22 genres avec 165 espèces, ont un thalle aplati en ruban dichotome (fig. 69, *A*), portant sur la face inférieure deux séries de lamelles transversales (fig. 73), qui ne proviennent pas ici de la déchirure d'une seule série, comme dans la plupart des Ricciacées; en outre, on y remarque deux sortes de poils absorbants, les uns sans sculpture, les autres munis d'épaississements internes situés sur un sillon spiralé du tube. La face supérieure est creusée de cryptes aérifères, au-dessus de chacune desquelles l'épiderme est percé d'un ostiole en forme de stomate (fig. 73, *o*, et fig. 69, *D*). Du fond de ces cryptes, parfois aussi des parois latérales et du toit, partent des séries de cellules renfermant des chloroleucites, tandis que tout le reste du thalle est dépourvu de chlorophylle et de méats aérifères (fig. 73, *p*). C'est sur la face supérieure du thalle que se développent les propagules, dans une corbeille chez les Marchanties (fig. 69, *B*

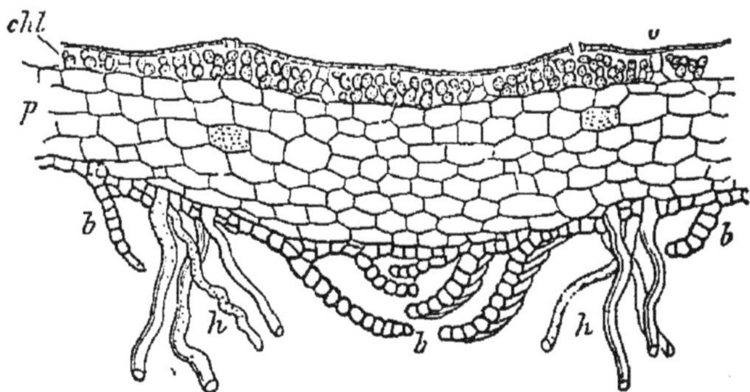

Fig. 73. — Marchantie polymorphe, section transversale du thalle ; *b*, feuilles ; *h*, poils absorbants ; *p*, parenchyme incolore ; *chl*, séries rameuses de cellules à chlorophylle dans les cryptes ; *o*, épiderme percé d'un pore au-dessus de chaque crypte.

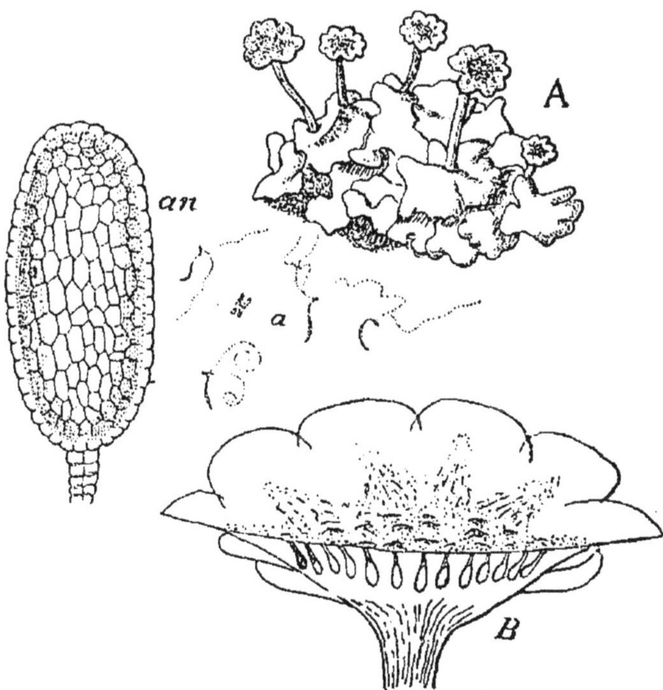

Fig. 74. — Marchantie polymorphe ; *A*, thalle portant les chapeaux mâles ; *B*, section d'un chapeau mâle montrant les anthéridies nichées dans autant de cryptes en forme de bouteilles ; *an*, anthéridie extraite de la crypte ; *a*, anthérozoïdes libres.

et *C*), dans un rebord en forme de croissant chez les Lunulaires.

Anthéridies et archégones sont diversement groupés, sur le

même thalle ou sur des thalles différents. Dans les Marchanties, par exemple, le groupement a lieu sur des branches différenciées, dressées verticalement sur le thalle et dilatées en disque au sommet (fig. 74 et 75). La face supérieure du disque mâle porte les anthéridies, nichées dans autant de cryptes (fig. 74, *B*). Les archégones naissent aussi à la face supérieure du disque femelle, mais plus tard ils sont refoulés, par la croissance du disque, sur la face inférieure et tournent leur col en bas ou en dehors (fig. 75). Le sporogone, très brièvement pédicellé (*f*), produit dans son sporange à la fois des spores et des élatères qui rayonnent de la base vers la périphérie; à la maturité, sa paroi se déchire soit au sommet en un grand nombre de dents, soit en quatre valves, soit par une fente circulaire qui détache un couvercle.

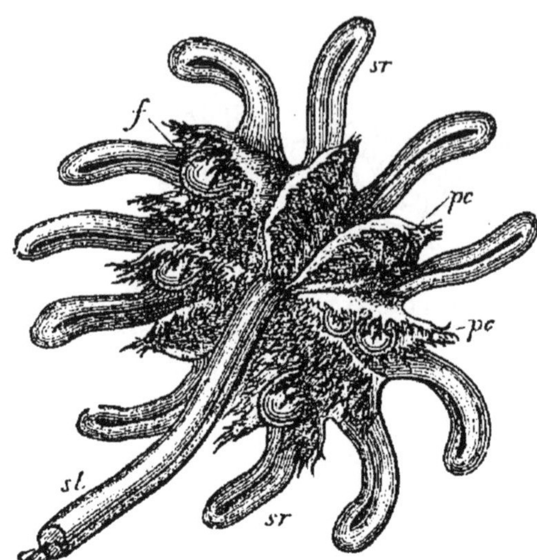

Fig. 75. — Marchantie polymorphe, chapeau femelle vu de dessous; *st*, pédicelle; *sr*, lobes rayonnants du disque; *pc*, périchèze; *f*, sporogone.

D'après la disposition des archégones et plus tard des sporogones, les genres se groupent en quatre tribus :

1. *Corsiniées*. — Sporogones solitaires sur la face supérieure du thalle : Corsinie, Funiculaire.
2. *Targioniées*. — Sporogones solitaires sur la face inférieure du bord du thalle : Targionie, Cyathode.
3. *Marchantiées*. — Sporogones groupés à la face inférieure d'un chapeau pédicellé : Marchantie, Fégatelle, Preissie, Fimbriaire, Grimaldie, Reboulie, etc.
4. *Lunulariées*. — Sporogones groupés au sommet d'un long rameau dressé : Lunulaire, Plagiochasme, etc.

CLASSE II

MOUSSES

Appareil végétatif et mode de vie. — Les Mousses vivent en tapis serré, dans les conditions les plus diverses, quelquefois dans les eaux courantes (Fontinale, etc.), stagnantes (divers Hypnes, etc.) ou marécageuses (Sphaigne, etc.), quelquefois, au contraire, dans les lieux secs, sur les toits et les rochers (Grimmie, Andrée, etc.), le plus souvent sur la terre humide ou les écorces des arbres, dans les forêts et dans les montagnes, où quelques-unes s'élèvent jusqu'à la limite des neiges éternelles.

L'appareil végétatif est toujours une tige feuillée, fixée à la base par des poils absorbants et verticalement dressée (I, p. 518, fig. 222) ; il est toujours symétrique par rapport à son axe. La tige est quelquefois simple et très courte, mesurant à peine un millimètre de longueur (Éphémère, certains Phasques, etc.) ; souvent elle est abondamment ramifiée et peut atteindre alors plusieurs décimètres de longueur (Fontinale, Sphaigne, Spiridont, etc). Elle est toujours très mince, ne dépassant guère un millimètre d'épaisseur ; aussi son tissu est-il dense, solide, élastique et opposant une longue résistance à la putréfaction. Elle est quelquefois annuelle (Phasque, etc.), le plus souvent vivace ; dans ce dernier cas, elle se détruit à la base pendant qu'elle croît et se ramifie au sommet. Grâce à cette lente destruction, les Mousses déposent sur leur support une couche d'humus de plus en plus épaisse ; quand elles sont marécageuses, comme les Sphaignes, cet humus constitue la tourbe. La structure de la tige a été étudiée (I, p. 181, fig. 65) ; sa croissance par le cloisonnement d'une cellule terminale, cunéiforme dans le Fissident, partout ailleurs en forme de pyramide triangulaire, a été décrite (I, p. 182, fig. 66).

Sa ramification est latérale et s'opère en rapport avec les feuilles, mais au-dessous d'elles et non pas à leur aisselle comme chez les Phanérogames ; la branche naît en effet, tantôt au-dessous de la ligne médiane de la feuille (Fontinale, etc.), tantôt latéralement au-dessous de la moitié de la feuille tournée dans le sens de la spire foliaire (Sphaigne, etc.). Il s'en faut pourtant qu'à chaque feuille corresponde une branche : les Sphaignes, par exemple, forment une branche par chaque quatrième feuille; dans les Hypnes, les Neckères, etc., les branches sont souvent sur deux rangs, tandis que les feuilles sont disposées suivant $\frac{2}{5}$ ou $\frac{3}{8}$. C'est dans les Mousses vivaces, où l'archégone et, plus tard, le sporogone se développent au sommet des branches latérales et où la tige poursuit indéfiniment sa croissance, Mousses dites *pleurocarpes*, que la ramification est la plus abondante. Quand l'archégone et le sporogone terminent, au contraire, la tige et en arrêtent la croissance, dans les Mousses dites *acrocarpes*, si la tige est annuelle, elle ne se ramifie ordinairement pas; si elle est vivace, une ou deux branches latérales poursuivent la croissance, en formant dans le premier cas une cyme unipare avec sympode, dans le second une cyme bipare. Ces branches latérales réparatrices, nommées *innovations*, s'affranchissent plus tard par la destruction de la tige; si l'affranchissement a lieu de bonne heure, il en résulte l'apparence d'une tige simple.

Les feuilles, toujours sessiles et largement insérées, sont isolées, quelquefois distiques (Fissident, Distiche, Conomitre, etc.), le plus souvent disposées suivant $\frac{1}{3}$ (Fontinale, etc.), $\frac{2}{5}$ (Sphaigne, etc.), $\frac{3}{8}$ (Funaire, I, fig. 222, etc.) ou même $\frac{5}{13}$ et $\frac{13}{34}$ (divers Polytrics), le plus souvent rapprochées et étroitement imbriquées. Au voisinage des organes sexués, elles se serrent ordinairement en rosette et prennent parfois une forme et une couleur particulières. Leur structure et leur mode de croissance ont été indiqués (I, p. 286 et p. 287).

Les poils absorbants, ou *rhizoïdes*, s'échappent en grand nombre des cellules périphériques de la tige, surtout à sa base, et souvent ils la revêtent d'un feutrage épais de couleur rouge brun. Ils sont cloisonnés transversalement en cellules superposées, s'allongent par croissance intercalaire, se ramifient sous chaque cloison et forment dans le sol un feutrage inextricable. A l'état adulte, les Sphaignes et les Hypnes des eaux stagnantes sont seuls dépourvus de ces poils absorbants.

Reproduction. — Les Mousses se multiplient avec profusion par marcottage naturel, par formation de bourgeons sur les rhizoïdes, par production sur la tige et les feuilles de filaments protonémiques, qui à leur tour engendrent des bourgeons. En outre, elles développent souvent, au sommet de la tige (Tétraphide, Aulacomnie, etc.) ou sur les feuilles, des propagules qui germent ensuite en un protonème (I, p. 521).

La formation de l'œuf des Mousses a été décrite dans ses traits essentiels (I, p. 514 et suiv., fig. 219 et 220). Anthéridies et archégones y sont groupés, comme on sait, dans un involucre au sommet de la tige dans les Mousses acrocarpes, à l'extrémité des branches dans les Mousses pleurocarpes. Quand il est hermaphrodite ou femelle, l'involucre est nommé *périchèze*, comme chez les Hépatiques; quand il est mâle, il reçoit le nom de *périgone*. Dans ce dernier cas, les anthéridies, portées à l'aisselle des feuilles, peuvent laisser libre le sommet de la tige, qui continue parfois sa croissance après la formation de l'œuf, en traversant le périgone (Polytric).

Le développement de l'œuf en sporogone a été étudié (I, p. 517, fig. 221, 222 et 223). Dans le sporange, les cellules mères des spores forment une assise, qui est tantôt continue en haut et recouvrant la columelle en forme de cloche (Sphaigne, etc.), tantôt ouverte en haut comme en bas et entourant la columelle en forme de tonneau (Brye, etc.). Dans le premier cas, le pédicelle demeure très court et le sporogone reste tout entier inclus, jusqu'à sa maturité, dans l'archégone distendu; au-dessous de lui, la portion terminale de la tige s'allonge beaucoup et forme un faux pédicelle, nommé *pseudopode*. Dans le second, le sporogone se développe en longueur, déchire bientôt l'archégone à la base et entraîne la coiffe à son extrémité, puis se différencie en un pédicelle et un sporange. Le sporange mûr s'ouvre presque toujours par une fente circulaire détachant un opercule, rarement par quatre fentes longitudinales (Andrée).

On a vu (I, p. 520, fig. 224) comment la spore germe en un protonème très développé, sur lequel bourgeonnent ensuite les tiges feuillées. Le plus souvent ce protonème est éphémère et se détruit en affranchissant les tiges qu'il a produites; mais quand ces tiges sont très petites et de courte durée (Phasque, Pottie, etc.), il continue à végéter, même après que la tige feuillée a produit son œuf et mûri son sporogone, et l'on voit coexister les trois états successifs du développement de la plante. Ordinairement filamenteux, le protonème forme quelquefois une lame à bord lobé (Sphaigne), ou même ramifiée en buisson (Andrée).

Division de la classe des Mousses en deux ordres. — La classe des Mousses se divise en deux ordres : les *Sphagninées*, où, dans un sporange à pédicelle très court soulevé sur un pseudopode, les cellules mères des spores forment une assise en cloche, et les *Bryinées*, où, dans un sporange à long pédicelle, les cellules mères des spores forment une assise en tonneau. Ainsi :

Sporange { sessile sur un pseudopode, assise sporifère en cloche. *Sphagninées*.
{ pédicellé, assise sporifère en tonneau .... *Bryinées*.

ORDRE I

SPHAGNINÉES

L'ordre des Sphagninées renferme toutes les Mousses à sporogone brièvement pédicellé, soulevé sur un pseudopode. Il se divise en deux familles, d'après le mode de déhiscence du sporange :

Sporange s'ouvrant { circulairement .... *Sphagnacées*.
{ en quatre valves .... *Andréacées*.

Sphagnacées. — La famille des Sphagnacées ne contient que le seul genre Sphaigne, avec 160 espèces.

Dans l'eau, les spores des Sphaignes développent en germant un protonème filamenteux ordinaire ; sur un support solide, au contraire, elles produisent une lame à bord fortement lobé. Dans les deux cas, la tige feuillée se fixe d'abord par des rhizoïdes, qui disparaissent plus tard, et dont la plante adulte est dépourvue. Les deux à quatre premières feuilles de la tige ont une structure homogène ; ce n'est que dans les feuilles suivantes qu'apparaît et se caractérise de plus en plus la différenciation du tissu en deux sortes de cellules, les unes vertes et vivantes, les autres incolores, mortes, à membrane perforée, signalée (I, p. 287). La tige, dont la croissance terminale est indéfinie, produit au-dessous et à côté de chaque quatrième feuille, une branche, bientôt ramifiée à plusieurs reprises. La couche corticale externe de la tige et des branches est formée, comme on sait (I, p. 182), de grandes cellules mortes à membrane perforée. Jointes aux cellules semblables des feuilles, elles constituent tout autour de la plante un appareil capillaire, à travers lequel l'eau du marécage où elle vit est élevée progressivement jusque dans les parties terminales émergées.

Certaines branches portent latéralement, une à côté de chaque feuille, des anthéridies sphériques et longuement pédicellées, qui s'ouvrent au sommet par des fentes en plusieurs valves recourbées vers le bas, tandis que les anthérozoïdes s'échappent directement de leurs cellules mères. D'autres branches portent à leur sommet des archégones rassemblés dans un périchèze. Le développement de l'œuf en sporogone s'opère tout entier à l'intérieur de l'archégone, dilaté en coiffe et inclus dans le périchèze (fig. 76, *A*); lorsqu'il est terminé, l'extrémité de la branche s'allonge entre le périchèze et lui en un pseudopode, qu'il faut se garder de confondre avec le pédicelle du sporogone des Mousses ordinaires, bien qu'il joue le même rôle pour faciliter la dissémination des spores (fig. 76, *B*). Le pédicelle du sporogone est ici très court, élargi et implanté dans l'extrémité du pseudopode, creusée en vaginule (fig. 76, *A*, *v*). L'assise des cellules mères des spores a la forme d'une calotte recouvrant une columelle hémisphérique (fig. 76, *A*). A la maturité, sans que le pédicelle s'allonge, la mince coiffe qui enveloppe le sporogone se déchire irrégulièrement (fig. 76, *B*, *c*); puis le sporogone s'ouvre circulairement par la disjonction d'un couvercle (*op*), qui se distingue du reste de la surface par sa plus grande convexité.

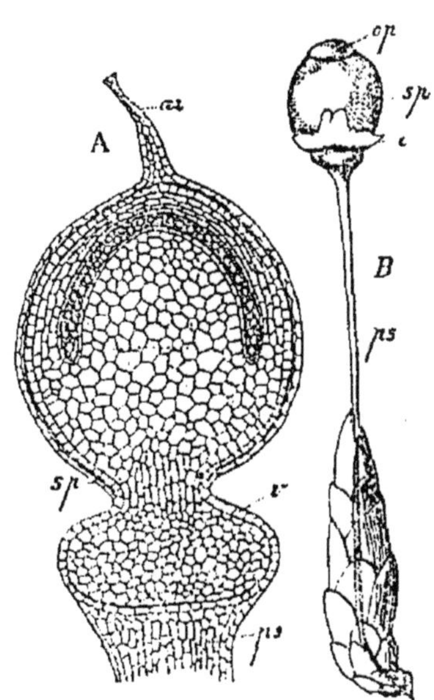

Fig. 76. — Sphaigne squarreux. *A*, section longitudinale du sporogone *sp*, encore inclus dans la coiffe *ar*; *v*, vaginule entourant le pédicelle dilaté du sporogone; *ps*, extrémité du pseudopode. *B*, sporogone mûr, porté par le pseudopode *ps*, ayant déchiré la coiffe *c* et s'apprêtant à détacher son opercule *op*.

Les Sphaignes jouent un rôle considérable dans la nature. Ce sont les plantes les plus importantes des marais tourbeux, et leurs restes plus ou moins altérés forment aussi la partie principale de la tourbe. Elles peuvent vivre cependant, dans l'atmosphère humide des montagnes, sur un sol assez sec.

Andréacées. — Les Andrées et les Acroschismes, dont les 64 espèces composent cette famille, se distinguent des Sphaignes par leur port et par leur mode de végétation. Ce sont de petites Mousses noirâtres, abondamment feuillées et ramifiées, qui vivent sur les rochers.

Les anthéridies y occupent, mêlées de paraphyses, l'extrémité des branches mâles, comme les archégones l'extrémité des branches femelles; à la maturité, elles expulsent par l'ouverture terminale toute la masse des cellules mères d'anthérozoïdes. Dans le sporogone, l'assise des cellules mères des spores prend, comme dans les Sphaignes, la forme d'une cloche recouvrant une columelle hémisphérique. Le pédicelle demeure aussi très court, mais le sporange s'allonge, déchire la coiffe à sa base et l'entraîne à son sommet, comme dans les Mousses ordinaires. La tige ne s'en développe pas moins, entre les périchèzes et le sporogone, en un pseudopode, comme dans les Sphaignes. A la maturité, le sporange s'ouvre, par quatre fentes longitudinales, en quatre valves qui demeurent unies au sommet et à la base ; ces valves s'écartent quand il fait sec, pour disséminer les spores, et se rapprochent quand le temps est humide. Enfin les spores germent en un protonème membraneux, nouvelle ressemblance avec les Sphaignes.

On voit que les Andréacées relient les Sphaignes aux Mousses ordinaires, en même temps que, par la déhiscence du sporange, elles rattachent les Mousses aux Hépatiques.

ORDRE II

BRYINÉES

L'ordre des Bryinées comprend toutes les Mousses à sporogone muni d'un long pédicelle et dépourvu de pseudopode. D'après la conformation du sporange, qui est tantôt indéhiscent, tantôt déhiscent circulairement, on y distingue deux familles :

Sporange	indéhiscent..	*Phascacées.*
	à déhiscence circulaire................................	*Bryacées.*

Phascacées. — Les Phascacées, 12 genres avec 188 espèces, sont de petites Mousses dont les courtes tiges demeurent insérées sur le protonème vivace jusqu'après la maturité des spores. Elles se distinguent de toutes les autres par ce caractère que leur sporange ne s'ouvre pas et que les spores ne sont mises en liberté que par la destruction de sa paroi. Dans le Phasque, l'Éphémère, la Voitie, etc., le sporange a la même structure que chez les Bryacées. Dans l'Archide, la columelle est résorbée par les cellules mères des spores, qui remplissent tout le sporange ; en outre, le pédicelle y demeure très court et le sporogone reste jusqu'à la maturité inclus dans la coiffe, comme dans les Sphaignes : c'est une forme de transition.

Bryacées. — Les Bryacées renferment 350 genres avec plus de 10 600 espèces; c'est à elles que s'appliquent tous les caractères généraux étudiés (I, p. 514 et suiv., fig. 219 à 224). Le sporogone y est longuement pédicellé et surmonté d'une coiffe conique (Conomitre, etc.) ou fendue d'un côté (Funaire, I, fig. 222, *B*, Pottie, fig. 77, *B*, etc.). Le pédicelle, ou soie, est cylindrique, quelquefois renflé en apophyse sous le sporange (Polytric, Splachne, etc.), et terminé en bas par une pointe obtuse encastrée dans le sommet de la tige, creusé en vaginule (I, fig. 221). Le sporange, ou capsule, s'ouvre toujours par une fente circulaire détachant l'opercule de l'urne (fig. 77, *B*; voir aussi I, fig. 222, *C*, et fig. 223). A cet effet, ou bien une zone annulaire de cellules épidermiques conserve simplement ses parois minces et se déchire plus tard en se desséchant; ou bien il se forme, entre l'urne et l'opercule, une couche annulaire de cellules spéciales qu'on nomme l'*anneau* (I, fig. 222, *C*, *a*); ces cellules épaississent leurs parois et les gonflent, ce qui détache l'anneau et sépare l'opercule de l'urne.

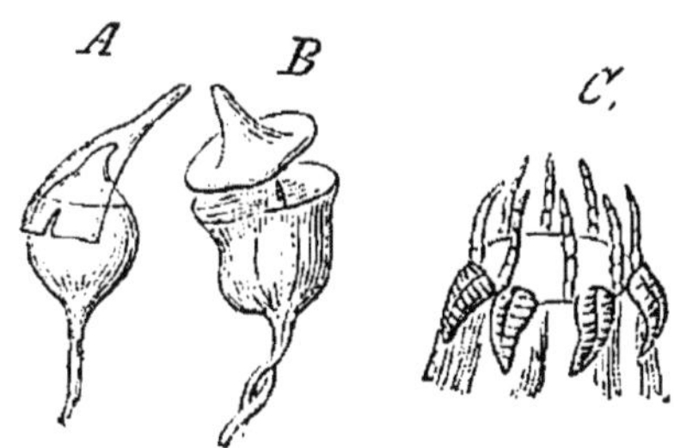

Fig. 77. — *A*, sporange fermé d'une Pottie, avec sa coiffe fendue d'un côté; *B*, le même détachant son opercule; *C*, péristome double d'un Zygode.

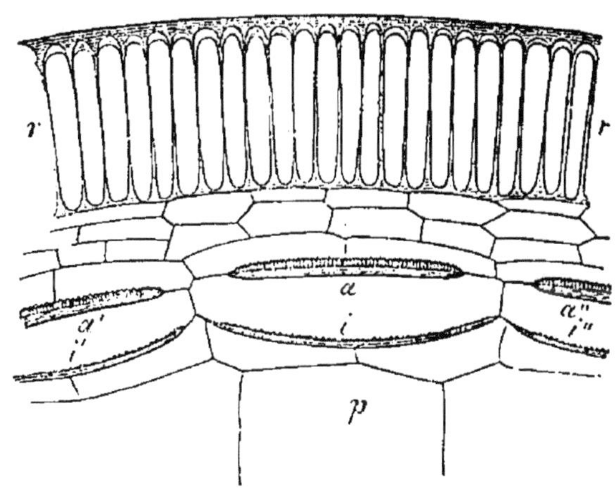

Fig. 78. — Funaire hygrométrique, portion de la section transversale de l'opercule avant la maturité; *r*, épiderme; *a*, *i*, régions épaissies et colorées des membranes de l'assise péristomique, devenant plus tard les dents du péristome double; *p*, tissu qui se détruit.

Après la déhiscence, le sac sporifère, qui a la forme d'un tonneau traversé de part en part par la columelle (I, fig. 222, *C*), demeure habituellement fermé par un péristome simple ou double (fig. 77, *C*), dont les dents sont au nombre de 4 ou d'un multiple de 4, souvent 16 (Brye, Hypne, etc.), et jusqu'à 64 (beaucoup de Polytrics, I, fig. 223). Le péristome interne forme quelquefois une membrane plissée (Buxbaumie, etc.), ou un réseau (Fontinale, I, fig. 223, etc.) ; quelques genres en sont dépourvus (Gymnostome, Hyménostome, etc.). Le péristome est quelquefois formé par une couche de cellules épaissies qui se fend en quatre lobes (Tétraphide) ou par des faisceaux de cellules longues et épaissies, courbés en fer à cheval, les branches dirigées vers le haut de deux faisceaux voisins formant ensemble une des 32 ou des 64 dents (Polytric). Mais le plus souvent (fig. 78), il est constitué par une assise transversale de cellules différenciées, qui épaississent et colorent leur paroi sur la face supérieure seulement, ou en même temps sur la face supérieure et sur la face inférieure (*a*, *i*), en la détruisant partout ailleurs ; ces portions épaissies de membrane forment les dents du péristome, qui est simple dans le premier cas, double dans le second (fig. 78), et qui compte un nombre de dents en rapport avec celui des cellules de l'assise transversale. Le rôle du péristome, qui se rabat et ferme le sporange sous l'influence de l'humidité, qui se redresse au contraire et l'ouvre sous l'influence de la sécheresse, est d'empêcher la sortie des spores par les temps humides, et de les protéger en même temps contre l'humidité, de permettre au contraire leur dissémination par les temps secs.

D'après la disposition latérale ou terminale des archégones et plus tard des sporogones, les genres se groupent en deux tribus :

1. *Hypnées* ou *Pleurocarpes*. — Archégones latéraux : Hypne, Fabronie, Neckère, Hookérie, Fontinale, etc.
2. *Bryées* ou *Acrocarpes*. — Archégones terminaux : Brye, Mnie, Aulacomnie, Bartramie, Polytric, Atric, Barbule, Trichostome, Cératodon, Pottie, Dicrane, Leucobrye, Fissident, Orthotric, Buxbaumie, Splachne, Schistotège, Tétraphide, Funaire, Grimmie, etc.

Résumé de l'embranchement des Muscinées. — En somme, l'embranchement des Muscinées comprend 2 classes, 4 ordres, et 8 familles. Pour en résumer la classification dans un tableau général, il suffit d'assembler le tableau des classes (p. 140), les deux tableaux partiels des ordres (p. 142 et p. 152) et les quatre tableaux partiels des familles (p. 142, p. 146, p. 152 et p. 154). On laisse au lecteur le soin d'établir ce tableau général.

EMBRANCHEMENT III

CRYPTOGAMES VASCULAIRES

Caractères généraux. — Les plantes qui composent l'embranchement des Cryptogames vasculaires ont en commun deux caractères importants, tirés l'un du système végétatif, l'autre du mode de formation de l'œuf et de la marche du développement.

Le système végétatif est différencié en tige, feuille et racine. La présence d'une racine, destinée à absorber les liquides du sol, exige celle d'une canalisation intérieure, transportant les liquides absorbés dans toute l'étendue du corps; cette canalisation doit comprendre des tubes d'aller, portant aux feuilles le liquide du sol, c'est-à-dire des vaisseaux, dont l'ensemble constitue le bois, et des tubes de retour, amenant aux racines les substances assimilées par les feuilles, c'est-à-dire des tubes criblés, dont l'ensemble constitue le liber. En un mot, l'existence d'une racine entraîne celle d'un système libéroligneux. Ces plantes pourraient donc être appelées également bien *Cryptogames à racines* ou *Cryptogames libéroligneuses*. Les vaisseaux étant la partie du système libéroligneux qui a été aperçue la première, c'est le nom de Cryptogames vasculaires qui a prévalu.

Le mode de formation de l'œuf et la marche du développement de ces plantes ont été étudiés, sur les Fougères prises comme exemple (I, p. 502 et suiv.). En les comparant ensuite à ce qui se passe chez les Muscinées (I, p. 522), on a vu comment le développement, interrompu des deux côtés par une formation de spores de passage, l'est de deux manières très différentes et pour ainsi dire complémentaires. Chez les Muscinées, les spores de passage se forment sur le petit tronçon et l'œuf sur le grand, tandis que chez les Cryptogames vasculaires, les spores de passage naissent sur le grand tronçon et l'œuf sur le petit.

Introduits tout à coup, sans aucune transition actuellement connue, ces deux caractères généraux établissent entre les Muscinées et les Cryptogames vasculaires une séparation tranchée, dont rien n'est venu jusqu'à présent diminuer la profondeur. On a vu, au contraire (p. 140), qu'entre les Thallophytes et les Muscinées le passage est graduel, tant pour la différenciation du système végétatif que pour la marche du développement. On sait aussi qu'il existe bien des transitions entre les Cryptogames vasculaires et les Phanérogames (I, p. 510). Comme il a été dit au début de ces *Éléments* (I, p. 8), et répété plus tard (II, p. 6), le règne végétal se partage donc d'abord en deux sous-règnes : les plantes sans racines ou non vasculaires, comprenant les Thallophytes et les Muscinées, dont nous avons achevé l'étude ; et les plantes à racines ou vasculaires, comprenant les Cryptogames vasculaires et les Phanérogames, dont nous devons nous occuper maintenant.

Division en trois classes : Filicinées, Équisétinées et Lycopodinées. — L'embranchement des Cryptogames vasculaires comprend trois classes distinctes. Les Fougères (en latin *Filices*) et les familles voisines ont les feuilles très développées, avec une ramification latérale isolée, et composent la classe des *Filicinées*. Les Prêles (en latin *Equisetum*) ont les feuilles rudimentaires, avec une ramification verticillée, et forment la classe des *Equisétinées*. Les Lycopodes et les plantes analogues ont les feuilles petites, avec une ramification dichotomique, et constituent la classe des *Lycopodinées*.

CLASSE I

FILICINÉES

Caractères généraux. — Les Filicinées ont une tige peu ou point ramifiée, pourvue à la fois de grandes feuilles isolées et de nombreuses racines latérales produisant des radicelles. La tige, la racine et la feuille croissent au sommet par une cellule mère unique. Les radicelles sont disposées dans la racine vis-à-vis des faisceaux ligneux, même quand le nombre de ceux-ci se réduit à deux. Elles naissent aux dépens d'une cellule de l'endoderme; leur origine est donc corticale.

Les sporanges sont situés en grand nombre sur des feuilles ordinaires ou différenciées, le plus souvent rapprochés par petits groupes ou sores. Chacun d'eux provient ordinairement d'une seule cellule épidermique, quelquefois d'un groupe de cellules épidermiques (Marattie, Ophioglosse, etc.); partout, il a la valeur morphologique d'un poil. Le tissu sporifère y procède toujours d'une seule cellule mère. La plupart de ces plantes produisent des spores d'une seule sorte, qui donnent naissance à autant de prothalles doués d'une végétation indépendante, comme on l'a vu chez les Fougères (I, p. 503). Pourtant quelques-unes (Pilulaire, Salvinie, etc.) ont deux sortes de spores : les unes plus grandes, ou *macrospores*, produisant des prothalles femelles, les autres plus petites, ou *microspores*, formant des prothalles mâles; les deux sortes de prothalles sont alors rudimentaires et sortent peu de la spore.

Division de la classe des Filicinées en trois ordres. — D'après la neutralité ou la différenciation sexuelle des spores, et dans le premier cas d'après le mode de formation du sporange, on divise la classe des Filicinées d'abord en deux sous-classes, puis en trois ordres, de la manière suivante :

I. Filicinées isosporées. — Sporanges d'une seule sorte; prothalles monoïques indépendants.
  1. *Fougères*. — Sporange issu d'une seule cellule épidermique.
  2. *Marattinées*. — Sporange issu d'un groupe de cellules épidermiques.

II. Filicinées hétérosporées. — Sporanges de deux sortes; prothalles unisexués inclus.
  3. *Hydroptérides*. — Sporanges enveloppés dans une cavité close.

ORDRE I

FOUGÈRES

Caractères généraux. — Les Fougères sont quelquefois de petites plantes délicates, qui ne dépassent pas beaucoup la dimension des plus grandes Muscinées (Hyménophyllacées) ; le plus souvent ce sont des végétaux en partie ligneux; certaines espèces des tropiques et de l'hémisphère austral prennent même la dimension et le port des Palmiers : ce sont les Fougères dites *arborescentes*. La tige rampe dans la terre ou à sa surface (Polypode, Ptéride aquiline, etc.), grimpe le long des arbres et des rochers, ou s'élève librement, mais obliquement dans l'air (Aspide fougère-mâle, etc.); dans les Fougères arborescentes, elle se dresse en une colonne verticale. Elle est fixée au sol par de nombreuses racines latérales qui, dans les Fougères arborescentes, descendent en s'appliquant le long de sa surface et la recouvrent tout entière d'une enveloppe épaisse et serrée. Quand elle rampe ou grimpe, elle allonge plus ou moins ses entre-nœuds et son extrémité dépasse quelquefois beaucoup le point d'insertion de la feuille la plus jeune; en d'autres termes, il n'y a pas de bourgeon terminal (Polypode vulgaire, Ptéride aquiline, etc.). Quand elle se dresse en colonne, au contraire, ses entre-nœuds demeurent très courts ou même nuls, et son sommet reste caché au centre d'un bourgeon.

Dans tous les cas, le sommet est occupé par une cellule mère, rarement cunéiforme à faces latérales et découpant deux séries de segments (Ptéride aquiline, etc.), ordinairement en forme de pyramide triangulaire et découpant trois séries de segments. Elle se ramifie par formation de bourgeons latéraux disposés au-dessus, au-dessous ou à côté des feuilles, quelquefois à leur aisselle (Hyménophyllacées, etc.); dans les Fougères arborescentes, il ne se fait ordinairement pas de bourgeons latéraux et la tige ne se ramifie pas.

Dans sa région inférieure grêle, issue de l'œuf, la tige est formée d'un épiderme, d'une écorce et d'une stèle très étroite dépourvue de moelle. Quand elle demeure très mince, elle conserve cette structure dans toute sa longueur (Hyménophylle, Trichomane, Gleichénie, Lygode, etc.). Quelquefois elle la conserve aussi en s'élargissant, avec cette différence que la stèle, à mesure qu'elle se dilate, prend une moelle de plus en plus volumineuse (Osmonde, etc.). Mais ordinairement, à mesure qu'elle s'allonge et s'épaissit en forme de cône renversé, la stèle se divise, par dichotomie répétée, en deux, quatre, huit, etc., stèles, semblables à elle, c'est-à-dire très grêles et sans moelle, disposées en un cercle unique dans l'écorce commune qui les réunit et dont la région interne simule une moelle (fig. 79). En un mot, la structure devient polystélique (voir I, p. 179). Dans leur course longitudinale, ces stèles, qu'il faut bien se garder de confondre avec des faisceaux libéroligneux, s'anatomosent latéralement en un réseau à mailles plus ou moins larges, correspondant aux feuilles; quelquefois les mailles sont très petites et, dans la majeure partie de leur longueur, les stèles sont fusionnées latéralement en un étui continu, entouré d'un endoderme sur son bord interne comme sur son bord externe et emprisonnant complètement la région centrale de l'écorce à la façon d'une moelle (Microlépie, Ptéride dorée, Polypode de Wallich, etc.). La structure polystélique est dialystèle dans le premier cas, gamostèle dans le second (I, p. 180). Ailleurs, la bifurcation des stèles se poursuit plus longtemps et elles deviennent trop nombreuses pour pouvoir se placer sur un cercle unique; elles se disposent alors sur deux ou plusieurs cercles (fig. 80) et même se disséminent sans ordre dans toute l'épaisseur de l'écorce commune (divers Ptérides, Cyathées, Saccolomes, etc.).

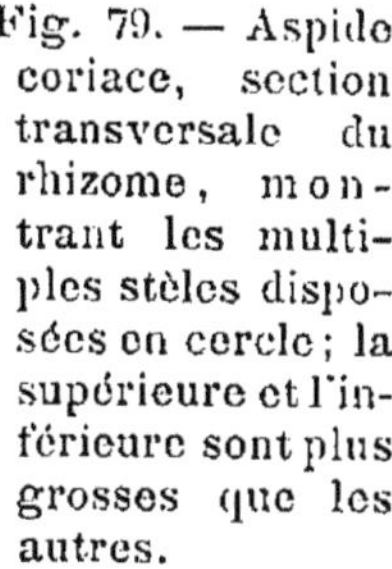

Fig. 79. — Aspide coriace, section transversale du rhizome, montrant les multiples stèles disposées en cercle; la supérieure et l'inférieure sont plus grosses que les autres.

Quels que soient leur nombre et leur disposition, les stèles ont leur bois formé principalement ou exclusivement de vaisseaux fermés, dont les plus étroits et les premiers nés sont annelés et spiralés, les autres de plus en plus larges et scalariformes; dans la Ptéride aquiline, ces derniers ont leurs cloisons obliques perforées. L'appareil de soutien de la tige se constitue tout entier aux dépens de l'écorce, dont certaines parties se différencient en couches, rubans ou cordons de sclérenchyme très dur et noirâtre, indépendants des stèles (Ptéride aquiline, fig. 80, etc.) ou enveloppant chacune des stèles d'une gaine continue (Fougères arborescentes, etc.).

Toujours enroulées en crosse d'arrière en avant dans le bourgeon, pétiolées et poursuivant longtemps leur croissance terminale, les feuilles des Fougères parviennent à de grandes dimensions et à des formes très compliquées. Elles mesurent quelquefois jusqu'à 3 et 6 mètres de longueur (Ptéride aquiline, Alsophile, Cibote, etc.), et leur limbe est ordinairement lobé, séqué, composé à plusieurs degrés. Elles sont toujours isolées, quelquefois distiques (Ptéride aquiline, divers Polypodes, etc.), le plus souvent disposées suivant des divergences plus compliquées, $\frac{8}{21}$ par exemple (Aspide fougère-mâle, etc.). Elles développent quelquefois des bourgeons adventifs sur leur limbe, le long des nervures, sur la face supérieure (Doradille fourchue, D. vivipare, etc.), sur la face inférieure (Doradille bulbifère, etc.), aux angles rentrants du bord (Cératoptéride thalictroïde, etc.), ou au sommet (Chrysode flagellifère, Woodwardie radicante, etc.). Le pétiole, inséré sur la tige, en face d'une maille du réseau stélique, reçoit, du fond et des bords de la maille, une ou plusieurs

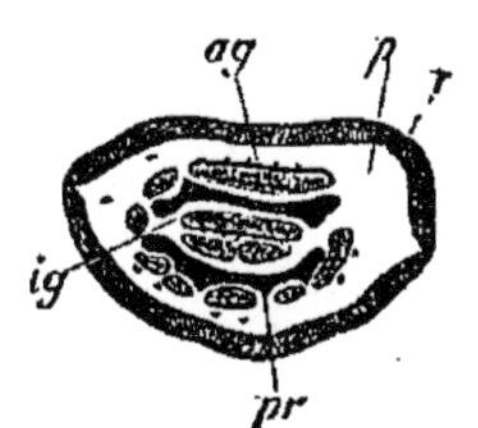

Fig. 80. — Ptéride aquiline, section transversale du rhizome, montrant les multiples stèles disposées en deux cercles concentriques *ag*, *ig*; *pr*, bande de sclérenchyme, entre les deux cercles.

des stèles qui la composent; celles-ci se ramifient progressivement dans le limbe et s'y résolvent en méristèles ordinaires, à liber inférieur et bois supérieur.

A mesure qu'elle s'allonge, la tige produit incessamment, de la base au sommet, de nouvelles racines latérales. Elles naissent très près de l'extrémité, aux dépens d'une cellule de l'endoderme actuel, comme il a été dit (I, p. 191, fig. 71). Elles croissent au sommet par le cloisonnement d'une cellule mère unique, comme il a été dit (I, p. 100, fig. 33). Leur structure se rattache au type général étudié (I, p. 82 et suiv.); la stèle ne renferme ordinairement que deux faisceaux libériens et deux faisceaux ligneux. Elles produisent leurs radicelles aux dépens d'une cellule mère située dans l'endoderme en face d'un faisceau ligneux, comme on l'a vu (I, p. 106, fig. 36). Il en résulte que, dans une racine mère binaire, les radicelles sont disposées en deux séries longitudinales, et non pas en quatre séries comme chez les Phanérogames. De plus, la bande diamétrale formée par les deux faisceaux ligneux de la radicelle est perpendiculaire au faisceau ligneux d'insertion et à l'axe de la racine mère (fig. 81), au lieu de coïncider avec lui comme chez les Phanérogames.

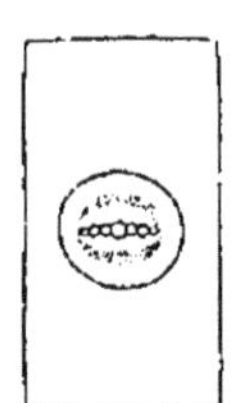

Fig. 81.

Enfin, ni la tige, ni la racine, ni la feuille des Fougères n'acquièrent de régions secondaires; la structure en reste indéfiniment à l'état primaire.

La disposition des sporanges sur la feuille, leur structure, leur formation et la naissance des spores ont été décrites d'une façon générale (I, p. 503 et suiv., fig. 213 et 214). On sait aussi comment la spore germe et développe un prothalle produisant des anthéridies et des archégones, comment sur ce prothalle l'œuf se forme aux dépens d'un anthérozoïde et d'une oosphère, enfin comment l'œuf formé se développe en une jeune plante, qui n'a plus qu'à grandir pour devenir une Fougère adulte (I, p. 511 et suiv., fig. 215, 216, 217 et 218). Ce qui varie suivant les genres, c'est la disposition des sporanges et leur conformation, notamment la présence d'un anneau complet longitudinal ou transversal, d'un anneau incomplet longitudinal ou transversal, ou d'un anneau polaire.

Division de l'ordre des Fougères en six familles. — D'après ces différences, l'ordre des Fougères, qui renferme 70 genres avec plus de 3500 espèces appartenant en grande majorité aux contrées chaudes et humides du globe, surtout aux côtes et aux îles des mers tropicales, se divise en six familles, comme il suit :

Anneau	transversal	complet. Sporanges	à l'extrémité de la feuille......	*Hyménophyllacées.*
			sur la face inférieure de la feuille.	*Gleichéniacées.*
		latéral................................		*Osmondacées.*
		polaire................................		*Schizéacées.*
	longitudinal	complet................................		*Cyathéacées.*
		incomplet................................		*Polypodiacées.*

Hyménophyllacées. — La tige des Hyménophyllacées, qui ne comprennent que trois genres, est souvent rampante, habituellement très grêle et pourvue d'une stèle unique, très étroite et sans moelle. Le limbe de la feuille est ordinairement formé d'une seule assise de cellules et, par suite, dépourvu de stomates; le Loxsome seul a sa feuille composée de plusieurs épaisseurs de cellules et munie de stomates. Les racines manquent chez certains Trichomanes; ce sont alors des branches souterraines de la tige qui, s'allongeant et se ramifiant beaucoup, pendant que leurs feuilles demeurent très petites et à peine visibles, portent les poils radicaux et ressemblent à des racines, dont elles remplissent la fonction.

Les sporanges ont un anneau complet transversal et s'ouvrent, par conséquent, au moyen d'une fente longitudinale. Ils sont insérés sur un prolongement de la nervure fertile au delà du bord de la feuille, et sont entourés d'une indusie cupuliforme, à bord entier (Trichomane) ou bilobé (Hyménophylle); ce prolongement de nervure s'allonge par croissance intercalaire à la base et produit de nouveaux sporanges au-dessous des anciens, en direction basipète. Ces sporanges sont disposés en spirale autour de la nervure, sessiles et biconvexes; l'anneau, qui sépare les deux faces convexes, est le plus souvent oblique. Dans le Loxsome, les sporanges sont piriformes et pédicellés; par là, ce genre fait transition vers les Cyathéacées.

Gleichéniacées. — La tige des Gleichéniacées, qui habitent la région tropicale et les contrées chaudes de l'hémisphère austral (Gleichénie, Mertensie, Platyzome), est un mince rhizome, ne contenant qu'une seule stèle axile. Elle porte des feuilles dont le limbe croît indéfiniment au sommet avec des alternatives d'activité et de repos, de manière à produire chaque année une nouvelle paire de folioles.

Les sporanges sont sessiles et réunis par 3 ou 4 seulement, en sores nus, sur la face inférieure de feuilles ordinaires; ils ont un anneau complet transversal et leur déhiscence est longitudinale.

Schizéacées. — La plupart des Schizéacées (Schizée, Lygode, Aneimie, Mohrie) habitent l'Amérique tropicale. Leur tige mince ne renferme souvent qu'une seule stèle axile, et leurs feuilles ressemblent, dans les Lygodes, à des tiges volubiles; elles ont une croissance terminale indéfinie et peuvent atteindre plus de 10 mètres de longueur.

Dans la Mohrie, les sporanges sont situés près du bord de la feuille, qui se recourbe au-dessus d'eux en fausse indusie; partout ailleurs, les segments fertiles sont contractés en grappe ou en épi, comme dans l'Osmonde. Dans les Schizées et les Lygodes, les sporanges sont disposés sur deux rangs à la face inférieure de segments très étroits; chacun d'eux est enveloppé, dans les Lygodes, par une indusie en forme de poche. Dans les Aneimies, les deux folioles inférieures de la feuille forment de longues grappes sans parenchyme, dont les dernières ramifications portent les sporanges, développés successivement de la base au sommet. Partout, les sporanges, ovoïdes ou piriformes, sont sessiles et ont leur sommet occupé par une calotte de cellules particulières, qui est un anneau polaire; aussi leur déhiscence est-elle longitudinale.

Osmondacées. — Les Osmondacées (Osmonde, Todée) diffèrent de toutes les autres Fougères par leur tige monostélique à large stèle pourvue d'une moelle.

Dans l'Osmonde, les sporanges sont situés sur des segments de feuille modifiés et dépourvus de parenchyme, occupant la région supérieure de la feuille composée pennée. Dans la Todée, les feuilles fertiles sont, au contraire, semblables aux feuilles stériles. Les sporanges, brièvement pédicellés, arrondis et dissymétriques, portent latéralement un petit groupe de cellules de conformation spéciale, qui est une portion d'un anneau transversal; aussi la déhiscence a-t-elle lieu du côté opposé, par une fente longitudinale. Dans le prothalle, le coussinet à archégones règne dans toute la ligne médiane, où il forme une sorte de nervure. Si aucun de ces archégones ne forme d'œuf, ce prothalle continue à s'allonger en ruban, demeure vivant pendant plusieurs années et atteint une longueur de plus de 4 centimètres; il ressemble alors à un thalle d'Hépatique, de Pellie, par exemple.

Cyathéacées. — Les Cyathéacées (Cyathée, Cibote, Dicksonie, Hémitélie, Alsophile, etc.), sont des Fougères presque toujours arborescentes, dont la grosse tige dressée, simple, souvent recouverte d'innombrables racines et qui peut dépasser 15 mètres de hauteur, porte au sommet une rosette de grandes feuilles finement découpées. Cette tige contient un plus ou moins grand nombre de stèles, souvent aplaties en rubans, disposées sur un ou plusieurs cercles ou même disséminées dans l'écorce commune. La plupart habitent la zone tropicale et les contrées chaudes de l'hémisphère austral.

Les sporanges sont pédicellés et possèdent un anneau complet, longitudinal, un peu excentrique et oblique pour laisser le pédicelle libre ; ils s'ouvrent, en conséquence, par une fente transversale. Ils sont rapprochés, sur une proéminence souvent assez forte du tissu de la feuille, en sores nus (Alsophile) ou entourés d'une indusie soit bivalve (Cibote, Dicksonie), soit cupuliforme (Cyathée), constituant parfois une capsule close.

Polypodiacées. — Les Polypodiacées sont de tout l'ordre des Fougères la famille la plus nombreuse, puisqu'elle compte 44 genres avec plus de 3000 espèces. Les sporanges sont pédicellés et pourvus d'un anneau longitudinal incomplet, avec déhiscence transversale ; ils sont disposés en grand nombre à la face inférieure de feuilles le plus souvent non modifiées. Les genres principaux s'y répartissent dans les cinq tribus suivantes :

1. *Acrostichées*. — Sores recouvrant à la fois le parenchyme et les nervures de la face inférieure ou même les deux faces de la feuille, ou situés sur un épaississement qui longe les nervures ; pas d'indusie : Acrostic, Polybotrie, Chrysode, etc.

2. *Polypodiées*. — Sores occupant soit le cours longitudinal des nervures, soit certaines de leurs anastomoses, soit le dos, soit l'extrémité épaissie des nervures : ils sont nus, rarement pourvus d'une indusie latérale : Polypode, Gymnogramme, Capillaire, Ptéride, Allosure, Parkérie, Cératoptéride, etc.

3. *Aspléniées*. — Sores suivant d'un côté le cours des nervures, recouverts par une indusie latérale, rarement nus ; ou dépassant au sommet le dos des nervures et enveloppés par une indusie émanée d'elles ; ou occupant des anastomoses particulières des nervures et recouverts d'un côté par une indusie libre du côté de la nervure : Doradille, Scolopendre, Blechne, Platycère, etc.

4. *Aspidiées*. — Sores dorsaux avec indusie, rarement terminaux sans indusie : Aspide, Phégoptéride, Cystoptéride, Struthioptéride, etc.

5. *Davalliées*. — Sores terminaux ou dans les dichotomies des nervures, avec indusie ; ou situés sur un arc anastomotique intramarginal et recouverts par une indusie cupuliforme libre sur sa face externe : Davallie, Néphrolépide, etc.

ORDRE II

MARATTINÉES

Caractères généraux. — Outre le mode de formation du sporange signalé plus haut, les Marattinées ont en commun plusieurs autres caractères. Leur tige s'allonge très peu, ne forme pas d'entre-nœuds et ne se ramifie pas. Elle est dépourvue, tout aussi bien que les feuilles, de ce sclérenchyme à parois brunes qui caractérise les Fougères. Les racines y sont épaisses et charnues, peu nombreuses et se forment sur la tige très près du sommet. Les anthéridies sont complètement enfoncées dans le tissu du prothalle, et c'est à peine si les archégones font proéminer leur col au-dessus de sa surface.

Division de l'ordre des Marattinées en deux familles. — Par la disposition différente des sporanges, l'ordre des Marattinées se sépare en deux familles : les *Marattiacées*, où les sporanges sont extérieurs, et les *Ophioglossacées*, où ils sont plongés dans l'écorce de la feuille. Ainsi :

Sporanges { externes.................................. *Marattiacées.*
Sporanges { internes.................................. *Ophioglossacées.*

Marattiacées. — La tige des Marattiacées est ordinairement courte, épaisse, dressée et terminée par un bouquet de très grandes feuilles pennées, longuement pétiolées, enroulées en crosse dans le bourgeon comme celles des Fougères; dans la Kaulfussie, c'est un rhizome horizontal produisant deux rangées de feuilles palmées. Elle croît au sommet par une cellule mère unique et offre plus tard la structure polystélique.

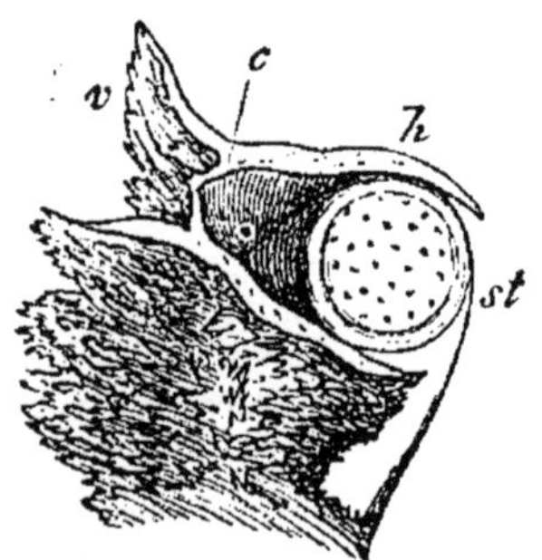

Fig. 82. — Base d'un pétiole d'Angioptéride, coupée transversalement *st*; *c*, commissure des stipules; *v*, gouttière supérieure; *h*, gouttière inférieure.

Le pétiole porte à sa base deux stipules (fig. 82), réunies ensemble au-dessus de lui par une commissure longitudinale, qui sépare deux gouttières : dans la gouttière inférieure (*h*), la feuille, enroulée en spirale, est tout entière cachée dans le jeune âge, tandis que les gouttières supérieures (*v*) enveloppent les feuilles plus jeunes. La chute de la feuille a lieu au-dessus de la base du pétiole, qui reste adhérente à la tige avec ses deux stipules.

Les racines sont beaucoup moins nombreuses et plus épaisses que chez les Fougères, pouvant atteindre un centimètre d'épaisseur; aussi la stèle y compte-t-elle un grand nombre de faisceaux libériens et ligneux, disposés autour d'une large moelle. Elles croissent au sommet par une seule cellule mère.

Les sporanges naissent en grand nombre sur la face inférieure des feuilles ordinaires, rapprochés çà et là de chaque côté d'une nervure en une double rangée formant un sore (fig. 83); chacun d'eux procède d'un groupe de cellules épidermiques et correspond par conséquent à un poil massif. Libres dans l'Angioptéride, les sporanges sont soudés partout ailleurs, dans chaque rangée et d'une rangée à l'autre, en un corps pluriloculaire, dont les loges sont bisériées dans la Marattie (fig. 83) et dans la Danée, disposées en cercle dans la Kaulfussie. A la maturité, chaque loge s'ouvre par une fente longitudinale (fig. 83, *C*), comme le sporange libre de l'Angioptéride; dans la Danée, l'ouverture a lieu par un pore terminal. Les spores produisent des prothalles munis d'une côte médiane comme dans l'Osmonde, à végétation très lente, formant leurs premières anthéridies seulement après quatre ou cinq mois, leurs archégones seulement après dix mois et plus. Anthéridies et archégones sont profondément enfoncés dans l'épaisseur de la côte médiane du prothalle.

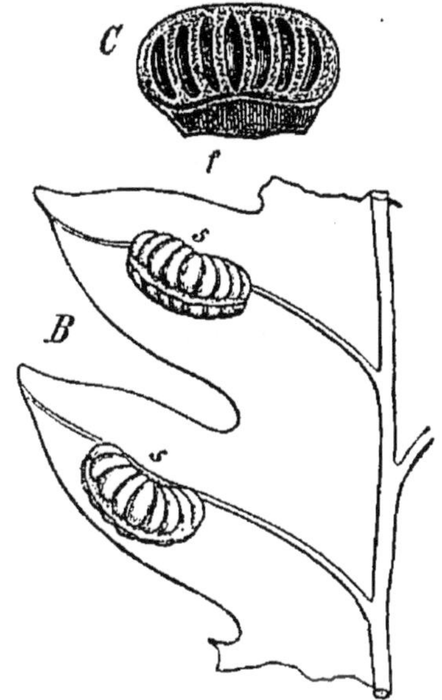

Fig. 83. — Sores à sporanges soudés *s* d'une Marattie; *C*, moitié d'un de ces sores, après la déhiscence.

Les quatre genres, avec 20 espèces appartenant aux contrées chaudes, se groupent en trois tribus :

1. *Angioptéridées*. — Sporanges libres, à déhiscence longitudinale : Angioptéride.
2. *Marattiées*. — Sporanges soudés, à déhiscence longitudinale : Marattie, Kaulfussie.
3. *Danéées*. — Sporanges soudés, à déhiscence poricide : Danée.

Ophioglossacées — La tige des Ophioglossacées est courte, souterraine, dressée dans l'Ophioglosse et le Botryche, horizontale dans l'Helminthostache. Chaque année elle pousse dans l'air un certain nombre de feuilles pétiolées engainantes, disposées suivant $\frac{2}{5}$, et dans la terre un pareil nombre de racines semblablement disposées, une au-dessous de chaque feuille.

La tige est dépourvue de stèle, elle est schizostélique (I, p. 178). La stèle, qui existe dans la région inférieure issue de l'œuf, s'y rompt, en effet, de bonne heure en cinq secteurs ou méristèles, formées chacune d'un faisceau libéroligneux et d'un péridesme et entourées chacune d'un endoderme particulier. Dans l'Ophioglosse, les cinq méristèles demeurent distinctes et l'écorce interne communique entre elles avec l'écorce externe; la structure schizostélique y est *dialyméristèle*. Chez les Botryches et l'Helminthostache, elles sont fusionnées latéralement en un anneau, tapissé d'un endoderme général en dehors et en dedans, et l'écorce interne ainsi séquestrée simule une moelle; la structure schizostélique y est *gamoméristèle*. En outre, dans ces deux derniers genres, l'anneau libéroligneux est le siège d'une formation peu abondante de liber et de bois secondaires, due à l'activité d'une assise génératrice intercalée au liber et au bois primaires, en un mot, d'un pachyte, comme chez les Dicotylédones.

La racine, toujours dépourvue de poils absorbants, offre dans sa stèle, chez certains Ophioglosses, une anomalie remarquable étudiée (I, p. 95, fig. 31), qui lui donne une symétrie bilatérale.

La racine et la tige croissent au sommet par une seule cellule tétraédrique.

Les sporanges sont localisés sur un lobe de la feuille fertile, qui se détache, à la façon d'une ligule, plus ou moins haut sur sa face interne, soit sur le pétiole (Botryche rutifolié, etc.), soit sur le limbe (Ophioglosse vulgaire, etc.). Dans l'Ophioglosse, le segment fertile est ordinairement simple et entier, comme le limbe; dans le Botryche, il est découpé à divers degrés, comme le limbe et parallèlement à lui. Les sporanges sont disposés en deux rangées alternes sur le segment fertile simple (Ophioglosse, fig. 84) ou sur chaque lobe du segment fertile divisé (Botryche). Ils sont plongés dans l'écorce de la feuille, sans faire saillie au dehors (Ophioglosse, fig. 84, *s*) ou en proéminant en forme de bosses arrondies (Botryche), et s'ouvrent par autant de fentes transversales dans l'épiderme. La spore développe un prothalle massif souterrain, dépourvu de chlorophylle, vermiforme dans l'Ophioglosse, tuberculeux dans le Botryche (fig. 85), portant à la fois les anthéridies et les archégones complètement enfoncés dans la couche périphérique.

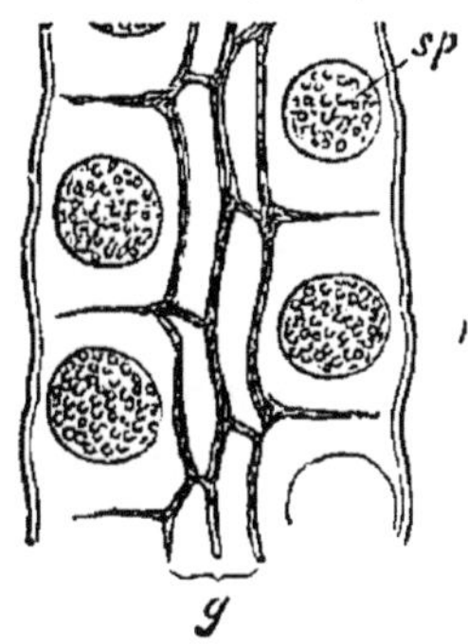

Fig. 84. — Ophioglosse vulgaire, portion d'une coupe longitudinale du lobe fertile, montrant les sporanges *sp*, s'ouvrant plus tard en *r*; *g*, faisceaux libéroligneux.

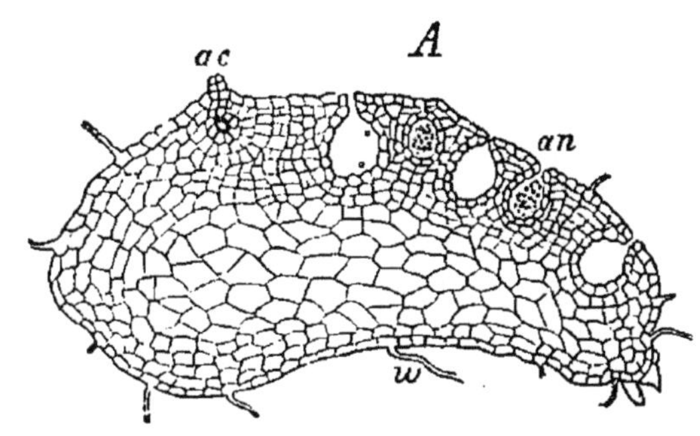

Fig. 85. — Botryche lunaire, section longitudinale du prothalle tuberculeux; *ac*, un archégone; *an*, anthéridies; *w*, poils absorbants.

La famille des Ophioglossacées ne renferme que les trois genres Ophioglosse, Botryche et Helminthostache, avec 17 espèces; ce dernier est localisé dans l'Asie tropicale.

ORDRE III

HYDROPTÉRIDES

Caractères généraux. — L'ordre unique formé par les Filicinées hétérosporées ne comprend que quatre genres; il doit son nom à la propriété commune qu'ont ces plantes de vivre dans des lieux très humides, ou même de flotter à la surface des eaux dormantes. La tige y est toujours rampante et bilatérale, portant sur sa face dorsale les feuilles normales, sur sa face ventrale les racines quand il y en a (Pilulaire, Marsilie, Azolle) ou des feuilles absorbantes quand il n'y a pas de racines (Salvinie).

Les sporanges procèdent, comme chez les Fougères, d'une seule cellule épidermique de la feuille; ce sont des sacs ovoïdes dont la paroi, formée d'une simple assise de cellules, est dépourvue d'anneau. Ils sont, comme on sait, de deux sortes, les uns formant des spores femelles ou macrospores, les autres des spores mâles ou microspores. La portion différenciée des feuilles qui produit les sporanges se reploie autour d'eux et les enveloppe dans une capsule entièrement close que, pour abréger, on nomme *sporocarpe*. La macrospore forme en germant un petit prothalle femelle, pourvu de chlorophylle, qui demeure en relation intime avec elle. La microspore donne un prothalle tout à fait rudimentaire et dépourvu de chlorophylle.

Division de l'ordre des Hydroptérides en deux familles. — L'ordre des Hydroptérides se divise en deux familles : les *Salviniacées*, où les sporocarpes, uniloculaires et ne renfermant qu'un seul sore, sont de deux sortes, les uns mâles, les autres femelles; les *Marsiliacées*, où les sporocarpes, pluriloculaires et renfermant plusieurs sores, contiennent à la fois des macrosporanges et des microsporanges. De ces deux familles, c'est celle des Salviniacées qui se rapproche le plus des Filicinées isosporées. En résumé :

Sporocarpes	uniloculaires et de deux sortes.................	*Salviniacées.*
	pluriloculaires et d'une seule sorte.............	*Marsiliacées.*

Salviniacées. — La famille des Salviniacées ne renferme que les deux genres Salvinie et Azolle, avec 17 espèces.

La tige nageante de la Salvinie a ses feuilles verticillées par trois à chaque nœud (fig. 86, *A*); les deux supérieures, vertes, ovales et brièvement pétiolées (*l*), s'étalent dans l'air à la surface de l'eau; l'inférieure plonge verticalement et se divise en un buisson d'étroits segments dépourvus de chlorophylle (*w*), munis de longs poils absorbants, prenant ainsi l'aspect et remplissant aussi le rôle d'une racine avec ses radicelles. Cette plante est, en effet, entièrement dépourvue de racines. Comme les verticilles alternent, la face dorsale de la tige porte quatre rangs de feuilles aériennes, vertes, assimilatrices et sa face ventrale deux rangs de feuilles aquatiques, incolores, absorbantes. Dans les Azolles, la tige, également nageante, porte sur sa face dorsale deux rangs de feuilles bilobées, isolées et alternes, sur sa face ventrale deux séries de racines non ramifiées et à coiffe caduque. Partout, la tige se ramifie par la formation de bourgeons sur ses flancs, au niveau des feuilles et à côté d'elles; partout aussi, elle se compose d'une stèle très grêle et sans moelle, avec une écorce parcourue par de larges canaux aérifères. Elle croît au sommet par une cellule mère cunéiforme découpant deux séries de segments, tandis que la cellule terminale de la racine est tétraédrique.

Les sporocarpes sont portés, dans la Salvinie, au nombre de 4 à 8 vers la base de chaque feuille submergée (fig. 86, *A*, *f*), dans les Azolles au nombre de 2 à 4 sur le lobe inférieur plongé dans l'eau de la première feuille de chaque branche. Ce sont des capsules sphériques un peu aplaties, brièvement pédicellées, uniloculaires, du fond desquelles s'élève jusque vers le centre une colonne renflée en massue qui porte les sporanges au sommet (fig. 86, *B*). La même feuille porte à la fois des cap-

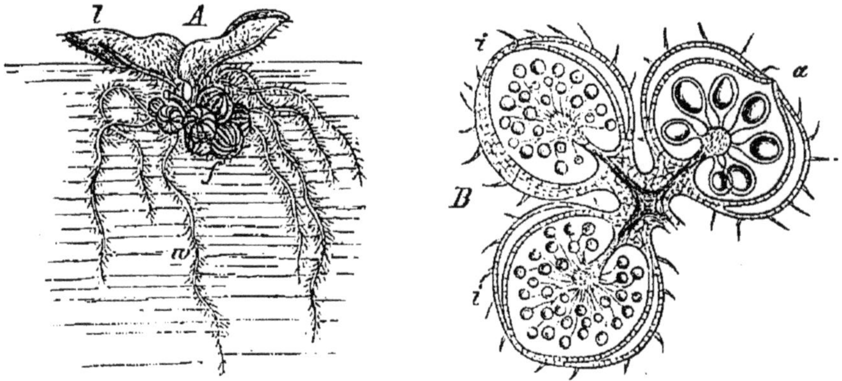

Fig. 86. — Salvinie nageante ; *A*, portion de tige avec un verticille de feuilles : deux aériennes *l*, une submergée et divisée *w* portant plusieurs sporocarpes *f*. *B*, section longitudinale à travers trois sporocarpes, deux à microsporanges *i*; le troisième à macrosporanges *a*.

sules à microsporanges (*i*) et des capsules à macrosporanges (*a*) (fig. 86, *B*); dans les Azolles, ces dernières ne renferment qu'un seul macrosporange. Les microsporanges contiennent 64 microspores englobées dans une substance gélatineuse, les macrosporanges une seule très grosse macrospore enveloppée aussi d'une couche gélatineuse. La paroi du sporocarpe est une dépendance de l'épiderme de la feuille, qui se développe d'abord en coupe autour des jeunes sporanges, puis, continuant à croître au-dessus d'eux en rétrécissant de plus en plus son orifice, finit par les envelopper dans une cavité close (fig. 86, *B*, *a*); en un mot, cette paroi a la même valeur que l'indusie des Fougères, et le sporocarpe n'est pas autre chose qu'un sore à indusie close.

Les sporocarpes, rendus libres à l'automne par la mort de la plante, détruisent leur paroi pendant l'hiver et mettent les sporanges en liberté. Au printemps, la microspore de la Salvinie germe dans la gelée, à l'intérieur du microsporange clos (fig. 87, *A*); elle pousse un tube qui traverse la gelée, perce la membrane du sporange et prend une cloison transversale au voisinage de son extrémité libre; la cellule terminale ainsi formée est l'anthéridie, et produit par trois bipartitions successives huit anthérozoïdes spiralés, mis en liberté par la déchirure de la membrane (fig. 87, *B*); le reste du tube est la partie végétative du prothalle mâle.

En germant, la macrospore rompt d'abord, au sommet et en

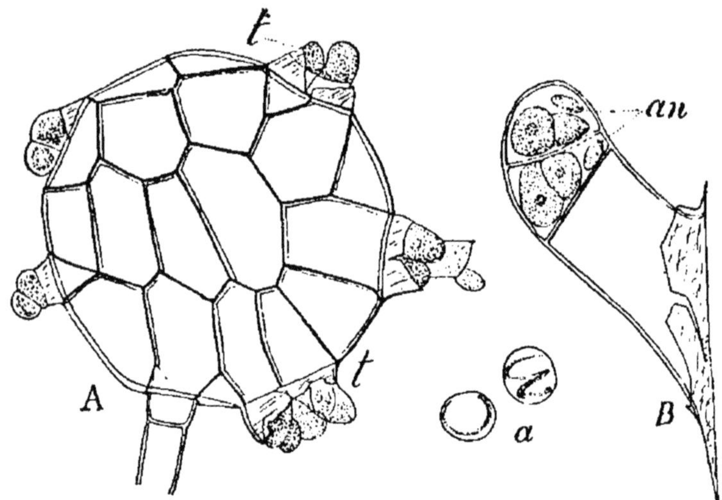

Fig. 87. — Salvinie nageante; *A*, germination des microspores à l'intérieur du microsporange: *t*, prothalles mâles en forme de tube sortant par la déchirure de la paroi; *B*, l'un de ces tubes, ayant formé dans sa cellule terminale l'anthéridie *an*; *a*, anthérozoïdes en mouvement, encore attachés à leurs vésicules.

trois valves, son exine, sa couche gélatineuse et la paroi du macrosporange; sous le sommet ainsi mis à nu, se trouve le gros noyau, entouré d'une couche de protoplasme en forme de calotte. Cette calotte se sépare d'abord du reste de la cavité par une cloison en ménisque; la petite cellule supérieure ainsi formée produit seule en se cloisonnant le prothalle femelle, l'autre ne fait que le nourrir de ses réserves. Le prothalle est pourvu de chlorophylle, même quand il se développe à l'obscurité; il est triangulaire et ses deux angles latéraux s'allongent plus tard en pointes, qui descendent sur les flancs de la macrospore (fig. 88); une de ses cellules superficielles, située sur la ligne médiane, se cloisonne comme il a été dit chez les Fougères et produit un archégone. Dans la Salvinie, après ce premier archégone, il s'en forme d'autres à droite et à gauche.

L'œuf se divise aussi, comme chez les Fougères, en quatre quartiers; dans les Azolles, l'inférieur d'arrière donne le pied et le supérieur d'arrière la première racine, pendant que l'inférieur d'avant forme la tige et le supérieur d'avant la première feuille; dans la Salvinie, les deux postérieurs forment ensemble le pied et la plante manque de racines.

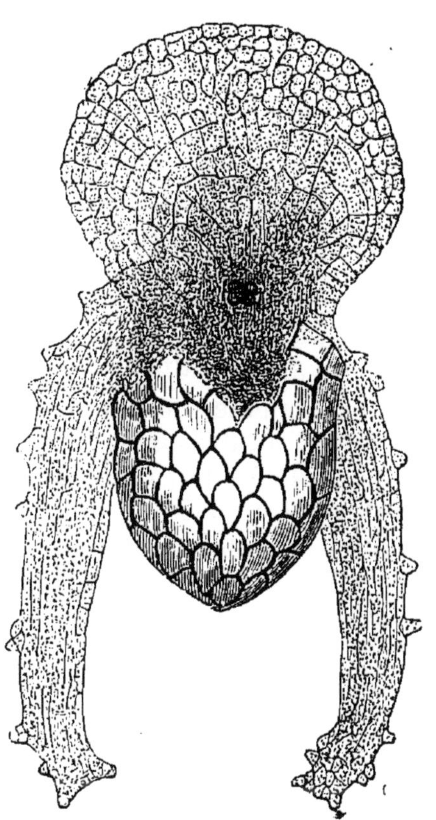

Fig. 88. — Salvinie nageante, prothalle femelle, issu de la macrospore, avec ses deux cornes descendantes; on y voit, au milieu, le premier archégone.

Marsiliacées. — Les deux genres Marsilie et Pilulaire, qui, avec 54 espèces, composent cette famille, habitent les lieux marécageux. Leur tige grêle et rameuse porte sur sa face ventrale des racines et sur sa face dorsale deux rangs de feuilles isolées, distiques et enroulées en crosse dans le jeune âge, comme celles des Fougères. Les feuilles des Marsilies ont un long pétiole terminé par un limbe à quatre folioles, étalées le jour, redressées l'une contre l'autre la nuit, et munies de nervures dichotomes; celles des Pilulaires sont filiformes, atténuées en pointe au sommet et semblent réduites à leur pétiole. La ramification de la tige s'opère par la formation de bourgeons latéraux sur ses flancs, au niveau des feuilles, mais à côté d'elles : elle est extra-axillaire. La tige et la racine croissent au sommet par une cellule mère tétraédrique. La tige ramifie habituellement son cylindre central grêle et dépourvu de moelle; elle produit de la sorte cinq stèles, disposées en cercle autour de la région centrale de l'écorce et fusionnées latéralement en un anneau libéroligneux à double liber, à double péricycle et à double endoderme, comme on l'a vu chez certaines Fougères (p. 160). En un mot, sa structure est polystélique gamostèle (I, p. 180).

Le sporocarpe a une structure plus compliquée et une valeur morphologique tout autre que celui des Salviniacées; ce n'est plus un simple sore à indusie close, mais un segment de feuille, portant plusieurs sores et recourbé autour de ces sores pour les envelopper tous ensemble dans une cavité close, dont l'épaisse paroi, parcourue par des méristèles avec leurs faisceaux libéroligneux, n'est autre chose que le limbe foliaire lui-même.

Dans les Pilulaires (fig. 89), c'est une capsule arrondie, velue, brièvement pédicellée, insérée sur la face ventrale de la feuille à sa base même, de manière à paraître attachée directement sur la tige au-dessus de la feuille; elle représente un segment fertile de la feuille, analogue à celui des Ophioglossacées. Cette capsule est creusée de deux (Pilulaire menue), trois (P. américaine) ou quatre loges (P. globulifère, fig. 89); chaque loge porte sur sa face externe, en face d'une méristèle, un bourrelet longitudinal où sont insérés de nombreux sporanges : c'est un sore mixte, qui contient en bas principalement des macrosporanges, en haut exclusivement des microsporanges. Chaque sore est recouvert, latéralement et en dedans, par une couche parenchymateuse comparable à une indusie et ces couches, en se rencontrant et se comprimant, sans se fusionner toutefois, forment les cloisons et la masse centrale du sporocarpe (fig. 89).

Dans les Marsilies, le sporocarpe, aplati latéralement et plus ou moins longuement pédicellé, s'attache sur la face ventrale du pétiole de la feuille, plus ou moins haut suivant les espèces. Il renferme deux rangées de logettes transversales et, dans chaque logette, s'étend transversalement un bourrelet qui porte des macrosporanges sur sa crête et des microsporanges sur ses flancs, qui forme par conséquent un sore mixte. Ce sore est recouvert de tous côtés par une couche de parenchyme, qui est une indusie close, et toutes ces couches, en se rencontrant et en se pressant, forment les petites cloisons horizontales qui séparent les logettes et la grande cloison longitudinale qui occupe le milieu du sporocarpe.

Les microsporanges contiennent chacun 64 microspores; les

macrosporanges ne renferment qu'une seule grosse macrospore. La mise en liberté des sporanges a lieu par la déhiscence du sporocarpe, en quatre valves à partir du sommet dans la Pilulaire globulifère, en deux valves par une fente ventrale dans les Marsilies. En même temps, le parenchyme des cloisons se gélifie et la gelée s'échappe au dehors en entraînant avec elle les sporanges; ceux-ci déchirent leurs membranes et mettent en liberté les spores, qui entrent aussitôt en germination. La microspore se divise d'abord par une cloison en deux cellules très inégales : la petite est stérile et constitue la partie végétative du prothalle; la grande se divise en deux cellules qui, à leur tour, par bipartition répétée, forment chacune seize cellules mères d'anthérozoïdes. Puis la spore rompt d'abord son exine, ensuite son intine renflée en papille et met les anthérozoïdes en liberté; ceux-ci sont spiralés avec 4-5 (Pilulaire) ou 12-13 tours de spire (Marsilie) et de nombreux cils.

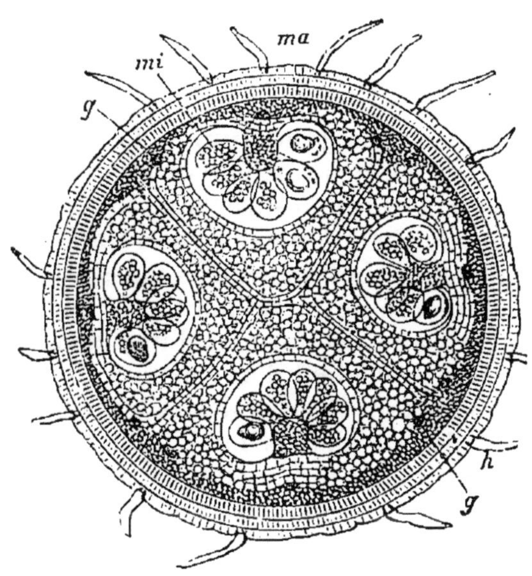

Fig. 89. — Pilulaire globulifère, section transversale du sporocarpe, passant vers le centre, où les macrosporanges *ma* et les microsporanges *mi* sont mélangés dans chaque sore; *h*, poils; *g*, méristèles avec leurs faisceaux libéroligneux.

La macrospore a son sommet prolongé en une papille arrondie, au-dessus de laquelle la couche externe, épaisse et gélatineuse de l'exine offre un pore en entonnoir. C'est dans cette papille qu'est le noyau, enveloppé d'une masse protoplasmique finement granuleuse, tandis que tout le reste de la cavité est rempli par des grains d'amidon, des gouttes d'huile et des corps albuminoïdes. A la germination, une membrane en forme de ménisque vient tout d'abord, comme dans les Salviniacées, séparer la masse protoplasmique supérieure et le noyau d'avec les matériaux de réserve sous-jacents. Cette petite cellule se cloisonne seule et produit deux assises cellulaires qui constituent un petit prothalle femelle pourvu de chlorophylle; par la déchirure de la couche interne de l'exine, celui-ci apparaît à nu au fond de l'entonnoir; après quoi, la cellule centrale de l'assise supérieure produit un archégone, en se cloisonnant comme il a été pour les Fougères.

L'œuf se divise aussi, comme chez les Fougères, en quatre quartiers produisant l'inférieur d'arrière le pied, l'inférieur d'avant la tige, le supérieur d'arrière la première racine, le supérieur d'avant la première feuille.

CLASSE II

ÉQUISÉTINÉES

Caractères généraux. — La tige des Équisétinées porte de petites feuilles verticillées et se ramifie en verticille à chaque nœud. Les racines s'échappent également en verticille au-dessous de chaque nœud et se ramifient plus tard en formant des radicelles. Les sporanges naissent plusieurs côte à côte sur de petites feuilles modifiées, rapprochées en épi terminal; leur membrane est formée d'une seule assise cellulaire et leurs spores procèdent d'une seule cellule mère primordiale. Tantôt ils sont tous semblables et leurs spores produisent en germant soit des prothalles monoïques, soit indifféremment des prothalles mâles et femelles; tantôt, au contraire, ils sont de deux sortes, les uns mâles renfermant des microspores, les autres femelles contenant des macrospores.

Division de la classe des Équisétinées en deux ordres. — De ce dernier caractère résulte la division de la classe des Équisétinées en deux ordres : celui des *Équisétinées isosporées* et celui des *Équisétinées hétérosporées*.

ORDRE I

ÉQUISÉTINÉES ISOSPORÉES

L'ordre des Équisétinées isosporées ne renferme qu'une seule famille, celle des *Équisétacées*.

Équisétacées. — La famille des Équisétacées ne comprend aujourd'hui que le seul genre Prêle ou Équisétum. Répandues dans toutes les contrées du globe à l'exception de l'Australie, les Prêles, dont on compte vingt-cinq espèces, ont un port tout particulier qui les distingue immédiatement des autres Cryptogames vasculaires. Leur tige vivace se compose d'un rhizome, qui rampe dans le sol humide ou vaseux à une profondeur de 0 m. 60 à 1 mètre et souvent davantage. Çà et là, ce rhizome dresse verticalement certains de ses rameaux, qui viennent à l'air et à la lumière et qui peuvent s'élever à 1 m. 50 (Prêle telmatée) et jusqu'à 8 et 9 mètres (Prêle géante) au-dessus du sol.

Souterraine ou aérienne, la tige porte de très petites feuilles, disposées en verticilles alternes; dans chaque verticille, les feuilles sont concrescentes latéralement en une gaine appliquée contre la base de l'entre-nœud suivant et ne sont libres que par leurs pointes, qui forment autant de dents au bord de la gaine. De pareilles feuilles sont peu propres à l'assimilation du carbone, qui s'opère chez ces plantes par l'écorce des rameaux aériens abondamment pourvue de chlorophylle. La ramification de la tige a lieu par la formation à chaque nœud de bourgeons en même nombre que les feuilles et alternes avec elles. Ces bourgeons sont exogènes, comme partout ailleurs; mais de bonne heure la gaine foliaire se soude au-dessus d'eux avec la surface de la tige, de manière à les envelopper dans une cavité close, et ils paraissent endogènes. Pour s'allonger, ils percent horizontalement la gaine. Suivant les espèces, ils se développent tous en rameaux régulièrement verticillés (Prêle des champs, P. telmatée, etc.), ou bien ils ne s'allongent pas et les branches dressées demeurent simples (Prêle d'hiver, etc.). Les racines naissent en verticilles aux nœuds, une à six sous chaque bourgeon. C'est du bourgeon même et dès son tout jeune âge que la racine procède; il ne s'en fait pas sur les branches développées. Les Prêles n'ont donc que des racines gemmaires (I, p. 76). Ces racines sont exogènes par rapport aux bourgeons qui les produisent; mais, comme ces bourgeons, elles paraissent endogènes.

La tige croît au sommet par une cellule mère tétraédrique découpant trois séries de segments (I, p. 182); sa surface est marquée de sillons longitudinaux, en même nombre que les feuilles et alternant avec elles. L'épiderme, fortement silicifié, ne possède de stomates que dans les sillons. Le long des côtes saillantes, il est solidifié par un faisceau de sclérenchyme sous-jacent; au-dessous de chaque sillon, au contraire, l'écorce est creusée d'une lacune aérifère (fig. 90). La stèle, qui existe dans la tige jeune issue de l'œuf, ne tarde pas à se rompre en un plus ou moins grand nombre de secteurs ou méristèles, disposées en cercle, formées chacune d'un faisceau libéroligneux et d'un péridesme, et entourées chacune d'un endoderme particulier; en un mot, la structure est schizostélique (I, p. 178). La région centrale de l'écorce, qui simule une moelle, se détruit de bonne heure en laissant une large lacune aérifère (*h*), interrompue aux nœuds, comme celles de l'écorce externe, par un plancher continu. Le rhizome a la même structure que la tige aérienne, mais sans cannelures, sans stomates et sans faisceaux de sclérenchyme (fig. 90). Suivant les espèces, les méristèles demeurent séparées, aussi bien dans la tige aérienne que dans le rhizome, laissant communiquer entre elles les deux régions de l'écorce (P. des bourbiers, P. littorale, P. géante, etc.). Ou bien, séparées dans le rhizome, elles s'unissent latéralement par leurs péridesmes dans la tige aérienne, de manière à former un anneau bordé d'un endoderme en dehors et en dedans et séquestrant la région centrale de l'écorce (P. d'hiver, P. très rameuse, etc.). Ou bien, cette fusion latérale des péridesmes s'opère à la fois dans le rhizome et la tige aérienne (P. des bois, P. des champs, P. telmatée, fig. 90, etc.). Dans ce dernier cas, il arrive que l'endoderme général interne perd ses cadres à plissements lignifiés dans les entre-nœuds, tout en les conservant dans les nœuds, de façon qu'au premier abord cette structure schizostélique gamoméristèle pourrait être prise pour une structure monostélique (P. des champs, P. telmatée, fig. 90, etc.).

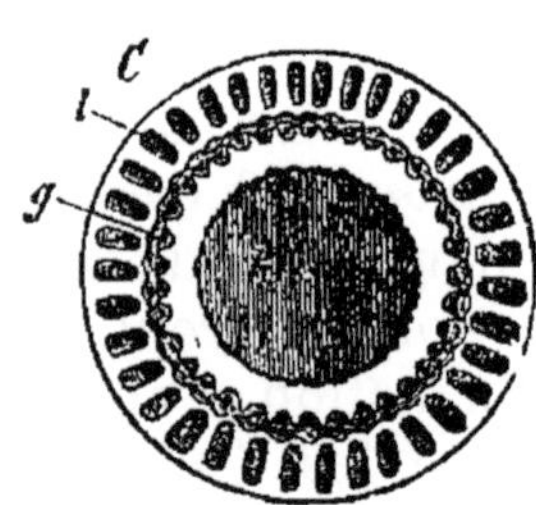

Fig. 90. — Section transversale d'un rhizome de Prêle telmatée : *l*, lacunes de l'écorce externe; *h*, lacune de l'écorce centrale; *g*, méristèles fusionnées en anneau par leur gaine conjonctive.

La racine croît au sommet par une cellule tétraédrique, comme chez les Fougères. Elle est, comme on sait (I, p. 93), dépourvue de péricycle; mais l'endoderme y subit un dédoublement en dedans de ses cadres plissés; en d'autres termes, c'est l'assise sus-endodermique qui porte les cadres, le véritable endoderme en est dépourvu. Les radicelles s'y forment, en face des faisceaux ligneux, aux dépens d'une cellule de cet endoderme.

Les sporanges des Prêles prennent naissance sur des feuilles différenciées, disposées en verticilles nombreux et rapprochés au sommet des branches aériennes (fig. 91). Chacune de ces feuilles se compose d'un pétiole étroit et d'un limbe dirigé perpendiculairement au pétiole, et prenant, par suite de la compression des feuilles voisines, la forme d'un écusson hexagonal. C'est sur la face interne de l'écusson, tournée vers la tige, que naissent les sporanges, au nombre de cinq à dix. Les spores ont leur exine différenciée en deux couches ; la couche externe se détache de l'interne, excepté en un point, et s'épaissit en deux rubans spiralés, qui ne tardent pas à se séparer (fig. 92). Dans un milieu sec, ces rubans spiralés se déroulent et forment une croix à quatre bras, car ils sont réunis en leur milieu et attachés en ce point à la couche interne de l'exine ; sous l'influence de l'humidité, ils se reploient de nouveau en spirale autour de la spore, pour se dérouler encore par la dessiccation. Quand ces alternatives de sécheresse et d'humidité se succèdent rapidement, quand par exemple on insuffle l'haleine sur les spores, on les voit, grâce aux rapides inflexions de leurs rubans, animées de soubresauts très vifs. A la maturité, le sporange s'ouvre par une fente longitudinale du côté qui regarde le pétiole ; à ce moment, les cellules de la paroi ont acquis des bandes d'épaississement, semblables à celles de la paroi des sacs polliniques des Phanérogames et qui jouent le même rôle dans la déhiscence.

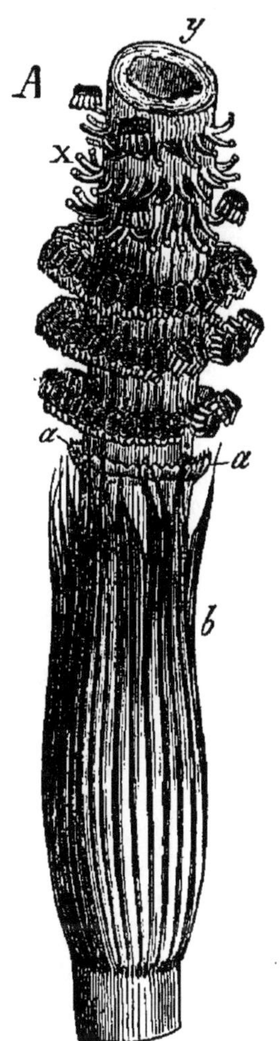

Fig. 91. — Prêle telmatée, portion supérieure d'une tige fertile comprenant la moitié inférieure de l'extrémité sporifère ; *b*, dernière gaine foliaire ; *a*, anneau stérile ; *x*, pétioles des feuilles sporifères coupées.

La spore germe sur la terre humide et donne un prothalle vert en forme de ruban, à bord plus ou moins profondément découpé en segments. Il y a d'ordinaire diœcie. Les prothalles mâles sont plus petits, atteignant seulement quelques millimètres de longueur; les prothalles femelles sont beaucoup plus grands, plus abondamment ramifiés et mesurent un à deux centimètres de longueur. Les anthéridies naissent au sommet ou au bord des lobes les plus grands du prothalle mâle; leurs cellules terminales se dissocient pour laisser sortir les anthérozoïdes, au nombre de 100 à 150, *encore contenus dans leurs cellules* mères; ils sont spiralés, à deux ou trois tours de spire dont les premiers portent de nombreux cils vibratiles, et plus grands que dans les autres Cryptogames vasculaires. Les archégones procèdent aussi du bord d'un segment du prothalle femelle et, contrairement à ceux des Fougères, dirigent leur col vers le haut.

Fig. 92. — Spore mûre de Prêle des bourbiers; l'exine *e* s'est détachée de l'intine et fendue en deux rubans spiralés.

L'œuf se divise, comme chez les Fougères, en quatre quartiers, dont les postérieurs donnent le pied et la première racine, tandis que les antérieurs forment la tige et la première feuille.

ORDRE II

ÉQUISÉTINÉES HÉTÉROSPORÉES

L'ordre des Équisétinées hétérosporées ne renferme qu'une seule famille, aujourd'hui éteinte, les *Annulariacées*.

Annulariacées. — Les Annulariacées, comprenant notamment les genres Annulaire et Astérophyllite, se montrent dès le dévonien et remontent jusque dans le permien. Leur tige, articulée et fistuleuse, porte des feuilles verticillées et uninerves comme celles des Prêles, mais qui, au lieu d'être concrescentes en gaine à la base, sont entièrement libres; les rameaux, verticillés dans les Astérophyllites, sont distiques dans les Annulaires, parce qu'à chaque verticille il ne s'en fait que deux diamétralement opposés.

Les épis sporifères sont composés d'une alternance régulière de verticilles stériles et de verticilles fertiles. Chaque feuille fertile porte quatre sporanges, fixés à la face inférieure d'un écusson, pelté (Astérophyllite) ou terminé en pointe (Annulaire). Sur les verticilles inférieurs, ce sont des macrosporanges, contenant chacun une seule macrospore. Sur les verticilles supérieurs, ce sont des microsporanges à nombreuses microspores.

CLASSE III

LYCOPODINÉES

Caractères généraux. — La classe des Lycopodinées diffère des deux précédentes par la conformation de l'appareil végétatif : des Filicinées par le port, dû, à deux exceptions près (Isoète, Phylloglosse), au développement et à la ramification de la tige, dont les feuilles sont très petites et très simples; des Équisétinées par la ramification latérale solitaire de la tige, simulant parfois une dichotomie ; des deux à la fois, par la ramification toujours dichotome des racines. Ce dernier caractère assure à la classe des Lycopodinées une place à part parmi les plantes vasculaires.

Division de la classe des Lycopodinées en deux ordres. — Les sporanges, ordinairement solitaires, naissent à la base et sur la face supérieure des feuilles, et procèdent d'un mamelon cortical revêtu par l'épiderme, en un mot d'une émergence du limbe. Ils sont tantôt d'une seule sorte, leurs spores développant des prothalles monoïques, tantôt de deux sortes, produisant les uns des microspores qui germent en prothalles mâles rudimentaires, les autres des macrospores qui forment des prothalles femelles également inclus. De là une division de la classe en deux ordres : les *Lycopodinées isosporées* et les *Lycopodinées hétérosporées*.

ORDRE I

LYCOPODINÉES ISOSPORÉES

L'ordre des Lycopodinées isosporées ne comprend qu'une seule famille, les *Lycopodiacées*.

Lycopodiacées. — La famille des Lycopodiacées ne renferme que les quatre genres Lycopode, avec plus de 100 espèces, Phylloglosse, Psilote et Tmésiptéride.

La tige des Lycopodes est grêle, ramifiée en fausse dichotomie, couverte de petites feuilles étroites et souvent allongées, tantôt verticillées, tantôt isolées avec de petites divergences, comme $\frac{2}{7}$, $\frac{2}{9}$, $\frac{2}{11}$, etc.; elle porte des racines, ramifiées en fausse dichotomie dans des plans alternativement rectangulaires et dépourvues de radicelles, qui descendent quelquefois dans l'épaisseur de son écorce (Lycopode sélage, L. aloïfolié, etc.). Les Psilotes, qui habitent les régions tropicales, dressent dans l'air une tige grêle, verte, un grand nombre de fois dichotome, pourvue de feuilles extrêmement petites, isolées et très espacées, et enfoncent dans la terre un rhizome rameux couvert de poils absorbants, qui joue le rôle des racines dont la plante est absolument dépourvue. Dans la Tmésiptéride et le Phylloglosse, plantes d'Australie, les feuilles sont plus grandes, disposées isolément le long d'une tige grêle dans le premier genre, rapprochées en rosette à la base d'une tige munie d'un tubercule dans le second.

La tige croît au sommet par une seule cellule mère. Sa structure est monostélique. Dans les Lycopodes, la stèle dépourvue de moelle est formée par un plus ou moins grand nombre de faisceaux ligneux rayonnants ayant leurs vaisseaux les plus étroits et les premiers nés situés en dehors, dont le développement est centripète. Ces faisceaux ligneux, qui confluent au centre en forme de bandes, sont séparés par autant de faisceaux libériens, également centripètes et confluents. Le tout est entouré par un péricycle composé de plusieurs assises et offre une structure pareille à celle d'une racine. En un mot, la tige de ces plantes se rattache au type monostélique périxyle (I, p. 177).

La racine des Lycopodes croît au sommet, comme celle des Phanérogames, par un groupe de petites cellules mères; la stèle, l'écorce et l'épiderme ont, en effet, des initiales distinctes et superposées. En exfoliant ses assises externes pour former la coiffe, l'épiderme garde son assise interne adhérente à l'écorce, où elle devient l'assise pilifère. Les choses s'y passent, par conséquent, comme chez les Dicotylédones et les Gymnospermes (I, p. 104). En un mot, ces plantes sont climacorhizes.

Dans le tronc principal de la racine, la stèle a le plus souvent la structure ordinaire, mais à chaque dichotomie le nombre des faisceaux y diminue, jusqu'à se réduire finalement à deux; à la bifurcation suivante, chaque branche emporte avec elle un faisceau ligneux et deux moitiés de faisceaux libériens qui s'unissent en forme d'arc. De là une structure anomale, qui se retrouve désormais dans toutes les bifurcations ultérieures et qui a été déjà signalée (I, p. 95). Dans le Lycopode sélage et le L. inondé, le tronc principal, qui est déjà binaire, offre la même anomalie que certains Ophioglosses (I, p. 95, fig. 31); le faisceau libérien inférieur y fait défaut et, par suite, la bande ligneuse diamétrale est refoulée en bas contre la périphérie, recourbée en forme de gouttière de manière à enfermer dans sa concavité le faisceau libérien supérieur. La racine des Lycopodes se distingue encore par une forte croissance intercalaire, qui écarte de plus en plus les dichotomies.

Les sporanges sont insérés sur la face supérieure des feuilles; ils sont sessiles, plus gros que ceux des Fougères et des Prêles, et contenant un grand nombre de petites spores. Dans les genres Lycopode et Phylloglosse, ils sont solitaires à la base de feuilles plus petites que les autres et rapprochées en plus ou moins grand nombre en un épi plus ou moins long; ils s'ouvrent par une fente transversale. Dans les deux autres genres, ils sont groupés et soudés par deux (Tmésiptéride) ou trois (Psilote), et insérés plus haut sur la feuille fertile; le sporange biloculaire ou triloculaire ainsi constitué s'ouvre par une seule fente transversale (Tmésiptéride) ou par trois fentes en étoile (Psilote).

La spore des Lycopodes produit en germant un prothalle qui porte à la fois les anthéridies et les archégones. Ce prothalle est tantôt privé de chlorophylle, tuberculeux et souterrain comme celui des Ophioglossacées (L. annuel), ou en forme de cordon rameux sous-cortical (L. phlegmaire, L. hippure, etc.), tantôt foliacé, aérien et vert comme celui des Fougères (L. penché). Les anthérozoïdes ont un corps spiralé, muni en avant de deux cils vibratiles et ressemblent à ceux des Mousses.

D'après la disposition des sporanges, les quatre genres sont groupés en deux tribus :

1. *Lycopodiées*. — Sporanges solitaires et libres : Lycopode, Phylloglosse.
2. *Psilotées*. — Sporanges groupés et soudés : Psilote, Tmésiptéride.

ORDRE II

LYCOPODINÉES HÉTÉROSPORÉES

L'ordre des Lycopodinées hétérosporées comprend trois familles, les *Isoëtacées*, les *Sélaginellacées* et les *Lépidodendracées*, ainsi caractérisées :

Tige	simple	....	*Isoétacées.*
	dichotome, à feuilles	opposées	*Sélaginellacées.*
		isolées ou verticillées	*Lépidodendracées.*

Isoétacées. — La famille des Isoétacées se compose du seul genre Isoète, dont les 80 espèces, terrestres, aquatiques ou amphibies, sont répandues par toute la Terre, mais abondent surtout dans la région méditerranéenne.

La tige épaisse et courte, presque tout entière souterraine, s'accroît très lentement sans se ramifier jamais; elle porte à son extrémité une rosette de grandes feuilles, composées d'une gaine et d'un limbe entier terminé en pointe, et sur les flancs, au fond de deux ou trois sillons longitudinaux, autant de séries de racines, ramifiées en dichotomie dans des plans perpendiculaires. Elle croît au sommet par une seule petite cellule mère. Sa stèle, d'abord très étroite et dont le bois centripète se rejoint au centre sans laisser de moelle, s'élargit bientôt par la formation dans le péricycle d'une assise génératrice qui produit en dehors une couche épaisse de parenchyme, en dedans une couche mince de bois et de liber secondaires. De là une croissance en épaisseur, que nous rencontrons ici pour la seconde fois chez les Cryptogames vasculaires.

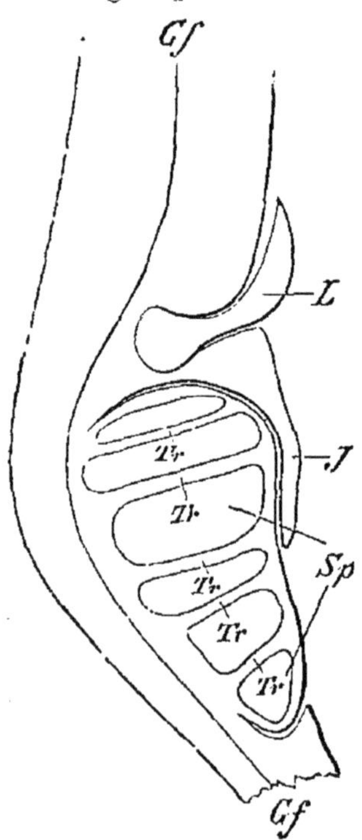

Fig. 93. — Isoète lacustre, coupe longitudinale de la région inférieure sporifère de la feuille; *sp*, sporange avec ses trabécules *tr*; *i*, indusie; *l*, ligule.

La racine croît au sommet, comme celle des Lycopodes, par un groupe de petites cellules mères où la stèle, l'écorce et l'épiderme ont leurs initiales propres et superposées (I, p. 101). Comme chez les Lycopodes aussi, l'épiderme garde son assise interne adhérente à l'écorce pour former l'assise pilifère (I, p. 104). Ces plantes sont donc aussi des Climacorhizes. Au moment où elle s'échappe de la tige, la racine a déjà perdu l'un de ses deux faisceaux ligneux et acquis ainsi une symétrie bilatérale, comme il a été dit (I, p. 95), symétrie bilatérale qui se conserve ensuite dans toutes les bifurcations successives.

Les sporanges sont insérés isolément dans la gaine des feuilles végétatives. Chaque année, il se fait d'abord un certain nombre de feuilles à macrosporanges, puis un nombre un peu plus grand de feuilles à microsporanges, enfin un nombre moindre de feuilles stériles. La gaine des feuilles fertiles est creusée sur sa face supérieure d'une fossette où est niché le sporange (fig. 93), recouvert plus ou moins, suivant les espèces, par les bords membraneux de la fossette, formant une sorte d'indusie (*i*). Les sporanges des deux sortes sont divisés en loges incomplètes par des lames transverses de tissu stérile, ou *trabécules*

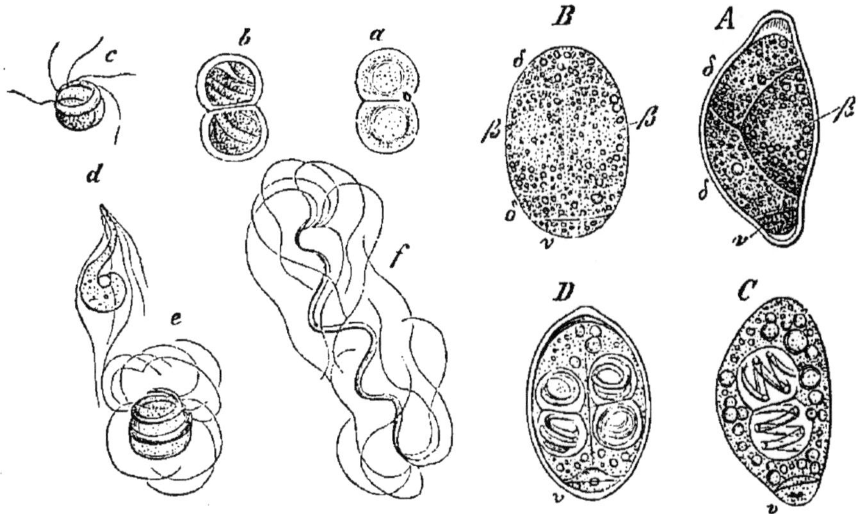

Fig. 94. — Isoète lacustre, germination des microspores ; *A* et *C*, vues de côté ; dans *C*, les cloisons séparatrices des cellules pariétales ne sont pas marquées ; *B* et *D*, vues de dessous ; *v*, cellule stérile ; δ, cellules de la face dorsale ; β, cellules de la face ventrale, n'ayant pas encore pris la cloison tangentielle qui sépare les cellules pariétales des cellules mères ; *a-e*, états successifs de la formation de l'anthérozoïde ; *f*, anthérozoïde anormal, double, avec deux sommets pourvus de cils.

(*tr*) ; aussi ne s'ouvrent-ils pas et est-ce seulement par la désorganisation de la paroi que les spores sont mises en liberté. Les macrosporanges renferment de nombreuses macrospores.

Au printemps, la microspore germe (fig. 94) et produit une petite cellule stérile et une anthéridie, comme il a été dit (I, p. 509). Celle-ci, composée de quatre cellules externes constituant la paroi et de deux cellules centrales, forme dans chacune de ces dernières deux anthérozoïdes spiralés, longs et minces, portant à l'extrémité antérieure amincie un pinceau de cils vibratiles (*a-e*). La macrospore produit de même un prothalle femelle inclus (fig. 95), en se cloisonnant dans toute son étendue, comme il a été dit (I, p. 509); à son sommet, mis à nu par la déchirure de l'exine, celui-ci forme ensuite un archégone (*a*), comme il a été expliqué chez les Fougères. L'œuf se divise en quatre quartiers, qui deviennent le pied, la tige, la première racine et la première feuille, comme chez les Fougères.

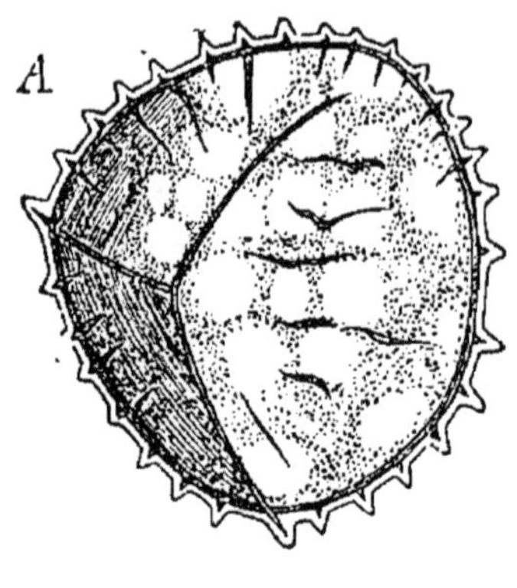

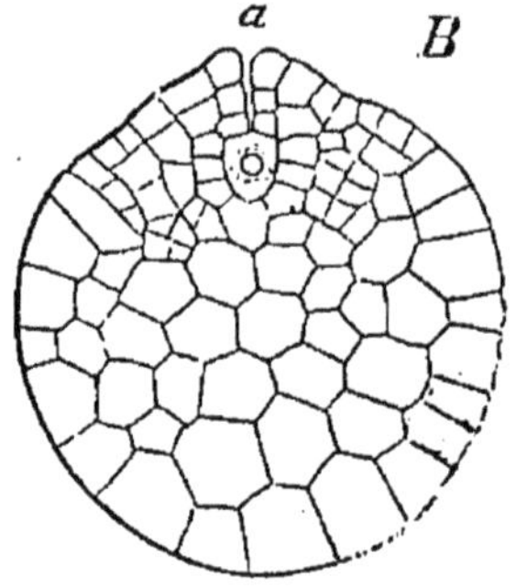

Fig. 95. — Isoète lacustre : *A*, macrospore; *B*, section longitudinale du prothalle qui la remplit après la germination ; *a*, archégone.

Sélaginellacées. — La famille des Sélaginellacées ne renferme que le genre Sélaginelle, dont les 400 espèces habitent pour la plupart les forêts humides des régions tropicales.

La tige grêle s'accroît rapidement et se ramifie dans un seul et même plan en fausse dichotomie; elle porte, disposées le plus souvent par paires, en quatre séries longitudinales, un grand nombre de petites feuilles, entières, élargies à la base, pointues au sommet. A chaque ramification et de chaque côté de la branche, la tige produit de très bonne heure une racine, qui est exogène, comme les racines gemmaires des Crucifères. Quelquefois ces deux racines se développent avec la même vigueur (S. viticuleuse, S. de Martens, etc.); mais d'ordinaire l'une d'elles se développe seule, tantôt l'inférieure (S. cuspidée, S. stolonifère, etc.), tantôt la supérieure (S. ombreuse, S. denticulée, etc.). La racine se ramifie par une suite de dichotomies, qui sont d'abord rapprochées, mais qui s'écartent plus tard par une croissance intercalaire.

La tige, qui croît au sommet par une cellule mère unique, ne renferme souvent dans toute sa longueur qu'un seule stèle à deux faisceaux ligneux centripètes, unis au centre sans laisser de moelle : elle est monostélique périxyle (I, p. 177).

Quelquefois cette stèle, toujours unique à la base, ne tarde pas à se bifurquer une ou plusieurs fois à l'intérieur de l'écorce, comme on l'a vu dans la majorité des Fougères, et la tige renferme deux (Sélaginelle de Krauss, S. de Lyall, etc.), trois (S. inéqualifoliée, S. lisse, etc.) et jusqu'à dix ou douze stèles diversement disposées : elle est polystélique.

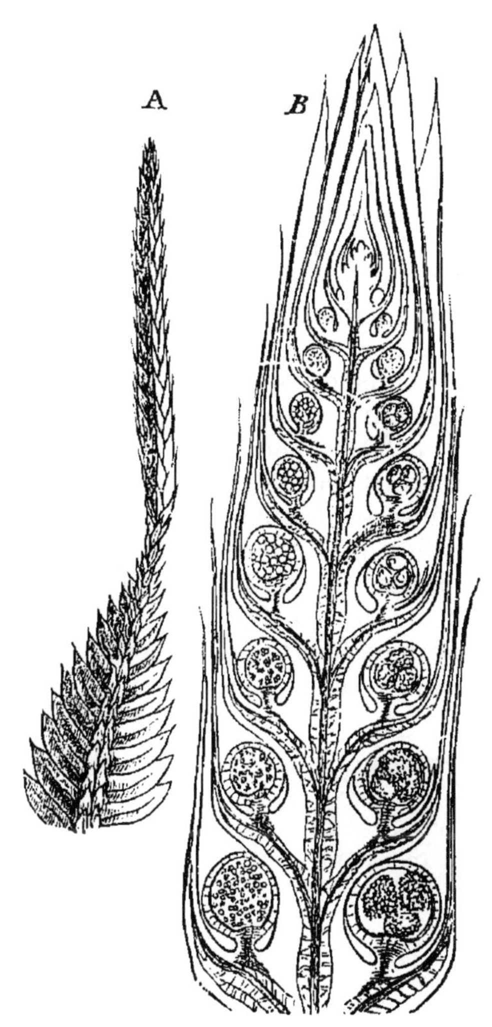

Fig. 96. — Sélaginelle inéqualifoliée. *A*, extrémité d'une branche terminée par un épi sporifère. *B*, section longitudinale de l'épi, portant à droite des macrosporanges, à gauche des microsporanges.

La racine croît au sommet par une cellule tétraédrique. Considérée dans le tronc primaire issu de la tige, sa stèle est formée d'un faisceau ligneux en éventail et de deux faisceaux libériens confluents en arc. Sa symétrie est donc bilatérale, comme chez les Isoètes, mais autrement que chez les Ophioglosses et les Lycopodes (I, p. 95). Cette symétrie bilatérale se conserve ensuite dans toutes les branches des dichotomies successives.

Les sporanges sont insérés à la base de feuilles plus petites que les feuilles végétatives, disposées en paires croisées et serrées en grand nombre au sommet des branches, de manière à former un épi quadrangulaire (fig. 96, *A*). Plusieurs des feuilles inférieures de l'épi portent chacune un macrosporange jaunâtre, renfermant ordinairement quatre macrospores; les autres feuilles portent chacune un microsporange rougeâtre, contenant un grand nombre de microspores (fig. 96, *B*). A la maturité, les sporanges s'ouvrent au sommet par une fente.

En germant, la microspore se partage d'abord par une cloison en deux cellules très inégales (fig. 97) : la petite demeure stérile (*v*), l'autre forme l'anthéridie. A cet effet, elle se divise d'abord en huit cellules externes formant la paroi et en deux ou quatre cellules internes, dont le cloisonnement ultérieur produit les cellules mères des anthérozoïdes. Ceux-ci sont courts, renflés en arrière, pointus en avant où ils ne portent que deux longs cils, comme chez les

Fig. 97. — Sélaginelle caulescente, germination de la microspore ; *v*, cellule stérile.

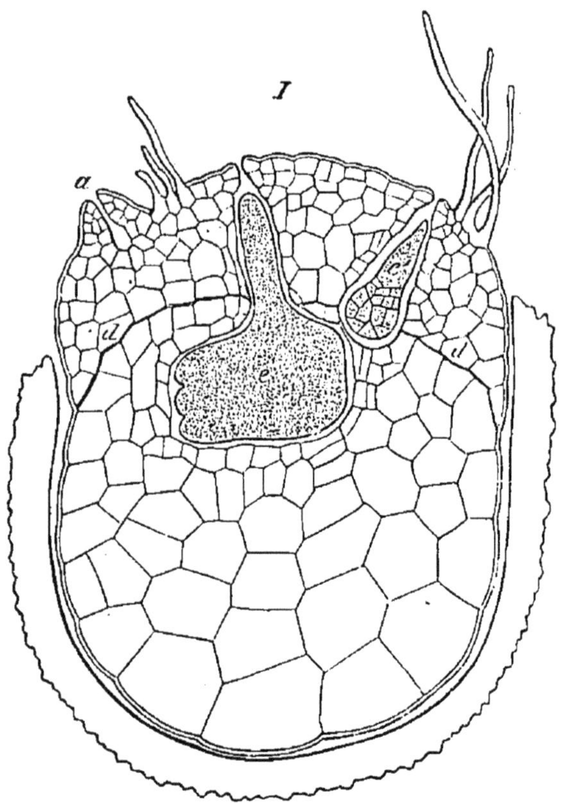

Fig. 98. — Sélaginelle de Martens, section longitudinale d'une macrospore remplie par le prothalle (en haut) et le tissu nutritif (en bas); elle contient un archégone non fécondé *a* et deux embryons en voie de développement; *d*, cloison primitive.

Lycopodes; ils s'échappent de la spore par une déchirure de la membrane. La macrospore se divise d'abord en deux cellules fort inégales (fig. 98); la petite se cloisonne aussitôt pour former une calotte de parenchyme, qui est le prothalle femelle, au centre duquel se développent bientôt plusieurs archégones, rendus accessibles aux anthérozoïdes par la déchirure de la membrane; la grande demeure d'abord indivise, mais plus tard elle se remplit à son tour d'un tissu de grandes cellules pleines de matériaux de réserve, destiné à alimenter les premiers développements de l'œuf.

L'œuf prend d'abord une cloison transversale par rapport au col de l'archégone (fig. 99, *I*); la cellule supérieure s'allonge beaucoup et se cloisonne dans sa région inférieure pour former un suspenseur, comme chez la plupart des Phanérogames; la cellule inférieure seule produit la plante nouvelle. Elle est poussée en bas par l'allongement du suspenseur et enfoncée d'abord dans le prothalle femelle, puis dans le tissu nutritif inférieur (fig. 98), qu'elle digère et aux dépens duquel elle se développe en embryon. A cet effet, elle se divise d'abord par une cloison longitudinale en deux moitiés (fig. 99, *II*) qui se cloisonnent ensuite en divers sens pour former l'une le pied et l'une des deux premières feuilles (*b*), l'autre la tige (*s*) et la seconde des deux premières feuilles (*b*). La première racine n'apparaît que plus tard entre le pied et le suspenseur. On voit que le développement de l'œuf des Sélaginelles diffère en plusieurs points de celui des autres Cryptogames vasculaires, notamment par la constitution d'une sorte d'albumen à côté du prothalle femelle et par la formation d'un suspenseur, deux caractères par où ces plantes se rapprochent des Phanérogames.

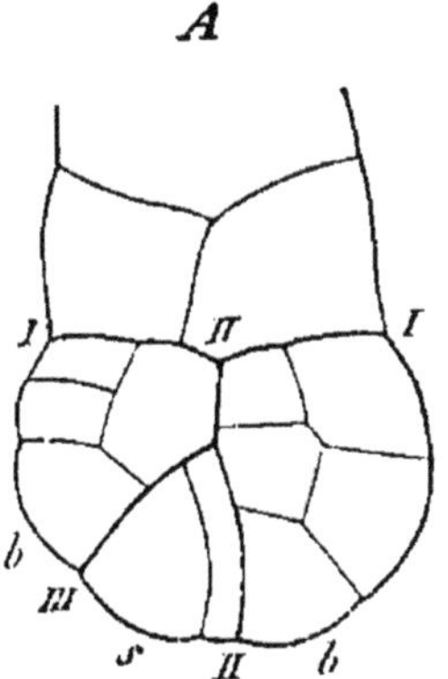

Fig. 99. — Sélaginelle de Martens, développement de l'œuf : *I*, cloison primitive séparant le suspenseur de l'embryon.

Lépidodendracées. — Complètement éteinte aujourd'hui, la famille des Lépidodendracées comprend un grand nombre de genres qui, apparus dès le silurien supérieur, ont atteint leur plein développement dans le terrain houiller inférieur, pour disparaître vers le milieu du permien.

Les Lépidodendres ont un rhizome rameux, sur lequel se dresse une tige aérienne arborescente, ramifiée en dichotomie dans un plan, toute couverte de petites feuilles entières, isolées et serrées les unes contre les autres, qui laissent après leur chute des cicatrices en losange. Les Sigillaires ressemblent aux Lépidodendres; leur tige mesure jusqu'à 8 mètres de haut avec un diamètre de 1 m. 70; elles formaient, à l'époque houillère, de grandes forêts qui, mises à jour çà et là par les travaux de mines ou les tranchées de chemin de fer, ont montré leurs arbres encore debout et enracinés. Les Sphénophylles ont une tige rameuse articulée, renflée aux nœuds et cannelée, avec des feuilles lobées disposées en verticilles à chaque nœud.

Partout, la tige est pourvue d'une stèle unique renfermant un plus ou moins grand nombre de faisceaux libériens et ligneux centripètes, disposés en cercle; en un mot, elle est monostélique périxyle, comme chez les Lycopodiacées; mais tantôt les bois confluent au centre (Sphénophylle, certains Lépidodendres et Sigillaires), tantôt, au contraire, ils y laissent une large moelle (divers Lépidodendres et Sigillaires). Dans les Lépidodendres, la stèle conserve cette structure primaire; dans les Sigillaires et les Sphénophylles, au contraire, elle s'épaissit en produisant, entre le liber et le bois primaire, un cercle de faisceaux libéroligneux secondaires à bois centrifuge, en un mot, un pachyte. La racine des Sigillaires se ramifie en dichotomie et possède une structure bilatérale, comme celle des Isoètes et des Sélaginelles.

Les sporanges des Lépidodendres et des Sphénophylles sont portés à la base de feuilles plus petites que les feuilles ordinaires, serrées en grand nombre en forme d'épi cylindrique à l'extrémité des rameaux. Les feuilles inférieures portent chacune un macrosporange avec un petit nombre de macrospores isolées, les supérieures chacune un microsporange avec un grand nombre de microspores réunies par quatre. Les sporanges s'ouvrent par une fente longitudinale pour disséminer les spores.

D'après la structure de la tige et la disposition des feuilles, les genres se groupent en trois tribus :

1. *Lépidodendrées.* — Pas de pachyte : Lépidodendre, Psilophyte, Lépidophléo, Ulodendre, Bothrodendre, Halonie, Knorrie, etc.
2. *Sigillariées.* — Une pachyte; feuilles isolées : Sigillaire, Sigillariopse, Poroxyle, etc.
3. *Sphénophyllées.* — Un pachyte; feuilles verticillées : Sphénophylle, etc.

Résumé de l'embranchemont des Cryptogames vasculaires. — En somme, l'embranchement des Cryptogames vasculaires comprend 3 classes, 7 ordres et 16 familles. Pour en résumer la classification dans un tableau général, il suffit d'ajuster ensemble le tableau des classes (p. 158), les trois tableaux partiels des ordres (p. 159, p. 176 et p. 181) et les sept tableaux partiels des familles (p. 163, p. 166, p. 170, p. 176, p. 180, p. 181 et p. 184). Faute d'espace, on laisse au lecteur le soin de tracer ce tableau général.

EMBRANCHEMENT IV

PHANÉROGAMES

Caractères généraux. — C'est aux Cryptogames vasculaires hétérosporées que les Phanérogames se rattachent, comme on sait (I, p. 510), directement. On a étudié avec détail, dans la première partie de ces *Éléments*, la morphologie, la physiologie et le développement des Phanérogames ; chemin faisant, on a précisé les différences qu'elles présentent par rapport aux Cryptogames vasculaires dans la racine, la tige et la feuille, ainsi que dans la formation de l'œuf et dans son développement en une plante adulte. Les caractères généraux de cet embranchement sont donc bien connus.

Division en deux sous-embranchements : Gymnospermes ou Astigmatées, et Angiospermes ou Stigmatées. — On sait aussi que, dans la fleur de certaines Phanérogames, le carpelle se réduit à un ovaire sans style, ni stigmate, et que cet ovaire se borne ordinairement à porter et à nourrir les ovules, sans se reployer autour d'eux pour les protéger ; les grains de pollen y tombent donc directement sur l'ovule et germent au sommet du nucelle. Tandis que chez la plupart de ces plantes, au contraire, le carpelle porte un stigmate sur lequel tombent et germent les grains de pollen, et son ovaire, ou bien se reploie et se ferme autour de ses propres ovules, ou bien, s'il reste ouvert, s'associe bord à bord aux autres carpelles de la fleur pour envelopper tous les ovules dans une cavité close ; d'une manière ou de l'autre, les ovules, et plus tard les graines, y sont protégés. De là, cette division de l'embranchement des Phanérogames en deux sous-embranchements : les *Gymnospermes* et les *Angiospermes*, indiquée dès les premières pages de la première partie de cet Ouvrage (I, p. 9), et qui s'est par la suite accusée de plus en plus (I, pp. 370, 377, 401, 410 et 443).

C'est le moment de faire remarquer toutefois que le nom de Gymnospermes ne convient pas à toutes les plantes du premier groupe, celles qui composent la famille des Gnétacées ayant, comme on va voir, leur graine aussi complètement enveloppée par le péricarpe que chez les Angiospermes. De même, le nom d'Angiospermes ne s'applique pas à toutes les plantes du second groupe, celles qui forment la division des Inséminées ayant, comme on sait (I, p. 463), leurs fruits dépourvus de graines. Les plantes du premier groupe produisent, on l'a vu (I, p. 402 et p. 443), des archégones dans leur endosperme et une anthéridie pédicellée dans chacun de leurs grains de pollen; on pourrait donc les nommer *Archégoniées* ou *Podanthéridiées*, par opposition à celles du second groupe, dont l'endosperme produit directement une oosphère et le grain de pollen une anthéridie sessile, et qui seraient les *Anarchégoniées* ou *Apodanthéridiées*. Mais, ici encore, il y a tout au moins une exception, la Welwitschie, comme on le verra bientôt, étant dépourvue d'archégones et ayant l'anthéridie sessile. Il paraît donc préférable de s'en tenir au caractère très simple et tout à fait général tiré de l'absence ou de la présence d'un stigmate et de dénommer ces deux groupes respectivement les *Astigmatées* et les *Stigmatées*.

Les Astigmatées ou Gymnospermes se rapprochant beaucoup plus des Cryptogames vasculaires que les Stigmatées ou Angiospermes, comme on l'a vu (I, p. 510), c'est par ce sous-embranchement que, dans notre marche ascendante, nous devons commencer l'étude spéciale des Phanérogames.

SOUS-EMBRANCHEMENT I

ASTIGMATÉES ou GYMNOSPERMES

Ces plantes sont toutes en même temps séminées et climacorhizes; de plus, le caractère tiré du nombre des cotylédons ne leur est pas applicable (I, p. 9). Elles forment donc un ensemble assez homogène pour qu'on les comprenne toutes dans une seule classe, que l'on désigne par ce même nom : les *Astigmatées* ou *Gymnospermes*.

CLASSE I

ASTIGMATÉES ou GYMNOSPERMES

Caractères généraux. — Les Astigmatées sont des plantes ligneuses dont la tige et la racine s'épaississent en produisant dans leur stèle, à l'aide d'une assise génératrice intercalée au liber et au bois primaires, du liber et du bois secondaires, c'est-à-dire un pachyte, à la manière des arbres dicotylédonés. La racine terminale y est durable et s'allonge en un pivot abondamment ramifié suivant le mode latéral; cette racine et ses radicelles de divers ordres sont munies d'une coiffe épidermique très épaisse au sommet, qui s'exfolie progressivement à l'exception de son assise la plus interne, laquelle demeure adhérente à l'écorce et forme l'assise pilifère comme chez les Dicotylédones; en un mot, ces plantes sont climacorhizes.

Les fleurs sont dépourvues de périanthe et unisexuées. Dans la fleur mâle, les sacs polliniques sont situés à la face inférieure ou dorsale des étamines. Dans la fleur femelle, le pistil, toujours dépourvu de style et de stigmate, réduit à l'ovaire, produit toujours des ovules à nucelle volumineux, enveloppé d'un, très rarement de deux téguments, dont le micropyle, directement exposé à l'air, reçoit les grains de pollen. Ces ovules, toujours orthotropes et situés d'ordinaire sur la face inférieure ou dorsale des carpelles, sont permanents et deviennent autant de graines à la maturité. En un mot, ces plantes sont séminées.

On a vu (I, p. 443) comment, en germant sur le sommet du nucelle, leurs grains de pollen ou microspores produisent chacun un prothalle mâle, formé d'une anthéridie pédicellée donnant au moins deux anthérozoïdes et d'une grande cellule qui s'allonge en tube pour porter les anthérozoïdes aux oosphères. Ordinairement immobiles, ou paraissant tels jusqu'à présent, les anthérozoïdes ont été récemment reconnus mobiles à l'aide de nombreux cils vibratiles dans les Cycades, les Zamies et le Ginkgo.

On sait aussi (I, p. 401) comment le nucelle de l'ovule, qui est un macrosporange, donne naissance à la cellule mère des macrospores et comment, la formation des macrospores étant supprimée, cette cellule mère produit directement un prothalle femelle, ou endosperme, avec des archégones renfermant chacun une oosphère.

On sait enfin comment l'œuf se forme (I, p. 443) et comment il se développe ensuite en un embryon (I, p. 459), pendant que l'ovule devient une graine, renfermant à côté de l'embryon un albumen permanent, et pendant que le pistil devient un fruit (I, p. 460).

Les caractères généraux de cette classe sont donc bien connus.

Division de la classe des Astigmatées en trois familles. — On n'y distinguait jusqu'à ces derniers temps que trois familles, caractérisées par l'origine et la disposition des carpelles. Dans les *Cycadacées*, un grand nombre de carpelles ouverts et libres procèdent directement des flancs du rameau femelle et forment tous ensemble une fleur femelle. Dans les *Conifères*, les carpelles ouverts naissent, au contraire, deux par deux à l'aisselle des bractées du rameau femelle ; concrescents par un de leurs bords, ils sont les deux premières feuilles du rameau axillaire de cette bractée ; chaque pistil ainsi constitué forme à lui seul une fleur femelle ; le rameau femelle est donc une inflorescence en épi. Dans les *Gnétacées*, enfin, chaque pistil est encore axillaire d'une bractée, mais il est fermé et enveloppe son unique ovule ; il demeure néanmoins dépourvu de style et de stigmate, et c'est toujours sur l'ovule, dont le tégument pousse au dehors son tube micropylaire, que le pollen tombe et germe. Il n'en est pas moins vrai que, par son ovaire clos comme par tous ses autres caractères, cette dernière famille établit une transition vers les Stigmatées. En résumé :

Ovaire	ouvert. Carpelles	de même degré que les étamines....	*Cycadacées.*
		d'un degré supérieur aux étamines.	*Conifères.*
	clos.		*Gnétacées.*

En étudiant ces trois groupes, nous verrons qu'il y a lieu de partager les deux derniers en plusieurs familles.

Cycadacées. — Les Cycadacées, 9 genres avec 75 espèces confinées dans les climats tropicaux et subtropicaux, ont une tige épaisse qui s'élève lentement, sans se ramifier, en une colonne dépourvue d'entre-nœuds, couverte d'écailles coriaces et couronnée par un bouquet de grandes feuilles composées pennées, qui peut atteindre jusqu'à dix mètres de hauteur (Cycade).

La tige contient, dans son écorce et dans sa moelle, un grand nombre de canaux sécréteurs gommifères, dont la racine est dépourvue. La feuille a aussi de pareils canaux dans l'écorce de son pétiole; ils se prolongent quelquefois dans le limbe des folioles, soit sur la méristèle (Dion), soit à la fois au-dessus et au-dessous (Stangérie), soit latéralement entre les méristèles (Encéphalarte); le plus souvent les folioles en sont dépourvues. Les méristèles de la feuille différencient dans toute leur longueur la partie médullaire de leur péridesme, au-dessus du bois de leur faisceau libéroligneux, en un faisceau triangulaire de vaisseaux péridesmiques, à développement centripète, formant un puissant tissu de transfusion (I, p. 285). Le pédicelle floral offre aussi quelquefois (Stangérie, Bowénie, certaines Zamies et Cératozamies) de pareils vaisseaux surnuméraires centripètes dans sa stèle, à la périphérie de la moelle. La tige feuillée n'en possède pas. La tige des Cycades et de l'Encéphalarte produit, dans son péricycle et de dedans en dehors, des pachytes successifs dont chacun exige plusieurs années pour se constituer (I, p. 222).

Toujours terminales de la tige, qui s'allonge par conséquent en sympode, les fleurs sont unisexuées et dioïques.

Dans les Cycades, la fleur femelle est formée par une rosette de feuilles, plus petites que les feuilles vertes, mais de forme analogue ; les folioles inférieures y sont seulement remplacées par autant d'ovules dressés, qui, dès avant la formation des œufs, atteignent la grosseur d'une prune. La fleur mâle se compose également d'une rosette de feuilles plus petites et plus nombreuses, dépourvues de folioles et portant sur toute leur face inférieure, groupés en sores par deux à six, un grand nombre de microsporanges ou sacs polliniques.

Dans les autres Cycadacées, la fleur, mâle ou femelle, est allongée en cône et son axe porte, étroitement serrés sur ses flancs, un très grand nombre d'étamines ou de carpelles (fig. 100). L'étamine, amincie à la base, est ordinairement aplatie en une sorte de limbe, terminé par une (Macrozamie) ou deux pointes courbes (Cératozamie), quelquefois dilatée perpendiculairement à sa direction en une sorte d'écusson pelté (Zamie, fig. 100, *B*) ; les nombreux sacs polliniques qu'elle porte sur sa face inférieure, dans toute l'étendue (Cératozamie, etc.), ou seulement sur les bords (Zamie, fig. 100, *B*), sont groupés en sores par deux à six, comme dans les Cycades. Le carpelle, aminci à la base, se dilate au sommet perpendiculairement à sa direction et prend la forme d'un T, dont chaque branche porte à sa face inférieure un ovule pendant (fig. 100, *E*); l'écusson ovulifère est tantôt plan (Zamie, fig. 100, *E*), tantôt terminé en une (Macrozamie) ou deux pointes courbes (Cératozamie).

Le nucelle produit, au sommet de son endosperme, deux archégones, dont le col est formé, au-dessus de la cellule de canal, par deux cellules seulement.

Les sacs polliniques, attachés par une base étroite ou même pédicellés (Zamie), sont arrondis et s'ouvrent par une fente longitudinale. La petite cellule du grain de pollen tantôt produit directement l'anthéridie pédicellée, comme il a été dit (I, p. 372, Zamie, etc.), tantôt s'oblitère, et c'est une seconde petite cellule détachée de la grande parallèlement à la première qui donne l'anthéridie pédicellée (Cycade, etc.). Nés par deux et dos à dos dans la cellule mère, les anthérozoïdes sont mobiles à l'aide de nombreux cils vibratiles, attachés tout le long d'une bande spiralée qui fait plusieurs tours en sens inverse des aiguilles d'une montre (I, p. 165, fig. 378). Ils sont très gros, mesurant jusqu'à un tiers de millimètre, et sont par conséquent visibles à l'œil nu.

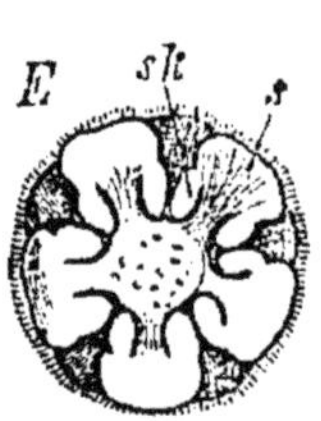

Fig. 100. — Zamie muriquée; *B*, section transversale de la fleur mâle, montrant les sacs polliniques massés sur les deux bords du limbe pelté des étamines; *E*, section transversale de la fleur femelle, montrant les deux ovules pendants *sk* au bord du limbe pelté de carpelles.

L'ovule est orthotrope; son unique et épais tégument, concrescent avec le nucelle dans sa moitié inférieure, se prolonge en tube au sommet, au-dessus de la chambre pollinique. A la germination des grains de pollen dans cette chambre, les tubes polliniques s'enfoncent d'abord verticalement par leur sommet dans le nucelle, qu'ils digèrent; puis ils se dirigent latéralement dans les flancs du nucelle, cessent de croître et s'y perdent; enfin leur base, où se trouve fixée l'anthéridie, s'incurve vers le bas et s'allonge verticalement jusqu'au contact de la rosette d'un archégone, où elle s'ouvre pour mettre les anthérozoïdes en liberté. En un mot, il y a ici basigamie dans le prothalle mâle, comme il a été dit (I, p. 446, fig. 199).

Pendant la transformation de la fleur femelle en fruit, les

carpelles des Cycades restent indépendants, de sorte que les ovules, en grandissant pour devenir des graines, demeurent exposés aux influences nuisibles du milieu extérieur. Il n'en est pas de même dans les autres genres, où les écussons des carpelles se rapprochent et se soudent à la surface du cône, de manière à enfermer les ovules dans une cavité close ; à la maturité, ils se séparent de nouveau pour disséminer les graines. Ici la gymnospermie est compensée ; elle ne l'est pas chez les Cycades. La graine mûre est volumineuse ; son tégument est différencié en une couche externe charnue et une couche interne scléreuse, ce qui lui donne l'aspect d'une drupe. Elle est pourvue d'un abondant albumen oléagineux. Dans l'embryon, le nombre des cotylédons n'est pas fixe ; chez une même espèce, on en trouve un, deux ou trois, suivant les graines étudiées (Zamie spirale, etc.) ; quand il n'y en a qu'un, il est engainant comme chez les Monocotylédones (Cératozamie). A la germination, les cotylédons demeurent sous terre, enfermés dans l'albumen, qu'ils digèrent et absorbent peu à peu.

D'après le nombre et la disposition des ovules sur les carpelles, les genres se groupent en deux tribus :

1. *Cycadées*. — Ovules insérés latéralement, plusieurs de chaque côté, sur un carpelle penné : Cycade.
2. *Zamiées*. — Ovules au nombre de deux, pendant à la face inférieure d'un carpelle pelté : Zamie, Macrozamie, Cératozamie, Dion, etc.

Les Cycadacées sont de toutes les Phanérogames celles qui se rapprochent le plus des Cryptogames vasculaires, et c'est avec les Filicinées que leurs rapports semblent le plus directs.

Conifères. — Les Conifères, 40 genres avec 350 espèces, sont des arbres dont la tige, très ramifiée et de forme pyramidale, peut atteindre jusqu'à 150 mètres de hauteur (Wellingtonie géante). Les rameaux sont parfois de deux sortes : les uns, longs, se ramifiant à leur tour, les autres, courts, non ramifiés (Cèdre, Mélèze, Taxode, Ginkgo, Pin, etc.). La croissance intercalaire qui allonge les rameaux est tantôt internodale (Sapin, etc.), tantôt nodale (Pesse, Mélèze, Pin, Cyprès, etc.) (I, p. 137).

Les feuilles sont ordinairement petites, sessiles ou brièvement pétiolées, à limbe entier, uninerve, étroit, parfois même aciculaire (Pin, Pesse, etc.), quelquefois plus élargi (Podocarpe, Agathide, Araucarie, etc.) ; celles du Ginkgo ont un long pétiole avec un large limbe échancré. Elles sont quelquefois verticillées par deux (Cyprès, Thuier, etc.), ou par trois à cinq (Genévrier), le plus souvent isolées (Pin, Sapin, If, etc.). Elles sont presque toujours persistantes; aussi ces plantes sont-elles souvent désignées sous le nom d'*arbres verts*; cependant elles tombent quelquefois à l'automne, seules dans le Mélèze et le Ginkgo, avec le rameau court qui les porte dans le Taxode distique, vulgairement Cyprès-chauve. Dans les Pins, le Sciadodite et les Phyllolades, la tige principale et les branches longues ne portent que de petites écailles privées de chlorophylle, mais munies de bourgeons. Chez les Pins, ceux-ci produisent d'abord quelques écailles, puis un certain nombre de feuilles vertes, mais dépourvues de bourgeons, cinq (Pin cembra, etc.), trois (Pin de Sabine, etc.), deux (Pin silvestre, P. maritime, etc.) ou même une seule (Pin monophylle) et avortent après les avoir formées, de manière à demeurer très courts (I, p. 148). Chez le Sciadopite, il en est de même, mais les deux feuilles vertes produites par chaque bourgeon sont concrescentes bord à bord du côté postérieur et forment ensemble une lame à sommet bifide, tournant sa face supérieure en bas, sa face inférieure en haut. Chez les Phyllolades, les feuilles des rameaux courts, disposées en deux rangées, sont concrescentes entre elles et avec le rameau, de manière à former des lames vertes à bords dentés qui sont des cladodes (I, p. 252).

A l'exception des Ifs, la racine, la tige et la feuille renferment des canaux sécréteurs résinifères diversement disposés. Dans les Sapins, les Cèdres, etc., la racine a un canal sécréteur dans l'axe de sa moelle; dans les Pins, les Pesses, les Mélèzes, etc., elle a un canal sécréteur dans son péricycle en face de chaque faisceau ligneux; dans les Araucaries, les Agathides et les Stachycarpes, elle a plusieurs canaux sécréteurs dans son péricycle en dehors de chaque faisceau libérien; partout ailleurs elle en est dépourvue. La tige des Céphalotaxes a au centre de sa moelle un canal sécréteur continu à travers les nœuds; celle du Ginkgo a dans sa moelle plusieurs canaux sécréteurs interrompus aux nœuds, devenant par conséquent des poches sécrétrices dans les rameaux courts; celle des Pins a des canaux sécréteurs dans le bois primaire; celle des Pins, des Sapins, des Pesses, des Araucaries, etc., a dans le péricycle un canal sécréteur en face de chaque faisceau réparateur; celle des Podocarpes, des Phyllolades, des Torreyers, etc., a dans le péricycle un canal sécréteur en face de chaque faisceau foliaire; celle des Cyprès, Thuiers, Genévriers, etc., a sa stèle entièrement dépourvue de canaux sécréteurs. Enfin, dans la feuille, les canaux sécréteurs sont situés tantôt dans la méristèle, soit dans le bois primaire (Pin), soit dans la portion inférieure, péricyclique du péridesme (Podocarpe, Phyllоclade, Torreyer, etc.), tantôt dans l'écorce, soit un de chaque côté de la méristèle (Cèdre, Sapin, Pesse, Pin, etc.), soit un seul au-dessous de la méristèle (Tsuge, Céphalotaxe, Wellingtonie, Genévrier, Cyprès, etc.), soit trois, un au-dessous et deux latéraux (Séquoier, Sciadopite, etc.), soit quatre, un au-dessous, un au-dessus et deux latéraux (Faux-Mélèze, Araucarie, etc.). Les canaux corticaux de la feuille se prolongent d'ordinaire plus ou moins loin vers le bas dans l'écorce de la tige.

A l'exception du Ginkgo, où elle en reçoit deux, la feuille ne prend à la stèle de la tige qu'une seule méristèle, dont le faisceau libéroligneux se partage quelquefois en deux moitiés côte à côte (divers Pins, Sapins, etc.). Dans le péridesme se différencient, comme on sait (I, p. 285), deux lames de vaisseaux surnuméraires, reliant de chaque côté le bois à l'endoderme. Ces lames se reploient quelquefois et se rejoignent en forme de pont, tantôt seulement vers le bas, au-dessous du liber (Sapin, Cèdre, etc.), tantôt seulement vers le haut, au-dessus du bois (Araucarie, Agathide, etc.), tantôt à la fois vers le bas et vers le haut, en forme d'anneau (Pesse, Pin, etc.). Il y a donc toujours formation d'un tissu de transfusion plus ou moins développé, qui, dans le second cas, n'est pas sans rappeler celui de la feuille des Cycadacées.

Le pachyte a toujours son bois secondaire composé de vaisseaux fermés à section quadrangulaire, munis sur leurs faces latérales d'une rangée de ponctuations aréolées (I, p. 216, fig. 82); il renferme quelquefois des canaux résinifères (Pin, Pesse, Mélèze, etc.); le liber secondaire âgé en est aussi quelquefois pourvu (Araucarie, Cyprès, Thuier, etc.).

Les fleurs sont unisexuées, le plus souvent monoïques (Pin, Sapin, Thuier, Cyprès, etc.), quelquefois dioïques (If, Ginkgo, etc.). La fleur mâle (fig. 101) se compose d'un grand nombre d'étamines, disposées en spirale ou en verticilles, dont le limbe, souvent dilaté en forme d'écusson perpendiculairement à la base rétrécie, porte sur sa face inférieure des sacs polliniques au nombre de 2 (Sapin, fig. 101, Pin, Pesse, Ginkgo), de 3 à 4 (Genévrier, Cyprès, etc.), de 5 à 8 (If, etc.), de 8 à 15 (Agathide), de 6 à 20 (Araucarie), attachés tantôt par toute leur longueur (Pin, Sapin, fig. 101, etc.), tantôt par un point seulement et pendants (Ginkgo, Araucarie, Agathide), et qui s'ouvrent chacun par une fente ordinairement longitudinale, quelquefois transversale (Sapin, etc.). Les grains de pollen sont quelquefois munis de deux vésicules pleines d'air, provenant du décollement local de l'exine et de l'intine (Sapin, fig. 101, *B*, Pin, Pesse, Podocarpe, etc.). La petite cellule du grain produit d'ordinaire directement l'anthéridie pédicellée, comme il a été dit (I, p. 371, fig. 162); mais parfois elle s'oblitère et c'est alors une seconde ou même une troisième petite cellule découpée dans la grande contre la première qui forme l'anthéridie pédicellée (Sapin, fig. 101, B, Pin, Mélèze, Ginkgo, etc.). Dans le Ginkgo, les anthérozoïdes ont leur corps ovoïde entouré d'une bande spiralée portant de nombreux cils vibratiles et sont, en conséquence, doués de mouvement. Partout ailleurs, on les tient jusqu'à présent pour immobiles.

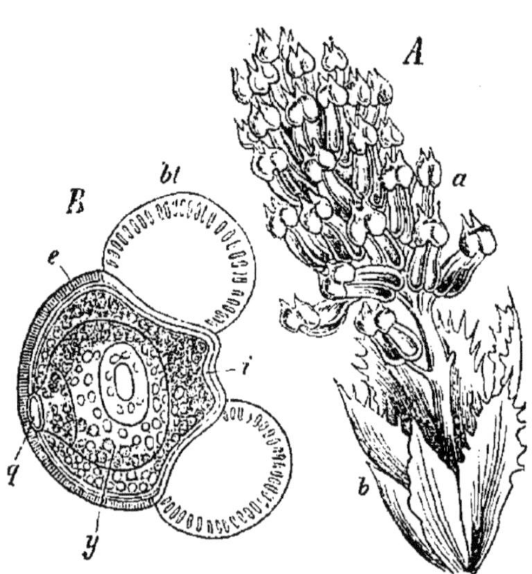

Fig. 101. — Sapin pectiné. *A*, une fleur mâle ; *b*, écailles du bourgeon formant une sorte de périanthe ; *a*, étamines à deux sacs polliniques. *B*, un grain de pollen ; *e*, exine formant latéralement deux ballonnets *bl* ; *i*, intine ; *y*, anthéridie pédicellée ; *q*, la première des deux petites cellules du grain, maintenant oblitérée.

La fleur femelle naît à l'aisselle d'une bractée (fig. 102, *A*), rarement d'une feuille verte (Ginkgo). Le plus souvent les bractées mères des fleurs sont insérées en plus ou moins grand nombre, en spirale ou en verticilles, le long d'un court rameau : l'inflorescence est en épi (Pin, Sapin, Cyprès, etc.) ; quelquefois elles sont en petit nombre et une seule est fertile ; l'inflorescence est solitaire (If, etc.). Le ramuscule floral ne produit que deux feuilles et avorte au-dessus d'elles : ces deux feuilles constituent le pistil. Plus rapprochées en arrière qu'en avant, elles sont concrescentes par leurs bords voisins dans toute leur longueur, de manière à former une écaille unique (fig. 102, *A*, *s*) tournant sa face ventrale en bas, c'est-à-dire vers la bractée mère, sa face dorsale en haut, c'est-à-dire vers l'axe de l'épi, en un mot conformée et orientée comme la double feuille verte des Sciadopites; entre ce double carpelle ouvert et la bractée mère, se trouve situé le sommet avorté du rameau floral. Ainsi constitué, le pistil est tantôt indépendant de la bractée mère (Sapin, fig. 102, Pin, Pesse, Cèdre, Mélèze, etc.) ou de la feuille mère (Ginkgo), tantôt concrescent avec la bractée dans la plus grande partie de sa longueur (Cyprès, Thuier, Genévrier, Taxode, Araucarie, etc.), différence du même ordre que celle

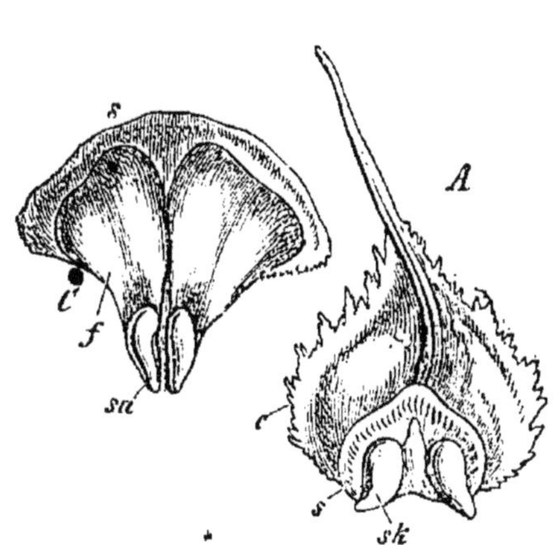

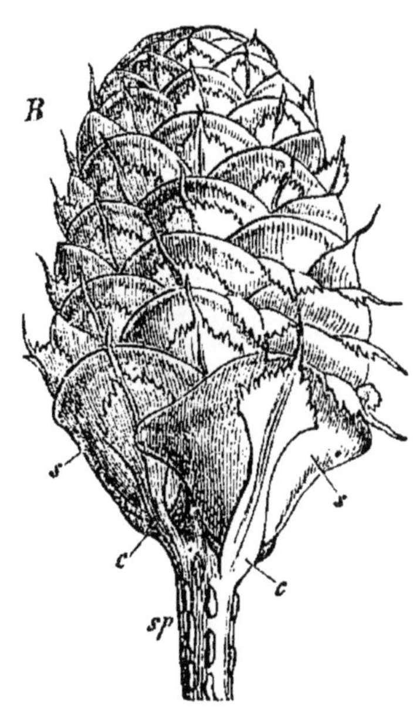

Fig. 102. — Sapin pectiné. *A*, bractée mère *c* détachée du rameau femelle, avec le double carpelle *s* portant les deux ovules *sk*. *B*, portion supérieure du cône dont *sp* est l'axe dénudé en bas; *c*, bractées mères, débordées par les péricarpes *s*. *C*, un péricarpe mûr avec ses deux graines *sa*, ailées en *f*.

qu'on observe chez les Angiospermes entre l'ovaire supère et l'ovaire infère. Il porte les ovules ordinairement sur sa face supérieure ou dorsale, quelquefois à son extrémité même (Ginkgo, Céphalotaxe, If, etc.). Ceux-ci sont orthotropes et leur unique tégument, concrescent avec le nucelle dans sa région inférieure, se prolonge plus ou moins longuement en tube au sommet, au-dessus de la chambre pollinique (*I*, p. 444, 197, *B*).

Ce qui varie suivant les genres, c'est le nombre des ovules, leur lieu d'insertion sur le double carpelle et leur direction. Quand il n'y en a qu'un seul, il est inséré tantôt à la base du carpelle et dressé (Genévrier commun), tantôt vers le milieu et horizontal (Dacryde), tantôt vers l'extrémité et pendant sur le dos du carpelle, soit librement (Agathide, etc.), soit en contractant une concrescence dans toute sa longueur avec le carpelle, qui se développe autour de lui et l'entoure d'une sorte de poche (Araucarie, Podocarpe); tantôt enfin, il est terminal, dressé au sommet même du carpelle, qui est alors extrêmement court, de façon à paraître situé à l'aisselle même de la bractée mère (Phyllocladc). Dans ce dernier cas, si la bractée mère est elle-même la dernière feuille de l'épi, l'ovule paraîtra terminer le rameau (If, Torreyer). Souvent il y a deux ovules côte à côte, insérés soit à la base du carpelle et dressés (Thuier, Biote, etc.), soit au milieu et horizontaux (Taxode), soit vers l'extrémité, pendants et en partie concrescents avec le pistil (Sapin, fig. 102, Pin, Pesse, etc.), soit enfin dressés au sommet même du double carpelle, qui est tantôt étroit et long (Ginkgo), tantôt au contraire extrêmement court (Céphalotaxe); dans ce dernier cas, les deux ovules sessiles paraissent axillaires de la bractée mère. Quelquefois il y a trois ovules collatéraux, fixés à la base du carpelle et dressés (Callitre, I, p. 444, fig. 197, *B*) ou vers le sommet et pendant librement (Cunninghamie). Ailleurs on en compte un plus grand nombre, six à huit, ou davantage, attachés à la base du carpelle et dressés (Cyprès, fig. 103, etc.), vers le milieu et horizontaux (Séquoier) ou vers l'extrémité et pendants (Sciadopite). Enfin les carpelles sont quelquefois tout couverts, de la base au sommet, de très nombreux ovules (Frénèle).

Fig. 103. — Pistil du Cyprès.

Ce qui varie aussi suivant les genres, c'est le nombre et la disposition des archégones dans l'endosperme. Ils y sont d'ordinaire en nombre plus grand que deux et pouvant dépasser quinze, tantôt en contact et formant un faisceau (Genévrier, Cyprès, etc.), tantôt séparés par des cellules stériles (Sapin, Pin, etc.). Leur nombre se réduit rarement à deux (Ginkgo). Le col est formé d'ordinaire, au-dessus de la cellule du canal, par quatre cellules en rosette, rarement par deux cellules seulement (Ginkgo).

Le péricarpe consiste en une écaille plus ou moins développée (fig. 102, *B*, *C*), quelquefois allongée en pétiole (Ginkgo), ordinairement ligneuse, portant sur sa face supérieure ou dorsale, ou à son extrémité (Ginkgo), autant de graines que le double carpelle d'où elle provient avait d'ovules; quelquefois il est très court et le fruit se réduit à une ou deux graines sessiles (If, Torreyer, Céphalotaxe, etc.). Quand les fleurs sont solitaires, les fruits le sont aussi (If, etc.); mais même quand elles sont groupées en épis pauciflores, toutes les fois que le péricarpe est très court (Céphalotaxe, Podocarpe) ou au contraire étiré en un long pétiole (Ginkgo), les fruits sont isolés et distincts. Il en est autrement quand les fleurs sont groupées en épis multiflores, ou même pauciflores, si les carpelles en mûrissant grandissent beaucoup en tous sens, de manière à déborder de tous côtés les bractées mères qui restent petites, s'ils en sont indépendants (fig. 102, *B*), ou à les forcer à suivre au moins en partie leur propre croissance, s'ils sont concrescents avec elles. Les péricarpes sont alors étroitement imbriqués (Sapin, fig. 102, *B*, Cèdre, Pesse, etc.), souvent même soudés par leurs bords fortement épaissis (Pin, I, p. 263, fig. 96, Cyprès, etc.), et tous ensemble ils constituent un fruit composé, de forme plus ou moins longuement conique si le nombre en est considérable (Pin, Pesse, fig. 102, *B*, etc.), de forme globuleuse si le nombre en est petit (Cyprès, Thuier, Genévrier, etc.), qu'on appelle dans tous les cas un *cône*, caractère dont la famille a tiré son nom. Le cône est en général de consistance ligneuse; celui des Genévriers est charnu et simule une baie

Quand il y a ainsi formation d'un cône, les graines se trouvent en réalité, pendant toute la durée de leur développement, enveloppées par les péricarpes et souvent même enfermées dans des logettes complètement closes, protégées par conséquent tout aussi efficacement que les graines des Angiospermes dans leur ovaire clos. L'inconvénient qui résulte de la gymnospermie est alors corrigé, ou même supprimé. A la maturité, les péricarpes se disjoignent, s'écartent et le cône s'ouvre pour disséminer les graines. Dans les Sapins, les Cèdres, etc., ils se détachent même complètement à la base et tombent avec les graines (fig. 102, *B*, *sp*) : le cône s'émiette. Dans les Genévriers, au contraire, le cône bacciforme est indéhiscent et se détache tout entier; c'est alors par destruction de la pulpe charnue que les graines sont mises en liberté.

Quand il n'y a pas formation d'un cône, les graines demeurent exposées aux intempéries pendant toute la durée de leur développement et c'est alors seulement que la plante est tout à fait gymnosperme. Aussi les genres qui offrent ce caractère d'infériorité dans la lutte pour l'existence sont-ils en voie de disparaître de la surface du globe (If, Ginkgo, Podocarpe, etc.). Il est pourtant jusqu'à un certain point remédié à cet inconvénient par diverses dispositions. Dans l'If, par exemple (fig. 104), un arille enveloppe la graine d'un sac largement ouvert au sommet, qui devient charnu et se colore en rouge vif à la maturité. Dans le Ginkgo, c'est la couche externe du tégument qui s'épaissit beaucoup et devient charnue à la maturité, tandis que la couche interne est ligneuse; il en résulte que la graine prend l'aspect d'une drupe.

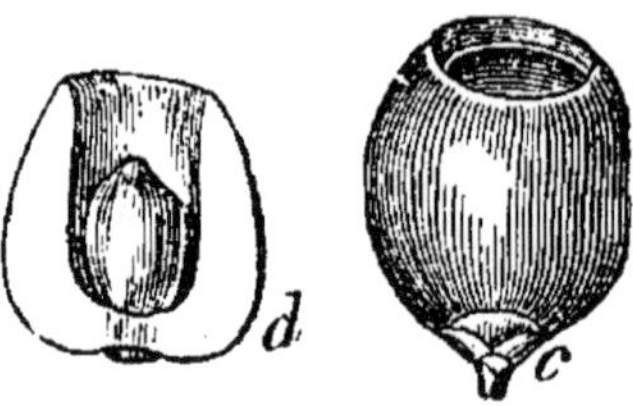

Fig. 104. — If à baies, graine entourée d'un arille charnu, entière *c* et coupée en long *d*.

Ordinairement ligneux ou membraneux, le tégument de la graine est quelquefois muni d'une ou deux ailes latérales provenant soit du développement des ailes que portait déjà le tégument de l'ovule (Séquoier, Callitre, I, fig. 195, etc.), soit d'une lame de tissu appartenant à la face dorsale du carpelle, qui se détache en même temps que la graine (Pin, Pesse, Sapin, 102, *C*, *f*, etc.). L'embryon est droit, enveloppé d'un épais albumen oléagineux (fig. 105). Il a souvent deux cotylédons (Cyprès, Séquoier, If, Araucarie, etc.); ce nombre est alors assez constant. Ailleurs le nombre des cotylédons est toujours supérieur à deux et très variable d'une graine à l'autre dans la même espèce (Pin, Sapin, Pesse, Cèdre, Mélèze, fig. 105, etc.); ces variations sont comprises entre trois et quinze. A la germination, la rhizelle s'allonge presque toujours vers le haut, entraînant la tigelle, qui demeure très courte, et les cotylédons; ceux-ci verdissent sans avoir besoin de lumière et sont épigés; pourtant, le Ginkgo et les Araucaries de la section Colymbée ont les cotylédons hypogés.

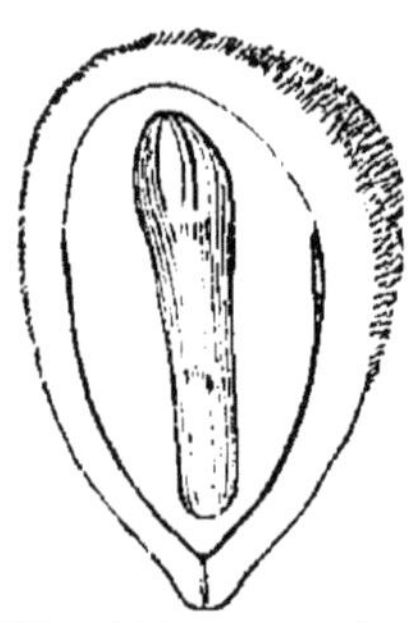

Fig. 105. — Graine de Mélèze, coupée en long.

Les Conifères sont répandues par toute la Terre et quelques-unes s'avancent, tant en latitude qu'en altitude, jusqu'à la limite de la végétation arborescente; la plupart habitent la zone tempérée de l'hémisphère boréal et plusieurs y forment de grandes forêts; les espèces tropicales vivent principalement sur les hautes montagnes. Elles nous donnent des bois de construction précieux par leur incorruptibilité, des résines, des essences, des goudrons; quelques-unes produisent des graines comestibles (Araucarie, Pin pignon, Pin cembra).

En se fondant à la fois sur la répartition des canaux sécréteurs, sur la direction, la situation et le nombre des ovules, sur l'indépendance ou la concrescence du pistil avec la bractée mère, sur la disposition des bractées mères, enfin sur la présence ou l'absence d'un cône, on peut grouper les genres d'abord en huit tribus, puis en trois sous-familles, de la manière suivante :

I. Abiétoïdées. — Des canaux sécréteurs dans la stèle de la racine et dans celle de la tige. Ovules renversés, dorsaux.

1. *Abiétées.* — Canaux sécréteurs dans la moelle de la racine. Deux ovules. Pistil indépendant de la bractée mère. Un cône : Sapin, Kéteelerie, Cèdre, Faux-Mélèze, Tsuge.
2. *Picéées.* — Canaux sécréteurs dans la péricycle de la racine, en dehors des faisceaux ligneux. Deux ovules. Pistil indépendant de la bractée mère. Un cône : Pesse, Faux-Tsuge, Mélèze, Pin.
3. *Araucariées.* — Canaux sécréteurs dans le péricycle de la racine, en dehors des faisceaux libériens. Un ovule. Pistil concrescent à la bractée mère. Un cône : Araucarie, Agathide.
4. *Podocarpées.* — Canaux sécréteurs dans le péricycle de la racine, en dehors des faisceaux libériens. Un ovule. Pistil indépendant de la bractée mère. Pas de cône : Stachycarpe, Podocarpe, Saxegothée, Microcachride.

II. Taxoïdées. — Pas de canaux sécréteurs dans la stèle de la racine; des canaux dans celle de la tige. Ovules dressés, terminaux. Pistil indépendant de la bractée mère. Pas de cône.

5. *Céphalotaxées.* — Canaux sécréteurs dans la moelle de la tige. Deux ovules : Céphalotaxe, Ginkgo.
6. *Taxées.* — Canaux sécréteurs dans le péricycle de la tige, en dehors des faisceaux foliaires. Un ovule : Phyllоclade, Torreyer, Dacryde, If.

III. Cupressoïdées. — Pas de canaux sécréteurs dans la stèle de la racine, ni dans celle de la tige. Ovules dressés, dorsaux. Pistil concrescent avec la bractée mère. Un cône.

7. *Séquoiées.* — Feuilles et bractées mères isolées : Séquoier, Wellingtonie, Sciadopyte, Cryptomérie, Taxode, etc.
8. *Cupressées.* — Feuilles et bractées mères verticillées : Cyprès, Thuier, Biote, Callitre, Frénèle, Genévrier, etc.

Il serait bien préférable, assurément, d'élever ces trois sous-familles au rang de familles distinctes, sous les noms de *Abiétacées*, *Taxacées* et *Cupressacées*. Ensemble, ces trois familles constitueraient alors une alliance, à laquelle on pourrait soit donner le nom de *Abiétales*, soit conserver le nom de Conifères;

qui est consacré, il est vrai, par l'usage, mais a le grave défaut de ne pas s'appliquer à trois des huit tribus de ce vaste groupe.

D'un autre côté, par la conformation de la feuille, qui prend à la stèle de la tige deux méristèles et non une seule, par la dualité des archégones dont le col est formé de deux cellules et non de quatre, enfin par la mobilité des anthérozoïdes, qui sont munis d'une spire ciliée, le Ginkgo s'éloigne de toutes les autres Conifères, se rapproche plus que les autres des Cycadacées, et mérite de constituer à lui seul une famille à part, les *Ginkgacées*. Cette famille sera le type d'une alliance distincte de celle des Abiétales, les *Ginkgales*.

Ensemble, ces deux alliances formeront un ordre, que l'on nommera les *Abiétinées*, ordre qui diffère profondément de celui qui a pour type les Cycadacées et que l'on nommera les *Cycadinées*.

Gnétacées. — La famille des Gnétacées ne renferme que trois genres avec 36 espèces, déjà nettement caractérisés par leur appareil végétatif.

Les Éphèdres, de nos pays, avec 20 espèces, sont des arbrisseaux à port de Prêle, dont les branches longues et grêles, à écorce verte, portent à chaque nœud deux petites feuilles opposées, écailleuses, concrescentes en une gaine à deux dents; ils sont dépourvus de canaux sécréteurs. La méristèle de la feuille est munie de deux ailes vasculaires péridesmiques.

Les Gnètes, avec 15 espèces, de l'Asie et de l'Amérique tropicales, sont des plantes ligneuses également dénuées de canaux sécréteurs, à tige tantôt dressée (G. Gnémon), tantôt volubile (G. comestible, G. Thoa, etc.), dont les feuilles, encore opposées, sont grandes, pétiolées, à limbe coriace et penninerve. Les méristèles de la feuille y sont dépourvues de vaisseaux périsdesmiques.

Enfin la Welwitschie (fig. 106), de la côte sud-ouest de l'Afrique, sur sa tige très courte et très épaisse ne porte que deux larges feuilles opposées, sessiles, persistantes, croissant indéfiniment à la base et acquérant une dimension énorme, qui s'étalent à la surface du sol et se divisent en lanières par les progrès de l'âge; c'est la paire de feuilles située au-dessus des deux cotylédons et en croix avec eux qui se développe de la sorte. La tige a des canaux sécréteurs dans le conjonctif de sa stèle et la feuille en renferme aussi dans son écorce, entre les méristèles. Dans chaque méristèle foliaire, le péridesme produit dans sa couche profonde deux axes fibreux, l'un au-dessous du liber, l'autre au-dessus du bois du faisceau libéroligneux; en même temps, il forme deux ailes de vaisseaux surnuméraires, partant des flancs du bois, se reployant à la fois vers le bas et vers le haut en dehors des deux arcs fibreux et se rejoignant en un double pont, comme chez les Pesses, les Pins, etc.; c'est un tissu de transfusion, à son maximum de développement. De pareilles lames vasculaires se forment aussi sur les flancs du bois des faisceaux libéroligneux dans la stèle du pédoncule floral; mais ici elles se

Fig. 106. — Welwitschie admirable, plante entière avec ses deux grandes feuilles et ses fleurs en grappes d'épis.

reploient seulement vers l'extérieur et ne se rejoignent qu'en dehors du faisceau fibreux péricyclique superposé au liber.

Dans ces trois genres, la tige s'épaissit à l'aide d'un pachyte dont le bois secondaire est homogène, formé uniquement de vaisseaux aréolés, chez la Welwitschie, hétérogène, composé de vaisseaux aréolés, étroits et fermés, et de vaisseaux ponctués, larges et ouverts, dans les Ephèdres et les Gnètes. En outre, dans les Gnètes à tige volubile (G. grimpant, G. brûlant, G. Thoa, etc.) et dans la Welwitschie, la tige produit plus tard, dans son péricycle et de dedans en dehors, une série de pachytes surnuméraires (I, p. 222, fig. 85). Dans le parenchyme qui sépare les faisceaux libéroligneux secondaires de ces pachytes successifs, la Welwitschie possède des canaux sécréteurs.

Les fleurs sont unisexuées, monoïques (Gnète, Welwitschie)

ou dioïques (Éphèdre), groupées en épis (Éphèdre, Gnète) ou en grappes d'épis (Welwitschie). La fleur mâle des Éphèdres commence par deux bractées concrescentes à la base, au-dessus desquelles le rameau se prolonge et se termine plus haut par un certain nombre de petites étamines, deux à huit suivant l'espèce, portant chacune deux sacs polliniques qui s'ouvrent par un pore au sommet. Les Gnètes ont deux étamines concrescentes à un seul sac pollinique, la Welwitschie six étamines concrescentes en tube à trois sacs polliniques. Dans les Éphèdres et les Gnètes, la petite cellule du grain de pollen produit une anthéridie pédicellée; dans la Welwitschie, elle ne se cloisonne pas, se détache et devient directement la cellule mère des anthérozoïdes, comme chez les Angiospermes.

Pour former la fleur femelle, le rameau produit deux écailles opposées concrescentes bord à bord dans toute leur longueur en forme de bouteille, et avorte au-dessus d'elles. C'est à la base de cette double écaille close et sur sa face interne, qu'est inséré un ovule orthotrope, unitegminé dans les Éphèdres et la Welwitschie, bitegminé dans les Gnètes, dont le tégument unique ou le tégument interne, quand il y en a deux, se prolonge en un tube qui traverse l'ouverture du sac et se dilate en entonnoir à son extrémité. Les deux carpelles concrescents forment donc ici un ovaire clos, excepté au sommet, et plus tard la graine se trouve aussi complètement enveloppée par le péricarpe que chez les Angiospermes. Dans la Welwitschie, et, semble-t-il, aussi dans les Gnètes, les cellules mères des archégones ne se cloisonnent pas et deviennent directement autant d'oosphères; en un mot, il n'y a pas d'archégones.

Le fruit est un achaine. Dans la Welwitschie, les achaines sont ailés et rapprochés en grand nombre à l'aisselle de leurs bractées, de manière à former un cône qui se colore en rouge à la maturité. La graine est pourvue d'un albumen charnu et son embryon a deux cotylédons. A la germination, la tigelle s'allonge et les cotylédons sont épigés.

Ces trois genres doivent être considérés comme les types tout au moins de trois tribus distinctes, que l'on peut caractériser comme il suit :

1. *Welwitschiées*. — Des canaux sécréteurs. Un tissu de transfusion dans la feuille et le pédoncule floral. Bois secondaire homogène. Anthéridie sessile. Pas d'archégones. Ovule unitegminé : Welwitschie.

2. *Éphédrées*. — Pas de canaux sécréteurs. Un tissu de transfusion dans la feuille. Bois secondaire hétérogène. Anthéridie pédicellée. Des archégones. Ovule unitegminé : Éphèdre.

3. *Gnétées.* — Pas de canaux sécréteurs. Pas de tissu de transfusion. Bois secondaire hétérogène. Ovule bitegminé : Gnète.

Mais, vu les grandes différences qui les séparent, il est bien préférable d'élever ces trois tribus au rang de familles, sous les noms de *Welwitschiacées*, d'*Ephédracées* et de *Gnétacées*. Ensemble, les deux premières, où l'ovule est unitegminé, formeront alors une alliance, les *Éphédrales*, tandis que la troisième, où l'ovule est bitegminé, sera le type d'une autre alliance, les *Gnétales*. Et ces deux alliances, à leur tour, composeront, dans la classe des Astigmatées, un ordre distinct, les *Éphédrinées*.

Par la structure du corps végétatif, notamment par la présence de canaux sécréteurs, la disposition du tissu de transfusion, l'homogénéité du bois secondaire, la Welwitschie se rapproche plus que les autres des Cycadacées et des Conifères, tandis que par l'absence de tissu de transfusion et l'hétérogénéité du bois secondaire, les Gnètes se rapprochent plus que les autres des Stigmatées. Par l'organisation florale, au contraire, ce sont les Éphèdres qui se relient intimement aux autres Astigmatées, tandis que, par l'anthéridie sessile et l'absence d'archégones, la Welwitschie se rattache aux Stigmatées.

Résumé de la classe des Astigmatées. — En résumé, si l'on veut tenir compte de l'ensemble de leurs caractères, les 52 genres qui composent la classe des Astigmatées doivent désormais être répartis, non plus en trois familles seulement, comme il a été fait jusqu'ici, mais bien en huit familles distinctes. A leur tour, ces huit familles doivent être groupées en trois ordres, que l'on nommera respectivement *Cycadinées*, *Abiétinées* et *Éphédrinées*. Le premier ne comprend qu'une seule famille, les Cycadacées. Le second en renferme quatre, qu'il convient de grouper d'abord en deux alliances : les *Ginkgales*, où la feuille reçoit de la tige deux méristèles et qui ne comprennent qu'une seule famille, les Ginkgacées, et les *Abiétales*, où la feuille ne reçoit de la tige qu'une seule méristèle et qui renferment trois familles, les Abiétacées, les Cupressacées et les Taxacées. Le troisième ordre comprend trois familles, qu'il faut grouper d'abord en deux alliances : les *Éphédrales*, où l'ovule est unitegminé et qui forment deux familles, les Éphédracées et les Welwitschiacées, et les *Gnétales*, où il est bitegminé, qui ne renferment qu'une famille, les Gnétacées. Le tableau suivant résume cette nouvelle classification :

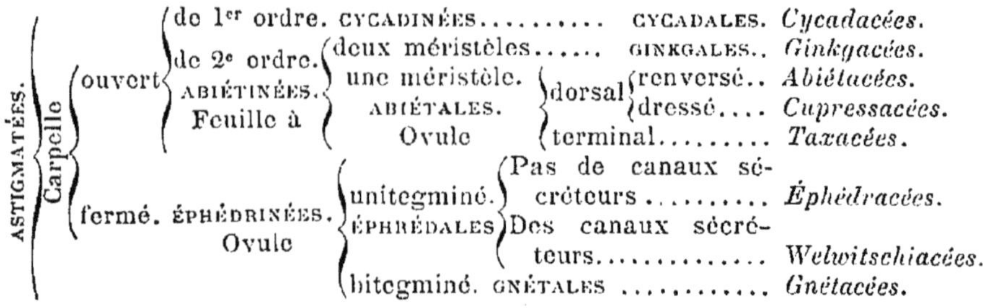

ASTIGMATÉES. Carpelle
- ouvert. Feuille à
  - de 1er ordre. CYCADINÉES .... CYCADALES. *Cycadacées.*
  - de 2e ordre. ABIÉTINÉES. Ovule
    - deux méristèles ...... GINKGALES.. *Ginkgacées.*
    - une méristèle. ABIÉTALES. Ovule
      - dorsal
        - renversé.. *Abiétacées.*
        - dressé.... *Cupressacées.*
      - terminal......... *Taxacées.*
- fermé. ÉPHÉDRINÉES. Ovule
  - unitegminé. ÉPHRÉDALES
    - Pas de canaux sécréteurs .... *Éphédracées.*
    - Des canaux sécréteurs............. *Welwitschiacées.*
  - bitegminé. GNÉTALES .... *Gnétacées.*

SOUS-EMBRANCHEMENT II

STIGMATÉES ou ANGIOSPERMES

En traçant, dans la première partie de cet Ouvrage, l'étude générale de la plante, considérée dans sa forme, dans sa structure, dans son développement et dans le développement de sa race, c'est principalement aux Stigmatées ou Angiospermes, comme au groupe le plus vaste, le plus répandu et le plus important du règne végétal, que nous avons attaché notre attention et emprunté nos exemples. Aussi l'organisation générale de ces plantes nous est-elle bien connue.

D'après la manière dont s'y comporte l'épiderme de la racine, il y a lieu, comme on sait (I, p. 104), d'y distinguer deux groupes : les *Liorhizes*, où la racine perd tout son épiderme et a une surface lisse, et les *Climacorhizes*, où elle garde adhérente l'assise interne de l'épiderme et a une surface en escalier. D'autre part, suivant que l'embryon y possède un ou deux cotylédons, on a depuis longtemps l'habitude de les répartir en deux divisions : les *Monocotylédones* et les *Dicotylédones* (I, p. 9) En combinant ces deux caractères, nous subdiviserons ici ce sous-embranchement en trois groupes principaux ou classes, savoir : les *Liorhizes monocotylées*, les *Liorhizes dicotylées* et les *Climacorhizes*, ces dernières étant toutes dicotylées.

CLASSE II

LIORHIZES MONOCOTYLÉES ou MONOCOTYLÉDONES

Caractères généraux. — Production de l'assise pilifère de la racine par l'assise externe de l'écorce, l'épiderme s'exfoliant tout entier avec les calottes de la coiffe (I, p. 103 et p. 104); un seul cotylédon à l'embryon, qui est toujours renfermé dans une graine, cotylédon dont le plan médian coïncide toujours avec le plan de symétrie du tégument de la graine, mais en sens contraire, de manière à établir entre la dernière feuille de l'être ancien et la première feuille de l'être nouveau une divergence de 180 degrés; faible durée de la racine terminale; absence d'un pachyte issu d'une assise génératrice intercalée au liber et au bois primaires : tels sont les seuls caractères connus qui appartiennent en commun à toutes les Monocotylédones. Encore faut-il remarquer que le second peut seul entrer dans la définition de la classe, parce qu'il ne se retrouve pas chez les autres Stigmatées, les trois autres doivent en être exclus, parce qu'on les rencontre, comme on le verra plus tard, chez quelques-unes de ces plantes.

A côté de ces caractères généraux, plusieurs autres méritent d'être signalés, parce que, tout en étant sujets à exception, ils sont assez fréquemment réalisés pour donner à l'ensemble une physionomie spéciale. Le plus souvent, les feuilles sont isolées, engainantes, dépourvues de stipules, prennent à la tige de nombreuses méristèles et ont la nervation parallèle. Le plus souvent, pour suffire aux besoins des feuilles, les faisceaux libéroligneux de la tige sont très nombreux et disposés dans la stèle en plusieurs cercles concentriques; les déviations qu'ils éprouvent alors pendant leur course verticale, tant suivant le rayon que suivant la tangente, font que, sur une section transversale, ils paraissent disséminés sans ordre. Le plus souvent, la tige et la racine ne prennent pas de pachyte et ne s'épaississent pas. Le plus souvent, la fleur est construite sur le type trois. Le plus souvent, quand le périanthe est double, les deux verticilles qui le composent sont semblables, tous deux colorés ou tous deux incolores. Le plus souvent, à l'intérieur des quatre sacs polliniques que porte habituellement chaque étamine, les grains de pollen naissent dans leurs cellules mères par deux bipartitions successives.

Division de la classe des Monocotylédones en quatre ordres. — Toutes les Monocotylédones produisent des graines dans le fruit mûr, en un mot sont séminées; toutes aussi ont des ovules à nucelle muni de deux téguments, en un mot sont bitegminées. Mais d'autres caractères varient et servent à y définir des ordres. C'est d'abord l'existence ou l'absence de la corolle, et, quand il y en a une, sa nature pétaloïde ou sépaloïde. C'est ensuite la concrescence des verticilles floraux, qui peut n'avoir pas lieu ou ne s'étendre qu'au calice, à la corolle et à l'androcée, en laissant le pistil libre ou supère, mais qui peut aussi envahir toute la fleur, en rendant l'ovaire adhérent ou infère (I, p. 394).

En tenant compte de ces deux différences, on divise la classe des Monocotylédones en quatre grands ordres, de la manière suivante :

Monocotylédones. — Corolle	nulle.	Ovaire supère.......	*Cypérinées.*
	sépaloïde..	Ovaire supère.......	*Joncinées.*
	pétaloïde..	Ovaire supère.......	*Liliinées.*
		Ovaire infère........	*Iridinées.*

Pour continuer la marche ascendante qui a été suivie jusqu'ici dans la seconde partie de cet Ouvrage, on étudiera ces ordres en commençant par celui des Cypérinées, où l'organisation florale est le plus simple, pour finir par celui des Iridinées, où elle est le plus compliquée.

ORDRE I

CYPÉRINÉES

Caractères généraux et division en familles. — L'ordre des Cypérinées tire son nom de la famille des Cypéracées, qui est la plus répandue et la plus nombreuse de ce groupe. C'est chez lui que l'organisation florale offre sa plus grande simplicité. Les fleurs y sont très petites, peu apparentes, mais en revanche rapprochées en grand nombre sur des épis simples, composés, ou groupés en grappe. Non seulement la corolle y fait habituellement défaut, mais le calice lui-même y manque très souvent et la fleur est nue ; quand il y a des sépales, ils sont très peu développés et indépendants des verticilles internes, ce qui laisse l'ovaire dans tous les cas supère. En outre, l'androcée et le pistil y sont souvent séparés dans des fleurs unisexuées.

Ce qui varie davantage, c'est l'albumen, qui est amylacé, charnu ou nul ; c'est la forme des ovules, qui sont fréquemment anatropes, parfois orthotropes ; c'est la répartition des fleurs unisexuées dans l'épi, où elles sont tantôt entremêlées, tantôt séparées, les femelles en bas, les mâles en haut, tantôt isolées sur des épis différents, monoïques ou dioïques ; c'est enfin la nature du fruit. Ces différences permettent de diviser l'ordre des Cypérinées en huit familles, définies comme il suit :

Cypérinées. Albumen	amylacé. Plantes	terrestres. Ovules	anatropes........	*Cypéracées.*
			orthotropes......	*Centrolépidacées.*
		aquatiques nageantes.........		*Lemnacées.*
	nul..................................			*Naïadacées.*
	charnu. Fleurs mâles et femelles dans	le même épi,	séparées..........	*Aracées.*
			entremêlées.......	*Cyclanthacées.*
		des épis différents,	monoïques........	*Typhacées.*
			dioïques..........	*Pandanacées.*

Cypéracées. — Les Cypéracées, 65 genres avec plus de 3000 espèces, dont 800 Laiches ou Carex et 700 Souchets, sont des herbes ordinairement vivaces à l'aide d'un rhizome rameux végétant en sympode (I, p. 142 et p. 148), rarement annuelles, qui abondent partout dans les lieux humides ou marécageux. Les branches du rhizome se renflent quelquefois en tubercules pleins d'amidon (divers Souchets ou Cyperus). Les extrémités dressées des branches du rhizome ont leurs entrenœuds inférieurs et souterrains très courts; l'entre-nœud supérieur, au contraire, s'allonge beaucoup et forme toute la portion aérienne et florifère de la tige, qui paraît en conséquence dépourvue de nœuds. Cette tige aérienne est tantôt prismatique triangulaire (Laiche, Souchet, etc.), tantôt cylindrique (Scirpe, Clade, etc.); sa large moelle, d'abord pleine, se creuse souvent plus tard. Les feuilles sont isolées avec divergence $\frac{1}{3}$, tristiques; elles sont formées d'une gaine à bords concrescents dans toute leur longueur en un tube fermé et d'un limbe étroit, rubané, rectinerve. La racine a les lacunes de son écorce entrecoupées tangentiellement; souvent le péricycle manque ou est peu développé en face des faisceaux ligneux, de sorte que les radicelles prennent naissance en face des faisceaux libériens (I, p. 93 et p. 111).

Les fleurs, le plus souvent hermaphrodites (fig. 107), quelquefois unisexuées (Laiche, fig. 108, etc.), sont disposées en petits épis ordinairement groupés à leur tour en épi, en grappe simple ou composée, en ombelle, etc.; chaque épillet naît à l'aisselle d'une bractée bien développée. Quand les fleurs sont unisexuées, dans les Laiches, par exemple (fig. 108), il y a une remarquable discordance d'origine entre les fleurs mâles et les fleurs femelles. Les premières naissent directement à l'aisselle de leurs bractées mères, comme d'ordinaire (fig. 108, *A*). Dans les secondes, la bractée mère forme d'abord à son aisselle un petit rameau qui produit une bractée adossée, reployée en avant en forme de gaine, et avorte au-dessus d'elle (fig. 108, *B*). C'est à l'aisselle de cette bractée adossée, nommée ici *utricule*, que naît ensuite la fleur femelle. Celle-ci est donc de seconde génération par rapport à la fleur mâle.

La fleur est tantôt dépourvue de toute trace de périanthe (Laiche, fig. 108, Souchet, Choin, Clade, etc.), tantôt pourvue à la base de quelques filaments soyeux, parfois au nombre de six (fig. 107), que l'on regarde comme un périanthe rudimentaire (Scirpe, Linaigrette, Héléocharite, Rhynchospore, etc.). L'androcée se compose de trois étamines, une en avant et deux en arrière, à anthères basifixes, introrses, munies de

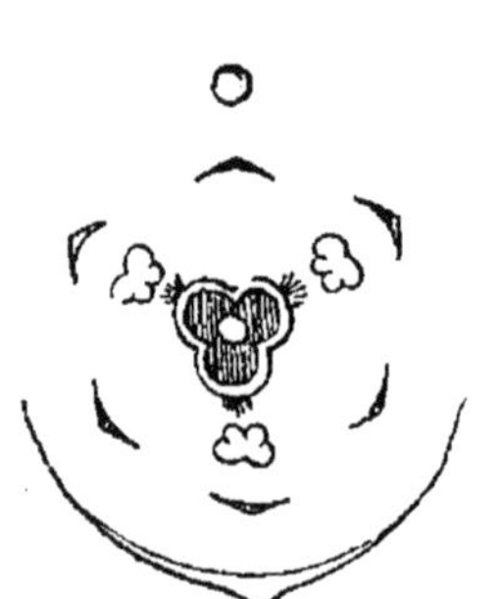

Fig. 107. — Diagramme de la fleur du Scirpe des bois.

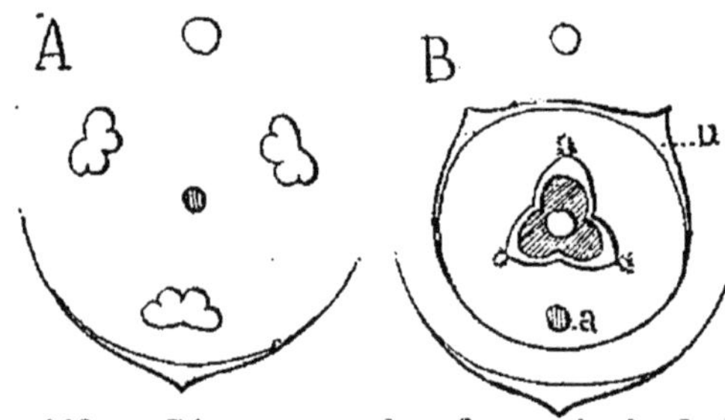

Fig. 108. — Diagramme des fleurs de la Laiche panicée : *A*, fleur mâle ; *B*, fleur femelle ; elle est de seconde génération et procède du rameau avorté *a*, à l'aisselle de la bractée mère *u*, qui l'enveloppe : c'est l'*utricule*.

quatre sacs polliniques à déhiscence longitudinale ; l'antérieure avorte dans les Clades. Le pistil est formé de trois carpelles superposés aux étamines, ouverts et concrescents en un ovaire uniloculaire, surmonté d'un style terminé par trois stigmates ; cet ovaire renferme, attaché vers la base de sa suture postérieure, un ovule anatrope à deux téguments, dressé, à raphé postérieur, épinaste par conséquent. Il n'y a quelquefois que deux carpelles latéraux. La formule florale peut s'écrire : $F = 3E + (3C^o)$.

Le fruit est un achaine. La graine contient un albumen amylacé et un petit embryon en forme de toupie. L'assise périphérique de l'albumen, dépourvue d'amidon, se cloisonne tangentiellement autour des flancs et de la base de l'embryon, qu'elle enveloppe d'une couche plus ou moins épaisse. A la germination, le nœud cotylédonaire s'allonge plus ou moins, de manière à séparer le limbe du cotylédon, qui reste dans la graine et s'y accroît en digérant l'albumen, de sa ligule, qui est soulevée en l'air et à la base de laquelle se forment les premières racines latérales. La méristèle cotylédonaire quitte la stèle en haut du nœud ainsi allongé, entre dans la ligule, y monte jusqu'au sommet, puis y redescend jusqu'à la base, traverse dans l'écorce toute la longueur du nœud et pénètre enfin dans le limbe intra-séminal, à l'extrémité duquel elle se termine.

D'après l'hermaphrodisme ou l'unisexualité des fleurs, les genres se groupent en deux tribus :

1. *Scirpées.* — Fleurs hermaphrodites : Souchet, Héléocharite, Scirpe, Linaigrette, Rhynchospore, Choin, Clade, etc.
2. *Caricées.* — Fleurs unisexuées : Laiche, Sclérie, etc.

Plusieurs Cypéracées produisent des tubercules amylacés et alimentaires (Souchet comestible, etc.); d'autres servent, par leurs tiges aériennes, à confectionner des paillassons (Scirpe lacustre) ou des chaises (Laiche nerveuse, etc.); c'est avec les tiges aériennes du Souchet à papier, découpées en tranches, que les anciens fabriquaient leur papier.

Centrolépidacées. — Les Centrolépidacées, 6 genres avec 32 espèces, presque toutes australiennes, sont de petites herbes annuelles ou vivaces, à port de Cypéracée. Dans la racine, le péricycle fait défaut en face des faisceaux ligneux, comme chez la plupart des Cypéracées.

Les fleurs sont tantôt hermaphrodites (Aphélie, Gaimardie, Centrolépide), tantôt unisexuées avec monœcie (Brizule, Joncelle, Alépyre), toujours dépourvues de périanthe et de la structure la plus simple. L'androcée se réduit, en effet, à une seule étamine, dont l'anthère oscillante et introrse ne porte que deux sacs polliniques, à déhiscence longitudinale, rarement quatre sacs (Joncelle); il a parfois deux étamines (Gaimardie). Le pistil se réduit aussi à un seul carpelle clos, terminé par un style et un stigmate filiformes, renfermant un seul ovule orthotrope à deux téguments, pendant au sommet de l'ovaire; il y a quelquefois deux carpelles (Gaimardie).

Le fruit est sec et s'ouvre par une fente dorsale. La graine contient un albumen amylacé et un petit embryon lenticulaire.

Ces plantes diffèrent des Cypéracées surtout par l'ovule orthotrope pendant et la déhiscence du fruit.

Lemnacées. — Les Lemnacées, 4 genres avec 20 espèces, sont des plantes aquatiques nageantes, répandues partout à la surface des eaux douces et stagnantes, dont la tige se réduit à une petite lame verte, arrondie ou ovale, ramifiée dans son plan, avec prompte dissociation des branches successives. Elle est quelquefois entièrement dépourvue de racines et de feuilles (Wolffie), tantôt munie seulement d'une racine sur sa face inférieure (Lenticule ou Lemna, Telmatophace), tantôt pourvue à la fois de plusieurs racines et d'une feuille engainante (Spirodèle); c'est seulement dans ce dernier genre que les vaisseaux achèvent leur différenciation.

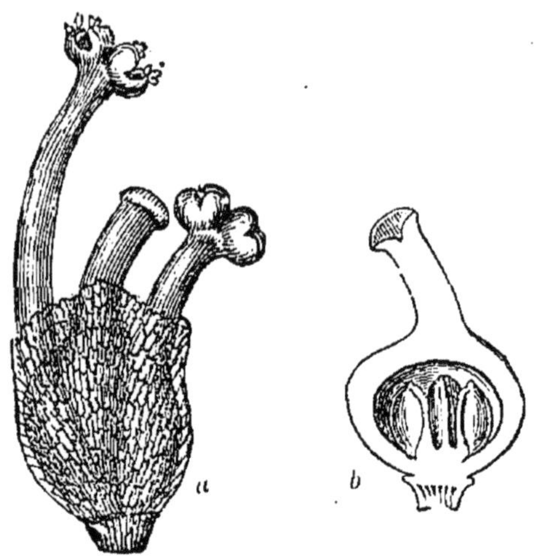

Fig. 109. — Telmatophace gibbeux : *a*, épillet formé de deux fleurs mâles et d'une fleur femelle ; *b*, pistil ouvert montrant les ovules.

Les fleurs sont unisexuées, groupées par deux ou trois en épillets monoïques (fig. 109, *a*), et nues. La fleur mâle se réduit à une étamine portant quatre sacs polliniques s'ouvrant en long, quelquefois deux (Wolffie). La fleur femelle se réduit à un carpelle clos contenant, dressés au fond de l'ovaire, tantôt un seul ovule orthotrope (Lenticule, Wolffie), tantôt 2 ovules anatropes (Spirodèle), tantôt 2 à 7 ovules anatropes (Telmatophace, fig. 109, *b*).

Le fruit est un achaine et la graine contient un albumen amylacé, parfois très mince (Wolffie, Telmatophace).

A l'extrême simplicité de l'organisation florale joignant l'extrême dégradation du système végétatif, cette petite famille occupe une place à part dans la classe des Monocotylédones.

Naïadacées. — Les Naïadacées, 13 genres avec 107 espèces, sont des plantes aquatiques submergées, à feuilles supérieures quelquefois nageantes (Aponogète, Potamot nageant, etc.), annuelles (Naïade) ou vivaces avec un rhizome, parfois tuberculeux et comestible (Aponogète, Ouvirandre) ; les unes habitent les eaux douces (Naïade, Zannichellie, Potamot, etc.), les autres la mer (Zostère, Posidonie, Cymodocée, etc.), dont elles formant, à part quelques Hydrocharitacées, toute la végétation phanérogamique. Les feuilles sont distiques, engainantes, souvent munies de deux stipules ou d'une ligule axillaires (Zostère, Potamot, etc.), quelquefois pétiolées (Potamot nageant, P. luisant, etc.), à limbe ordinairement rubané, parfois très long (Zostère); dans l'Ouvirandre, le parenchyme fait défaut et le limbe se réduit à son réseau de nervures. Dans la racine, le péricycle est souvent interrompu en face des faisceaux libériens (Naïade, Potamot, Zostère, etc.) (I, p. 93).

Fig. 110. — Diagramme de la fleur du Potamot nageant.

Les fleurs, solitaires (Naïade, Zannichellie, etc.) ou groupées en épis (Zostère, Potamot, etc.), sont tantôt hermaphrodites (Potamot, Posidonie, Aponogète, etc.), tantôt unisexuées avec monœcie (Naïade, Zostère, Zannichellie, etc.), ou diœcie (Cymodocée, etc.), toujours dépourvues de périanthe. La fleur hermaphrodite du Potamot (fig. 110) a quatre étamines à anthères sessiles, extrorses, munies d'un appendice dorsal qui simule un sépale, et quatre carpelles libres, alternes avec les étamines, terminés par un stigmate sessile et renfermant un ovule campylotrope courbé vers le bas. Celle de la Ruppie n'a que deux étamines; celle de l'Aponogète en a six et chaque carpelle y renferme plusieurs ovules anatropes, dressés à raphé ventral. La fleur mâle de la Cymodocée se réduit à deux étamines, celle des Naïades, Zostères, Zannichellies, etc., à une seule étamine. La fleur femelle des Naïades et des Zostères a un seul carpelle avec un ovule, qui est anatrope dressé dans le premier genre, orthotrope pendant dans le second; elle a deux carpelles

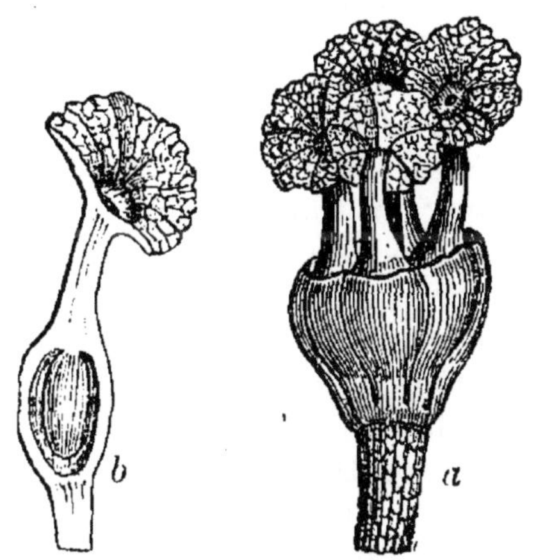

Fig. 111. — Fleur femelle de la Zannichellie palustre (*a*); *b*, un carpelle coupé en long, montrant l'ovule orthotrope pendant.

dans la Cymodocée, trois dans l'Althénie, quatre dans la Zannichellie (fig. 111).

Le fruit est ordinairement un achaine, quelquefois un follicule (Aponogète, Ouvirandre) ou une baie (Posidonie, etc.). La graine, dépourvue d'albumen, renferme un embryon ordinairement courbé dans son plan médian, quelquefois droit (Naïade, Aponogète, Ouvirandre), à tigelle plus développée que le cotylédon.

D'après la conformation de la fleur et des ovules, on groupe les genres en quatre tribus, comme il suit :

I. — Fleurs unisexuées.
- 1. *Naïadées.* — Un ovule anatrope dressé : Naïade.
- 2. *Zostérées.* — Un ovule orthotrope pendant : Zostère, Phyllospadice, Cymodocée, Zannichellie, Althénie, etc.

II. — Fleurs hermaphrodites.
- 3. *Potamées.* — Un ovule campylotrope pendant : Posidonie, Potamot, Ruppie, etc.
- 4. *Aponogétées.* — Plusieurs ovules anatropes dressés : Aponogète, Ouvirandre.

Par la simplicité des fleurs, nues et souvent réduites à une étamine et à un carpelle, comme par la végétation aquatique, les Naïadacées se rattachent aux Lemnacées et, par elles, aux Centrolépidacées et aux Cypéracées. Elles diffèrent des trois familles précédentes par l'absence d'albumen.

Aracées. — Les Aracées, 105 genres avec environ 900 espèces, abondamment répandues dans la zone trapicale des deux continents, plus rares dans les régions tempérées, offrent les modes de végétation les plus divers : elles sont terrestres avec un rhizome tuberculeux (Gouet ou Arum, Serpentaire, etc.), ou avec une grosse tige dressée à courts entrenœuds (Colocase, etc.); marécageuses, avec un rhizome horizontal rameux (Acore, Calle, etc.); aquatiques nageantes, avec une rosette de feuilles sur une tige très courte (Pistie); grimpantes et épidendres, avec une tige ligneuse et ramifiée, à longs entre-nœuds, souvent dorsiventrale, produisant des racines aériennes aux nœuds et parfois sur toute sa surface inférieure (Philodendre, Monstère, etc.). Les feuilles, engainantes, quelquefois rubanées (Acore), sont ordinairement pétiolées avec un large limbe à nervation palmée ou pennée, entier ou diversement découpé, quelquefois percé de trous (Monstère délicieuse, etc.). On y trouve des cellules oléifères (Acore), des cellules laticifères en files indépendantes (Gouet,

Richardie, etc.) ou anastomosées en réseau (Colocase, Calade, etc.) et des canaux sécréteurs oléifères (Philodendre, Homalonème, etc.). D'autres ont le parenchyme traversé et soutenu par des sclérites en aiguille ou étoilées (Monstère, Spathiphylle, etc.).

Fig. 112. — Spathe du Gouet maculé, coupé en avant pour laisser voir l'épi portant en bas les fleurs femelles, plus haut les fleurs mâles.

Les fleurs sont disposées en un épi muni d'une spathe diversement conformée et colorée (fig. 112); l'axe de l'épi se prolonge quelquefois au-dessus des fleurs en un appendice de forme variée (Gouet, fig. 112, Serpentaire, etc.).

Toujours dépourvues de bractées mères, les fleurs sont constituées, suivant les genres, d'après trois types différents : elles sont nues et unisexuées, disposées dans le même épi, les femelles en bas, les mâles en haut (Gouet, fig. 112, etc.), nues et hermaphrodites (Calle, etc.), périanthées et hermaphrodites (Acore, fig. 113, etc.). Elles sont dimères (Anthure, etc.) ou trimères (Acore, fig. 113, etc.). Quand la fleur est complète (fig. 113), le périanthe se compose de deux verticilles alternes de petites écailles sépaloïdes, l'androcée de deux verticilles alternes d'étamines libres, le pistil d'un verticille de carpelles concrescents, ouverts (Colocase, Pistie, etc.) ou fermés (Calade, Anthure, Acore, fig. 113, etc.), contenant des ovules dont le nombre, la forme et l'insertion varient beaucoup suivant les genres. Dans la fleur mâle, le nombre des étamines se montre très variable; elles sont souvent concrescentes et leurs sacs polliniques s'ouvrent fréquemment par des pores terminaux (Colocase, Richardie, Philodendre, etc.).

Le fruit est une baie. La graine a le plus souvent un albumen charnu; elle en est quelquefois dépourvue (Monstère, Pothe, etc.).

Plusieurs Aracées sont recherchées et cultivées pour leur tige amylacée et alimentaire (Colocase des anciens, Arisème utile, etc.), pour leurs jeunes pousses, mangées sous le nom de *chou caraïbe* (Xanthosome sagittifolié), pour leurs fruits comestibles et parfumés (Monstère délicieuse, etc.).

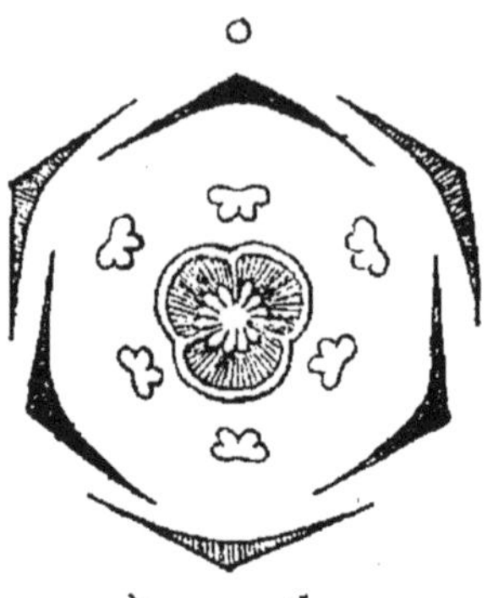

Fig. 113. — Diagramme de la fleur de l'Acore calame.

D'après la conformation des fleurs, on groupe les genres en trois tribus :

1. *Arées*. — Fleurs nues unisexuées : Pistie, Gouet, Serpentaire, Amorphophalle, Colocase, Calade, Philodendre, Richardie, etc.
2. *Callées*. — Fleurs nues hermaphrodites : Calle, Monstère, Scindapse, etc.
3. *Acorées*. — Fleurs périanthées hermaphrodites : Oronte, Lasie, Spathiphylle, Anthure, Acore, Pothe, etc.

Par les Arées, les Aracées touchent aux Lemnacées et aux Naïadées; par les Callées, elles se rapprochent des Potamées; par les Acorées, qui ont une corolle sépaloïde, elles tendent vers l'ordre des Joncinées.

Typhacées. — Les Typhacées, 2 genres avec environ 20 espèces, sont des herbes aquatiques ou marécageuses, vivaces à l'aide d'un rhizome rameux qui produit chaque année des branches dressées, à feuilles distiques, engainantes et rubanées.

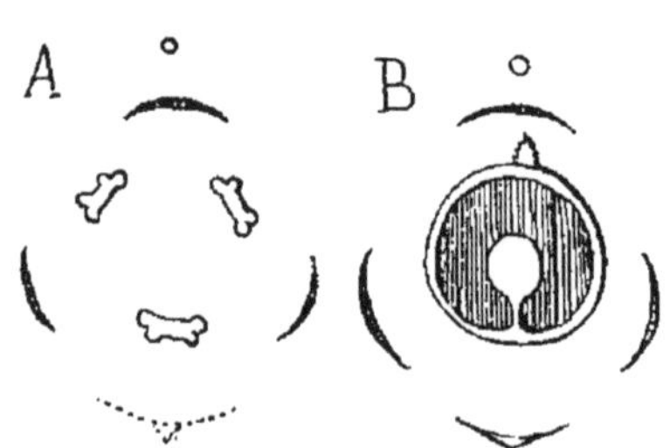

Fig. 114. — Diagramme des fleurs du Rubanier; *A*, fleur mâle; *B*, fleur femelle.

Les fleurs, unisexuées et monoïques, sont disposées en épis cylindriques (Massette ou Typha), ou en capitules (Rubanier), les uns mâles, les autres femelles. La fleur mâle (fig. 114, *A*), dépourvue de bractée mère, a trois étamines, une en avant, deux en arrière, libres (Rubanier) ou concrescentes (Massette). La fleur femelle (fig. 114, *B*), munie d'une bractée mère, n'a qu'un carpelle postérieur, renfermant un ovule anatrope pendant à raphé ventral.

Le fruit des Massettes est sec et déhiscent, celui des Rubaniers est une drupe. La graine renferme un abondant albumen amylacé.

Les Typhacées se relient d'une part aux Cypéracées, notamment aux Caricées, de l'autre aux Aracées et surtout aux Arées.

Pandanacées. — Les Pandanacées, 2 genres avec 83 espèces, tropicales ou subtropicales, sont des plantes ligneuses, arborescentes (Vaquois ou Pandanus), ou grimpantes (Freycinétie), dont la tige se soutient par un étui de fortes racines latérales et porte à son extrémité un bouquet de feuilles tristiques, rubanées, engainantes, épineuses sur les bords et le long de la nervure médiane.

Les fleurs, unisexuées et dioïques, sont disposées en épis, dépourvues de bractées mères et nues. La fleur mâle est formée d'un grand nombre d'*étamines*, la fleur femelle d'un nombre indéterminé de carpelles, tantôt ouverts et concrescents en un ovaire uniloculaire à placentes pariétaux portant un grand nombre d'ovules anatropes (Freycinétie), tantôt fermés et contenant chacun un seul ovule anatrope basilaire (Vaquois).

Les fruits sont des baies (Freycinétie) ou des drupes (Vaquois), soudées en un fruit composé. La graine renferme un volumineux albumen charnu.

Ces plantes se rattachent intimement aux Typhacées et aux Aracées, notamment aux Arées.

Cyclanthacées. — Les Cyclanthacées, 6 genres avec 48 espèces de l'Amérique tropicale, sont des plantes herbacées à rhizome, ou ligneuses grimpantes et épidendres à racines aériennes; leurs feuilles sont pétiolées à limbe flabelliforme entier (Ludovic), bifide ou bipartit (Carludovice, Cyclanthe).

Les fleurs unisexuées sont disposées en un épi monoïque, où elles sont régulièrement entremêlées : tantôt chaque fleur femelle est entourée de quatre fleurs mâles (Carludovice, etc.); tantôt les fleurs mâles et femelles forment des cycles alternants (Cyclanthe). La fleur mâle est formée d'un grand nombre d'étamines dans un périanthe multidenté (Carludovice, etc.), ou de six étamines sans périanthe (Cyclanthe). La fleur femelle se compose de quatre sépales, auxquels sont superposés autant de staminodes en forme de longs filaments, et de quatre carpelles alternes, ouverts et concrescents en un ovaire uniloculaire à quatre placentes pariétaux portant un grand nombre d'ovules anatropes.

Les fruits sont des baies, soudées en un fruit composé; la graine a un albumen charnu.

Les feuilles du Carludovice palmé, fendues en lanières

étroites, séchées et blanchies, servent à fabriquer les chapeaux de paille dits de Panama.

Cette petite famille est voisine des Aracées et des Typhacées.

ORDRE II

JONCINÉES

Caractères généraux et division en familles. — L'ordre des Joncinées tire son nom de la famille des Joncacées, où l'organisation florale se montre la plus complète. On y trouve toujours non seulement un calice, mais encore une corolle, peu développée, il est vrai, et sépaloïde, qui laisse la fleur presque aussi petite et aussi peu apparente que chez les Cypérinées. En même temps, les caractères floraux y acquièrent une plus grande fixité.

En tenant compte à la fois de la présence et de la nature de l'albumen, de l'inflorescence et de la conformation du fruit, on divise l'ordre des Joncinées en cinq familles, ainsi définies :

Joncinées. — Albumen	amylacé....	Épillet..............	*Restiacées.*
		Capitule.............	*Ériocaulacées.*
	nul..............................		*Triglochinacées.*
	charnu.....	Fruit charnu........	*Palmiers.*
		Capsule............	*Joncacées.*

Restiacées. — Les Restiacées, 20 genres avec 140 espèces, habitant la plupart l'Afrique australe et l'Australie, sont des herbes vivaces, à rhizome rameux dur, dont les branches aériennes, rigides, portent à leur base des feuilles réduites à des gaines ouvertes.

Les fleurs, ordinairement unisexuées avec diœcie, sont disposées en épillets diversement groupés. Le périanthe, sépaloïde, se compose de trois sépales, dont un antérieur, et de trois pétales alternes. La fleur mâle a trois étamines épipétales, pourvues le plus souvent de deux sacs polliniques, rarement de quatre (Lyginie, Anarthrie, etc.). Dans la fleur femelle, le pistil se compose de trois carpelles épisépales, fermés et concrescents en un ovaire triloculaire surmonté de trois styles filiformes à stigmate plumeux ; chaque loge renferme, fixé à son angle supérieur, un ovule orthotrope pendant.

Le fruit est tantôt un achaine, parce que deux des loges avortent (Élégie, Hypolène, etc.), tantôt une capsule loculicide

(Restie, Anarthrie, etc.). La graine renferme un abondant albumen amylacé.

Par le port et l'inflorescence, ces plantes ressemblent aux Cypéracées, par le double verticille du périanthe, aux Joncacées; mais elles diffèrent des Cypéracées par les gaines foliaires ouvertes, des Joncacées par la nature de l'albumen, et de ces deux familles à la fois par les ovules orthotropes pendants.

Ériocaulacées. — Les Ériocaulacées, 6 genres avec 335 espèces, dont 110 Ériocaules, la plupart tropicales, répandues surtout en Amérique et en Australie, sont des plantes marécageuses, vivaces, dont la tige courte porte à sa base une rosette de feuilles charnues, étroites et parfois fistuleuses. Dans la racine, le péricycle manque le plus souvent en face des faisceaux ligneux et les radicelles naissent en face des faisceaux libériens (I, p. 93 et p. 111).

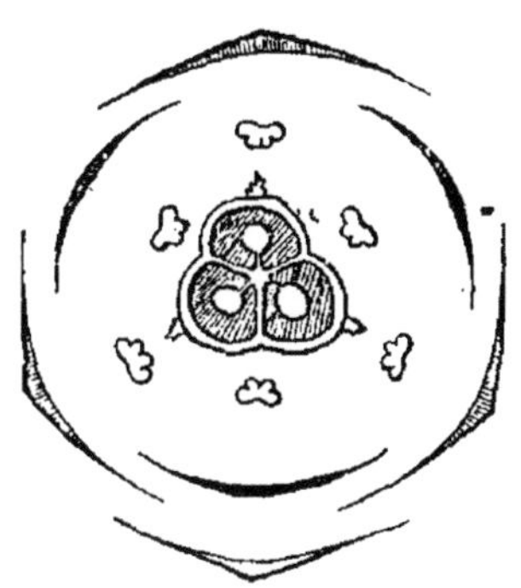

Fig. 115. — Diagramme d'une fleur d'Ériocaule, supposée hermaphrodite.

Les fleurs sont unisexuées, groupées en capitules monoïques munis d'un involucre. Le périanthe est formé de trois sépales libres et de trois pétales sépaloïdes concrescents en tube (fig. 115). Les étamines forment deux verticilles ternaires alternes (Ériocaule, fig. 115, Mésanthème, etc.), ou un seul (Pépalanthe, Lachnocaule, etc.); elles ont tantôt quatre sacs polliniques (Ériocaule, Mésanthème, Pépalanthe), tantôt deux seulement (Lachnocaule, Philodice, Tonine). Le pistil se compose de trois carpelles épisépales, fermés et concrescents en un ovaire triloculaire dont chaque loge renferme un ovule orthotrope pendant; le style court est terminé par trois stigmates plumeux.

Le fruit est une capsule loculicide. La graine a un tégument coriace et ailé; elle contient un albumen amylacé.

Triglochinacées. — Les Triglochinacées, 4 genres avec 17 espèces, sont des herbes marécageuses à port de Jonc, dont la tige courte produit une rosette de feuilles à limbe cylindrique, attaché par une longue gaine ouverte.

Les fleurs, disposées en épi ou en grappe terminale, sont tantôt hermaphrodites (Scheuchzérie, Trocart ou Triglochin, fig. 116), tantôt unisexuées avec monœcie (Lilée) ou diœcie (Tétronce). Le périanthe comprend trois sépales et trois pétales alternes, concolores et sépaloïdes; l'androcée six étamines en deux verticilles alternes, à filets courts et anthères extrorses; le pistil six carpelles fermés, dont les épipétales avortent parfois complètement (Scheuchzérie); chaque carpelle contient soit un seul ovule anatrope dressé à raphé ventral (Trocart, Tétronce, Lilée), soit deux pareils ovules (Scheuchzérie). Le Tétronce a des fleurs dimères, avec quatre étamines et quatre carpelles.

Fig. 116. — Diagramme de la fleur du Trocart maritime.

Le fruit est formé d'autant de follicules que de carpelles; c'est un achaine dans la Lilée. La graine, dépourvue d'albumen, renferme un embryon droit à cotylédon très développé.

Cette petite famille se relie aux Joncacées par le périanthe, aux Naïadacées par la végétation aquatique, l'indépendance des carpelles et l'absence d'albumen.

Palmiers. — Les Palmiers comprennent 132 genres avec 1100 espèces, presque toutes tropicales, croissant la plupart en Amérique, très rares en Afrique; le Chamérope nain est celui qui remonte le plus vers le Nord en Europe; il croît encore spontanément à Nice. Ce sont des plantes ligneuses, souvent de grands arbres s'élevant jusqu'à 80 mètres de hauteur. Leur tige se dresse d'ordinaire en forme de colonne simple, supportée par un faisceau conique de racines latérales et couronnée par un bouquet de grandes feuilles. Elle est quelquefois courte et renflée (Sabal, Rhapide, etc.); ailleurs, au contraire, elle est très grêle, grimpante, enlace en tous sens les arbres des forêts, qu'elle rend impénétrables, et peut atteindre jusqu'à 500 et 600 mètres de longueur (Calame, Plectocomie, etc.). Les feuilles sont pétiolées, à limbe entier dans le jeune âge et plissé dans le bourgeon, penninerve (Phénice, Cocotier, etc.) ou palminerve (Chamérope, Latanier, etc.), se déchirant plus tard en segments pennés ou palmés; elles sont souvent énormes, pouvant mesurer jusqu'à 10 et 12 mètres de longueur.

Les fleurs sont petites et réunies en très grand nombre, quelquefois jusqu'à 200 000, en épis axillaires, ordinairement groupés en grappe, munis d'une spathe générale quelquefois énorme et très dure, avec ou sans spathes secondaires. Elles sont rarement hermaphrodites (Coryphe, Sabal, Livistone, etc.) ou polygames (Chamérope), ordinairement unisexuées avec monœcie (Arec, Bactride, Cocotier, etc.) ou diœcie (Phénice, Chamédore, Borasse, etc.). Le périanthe comprend trois sépales et trois pétales sépaloïdes alternes (fig. 117); l'androcée six étamines, en deux verticilles alternes, à anthères dorsifixes introrses; le pistil trois carpelles épisépales, fermés, quelquefois libres (Phénice, Chamérope, etc.), ordinairement concrescents en un ovaire à trois loges (fig. 117), surmonté de trois stigmates sessiles et contenant dans chaque loge, attaché près de la base, un ovule anatrope ascendant; l'ovaire porte quelquefois à sa surface des émergences écailleuses, recourbées vers le bas. Si les carpelles sont libres, deux d'entre eux avortent ordinairement pendant la transformation du pistil en fruit (Phénice, etc.); quelquefois tous les trois se développent (Chamérope). S'ils sont concrescents, deux des loges avortent ordinairement avec leurs ovules (Chamédore, Calame, Arec, etc.); parfois toutes les trois se développent avec leurs graines (Borasse, etc.).

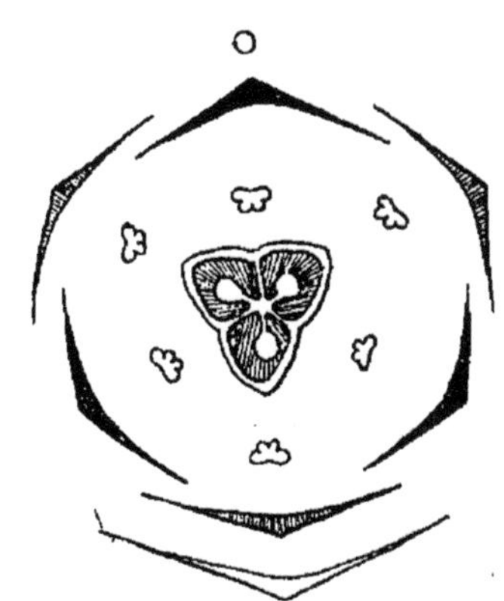

Fig. 117. — Diagramme de la fleur d'un Chamédore, supposée hermaphrodite.

Le fruit est une baie ou une drupe renfermant une seule graine, rarement trois (Borasse, etc.). La baie est parfois cuirassée d'écailles (Calame, etc.); dans la drupe, la zone externe est plus ou moins résistante, tantôt fibreuse (Cocotier, etc.), tantôt oléagineuse (Eléide, etc.); la zone interne, ordinairement très dure, laisse parfois à la base de la loge un orifice arrondi par où la radicule de l'embryon s'échappe à la germination (Cocotier, Borasse, etc.). Les drupes des diverses fleurs se soudent quelquefois en un fruit composé (Nipe, Phytéléphant). La graine contient un volumineux albumen charnu (Cocotier, etc.) ou corné (Phénice, Phytéléphant, etc.), plein ou creusé d'une cavité remplie d'un liquide laiteux (Cocotier), homogène ou ruminé (Arec, Calame, etc.). L'embryon est dépourvu de radicule. A la germination, le pétiole cotylédonaire s'allonge beaucoup vers le bas, de manière à enterrer profondément la base de la tigelle, à l'intérieur de laquelle la radicule se développe pendant ce temps.

D'après la forme des feuilles, la conformation du pistil et la nature du fruit, on répartit les genres en cinq tribus, comme il suit :

1. *Coryphées.* — Carpelles libres : Coryphe, Sabal, Chamérope, Copernicie, Phénice, etc.
2. *Lépidocaryées.* — Carpelles concrescents, écailleux : Calame, Plectocomie, Métroxyle, Raphie, Mauritie, Lépidocare, etc.
3. *Borassées.* — Carpelles concrescents et nus, feuilles palmées : Borasse, Lodoïcée, Latanier, Hyphène, etc.
4. *Cocosées.* — Carpelles concrescents et nus, feuilles pennées, drupe à noyau perforé : Bactride, Éléide, Cocotier, Attalée, etc.
5. *Arécées.* — Carpelles concrescents et nus, feuilles pennées, drupe à noyau fermé : Arec, Céroxyle, Chamédore, Arenge, Caryote, Nipe, Phytéléphant, etc.

Les usages des Palmiers sont aussi nombreux que variés. Les uns sont comestibles par leurs fruits, comme le Phénice dattier et l'Hyphène de Thèbes, par leurs graines, comme le Cocotier à noix, par leur bourgeon terminal, qui est le *chou palmiste* (Oréodoxe potager, Euterpe potager). D'autres fournissent, par leur parenchyme féculent, le *sagou* (divers Métroxyles); par leur sève sucrée, du sucre de Canne et par conséquent du vin et de l'eau-de-vie (Arenge saccharifère, Mauritie vinifère, etc.); par leur péricarpe, de l'huile dite de *palme* (Eléide de Guinée); par leur albumen corné, de l'*ivoire végétal* (Phytéléphant); par leurs feuilles, de la cire (Céroxyle des Andes, Copernicie cérifère, etc.), des fibres textiles, du papier; par leur tige ligneuse, enfin, des bois de construction, et, quand elle est grimpante et flexible, comme celle du Calame rotang, des cannes, des meubles treillissés, etc.

Les Palmiers forment une famille nettement circonscrite, qui ne se relie directement à aucune des précédentes. C'est avec la famille suivante des Joncacées qu'ils ont les affinités les plus certaines et c'est par son intermédiaire qu'ils se rattachent ensuite à toutes les précédentes.

Joncacées. — Les Joncacées comprennent 17 genres avec 250 espèces, les unes indigènes (Jones et Luzules), les autres vivant presque toutes dans l'hémisphère austral. Ce sont des plantes presque toujours vivaces à l'aide d'un rhizome, tantôt rampant et produisant à l'aisselle de ses écailles des branches aériennes herbacées à moelle spongieuse, qui ne se ramifient pas et portent des feuilles cylindriques et lisses (Jonc), ou rubanées et velues (Luzule), tantôt se redressant en une tige ligneuse, simple ou ramifiée (Xanthorrhée, Dasypoge, etc.), qui grimpe parfois avec la nervure médiane de ses feuilles prolongée en vrille (Flagellaire). Dans les Joncs et les Luzules, la racine manque de péricycle en face des faisceaux ligneux et produit ses radicelles en face des faisceaux libériens (I, p. 93 et 111); d'où une ressemblance avec les Cypéracées, les Centrolépidacées et les Eriocaulacées.

Les fleurs sont ordinairement groupées au sommet de la tige en grappe composée (Jonc, Luzule, Flagellaire, etc.), quelquefois en épi (Xanthorrhée) ou en capitule (Dasypoge, etc.). Elles sont le plus souvent hermaphrodites, et formées de cinq verticilles ternaires (fig. 118). Calice et corolle sont concolores et sépaloïdes; rarement ils deviennent pétaloïdes (Flagellaire, Calectasie). Les six étamines ont les anthères introrses, dorsifixes (Xanthorrhée, Dasypoge, etc.) ou basifixes (Jonc, Luzule, etc.). Les trois carpelles sont concrescents en un ovaire surmonté d'un style unique, court, terminé par trois stigmates filiformes; ils sont ouverts et munis chacun à la base d'un seul ovule anatrope dressé (Luzule, Dasypoge, Calectasie), ou fermés et l'ovaire a trois loges uniovulées (Xérote, Flagellaire, Kingie, etc.) ou pluriovulées (Xanthorrhée, etc.). Dans les Joncs, ils sont, suivant les espèces, ouverts, fermés (fig. 118), ou fermés dans le bas et ouverts dans le haut ; de plus, ils portent sur chaque bord un rang d'ovules anatropes.

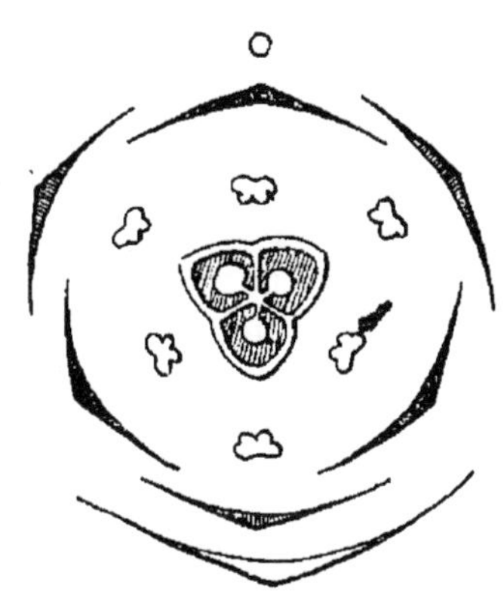
Fig. 118. — Diagramme de la fleur du Jonc lamprocarpe.

Le fruit est tantôt une capsule à déhiscence loculicide, renfermant trois graines (Luzule, Xérote), ou trois rangs de graines (Jonc, Xanthorrhée, etc.), tantôt un achaine par avortement de deux des ovules (Dasypoge, Kingie, Calectasie), tantôt une drupe (Flagellaire, etc.). Les graines sont petites, à albumen charnu, rarement amylacé (Flagellaire, etc.).

D'après la conformation des étamines, du style, du fruit et de l'albumen, on groupe les genres en quatre tribus, comme il suit :

I. — Capsule ou achaine. Albumen charnu.

1. *Joncées.* — Anthères basifixes, style trifide : Jonc, Luzule, Distichie, etc.
2. *Calectasiées.* — Anthères basifixes, style simple : Kingie, Calectasie, etc.
3. *Xérotées.* — Anthères dorsifixes : Xérote, Xanthorrhée, Dasypoge, etc.

II. — Drupe. Albumen amylacé.

4. *Flagellariées.* — Flagellaire, Suse, etc.

Ainsi comprise, la famille des Joncacées est assez hétérogène et tient le milieu entre les Cypéracées et les Liliacées. Elle se relie aux Restiacées par son périanthe, aux Palmiers par la nature habituellement charnue de son albumen.

ORDRE III

LILIINÉES

Caractères généraux et division en familles. — C'est dans l'ordre des Liliinées que le type floral des Monocotylédones acquiert son développement le plus complet et le plus régulier. La fleur y comprend, en effet, normalement cinq verticilles actinomorphes et alternes, presque toujours ternaires, savoir : trois sépales, trois pétales alternes, trois étamines épisépales, trois étamines épipétales et trois carpelles épisépales fermés, portant sur chaque bord un rang d'ovules anatropes horizontaux, qui deviennent autant de graines albuminées. Le diagramme (I, p. 419, fig. 183) a déjà représenté cette organisation générale et la formule qui l'exprime s'écrit : $F = 3S + 3P + 3E + 3E' + 3C$. Non seulement la corolle est pétaloïde, mais le calice est lui-même presque toujours coloré, ce qui donne à la fleur un plus grand éclat.

Ce type général se modifie d'ailleurs de diverses manières. La corolle est seule pétaloïde, ou bien le calice et la corolle le sont tous les deux et également. Les carpelles sont libres ou concrescents. L'albumen est amylacé, charnu, ou nul. Ces différences permettent de diviser l'ordre des Liliinées en cinq familles, que l'on peut définir comme il suit :

<table>
<tr><td rowspan="5">LILIINÉES.</td><td rowspan="3">Calice sépaloïde, corolle pétaloïde. Albumen</td><td colspan="2">nul ....</td><td>Alismacées.</td></tr>
<tr><td rowspan="2">amylacé. Ovule</td><td>orthotrope..</td><td>Commélinacées.</td></tr>
<tr><td>anatrope....</td><td>Xyridacées.</td></tr>
<tr><td rowspan="2">Calice et corolle pétaloïdes. Albumen</td><td colspan="2">amylacé...............</td><td>Pontédériacées.</td></tr>
<tr><td colspan="2">charnu...............</td><td>Liliacées.</td></tr>
</table>

Alismacées. — Les Alismacées, 14 genres avec environ

60 espèces, sont des plantes aquatiques ou marécageuses répandues partout, vivaces, à feuilles disposées en rosette et souvent de deux sortes : les unes dressées dans l'air, pétiolées, à large limbe cordiforme ou sagitté, muni de nervures réticulées, les autres submergées, sessiles, rubanées et à nervures parallèles (Sagittaire, etc.). Tige et feuilles ont leur écorce traversée non seulement par de larges canaux aérifères, mais encore par d'étroits canaux sécréteurs oléorésineux; ces derniers font défaut toutefois dans les Butomes. La tige de l'Hydroclée et du Limnocharite offre un bel exemple de structure schizostélique (I, p. 179).

Les fleurs, diversement groupées, sont hermaphrodites, rarement unisexuées monoïques (Sagittaire, etc.). Le périanthe se compose de trois sépales verts et de trois pétales colorés (fig. 119 et 120). L'androcée comprend six étamines superpo-

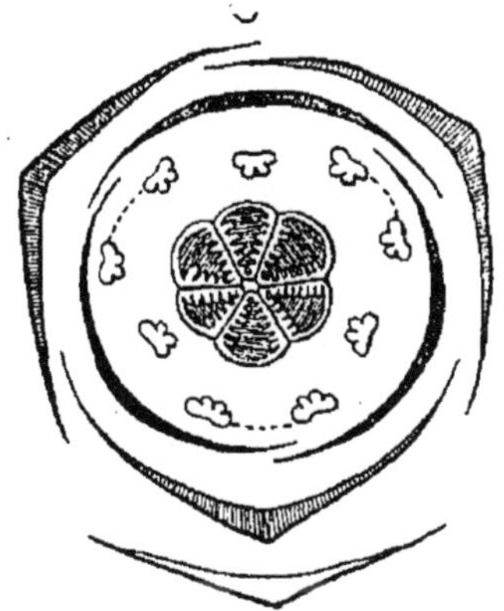

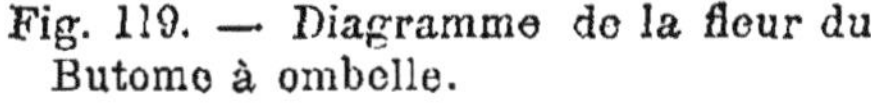

Fig. 119. — Diagramme de la fleur du Butome à ombelle.

Fig. 120. — Diagramme de la fleur du Fluteau plantain.

sées deux par deux aux sépales (Fluteau ou Alisma, fig. 120, Damasone, etc.), ou neuf, parce qu'aux précédentes s'en ajoute un second verticille de trois superposées aux pétales (Butome, fig. 119, etc.), ou un plus grand nombre et jusqu'à 30 (Limnocharite, Échinodore, Sagittaire, etc.); elles sont introrses (Butome, fig. 119, etc.), ou extrorses (Fluteau, fig. 120, etc.). Le pistil est formé d'au moins six carpelles, superposés aux sépales et aux pétales (Butome, fig. 119, Damasone, etc.); mais le plus souvent il y a multiplication, comme dans l'androcée, et l'on trouve neuf carpelles ou un nombre plus grand et indéterminé de carpelles (Fluteau, fig. 120, Sagittaire, etc.). Ces carpelles sont libres et renferment un seul ovule anatrope basilaire (Fluteau, fig. 120, Sagittaire, etc.), deux ovules superposés (Damasone) ou un grand nombre d'ovules anatropes insérés sur toute l'étendue des faces latérales des carpelles (Butome, Hydroclée, Limnocharite, etc.).

Le fruit est un polyachaine, quand les carpelles sont nombreux et uniovulés; il se compose de follicules, quand ils sont peu nombreux et multiovulés. La graine est dépourvue d'albumen et l'embryon est recourbé, rarement droit (Butome).

D'après le nombre des ovules, la placentation et la nature du fruit, les genres sont groupés en deux tribus :

1. *Alismées*. — Ovule solitaire, basilaire; achaine : Fluteau, Sagittaire, Échinodore, Damasone, etc.
2. *Butomées*. — Ovules nombreux, pariétaux; follicule : Butome, Hydroclée, Limnocharite, etc.

Par l'indépendance des carpelles, l'absence d'albumen et la végétation aquatique, les Alismacées se relient intimement aux Triglochinacées et aux Naïadacées. Elles sont dans l'ordre des Liliinées ce que les Triglochinacées sont dans celui des Joncinées, ce que les Naïadacées sont dans celui des Cypérinées.

Commélinacées. — Les Commélinacées, 25 genres avec 290 espèces, presque toutes tropicales ou subtropicales, sont des plantes à tige ordinairement herbacée, cylindrique, renflée aux nœuds, souvent rampante, à feuilles isolées, engainantes, sessiles, à limbe mou, entier, rectinerve. Les faisceaux libéroligneux sont disposés dans la stèle de la tige sur deux cercles concentriques.

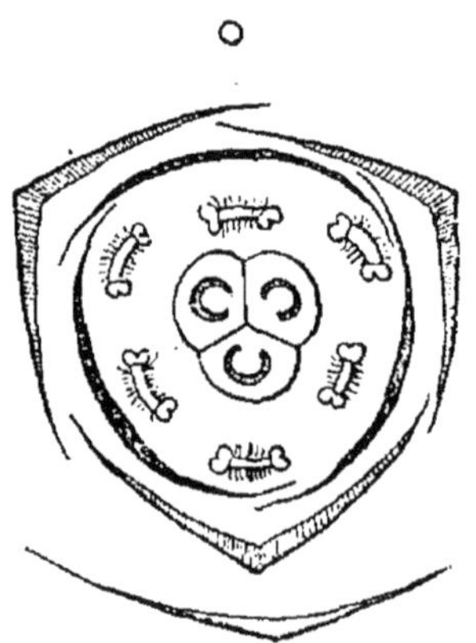

Fig. 121. — Diagramme de la fleur de la Tradescantie de Virginie; les étamines sont barbues, à large connectif.

Les fleurs, souvent groupées en cymes unipares hélicoïdes, sont tantôt actinomorphes (Tradescantie, fig. 121, etc.), tantôt zygomorphes (Comméline, etc.). Le calice est vert, la corolle colorée; le pétale antérieur avorte dans les Commélines. L'androcée comprend six étamines en deux verticilles alternes (Tradescantie, fig. 121, etc.); les trois étamines postérieures sont stériles dans les Commélines. Le pistil est formé de trois carpelles épisépales concrescents jusqu'au sommet des styles, fermés et contenant chacun soit de nombreux ovules, soit un ou deux ovules toujours orthotropes.

Le fruit est d'ordinaire une capsule loculicide, quelquefois un achaine ou une baie. La graine a un albumen amylacé et un petit embryon en forme de toupie à radicule endogène.

D'après le nombre des étamines fertiles et la nature du fruit, on groupe les genres en trois tribus :

1. *Polliées*. — Fruit indéhiscent, sec ou charnu : Pollie, Palisote, etc.
2. *Commélinées*. — Capsule loculicide; trois étamines fertiles : Comméline, Polyspathe, Ancilème, etc.
3. *Tradescantiées*. — Capsule loculicide; six étamines fertiles : Tradescantie, Spironème, Callisie, Zébrine, etc.

Cette famille ne se relie étroitement à aucune autre. Par ses ovules orthotropes et son albumen amylacé, elle se rapproche des Restiacées; par son périanthe nettement différencié et sa corolle pétaloïde, elle ressemble aux Alismacées.

Xyridacées. — Les Xyridacées, 12 genres avec 80 espèces, sont des plantes terrestres (Xyride, etc.), marécageuses (Rapatée, etc.) ou même submergées (Maïace, etc.), dont la tige courte porte une rosette de feuilles rubanées et spiralées (Abolbode, etc.), ou ensiformes et distiques (Xyride, Philydre, etc.). Chez les Xyrides, Abolbodes et Maïaces, la racine se montre fréquemment dépourvue de péricycle en face de ses faisceaux ligneux et produit ses radicelles en dehors de ses faisceaux libériens, comme chez les Joncées (I, p. 93 et p. 111).

Les fleurs, ordinairement groupées en capitules, comprennent cinq verticilles ternaires alternes. Le calice est vert ; parfois le sépale médian est plus grand et pétaloïde (Xyride, Philydre, etc.). La corolle est colorée. L'androcée, parfois complet (Rapatée), avorte souvent en partie et peut même se réduire à une seule étamine (Philydre, etc.); les anthères y sont introrses (Maïace, Rapatée) ou extrorses (Xyride, Abolbode, etc.), et s'ouvrent soit en long (Philydre, Xyride), soit par un pore terminal (Maïace, Rapatée). Le pistil a son ovaire triloculaire (Rapatée, etc.) ou uniloculaire (Xyride, Maïace, Philydre, etc.); il renferme de nombreux ovules orthotropes (Xyride, Maïace, etc.), ou anatropes (Philydre, Rapatée, etc.).

Le fruit est une capsule loculicide. La graine a un albumen

amylacé (Rapatée, Maïace, Xyride, etc.) ou charnu (Philydre, etc.).

Ainsi comprise, cette famille est assez hétérogène; aussi convient-il, d'après la conformation du calice, le nombre des étamines fertiles et la forme des ovules, d'en grouper les genres en quatre tribus :

1. *Rapatéées.* — Calice sépaloïde, étamines toutes fertiles, ovule anatrope : Rapatée, Stégolépide, etc.
2. *Maïacées.* — Calice sépaloïde, trois étamines fertiles, ovule orthotrope : Maïace.
3. *Xyridées.* — Calice pétaloïde, trois étamines fertiles, ovule orthotrope : Xyride, Albolbode.
4. *Philydrées.* — Calice pétaloïde, une étamine fertile, ovule anatrope : Philydre, Pritzélie, etc.

Les plantes des deux premières tribus sont américaines, celles de la troisième australiennes.

Les Xyridacées sont essentiellement, on le voit, une famille de transition. Par les genres qui ont les ovules orthotropes, l'albumen amylacé et le calice sépaloïde, notamment le Maïace, elles se rattachent aux Commélinacées. Par ceux qui ont les ovules anatropes et l'albumen charnu (Philydre, etc.), elles se relient aux Joncacées. En outre, les genres qui ont le calice pétaloïde marquent une transition vers les familles suivantes.

Pontédériacées. — Les Pontédériacées, 6 genres avec environ 20 espèces, sont des herbes aquatiques ou marécageuses, confinées dans les eaux douces des régions chaudes du globe, surtout en Amérique, dont le rhizome ou la tige rampante porte des feuilles pétiolées, engainantes, à limbe ovale ou cordiforme, pourvu de nervures arquées.

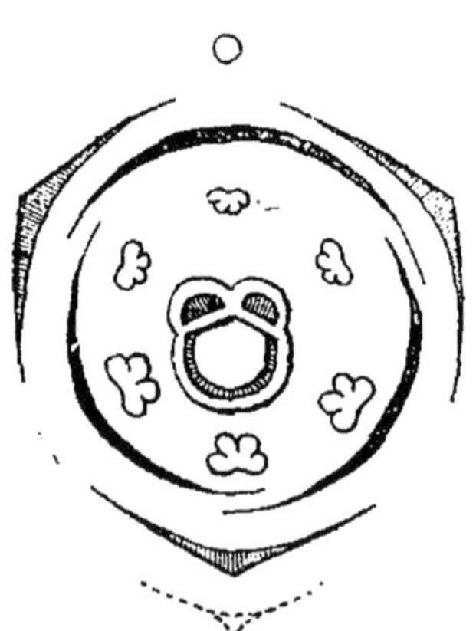

Fig. 122. — Diagramme de la fleur de la Pontédérie crassipède.

Les fleurs, groupées en épis ou en grappes terminales, comprennent ordinairement cinq verticilles ternaires alternes et sont nettement zygomorphes (fig. 122). Le calice et la corolle sont pétaloïdes et concrescents en un tube bilabié. Il y a deux rangs d'étamines; l'externe avorte dans les Hétéranthères. Le pistil a trois carpelles concrescents et fermés, contenant un grand nombre d'ovules anatropes; dans les Pontédéries, deux carpelles avortent et le troisième ne contient qu'un seul ovule (fig. 122).

Le fruit est ordinairement une capsule loculicide; c'est un achaine dans les Pontédéries. La graine a un albumen amylacé.

D'après la nature du fruit, on groupe les genres en deux tribus :

1. *Eichhorniées.* — Capsule : Eichhornie, Hétéranthère, Monocharie, Hydrotriche.
2. *Pontédériées.* — Achaine : Pontédérie, Reussie.

Les Pontédériacées se rattachent aux Rapatéées, dont elles ne diffèrent que par le calice pétaloïde et zygomorphe. Elles font une transition très nette entre les groupes précédents et la grande famille des Liliacées, que nous allons maintenant étudier.

Liliacées. — Les Liliacées renferment 200 genres avec environ 2400 espèces, répandues dans toutes les contrées tempérées et chaudes du globe, mais particulièrement abondantes dans la région méditerranéenne, en Australie et au Cap. La tige y prend, suivant les genres, bien des aspects différents. Il y a souvent un bulbe (I, p. 266), écailleux dans le Lis, ordinairement tuniqué (Ail, Tulipe, Jacinthe, etc.), ou bien la tige elle-même se renfle en tubercule à sa base (Colchique, Bulbocode, etc.). Ailleurs, c'est un rhizome horizontal sympodique (I, p. 147) (Muguet, Polygonate, Vératre, etc.). Ailleurs encore, la tige se dresse tout entière et se ramifie dans l'air en demeurant herbacée (Asperge, etc.), ou en devenant ligneuse. Dans ce dernier cas, elle peut, conformément à la règle ordinaire, ne pas s'épaissir (Fragon, Salsepareille, etc.); mais assez souvent elle s'épaissit au moyen d'une assise génératrice péricyclique, qui produit en dehors une couche mince de liber secondaire exclusivement parenchymateux, en dedans une couche épaisse de bois secondaire formée de faisceaux cribrovasculaires et de parenchyme interposé, en un mot un pachyte de plus en plus épais (I, p. 219) (Yuque, Aloès, Dragonnier, Cordyline, etc.); c'est grâce à cet épaississement lent, mais continu, que les Dragonniers deviennent de grands arbres dont la tige peut dépasser 20 mètres de hauteur et 15 mètres de tour. La tige est quelquefois volubile, à droite (Stémone, Boviée, diverses Asperges) ou à gauche (Lapagérie); ou bien elle grimpe soit par la nervure médiane de la feuille prolongée en vrille (Glorieuse), soit à l'aide de deux vrilles latérales émanées du pétiole (Salsepareille). Les feuilles sont presque toujours isolées, parfois distiques (Phorme, Smilace, etc.); elles sont verticillées par deux dans le Maïanthème, par trois dans le Trille, par quatre dans la Parisette. Elles sont ordinairement sessiles, à limbe rubané et rectinerve plus ou moins engainant, épais et charnu dans l'Aloès, cylindrique et creux dans l'Ail. Il y a un pétiole dans la Funkie, et dans la Salsepareille où il porte de chaque côté une stipule différenciée en vrille. Dans l'Asperge et le Fragon, les feuilles sont réduites à de petites écailles, à l'aisselle de chacune desquelles se développent, dans l'Asperge plusieurs rameaux verts en forme d'aiguilles réduits à leur premier entre-nœud, dans le Fragon un seul rameau qui produit aussitôt en arrière une large feuille verte et avorte au-dessus d'elle.

Les fleurs, parfois solitaires terminales (Tulipe, Trille, Parisette, etc.), sont ordinairement groupées en épis ou en grappes simples (Jacinthe, Muscare, Ornithogale, etc.), ou composées (Yuque, Aloès, Vératre, etc.), quelquefois en grappe d'épis (Dragonnier) ou en ombelle (Salsepareille); ailleurs ce sont des cymes unipares scorpioïdes groupées en ombelle (Ail, Agapanthe, etc.), ou en grappe (Gagée, Hémérocalle, Phorme, etc.). Dans les Fragons, le pédicelle commun est concrescent avec sa large feuille basilaire, de façon que le groupe floral paraît s'insérer sur la face inférieure et ventrale de cette feuille.

La fleur se compose de cinq verticilles ternaires alternes et réguliers (fig. 123); elle est dimère dans le Maïanthème, le Stémone, etc., tétramère dans la Parisette et l'Aspidistre. Calice et corolle sont concolores et pétaloïdes, quelquefois un peu différents (Parisette, Trille, etc.), parfois munis d'une couronne (Gilliésie, Miersie). Les étamines des deux rangs ont leurs anthères ordinairement introrses, quelquefois extrorses (Colchique, Bulbocode, Vératre, etc.), le plus souvent basifixes, parfois oscillantes (Lis, Fritillaire, Ail, Colchique, etc.). Leurs filets sont tantôt libres (Tulipe, Lis, Asphodèle, Yuque, Salsepareille, Vératre, etc.), tantôt concrescents chacun avec le sépale ou le pétale superposé (Endymion, Asperge, Bulbocode), ou tous ensemble avec les sépales et les pétales eux-mêmes réunis, de façon que les quatre verticilles externes forment un tube (Jacinthe, Muscare, Hémérocalle, Aloès, Muguet, Colchique, etc.). Dans l'Asperge, le Fragon et la Salsepareille, les étamines avortent, la fleur devient femelle et comme cet avortement frappe toutes les fleurs d'une plante, il y a diœcie.

Le pistil se compose de trois carpelles épisépales fermés, concrescents en un ovaire triloculaire (fig. 123, voir aussi I, p. 390, fig. 175, *b* et *c*), surmonté quelquefois de trois styles libres (Colchique, Vératre, etc.), le plus souvent d'un style composé terminé par trois stigmates; ce style peut être très court, ce qui rend les stigmates sessiles (Tulipe, Salsepareille); les cloisons de l'ovaire sont souvent creusées de glandes septales dont on connaît l'origine (I, p. 391) et la fonction (p. 415). Chaque bord carpellaire porte ordinairement une rangée d'ovules (fig. 123), quelquefois un seul ovule (Asphodèle, Muguet, Maïanthème, Asperge, Fragon, etc.); cet ovule peut même avorter sur l'un des bords et le carpelle est uniovulé (Aphyllanthe, Dragonnier, la plupart des Salsepareilles). Les ovules sont presque toujours anatropes, quelquefois orthotropes (Salsepareille, Fragon), toujours bitégumentés; nombreux, ils sont horizontaux à raphés contigus, c'est-à-dire exonastes (fig. 123); réduits à deux ou à un seul, ils sont horizontaux (Polygonate, etc.), ascendants (Dragonnier) ou pendants (Smilace).

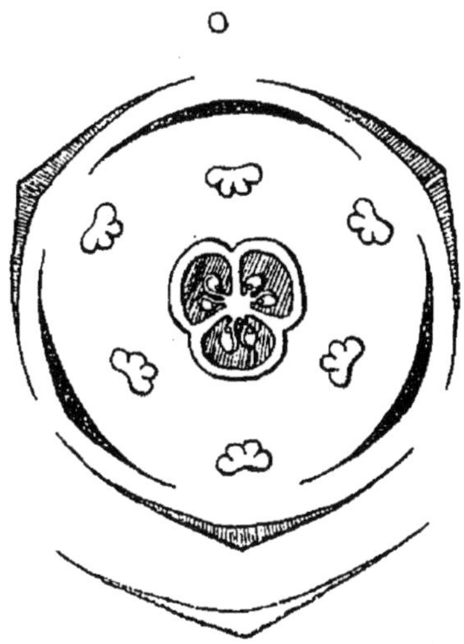

Fig. 123. — Diagramme de la fleur de l'Ornithogale à ombelle.

D'après ce qui précède, on voit que la formule florale prend deux expressions différentes chez les Liliacées : si les quatre verticilles externes sont libres, comme dans la Tulipe, F = 3S + 3P + 3E + 3E′ + (3C); s'ils sont concrescents, comme dans la Jacinthe, F = (3S + 3P + 3E + 3E′) + (3C).

Le fruit est le plus souvent une capsule, contenant autant de graines que le pistil avait d'ovules; toujours longitudinale, la déhiscence de cette capsule est ordinairement loculicide, parfois septicide (Colchique, Vératre, etc.). Ailleurs le fruit est une baie (Asperge, Fragon, Muguet, Salsepareille, Dragonnier, etc.). La graine a un tégument membraneux et pâle (Tulipe, etc.) ou ligneux et noir (Ail, etc.), couvert de poils dans l'Ériosperme; elle contient un volumineux albumen, charnu ou corné.

En tenant compte à la fois de la nature du fruit et de son

mode de déhiscence quand il est capsulaire, on groupe les genres en trois grandes tribus, subdivisées chacune, d'après l'indépendance ou la concrescence des verticilles floraux externes, en deux sections, elles-mêmes partagées en sous-sections d'après la forme de l'appareil végétatif, de la manière suivante :

1. *Liliées*. — Capsule loculicide. Anthères introrses. Styles concrescents.
   - A. Sépales, pétales et étamines libres.
     - *a*. Bulbe : Tulipe, Gagée, Fritillaire, Lis, Ail, Scille, Ornithogale, Gilliésie, etc.
     - *b*. Rhizome : Asphodèle, Bulbine, Ériosperme, Anthéric, Aphyllanthe, etc.
     - *c*. Tige arborescente : Yuque, Dasylire, Beaucarnée, etc.
   - B. Sépales, pétales et étamines concrescents.
     - *a*. Bulbe : Endymion, Jacinthe, Muscare, etc.
     - *b*. Rhizome : Agapanthe, Funkie, Hémérocalle, Phorme, etc.
     - *c*. Tige arborescente : Aloès, Lomatophylle, etc.
2. *Colchicées*. — Capsule septicide. Anthères extrorses. Styles libres.
   - A. Sépales, pétales et étamines libres.
     - *a*. Tubercule : Bulbocode, Mérendère, etc.
     - *b*. Rhizome : Vératre, Mélanthe, Tofieldie, etc.
   - B. Sépales, pétales et étamines concrescents.
     - *a*. Tubercule : Colchique, Synsiphon, etc.
     - *b*. Rhizome : Uvulaire, Glorieuse, Tricyrte, etc.
3. *Asparagées*. — Baie.
   - A. Sépales, pétales et étamines libres.
     - *a*. Rhizome : Parisette, Maïanthème, Smilacine, Trille, etc.
     - *b*. Tige ligneuse : Salsepareille, Dianelle, Lapagérie, etc.
     - *c*. Arbre : Cordyline.
   - B. Sépales, pétales et étamines concrescents.
     - *a*. Rhizome : Polygonate, Muguet, Aspidistre, etc.
     - *b*. Tige ligneuse : Asperge, Fragon, etc.
     - *c*. Arbre : Dragonnier, etc.

C'est surtout pour la beauté de leurs fleurs que ces plantes sont recherchées et cultivées. Pourtant, quelques-unes sont alimentaires, par leurs bulbes (divers Ails, Scille comestible, etc.) ou par leurs jeunes pousses (Asperge); d'autres sont médicinales, par leur rhizome (Vératre blanc) ou leur tubercule (Colchique), par leurs feuilles (divers Aloès), par leurs racines (diverses Salsepareilles) ou par leurs graines (Vératre officinal) ; d'autres enfin fournissent des fibres textiles (Phorme tenace, vulgairement Lin de la Nouvelle-Zélande).

Par l'ensemble de leurs caractères, les Liliacées occupent le sommet de l'ordre des Liliinées et en même temps forment le noyau central de la classe des Monocotylédones. Elles se rattachent intimement aux Pontédériacées et par elles aux familles précédentes. Leur affinité avec les Joncacées est aussi très étroite; elles ne sont, pour ainsi dire, que des Joncacées à périanthe pétaloïde.

ORDRE IV

IRIDINÉES

Caractères généraux et division en familles. — L'ordre des Iridinées tire son nom de la famille des Iridacées, qui en réalise l'organisation florale moyenne. Comme les Liliinées, il a la corolle et presque toujours le calice pétaloïdes; il en diffère par l'ovaire infère, caractère non encore observé jusqu'ici. Il suffit pourtant, pour obtenir ce résultat, que dans la fleur des Jacinthes, par exemple, des Hémérocalles ou des Aloès, la concrescence qui a joint ensemble les quatre verticilles externes et qui a uni entre eux les trois carpelles dans le pistil, relie le pistil lui-même aux parties externes dans toute la longueur de l'ovaire; en un mot, il suffit d'un pas de plus dans une voie que les Liliacées ont déjà longuement parcourue. La formule florale devient alors $F = (3S + 3P + 3E + 3E' + 3C)$, à supposer que la fleur demeure formée de cinq verticilles, et telle est, en effet, la formule typique dans l'ordre des Iridinées.

En se fondant sur l'organisation florale, complète ou incomplète, actinomorphe ou zygomorphe, sur la nature du fruit et sur l'albumen qui peut être charnu, amylacé ou nul, on distingue dans l'ordre des Iridinées huit familles, définies de la manière suivante :

Iridinées. Albumen	charnu. Fleurs	à 6 étamines introrses,	hermaphrodites.	*Amaryllidacées.*
			unisexuées......	*Dioscoréacées.*
		à 3 étam. épisépales extrorses.		*Iridacées.*
		à 3 étam. épipétales introrses.		*Hémodoracées.*
	amylacé. Fleur	actinomorphe..................		*Broméliacées.*
		zygomorphe..................		*Scitaminées.*
	nul. Fleur	zygomorphe..................		*Orchidacées.*
		actinomorphe..................		*Hydrocharitacées.*

Amaryllidacées. — Les Amaryllidacées comprennent 84 genres avec environ 900 espèces répandues dans toutes les contrées chaudes et tempérées, surtout dans la région méditerranéenne. La tige y offre à peu près les mêmes variations que chez les Liliacées : bulbe (Galanthe, Amaryllide, Narcisse, etc.), rhizome plus ou moins tuberculeux (Polianthe, Hypoxide, Curculige, etc.), tige dressée, courte avec une rosette de feuilles charnues (Agave), allongée avec feuilles tout le long (Alstréméric, etc.), charnue et colorée avec feuilles réduites à des écailles de même couleur (Burmannie), arborescente et terminée par un bouquet de feuilles (Fourcroyer, Vellosie, etc.), volubile enfin (Bomarée).

La fleur se compose de cinq verticilles ternaires alternes (fig. 124). Le calice et la corolle sont pétaloïdes et actinomorphes, rarement zygomorphes (Alstrémérie, Bomarée); ils portent une couronne dans les Narcisses (fig. 125). Les six

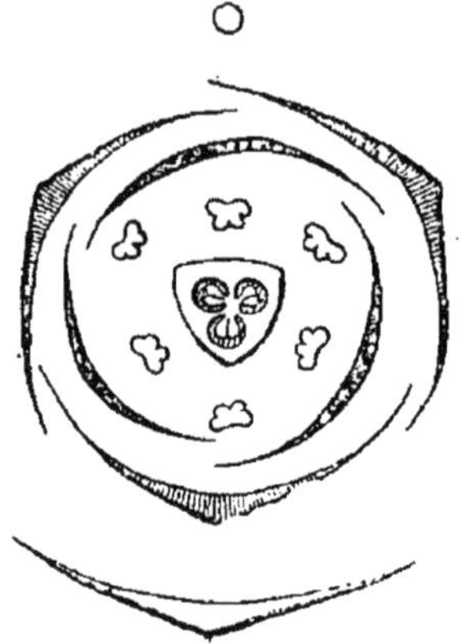

Fig. 124. — Diagramme de la fleur du Galanthe neigeux.

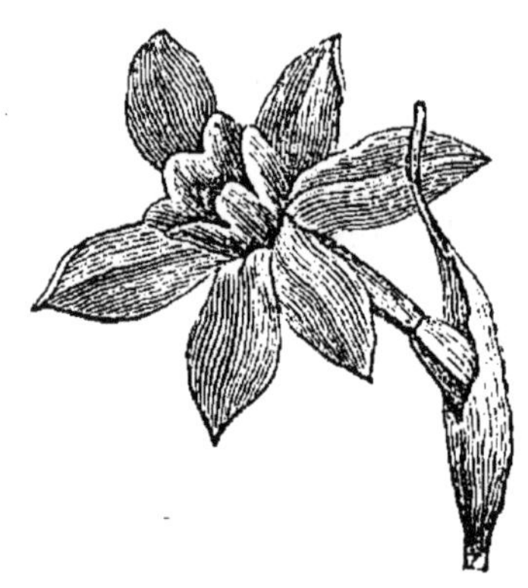

Fig. 125. — Fleur de Narcisse, avec sa spathe et sa couronne.

étamines ont ordinairement les anthères introrses, oscillantes et s'ouvrant en long; dans la Nivéole et le Galanthe, elles sont basifixes et s'ouvrent au sommet; dans le Pancrais, les filets demeurent unis latéralement. Les étamines épisépales avortent quelquefois (Burmannie, etc.); ailleurs, au contraire, toutes se dédoublent une ou plusieurs fois (Vellosie, etc.). Les trois carpelles sont fermés et concrescents en un ovaire triloculaire surmonté d'un style unique, contenant dans chaque loge deux rangs d'ovules anatropes horizontaux à raphés contigus, rarement deux (Hémanthe, etc.) ou un seul (Calostemme) et dont les cloisons sont creusées de glandes septales qui s'ouvrent à la base du style; ils sont quelquefois ouverts (Curculige, Taque, etc.).

Le fruit est une capsule loculicide, quelquefois une baie

(Clivie, Hémanthe, Taque, etc.), rarement une pyxide (Hypoxide) ou un achaine (Pauridie). La graine, sous son tégument membraneux et pâle (Galanthe, etc.) ou ligneux et noir (Narcisse, Agave, etc.), contient un albumen charnu; l'embryon peut se réduire à un petit globule homogène (Burmannie, etc.).

Ainsi comprise, la famille des Amaryllidacées est assez hétérogène. Aussi convient-il, d'après la conformation du corps végétatif, le nombre des étamines et la placentation, d'en grouper les genres en six tribus, comme il suit :

1. *Amaryllidées.* — Bulbe : Galanthe, Nivéole, Crin, Amaryllide, Hémanthe, Clivie, Zéphyranthe, Narcisse, Pancrais, Hippéastre, etc.
2. *Agavées.* — Rhizome ou tige dressée : Alstrémérie, Bomaréo, Fourcroyer, Polianthe, Agave, etc.
3. *Vellosiées.* — Plus de six étamines : Vellosie, Barbacénie.
4. *Hypoxidées.* — Rhizome tuberculeux : Curculige, Hypoxide, etc.
5. *Taccées.* — Placentation pariétale : Taque, Schizocapse.
6. *Burmanniées.* — Embryon rudimentaire : Thismie, Burmannie, Dictyostégie, etc.

Ces plantes sont recherchées pour la beauté de leurs fleurs. L'Agave américain, ou *maguey*, est cultivé au Mexique pour sa sève sucrée qui donne, après fermentation, une boisson alcoolique, le *pulqué*, d'où l'on extrait par distillation une eau-de-vie, le *mescal*; ses feuilles fournissent une filasse très résistante.

Les Amaryllidacées se rattachent directement aux Liliées, dont elles ne diffèrent que par l'ovaire infère. Ce sont, pour ainsi dire, des Liliacées à ovaire infère, à peu près comme les Liliacées sont des Joncacées à périanthe pétaloïde.

Dioscoréacées. — Les Dioscoréacées, 9 genres avec 170 espèces répandues dans les régions chaudes, ont une tige plus ou moins ligneuse et volubile, où les faisceaux libéroligneux sont disposés en un seul cercle; dans le Tamier et la Testudinaire, son premier entre-nœud se renfle en un gros tubercule, par suite de la formation d'un pachyte péricyclique (I, p. 219); dans la Dioscorée, à l'aisselle d'une feuille inférieure, il se forme une branche souterraine sans feuilles, qui se gonfle pour la même cause en un tubercule en forme de massue. Les feuilles sont distiques, pétiolées, à limbe entier palmilobé, à nervation palmée; à leur aisselle, les bourgeons se renflent quelquefois en tubercules (Dioscorée bulbifère, etc.).

Les fleurs sont très petites, unisexuées et dioïques par avortement, rarement hermaphrodites (Once, Sténoméride, etc.).

Dans la fleur mâle, le périanthe est concrescent en tube avec les six étamines; dans la fleur femelle, il est concrescent avec le pistil, dont l'ovaire infère a trois loges, contenant chacune deux ovules anatropes pendants et superposés (fig. 126).

Le fruit est une baie dans le Tamier, une capsule loculicide dans la Dioscorée et la Testudinaire. La graine, ronde dans la baie, ailée dans la capsule, est pourvue d'un albumen charnu.

D'après la conformation de la fleur, les genres se groupent en deux tribus :

1. *Dioscorées.* — Fleurs dioïques : Tamier, Testudinaire, Dioscorée, etc.
2. *Sténomèridées.* — Fleurs hermaphrodites : Sténoméride, Once, etc.

Plusieurs Dioscorées (D. cultivée, D. ailée, D. batate, etc.) sont cultivées dans les contrées tropicales pour leurs tubercules alimentaires, qui peuvent peser jusqu'à 20 kilogrammes.

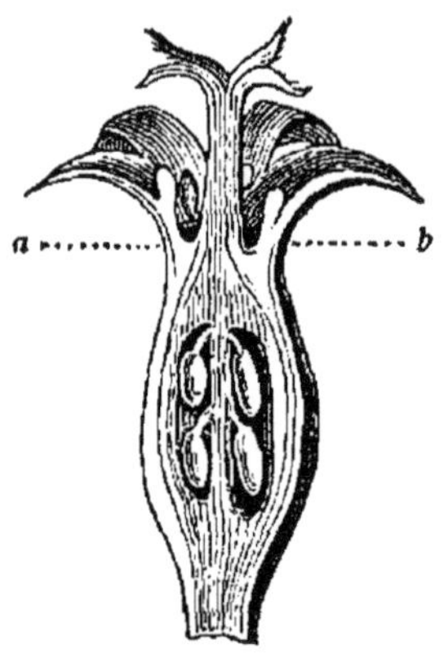

Fig. 126. — Section longitudinale de la fleur femelle du Tamier commun; *ab*, base apparente de la fleur.

Les Dioscoréacées sont très voisines des Amaryllidacées, dont elles diffèrent surtout par la diœcie des genres normaux. Elles se rattachent aux Liliacées aussi directement que les Amaryllidacées; seulement c'est plutôt aux Asparagées, notamment aux Salsepareilles, qu'elles se relient.

Iridacées. — Les Iridacées comprennent 57 genres avec environ 870 espèces répandues dans toutes les régions tropicales et tempérées, surtout dans la région méditerranéenne et au Cap. La tige aérienne procède ordinairement d'un rhizome, qui est horizontal et rameux dans les Irides, vertical et renflé en tubercule dans les Safrans et les Glaïeuls; ailleurs elle est dépourvue de rhizome, herbacée (Sisyrinque) ou ligneuse (Witsénie, etc.). Les feuilles sont distiques, engainantes et équitantes, sessiles, à limbe entier rectinerve, souvent en glaive.

Les fleurs, solitaires terminales dans le Safran, le plus souvent groupées en épi (Glaïeul, etc.) ou en grappe d'épis, ne se composent que de quatre verticilles ternaires (fig. 127), concrescents dans toute la longueur de l'ovaire, qui est infère.

Le calice et la corolle, semblables (Safran, Sisyrinque, etc.) ou différemment conformés (Iride, Tigridie, etc.), sont concolores, pétaloïdes et actinomorphes, rarement zygomorphes (Glaïeul). Les trois étamines sont superposées aux sépales et représentent le verticille externe de l'androcée des Liliacées et des Amaryllidacées; les étamines épipétales avortent constamment. Les filets, concrescents avec le tube du périanthe, sont libres entre eux après leur séparation (Iride, Glaïeul, etc.) ou demeurent unis en tube autour du style (Tigridie, Sisyrinque, Galaxie, etc.); les anthères sont extrorses (fig. 127), basifixes (Safran, Iride, etc.) ou oscillantes (Sisyrinque, etc.). Le pistil est formé de trois carpelles episépales, fermés et concrescents en un ovaire triloculaire contenant dans chaque loge deux rangs d'ovules anatropes horizontaux à raphés contigus, quelquefois ascendants (Safran, etc.) ou pendants (Glaïeul, etc.). Les styles, concrescents à la base, se séparent plus haut et prennent un grand développement, se dilatant en un entonnoir à bord frangé, comme dans les Safrans, ou s'étalant en une lame pétaloïde, comme dans les Irides; ils correspondent tantôt au dos des loges (Iride, Morée, Tigridie, etc.), tantôt aux cloisons parce que chacun d'eux s'est bifurqué et que les branches voisines se sont unies deux par deux (Safran, Sisyrinque, Ixie, etc.).

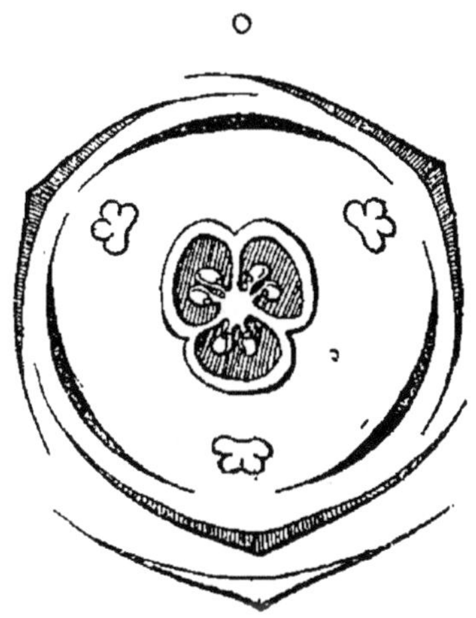
Fig. 127. — Diagramme de la fleur de l'Iride pseudacore.

Le fruit est une capsule loculicide; la graine contient un albumen charnu ou corné (Safran, etc.).

D'après l'inflorescence et la disposition des styles, on groupe les genres en trois tribus :

1. *Iridées*. — Styles épisépales : Iride, Morée, Trigidie, etc.
2. *Sisyrinchiées*. — Styles alternisépales; fleurs solitaires terminales : Safran, Galaxie, Romulée, Sisyrinque, Witsénie, etc.
3. *Ixiées*. — Styles alternisépales, fleur en épi ou en grappe : Ixie, Sparaxide, Glaïeul, Watsonie, etc.

Les Safrans sont cultivés pour la matière colorante jaune renfermée dans leurs styles.

Les Iridacées se rattachent directement aux Amaryllidacées, dont elles ne diffèrent que par l'avortement des trois étamines du rang interne et la disposition extrorse des anthères; ce sont, pour ainsi dire, des Amaryllidacées à trois étamines extrorses.

Hémodoracées. — Les Hémodoracées, 25 genres avec 120 espèces toutes exotiques, sont des plantes vivaces à l'aide d'un rhizome souvent tuberculeux, dont la tige porte à sa base des feuilles ordinairement distiques, engainantes et en glaive, comme celles de beaucoup d'Iridacées. Les Alètres épaississent leur tige par un pachyte péricyclique, comme il a été dit plus haut pour les Dragonniers (I, p. 219).

Les fleurs, groupées en épis ou en grappes, sont ordinairement actinomorphes, quelquefois zygomorphes (Anigozanthe, Cyanelle, etc.). Le calice et la corolle sont pétaloïdes. Il y a tantôt six étamines (Alètre, Anigozanthe, Conanthère, etc.), tantôt trois seulement superposées aux pétales (Hémodore, Xiphide, etc.); les anthères sont introrses à déhiscence longitudinale, quelquefois poricide (Conanthère, Cyanelle, etc.). Le pistil a trois carpelles épisépales fermés, concrescents en un ovaire triloculaire renfermant dans chaque loge un (Wachendorfie, etc.), deux (Hémodore, Ophiopoge, etc.), ou un grand nombre d'ovules anatropes ou hémi-anatropes (Xiphide, Cyanelle, Conanthère, etc.). Tantôt il est supère (Wachendorfie, Xiphide, Sansévièrie, etc.); tantôt il est concrescent avec l'ensemble des verticilles externes à la base seulement (Hémodore), jusqu'au milieu de la longueur de l'ovaire (Alètre, Conanthère, Cyanelle, etc.) ou jusqu'à la base du style, ce qui rend l'ovaire tout à fait infère (Dilatre, Anigozanthe, Ophiopoge, etc.).

Le fruit est une capsule loculicide; la graine a un albumen charnu.

D'après le nombre des étamines et des ovules, et d'après la déhiscence des anthères, on groupe les genres en quatre tribus:

1. *Hémodorées.* — 3 étamines épipétales : Hémodore, Wachendorfie, Dilatre, Xiphide, etc.
2. *Conostylées.* — 6 étamines, carpelles multiovulés : Conostyle, Anigozanthe, Alètre, etc.
3. *Ophiopogées.* — 6 étamines, carpelles biovulés : Péliosanthe, Ophiopoge, Sansévièrie, etc.
4. *Conanthérées.* — Anthères poricides : Conanthère, Cyanelle, etc.

Les Hémodoracées se rattachent aux Liliacées par les genres qui ont l'ovaire supère, aux Amaryllidacées par ceux qui ont l'ovaire infère avec six étamines, aux Iridacées par ceux qui ont l'ovaire infère avec trois étamines et aussi par leurs feuilles distiques et en glaive; elles diffèrent pourtant des Iridacées par la position épipétale de ces trois étamines et par les anthères introrses. En même temps, elles relient entre elles ces trois familles et c'est l'intérêt propre de leur étude.

Broméliacées. — Les Broméliacées, 45 genres avec environ 1000 espèces, toutes américaines et vivant la plupart dans les forêts tropicales, sur les arbres ou les rochers, rarement sur la terre, sont des plantes dont la tige, souvent très courte, porte une rosette de feuilles engainantes, sessiles, à limbe étroit et long, canaliculé, fréquemment bordé de dents épineuses et couvert d'écailles grises ou blanches.

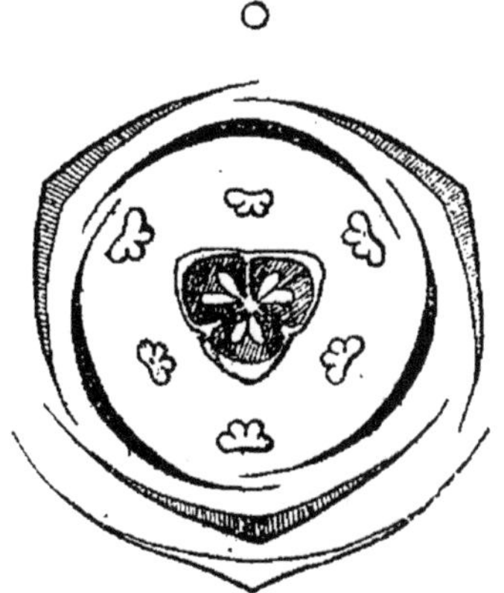

Fig. 128. — Diagramme de la fleur de la Bilbergie agréable.

Les fleurs sont groupées en épi ou en grappe, à l'aisselle de bractées souvent vivement colorées en rouge ou en jaune, parfois distiques (Tillandsie, etc.); dans l'Ananas, la tige se prolonge au-dessus de l'épi et se termine par un bouquet de feuilles. La fleur est formée de cinq verticilles ternaires, alternes et actinomorphes (fig. 128). Le calice est sépaloïde, la corolle pétaloïde. Les six étamines ont les anthères introrses, s'ouvrant en long. Les trois carpelles, fermés et concrescents en un ovaire triloculaire contenant dans chaque loge deux rangs d'ovules anatropes horizontaux et exonastes, sont tantôt indépendants du périanthe et de l'androcée (Tillandsie, Dyckie, etc.), tantôt concrescents avec le périanthe et l'androcée dans la moitié (Pitcairnie) ou dans la totalité de la longueur de l'ovaire (Bilbergie, Bromélie, etc.).

Le fruit est une baie (Ananas, Echmée, etc.) ou une capsule (Dyckie, Pitcairnie, etc.). La graine renferme un albumen amylacé, et non charnu comme dans les familles précédentes. Le fruit comestible et parfumé de l'Ananas se compose non seulement des baies de l'épi, mais encore de l'axe d'infloresrence et des bractées mères des fleurs, le tout devenu charnu et intimement soudé pendant le développement.

D'après la situation de l'ovaire et la nature du fruit, on groupe les genres en deux tribus :

1. *Tillandsiées.* — Ovaire supère, capsule : Tillandsie, Dyckie, Pitcairnie, etc.
2. *Broméliées.* — Ovaire infère, baie : Bilbergie, Echmée, Ananas, Bromélie, etc.

Les Broméliacées se rattachent aux Hémodoracées; elles ont les mêmes variations dans la concrescence de l'ovaire, mais avec une plus grande fixité dans l'androcée. Elles diffèrent surtout des Hémodoracées, comme de toutes les familles précédentes, par leur port spécial, leur calice sépaloïde et leur albumen amylacé.

Scitaminées. — Les Scitaminées, 43 genres avec 530 espèces presque toutes tropicales, sont des plantes herbacées de grande

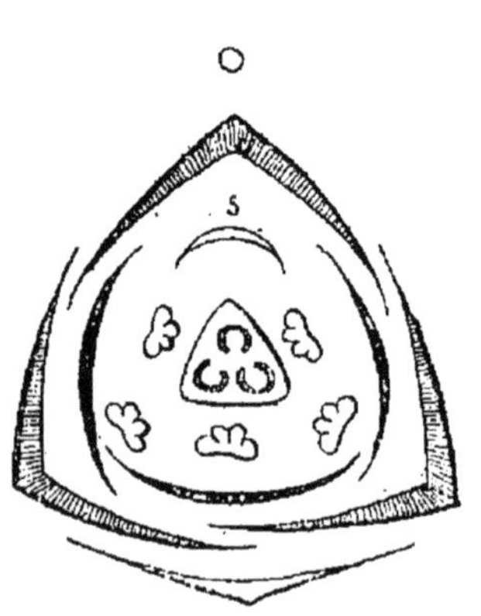

Fig. 129. — Diagramme de la fleur de l'Héliconie métallique; *s*, staminode simple.

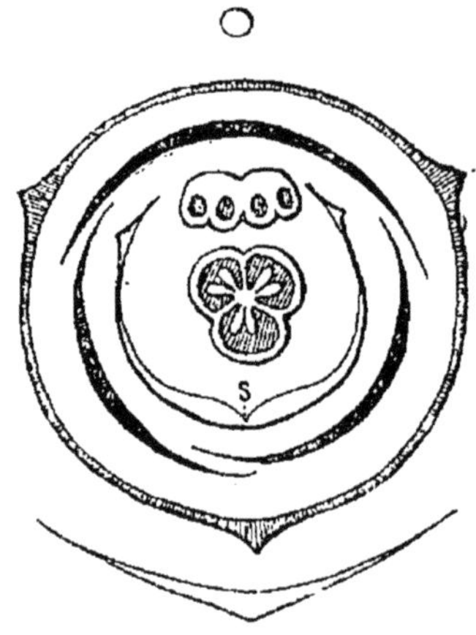

Fig. 130 — Diagramme de la fleur d'une Rénéalmie; *s*, staminode composé pétaloïde.

taille, atteignant cinq à six mètres, ordinairement vivaces, avec un rhizome quelquefois tuberculeux (Curcume, etc.). La tige aérienne, tantôt très courte mais prolongée en apparence par les gaines foliaires emboîtées (Bananier ou Musa, Héliconie, etc.), tantôt s'élevant jusqu'à cinq mètres de hauteur (Alpinie, etc.), est simple et porte de grandes feuilles engainantes, à large limbe penninerve, sessile ou longuement pétiolé.

Les fleurs sont zygomorphes (fig. 129, 130 et 131). Les trois sépales sont égaux, verts ou faiblement colorés. Tantôt les trois pétales aussi sont égaux, libres (Héliconie, fig. 129, etc.) ou concrescents en tube (Gingembre, Alpinie, etc.); tantôt les deux latéraux sont plus développés que le médian et unis entre eux en une gaine bilobée (Strélitzie), ou concrescents avec les trois sépales en une gaine à cinq lobes fendue en arrière (Bananier). L'androcée est très diversement conformé. Il a quelquefois six étamines fertiles (Ravénale, etc.); ailleurs, il n'y a que cinq étamines fertiles, la postérieure se réduisant à un staminode écailleux (Héliconie, fig. 129, *s*, etc.) ou avortant même complètement (Strélitzie, etc.); ailleurs au contraire, l'étamine postérieure se développe seule, les cinq autres se réduisant à autant de staminodes, dont les trois externes, plus grands, sont libres (Hédyque, etc.) ou unis en une large gaine pétaloïde fendue en arrière (Alpinie, Rénéalmie, fig. 130, *s*, etc.); ailleurs enfin, l'étamine fertile elle-même se pétalise dans une de ses moitiés, et la fleur n'a plus qu'une demi-anthère à deux sacs polliniques (Balisier ou Canna, fig. 132, Calathée, Marante, etc.).

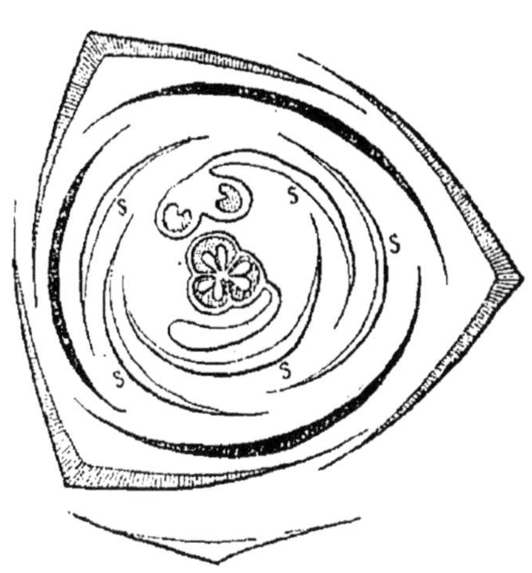

Fig. 131. — Diagramme de la fleur du Balisier indien; *s*, *s*, staminodes pétaloïdes.

Le pistil, toujours concrescent avec les verticilles externes jusqu'à la base du style, se compose de trois carpelles épisépales, fermés et concrescents en un ovaire triloculaire surmonté d'un style unique, pétaloïde dans le Balisier (fig. 131), renfermant dans chaque loge deux rangs d'ovules anatropes horizontaux (fig. 130 et 131), rarement un seul ovule dressé anatrope (Héliconie, fig. 129) ou campylotrope (Calathée, etc.).

Le fruit est parfois une baie (Bananier, Marante, etc.), le plus souvent une capsule loculicide (Balisier, Strélitzie, Hédyque, etc.). La graine, souvent pourvue d'un arille charnu (Gingembre, Marante, etc.), contient tantôt un albumen amylacé abondant (Bananier, Héliconie, etc.), tantôt un petit albumen charnu ou corné et un volumineux périsperme amylacé (Gingembre, Alpinie, etc.), tantôt seulement un périsperme amylacé sans trace d'albumen (Balisier, etc.).

Les baies du Bananier, ou bananes, sont comestibles et jouent un grand rôle dans l'alimentation de l'homme dans tous les pays chauds. Le rhizome de quelques Curcumes et surtout celui du Marante arondinacé fournissent une fécule très estimée, l'*arrow-root*. Le rhizome de divers Curcumes renferme une matière colorante jaune et sert à la teinture; celui du Gingembre, ainsi que le fruit des Amomes, est aromatique et employé comme condiment.

D'après le nombre des étamines fertiles et la conformation de la graine, les genres se groupent en trois tribus :

1. *Musées.* — Cinq étamines fertiles (fig. 130). Un albumen amylacé; pas de périsperme : Ravénale, Strélitzie, Bananier, Héliconie, etc.
2. *Zingibérées.* — Une étamine fertile (fig. 131). Un albumen charnu et un périsperme amylacé : Alpinie, Coste, Gingembre, Amome, Curcume, Hédyque, Rénéalmie, Globbe, etc.
3. *Marantées.* — Une demi-étamine fertile (fig. 132). Pas d'albumen; un périsperme amylacé : Balisier, Calathée, Phryne, Thalie, Marante, etc.

Les Scitaminées forment une famille très nettement caractérisée par la zygomorphie de la fleur et les altérations de son androcée. Par les Musées, elles se rattachent aux Amaryllidacées, ou mieux aux Broméliacées dont l'albumen est amylacé; par les Zingibérées et les Marantées, elles se relient aux deux familles suivantes, où l'albumen est nul.

Orchidacées. — Les Orchidacées comprennent 410 genres avec plus de 8000 espèces répandues dans toutes les contrées tempérées et chaudes du globe : c'est la famille la plus nombreuse de la classe des Monocotylédones. Ce sont des plantes herbacées vivaces, terrestres ou épidendres. Terrestres, elles ont un rhizome rameux, quelquefois sans racines (Corallorhize, Épipoge), ordinairement pourvu de racines filiformes (Listère) ou charnues (Néottie); ou bien elles se maintiennent d'une année à l'autre à l'aide d'un tubercule entier ou digité (fig. 132), formé d'un faisceau de racines concrescentes (I, p. 79) (Ophryde, Orchide, etc.); ou bien encore elles renflent en tubercule la base même de leur tige (Liparide). L'Europe ne possède que de pareilles espèces terrestres. Épidendres, elles croissent dans les forêts tropicales, surtout en Amérique, et sont abondamment pourvues de racines aériennes, munies d'un voile (I, p. 69 et p. 89); leur tige renfle souvent en tubercules ses entre-nœuds inférieurs; quelquefois elle les allonge beaucoup et s'élance en grimpant (Vanille, etc.). Les feuilles sont engainantes, à limbe entier, rubané ou ovale, quelquefois charnu ou coriace, à nervation parallèle.

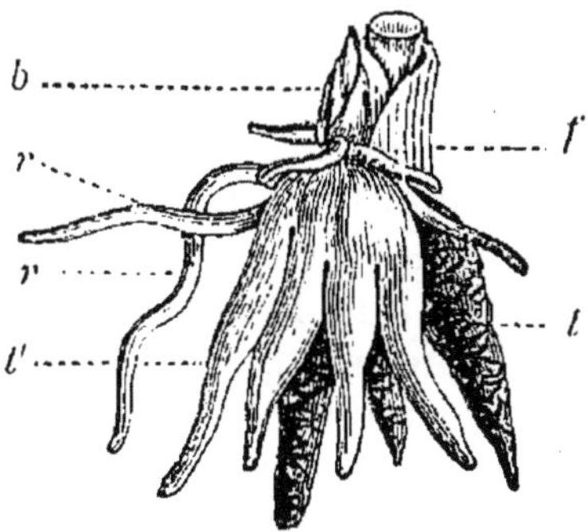

Fig. 132. — Gymnadénie blanche; *t*, tubercule ancien dont le bourgeon a produit la tige feuillée *f*; *t'*, tubercule nouveau issu du bourgeon *b*; *r*, *r*, racines ordinaires.

Les fleurs, solitaires dans les Cypripèdes, sont ordinairement groupées en épi ou en grappe; elles sont zygomorphes et tournent tout d'abord en avant leur sépale médian (I, p. 420, fig. 189); mais leur pédicelle subit le plus souvent une torsion de 180 degrés, qui reporte en arrière ce sépale médian.

Le calice a trois sépales colorés, sensiblement égaux; les deux latéraux sont concrescents en arrière dans les Cypripèdes (fig. 133, *B*). La corolle a presque

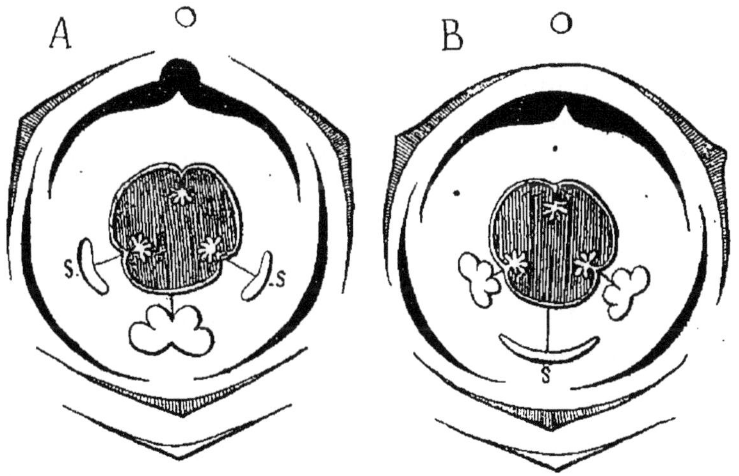

Fig. 133. — Diagramme de la fleur, supposée non tordue; *A*, dans les Orchidacées ordinaires (Orchide, etc.) : une seule étamine fertile et deux staminodes *s*. *B*, dans les Cypripèdes : deux étamines fertiles et un staminode *s*.

toujours son pétale médian, nommé *labelle*, autrement conformé et beaucoup plus développé que les deux autres, qui ressemblent d'ordinaire aux sépales. L'androcée comprend deux verticilles ternaires alternes; presque toujours l'étamine antérieure, diamétralement opposée au labelle, et qui est la médiane du verticille externe, est seule fertile (fig. 133, *A*); les deux voisines, qui sont les latérales du verticille interne, sont réduites à leurs filets (fig. 133, *A*, *s*); les trois autres, situées en arrière du côté du labelle, sont plus ou moins complètement avortées. Quelquefois ce sont, au contraire, les deux latérales du verticille interne qui sont fertiles (fig. 133, *B*), tandis que la médiane du verticille externe se réduit à un staminode (fig. 133, *B*, *s*) (Cypripède, Apostasie, etc.); ou bien encore les étamines antérieures sont toutes les trois fertiles (Neuviedie). L'anthère est introrse, à déhiscence longitudinale, ordinairement à quatre, quelquefois à huit sacs polliniques (Calanthe, etc.), contenant des grains de pollen libres (Cypripède, etc.), groupés en tétrades (Néottie, etc.) ou réunis plus ou moins intimement en 2, 4, 6 ou 8 pollinies (Orchide, Ophryde, etc.).

Le pistil se compose de trois carpelles épisépales ouverts, concrescents en un ovaire uniloculaire à trois placentes pariétaux, portant un grand nombre de très petits ovules anatropes (fig. 133); il est concrescent avec les verticilles externes dans toute la longueur de l'ovaire, qui est infère. Au-dessus de la séparation du calice et de la corolle, la concrescence continue entre les étamines, fertiles ou stériles, et le style jusqu'à l'insertion de l'anthère; il en résulte un gynostème (I, p. 395). Le style est terminé par un stigmate trilobé dont le lobe antérieur, correspondant à l'étamine fertile, est plus développé et est nommé *rostelle*. Il est parfois relié aux pollinies par deux filets gommeux, nommés *caudicules*; ces filets aboutissent, dans la substance du rostelle, à une ou à deux pelotes de tissu gélifié formant le *rétinacle*. C'est alors l'ensemble formé par les pollinies, les caudicules et le rétinacle qui est emporté par les insectes (I, p. 436).

Le fruit est une capsule, très allongée et charnue dans la Vanille, s'ouvrant en long ordinairement de chaque côté des placentes, en six valves, qui demeurent unies en bas par le pédicelle, en haut par le gynostème persistant. Les graines, très nombreuses et très petites, contiennent un petit embryon homogène, ovoïde ou sphérique, sans trace d'albumen.

D'après le nombre des anthères et la conformation du pollen, on groupe les genres en cinq tribus :

1. *Epidendrées.* — Une anthère; pollinies cireuses, libres : Pleurothalle, Malaxide, Liparide, Corallorhize, Dendrobe, Phaje, Calanthe, Épidendre, etc.
2. *Vandées.* — Une anthère; pollinies cireuses, attachées au rostelle : Cymbide, Cyrtopode, Catasète, Maxillaire, Oncide, Phalénopse, Vande, Angrec, etc.
3. *Néottiées.* — Une anthère; pollinies granuleuses, pulvérulentes ou sectiles, libres : Vanille, Néottie, Listère, Spiranthe, Épipoge, Limodore, Céphalanthère, Épipacte, etc.
4. *Orchidées.* — Une anthère; pollinies granuleuses, attachées au rostelle : Orchide, Ophryde, Acérate, Sérapie, Habénaire, etc.
5. *Cypripédiées.* — Deux ou trois anthères : Cypripède, Sélénipède, Apostasie, Neuviedie.

Ces plantes sont cultivées pour la beauté de leurs fleurs, et donnent peu de produits utiles. Les tubercules radicaux de divers Orchides (O. mâle, O. morio, etc.) sont alimentaires à la fois par l'amidon et la gomme qu'ils renferment : c'est le *salep* des Orientaux. Les feuilles aromatiques de l'Angrec odorant sont employées en tisane sous le nom de *thé Bourbon*. Les capsules charnues et parfumées de la Vanille sont recherchées comme condiment.

Les Orchidacées se rattachent directement aux Scitaminées par la zygomorphie des fleurs, l'avortement partiel de l'androcée et l'absence de l'albumen, qui manque aussi, comme on l'a vu, dans les Marantées. Elles s'en distinguent nettement par leur gynostème, la conformation habituelle du pollen, la placentation pariétale, l'homogénéité de l'embryon, et constituent de la sorte une famille bien limitée.

Hydrocharitacées. — Les Hydrocharitacées, 14 genres avec 52 espèces, sont des plantes aquatiques répandues la plupart dans les eaux douces, quelques-unes propres à la mer des Indes, à tige tantôt courte, portant une rosette de feuilles submergées (Vallisnérie, Stratiote, etc.), tantôt allongée, ramifiée et couverte de feuilles espacées, nageantes (Hydrocharite, etc.) ou submergées (Élodée, etc.).

Les fleurs, ordinairement unisexuées et dioïques, ont un calice ternaire sépaloïde et une corolle ternaire pétaloïde (fig. 134); dans la fleur mâle de la Vallisnérie, les deux pétales postérieurs avortent (fig. 134, *A*). L'androcée comprend un nombre variable de verticilles ternaires et alternes d'étamines à anthères introrses, rarement extrorses (Hydrocharite) : un seul (Vallisnérie, fig. 134, *A*, Hydrille, etc.), deux ou trois (Élodée, etc.), trois à cinq (Limnobe, Hydrocharite, etc.); quelquefois les étamines du rang externe se dédoublent (Stratiote, etc.), ou bien celles du rang interne sont stériles (Hydrocharite, etc.); dans la Vallisnérie, l'étamine postérieure se réduit à un staminode (fig. 134, *B*, *s*). Le pistil, concrescent avec les verticilles externes, ce qui rend l'ovaire infère, se compose de trois (Élodée, Vallisnérie, fig. 134, *B*, etc.) ou six (Hydrocharite, Stratiote, etc.) carpelles ouverts, unis en un ovaire uniloculaire à trois ou six placentes pariétaux, portant plusieurs ovules anatropes, rarement orthotropes (Élodée, etc.), surmonté d'autant de styles que de carpelles. On sait de quelle façon remarquable la pollinisation s'opère dans la Vallisnérie (I, p. 435).

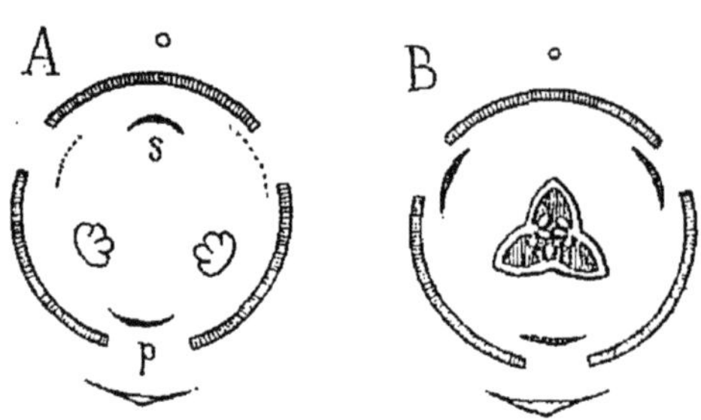

Fig. 134. — Diagramme des fleurs de la Vallisnérie spirale : *A*, fleur mâle; *p*, pétale unique; *s*, staminode; *B*, fleur femelle.

Le fruit est une baie. La graine ne renferme qu'un embryon droit, sans trace d'albumen.

D'après la conformation de la tige et le milieu de végétation, on peut grouper les genres en quatre tribus :

1. *Hydrillées*. — Plantes d'eau douce. Tige allongée, à petites feuilles submergées : Hydrille, Élodée, Lagarosiphon.
2. *Vallisnériées*. — Plantes d'eau douce. Tige courte, à longues feuilles submergées : Vallisnérie, Blyxe, etc.
3. *Hydrocharitées*. — Plantes d'eau douce. Tige courte, à feuilles nageantes : Limnobie, Hydrocharite, Ottélie, Stratiote, etc.
4. *Thalassiées*. — Plantes marines : Thalassie, Enhale, Halophile.

Par l'ovaire infère, la placentation pariétale et l'absence d'albumen, les Hydrocharitacées se rattachent directement aux Orchidacées, dont elles diffèrent surtout par l'actinomorphie de la fleur. Elles s'éloignent, au contraire, beaucoup des Naïadacées et des Alismacées, auxquelles elles ressemblent par la végétation aquatique et par l'absence d'albumen. Elles sont, pour ainsi dire, dans l'ordre des Iridinées ce que sont les Alismacées dans celui des Liliinées, les Triglochinacées dans celui des Joncinées et les Naïadacées dans celui des Cypérinées.

Le tableau ci-joint résume la division de la classe des Liorhizes monocotylées, ou Monocotylédones, en quatre ordres et vingt-six familles :

TABLEAU

RÉSUMANT LA DIVISION DE LA CLASSE DES MONOCOTYLÉDONES EN ORDRES ET FAMILLES

Corolle		Ordres					Familles
nulle. Ovaire supère.		CYPÉRINÉES. Albumen	amylacé. Plantes	terrestres. Ovule	anatrope		*Cypéracées.*
					orthotrope		*Centrolépidacées.*
				aquatiques nageantes			*Lemnacées.*
			nul				*Naïadacées.*
			charnu. Fleurs mâles et femelles dans	le même épi	séparées		*Aracées.*
					entremêlées		*Cyclanthacées.*
				des épis différents	monoïques		*Typhacées.*
					dioïques		*Pandanacées.*
sépaloïde. Ovaire supère.		JONCINÉES. Albumen	amylacé. Fleurs en	épi			*Restiacées.*
				capitule			*Eriocaulacées.*
			nul				*Triglochinacées.*
			charnu. Fruit	charnu			*Palmiers.*
				sec			*Joncacées.*
pétaloïde. Ovaire	supère.	LILIINÉES. Calice	sépaloïde. Albumen	nul			*Alismacées.*
				amylacé. Ovule	orthotrope		*Commélinacées.*
					anatrope		*Xyridacées.*
			pétaloïde. Albumen	amylacé			*Pontédériacées.*
				charnu			*Liliacées.*
	infère.	IRIDINÉES. Albumen	charnu. Fleur à	6 étam. introrses. Fleurs	hermaphrod.		*Amaryllidacées.*
					unisexuées		*Dioscoréacées.*
				3 étam. épisépales extrorses			*Iridacées.*
				3 étam. épipétales introrses			*Hémodoracées.*
			amylacé. Fleur	actinomorphe			*Broméliacées.*
				zygomorphe			*Scitaminées.*
			nul. Fleur	zygomorphe			*Orchidacées.*
				actinomorphe			*Hydrocharitacées.*

CLASSE III

LIORHIZES DICOTYLÉES

Caractères généraux. — Les Liorhizes dicotylées forment une classe exactement intermédiaire entre les Monocotylédones et les Dicotylédones, ressemblant aux premières par la structure de la racine, qui perd tout son épiderme dans la coiffe et développe son assise corticale externe en assise pilifère, et aussi par l'absence totale de pachyte, aux secondes par la conformation de l'embryon, qui est muni de deux cotylédons.

Division en deux ordres. — Cette classe est peu nombreuse et ne comprend jusqu'ici que trois familles ; les Graminées d'une part, les Cabombacées et les Nymphéacées d'autre part. Très différente des deux autres, la première doit être considérée comme le type d'un ordre distinct, les *Gramininées*, les deux autres formant ensemble un autre ordre, les *Nymphéinées*. La première, en effet, a un fruit dépourvu de graine, un embryon à deux cotylédons inégaux et une tige monostélique; les deux autres ont un fruit pourvu de graines, un embryon à deux cotylédons égaux et une tige schizostélique. Cette division en deux ordres peut être résumée ainsi :

LIORHIZES DICOTYLÉES	Pas de graines. Deux cotylédons inégaux. Tige monostélique	*Gramininées.*
	Des graines. Deux cotylédons égaux. Tige schizostélique	*Nymphéinées.*

Par la constante et forte inégalité des deux cotylédons, dont le plus petit avorte assez souvent, le premier de ces deux ordres se rapproche plus que le second de la classe des Monocotylédones, à laquelle il a toujours été incorporé jusqu'ici. C'est donc par lui qu'il convient de commencer l'étude des Liorhizes dicotylées.

ORDRE I

GRAMININÉES

Formé par les Liorhizes qui ont les deux cotylédones inégaux et le fruit dépourvu de graines, qui sont en même temps anisocotylées et inséminées, l'ordre des Gramininées ne renferme qu'une seule famille, la plus répandue, il est vrai, et l'une des plus vastes de toutes les Phanérogames, celle des Graminées.

Graminées. — Les Graminées, 313 genres avec plus de 3 500 espèces répandues partout, sont des plantes ordinairement herbacées, annuelles comme le Blé, ou vivaces comme le Chiendent à l'aide d'un rhizome qui dresse dans l'air des branches latérales; rarement elles deviennent ligneuses, comme les Roseaux et les Bambous, et peuvent atteindre alors jusqu'à trente mètres de hauteur.

La tige aérienne est souvent simple ou seulement ramifiée à la base, mais quelquefois aussi très rameuse, comme dans les Bambous ; elle est cylindrique et habituellement creuse dans les entre-nœuds, renflée au contraire et toujours pleine aux nœuds, d'où partent, dans la région inférieure, de nombreuses racines latérales; dans le Maïs, la Canne, le Sorgho, etc., la moelle persiste, et c'est en elle que s'accumulent les réserves sucrées, notamment le sucre de Canne. La stèle a ses faisceaux libéroligneux disposés en plusieurs cercles vers la périphérie et il ne s'y fait pas de pachyte.

Les feuilles sont distiques, composées d'une gaine à bords libres et d'un limbe étroit, rubané, rectinerve, dont le bord est rendu coupant par la silicification de l'épiderme ; la gaine se prolonge au-dessus du limbe en une ligule membraneuse plus ou moins développée. Les deux premières feuilles de chaque rameau, situées latéralement, sont concrescentes bord à bord en arrière et forment ensemble une pièce unique, qu'on nomme la *préfeuille*. Les feuilles ont souvent à leur aisselle plusieurs bourgeons collatéraux, pouvant se développer en autant de branches divergentes.

La racine perd tout son épiderme dans la coiffe et dénude son écorce, dont la surface est lisse et dont l'assise externe devient l'assise pilifère, comme chez les Monocotylédones. L'écorce y est creusée de lacunes entrecoupées radialement; le péricycle y est souvent vascularisé en face des faisceaux ligneux, ce qui entraîne la naissance et la disposition des radicelles en face des faisceaux libériens (I, p. 111 et p. 98, fig. 32).

Les fleurs sont presque toujours rapprochées en petits épis ou *épillets*, groupés à leur tour en épi comme dans le Blé, ou en grappe comme dans l'Avoine. Au-dessous de chaque épillet, sessile ou pédicellé, la bractée mère avorte ordinairement. Chaque épillet commence par deux bractées indépendantes, ordinairement latérales, bien développées, mais stériles, qui l'enveloppent dans le jeune âge comme d'un involucre et qui prolongent quelquefois leur nervure médiane en forme d'arête

(Phléole, Orge, etc.). Puis viennent, continuant la disposition distique des premières, un certain nombre de bractées plus petites, mais fertiles, au-dessus desquelles le rameau se termine; plus fréquemment que les deux premières, les bractées fertiles se prolongent en une arête insérée au sommet (Fétuque, Blé, etc.), au-dessous du sommet (Brome, etc.), au milieu (Avoine) ou même presque à la base (Canche). Souvent une seule de ces bractées porte à son aisselle une fleur bien conformée, les autres, situées tantôt au-dessus de la première (Millet, Phléole, Agroste, etc.), tantôt au-dessous (Panic, Sétaire, etc.), ne formant que des fleurs incomplètes ou rudimentaires. Ailleurs, l'épillet renferme deux bractées à fleurs bien conformées (Canche, Houque, Arrhénathère, etc.), ou même un grand nombre de pareilles bractées (Paturin, Fétuque, Brome, etc.). Il est ordinairement articulé à sa base, tantôt au-dessous des deux bractées stériles (Maïs, Barbon, Panic, Riz, etc.), tantôt au-dessus d'elles (Phalaride, Agroste, Avoine, Fétuque, Chloride, Orge, Blé, Bambou, etc.), et se détache plus tard, lors de la maturité du fruit, à cet endroit.

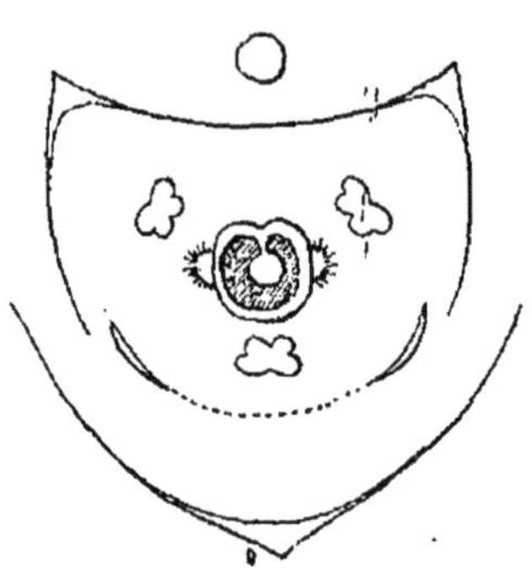

Fig. 135. — Diagramme de la fleur dans la plupart des Graminées.

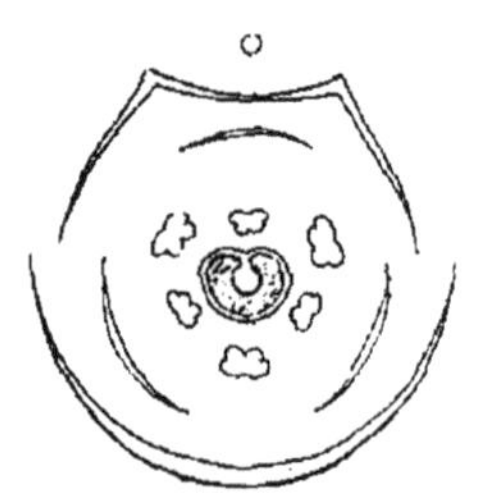

Fig. 136. — Diagramme de la fleur des Bambous.

Le ramuscule floral commence par deux bractées latérales, concrescentes en arrière et formant ensemble une pièce unique, bicarénée tout du long et bifide au sommet, homologue de la préfeuille du rameau végétatif (fig. 135 et fig. 136). Au-dessus de cette double bractée vient la fleur proprement dite. Elle est ordinairement hermaphrodite, rarement unisexuée (Maïs, Larmille, etc.).

Le calice est formé typiquement de trois sépales libres, petits et incolores, un en arrière et deux en avant (Bambou, fig. 136, Stipe, etc). Le sépale postérieur avorte le plus souvent (fig. 135); quelquefois même ils avortent tous (Vulpin, Flouve, etc.). Les deux sépales antérieurs sont parfois concrescents (Mélique, fig. 135, etc.). Il n'y a pas de corolle.

L'androcée se compose de trois étamines alternes avec les sépales, une en avant, deux en arrière (fig. 135); leurs filets, longs et grêles, portent, attachées vers le milieu du connectif, des anthères introrses dont les quatre sacs polliniques très allongés dépassent le connectif en haut et en bas et divergent en forme d'X après la déhiscence, qui est longitudinale. Il n'y a que deux étamines dans la Flouve, une seule dans le Nard; il y en a, au contraire, six en deux verticilles ternaires dans le Riz et le Bambou (fig. 136), un plus grand nombre et jusqu'à quarante dans la Luziole et la Pariane.

Le pistil est constitué par un seul carpelle fermé, tournant en bas sa ligne dorsale, en haut sa suture ventrale marquée d'un sillon, superposé par conséquent à l'étamine antérieure. L'ovaire est globuleux et se termine quelquefois par un long style entier (Maïs, Nard, etc.) ou divisé au sommet en trois branches stigmatiques, une antérieure et deux latérales (Phare, etc.); ailleurs, le style est plus court (Larmille, etc.); enfin, dans la grande majorité des cas, il est nul et les branches stigmatiques sont sessiles sur l'ovaire. Ces trois branches sessiles sont parfois également développées (Bambou, Arondinaire), mais d'ordinaire la médiane se réduit à une petite pointe (Riz, Phragmite, etc.), ou même avorte complètement, de sorte que l'ovaire paraît surmonté de deux stigmates latéraux (fig. 135). Les branches du stigmate sont ordinairement filiformes et toutes couvertes de longs poils qui les rendent plumeuses. A l'intérieur de l'ovaire, sur la suture ventrale, se trouve largement inséré un ovule anatrope ou semi-anatrope à deux téguments, ascendant à raphé ventral, épinaste, par conséquent, qui remplit toute la cavité.

Le fruit est un achaine dépourvu de graine, dont le péricarpe ordinairement membraneux, parfois ligneux (Larmille, Bambou, etc.), est intimement soudé avec l'albumen, en un mot un caryopse (I, p. 479). Il est très rare qu'il renferme une graine et soit un véritable achaine (Sporobole, Eleusine, etc.). L'albumen est amylacé, avec une assise externe nettement différenciée par la forme, la dimension et le contenu de ses cellules, qui sont carrées, petites, dépourvues d'amidon, mais riches en matière grasse et en diastases : c'est l'assise digestive (I, p. 461). Sur la face antérieure et convexe du fruit, à la base et en dehors de l'albumen, recouvert pourtant par son assise digestive, se trouve situé l'embryon, dont le plan médian coïncide à la fois avec le plan de symétrie de l'ovule et du pistil et avec le plan médian de la fleur (fig. 137). Cet embryon est profondément différencié.

Sur sa face postérieure, du côté du raphé, sa tigelle porte un large cotylédon qui monte le long de son extrémité supérieure en dépassant plus ou moins la gemmule, et en même temps descend le long de son extrémité inférieure. Tantôt cette partie descendante est aussi indépendante de la tigelle que la partie montante, et en atteint l'extrémité (Panic, Sorgho, Canne, fig. 138, *E*, Barbon, Chloride, etc.), qu'elle dépasse même quelquefois en se reployant en avant (Maïs, fig. 137); c'est alors que ce cotylédon mérite le mieux le nom d'*écusson* qu'on lui donne souvent. Tantôt elle est concrescente avec la tigelle et s'arrête avant d'en atteindre l'extrémité, en formant un cran (fig. 138, *B* à *E*) (Riz, Phalaride, Agroste, Avoine, Fétuque, Orge, Blé, etc.). Cette différence sera utilisée plus loin. Sur sa face antérieure, du côté de la nervure dorsale du péricarpe, la tigelle porte au même niveau un second cotylédon, toujours plus petit que le premier, mais de dimension très inégale suivant les genres. Quand il est le plus développé, il offre, comme le premier, une partie descendante (Leersie, fig. 138, *A* et *B*); mais d'ordinaire il se réduit à une languette ascendante, qui s'élève plus ou moins haut,

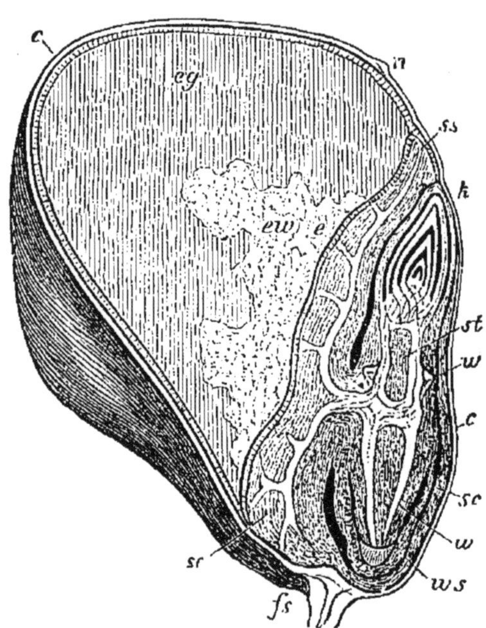

Fig. 137. — Section longitudinale du caryopse du Maïs; *c*, péricarpe; *n*, cicatrice du style; *fs*, pédicelle; *eg*, portion jaunâtre et dure de l'albumen, entourée par l'assise périphérique non amylacée; *ew*, portion blanche et molle du même; *ss*, *sc*, grand cotylédon à partie descendante libre, remontant sur la face externe de la tigelle; *e*, son épiderme palissadique en contact avec l'albumen; le petit cotylédon est complètement avorté; *st*, entre-nœud épicotylé de la tige; *w*, radicule endogène dans sa poche *ws*; *k*, gemmule; *w'*, premières racines latérales. Les cordons blancs sont les futurs faisceaux libéroligneux.

sans atteindre l'extrémité de la gemmule (fig. 138, *C*, *D*), et qui demeure parfois très courte (fig. 138, *E*); enfin, il n'est pas rare qu'il avorte complètement (Maïs, fig. 137, Sorgho, Canne, fig. 138, *F*, etc.). Le grand cotylédon reçoit de la stèle de la tige une méristèle; le petit en est toujours dépourvu. Cette réduction constante du second cotylédon, conduisant par tous les intermédiaires à son avortement complet, s'explique par le défaut d'espace laissé entre la face antérieure de la tigelle et le péricarpe, contre lequel elle est de bonne heure comprimée.

En bas, la tigelle renferme une racine terminale endogène, ordinairement solitaire (Maïs, fig. 137, Riz, Ivraie, Brome, Flouve, etc.), parfois accompagnée un peu plus haut de plusieurs racines latérales (Blé, I, p. 127, fig. 46, Orge, Avoine, etc.). En haut, elle se termine, quelquefois immédiatement au-dessus des cotylédons (Blé, Orge, Seigle, etc.), le plus souvent après avoir formé un entre-nœud plus ou moins long (Maïs, fig. 137, Sorgho, etc.), par une gemmule très développée. Sa première feuille se réduit à une gaine conique à bords concrescents, qui enveloppe toutes les autres; elle est superposée au grand cotylédon et reçoit de la stèle de la tige deux méristèles, rapprochées de ce côté. La seconde feuille, formée d'un limbe et d'une gaine à bords libres, est superposée au second cotylédon et reçoit de la stèle un nombre impair de méristèles, au moins trois, dont une médiane; elle est suivie de plusieurs autres feuilles semblables, en disposition distique.

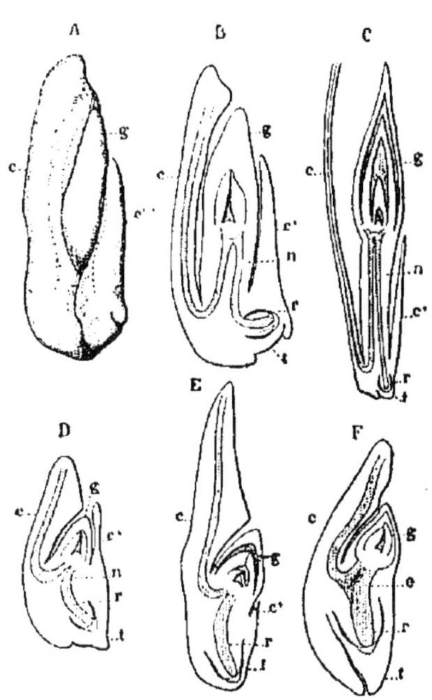

Fig. 138. — Embryons de quelques Graminées. *A*, de la Leersie; *B*, le même coupé en long; *C*, de la Zizanie, coupé en long; *D*, du Piptathère, coupé en long; *E*, de l'Avoine, coupé en long; *F*, de la Canne, coupé en long; *c*, grand cotylédon; *c'*, petit cotylédon; *t*, base de la tigelle renfermant la radicule *r*; *n*, nœud cotylédonaire allongé; *e*, entre-nœud épicotylé; *g*, gemmule.

A la germination, la racine terminale, ainsi que chacune des racines latérales quand il en existe, perce en la digérant la poche qui la contient et s'échappe au dehors, entourée d'une collerette à sa base. La tigelle ne s'accroît pas sous les cotylédons, qui restent en place dans le fruit, en un mot sont hypogés (I, p. 489). Sans prendre aucun accroissement, le grand cotylédon, à l'aide des diastases produites et émises au dehors par son épiderme ordinairement palissadique, digère progressivement, d'abord au contact, puis à une distance de plus en plus grande, tout l'albumen, à l'exception toutefois de son assise périphérique, qui n'est pas digestible (I, p. 494). Par sa position même, le petit cotylédon ne peut jouer aucun rôle et s'atrophie aussitôt. En même temps, la tigelle s'allonge vers le haut entre les cotylédons et la gemmule, qu'elle soulève en l'air. Cet allongement se fait, suivant les genres, de deux manières très différentes.

Tantôt, il s'opère au-dessus du départ de la méristèle du grand cotylédon, au-dessus du nœud cotylédonaire, par conséquent, et produit entre les cotylédons et la première feuille de la gemmule un véritable entre-nœud plus ou moins long (Maïs, Sorgho, Canne, Panic, Barbon, Chloride, etc.). Tantôt il a lieu au-dessous du départ de la méristèle du grand cotylédon, dans l'épaisseur du nœud, par conséquent, et produit entre les cotylédons et la gemmule un tronçon de tige plus ou moins long, qui n'est pas autre chose que le nœud cotylédonaire allongé vers le haut dans sa région supérieure. La tigelle ne s'allonge pas alors entre le point de départ de la méristèle cotylédonaire et celui des deux méristèles de la première feuille de la gemmule, qui restent rapprochés; mais, à partir de ce point, la méristèle cotylédonaire descend dans l'épaisseur de l'écorce tout le long du tronçon, en tournant son liber en dedans, son bois en dehors, pour entrer à sa base dans le grand cotylédon, où elle se termine (Riz, Phalaride, Agroste, Avoine, Fétuque, etc.). Ces deux modes d'allongement de la tigelle commençant déjà à s'opérer au cours de la période embryonnaire, la marche différente qui en résulte pour la méristèle du grand cotylédon est déjà visible dans l'embryon mûr, avant la germination (fig. 138).

Il est à remarquer que le premier mode s'observe dans les genres où le grand cotylédon a sa partie descendante libre (fig. 137 et fig. 138, *F*), le second dans ceux où sa partie descendante est concrescente à la tigelle (fig. 138, *A* à *E*). On reviendra bientôt sur cette coïncidence. Il est rare que la tigelle ne s'accroisse d'aucune façon au-dessous de la gemmule, qui demeure à la germination en contact avec les cotylédons (Blé, Orge, Seigle, etc.). Dans tous les cas, la première feuille de la gemmule s'allonge en une gaine blanche, fendue seulement au sommet du côté du petit cotylédon, pour laisser passer d'abord la seconde feuille, qui est verte et pourvue d'une gaine fendue tout du long, puis la troisième et les suivantes, semblables à la seconde et qui se succèdent en ordre distique.

En tenant compte à la fois : 1° de la conformation du grand cotylédon, dont la partie descendante est tantôt libre, tantôt concrescente avec la tigelle; 2° du mode d'allongement de la tige entre les cotylédons et la gemmule lors de la germination, qui s'opère tantôt au-dessus du point de départ de la méristèle cotylédonaire en formant un entre-nœud épicotylé, à écorce dépourvue de méristèle, tantôt au-dessous de ce point en allongeant le nœud cotylédonaire dont l'écorce renferme une méristèle inverse; 3° du mode d'articulation et de rupture de l'axe de l'épillet, qui a lieu tantôt à la base même, au-dessous des deux bractées stériles, tantôt un peu plus haut, au-dessus de ces bractées; 4° enfin de la situation des fleurs avortées dans l'épillet, qui sont tantôt au-dessous, tantôt au-dessus des fleurs fertiles : quatre caractères ordinairement concomitants, tirés les deux premiers de la première origine de la plante ou de sa base, les deux derniers de son extrême fin ou de son sommet, on groupe les genres en deux divisions principales ou sous-familles, ainsi caractérisées :

1. *Lysaspidées* ou *Panicoïdées*. — Partie descendante du grand cotylédon libre et atteignant l'extrémité inférieure de la tigelle. A la germination, la gemmule est soulevée par un entre-nœud épicotylé, dépourvu de méristèle corticale. Epillet ordinairement articulé à la base même et tombant avec les deux bractées stériles. Fleurs avortées situées ordinairement au-dessous de la fleur fertile : Maïs, Larmille, Euchlène, Canne, Barbon, Sorgho, Bardanette, Panic, Sétaire, Cenchre, Chloride, Chiendent, Eleusine, etc.

2. *Synaspidées* ou *Avénoïdées*. — Partie descendante du grand cotylédon concrescente à la tigelle et n'en atteignant pas l'extrémité. A la germination, la gemmule est soulevée par une élongation du nœud cotylédonaire, pourvu d'une méristèle corticale inverse. Epillet ordinairement articulé au-dessus des deux bractées stériles et tombant sans elles. Fleurs avortées situées ordinairement au-dessus des fleurs fertiles : Riz, Leersie, Zizanie, Lyge, Phalaride, Flouve, Stipe, Millet, Vulpin, Phléole, Agroste, Calamagroste, Houque, Canche, Avoine, Gynère, Roseau, Phragmite, Seslérie, Mélique, Brize, Glycérie, Paturin, Fétuque, Brome, Brachypode, Ivraie, Nard, Agropyre, Seigle, Blé, Orge, Elyme, Bambou, etc.

Ces deux sous-familles sont ensuite subdivisées, d'après des caractères moins importants, dans le détail desquels on ne peut entrer ici, la première en cinq tribus, la seconde en huit tribus.

Plusieurs Graminées nourrissent de leurs graines l'homme et les animaux et sont cultivées depuis les temps les plus anciens; on les réunit sous le nom de *céréales*. Ce sont, au premier rang, les Blés, les Orges, le Seigle, les Avoines, le Maïs et le Riz; au second rang, les Panics, les Sorghos, les Éleusines, le Paturin d'Abyssinie, le Phalaride des Canaries, etc. D'autres sont cultivées pour leur moelle sucrée, comme la Canne et le Sorgho; pour leurs principes odorants, comme le Barbon muriqué, qui donne le *vétiver*; pour leur tige dure et ligneuse, comme le Roseau et les Bambous; pour leurs feuilles résistantes servant à faire des ouvrages de sparterie, comme le Lyge spart et surtout le Macrochle tenace, vulgairement *Alfa*. Un grand nombre enfin sont fourragères et varient beaucoup suivant les pays et la nature du sol.

Les Graminées ont toujours été classées jusqu'à présent parmi les Monocotylédones, tout à côté des Cypéracées, auxquelles elles ressemblent, en effet, par le port. Mais par leur fruit inséminé, par la dualité et la conformation des cotylédons, qui sont notamment dépourvus de ligule, par leur radicule endogène, par la forme de la première feuille de la gemmule, réduite à une gaine binerve, par la disposition distique des feuilles, par l'organisation florale, enfin, notamment la présence d'un calice et la structure du pistil, formé d'un seul carpelle fermé à placentation axile, ce qui rend la fleur zygomorphe, par tous ces caractères, les Graminées diffèrent trop profondément des Cypéracées pour qu'il ne soit pas nécessaire désormais de les en éloigner beaucoup dans la Classification.

ORDRE II

NYMPHÉINÉES

Formé des Liorhizes dicotylées qui ont le fruit séminé et les deux cotylédons égaux, l'ordre des Nymphéinées ne comprend jusqu'ici que deux familles, ayant en commun la végétation aquatique, savoir les Cabombacées et les Nymphéacées, que l'on peut définir sommairement comme il suit :

Calice	trimère. Pistil dialycarpelle...........................	*Cabombacées.*
	tétramère ou pentamère. Pistil gamocarpelle..........	*Nymphéacées.*

Cabombacées. — Les Cabombacées, 2 genres avec 5 espèces, sont des herbes aquatiques couvertes de poils muqueux, dont le rhizome enraciné dans la vase produit des branches qui viennent faire nager à la surface leurs feuilles supérieures, isolées suivant 1/4, longuement pétiolées, à limbe entier et pelté. Outre ces feuilles nageantes, la tige des *Cabombes* porte sur ses flancs un grand nombre de feuilles submergées, qui sont opposées décussées, brièvement pétiolées, à limbe découpé à plusieurs degrés en minces filaments pennés.

La racine perd son épiderme tout entier dans la coiffe et développe en poils son assise corticale externe. La tige est schizostélique, avec quatre méristèles unies deux par deux par leur bord interne, de manière à n'avoir ensemble qu'un seul bois primaire, dont les vaisseaux sont résorbés de bonne heure et remplacés par une lacune aquifère. A chaque nœud, les quatre méristèles se séparent d'abord et chacune d'elles a son bois propre, formé d'un paquet de vaisseaux persistants; puis, elles s'unissent de nouveau deux par deux dans une direction perpendiculaire à la première, de manière à former dans l'entre-nœud suivant deux lames en croix avec celles de l'entre-nœud précédent, disposition qui assure à la tige plus de solidité. Aussitôt après leur séparation, les deux méristèles qui proviennent du dédoublement de la lame située du côté de la feuille émettent chacune une branche; ces deux branches s'unissent bientôt par leurs pointes ligneuses en regard en une méristèle double, qui passe dans le pétiole de la feuille, où elle est disposée transversalement. Cette fusion des méristèles deux par deux en méristèles doubles dans la tige et la feuille de ces plantes, disposition unique dans les plantes vasculaires, cesse de se produire dans leur pédicelle floral, qui a trois méristèles indépendantes. La tige, la feuille et le pédicelle floral ont dans leur écorce, ainsi que dans le péridesme, dans le liber et dans le bois de leurs méristèles, de nombreuses cellules laticifères à membrane subérisée, superposées en longues files à cloisons transverses persistantes.

Fig. 139. — Diagramme de la fleur de la Cabombe aquatique.

Les fleurs sont solitaires à l'aisselle des feuilles, hermaphrodites et actinomorphes (fig. 139). Le calice a trois sépales pétaloïdes libres, la corolle trois pétales alternes. Dans les

Cabombes, l'androcée a tantôt trois étamines épisépales, à anthères extrorses munies de quatre sacs polliniques s'ouvrant en long, tantôt six étamines superposées deux par deux aux sépales, par suite d'un dédoublement (fig. 139); celui-ci est poussé plus loin dans la Brasénie, dont les étamines sont en nombre indéfini et munies d'anthères introrses. Le pistil des Cabombes a trois carpelles libres épipétales, renfermant chacun, insérés sur les parois latérales ou même au voisinage de la ligne dorsale, un petit nombre d'ovules anatropes à deux téguments, pendants, à raphé interne et micropyle externe; celui de la Brasénie a six carpelles ou davantage, par suite d'un dédoublement.

Le fruit est formé d'autant de drupes qu'il y avait de carpelles au pistil. La graine, dépourvue d'arille, a autour de son embryon dicotylé un albumen oléagineux, réduit à une seule assise de cellules et qui peut manquer, et un périsperme amylacé. A la germination, le tégument s'ouvre en détachant un opercule autour du hile et du microyple et les cotylédons sont hypogés.

Par la structure de la racine, le type ternaire de la fleur, le dédoublement fréquent des pièces de l'androcée et du pistil, l'indépendance des carpelles, la placentation latérale et diffuse des ovules, la famille des Cabombacées ressemble singulièrement aux Alismacées, surtout aux Butomées, parmi les Monocotylédones. Elle en diffère notamment par la dualité des cotylédons, par la présence d'un albumen et d'un périsperme, ainsi que par l'absence de canaux sécréteurs.

Nymphéacées. — Les Nymphéacées, 5 genres avec 46 espèces, sont aussi des herbes aquatiques, dont le rhizome, enraciné dans la vase, porte directement de grandes feuilles simples, longuement pétiolées, à limbe entier, pelté et nageant, qui atteint jusqu'à deux mètres de diamètre dans la Victoire royale. Dans les Nymphées, l'Euryale, les Victoires, le pétiole porte à sa base une grande ligule.

La racine exfolie son épiderme tout entier dans la coiffe et c'est son assise corticale externe qui produit les poils absorbants; sa stèle renferme de nombreux faisceaux libériens et ligneux autour d'une large moelle. Le rhizome et le pédicelle floral ont la structure schizostélique. Dans le rhizome, les méristèles sont toujours simples et normalement orientées, c'est-à-dire tournant en dedans le bois de leur faisceau libéroligneux dont la pointe extrême est de bonne heure remplacée par une lacune aquifère. Dans le pédicelle floral, il en est de même chez les Nénuphars et les Barclaies; mais chez les Nymphées, l'Euryale et les Victoires, les méristèles y sont rangées en deux cercles, orientées normalement dans le cercle externe, inversement dans le cercle interne; en outre, dans ce dernier, les méristèles sont en nombre moitié moindre, superposées de deux en deux à celles du cercle externe et fusionnées avec elles, par leurs pointes ligneuses en regard, en autant de méristèles doubles. Dans le premier groupe de genres, le pétiole de la feuille n'a aussi que des méristèles simples; dans le second, il possède à la fois des méristèles simples et des méristèles doubles. Racine, rhizome, pédicelle floral et pétiole renferment en outre non seulement des sclérites étoilées développant leurs branches dans les lacunes aérifères (I, pp. 169 et 272), mais encore des cellules laticifères isolées à membrane subérisée, cellules qui sont courtes et isodiamétriques dans les Nénuphars et les Barclaies, extrêmement longues et pointues aux deux bouts dans les Nymphées, l'Euryale et les Victoires. Les canaux aérifères du pédicelle floral et du pétiole sont étroits, et très nombreux dans les deux premiers genres, au nombre de quatre seulement et très larges dans les trois derniers.

Fig. 140. — Diagramme de la fleur du Nénuphar jaune.

Les fleurs sont solitaires axillaires, actinomorphes et hermaphrodites, souvent très grandes, pouvant atteindre jusqu'à 40 centimètres de diamètre dans la Victoire royale. Le calice a quatre sépales libres dans les Nymphées, l'Euryale et les Victoires, cinq dans les Nénuphars (fig. 140) et les Barclaies. La corolle a de nombreux pétales libres, disposés en spirale. L'androcée a un nombre considérable et indéterminé d'étamines libres, continuant la spirale de la corolle, à filets souvent aplatis et pétaloïdes, passant quelquefois graduellement aux pétales (Nénuphar, fig. 140, Nymphée, etc.), à anthères introrses, munis de quatre sacs polliniques s'ouvrant en long; dans les Victoires, les grains de pollen sont unis en tétrades. Le pistil est composé d'un grand nombre de carpelles fermés, concrescents en un ovaire pluriloculaire surmonté d'un large plateau stigmatique (Nénuphar, fig. 140, Nymphée, etc.), contenant dans chaque loge de nombreux ovules anatropes à deux téguments, insérés sur toute l'étendue des faces latérales, pendants à raphé externe et micropyle interne, épinastes par conséquent. Il est quelquefois concrescent soit avec l'androcée et la corolle seulement, le calice demeurant libre (Nymphée, Barclaie), soit avec l'ensemble de toutes les parties externes, ce qui rend l'ovaire infère (Victoire, Euryale).

Le fruit est une baie. La graine a un arille dans les Nymphées, les Victoires et l'Euryale; elle n'en a pas dans les Nénuphars et les Barclaies. Partout elle renferme un embryon à deux cotylédons, accompagné d'un albumen oléagineux très mince et d'un gros périsperme amylacé. A la germination, les cotylédons demeurent hypogés.

D'après la structure du pétiole, la conformation du calice et la présence ou l'absence d'un arille, les genres se groupent en deux tribus :

1. *Nupharées*. — Méristèles toutes simples. Cellules laticifères isodiamétriques. Pétiole sans ligule, à nombreux petits canaux aérifères. Cinq sépales. Pas d'arille : Nénuphar, Barclaie.
2. *Nymphéées*. — Méristèles de deux sortes, simples et doubles, dans le pédicelle floral et le pétiole. Cellules laticifères très longues. Pétiole ligulé, à quatre grands canaux aérifères. Quatre sépales. Un arille : Nymphée, Euryale, Victoire.

Par la structure de la racine, par la schizostélie de la tige, par la présence de cellules laticifères, par la placentation diffuse des ovules, enfin par l'existence d'un périsperme dans la graine, les Nymphéacées se rattachent aux Cabombacées. Elles en diffèrent par l'indépendance des méristèles, par l'isolement des cellules laticifères, par l'organisation florale, qui est hémicyclique avec calice hétéromère, enfin par la concrescence des carpelles. Elles constituent donc, à côté d'elles, une famille bien distincte.

CLASSE IV

CLIMACORHIZES ou DICOTYLÉDONES

Caractères généraux. — Les Stigmatées qui gardent l'assise interne de l'épiderme adhérente à l'écorce de leur racine et la développent plus tard en une assise pilifère, en un mot qui sont climacorhizes, ont toutes leur embryon muni d'au moins deux cotylédons, quand il est différencié. Par ce caractère, la classe immense des Climacorhizes se relie à la petite classe des Liorhizes dicotylées, que l'on vient d'établir et d'étudier.

D'autres caractères méritent aussi d'être signalés parce que, tout en étant sujets à exception, ils sont assez fréquemment réalisés pour donner à l'ensemble une physionomie spéciale, différente de celle des Liorhizes monocotylées et dicotylées. Le plus souvent les faisceaux libéroligneux de la tige sont peu nombreux et disposés en un seul cercle à la périphérie de la stèle. Le plus souvent la feuille ne prend à la stèle de la tige qu'un petit nombre de méristèles et offre dans son limbe la nervation pennée ou palmée. Le plus souvent la plante s'épaissit plus tard, surtout dans sa tige et sa racine, par la formation d'un pachyte intercalé au liber et au bois. Le plus souvent la fleur est construite sur le type cinq. Le plus souvent, quand le périanthe est double, les deux verticilles qui le composent sont différenciés et adaptés à des fonctions différentes. Le plus souvent, à l'intérieur des quatre sacs polliniques que porte habituellement chaque étamine, les grains de pollen naissent dans leurs cellules mères simultanément, par une quadripartition.

Division de la classe des Climacorhizes en deux sous-classes. — Un certain nombre de Climacorhizes ont un fruit dépourvu de graines à la maturité, un fruit inséminé. La très grande majorité de ces plantes a, au contraire, un fruit pourvu de graines à la maturité, un fruit séminé (I, p. 464). De là, une subdivision de la classe en deux groupes principaux ou sous-classes, que nous nommerons respectivement les *Inséminées* et les *Séminées*. La première devant être regardée comme inférieure à la seconde, puisque le fruit y est moins différencié, c'est par elle que, dans notre marche ascendante, nous devons commencer l'étude de la classe.

SOUS-CLASSE I

Inséminées.

Caractères généraux. — Chez un certain nombre d'Inséminées, le pistil est entièrement dépourvu d'ovules, *inovulé*, et c'est directement sous l'épiderme général des carpelles que les cellules mères d'endosperme y prennent naissance (I, p. 399). Chez d'autres, le pistil porte des ovules, mais réduits à la foliole ovulaire, sans nucelle différencié, ni tégument, *innucellés*. Chez d'autres encore, il y a des ovules à nucelle différencié, mais encore dépourvu de tégument, *integminés*. Chez d'autres, enfin, il y a des ovules à nucelle pourvu tantôt d'un seul tégument, tantôt de deux téguments emboîtés, *unitegminés* dans le premier cas, *bitegminés* dans le second.

Division en cinq ordres. — De là, au point de vue de la conformation de l'ovule, cinq manières d'être différentes, d'où l'on tire aussitôt une division de la sous-classe des Inséminées en cinq groupes secondaires ou ordres, que l'on nomme respectivement *Inovulées*, *Innucellées*, *Integminées*, *Unitegminés* et *Bitegminées*. L'absence de graines, qui leur est commune à toutes, s'explique, chez les Inovulées par l'absence d'ovules, chez les quatre autres groupes par la destruction progressive des ovules au cours du développement de l'œuf en embryon, en d'autres termes, parce que les ovules y sont transitoires.

Le tableau suivant résume cette classification :

INSÉMINÉES.	Des ovules transitoires.	Un nucelle	à deux téguments...	*Bitegminées.*
			à un tégument......	*Unitegminées.*
			sans tégument......	*Integminées.*
		Pas de nucelle, ni de tégument..		*Innucellées.*
	Pas d'ovules....................................			*Inovulées.*

Pour faire l'étude sommaire de cette sous-classe, nous commencerons par l'ordre qui offre l'organisation la plus simple, celui des Inovulées, et nous nous élèverons progressivement à celui des Bitegminées, qui possède le plus haut degré de complication.

ORDRE I

INOVULÉES OU LORANTHINÉES

Caractères généraux. — L'ordre des Inovulées peut recevoir aussi, d'après sa famille la plus anciennement constituée, celle des Loranthacées, le nom de *Loranthinées*. La très grande majorité de ces plantes sont des parasites, le plus souvent vertes et vivant sur la tige des arbres, quelquefois dépouvues de chlorophylle et croissant sur leurs racines, comme les Héloses, les Balanophores, etc. Il faut pourtant bien se garder d'en conclure que la simplification organique attestée chez elles par l'absence d'ovules est une conséquence de la vie parasitaire. D'une part, en effet, toutes les autres Phanérogames parasites, soit vertes, comme les Rhinanthées, etc., soit dépourvues de chlorophylle, comme les Cuscutées, les Orobanchées, les Apodanthacées, les Rafflésiacées, les Hydnoracées, etc., ont des ovules parfaitement conformés, munis d'un nucelle avec deux téguments chez les Apodanthacées, etc., d'un nucelle avec un seul tégument chez les Rhinanthées, les Cuscutées, les Orobanchées, les Rafflésiacées, les Hydnoracées, etc. D'autre part, il y a, parmi les Loranthinées, plusieurs genres, comme la Nuytsie, l'Atkinsonie, les Gaïadendres, etc., qui ne sont pas du tout parasites et qui se trouvent, néanmoins, tout aussi bien que les autres, dépourvus d'ovules. L'absence d'ovules est donc ici un caractère héréditaire, appartenant à ces plantes en tant que membres d'un même groupe naturel, tout à fait indépendant de leur mode de nutrition. C'est pourquoi on a dû y attacher une valeur de premier ordre dans la classification des Inséminées.

Division en quatre alliances. — Le mode de végétation et l'organisation florale se modifient beaucoup dans cet ordre et les modifications qu'on y observe sont assez importantes et assez nombreuses pour qu'il y faille distinguer d'abord quatre subdivisions principales, ou alliances, puis, dans chacune de ces alliances, plusieurs familles.

Les unes ont, en effet, les fleurs unisexuées, les autres les ont hermaphrodites. Les premières ont un périanthe simple, un calice seulement, et sont tantôt pourvues de chlorophylle, tantôt incolores. Les secondes ont un périanthe double, un calice et une corolle, et la corolle y est tantôt dialypétale, tantôt gamopétale. De là, une subdivision de l'ordre en quatre alliances : les Inovulées apétales à chlorophylle ou *Viscales*, les Inovulées apétales sans chlorophylle ou *Balanophorales*, les Inovulées dialypétales ou *Loranthales*, et les Inovulées gamopétales ou *Élytranthales*, que résume le tableau suivant :

INOVULÉES ou LORANTHINÉES.	Fleurs	hermaphrodites, pétalées. Corolle	gamopétale.......	*Élytranthales.*
			dialypétale.......	*Loranthales.*
		unisexuées, apétales. Plantes	à chlorophylle....	*Viscales.*
			sans chlorophylle.	*Balanophorales.*

Le pistil est concrescent avec l'ensemble des verticilles externes dans les Élytranthales et les Loranthales, avec le calice tout au moins dans les Viscales, ce qui rend l'ovaire dans tous les cas infère.

ALLIANCE I

VISCALES

Caractères généraux. — Outre la présence de chlorophylle, l'unisexualité des fleurs, l'absence de corolle, les Viscales ont en commun plusieurs autres caractères. Le calice y est dialysépale dans toute sa longueur dans la fleur mâle et dans sa partie supérieure libre dans la fleur femelle. Les étamines y sont en même nombre que les sépales, auxquels elles sont superposées et avec lesquels elles sont concrescentes sur une plus ou moins grande longueur. Le pistil est concrescent avec le calice jusqu'à la base du style, ce qui rend l'ovaire infère. Les carpelles y sont typiquement en même nombre que les sépales, auxquels ils sont superposés, mais ce nombre est souvent réduit par avortement; ils sont ouverts et concrescents bord à bord en un ovaire uniloculaire, à loge de bonne heure oblitérée, qui paraît plein, surmonté d'un style unique à stigmate lobé. Le fruit, où ne se développe d'ordinaire qu'un seul embryon, est une baie glutineuse, dans laquelle la couche visqueuse s'établit en dedans des méristèles du calice et en dehors de celles du pistil, de façon qu'elle doit être attribuée à la face interne ou ventrale des sépales. L'embryon, formé d'une tigelle et de deux cotylédons bien différenciés, est totalement dépourvu de radicule et tourne vers le haut la base de sa tigelle. Il est accompagné d'un abondant albumen et tous deux sont amylacés. A la germination, l'embryon ne produit pas de radicule à la base de sa tigelle, mais seulement un suçoir, et la plante demeure à tout âge dépourvue de racines.

Division en trois familles. — D'autres caractères varient, notamment le nombre des cellules mères d'endosperme, leur mode de croissance et leur situation dans le pistil, ce qu'on peut appeler ici aussi, comme lorsqu'il y a des ovules, la placentation, et ces variations permettent de caractériser trois familles. L'ovaire est, en effet, tantôt muni d'un placente central, tantôt dépourvu de placente différencié.

S'il y a un placente central, c'est toujours sous son épiderme que prennent naissance les cellules mères d'endosperme, une par carpelle, mais elles s'y comportent de deux manières différentes. Ici, elles se forment à mi-hauteur et recourbent vers le haut leur extrémité profonde en demeurant incluses dans le placente : c'est la famille des *Arceuthobiacées*. Là, elles naissent vers le sommet et descendent d'abord vers la base, puis s'incurvent en dehors, sortent du placente, pénètrent dans la face interne du carpelle et y remontent au devant du tube pollinique : c'est la famille des *Ginallacées*. S'il n'y a pas de placente différencié, les cellules mères d'endosperme naissent sous l'épiderme du carpelle lui-même, au fond de la loge, ce qui permet de dire que la placentation y est basilaire ; en même temps, elles sont en nombre plus grand que les carpelles et indéterminé : c'est la famille des *Viscacées*. Ainsi :

Placente	central. Endospermes	inclus.................	*Arceuthobiacées.*
		sortants................	*Ginallacées.*
	basilaire....................................		*Viscacées.*

Arceuthobiacées. — Les Arceuthobes, dont les 12 espèces constituent seules cette famille, sont des plantes ligneuses vertes, à tige très rameuse, à feuilles opposées réduites à des écailles concrescentes en une courte gaine à chaque nœud, vivant en parasites sur la tige des Conifères. Elles ne s'y attachent que par un seul point et sont entièrement dépourvues de racines; mais le suçoir primaire, formé à la germination dans la base de la tigelle, se ramifie latéralement et ses rameaux sinueux courent dans le liber secondaire de la branche hospitalière en enfonçant dans le bois de nombreux suçoirs secondaires. Ces plantes habitent toutes l'hémisphère boréal; l'A. de l'Oxycèdre est répandu dans la région méditerranéenne depuis le midi de la France jusqu'en Perse ; l'A. minutissime, qui passe pour la plus petite des Dicotylédones, se trouve dans l'Himalaya ; les autres croissent dans l'Amérique du Nord.

Les fleurs sont unisexuées avec diœcie et apétales (fig. 141). Les fleurs mâles (fig. 141, *A*), tantôt solitaires terminales (A. de l'Oxycèdre, etc.), tantôt groupées en un épi à fleur terminale (A. occidental, etc.), ont un calice à trois sépales libres et un androcée à trois étamines dépourvues de méristèle, superposées aux sépales, avec lesquels elles sont concrescentes jusqu'à la base de l'anthère ; celle-ci est peltée et ne porte qu'un seul sac pollinique en forme d'anneau, s'ouvrant circulairement le long de son bord interne. Les fleurs femelles (fig. 141, *B*), toujours solitaires, terminales ou axillaires, ont un calice à deux sépales et un pistil à deux carpelles dépourvus de méristèle, superposés aux sépales avec lesquels ils sont concrescents jusqu'à la base du style, ce qui rend l'ovaire infère. Ces carpelles sont ouverts et concrescents bord à bord en un ovaire uniloculaire, surmonté d'un style simple à stigmate bilobé et pourvu d'un placente central qui remplit presque complètement la loge. Dans sa région supérieure, ce placente produit, sous l'épiderme de ses flancs, deux cellules mères d'endosperme, une en face de chaque carpelle. Chacune d'elles se courbe de manière à tourner vers le haut son extrémité profonde et à présenter ainsi au tube pollinique la triade basilaire de l'endosperme; en un mot, il y a basigamie (I, p. 413). Mais cette croissance vers le haut est faible et les deux endospermes restent contenus dans le placente.

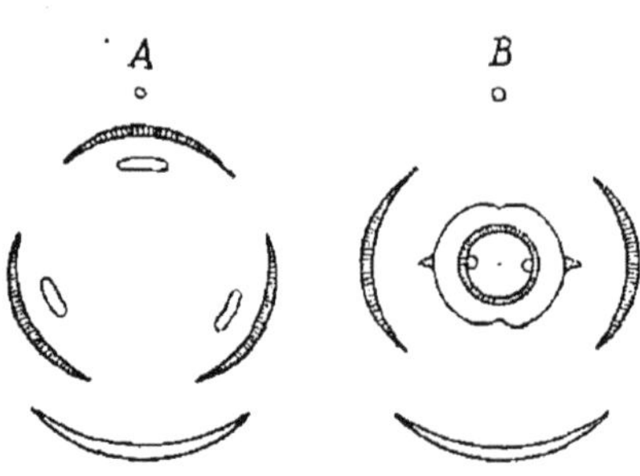

Fig. 141. — Diagramme floral d'un Arceuthobe. *A*, fleur mâle; *B*, fleur femelle.

Le fruit, où un seul œuf se développe en embryon et qui demeure couronné par les extrémités libres des sépales et par le style persistant, est une baie glutineuse dont la surface, rigide et lisse dans les deux tiers inférieurs, est molle et ridée dans le tiers supérieur; la couche visqueuse s'y établit en dedans des méristèles du calice et doit être attribuée à la face interne ou ventrale des sépales. A la maturité, qui n'est atteinte ici que quatorze mois après la floraison, il s'ouvre brusquement en cercle à sa base au niveau d'insertion du pédicelle et lance au loin toute la masse interne; celle-ci se compose d'une partie de la couche glutineuse, de l'embryon, dépourvu de radicule, dont la base de la tigelle tournée vers le haut demeure coiffée par l'extrémité persistante du placente et dont les cotylédons sont très courts, et de l'albumen, qui est amylacé. Cette masse se colle aux branches des Conifères sur lesquelles elle vient à être projetée et où l'embryon germe bientôt en y enfonçant un suçoir produit à la base de la tigelle.

Ginallacées. — Les Ginallacées, 7 genres avec environ 200 espèces, répandues dans toutes les régions chaudes, les unes propres à l'Amérique (Phoradendre, **Dendrophthore**, **Distichelle**), **les autres habitant** l'Asie, l'Océanie et l'Afrique, sont des plantes ligneuses vertes, vivant en parasites sur la tige des arbres et entièrement dépourvues de racines. Le suçoir primaire, formé à la base de la tigelle pendant la germination, ne se ramifie pas, mais le disque d'adhésion s'accroît beaucoup et au-dessous de lui la branche nourricière s'hypertrophie en rosace (Phoradendre, etc.). Toujours opposées, les feuilles sont parfois bien développées (Ginalle, la plupart des Phoradendres, quelques Dendrophthores), le plus souvent réduites à de petites écailles; elles sont habituellement décussées et quadrisériées, suivant la règle ordinaire, quelquefois distiques et bisériées (Bifarie, Distichelle); dans ce second cas, la tige est souvent aplatie en un ruban plus ou moins large, et l'aplatissement a lieu tout du long dans un seul et même plan.

Les fleurs, toujours sessiles, sont tantôt localisées à l'aisselle des feuilles, soit en une triade munie de deux bractées latérales (Ginalle), soit en plusieurs séries verticales dans chacune desquelles elles naissent de haut en bas et sans bractées (Korthalselle, Bifarie, Hétérixie), tantôt insérées tout le long des entrenœuds, formant au-dessus de chaque feuille mère une ou plusieurs séries longitudinales, basipètes aussi et sans bractées (Phoradendre, Dendrophthore, Distichelle). Elles sont toujours unisexuées (fig. 142), le plus souvent avec monœcie, le même groupe renfermant à la fois des fleurs mâles et des fleurs femelles, parfois avec diœcie.

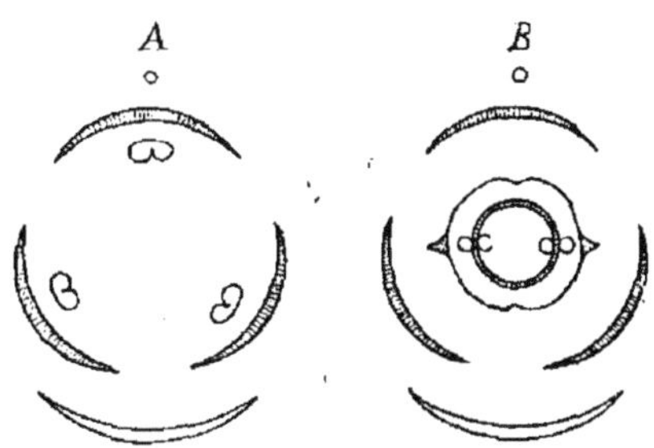

Fig. 142. — Diagramme floral d'un Phodadendre. *A*, fleur mâle; *B*, fleur femelle.

La fleur mâle a un calice de trois sépales libres et un androcée de trois étamines, superposées aux sépales et concrescentes avec eux, dont l'anthère a ordinairement deux sacs polliniques s'ouvrant en long, parfois un seul s'ouvrant en travers (Dendrophthore, Distichelle) (fig. 142, *A*). La fleur femelle a aussi trois sépales, avec un pistil formé seulement de deux carpelles superposés à deux des sépales, concrescent avec le calice jusqu'à la base du style, ce qui rend l'ovaire infère (fig. 142, *B*). Les carpelles sont ouverts et concrescents bord à bord en un ovaire uniloculaire, pourvu d'un placente central qui remplit complètement la loge et qui renferme près de son extrémité deux cellules mères d'endosperme, superposées aux carpelles. Le fond de la loge est occupé par une cupule résistante formée de cellules à parois minces, mais fortement lignifiées. Par suite de l'allongement en tube de sa grande cellule médiane, chaque endosperme se développe d'abord vers le bas; parvenu au-dessous du niveau de séparation du placente, il est arrêté par la cupule, s'incurve en dehors, pénètre dans l'écorce du carpelle et y remonte au moins jusqu'au niveau du sommet du placente au-devant du tube pollinique, auquel il présente sa triade profonde dont l'oosphère fait partie. Il y a donc ici basigamie.

Le fruit, dans lequel ne se développe qu'un seul œuf, est une baie visqueuse couronnée par les extrémités libres des sépales et par le gros style persistant. L'embryon, qui est dépourvu de radicule, et l'albumen y sont amylacés.

D'après le mode d'inflorescence, les genres se groupent en trois tribus :

1. *Ginallées*, — Fleurs en une triade axillaire, avec deux bractées latérales : Ginalle.
2. *Bifariées*. — Fleurs en séries basipètes et sans bractées, à l'aisselle des feuilles : Korthalselle, Bifarie, Hétérixie.
3. *Phoradendrées*. — Fleurs en séries basipètes et sans bractées, tout le long des entre-nœuds : Phoradendre, Dendrophthore, Distichelle.

Les Ginallacées se distinguent des Arceuthobiacées par la trimérie des fleurs femelles, le mode d'allongement et de courbure des endospermes et l'indéhiscence du fruit.

Viscacées. — Les Viscacées, 10 genres avec environ 80 espèces, sont aussi des plantes ligneuses vertes vivant en parasites sur la tige des arbres et répandues dans les diverses régions du globe, les unes propres à l'Amérique (Érémolépide, Antidaphné, Lépidocère, etc.), les autres à l'Ancien Monde (Gui, Aspidixie, Notothixe, etc.); tout le monde connaît notre Gui blanc. La plante ne se fixe à la branche nourricière que par un point et est entièrement dépourvue de racines. Mais le suçoir primaire, produit à la germination dans la base de la tigelle dilatée en disque d'adhésion, se ramifie latéralement et ses rameaux courent dans le liber secondaire, enfonçant dans le bois de nombreux suçoirs secondaires et formant çà et là sur leur face externe de nouvelles tiges adventives. Les feuilles, tantôt isolées (Erémolépide, Eubrachion, etc.), tantôt opposées décussées (Gui, Aspidixie, Lépidocère, etc.), se réduisent quelquefois à des écailles et alors la tige s'aplatit parfois en ruban dans des plans alternativement rectangulaires (Aspidixie articulée, dichotome, etc.).

Les fleurs, tantôt solitaires (Aspidixie, etc.), tantôt disposées en triades (Gui, etc.), tantôt groupées en épi (Erémolépide, Eubrachion, etc.) ou en grappe (Lépidocère), sont unisexuées, avec monœcie ou diœcie (fig. 143). La fleur mâle a quelquefois trois (Érémolépide, Eubrachion, etc.), le plus souvent quatre sépales libres (Ixide, Basicarpe, Lépidocère, Gui, fig. 143, *A*, Aspidixie, Notothixe, etc.); le calice avorte complètement dans l'Antidaphné. L'androcée a autant d'étamines que de sépales, épisépales, tantôt à anthère basifixe et libre, munie de deux (Eubrachion) ou de quatre sacs polliniques (Érémolépide, Basicarpe, Ixide, Antidaphné, Lépidocère, etc.), tantôt à anthère dorsifixe et concrescente avec le sépale correspondant, pourvue d'un nombre plus grand et indéterminé de sacs polliniques (Gui, fig. 143, *A*, Aspidixie, Notothixe).

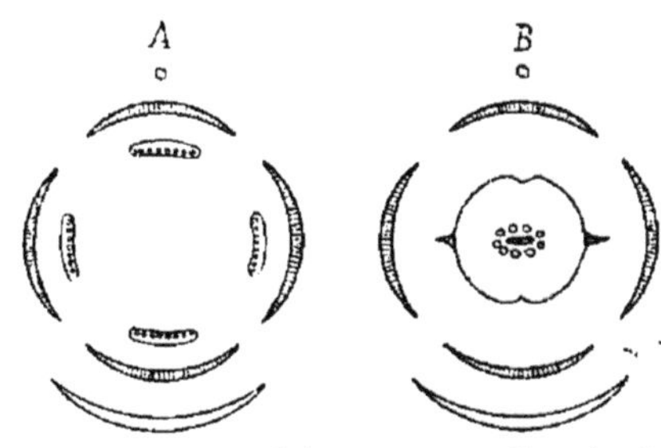

Fig. 143. — Diagramme floral du Gui blanc. *A*, fleur mâle; *B*, fleur femelle.

La fleur femelle a aussi tantôt trois, tantôt quatre sépales (fig. 143, *B*), concrescents avec le pistil jusqu'à la base du style, ce qui rend l'ovaire infère; la partie supérieure libre du calice avorte dans l'Antidaphné. Le pistil est formé de deux carpelles épisépales, ouverts et concrescents bord à bord en un ovaire uniloculaire, à loge bientôt oblitérée. Au-dessous de la loge se différencie de bonne heure une cupule lignifiée. L'ovaire n'a pas de placente saillant et c'est directement sur le fond plat de la loge que se forment sous l'épiderme les cellules mères d'endosperme, en nombre plus grand que deux et indéterminé. Par suite de l'allongement en tube de la cellule médiane, chaque endosperme se développe en direction verticale; bientôt arrêté vers le bas par la cupule lignifiée, tout le développement se fait vers le haut à travers l'écorce des carpelles, et la triade superficielle, qui contient l'oosphère, se trouve ainsi portée jusque plus ou moins haut dans le style au-devant du tube pollinique; en un mot, il y a ici acrogamie.

Le fruit, où ne se forme d'ordinaire qu'un seul embryon,

parfois deux ou trois (Gui blanc, etc.), est une baie visqueuse, à sommet nu ou couronné, suivant que les extrémités libres des sépales y sont caduques (Gui, Aspidixie, Basicarpe, Érémolépide, Lépidocère), ou persistantes (Notothixe, Eubrachion, Ixide). Dépourvu de radicule, mais muni de deux cotylédons très développés, l'embryon est amylacé ainsi que l'albumen. Les Lépidocères n'ont pas d'albumen. A la germination, qui exige dans les Guis la présence de la lumière (I, p. 487), la base de la tigelle se développe d'abord en un disque d'adhésion, puis forme un suçoir endogène, qui se comporte comme il a été dit plus haut.

D'après la conformation de l'anthère et la présence ou l'absence d'albumen, on groupe les genres en trois tribus :

1. *Érémolépidées.* — Anthères basifixes libres, à deux ou quatre sacs polliniques; un albumen : Eubrachion, Érémolépide, Ixide, Antidaphné, Basicarpe, Stachyphylle.
2. *Lépidocérées.* — Anthères basifixes libres, à quatre sacs polliniques; pas d'albumen : Lépidocère.
3. *Viscées.* — Anthères dorsifixes, concrescentes avec les sépales, à sacs polliniques en nombre indéterminé : Gui, Aspidixie, Nothothixe.

Les Viscacées ressemblent aux Ginallacées par leur mode de végétation; elles en diffèrent surtout par la placentation, qui est basilaire, par le nombre des cellules mères d'endosperme, qui est supérieur au nombre des carpelles et indéterminé, par le mode d'allongement des tubes endospermiques jusque dans le style, et par l'acrogamie.

ALLIANCE II

BALANOPHORALES

Caractères généraux. — Outre l'abence de chlorophylle, l'unisexualité des fleurs et l'absence de corolle, les Balanophorales ont en commun plusieurs autres caractères. Dans la fleur mâle, les étamines, en même nombre que les sépales auxquels elles sont superposées, sont indépendantes des sépales et concrescentes par leurs filets en un tube ou en une colonne axile. Dans la fleur femelle, le calice avorte et l'ovaire se termine par autant de styles libres qu'il a de carpelles. Le fruit est un achaine, renfermant un embryon non différencié, très rudimentaire, au sommet d'un albumen oléagineux.

Division en deux familles. — D'autres caractères varient, notamment le nombre des carpelles du pistil et le mode de placentation, et ces variations permettent de caractériser deux familles. Tantôt, en effet, le pistil est formé de deux carpelles ouverts et concrescents en un ovaire uniloculaire, pourvu d'un placente central renfermant deux cellules mères d'endosperme : c'est la famille des *Hélosacées*. Tantôt le pistil est formé d'un seul carpelle fermé, à placentation basilaire, ne formant qu'une seule cellule mère d'endosperme : c'est la famille des *Balanôphoracées*. Ainsi :

Pistil { dicarpellé, à placente central........................ *Hélosacées*.
{ monocarpellé, à placente basilaire................. *Balanophoracées*.

Hélosacées. — Les Hélosacées, 5 genres avec 12 espèces, sont des plantes dépourvues de chlorophylle, qui vivent en parasites sur les racines des arbres dans les diverses régions de l'Amérique tropicale. La tige forme autour du point d'attache un rhizome tuberculeux, sans feuilles, bourré d'amidon, qui produit en divers points, par voie endogène, des branches cylindriques. Celles-ci se dressent d'ordinaire directement dans l'air et portent les fleurs; quelquefois elles courent d'abord horizontalement dans la terre en se ramifiant et plus tard seulement forment à leur tour, en divers points, des rameaux endogènes dressés et florifères (Hélose). Toujours entouré d'une collerette à sa base, le rameau florifère est ordinairement nu dans sa région inférieure cylindrique; quelquefois il y est recouvert d'écailles triangulaires imbriquées (Scybale, Phyllocoryne), qui sont les seules feuilles de la plante. Son extrémité supérieure, renflée en chapeau (Scybale, etc.), en sphère (Hélose) ou en massue (Corynée, Rhopalocnémide), porte serrées côte à côte un grand nombre de bractées en forme de clous à tête hexagonale, à l'aisselle de chacune desquelles sont insérées de nombreuses petites fleurs sessiles sans bractées, mais entremêlées de poils unisériés formant une couche dense ; ces bractées mères tombent plus tard pour mettre à nu d'abord la couche des poils, puis les fleurs qu'elle renferme. L'inflorescence est donc un capitule composé.

Les fleurs sont unisexuées (fig. 144), tantôt avec diœcie (Scybale, etc.), tantôt avec monœcie et mélange des fleurs mâles et femelles dans le même capitule (Hélose, etc.) ; dans le second cas, après la chute des bractées mères qui les recouvraient, ce sont d'abord les fleurs femelles qui poussent leurs styles au-dessus de la couche des poils; plus tard seulement les fleurs mâles s'ouvrent à leur tour et produisent au dehors leurs étamines.

La fleur mâle a trois sépales concrescents en tube et trois étamines épisépales, également concrescentes, ordinairement en un tube axile, parfois en une colonne pleine (Rhopalocnémide); leurs anthères ont tantôt deux (Scybale, Corynée), tantôt trois (Hélose, fig. 144, *A*), tantôt quatre (Phyllocoryne), tantôt de nombreux sacs polliniques (Rhopalocnémide). La fleur femelle est dépourvue de périanthe (fig. 144, *B*). Le pistil y est formé de deux carpelles ouverts, concrescents bord à bord en un ovaire uniloculaire surmonté de deux longs styles libres et divergents. Au fond de la loge se dresse un placente central, remplissant toute la cavité et produisant à son extrémité deux cellules mères d'endosperme, une pour chaque carpelle, qui sont droites, descendantes, s'allongent peu et demeurent incluses dans le placente; l'une d'elles est parfois plus développée que l'autre (Hélose). Il y a donc ici acrogamie.

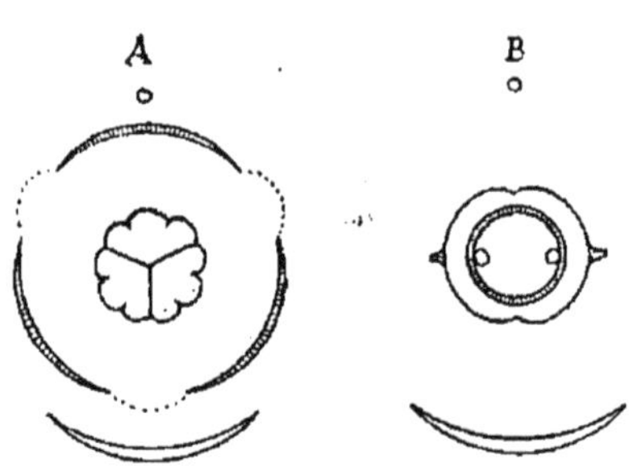

Fig. 144. — Diagramme de la fleur d'un Hélose. *A*, fleur mâle ; *B*, fleur femelle.

Le fruit, où ne se développe qu'un seul embryon, est un achaine. L'albumen est oléagineux et l'embryon, très petit, non différencié, se réduit à un petit nombre de cellules.

Balanophoracées. — Les Balanophoracées, 5 genres avec 14 espèces, sont des plantes sans chlorophylle qui vivent en parasites sur les racines des arbres dans les régions tropicales : les Balanophores, Balanies et Polypléthies en Asie et en Océanie; les Thonningies en Afrique; la Langsdorffie en Amérique. La tige est un rhizome, tuberculeux au point d'attache, parfois rameux (Langsdorffie, Thonningie), dépourvu d'amidon, mais par contre riche en une résine spéciale, la *balanophorine*, qui produit çà et là par voie endogène des rameaux dressés dans l'air et portant les fleurs. Chacun de ceux-ci, entouré d'une collerette à sa base, forme d'abord sur ses flancs un grand nombre d'écailles imbriquées, seules feuilles de la plante; puis il se renfle à son extrémité, où il produit un grand nombre de bractées ayant à leur aisselle des fleurs sessiles unisexuées, d'une seule sorte ordinairement dans chaque capitule, avec monœcie ou diœcie.

La fleur mâle, solitaire à l'aisselle de la bractée, a un calice de trois (Balanie, Langsdorffie, fig. 145, *A*) ou quatre sépales libres (Balanophore, Polypléthie), avec autant d'étamines épisépales, quelquefois en nombre plus grand et indéterminé (Polypléthie). Les anthères sont tantôt sessiles, libres, avec deux sacs polliniques superposés s'ouvrant transversalement (Balanie), tantôt munies de filets concrescents en une colonne axile avec deux sacs polliniques courbés en fer à cheval (Balanophore, Langsdorffie, fig. 145, *A*) ou quatre sacs polliniques droits (Thonningie). Les fleurs femelles sont extrêmement petites et serrées côte à côte en grand nombre, sans mélange de bractées ni de poils, à l'aisselle de chaque bractée mère, tantôt libres (Balanophore, etc.), tantôt soudées latéralement dans une partie de leur longueur (Langsdorffie, Thonningie). Elles sont dépourvues de calice et formées chacune d'un seul carpelle à long style; au fond de sa loge oblitérée se forme sous l'épiderme une seule cellule mère d'endosperme qui, en s'allongeant, tantôt demeure droite (Langsdorffie, Thonningie), tantôt se courbe en fer à cheval de manière à rapprocher à la base du style sa triade profonde de sa triade superficielle (Balanophore, etc.). Dans le premier cas, il y a acrogamie; dans le second, il semble qu'il puisse y avoir presque indifféremment acrogamie ou basigamie.

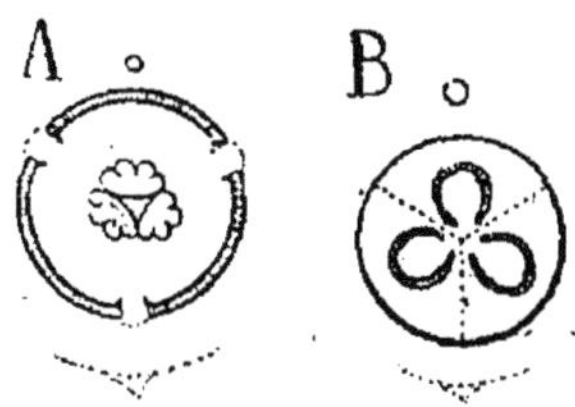

Fig. 145. — Diagramme floral. *A*, fleur mâle de Langsdorffie hypogée; *B*, fleur femelle de Sarcophyte sanguin.

Le fruit est un achaine, avec un albumen oléagineux et un embryon rudimentaire formé d'un petit nombre de cellules.

Les Balanophoracées ressemblent aux Hélosacées par le mode de nutrition de leur corps végétatif, qui est dépourvu de chlorophylle, par l'absence de calice à la fleur femelle, par la nature du fruit, de l'albumen et de l'embryon; elles en diffèrent par l'absence d'amidon et la présence de résine dans le corps végétatif, par la persistance des bractées mères des fleurs et l'absence de poils interfloraux, par l'unité du carpelle et la placentation basilaire. Ce dernier caractère les rapproche des Viscacées, mais les place plus bas encore que ces dernières, au dernier degré de l'échelle des simplifications progressives de la fleur femelle.

ALLIANCE III

LORANTHALES

Caractères généraux. — Outre l'hermaphrodisme des fleurs et la dialypétalie de la corolle, les Loranthales ont en commun plusieurs autres caractères.

La bractée mère y est concrescente avec le pédicelle floral dans toute sa longueur, jusqu'à la base même de la fleur. Le calice y est gamosépale dans sa partie supérieure libre, qui entoure d'un tube plus ou moins long la base de la corolle. Les étamines sont en même nombre que les pétales, auxquels elles sont superposées et avec lesquels leurs filets sont concrescents sur une plus ou moins grande longueur. Le pistil est concrescent avec les trois verticilles externe jusqu'à la base du style, ce qui rend l'ovaire infère. Les carpelles y sont typiquement en même nombre que les pétales staminifères et alternes avec eux; mais ce nombre est assez souvent réduit par avortement. La loge unique ou les loges qu'ils circonscrivent sont de bonne heure oblitérées, de façon que l'ovaire paraît plein; leurs styles sont concrescents en un style unique à stigmate entier. La base de l'ovaire est occupée, en dedans des méristèles des carpelles, par une cupule formée d'un tissu spécial, dont les cellules isodiamétriques ont leurs membranes minces, mais fortement lignifiées, et se colorent, en conséquence, par le vert d'iode, cupule qui joue un rôle marqué dans le développement des endospermes et plus tard dans le développement de l'œuf en embryon. La présence d'une telle cupule a été déjà constatée plus haut chez les Ginallacées et les Viscacées.

Le fruit, où ne se forme qu'un embryon, est plus ou moins glutineux et la couche visqueuse s'y établit en dehors des méristèles de la corolle, en dedans de celles du calice quand elles existent, de façon qu'elle doit être attribuée à la face interne ou ventrale des sépales. L'embryon, dont les cotylédons sont bien développés, est dépourvu de radicule et tourne en haut le sommet de sa tigelle; il est accompagné d'ordinaire par un albumen, qui est le plus souvent amylacé.

Division en quatre familles. — D'autres caractères varient, notamment la conformation du calice, ainsi que la disposition, le nombre et le mode de croissance des cellules mères d'endosperme, et ces différences permettent d'y distinguer quatre familles. Le calice est quelquefois composé d'un nombre de sépales différent de celui des pétales de la corolle; en un mot, il est hétéromère. En même temps, l'ovaire est uniloculaire à placente central renfermant autant de cellules mères d'endosperme que de carpelles. Cette double disposition caractérise la famille des *Nuytsiacées*. Partout ailleurs, le calice est isomère. Mais tantôt l'ovaire est pluriloculaire et la placentation est axile, avec autant de cellules mères d'endosperme que de carpelles; si alors le fruit est une drupe, c'est la famille des *Gaïadendracées*; si le fruit est une baie, c'est la famille des *Treubaniacées*. Tantôt l'ovaire est uniloculaire et la placentation est basilaire, avec plusieurs cellules mères d'endosperme par carpelle : c'est la famille des *Loranthacées*. Ainsi :

Calice	hétéromère. Ovaire uniloculaire à placentation centrale.			*Nuytsiacées.*
	isomère. Ovaire	pluriloculaire à placentation axile.	Drupe......	*Gaïadendracées.*
			Baie.......	*Treubaniacées.*
		uniloculaire à placentation basilaire.		*Loranthacées.*

Nuytsiacées. — La famille des Nuytsiacées ne comprend qu'un genre avec une seule espèce, la Nuytsie floribonde, qui croît sur la côte austro-occidentale de l'Australie. C'est un grand arbre, à feuilles isolées, sessiles, sans stipules, à limbe étroit et charnu, dont le tronc se dresse sur un gros rhizome rameux, produisant çà et là de nouvelles tiges aériennes. La tige y possède des canaux sécréteurs gommeux, dont il y a de trois sortes : 1° un canal médullaire axile, qui la traverse dans toute sa longueur, sans s'interrompre aux nœuds; 2° des canaux libériens secondaires, localisés dans les faisceaux réparateurs; 3° des canaux médullaires périphériques en dedans des faisceaux foliaires et quittant la tige avec eux pour entrer dans la constitution des méristèles médianes des feuilles. En outre, elle inclut régulièrement son liber dans son bois, à raison de deux inclusions pour la première année et d'une seule pour chacune des années suivantes. La racine n'a pas de canaux sécréteurs dans sa structure primaire, mais elle en forme plus tard dans son liber secondaire. La coexistence de ces divers caractères assure déjà à ce groupe une place à part, non seulement dans l'ordre des Loranthinées, mais dans l'ensemble du règne végétal.

L'organisation florale n'est pas moins remarquable. Disposées en grappes de capitules triflores, les fleurs y sont de deux sortes dans chaque triade. La médiane a un calice trimère et est fertile (fig. 146); les latérales ont un calice dimère et sont stériles. Partout les sépales sont concrescents en tube et ont chacun une méristèle bien développée, indépendante de celles des trois verticilles internes. Ceux-ci sont ordinairement hexamères, parfois heptamères. La corolle est dialypétale. Les étamines, en même nombre que les pétales, leur sont superposées et sont concrescentes avec eux par leurs filets dans la moitié de leur longueur; les anthères sont oscillantes, à quatre sacs polliniques s'ouvrant par autant de fentes longitudinales. Le pistil est formé de carpelles en même nombre que les pétales staminifères, et alternes avec eux, ouverts et concrescents bord à bord en un ovaire uniloculaire, entièrement rempli par un placente central et surmonté d'un style unique à stigmate entier. Il est concrescent avec l'ensemble des trois verticilles externes dans toute la longueur de l'ovaire, qui est infère. Après sa séparation, le style a sa base entourée par un disque nectarifère, en forme de prisme à six pans, concrescent avec elle dans sa région inférieure. Le placente produit à sa base autant de cellules mères d'endosperme qu'il y a de carpelles, situées en face des carpelles. De là, par suite de l'allongement en tube de leur cellule médiane bientôt arrêté vers le bas par la cupule lignifiée, les endospermes remontent en se tortillant à l'intérieur du placente jusqu'à son sommet, poussant leur triade profonde qui renferme l'oosphère au-devant des tubes polliniques; il y a donc basigamie.

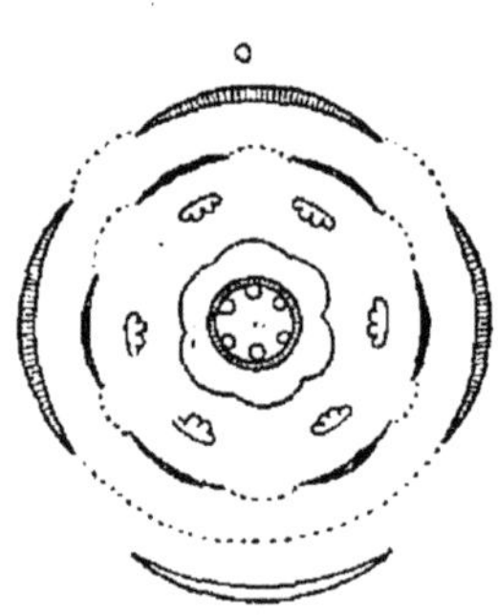

Fig. 146. — Diagramme de la fleur médiane de la Nuytsie floribonde.

Le fruit, formé par la fleur médiane, seule fertile, est enveloppé par les trois bractées accrescentes de la triade, qui le dépassent au sommet. Il est couronné par le tube également accrescent du calice tridenté et muni latéralement de trois ailes correspondant à ces dents. Le péricarpe paraît sec, mais renferme pourtant un grand nombre de nodules de cellules visqueuses, rangés en cercle entre les méristèles du calice et celles de la corolle. Il ne contient qu'un seul embryon, pourvu ordinairement de quatre, parfois de trois ou de cinq cotylédons verticillés, et dont la tigelle, qui dirige sa base vers le haut, est totalement dépourvue de radicule. Comme l'abondant albumen qui l'entoure et qui recouvre d'une couche assez épaisse l'extrémité de la tigelle, cet embryon est oléagineux, sans trace d'amidon.

A la germination, une radicule prend d'abord naissance au-dessous de la base de la tigelle, qui forme poche autour d'elle, puis elle perce cette poche et s'allonge en une racine terminale tétramère. Après quoi, la tigelle s'allonge vers le haut et soulève les cotylédons qui s'épanouissent et verdissent à la lumière. Racine, tigelle et cotylédons ainsi développés sont encore dépourvus de ces canaux sécréteurs, qui n'apparaissent que plus tard dans la tige et dans la feuille.

Gaïadendracées. — Les Gaïadendracées, 2 genres avec une dizaine d'espèces, sont des arbres ou des arbustes directement enracinés dans la terre, à feuilles opposées et sans stipules, qui croissent les uns dans l'Amérique méridionale (Gaïadendre), les autres en Australie (Atkinsonie). La tige et les feuilles y sont dépourvues de *canaux sécréteurs* et possèdent la structure normale.

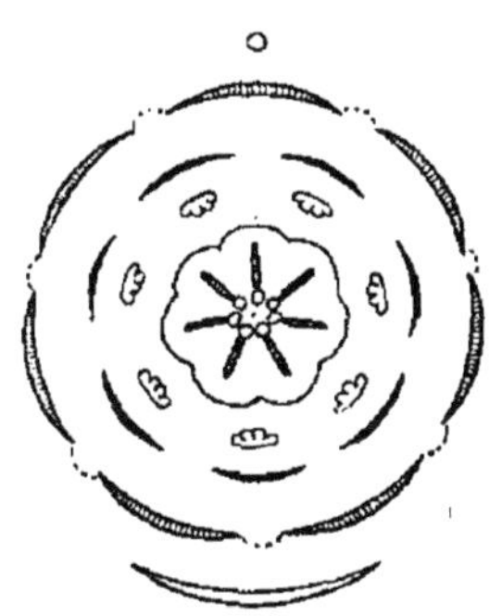

Fig. 147. — Diagramme de la fleur du Gaïadendre denté.

Groupées tantôt en grappe simple (Atkinsonie), tantôt en grappe composée de triades qui sont des cymules (Gaïadendre), les fleurs sont hermaphrodites et heptamères (fig. 147). Le calice a ses sépales concrescents en tube, parfois munis d'autant de méristèles bien développées (Gaïadendre denté, etc.), le plus souvent dépourvus de méristèles propres. La corolle est dialypétale. Les étamines, en même nombre que les pétales, leur sont superposées et concrescentes par leurs filets; les anthères sont oscillantes et munies de quatre sacs s'ouvrant en long. Le pistil est formé de carpelles en même nombre que les pétales et alternes avec eux, fermés et concrescents en un ovaire à sept loges, bientôt oblitérées, surmonté d'un style à stigmate entier. Il est concrescent avec les trois verticilles externes, jusqu'à une petite distance du sommet de l'ovaire, dont l'extrémité demeure libre et forme un dôme après la chute du style, qui n'a pas de disque nectarifère autour de sa base. Au bas de l'angle interne de chaque loge, naît une cellule mère d'endosperme qui s'accroît vers le haut à l'intérieur du placente axile jusqu'à la base du style, offrant au tube pollinique sa triade profonde, qui renferme l'oosphère; il y a donc basigamie.

Le fruit, qui ne contient qu'un embryon et qui est couronné par le tube du calice, est une drupe à noyau mince. La face interne du péricarpe offre sept lames saillantes correspondant aux méristèles carpellaires et sept côtes alternes; ces lames et ces côtes s'enfoncent dans autant de sillons de l'albumen, qui est ruminé. L'embryon a deux cotylédons et sa tigelle n'a pas de radicule à sa base, qui est dirigée en haut; la radicule ne s'y développe que pendant la germination, pour s'accroître aussitôt en racine terminale. L'albumen et l'embryon sont l'un et l'autre oléagineux, sans trace d'amidon.

Par la disposition opposée des feuilles, l'absence de canaux sécréteurs dans la tige et dans la feuille, la structure normale de la tige, la constante heptamérie des fleurs et leur absence de dimorphisme, l'isomérie du calice, la pluriloculărité de l'ovaire et la placentation axile, enfin par la nature du fruit, les Gaïadendracées se séparent très nettement des Nuytsiacées, auxquelles elles ressemblent notamment par leur végétation terrestre et par la nature de leur albumen.

Treubaniacées. — Les Treubaniacées, 5 genres avec 20 espèces, sont des plantes ligneuses vertes, à feuilles opposées, sans stipules, vivant en parasites sur la tige des arbres, la plupart en Océanie, une seule au Chili (Desmarie).

Solitaires axillaires (Pérelle), groupées en épi simple (Péraxille), disposées en grappes de triades qui sont tantôt des capitules (Decaisnine), tantôt des cymules (Treubanie, Desmarie, etc.), les fleurs sont hermaphrodites, tétramères (Pérelle, Péraxille), ou hexamères (Treubanie, Decaisnine, Desmarie). Le calice a ses sépales concrescents en tube à bord uni et dépourvus de méristèles propres. La corolle est dialypétale. Les étamines, en même nombre que les pétales, leur sont superposées et concrescentes par leurs filets; les anthères sont basifixes (Pérelle, Treubanie, etc.), rarement oscillantes (Desmarie), à quatre sacs polliniques s'ouvrant en long, parfois subdivisés par des cloisons transverses en logettes superposées (Treubanie). Le pistil est formé de carpelles, en même nombre que les pétales et alternes avec eux, fermés et concrescents en un ovaire pluriloculaire, à loges bientôt oblitérées, surmonté par un style à stigmate entier. Il est concrescent avec les trois verticilles externes, parfois jusqu'à la base du style (Pérelle, Péraxille), le plus souvent jusqu'à une petite distance du sommet de l'ovaire, dont l'extrémité demeure libre et forme un dôme après la chute du style. Quand la fleur est hexamère, il arrive assez souvent que deux ou trois des carpelles avortent et que l'ovaire n'ait que quatre ou trois loges (Treubanie, Decaisnine, Desmarie). A la base de l'angle interne de chaque loge naît une cellule mère d'endosperme, qui s'allonge beaucoup et, bientôt arrêtée en bas par la cupule lignifiée, s'accroît vers le haut à l'intérieur du placente axile jusqu'à la base du style, offrant ainsi au tube pollinique sa triade profonde dont l'oosphère fait partie; il y a donc basigamie.

Le fruit, où ne se développe qu'un embryon, est une baie couronnée par le tube du calice. L'embryon, qui est dépourvu de radicule, et l'albumen y sont amylacés.

D'après le mode d'insertion des anthères et d'après l'absence ou la présence d'un disque, les genres se groupent en deux tribus, la première océanienne, la seconde américaine :

1. *Treubaniées*. — Anthères basifixes; pas de disque : Pérelle, Péraxille, Treubanie, Decaisnine.
2. *Desmariées*. — Anthères oscillantes; un disque : Desmarie.

Par la vie parasitaire, par la tétramérie ou l'hexamérie des fleurs, par la conformation du fruit et la nature de l'albumen, les Treubaniacées se distinguent des Gaïadendracées, auxquelles elles ressemblent par la pluriloculàrité de l'ovaire, la placentation axile et le mode de développement des endospermes.

Loranthacées. — Les Loranthacées, 52 genres avec plus de 300 espèces, sont des plantes ligneuses vertes, croissant en parasites sur les arbres dans toutes les régions chaudes; une seule, le Loranthe d'Europe, s'étend jusque dans l'Europe orientale. Pourtant, quelques Phénicanthèmes dans l'Inde, quelques Phrygilanthes en Amérique, quelques Néophyles à la Nouvelle-Calédonie, sont des arbrisseaux terrestres. Tantôt la plante n'a qu'un seul point d'attache et est entièrement dépourvue de racines; le suçoir primaire formé à la germination se ramifie alors latéralement et ses rameaux courent dans l'assise génératrice et dans le jeune bois secondaire de la branche nourricière, en enfonçant çà et là dans le bois plus âgé des suçoirs secondaires et produisant au dehors en divers points de nouvelles tiges adventives (Loranthe, etc.). Tantôt la tige produit, soit seulement à sa base au-dessus du point d'attache (Oryctanthe, Passovie, etc.), soit tout le long de sa surface et de celle de ses branches de divers ordres (Struthanthe, etc.), des racines adventives qui s'appliquent sur les branches de la plante nourricière et y enfoncent de nombreux suçoirs, en même temps qu'elles produisent çà et là de nouvelles tiges adventives sur leur face externe. Ces racines aériennes ont le péricycle de leur large stèle différencié en faisceaux fibreux en dehors des faisceaux libériens et l'endoderme y est dépourvu de cadres subérisés (I, p. 94). La tige offre la structure normale et porte des feuilles ordinairement opposées, parfois verticillées (Stemmatophylle, Néophyle, etc.), sans stipules, à limbe entier.

Les fleurs sont hermaphrodites, parfois unisexuées avec diœcie par suite d'avortement (Struthanthe, etc.). Rarement solitaires (Phthiruse, etc.), elles sont disposées en épi (Loranthe, Oryctanthe, etc.), en capitule (Barathranthe, Diplatée, etc.), en grappe (Chiride, Phénicanthème, Métastache, Dendropème, etc.), en ombelle (Plicopétale, Martielle, etc.), en grappe de triades (Iléostyle, Phrygilanthe, Struthanthe, Passovie, etc.), ou en ombelle de triades (Stemmatophylle, Amyème, etc.). Elles sont parfois tétramères (Phénicanthème, Tristérice, Tupée, Phthiruse, etc.), ou pentamères (Métastache, Mullerine, etc.), le plus souvent hexamères (Loranthe, fig. 148, Struthanthe, Dendropème, Oryctanthe, etc.).

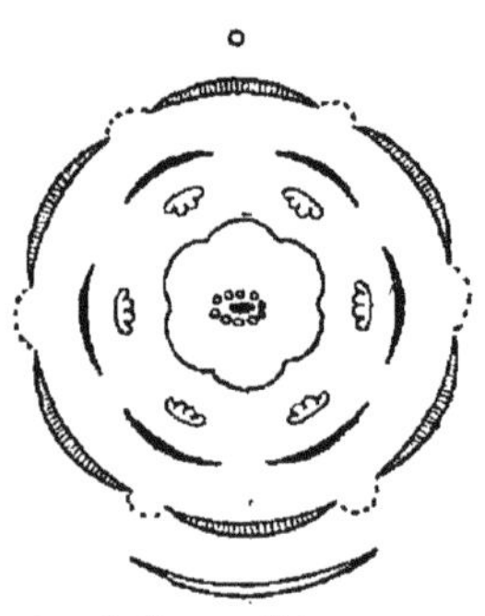

Fig. 148. — Diagramme de la fleur d'un Loranthe.

Le calice, toujours dépourvu de méristèles, est gamosépale à bord entier. La corolle est dialypétale, à pétales parfois munis sur leur face interne, de chaque côté du filet concrescent, d'une série de saillies obliques (Plicopétale, Acrostache). Les étamines, en même nombre que les pétales auxquels elles sont superposées et avec lesquels elles sont concrescentes par leurs filets, ont les anthères tantôt basifixes (Loranthe, etc.), tantôt dorsifixes et oscillantes (Struthanthe, etc.), ordinairement à quatre sacs polliniques s'ouvrant en long, parfois à deux sacs seulement (Dithécine, etc.) ; dans le premier cas, les sacs polliniques sont quelquefois partagés par des cloisons transversales en logettes superposées (Coléobotride, Sycophile, Chatinie, Méranthère, etc.). La base du filet porte quelquefois une languette dressée (Glossidée). Le pistil, formé typiquement d'autant de carpelles que de pétales avec lesquels ils alternent, en a souvent un nombre moindre, par suite d'avortement; dans une fleur hexamère, par exemple, il peut n'avoir que quatre, trois ou même deux carpelles. Il est concrescent avec les trois verticilles externes, ce qui rend l'ovaire infère; la concrescence peut ne pas atteindre le sommet de l'ovaire, dont l'extrémité demeure libre et forme un dôme sous la base du style (Ligarie, Métastache, etc.); le plus souvent elle s'opère jusqu'à la base même du style, qui est alors entourée d'ordinaire par un disque nectarifère. Les carpelles sont ouverts et concrescents bord à bord en un ovaire uniloculaire à loge de bonne heure oblitérée, surmonté d'un style unique à stigmate entier, parfois pelotonné sur lui-même (Iléostyle, Spirostyle, Ptychostyle, etc.). Au fond même de la loge se forment sous l'épiderme, en nombre plus grand que les carpelles et indéterminé, des cellules mères d'endosperme; arrêtées vers le bas par la cupule lignifiée, elles s'allongent vers le haut à travers l'écorce des carpelles et remontent jusque plus ou moins haut dans le style, portant ainsi leur triade superficielle, qui contient l'oosphère, au-devant des tubes polliniques. En un mot, les choses se passent ici, dans les traits essentiels, comme on l'a vu plus haut chez les Viscacées, parmi les Viscales.

Le fruit, où ne se forme qu'un seul embryon, est une baie visqueuse, dont la couche glutineuse s'établit en dehors des méristèles de la corolle et doit être attribuée, ici aussi, à la face interne du calice. L'embryon, muni de cotylédons bien développés, mais dépourvu de radicule, est le plus souvent accompagné d'un albumen amylacé; quelquefois l'albumen fait défaut et les cotylédons en sont d'autant plus volumineux (Ligarie, Psittacanthe, Chatinie, etc.). Il y a parfois quatre à six cotylédons (Psittacanthe, Méranthère, Apodine, etc.).

D'après le mode d'insertion de l'anthère et d'après la présence ou l'absence d'un albumen, les genres se groupent en trois tribus :

1. *Loranthées*. — Un albumen ; anthères basifixes : Loranthe, Barathranthe, Cyathisque, Diplatie, Pilostigme, Plicopétale, Chiride. Coléobotride, Lanthore, Sycophile, Acrostache, Phénicanthème, Dithécine, Leucobotride, Stemmatophylle, Amyème, Néophyle, Iléostyle, Tupée, Néamyze, Dactyliophore.

2. *Struthanthées.* — Un albumen; anthères oscillantes : Métastache, Fureille, Marticelle, Loxanie, Cladocolée, Oryctine, Tristérice, Dendropème, Oryctanthe, Phthiruse, Passovie, Struthanthe, Spirostyle, Eichlérine, Ptychostyle, Péristhète, Mullerine, Dipodophylle, Phrygilanthe, Tripodanthe, Hookerelle.
3. *Psittacanthées.* — Pas d'albumen ; anthères oscillantes : Ligarie, Glossidée, Chatinie, Isocaule, Hémiarthre, Arthraxe, Apodine, Velvétie, Psittacanthe, Méranthère.

Les Loranthacées se distinguent des Treubaniacées notamment par l'uniloculalrité de l'ovaire, la placentation basilaire et l'acrogamie.

ALLIANCE IV

ÉLYTRANTHALES

Caractères généraux et division en deux familles. — Avec cette différence que le calice y est toujours isomère et toujours dépourvu de méristèles, les Élytranthales ont les mêmes caractères communs que les Loranthales, dont elles diffèrent essentiellement par la gamopétalie. La conformation du pistil, ainsi que la disposition et le nombre des cellules mères d'endosperme, y subissent aussi des modifications, qui conduisent à y distinguer deux familles. Tantôt, en effet, l'ovaire y est pluriloculaire à placentation axile, avec une seule cellule mère d'endosperme par carpelle : c'est la famille des *Élytranthacées.* Tantôt il est uniloculaire à placentation basilaire, avec plusieurs cellules mères d'endosperme par carpelle : c'est la famille des *Dendrophthoacées.* Ainsi :

Ovaire	pluriloculaire, à placentation axile...............	*Élytranthacées.*
	uniloculaire, à placentation basilaire............	*Dendrophthoacées.*

Élytranthacées. — Les Élytranthacées, 14 genres avec environ 80 espèces, sont des plantes ligneuses vertes, vivant en parasites sur la tige des arbres dans les régions chaudes de l'Asie et de l'Océanie. Au-dessus du suçoir primaire, la base de la tige y produit quelquefois des racines adventives aériennes, qui s'appliquent sur la branche nourricière et y enfoncent de nouveaux suçoirs (Macrosolène, etc.). Les feuilles y sont le plus souvent opposées, sans stipules, à limbe entier.

Les fleurs sont hermaphrodites et disposées tantôt en épi simple (Élytranthe, etc.), en grappe simple (Macrosolène, etc.), en ombelle simple (Lysiane, etc.), avec une seule bractée (Lysiane, etc.), ou trois bractées (Macrosolène, Élytranthe, etc.), tantôt en grappe de triades (Amylothèce, Loxanthère, etc.) en ombelle de triades (Acielle, etc.), ou en capitule de triades (Lépostégère, Stégastre, etc.). Elles sont hexamères (fig. 149), rarement tétramères (Alépide, Trilépidée).

Le calice est gamosépale à bord entier, dépourvu de méristèles. La corolle est gamopétale tubuleuse. L'androcée a autant d'étamines que de pétales, auxquels elles sont superposées et avec lesquels les filets sont concrescents sur une plus ou moins grande longueur; les anthères sont ordinairement basifixes, parfois dorsifixes, mais non oscillantes (Loxanthère); elles ont quatre sacs polliniques s'ouvrant en long, parfois subdivisés par des cloisons transversales en logettes superposées (Blumelle). Le pistil comprend typiquement autant de carpelles que de pétales, alternes avec eux (Trilépidée, Alépide); mais, d'ordinaire, plusieurs de ces carpelles avortent et la fleur hexamère n'en a que trois ou quatre. Il est concrescent avec les trois verticilles externes, ce qui rend l'ovaire infère; mais le plus souvent la concrescence ne s'étend pas à la totalité de la longueur de l'ovaire, dont l'extrémité demeure libre et forme sous la base du style un renflement qui persiste après sa chute; parfois même l'ovaire n'est qu'à demi infère (Acielle, etc.); quelquefois pourtant elle s'opère jusqu'à la base du style, qui est alors entourée d'un disque nectarifère (Arcule, Loxanthère). Les carpelles sont fermés et concrescents en un ovaire pluriloculaire, à loges de bonne heure oblitérées, surmonté d'un style unique à stigmate entier. A la base de l'angle interne de chaque loge se forme sous l'épiderme une cellule mère d'endosperme, qui s'allonge vers le haut par son extrémité profonde à travers le placente axile jusque vers la base du style, offrant ainsi au tube pollinique sa triade basilaire, qui renferme l'oosphère; il y a basigamie. En un mot, les choses se passent ici comme chez les Treubaniacées parmi les Loranthales.

Fig. 149. — Diagramme de la fleur d'un Élytranthe.

Le fruit, où ne se forme qu'un embryon, est une baie visqueuse. L'embryon, à cotylédons bien développés et sans radicule, est accompagné d'un albumen amylacé.

D'après le mode d'insertion de l'anthère, les genres se groupent en deux tribus :

1. *Macrosolénées.* — Anthères basifixes : Alépide, Lysiane, Élytranthe, Blumelle, Lépidarie, Macrosolène, Trilépidée, Miquéline, Amylothèce, Arcule, Aciolle, Lépostégère, Stégastre.
2. *Loxanthérées.* — Anthères dorsifixes : Loxanthère.

Les Élytranthacées répondent, dans l'alliance des Élytranthales, aux Treubaniacées dans celle des Loranthales.

Dendrophthoacées. — Les Dendrophthoacées, 42 genres avec plus de 200 espèces, sont aussi des plantes ligneuses vertes, croissant en parasites sur la tige des arbres dans les diverses régions chaudes de l'Afrique, de l'Asie et de l'Océanie. Au-dessus du suçoir primaire, la tige émet parfois à sa base des racines adventives qui s'appliquent sur la branche nourricière et y enfoncent de nouveaux suçoirs (Dendrophthoé, etc.). Les feuilles y sont d'ordinaire opposées, parfois isolées (Phyllodesme, etc.), ou verticillées (Phyllostéphane, etc.), sans stipules, à limbe entier.

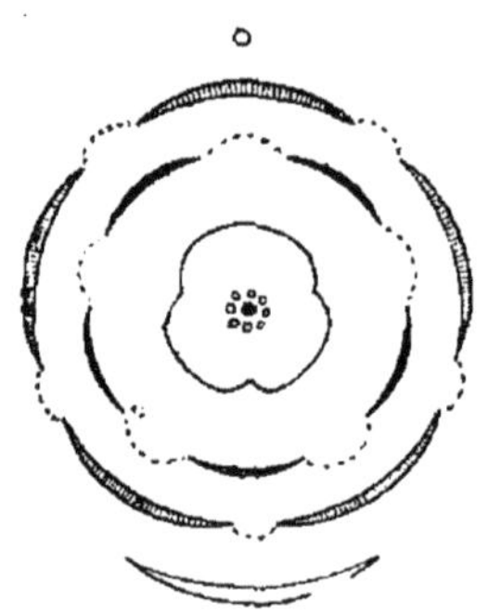

Fig. 150. — Diagramme de la fleur d'un Dendrophthoé.

Les fleurs sont hermaphrodites, le plus souvent groupées en ombelle simple, quelquefois solitaires (Bakerelle) ou disposées en capitule (Érianthème, Tolypanthe, etc.), en épi (Beccarine, Œdine, etc.), en grappe (Dendrophthoé, Cichlanthe, etc.), rarement en ombelle de triades (Candolline). Elles sont ordinairement pentamères (fig. 150), parfois tétramères (Cichlanthe, Phyllodesme, Englérine, Ischnanthe, Septuline, etc.), ou hexamères (Kingelle, Aétanthe, Siphanthème, etc.).

Le calice est gamosépale à bord entier, dépourvu de méristèles. La corolle est gamopétale tubuleuse, parfois renflée en boule à la base (Oncelle, Tapinanthe, Globimétule, Acrostéphane, etc.), ou munie sur sa face interne, à la base, d'autant de languettes que de pétales et plus haut, de chaque côté des filets staminaux concrescents, de saillies obliques (Tapinostemme), ou fendue d'un côté et étalée en une lame enroulée en dehors (Olivérelle) ou couronnée au sommet dans le bouton (Stéphanisque, Acrostéphane, etc.). L'androcée a ses étamines en même nombre que les pétales, épipétales, à filets concrescents avec la corolle dans une plus ou moins grande longueur, et parfois prolongés sous l'anthère en une dent qui remonte sur sa face interne (Odontelle, Ischnanthe, Tapinanthe, etc.); les anthères sont le plus souvent basifixes, parfois oscillantes (Alvéoline,

Siphanthème, etc.); elles ont quatre sacs polliniques s'ouvrant en long, parfois subdivisés en logettes superposées (Phragmanthère, Septuline, Locelle, Septimétule, Desrousseauxie, Alvéoline, etc.). Le pistil est formé typiquement de carpelles en même nombre que les pétales et alternes avec eux; mais ce nombre est ordinairement réduit par avortement. Il est concrescent avec les trois verticilles externes dans toute la longueur de l'ovaire, qui est infère. Les carpelles sont ouverts et concrescents bord à bord en un ovaire uniloculaire à loge bientôt oblitérée, surmonté d'un style unique à stigmate entier, dont la base est entourée d'un disque nectarifère ; ce style se dilate parfois progressivement de bas en haut, puis se rétrécit brusquement sous le stigmate de manière à prendre la forme d'une quille à jouer (Métule, Globimétule, Septimétule, Tapinanthe, Acrostéphane, etc.). Au fond de la loge se forment, en nombre plus grand que les carpelles et indéterminé, les cellules mères d'endosperme. La grande cellule médiane de chaque endosperme s'allonge en tube; arrêté bientôt vers le bas par la cupule lignifiée, le tube se développe vers le haut à travers l'écorce des carpelles et pousse jusque plus ou moins haut dans le style, à la rencontre du tube pollinique, la triade superficielle de l'endosperme, qui renferme l'oosphère ; il y a donc acrogamie.

Le fruit, où ne se forme qu'un seul embryon, est une baie glutineuse, où l'assise visqueuse s'établit en dehors des méristèles de la corolle. L'embryon, à cotylédons bien développés et sans radicule, est ordinairement accompagné d'un albumen amylacé, qui fait parfois défaut (Aétanthe, etc.).

D'après le mode d'insertion des anthères et d'après la présence ou l'absence d'un albumen, les genres se groupent en trois tribus :

1. *Dendrophthoées.* — Anthères basifixes ; un albumen : Bakerelle, Agélanthe, Benthamine, Erianthème, Tolypanthe, Œdine, Beccarine, Kingelle, Oncelle, Dendrophthoé, Cichlanthe, Lichtensteinie, Acranthème, Phyllodesme, Taxille, Schimpérine, Englérine, Tapinostemme, Oncosolène, Olivérelle, Odontelle, Ischnanthe, Stéphanisque, Locelle, Phragmanthère, Thélécarpe, Septuline, Métule, Globimétule, Septimétule, Dentimétule, Tapinanthe, Acrostéphane, Candolline.
2. *Aétanthées.* — Anthères basifixes ; pas d'albumen : Aétanthe, Macranthème, Phyllostéphane, Desrousseauxie.
3. *Siphanthémées.* — Anthères oscillantes : Alvéoline, Solénanthème, Mérismie, Siphanthème.

Les Dendrophthoacées sont aux Élytranthacées, dans l'alliance des Élytranthales, ce que les Loranthacées sont aux Treubaniacées dans celle des Loranthales.

En résumé, l'ordre tout entier des Inovulées ou *Loranthinées*, ainsi constitué avec ses 4 alliances et ses 10 familles, comprend actuellement 144 genres, répartis entre 21 tribus.

ORDRE II

INNUCELLÉES OU SANTALINÉES

Caractères généraux. — L'ordre des Innucellées peut recevoir aussi, d'après sa famille la plus anciennement établie, celle des Santalacées, le nom de *Santalinées*. Il forme un ensemble assez homogène. Le pistil, en effet, a toujours l'ovaire uniloculaire, au moins au sommet, où un placente central libre porte des ovules pendants, ordinairement en même nombre que les carpelles, tournant leur face dorsale en haut et en dehors, leur face ventrale en bas et en dedans. Le fruit, où ne se développe qu'un seul ovule, y est presque toujours une drupe à exocarpe plus ou moins charnu, renfermant autour de l'embryon un albumen presque toujours oléagineux.

Division en trois alliances. — Cependant le mode de végétation et l'organisation florale y subissent aussi des modifications assez importantes et assez nombreuses pour qu'il soit nécessaire d'y distinguer d'abord trois alliances, puis, dans chacune de ces alliances, plusieurs familles. Chez les unes, en effet, la fleur a un périanthe simple, un calice seulement; la plante est alors tantôt pourvue, tantôt dépourvue de chlorophylle. Chez les autres, la fleur a un périanthe double, un calice et une corolle. Les Innucellées apétales à chlorophylle forment l'alliance des *Santalales*, les Innucellées apétales sans chlorophylle l'alliance des *Sarcophytales*, les Innucellées pétalées l'alliance des *Olacales*. Ainsi :

INNUCELLÉES OU SANTALINÉES	Fleur	apétale. Plantes	à chlorophylle....	*Santalales.*
			sans chlorophylle.	*Sarcophytales.*
		pétalée..............................		*Olacales.*

ALLIANCE I

SANTALALES

Caractères généraux et division en cinq familles. — Outre la présence de la chlorophylle et la simplicité du périanthe, les Santalales ont encore quelques caractères communs. L'androcée, par exemple, y a toujours ses étamines en même nombre que les sépales, auxquels elles sont superposées et plus ou moins concrescentes par leurs filets. Mais d'autres caractères varient et permettent d'y reconnaître cinq familles distinctes.

Le pistil, en effet, est tantôt concrescent avec le calice dans toute la longueur de l'ovaire, qui est infère, tantôt indépendant du calice, ce qui laisse l'ovaire supère. Lorsque l'ovaire est infère, tantôt il est uniloculaire dans toute sa longueur : c'est la famille des *Santalacées* ; tantôt il est pluriloculaire dans sa région inférieure, avec ovule produisant la cellule mère d'endosperme, soit latéralement, c'est la famille des *Schœpfiacées*, soit au sommet, c'est la famille des *Arionacées*. Lorsque l'ovaire est supère, tantôt il est uniloculaire dans toute sa longueur, c'est la famille des *Opiliacées* ; tantôt il est pluriloculaire dans sa région inférieure, c'est la famille des *Myzodendracées*. Ainsi :

Ovaire	infère,	uniloculaire, pluriovulé		*Santalacées.*
		pluriloculaire, pluriovulé. Cellule mère d'endosperme	terminale..	*Arionacées.*
			latérale...	*Schœpfiacées.*
	supère,	pluriloculaire, pluriovulé		*Myzodendracées.*
		uniloculaire, uniovulé		*Opiliacées.*

Santalacées. — Les Santalacées, 21 genres avec 200 espèces dispersées dans toutes les régions chaudes et tempérées, sont des herbes (Thèse, etc.), des arbustes (Osyride, etc.) ou de grands arbres à bois aromatique (Santal, etc.). Quoique toujours pourvues de chlorophylle, elles vivent parfois en parasites soit sur les racines des plantes voisines dans lesquelles leurs propres racines enfoncent des suçoirs (Thèse, Osyride, Santal, etc.), soit directement sur leur tige, auquel cas elles manquent de racines (Henslovie, Phacellaire). Les feuilles sont isolées (Thèse, Osyride, etc.), rarement opposées (Santal, etc.), simples, sans stipules, à limbe entier, parfois réduites à de petites écailles (Leptomérie, Chorètre, etc.).

Les fleurs, petites et verdâtres, sont tantôt hermaphrodites (Thèse, Santal, etc.), tantôt unisexuées par avortement avec monœcie (Phacellaire, etc.) ou diœcie (Osyride, etc.). Le calice est formé ordinairement de cinq (Thèse, fig. 151, *A*, etc.), parfois de quatre (Santal, fig. 151, *B*, etc.) ou de trois sépales (Osyride, fig. 151, *C*, etc.) ; il est gamosépale et son tube plus ou moins long est tapissé d'un disque nectarifère, ordinairement prolongé entre les sépales en autant de lobes plus ou moins saillants.

Vers le milieu de sa face interne, chaque sépale porte un bouquet de gros poils simples et unicellulaires, remarquables en ce qu'ils sont d'origine sous-épidermique, endogènes par conséquent, et non pas épidermiques, exogènes, comme d'ordinaire. L'androcée a autant d'étamines que de sépales, superposées aux sépales et concrescentes avec eux par leurs filets sur une plus ou moins grande longueur; les anthères sont dorsifixes, mais non oscillantes (fig. 152), à quatre sacs polliniques s'ouvrant d'ordinaire en long, quelquefois par des pores termi-

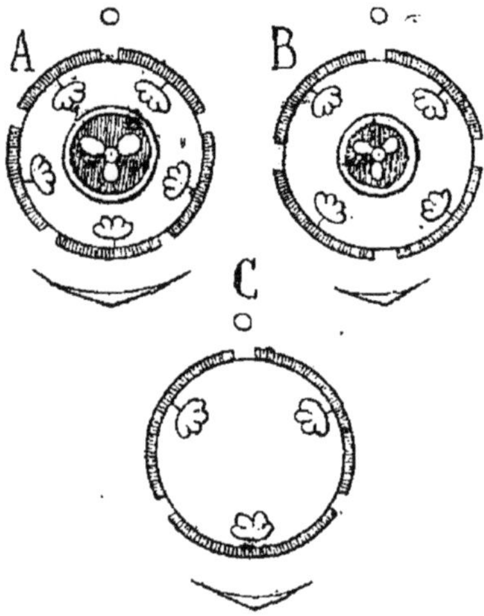

Fig. 151. — Diagramme de la fleur. *A*, du Thèse des prés; *B*, du Santal blanc; *C*, de l'Osyride blanc (mâle).

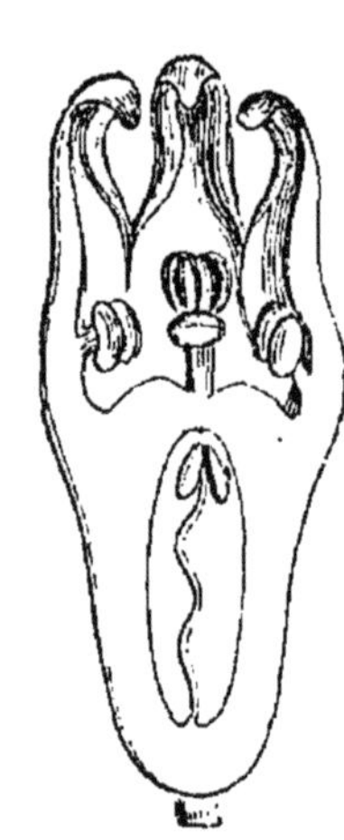

Fig. 152. — Fleur de Thèse coupée en long.

naux (Chorètre, etc.). Le pistil comprend typiquement autant de carpelles que de sépales, alternes avec eux, mais ce nombre est ordinairement réduit à trois par avortement de deux dans la fleur pentamère. Il est concrescent avec les deux verticilles externes ordinairement jusqu'à la base du style, ce qui rend l'ovaire tout à fait infère (fig. 152), quelquefois dans une partie seulement de la longueur de l'ovaire, qui n'est qu'à demi infère (Santal, etc.). Les carpelles sont ouverts et concrescents bord à bord en un ovaire uniloculaire dans toute sa longueur, terminé par un style unique à stigmate trilobé. Au fond de la loge se dresse un placente central, portant au-dessous du sommet autant d'ovules pendants qu'il y a de carpelles, superposés à ces carpelles, ordinairement trois; le tout remplit complètement la loge. Le placente est tantôt droit (Santal, etc.), tantôt tortillé sur lui-même (Thèse, fig. 152, etc.). Les ovules sont tantôt droits (Santal, etc.), tantôt recourbés vers le haut (Osyride, etc.). Dans tous les cas, la cellule mère d'endosperme naît au sommet de l'ovule, sous l'épiderme de sa face ventrale interne. Son extrémité périphérique en sort pour se prolonger plus ou moins loin au dehors, suivant les genres, tantôt peu (Thèse, Osyride, etc.), tantôt beaucoup et remontant alors le long de l'ovule jusqu'au sommet du placente au-devant du tube pollinique (Santal, etc.); il y a donc acrogamie. Son extrémité profonde remonte aussi à l'intérieur même de l'ovule, en suivant le liber de la méristèle, qu'elle digère à mesure, pénètre dans le placente et y redescend ensuite par la même voie jusque vers sa base.

Le fruit, où ne se développe qu'un seul ovule, qui est transitoire, est parfois un achaine (Thèse, etc.), le plus souvent une drupe (Santal, Osyride, etc.), renfermant un petit embryon droit à radicule supère et un albumen oléagineux.

D'après la forme de l'ovule et du placente, les genres peuvent être groupés en quatre tribus :

1. *Santalées*. — Placente droit, ovule droit : Santal, Chorètre, Leptomérie, Omphacomérie, Phacellaire, Henslovie, Scléropyre, Buckleyer.
2. *Thésiées*. — Placente tortillé, ovule droit : Thèse, Théside, Osyridocarpe, Cervantésie, Iodine.
3. *Osyridées*. — Placente droit, ovule recourbé : Osyride, Myoschile, Colpon, Fusan.
4. *Comandrées*. — Placente tortillé, ovule recourbé : Comandre, Acanthosyride, Pyrulaire, Nanodée.

Arionacées. — Les Arionacées, 2 genres avec 30 espèces propres à l'Amérique du Sud, sont des plantes parasites vertes, dont les racines enfoncent des suçoirs dans celles des végétaux voisins. Les feuilles y sont isolées, sans stipules, étroites, à limbe entier.

Les fleurs sont disposées en épi, hermaphrodites et pentamères. Le calice est gamosépale tubuleux, à face intérieure lisse dans les Quinchamales, munie d'une touffe de poils d'origine épidermique derrière chaque anthère dans les Ariones. L'androcée a autant d'étamines que de sépales, superposées aux sépales et concrescentes avec eux dans la plus grande partie de la longueur des filets; les anthères sont basifixes dans les Quinchamales, dorsifixes mais non oscillantes dans les Ariones; elles ont quatre sacs polliniques s'ouvrant en long. Le pistil est formé de trois carpelles seulement, alternisépales, concrescents, fermés dans la plus grande partie de la longueur de l'ovaire, qui est triloculaire, ouverts seulement à son extrémité supérieure, qui est uniloculaire et où un placente central porte à son sommet trois ovules pendants, qui descendent dans les loges sous-jacentes et les remplissent presque complètement. Il est concrescent avec les deux verticilles externes dans toute la longueur de l'ovaire, qui est infère et surmonté d'un style unique à stigmate entier, dont la base est entourée d'un disque nectarifère. La cellule mère d'endosperme se forme, ici aussi, vers le sommet de l'ovule sur sa face ventrale; son extrémité périphérique s'allonge plus ou moins au dehors; son extrémité profonde se développe en remontant dans l'intérieur de l'ovule.

Le fruit, où ne se forme qu'un seul embryon, est un achaine, avec un petit embryon à radicule supère et un albumen oléagineux.

D'après l'absence ou la présence de poils post-staminaux et d'après le mode d'insertion des anthères, les genres se groupent en deux tribus :

1. *Arionées.* — Des poils post-staminaux; anthères dorsifixes : Arione.
2. *Quinchamaliées.* — Pas de poils post-staminaux; anthères basifixes : Quinchamale.

Les Arionacées diffèrent des Santalacées principalement par l'origine épidermique des poils post-staminaux, par la plurilocularité de l'ovaire dans sa région inférieure et par le disque annulaire autour de la base du style.

Schœpfiacées. — Les Schœpfiacées, 3 genres avec 20 espèces, sont des arbres ou des arbustes asiatiques (Schœpfie, Schœpfiopse) ou américains (Codone), à feuilles isolées, sans stipules, à limbe coriace et entier.

Les fleurs sont disposées en grappes axillaires, hermaphrodites, pentamères ou tétramères. Le calice est gamosépale et chaque sépale porte vers le milieu de sa face interne une touffe de poils d'origine épidermique. L'androcée a autant d'étamines que de sépales, épisépales, à filets concrescents avec le calice dans presque toute leur longueur, à anthères dorsifixes, mais non oscillantes, munies de quatre sacs polliniques s'ouvrant en long. Le pistil est concrescent avec les deux verticilles externes dans presque toute la longueur de l'ovaire, qui est presque complètement infère; un disque annulaire entoure la base du style. Uniloculaire dans sa région supérieure, où un placente central porte autant d'ovules pendants qu'il y a de carpelles, superposés aux carpelles, l'ovaire est pluriloculaire dans la majeure partie de sa longueur et chaque ovule y descend dans une des loges, qu'il remplit presque entièrement. La cellule mère d'endosperme se forme latéralement sur la face interne et ventrale de l'ovule périphérique, sort de l'ovule et remonte, de manière à gagner la surface supérieure libre du placente, au devant du tube pollinique; son extrémité profonde s'allonge en sens opposé et descend à l'intérieur de l'ovule, au moins jusqu'à son sommet.

Le fruit, où ne se forme qu'un seul embryon, est une drupe. L'embryon est petit, à radicule supère, avec un albumen oléagineux.

Les Schœpfiacées diffèrent des Santalacées par l'origine épidermique des poils post-staminaux, la plurilocularité de l'ovaire dans sa région inférieure, le disque annulaire autour de la base du style et l'origine latérale de la cellule mère d'endosperme. C'est ce dernier caractère surtout qui les sépare des Arionacées.

Myzodendracées. — Les Myzodendracées, 4 genres avec 12 espèces, sont des plantes ligneuses vertes sans racines, à feuilles isolées, parfois réduites à des écailles (Myzodendre), qui vivent en parasites sur la tige des arbres au Chili méridional et au détroit de Magellan. Les fleurs y sont unisexuées avec diœcie.

La fleur mâle est dépourvue de calice et possède typiquement cinq étamines, dont deux avortent chez les Archiphylles, le Télophylle et l'Angélopoge, trois chez les Myzodendres; les anthères n'ont que deux sacs polliniques s'ouvrant par une fente au sommet. La fleur femelle a un calice formé de trois sépales libres, filiformes, poilus et accrescents. Le pistil, indépendant du calice, et dont l'ovaire est, par conséquent, supère, est formé de trois carpelles alternes avec les sépales et porte un disque annulaire autour de la base du style. Dans sa région supérieure, l'ovaire est uniloculaire avec un placente central se prolongeant en pointe jusque dans le style et portant, au-dessous de son extrémité, trois ovules pendants, superposés aux carpelles. Dans tout le reste de sa longueur, il est muni de trois loges dans chacune desquelles descend l'ovule correspondant. La cellule mère d'endosperme prend naissance latéralement sur la face interne ou ventrale de l'ovule, comme dans les Schœpfiacées.

Le fruit, où ne se forme qu'un seul embryon, est un achaine, à la base duquel persistent les trois sépales concrescents et poilus qui aident à sa dissémination. L'embryon, dépourvu de radicule et dont la base de la tigelle fait saillie hors de l'albumen, est amylacé, comme l'albumen.

Par l'unisexualité des fleurs, l'absence de calice à la fleur mâle, la singulière conformation du calice de la fleur femelle, l'ovaire supère, l'albumen amylacé, les Myzodendracées diffèrent profondément des trois familles précédentes.

Opiliacées. — Les Opiliacées, 7 genres avec 12 espèces, sont des arbustes parfois grimpants, à feuilles isolées, sans stipules, à limbe entier, qui croissent dans les diverses régions chaudes du globe. La tige et les feuilles possèdent dans l'écorce des cystolithes antipodes ou en rosette, qui permettent de reconnaître immédiatement la famille à la seule inspection d'un très petit fragment de l'une ou de l'autre de ces parties. Ordinairement hermaphrodites, pentamères ou tétramères, les fleurs sont parfois unisexuées avec diœcie (Agonandre).

Dialysépale (Opilie, etc.) ou gamosépale (Cansière, Lépionure, etc.), le calice est toujours indépendant de l'ovaire, qui est supère. L'androcée est isostémone à étamines libres et épisépales. Le pistil est entouré à sa base par un disque nectarifère à cinq lobes alternisépales. L'ovaire, surmonté d'un style court à stigmate entier, est uniloculaire dans toute sa longueur, comme chez les Santalacées, avec un placente central très grêle, portant au sommet un seul ovule pendant, superposé à l'un des carpelles, qui est seul fertile. La cellule mère de l'endosperme s'y forme au sommet et s'allonge vers le haut par son extrémité profonde à l'intérieur de l'ovule.

Le fruit est une drupe. L'embryon, dont la radicule est supère, a souvent trois cotylédons (Cansière, Lépionure, etc.); il est accompagné d'un albumen oléagineux. D'après l'hermaphrodisme ou l'unisexualité des fleurs, les genres se groupent en deux tribus :

1. *Opiliées.* — Fleurs hermaphrodites : Opilie, Cansière, Lépionure, Mélienthe, Champérée, Rhopalopilie.
2. *Agonandrées.* — Fleurs unisexuées, dioïques : Agonandre.

ALLIANCE II

SARCOPHYTALES

Caractères généraux et division en trois familles. — Les Sarcophytales sont toutes des plantes sans chlorophylle et sans racines, dont le rhizome s'établit en parasite sur les racines des arbres et se renfle en tubercule autour du point d'attache, comme chez les Balanophorales. Il est bourré d'amidon et produit par voie endogène des rameaux dressés, charnus, entourés d'une collerette à la base, produisant des écailles imbriquées sur leurs flancs et portant à leur extrémité des fleurs toujours unisexuées. L'organisation de ces fleurs subit des modifications assez grandes pour qu'il y faille distinguer trois familles.

Tantôt, en effet, la fleur femelle a un calice concrescent avec le pistil jusqu'à la base du style, ce qui rend l'ovaire infère : c'est la famille des *Hachettéacées*. Tantôt la fleur femelle n'a pas de calice. Si alors le pistil est formé de trois carpelles avec un style unique court et un stigmate trilobé, c'est la famille des *Sarcophytacées*. S'il est constitué par deux carpelles et terminé par deux longs styles divergents, c'est la famille des *Lophophytacées*. Ainsi :

Fleur femelle	à calice concrescent au pistil................		*Hachettéacées.*
	sans calice. Pistil	à trois carpelles et style unique..	*Sarcophytacées.*
		à deux carpelles et deux styles.	*Lophophytacées.*

Hachettéacées. — Les Hachettéacées ont 3 genres avec 4 espèces : Dactylanthe à la Nouvelle-Zélande, Hachettée à la Nouvelle-Calédonie, Mystropétale au Cap. Le rameau florifère porte, à l'aisselle des bractées qui couvrent son extrémité, des capitules unisexués, tantôt réunis sur le même rameau les mâles en haut, les femelles en bas (Mystropétale), tantôt séparés sur des rameaux différents (Hachettée, Dactylanthe).

La fleur mâle a un calice formé de trois sépales concrescents, les deux postérieurs plus grands et plus longtemps réunis, l'antérieur plus petit et plus libre; il avorte dans le Dactylanthe. L'androcée comprend trois étamines épisépales, dont l'antérieure est rudimentaire ou avorte complètement; les anthères sont oscillantes (Mystropétale) ou basifixes (Hachettée, Dactylanthe), avec quatre sacs s'ouvrant en long (Mystropétale) ou deux sacs seulement, collatéraux (Dactylanthe) ou transversaux et superposés (Hachettée). La fleur mâle est donc nettement zygomorphe. La fleur femelle a un calice formé de trois sépales égaux, concrescents en un tube tridenté, et un pistil à trois carpelles alternisépales, concrescent avec le calice dans toute la longueur de l'ovaire, qui est infère et surmonté d'un long style unique à stigmate entier ou trilobé. Triloculaire dans la majeure partie de son étendue, l'ovaire est uniloculaire seulement dans son extrémité supérieure, où un placente central porte trois ovules pendants, qui descendent dans les loges correspondantes et les remplissent entièrement. La cellule mère d'endosperme naît sous l'épiderme au sommet de l'ovule et en s'allongeant remonte dans l'ovule jusqu'au sommet du placente, à la base du style, au-devant du tube pollinique; il y a donc basigamie.

Le fruit, où ne se forme qu'un seul embryon, est une drupe. L'embryon, ovoïde et non différencié, occupe le sommet de l'albumen, qui est oléagineux.

D'après le mode d'insertion et la conformation des anthères, on groupe les genres en deux tribus :

1. *Mystropétalées.* — Anthères oscillantes à quatre sacs : Mystropétale.
2. *Hachettéées.* — Anthères basifixes à deux sacs : Hachettée, Dactylanthe.

Sarcophytacées. — Les Sarcophytacées ne comprennent qu'un genre avec une seule espèce du Cap, le Sarcophyte sanguin. Le rameau florifère mâle porte, à l'aisselle de ses bractées supérieures, des grappes simples sans bractées mères; le rameau femelle produit, à l'aisselle de ses bractées supérieures, des épis de capitules également dépourvus de bractées mères.

La fleur mâle a un calice de trois sépales libres et un androcée de trois étamines épisépales libres, à gros filet portant à son extrémité renflée un grand nombre de sacs polliniques s'ouvrant par autant de pores. La fleur femelle (fig. 145, *B*) est dépourvue de calice et réduite à un pistil formé de trois carpelles concrescents, terminé par un style court et un large stigmate trilobé; ce pistil est soudé latéralement aux pistils voisins du même capitule. Uniloculaire à son extrémité supérieure, où un placente central porte trois ovules pendants, l'ovaire est triloculaire dans presque toute son étendue, et les ovules descendent dans les loges correspondantes, qu'ils remplissent complètement. La cellule mère d'endosperme y naît au sommet et s'allonge vers le haut jusque sous la base du style, au devant du tube pollinique; il y a donc basigamie.

Le fruit, où ne se forme qu'un embryon, est une drupe soudée aux drupes voisines du capitule. L'embryon est globulaire et non différencié, au sommet d'un albumen oléagineux.

Par l'absence de calice à la fleur femelle, les Sarcophytacées diffèrent nettement des Hachettéacées.

Lophophytacées. — Les Lophophytacées renferment 4 genres avec 7 espèces, croissant dans l'Amérique méridionale. Les rameaux florifères produisent à l'aisselle de leurs bractées supérieures, qui sont peltées et caduques, des épis de fleurs unisexuées, les supérieurs mâles, les inférieurs femelles. L'axe de l'épi femelle tantôt ne se prolonge pas au-dessus des dernières fleurs (Lophophyte), tantôt se développe au-dessus d'elles en un plateau circulaire qui les recouvre (Ombrophyte, Lathrophyte).

La fleur mâle n'a pas de calice et se réduit à deux étamines latérales, à filet court, à anthère basifixe, munie de quatre sacs polliniques s'ouvrant en long. La fleur femelle est également dépourvue de calice et réduite à un pistil formé de deux carpelles latéraux concrescents, terminé par deux longs styles divergents. L'ovaire est biloculaire dans la majeure partie de son étendue, uniloculaire seulement en haut sous le style, où un placente central porte deux ovules pendants, qui descendent dans les loges sous-jacentes et les remplissent entièrement. La cellule mère d'endosperme y naît et s'y développe vers le haut comme dans les deux familles précédentes; il y a donc encore basigamie.

Le fruit, où ne se forme qu'un seul embryon, est une drupe. L'embryon est rudimentaire, au sommet d'un albumen oléagineux.

Par l'absence de calice aux fleurs des deux sortes, le type dimère et l'indépendance des styles, les Lophophytacées se distinguent nettement des deux familles précédentes.

ALLIANCE III

OLACALES

Caractères généraux et division en trois familles. — L'alliance des *Olacales* comprend toutes les Santalinées à périanthe double, formé d'un calice et d'une corolle. Le calice y est toujours gamosépale et s'accroît toujours autour du fruit, de manière à l'envelopper plus ou moins complètement à la maturité. Mais les autres parties de la fleur y subissent des modifications qui conduisent à y distinguer trois familles.

La corolle, en effet, est tantôt gamopétale, tantôt dialypétale. Dans le premier cas, c'est la famille des *Harmandiacées*. Dans le second, si les étamines sont en même nombre que les pétales, superposées aux pétales, concrescentes en tube autour du pistil et munies chacune de deux sacs polliniques, c'est la famille des *Aptandracées*. Si les étamines sont en nombre plus grand que les pétales, libres et pourvues de quatre sacs polliniques, c'est la famille des *Olacacées*. Ainsi :

Corolle	gamopétale		....	*Harmandiacées.*
	dialypétale.	Étamines	concrescentes, à deux sacs.	*Aptandracées.*
			libres, à quatre sacs........	*Olacacées.*

Olacacées. — Les Olacacées, 3 genres avec environ 50 espèces, sont des arbres ou des arbustes à feuilles isolées, sans stipules, à limbe entier, croissant dans les régions tropicales de l'Ancien Monde (Olace, etc.) et du Nouveau (Liriosme, etc.). Les fleurs sont disposées en grappes, hermaphrodites, ordinairement hexamères (fig. 153).

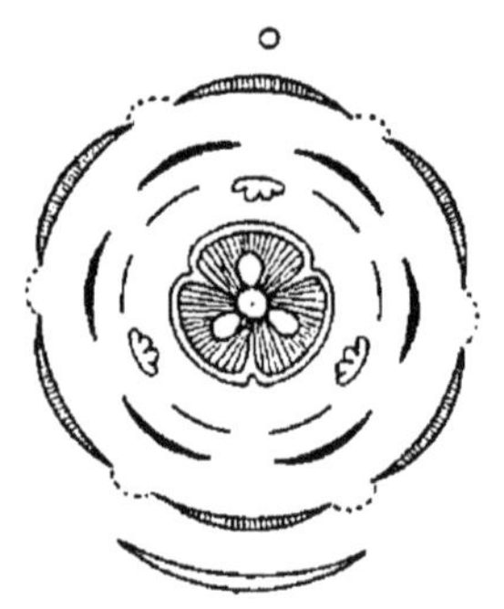

Fig. 153. — Diagramme de la fleur d'un Olace.

Le calice est gamosépale, la corolle dialypétale. L'androcée a six étamines alternipétales, dont trois demeurent simples et sont fertiles, tandis que les trois autres se dédoublent et sont stériles. Le pistil, tantôt libre (Olace, Ptychopétale), tantôt concrescent avec les trois verticilles externes jusqu'à la base du style, ce qui rend l'ovaire infère (Liriosme), est formé de trois carpelles et terminé par un style unique à stigmate trilobé. L'ovaire y est triloculaire dans presque toute sa longueur, uniloculaire seulement au sommet, où un placente central porte trois ovules qui descendent dans les loges sous-jacentes et qui produisent chacun une cellule mère d'endosperme latéralement sur leur flanc interne. L'extrémité périphérique de l'endosperme, son sommet, digère l'épiderme, sort de l'ovule et remonte entre lui et le placente, en contournant obliquement l'ovule, de manière à parvenir en définitive sur la face supérieure du placente, dans la région uniloculaire où il est libre sous le style, et à s'offrir ainsi au tube pollinique. En même temps, son extrémité profonde, sa base, s'enfonce vers le bas dans l'intérieur de l'ovule.

Le fruit, où ne se forme qu'un seul embryon et autour duquel persiste et s'accroît le calice, est une drupe ; l'embryon, dont la radicule est supère, est accompagné d'un albumen oléagineux.

Aptandracées. — Les Aptandracées, 2 genres avec 4 espèces, sont des arbres à feuilles isolées, sans stipules, à limbe entier, qui croissent dans la zone tropicale, les uns dans l'Amérique orientale (Aptandre), les autres dans l'Afrique occidentale (Ongokée). La fleur, qui est hermaphrodite et tétramère, a un calice gamosépale et une corolle dialypétale, séparée de l'androcée par quatre grandes écailles alternipétales, formant ensemble un disque. L'androcée a ses étamines épipétales, à filets concrescents en tube autour du pistil, à anthères à deux sacs polliniques, s'ouvrant chacun par une fente en fer à cheval qui découpe une valve bientôt rabattue en bas. Le pistil a deux carpelles épisépales, avec un ovaire biloculaire dans la partie inférieure, uniloculaire dans la partie supérieure où un placente central porte deux gros ovules pendants, à cellule mère d'endosperme terminale.

Le fruit, où ne se forme qu'un seul embryon, est une drupe enveloppée par le calice persistant et accrescent. L'embryon et l'albumen y sont exclusivement oléagineux.

Par la tétramérie des fleurs, le disque extrastaminal, la remarquable conformation de l'androcée et la situation terminale de la cellule mère d'endosperme, les Aptandracées s'éloignent nettement des Olacacées.

Harmandiacées. — Les Harmandiacées ne comprennent que le seul genre Harmandie avec 2 espèces, l'une de Cochinchine, l'autre du Congo. Par la tétramérie de la fleur, le disque extrastaminal, la conformation de l'androcée, la structure du pistil et l'organisation du fruit, elles ressemblent aux Aptandracées; mais la corolle y est gamopétale, le disque y est tubuleux, le pistil y a trois carpelles, avec un placente ne portant qu'un seul ovule, enfin le fruit a un albumen à la fois oléagineux et amylacé. Toutes ces différences en font bien le type d'une famille distincte, à côté des Aptandracées.

ORDRE III

INTEGMINÉES OU ANTHOBOLINÉES

Les Inséminées à ovules pourvus d'un nucelle, mais encore dépourvus de tégument autour de ce nucelle, peuvent être désignées aussi sous le nom de *Anthobolinées*. Elles sont jusqu'à présent très peu nombreuses et ne comprennent qu'une seule famille, les *Anthobolacées*.

Anthobolacées. — Les Anthobolacées, 4 genres avec 20 espèces, sont des arbres ou des arbustes à feuilles isolées, souvent réduites à des écailles (Exocarpe, Phyllodanthe), qui croissent en Australie, en Malaisie, dans l'Inde et à Madagascar.

Les fleurs, hermaphrodites, parfois unisexuées avec diœcie (Anthobole), ont un calice dialysépale et un androcée formé d'étamines libres, en même nombre que les sépales auxquels elles sont superposées. Il n'y a pas de corolle. Ces plantes correspondent donc aux Viscales chez les Inovulées, et aux Santalales chez les Innucellées.

Le pistil y est indépendant des deux verticilles externes et l'ovaire est en conséquence supère. Il est uniloculaire dans toute sa longueur et renferme, inséré à sa base, c'est-à-dire à la base de l'un des carpelles qui le composent, un ovule orthotrope dressé, sans tégument. La cellule mère d'endosperme y prend naissance sous l'épiderme au sommet même. Son extrémité supérieure digère bientôt l'épiderme et proémine au dehors, où elle s'élargit beaucoup sous la base du style, et c'est là qu'elle reçoit l'action du tube pollinique : il y a donc acrogamie.

Le fruit est une drupe à exocarpe plus ou moins charnu, porté par un pédicelle renflé. L'embryon et l'albumen y sont oléagineux.

ORDRE IV

UNITEGMINÉES OU ICACININÉES

Caractères généraux. — L'ordre formé par les Inséminées à ovules pourvus d'un nucelle, recouvert par un tégument unique, peut être aussi nommé *Icacininées*, d'après sa famille la plus importante et la plus anciennement reconnue, les *Icacinacées*. Ces plantes sont toutes pourvues de corolle, pétalées ; elles correspondent donc aux Loranthales et aux Élytranthales chez les Inovulées, aux Olacales chez les Innucellées. En outre, les ovules y sont toujours anatropes, pendants à raphé dorsal, c'est-à-dire épinastes. Le fruit y est toujours une drupe, avec embryon et albumen presque toujours oléagineux. Pourtant, l'organisation florale y offre des modifications assez importantes pour qu'il soit nécessaire d'y distinguer d'abord trois alliances, puis, dans chacune de ces trois alliances, plusieurs familles.

Division en trois alliances. — La corolle, en effet, est tantôt gamopétale, tantôt dialypétale. Dans le premier cas, c'est l'alliance des *Phytocrénales*. Dans le second, tantôt les carpelles sont biovulés, fermés dans toute la longueur de l'ovaire, ce qui rend la placentation axile, et le pistil subit un avortement partiel, ce qui rend la fleur zygomorphe : c'est l'alliance des *Icacinales*. Tantôt les carpelles sont uniovulés, le pistil est isomère, sans avortement, et la fleur actinomorphe : c'est l'alliance des *Ximéniales*. Ainsi :

Corolle	gamopétale. Carpelles	biovulés	*Phytocrénales*
	dialypétale. Carpelles	biovulés	*Icacinales.*
		uniovulés	*Ximéniales.*

ALLIANCE I

PHYTOCRÉNALES

Caractères généraux et division en quatre familles. — Outre la gamopétalie, les Phytocrénales ont dans la fleur plusieurs autres caractères communs. L'androcée est isostémone et alternipétale, avec étamines concrescentes au tube de la corolle. Le pistil est formé d'un seul carpelle, superposé au sépale postérieur, les quatre autres avortent, ce qui rend la fleur zygomorphe ; il renferme, attaché au sommet de la suture, deux ovules anatropes pendants à raphé dorsal. Le fruit, où ne se développe qu'un seul ovule, est une drupe; l'embryon et l'albumen y sont oléagineux.

Mais la structure de la tige y subit des modifications assez importantes pour qu'il y ait lieu d'y reconnaître quatre familles. La tige y conserve parfois sa structure normale : c'est la famille des *Leptaulacées*. Le plus souvent, elle ne tarde pas, à la suite d'un fonctionnement inégal de l'assise génératrice du pachyte, à prendre une structure anormale. C'est toujours d'abord le bois secondaire qui cesse de se former en de certaines places, bientôt marquées par autant d'échancrures de sa surface. Puis, le liber secondaire correspondant se comporte, suivant les plantes, de trois manières différentes. Ou bien il conserve simplement en ces places la même structure et la même disposition que partout ailleurs : c'est la famille des *Iodacées*. Ou bien, il prédomine en ces places et y prend une structure différente et beaucoup plus compliquée que sur le reste du pourtour : c'est la famille des *Phytocrénacées*. Ou bien, enfin, l'assise génératrice, d'abord interrompue en ces places, se rejoint plus tard en dehors du liber et y reforme du bois, de sorte que le liber s'y trouve inclus dans le bois : c'est la famille des *Sarcostigmacées*. Ainsi :

Tige	normale	....	*Leptaulacées.*
	anormale. Liber	uniforme	*Iodacées.*
		hétérogène	*Phytocrénacées.*
		inclus.	*Sarcostigmacées.*

Leptaulacées. — Les Leptaulacées ne comprennent que les deux genres Leptaule, arbre d'Afrique à feuilles isolées, et Tridianisie, arbre de Madagascar à feuilles opposées. Les fleurs y sont hermaprodites, à corolle tubuleuse.

Iodacées. — Les Iodacées, 5 genres avec 10 espèces, sont des plantes des régions chaudes de l'Ancien Monde, à feuilles ordinairement opposées, parfois isolées (Natsiate, Trématosperme), dont la tige grimpe le plus souvent soit à l'aide de vrilles raméales (Iode, Gymniode, Polyporandre), soit à l'aide des pétioles (Natsiate); elle est parfois dressée et tuberculeuse à la base (Trématosperme). L'anomalie de structure de la tige qui caractérise ces plantes se réduit à un développement prédominant du bois secondaire sur les faces correspendant aux feuilles, le liber secondaire offrant la même composition sur tout le pourtour.

Les fleurs sont rarement hermaphrodites (Trématosperme), d'ordinaire unisexuées avec diœcie. Le calice avorte dans le Gymniode. Les anthères ont de nombreux sacs polliniques à déhiscence poricide dans les Polyporandres.

D'après la conformation de la tige et de la fleur, on groupe les genres en trois tribus :

1. *Trématospermées.* — Tige dressée, fleurs hermaphrodites : Trématosperme.
2. *Iodées.* — Tige grimpante à vrilles raméales, fleurs unisexuées : Iode, Gymniode, Polyporandre.
3. *Natsiatées.* — Tige grimpante sans vrilles, fleurs unisexuées : Natsiate.

Phytocrénacées. — Les Phytocrénacées, 4 genres avec 20 espèces, sont des arbustes grimpants à feuilles isolées, palminerves, croissant dans les régions chaudes de l'Ancien Monde. Le pachyte de la tige s'y comporte d'une manière très différente à l'intérieur des faisceaux libéroligneux primaires qui correspondent aux feuilles et dans les larges rayons qui les séparent. Dans les premiers, il forme en dedans beaucoup de bois secondaire à très larges vaisseaux, en dehors peu de liber secondaire sans fibres interposées aux tubes criblés. Dans les seconds, au contraire, il produit en dedans peu de bois secondaire à vaisseaux étroits et beaucoup de liber secondaire à très larges tubes criblés, séparés par des rangées de fibres lignifiées. Plus tard, le pachyte hétérogène ainsi constitué cesse d'agir et se trouve remplacé par un second pachyte semblable, formé dans le péricycle ; celui-ci est, à son tour, remplacé plus tard par un troisième pachyte plus extérieur, et ainsi de suite.

Les fleurs sont unisexuées avec diœcie, ordinairement tétramères, parfois pentamères (Miquélie). Dans les Pyrénacanthes, le noyau du fruit projette dans l'albumen de nombreuses épines. Dans les Phytocrènes, l'albumen est découpé en lobes et les larges cotylédons de l'embryon sont plissés sur eux-mêmes.

Sarcostigmacées. — Les Sarcostigmacées, 3 genres avec 5 espèces, sont des arbustes grimpants à feuilles isolées, croissant dans les régions chaudes de l'Ancien Monde, dont la tige est remarquable par l'inclusion progressive et répétée du liber dans le bois secondaire. Les fleurs sont unisexuées avec diœcie et pentamères. Le fruit est toujours entouré à sa base par le périanthe persistant ; quelquefois même la corolle s'accroît en même temps, enveloppe le fruit et se prolonge en bec au delà de son sommet (Chlamydocarye). Chez les Endacanthes, le noyau du fruit enfonce des épines à l'intérieur de l'albumen ; celui-ci a sa surface partagée en lobes, est à la fois oléagineux et amylacé, et renferme un embryon à larges cotylédons plissés. Chez les Sarcostigmes, il n'y a pas d'albumen ; les cotylédons plans, larges et épais, contiennent aussi à la fois de l'huile et de l'amidon.

D'après la présence ou l'absence d'albumen, on groupe les genres en deux tribus :

1. *Endacanthées.* — Un albumen oléo-amylacé : Endacanthe, Chlamydocarye.
2. *Sarcostigmées.* — Pas d'albumen : Sarcostigme.

ALLIANCE II

ICACINALES

Caractères généraux et division en trois familles. — Outre la dialypétalie et la dualité des ovules dans chaque carpelle, les Icacinales ont quelques autres caractères communs. L'androcée y est isostémone et alternipétale. Le pistil y subit toujours un avortement partiel, qui le rend zygomorphe. Le fruit, où ne se forme qu'un embryon, est une drupe. L'albumen est d'ordinaire oléagineux. Mais l'organisation florale et la structure de la tige y éprouvent aussi des modifications, qui conduisent à y distinguer trois familles.

Quelquefois le pistil développe trois carpelles sur cinq, les deux postérieurs avortant, et le fruit a aussi un noyau triloculaire : c'est la famille des *Emmotacées*. Le plus souvent, il ne subsiste qu'un seul carpelle, les quatre autres avortant, comme dans les Phytocrénales. Si alors la tige a d'abord et conserve ensuite la structure normale, c'est la famille des *Icacinacées*. Si elle possède d'abord dans sa structure primaire, ainsi que la feuille, un système de canaux sécréteurs et si plus tard elle inclut progressivement son liber dans son bois secondaire, c'est la famille des *Pleurisanthacées*. Ainsi :

Pistil formé	d'un seul carpelle. Tige	sans canaux sécréteurs, normale.	*Icacinacées.*
		à canaux sécréteurs, anormale..	*Pleurisanthacées.*
	de trois carpelles.............................		*Emmotacées.*

Icacinacées. — Les Icacinacées, 30 genres avec plus de 100 espèces, sont des arbres ou des arbustes des régions tropicales, à feuilles isolées, rarement opposées (Cassinopse), sans stipules, à limbe entier. La tige, dépourvue ainsi que les feuilles de canaux sécréteurs, offre et conserve indéfiniment la structure normale.

Ordinairement disposées en grappes, parfois en cymes bipares (Cassinopse, Lasianthère, etc.), en cymes unipares scorpioïdes (Urandre, etc.), ou en épis (Villarésie, etc.), les fleurs sont hermaphrodites et pentamères (fig. 154). Le calice est gamosépale; la corolle dialypétale a parfois ses pétales collés dans la région inférieure, de manière à simuler une corolle gamopétale (Alsodeiopse, Lasianthère, Platée, etc.). L'androcée a ses étamines alternipétales et libres; le filet porte parfois un pinceau de longs poils au voisinage de l'anthère (Urandre, etc.), ou sur son dos (Lasianthère, etc.); l'anthère a quatre sacs polliniques s'ouvrant en long. Le pistil se réduit à un seul carpelle médian, superposé au pétale antérieur, dont l'ovaire renferme, attachés au sommet de la loge sur la suture ventrale, deux ovules anatropes pendants à raphé dorsal. La base de l'ovaire est parfois entourée d'un disque, tantôt annulaire (Mappie, Kummérie, etc.), tantôt formant une large écaille ventrale (Lasianthère, etc.), ce qui augmente la zygomorphie du pistil.

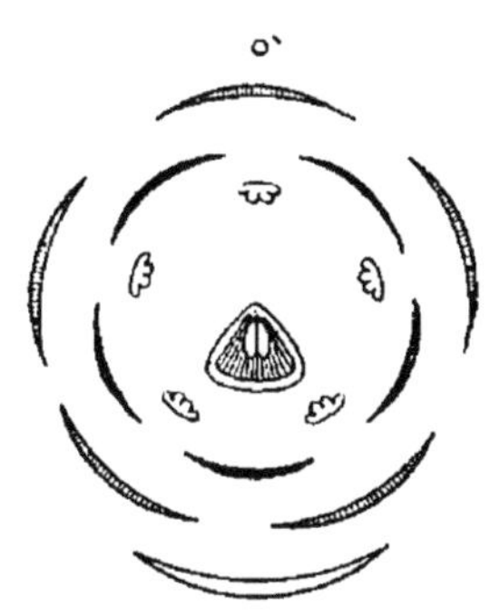

Fig. 154. — Diagramme floral d'une Villarésie.

Le fruit est une drupe, dans laquelle la zone épaissie et charnue est parfois limitée à la face ventrale, la face dorsale restant mince et sèche (Lasianthère, Tylécarpe, Stémonure, Apodyte, etc.), ce qui lui donne une symétrie bilatérale. L'embryon, ordinairement petit, est accompagné d'un albumen le plus souvent oléagineux, parfois amylacé (Icacine, Lavigérie, Grisollée, Anisomalle, etc.).

D'après la conformation du fruit, suivant qu'il est mi-partie drupe sur sa face ventrale et achaine sur sa face dorsale ou qu'il est drupe tout autour, on peut grouper les genres en deux tribus :

1. *Lasianthérées.* — Fruit dorsiventral : Lasianthère, Tylécarpe, Stémonure, Urandre, Apodyte, Anisomalle, etc.
2. *Icacinées.* — Fruit ovoïde : Cassinopse, Villarésie, Chariesse, Platée, Alsodeiopse, Icacine, Mappie, Desmostache, Gonocare, Ryticare, etc.

Pleurisanthacées. — Les Pleurisanthes, dont les trois espèces forment seules cette famille, sont des arbrisseaux grimpants de la Guyane et du Brésil, à feuilles isolées et sans stipules, dont la tige possède à la périphérie de sa moelle, en dedans du bois de chacun de ses faisceaux libéroligneux primaires, un canal sécréteur oléo-résineux. Ce canal passe dans la feuille avec le faisceau correspondant et on l'y retrouve dans la région médullaire du péridesme de la méristèle médiane et de ses premières ramifications. Plus loin, il cesse et les méristèles les plus fines n'en possèdent plus. A partir d'un certain âge, l'assise génératrice du pachyte cesse de fonctionner à certaines places, pour se rejoindre plus tard en dehors, y reformer du bois et inclure, par conséquent, dans le bois les faisceaux libériens correspondants. Le phénomène se répétant à intervalles assez réguliers, il en résulte que la tige, à mesure qu'elle avance en âge, renferme dans son bois secondaire un nombre de plus en plus grand de cercles de faisceaux libériens.

Disposées en une grappe composée d'épis, formés eux-mêmes de capitules et dorsiventraux, les fleurs sont hermaphrodites, pentamères ou tétramères, à calice gamosépale, à corolle dialypétale de bonne heure caduque. L'androcée, isostémone et alternipétale, a ses anthères oscillantes à quatre sacs s'ouvrant en long. Le pistil se réduit à un seul carpelle épipétale médian, sans style, à large stigmate ombiliqué, dont l'ovaire porte attachés côte à côte, au sommet de la suture ventrale, deux ovules anatropes pendants à raphé dorsal. Il n'y a pas de disque.

Cette famille diffère des Icacinacées par l'inclusion progressive du liber dans le bois secondaire de la tige; des Sarcostigmacées, qui offrent aussi, comme on l'a vu, ce caractère, par l'hermaphrodisme des fleurs, par la dialypétalie et la caducité de la corolle; des deux à la fois et du même coup de toutes les autres familles de l'ordre des Unitegminées, par l'existence d'un système de canaux sécréteurs oléifères dans la structure primaire de la tige et de la feuille.

Emmotacées. — Les Emmotacées, 2 genres avec 5 espèces, sont des arbres du Brésil et de la Guyane, à feuilles isolées et sans stipules, à fleurs hermaphrodites pentamères, disposées en grappes axillaires composées.

Le calice est petit, gamosépale; la corolle a ses pétales libres et munis de longs poils roux soit sur toute leur face interne (Pogopétale), soit sur la ligne médiane seulement (Emmote). L'androcée, isostémone et épisépale, a dans chaque anthère deux sacs polliniques seulement, s'ouvrant chacun par une fente longitudinale située dans l'angle externe, correspondant par conséquent à la paire interne d'une anthère ordinaire à quatre sacs. Le pistil comprend typiquement cinq carpelles épipétales, fermés et concrescents en un ovaire à cinq loges biovulées, mais les deux carpelles postérieurs avortent constamment, et l'ovaire ne développe que ses trois carpelles antérieurs, ce qui rend la fleur zygomorphe.

Pendant la transformation de l'ovaire en fruit, les trois loges s'accroissent également et le fruit est une drupe à noyau triloculaire. Dans chaque loge, un seul ovule se développe plus tard et donne un embryon accompagné d'un albumen oléagineux, directement en contact avec le noyau.

Par la structure des étamines, du pistil et du fruit, les Emmotacées se distinguent nettement de toutes les familles précédentes.

ALLIANCE III

XIMÉNIALES

Caractères généraux et division en trois familles. — Outre la dialypétalie et l'unité de l'ovule dans chaque carpelle, les Ximéniales ont quelques autres caractères communs. Le pistil notamment y est isomère, sans avortement, et la fleur actinomorphe. Le fruit, où ne se forme qu'un seul embryon, est une drupe. Mais l'organisation florale y offre aussi d'importantes modifications, qui permettent d'y distinguer trois familles.

Tantôt les carpelles ne sont fermés que dans leur région inférieure, où l'ovaire est pluriloculaire; ils sont ouverts en haut, où il est uniloculaire avec un placente central portant autant d'ovules pendants, qui descendent dans les loges correspondantes : c'est la famille des *Strombosiacées*. Tantôt les carpelles sont fermés dans toute la longueur de l'ovaire, qui est pluriloculaire dans toute son étendue et porte les ovules en placentation axile. Si l'ovaire est alors supère et l'androcée diplostémone, c'est la famille des *Ximéniacées*. Si l'ovaire est infère et l'androcée isostémone, c'est la famille des *Tétrastylidiacées*. Ainsi :

Pistil à placentation	centrale	....	*Strombosiacées.*
	axile. Ovaire	supère. Androcée diplostémone.	*Ximéniacées.*
		infère. Androcée isostémone...	*Tétrastylidiacées.*

Strombosiacées. — Les Strombosiacées, 3 genres avec 6 espèces, sont des arbres à feuilles isolées, sans stipules, croissant dans les régions tropicales de l'Ancien Monde.

Les fleurs sont hermaphrodites, pentamères, à calice gamosépale, à androcée isostémone et épipétale, dont les étamines sont concrescentes avec les pétales sur une plus ou moins grande longueur. Le pistil y est conformé comme chez les Olacacées (p. 300), mais les ovules y ont un épais tégument. L'ovaire est tantôt supère avec cinq carpelles (Strombosie), tantôt infère avec cinq carpelles (Lavallée), tantôt semi-infère avec trois carpelles seulement (Lavalléopse).

Le fruit, où ne se forme qu'un embryon, est une drupe. L'albumen y est à la fois oléagineux et amylacé.

Ximéniacées. — Les Ximénies, dont les cinq espèces composent seules cette famille, sont des arbres ou des arbustes à feuilles isolées et sans stipules, répandus dans toutes les régions tropicales. Les fleurs y sont hermaphrodites et tétramères.

Le calice est gamosépale ; la corolle a ses pétales libres tout couverts sur la face interne de longs poils roux. L'androcée a deux verticilles d'étamines indépendantes de la corolle, l'un épisépale, l'autre épipétale. Le pistil, qui est supère et épisépale, a ses carpelles complètement fermés et concrescents en un ovaire quadriloculaire dans toute sa longueur. Chaque loge renferme, attaché au sommet de l'angle interne, en placentation axile, par conséquent, un ovule long et mince, anatrope, à raphé externe.

Le fruit, où ne se forme qu'un seul embryon, est une drupe, à albumen oléagineux.

Par la tétramérie florale, la diplostémonie, la placentation axile et la nature de l'albumen, les Ximéniacées s'éloignent beaucoup des Strombosiacées.

Tétrastylidiacées. — Les Tétrastylides, dont les deux espèces forment seules cette famille, sont des arbres du Brésil, à feuilles isolées sans stipules, à fleurs hermaphrodites et tétramères.

Le calice est gamosépale, la corolle dialypétale. Les étamines, en même nombre que les pétales, auxquels elles sont superposées et avec lesquels elles sont concrescentes à leur base, ont un large connectif dans l'épaisseur duquel sont creusées quatre séries de sacs polliniques ovales, assez espacés dans chaque série. De plus, les deux séries de chaque côté sont séparées l'une de l'autre par un large et profond sillon, dans lequel se loge dans le bouton la côte saillante de l'étamine voisine ; il en résulte avant l'épanouissement un enchevêtrement assez compliqué. Le pistil, concrescent aux verticilles externes dans toute la longueur de l'ovaire, qui est infère, a quatre carpelles épipétales complètement fermés, et par conséquent l'ovaire est quadriloculaire dans toute son étendue. Dans chaque loge, au sommet de l'angle interne, en placentation axile, par conséquent, s'attache un ovule anatrope pendant à raphé externe, pourvu d'un tégument unique et très épais.

Le fruit, qui ne contient qu'un embryon, est une drupe à albumen oléagineux.

Par la tétramérie florale, les Tétrastylidiacées se rapprochent des Ximéniacées, dont elles diffèrent par plusieurs caractères, notamment par l'isostémonie, par la structure singulière des anthères et par l'ovaire infère.

ORDRE V

BITEGMINÉES ou HEISTÉRINÉES

Caractères généraux. — L'ordre formé par les Inséminées à ovules pourvus d'un nucelle recouvert par deux téguments peut être nommé aussi *Heistérinées*, d'après l'une de ses familles, les *Heistériacées*. Chez toutes ces plantes, la fleur est munie d'un double périanthe, d'un calice et d'une corolle. Chez toutes aussi, les carpelles sont uniovulés et l'unique ovule bitegminé est anatrope et pendant. Enfin, partout le fruit est une drupe à exocarpe plus ou moins charnu.

Division en deux alliances. — L'organisation florale y subit pourtant plusieurs modifications importantes, qui conduisent à y distinguer d'abord deux alliances, puis dans chacune de ces alliances plusieurs familles. Le plus souvent en effet, la corolle y est gamopétale, au moins à la base : c'est l'alliance des *Heistériales*. Quelquefois elle est dialypétale : c'est l'alliance des *Chaunochitales*. Ainsi :

Corolle	gamopétale..	*Heistériales.*
	dialypétale..	*Chaunochitales.*

ALLIANCE I

HEISTÉRIALES

Caractères généraux et division en quatre familles. — D'après les variations de structure du corps végétatif, la conformation diverse de l'androcée et l'organisation différente du pistil, l'alliance des Heistériales se subdivise en quatre familles.

Tantôt, en effet, la tige et la feuille sont pourvues d'un appareil sécréteur très différencié ; en même temps, le pistil est supère, pluriloculaire dans toute sa longueur, à placentation axile et à ovule épinaste. Si alors l'appareil sécréteur se compose de poches oléifères et si l'androcée compte trois ou quatre fois plus d'étamines que de pétales, c'est la famille des *Coulacées*. Si l'appareil sécréteur est formé de tubes laticifères et si l'androcée est diplostémone, c'est la famille des *Heistériacées*. Tantôt la tige et la feuille n'ont pas d'appareil sécréteur bien différencié; en même temps l'androcée est isomère et épipétale. Si alors le pistil est supère, uniloculaire dans sa région supérieure, à placentation centrale, avec ovule hémianatrope épinaste, c'est la famille des *Cathédracées*. Si le pistil est infère, pluriloculaire dans toute sa longueur, à placentation pariétale avec ovule hyponaste, c'est la famille des *Érythropalacées*. Ainsi :

Tige et feuille	à poches sécrétrices. Androcée 3-4-plostémone....	*Coulacées.*
	à tubes laticifères. Androcée diplostémone........	*Heistériacées.*
	sans poches, ni tubes. Androcée isostémone. Ovaire supère.	*Cathédracées.*
	Ovaire infère..	*Érythropalacées.*

Coulacées. — Les Coulacées, 3 genres avec 4 espèces, sont des arbres à feuilles isolées et sans stipules, croissant au Gabon (Coule), à la Guyane et au Brésil (Minquartie) et en Malaisie (Ochanostache). La tige, les feuilles et aussi les diverses parties constitutives des fleurs, qui sont hermaphrodites et pentamères, renferment dans leur écorce des poches sécrétrices à résine noirâtre.

Le calice est petit et gamosépale; faiblement accusée, dans la Coule et l'Ochanostache, la gamopétalie de la corolle est plus marquée dans la Minquartie. L'androcée, concrescent à la base de la corolle, a tantôt vingt étamines, cinq devant les sépales et quinze trois par trois devant les pétales (Coule), tantôt quinze seulement, les épipétales médianes faisant défaut (Ochanostache, Minquartie). Le pistil a ses carpelles épisépales, ordinairement au nombre de trois seulement par avortement des deux autres, complètement fermés et, par suite, l'ovaire est pluriloculaire dans toute sa longueur. Au sommet de l'angle interne de chaque loge, en placentation axile, par conséquent, s'attache un ovule anatrope pendant à raphé dorsal, muni de deux téguments, dont l'externe mince et largement ouvert laisse passer l'interne plus épais.

Le fruit, où ne se forme qu'un seul embryon, est une drupe à albumen à la fois oléagineux et amylacé, comestible dans la Coule.

Heistériacées. — Les Heistériacées, 4 genres avec une vingtaine d'espèces, sont des arbres à feuilles isolées et sans stipules, croissant à la Guyane, au Brésil et aussi en Afrique occidentale (Acrolobe). La tige, les feuilles et les diverses parties des fleurs, qui sont hermaphrodites et pentamères, ont leur écorce parcourue par un système de tubes laticifères rameux et non cloisonnés, qui remplace ici comme appareil sécréteur les poches oléifères des Coulacées.

Le calice est gamosépale et s'accroît beaucoup autour du fruit. La corolle est gamopétale à la base. L'androcée est diplostémone et concrescent avec la base de la corolle (Heistérie, etc.), rarement isostémone, les étamines épipétales faisant défaut (Hémiheistérie). Le pistil, réduit ordinairement à trois carpelles par avortement, est triloculaire dans toute sa longueur et renferme dans chaque loge, au sommet de l'angle interne, en placentation axile par conséquent, un ovule pendant anatrope à raphé dorsal, muni de deux téguments dont l'externe plus mince et largement ouvert laisse passer l'interne plus épais.

Le fruit, où ne se forme qu'un embryon et qui est enveloppé à la base par le calice accrescent, est une drupe, parfois tronquée au sommet (Sagotanthe), à albumen exclusivement oléagineux.

Par la conformation du pistil, les Heistériacées ressemblent beaucoup aux Coulacées; elles en diffèrent par la structure de l'appareil sécréteur, la diplostémonie, l'accrescence du calice et la nature de l'albumen.

Cathédracées. — Les Cathédracées, 2 genres avec 12 espèces, sont des arbres du Brésil (Cathèdre), ou de l'Inde et de la Malaisie (Anacolose), à feuilles isolées et sans stipules, à fleurs hermaphrodites et hexamères.

Le calice est court et gamopétale. La corolle est gamopétale à la base, et les étamines, en même nombre que les pétales auxquels elles sont superposées, sont concrescentes avec eux dans toute la longueur du tube. Les pétales portent sur leur face interne, derrière les anthères, une touffe de longs poils unicellulaires, pareils à ceux des sépales des Schœpfiacées et, comme eux, d'origine épidermique. Plus tard, les parties libres des pétales se détachent, avec les étamines superposées, tandis que la région tubulaire inférieure, commune aux deux verticilles, persiste autour de la base de l'ovaire, où on l'a décrite inexactement comme un disque. Cette portion persistante de la corolle et de l'androcée est indépendante du pistil dans les Cathèdres; elle est concrescente avec l'ovaire, sur lequel, en conséquence, paraissent s'insérer la corolle et les étamines, dans les Anacoloses. Le pistil est composé de deux carpelles seulement, qui sont épisépales. L'ovaire est biloculaire dans sa région inférieure, uniloculaire dans sa partie supérieure où un placente central porte deux ovules pendants, qui descendent dans les loges correspondantes, hémianatropes, à raphé et chalaze externes, à micropyle interne appliqué contre la cloison, à nucelle horizontal enveloppé de deux téguments.

Le fruit, qui ne contient qu'un seul embryon, est une drupe à albumen à la fois oléagineux et amylacé.

Par l'absence d'appareil sécréteur, l'hexamérie de la fleur, l'isostémonie, la persistance de la base commune de la corolle et de l'androcée, la placentation axile, l'hémi-anatropie des ovules, enfin la nature de l'albumen, les Cathédracées diffèrent des Heistériacées et des Coulacées beaucoup plus que ces deux familles ne diffèrent entre elles.

Érythropalacées. — Les Érythropales, dont les trois espèces indo-malaises constituent seules cette famille, sont des arbrisseaux grimpants à feuilles isolées, palminerves et longuement pétiolées, qui s'accrochent aux supports par des vrilles raméales simples et aussi par leurs longs pétioles tortillés.

Les fleurs y sont hermaphrodites pentamères, à calice gamosépale, à corolle gamopétale à la base, à androcée isostémone, épipétale et concrescent avec la corolle. Chaque étamine offre, de part et d'autre de sa base, un petit mamelon couvert de poils, qu'on peut regarder comme un staminode. Le pistil est concrescent avec les trois verticilles externes dans toute la longueur de l'ovaire, qui est infère. Il est formé de trois carpelles seulement, et l'ovaire est triloculaire dans toute son étendue, avec des cloisons minces, ne renfermant aucune méristèle et se détruisant aisément. Aussi n'est-ce pas sur elles que s'attachent les ovules. Chaque loge renferme, inséré vers le sommet de l'angle externe et recevant sa méristèle directement de la méristèle dorsale du carpelle, un ovule pendant anatrope, à raphé externe, contigu à la paroi extérieure de la loge sur laquelle il est attaché et le long de laquelle il adhère assez fortement. Cet ovule est donc hyponaste, et il faut remarquer que, dans le vaste ensemble des Inséminées, c'est la première fois que nous rencontrons un ovule de cette sorte. Le nucelle y est enveloppé de deux téguments, dont l'externe plus mince est dépassé par l'interne plus épais.

Le fruit, qui ne renferme qu'un embryon, est une drupe à albumen exclusivement oléagineux.

Par l'ovaire infère, la placentation pariétale et l'hyponastie de l'ovule, les Érythropalacées s'éloignent de toutes les familles précédentes et mériteraient plutôt d'être considérées comme le type d'une alliance distincte, à côté des Heistériales.

ALLIANCE II

CHAUNOCHITALES

Caractères généraux et division en deux familles. — Outre la dialypétalie, les Chaunochitales ont en commun plusieurs autres caractères. L'ovaire, notamment, y est toujours supère, pluriloculaire dans toute sa longueur et renferme dans chaque loge, attaché au sommet de l'angle interne, en placentation axile par conséquent, un ovule pendant, anatrope, à raphé externe, muni de deux téguments, dont l'externe est dépassé par l'interne.

D'après la conformation de l'androcée, on y distingue deux familles. Tantôt, en effet, l'androcée est formé d'étamines en nombre double de celui des pétales, superposées deux par deux à chaque pétale et concrescentes avec eux dans presque toute la longueur des filets : c'est la famille des *Scorodocarpacées*. Tantôt l'androcée est isostémone, épipétale, à étamines concrescentes avec les pétales : c'est la famille des *Chaunochitacées*. Ainsi :

Androcée	diplostémone, superposé par paires aux pétales.	*Scorodocarpacées.*
	isostémone, épipétale...........................	*Chaunochitacées.*

Scorodocarpacées. — Le Scorodocarpe de Bornéo, qui forme seul cette famille, est un arbre à feuilles isolées et sans stipules, à fleurs hermaphrodites et pentamères. Le calice est gamosépale, la corolle dialypétale avec deux étamines concrescentes à chaque pétale. Le pistil, formé ordinairement de trois carpelles, a un ovaire complètement triloculaire à loges uniovulées.

Chaunochitacées. — Le Chaunochite du Brésil, qui constitue aussi à lui seul cette famille, est un arbre à feuilles isolées, sans stipules, à fleurs hermaphrodites pentamères.

Le calice est gamosépale et s'accroît plus tard autour du fruit. La corolle est dialypétale, mais les pétales, longs et minces, demeurent collés bord à bord sur une assez grande longueur, de manière à simuler une corolle gamopétale. L'androcée, isostémone et épipétale, a ses étamines longuement concrescentes avec les pétales par leurs filets. Le pistil ne

INSÉMINÉES

ORDRES		ALLIANCES		FAMILLES
Bitegminées ou Heistérinées	Corolle gamopétale	HEISTÉRIALES. Ovaire	supère. Androcée 3-4-plostémone	*Coulacées.*
			supère. Androcée diplostémone	*Heistériacées.*
			supère. Androcée isostémone	*Cathédracées.*
			infère	*Erythropalacées.*
	Corolle dialypétale	CHAUNOCHITALES. Ovaire supère. Androcée	diplostémone	*Scorodocarpacées.*
			isostémone	*Chaunochitacées.*
Unitegminées ou Icacininées	Corolle gamopétale. Carpelles biovulés	PHYTOCRÉNALES. Ovaire supère. Tige	normale	*Leptaulacées.*
			anormale. Liber uniforme	*Iodacées.*
			anormale. Liber hétérogène	*Phytocrénacées.*
			anormale. Liber inclus	*Sarcostigmacées.*
	Corolle dialypétale. Carpelles biovulés	ICACINALES. Ovaire supère	à un carpelle. Tige sans canaux sécréteurs, normale	*Icacinacées.*
			à un carpelle. Tige à canaux sécréteurs, anormale	*Pleurisanthacées.*
			à trois carpelles	*Emmotacées.*
	Corolle dialypétale. Carpelles uniovulés	XIMÉNIALES. Placentation	centrale	*Strombosiacées.*
			axile. Ovaire supère	*Ximéniacées.*
			axile. Ovaire infère	*Tétrastylidiacées.*
Integminées ou Anthobolinées	Fleur apétale	ANTHOBOLALES. Placentation basilaire	Ovule orthotrope	*Anthobolacées.*
Innucellées ou Santalinées	Fleur pétalée	OLACALES. Corolle	gamopétale	*Harmandiacées.*
			dialypétale. Etamines concrescentes, à deux sacs	*Aptandracées.*
			dialypétale. Etamines libres, à quatre sacs	*Olacacées.*
	Fleur apétale. Plantes à chlorophylle	SANTALALES. Ovaire	infère pluriloculaire. Endosperme latéral	*Schœpfiacées.*
			infère pluriloculaire. Endosperme terminal	*Arionacées.*
			infère uniloculaire	*Santalacées.*
			supère pluriloculaire, pluriovulé	*Myzodendracées.*
			supère uniloculaire, uniovulé	*Opiliacées.*
	Fleur apétale. Plantes sans chlorophylle	SARCOPHYTALES. Fleur femelle	à calice concrescent au pistil	*Hachettéacées.*
			sans calice. Pistil à trois carpelles et un style	*Sarcophytacées.*
			sans calice. Pistil à deux carpelles et deux styles	*Lophophytacées.*
Inovulées ou Loranthinées	Fleur pétalée. Corolle gamopétale	ELYTRANTHALES. Ovaire infère	pluriloculaire à placentation axile	*Elytranthacées.*
			uniloculaire à placentation basilaire	*Dendrophthoacées.*
	Fleur pétalée. Corolle dialypétale	LORANTHALES. Ovaire infère. Calice	hétéromère; placentation centrale	*Nuytsiacées.*
			isomère. Ovaire pluriloculaire à placentation axile. Drupe	*Gaïadendracées.*
			isomère. Ovaire pluriloculaire à placentation axile. Baie	*Treubaniacées.*
			isomère. Ovaire uniloculaire à placentation basilaire	*Loranthacées.*
	Fleur apétale. Plantes à chlorophylle	VISCALES. Ovaire infère. Placentation	centrale. Endosperme inclus	*Arceuthobiacées.*
			centrale. Endosperme sortant	*Ginallacées.*
			basilaire	*Viscacées.*
	Fleur apétale. Plantes sans chlorophylle	BALANOPHORALES. Pistil	à deux carpelles, placentation centrale	*Hélosacées.*
			à un carpelle, placentation basilaire	*Balanophoracées.*

développe que deux de ses cinq carpelles épisépales, qui forment un ovaire biloculaire dans toute sa longueur, à loges uniovulées. L'ovule est hémi-anatrope, à raphé et chalaze externes, à micropyle interne appliqué contre la cloison, à nucelle horizontal entouré de deux téguments, semblable en un mot à celui des Cathédracées.

Le fruit, où ne se forme qu'un seul embryon, est une drupe, enveloppée par le calice accrescent, à cinq côtes saillantes terminées en haut, autour de la cicatrice du style, par cinq cornes.

Par la conformation de l'androcée et du pistil, les Chaunochitacées se distinguent nettement des Scorodocarpacées.

Résumé de la sous-classe des Inséminées. — En somme, avec ses cinq ordres, ses 13 alliances, ses 39 familles et ses 263 genres, la sous-classe des Inséminées forme un ensemble assez étendu, assez varié et assez instructif pour qu'il soit nécessaire d'en tenir grand compte désormais, comme il est fait ici pour la première fois, dans l'étude et dans la classification des Stigmatées de la classe des Climacorhizes. Le tableau ci-contre résume la composition de cette sous-classe en ordres, alliances et familles.

SOUS-CLASSE II

Séminées.

Les Séminées ont toujours des ovules permanents, nucellés et tegminés. Mais le tégument est tantôt simple, tantôt double : d'où la subdivision de ce groupe en deux ordres seulement, les *Unitegminées* et les *Bitegminées*, correspondant aux deux ordres supérieurs de la sous-classe des Séminées. Ainsi :

SÉMINÉES. Ovules	à deux téguments........................	*Bitegminées.*
	à un tégument...........................	*Unitegminées.*

Considérons d'abord les Unitegminées, qui sont plus simples, puis les Bitegminées, qui sont plus compliquées.

ORDRE I

UNITEGMINÉES

Caractères généraux et division en sept sous-ordres. — Les Séminées unitegminées forment un ordre très vaste, où l'organisation florale subit des modifications assez nombreuses et assez profondes pour qu'il faille y distinguer d'abord sept subdivisions ou sous-ordres, puis dans chacune de ces subdivisions plusieurs familles, qu'il y a lieu parfois de grouper en alliances.

La plupart, en effet, ont leur fleur pétalée, avec corolle parfois dialypétale, le plus souvent gamopétale. Quelques-unes ont leur fleur apétale, tantôt munie d'un calice, tantôt tout à fait dépourvue de périanthe. Lorsque la fleur possède tout au moins un calice, il peut arriver que le pistil demeure indépendant des verticilles externes, ce qui laisse l'ovaire supère, ou qu'il entre en concrescence avec l'ensemble, lui-même concrescent, des verticilles externes, dans toute la longueur de l'ovaire, qui par là devient infère. Lorsque la fleur est nue, l'ovaire est naturellement toujours supère. Il résulte de là une subdivision des Unitegminées en sept sous-ordres. Les Unitegminées à fleur nue forment le sous-ordre des *Salicinées*. Quand la fleur est munie d'un calice seulement, si l'ovaire est supère, c'est le sous-ordre des *Cératophyllinées*; s'il est infère, c'est celui des *Corylinées*. Lorsque la fleur possède une corolle dialypétale, si l'ovaire est supère, c'est le sous-ordre des *Limnanthinées*; s'il est infère, c'est celui des *Ombellinées*. Quand la fleur a une corolle gamopétale, si l'ovaire est supère, c'est le sous-ordre des *Solaninées*; s'il est infère, c'est celui des *Compositinées*. Le tableau suivant résumé cette subdivision :

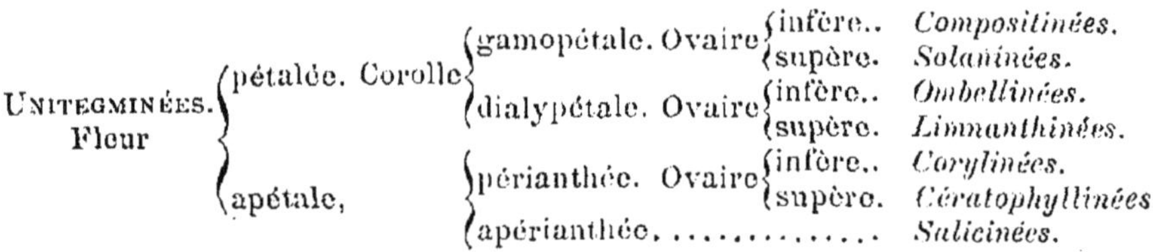

Unitegminées. Fleur	pétalée. Corolle	gamopétale. Ovaire	infère..	*Compositinées.*
			supère.	*Solaninées.*
		dialypétale. Ovaire	infère..	*Ombellinées.*
			supère.	*Limnanthinées.*
	apétale,	périanthée. Ovaire	infère..	*Corylinées.*
			supère.	*Cératophyllinées.*
		apérianthée.		*Salicinées.*

Étudions chacun de ces sous-ordres, en suivant la marche ascendante de la complication et du perfectionnement de l'organisation florale, c'est-à-dire en commençant par les Salicinées, pour nous élever peu à peu aux Compositinées.

SOUS-ORDRE I

Salicinées.

Les Unitegminées apérianthées, qui forment le sous-ordre des Salicinées, sont peu nombreuses, mais comprennent pourtant quatre familles bien distinctes, que l'on peut définir sommairement comme il suit :

SALICINÉES. Ovaire	uniloculaire à placentation	pariétale............	*Salicacées.*
		basilaire............	*Myricacées.*
	biloculaire	à fausse cloison, à ovules hyponastes.	*Callitrichacées.*
		sans fausse cloison, à ovules épinastes.	*Balanopsacées.*

Salicacées. — Les Saules et les Peupliers, dont les 180 espèces composent cette famille, sont des arbres ou des arbustes à feuilles isolées et stipulées, très répandus dans les régions froides et tempérées de l'hémisphère boréal. Les fleurs sont disposées en longs épis cylindriques, unisexuées avec diœcie et dépourvues de périanthe, mais ayant à leur base un disque nectarifère plus ou moins développé (fig. 155).

La fleur mâle comprend deux ou un plus grand nombre d'étamines à anthères extrorses, à quatre sacs s'ou-

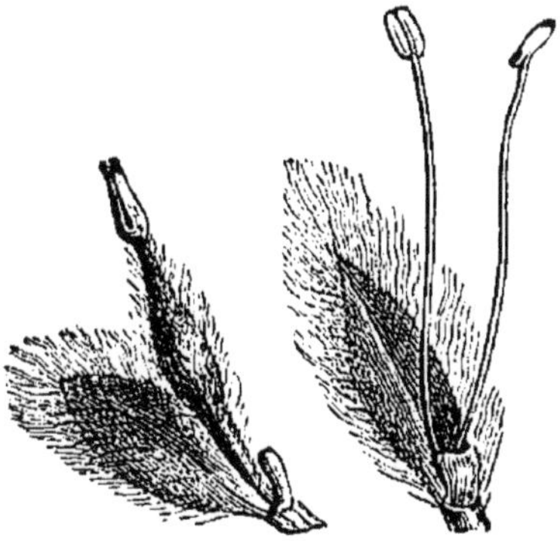

Fig. 155. — Fleurs du Saule : à droite, fleur mâle ; à gauche, fleur femelle.

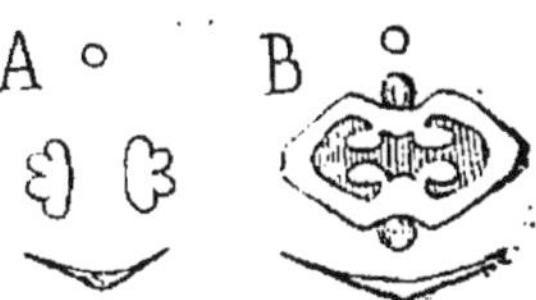

Fig. 156. — Diagramme des fleurs du Saule marceau ; *A*. fleur mâle ; *B*, fleur femelle.

vrant en long (fig. 155 et fig. 156, *A*). La fleur femelle se compose de deux carpelles ouverts et concrescents en un ovaire uniloculaire à deux placentes pariétaux portant un grand nombre d'ovules anatropes ascendants (fig. 156, *B*).

Le fruit est une capsule s'ouvrant de haut en bas, le long de la nervure dorsale des carpelles, en deux valves qui s'enroulent en dehors. La graine, très petite, porte autour du hile une touffe de longs poils soyeux qui l'entourent et renferme un embryon droit, sans albumen.

Myricacées. — Les Myricacées, 4 genres avec 35 espèces, sont des arbustes à feuilles isolées, simples, ordinairement à limbe entier et sans stipules (Myrice, etc.), parfois pennifides et stipulées (Comptonie), croissant dans toutes les régions tempérées du globe, essentiellement cosmopolites. Les fleurs sont disposées en épis, ordinairement simples, parfois composés (Faye), unisexuées le plus souvent avec diœcie, quelquefois avec monœcie, et sans périanthe, accompagnées de deux bractées latérales, qui manquent parfois aux fleurs mâles (Gale, Comptonie).

La fleur mâle a ordinairement quatre étamines libres, à filet court, à anthères introrses à quatre sacs s'ouvrant en long. La fleur femelle a un pistil formé de deux carpelles médians, ouverts et concrescents en un ovaire uniloculaire surmonté de deux longs styles divergents. Vers sa base, la loge contient un ovule dressé, orthotrope, unitegminé.

Le fruit est une drupe à surface mamelonnée et cireuse, d'où le nom de Ciriers donné à ces arbustes, parfois accompagné de deux ailes marginales provenant des deux bractées latérales accrescentes (Gale). La graine, dépourvue d'albumen, renferme un gros embryon oléagineux, à cotylédons plans convexes, dont le plan médian est perpendiculaire au plan médian du pistil.

Par la placentation basilaire et l'unique ovule orthotrope, ainsi que par la nature du fruit, les Myricacées se distinguent nettement des Salicacées.

Callitrichacées. — Les Callitriches, dont les 12 espèces constituent seules cette famille, sont des herbes annuelles aquatiques nageantes, à feuilles opposées, sans stipules, à limbe entier, à tige pourvue de nombreuses racines latérales, croissant dans toutes les contrées chaudes et tempérées du globe. Les fleurs sont solitaires et sessiles à l'aisselle des feuilles, unisexuées avec monœcie, et sans périanthe.

La fleur mâle se réduit à une seule étamine, accompagnée de deux bractées latérales, à anthère basifixe avec quatre sacs s'ouvrant en long. La fleur femelle a son pistil formé de deux carpelles latéraux, fermés et concrescents en un ovaire biloculaire, surmonté de deux styles divergents. Chaque loge contient, fixés vers le haut de la cloison, deux ovules anatropes pendants à raphé interne, hyponastes par conséquent. De bonne heure, une fausse cloison partage chaque loge en deux logettes uniovulées.

Le fruit est une drupe, qui se rompt finalement en quatre coques uniséminées. La graine a un albumen charnu et un petit embryon droit.

Par la conformation du pistil, le mode de placentation, la

nature du fruit et la présence d'un albumen, les Callitrichacées s'éloignent beaucoup des Salicacées. Ces mêmes caractères, auxquels il faut joindre la forme de l'ovule, les distinguent aussi nettement des Myricacées.

Balanopsacées. — Les Balanopes, dont les 7 espèces constituent seules cette famille, sont des arbres ou des arbustes de la Nouvelle-Calédonie, à feuilles isolées, ordinairement rapprochées en faux verticilles à l'extrémité des rameaux, sessiles, sans stipules, à limbe entier. Les fleurs sont unisexuées avec diœcie et nues, les mâles disposées en grappe spiciforme, les femelles solitaires au centre d'un gros bourgeon écailleux. Grappes mâles et bourgeons femelles naissent d'ailleurs par voie endogène le long des entre-nœuds, sans rapport avec les feuilles.

La fleur mâle, dont la bractée mère est concrescente avec le pédicelle, se réduit à des étamines, au nombre de 5 à 6 ordinairement, à anthère presque sessile, introrse, munie de quatre sacs s'ouvrant en long. La fleur femelle se réduit à un pistil formé de deux carpelles, fermés et concrescents en un ovaire biloculaire dans toute sa longueur, dont la région supérieure, épaissie et dure, se termine par deux styles, eux-mêmes bifurqués en deux longues branches sinueuses, chargées de papilles stigmatiques. Chaque loge renferme, attachés côte à côte à la base de la cloison, deux ovules inégaux, anatropes dressés à raphé interne, épinastes par conséquent.

Le fruit, à la base duquel persistent les écailles du bourgeon femelle, est une baie biloculaire, dont chaque loge ne contient qu'une graine. Celle-ci renferme un gros embryon oléagineux à radicule infère, à cotylédons épais, plans convexes, entouré d'un albumen également charnu.

Par la bilocularité de l'ovaire, la présence et la nature de l'albumen, les Balanopsacées ressemblent aux Callitrichacées, dont elles diffèrent par l'absence de fausse cloison, par le lieu d'insertion et le mode de réflexion de l'ovule anatrope, enfin par la conformation du fruit.

SOUS-ORDRE II

Cératophyllinées.

Les Unitegminées apétales supérovariées, qui forment le sous-ordre des Cératophyllinées, ne comprennent que quatre familles, ainsi définies :

Cératophyllinées. Ovule	orthotrope		*Cératophyllacées.*
	anatropé. Carpelles	libres	*Triuracées.*
		concrescents	*Garryacées.*
	campylotrope		*Cynocrambacées.*

Cératophyllacées. — Les Cornifles ou Cératophylles, dont les trois espèces répandues partout constituent seules cette famille, sont des herbes aquatiques submergées, dépourvues de racines et dont les feuilles, verticillées par 6 à 12, se découpent en segments dichotomes, filiformes, raides et cassants. Les fleurs sont unisexuées monoïques, solitaires et sessiles à l'aisselle des feuilles.

Dans la fleur mâle, le calice a d'ordinaire 12 sépales en un verticille, concrescents à la base. L'androcée a 10 à 16 étamines libres disposées en spirale sur le réceptacle bombé, à filets très courts, à anthères extrorses, à quatre sacs s'ouvrant au sommet; ils sont dépassés par le connectif, prolongé lui-même en deux ou trois pointes. Dans la fleur femelle, le calice a 9-10 sépales, avec un seul carpelle médian antérieur. L'ovaire renferme, attaché au sommet de sa suture ventrale, un seul ovule orthotrope pendant, et se termine par un long style.

Le fruit est un achaine terminé par le style persistant, et souvent muni de cornes à la base. La graine, qui est dépourvue d'albumen, renferme un embryon remarquable. Il est pourvu, en effet, de deux grands cotylédons médians et d'une gemmule très compliquée, formée de plusieurs verticilles de jeunes feuilles, dont l'inférieur est binaire et en croix avec les cotylédons. Mais la base de sa tigelle est dépourvue de radicule et n'en forme pas non plus pendant la germination, de sorte que la plante est et demeure privée de racine terminale. Comme elle ne forme pas davantage de racines latérales, elle est à tout âge dépourvue de racines.

Triuracées. — Les Triuracées, 2 genres avec environ 16 espèces tropicales, sont de petites plantes humicoles dépourvues de chlorophylle, jaunâtres ou rougeâtres, dont la tige grêle porte à sa base de nombreuses racines et sur ses flancs de petites feuilles isolées, réduites à des écailles.

Les fleurs sont actinomorphes et unisexuées avec monœcie ou diœcie. Le périanthe se compose d'un seul verticille de trois ou six sépales pétaloïdes, concrescents à la base et plus ou moins longuement effilés au sommet. L'androcée a ordinairement trois étamines alternes avec les sépales, à anthères sessiles à quatre sacs s'ouvrant en long. Le pistil se compose d'un grand nombre de carpelles libres, à style terminal (Triure) ou basilaire (Sciaphile), renfermant chacun un seul ovule anatrope, dressé à raphé interne, épinaste par conséquent, unitegminé.

Le fruit est une capsule à déhiscence à la fois dorsale et ventrale. La graine a un albumen oléagineux; on n'en connaît pas encore l'embryon.

Classées jusqu'ici parmi les Monocotylédones, bien qu'on n'en connaisse pas l'embryon, sans doute à cause du type ternaire de la fleur, les Triuracées diffèrent à plusieurs égards de toutes les plantes de cette classe; l'ovule, notamment, y est unitegminé. Aussi semble-t-il préférable de les ranger, au moins provisoirement, dans les Dicotylédones, où elles prennent place dans l'ordre des Séminées unitegminées, parmi les Cératophyllinées.

Garryacées. — Les Garryes, dont les 8 espèces constituent seules cette famille, sont des arbustes américains, à feuilles opposées, simples et sans stipules. Les fleurs, disposées en grappes spiciformes, au nombre de trois à l'aisselle de chaque bractée mère, sont unisexuées avec diœcie.

La fleur mâle a un calice de quatre sépales libres et un androcée de quatre étamines alternes, à anthères basifixes introrses, munies de quatre sacs s'ouvrant en long. La fleur femelle n'a pas de calice et se réduit à un pistil, formé ordinairement de deux carpelles latéraux ouverts et concrescents en un ovaire uniloculaire à deux placentes pariétaux, surmonté de deux styles libres. Chaque placente porte vers son sommet un ovule pendant, anatrope, à raphé contigu au placente, hyponaste par conséquent, et unitegminé.

Le fruit est une baie; la graine a un petit embryon et un albumen oléagineux.

Par l'absence de calice à la fleur femelle, la placentation pariétale, la forme de l'ovule, la nature du fruit et la présence d'un albumen, les Garryacées s'éloignent beaucoup des Cératophyllacées. Les deux premiers caractères les rapprochent des Salicacées, dont elles diffèrent profondément à d'autres égards. C'est bien une famille à part.

Cynocrambacées. — Les Cynocrambes, dont les deux espèces composent seules cette famille, sont de petites herbes annuelles très rameuses, croissant sur les rochers l'une dans la région méditerranéenne, l'autre dans l'Asie centrale. Les feuilles, opposées dans la région inférieure de la tige, isolées suivant $\frac{1}{4}$ dans la région supérieure, sont pétiolées à limbe entier et charnu, munies de stipules concrescentes. Les fleurs sont unisexuées avec monœcie, les mâles oppositifoliées dans la région supérieure, les femelles axillaires.

La fleur mâle a un calice formé de trois à cinq sépales concrescents et un androcée composé de 10 à 30 étamines libres, à anthères dorsifixes. La fleur femelle a un calice gamosépale bilobé et un pistil réduit à un seul carpelle médian, à style gynobasique, renfermant un seul ovule campylotrope basilaire à micropyle antérieur, muni d'un seul tégument.

Le fruit est une drupe. La graine a un embryon courbé en fer à cheval et un albumen oléagineux.

Par le style gynobasique, l'ovule campylotrope, l'embryon courbe et le fruit drupacé, ces plantes se distinguent nettement des précédentes et sont le type d'une famille autonome.

SOUS-ORDRE III

Corylinées.

Les Unitegminées apétales à ovaire infère, qui constituent le sous-ordre des Corylinées, sont peu nombreuses, mais offrent pourtant dans l'organisation florale plusieurs modifications qui conduisent à y distinguer six familles, définies sommairement comme il suit :

Corylinées. Pistil	à placentation pariétale	Un périsperme........		*Hydnoracées.*
		Pas de périsperme......		*Rafflésiacées.*
	dimère, à placentation	axile. Fleur femelle	à calice....	*Corylacées.*
			sans calice.	*Bétulacées.*
		basilaire...............		*Juglandacées.*
	monomère. Plantes sans chlorophylle..........			*Cynomoriacées.*

Cynomoriacées. — Le Cynomore, qui constitue seul cette famille et dont l'unique espèce croît dans la région méditerranéenne en parasite sur les racines des plantes les plus diverses, est une plante sans chlorophylle, charnue et rougeâtre. Fixé à sa base sur la racine nourricière, le rhizome, cylindrique et gorgé d'amidon, produit à sa surface de nombreux filaments simulant des racines, qui vont se fixer à leur tour sur les racines de la plante hospitalière. Il forme d'autre part, par voie exogène, çà et là une grosse branche qui se dresse dans l'air, produit sur ses flancs de nombreuses écailles et, après avoir atteint deux ou trois décimètres de hauteur, se renfle en massue au sommet et se termine par un gros épi. A l'aisselle de chaque bractée se forme un gros capitule, composé de petites fleurs entremêlées, les unes mâles, d'autres femelles, d'autres encore hermaphrodites.

La fleur mâle se compose d'un calice formé d'un nombre variable de sépales libres, étroits et longs, et d'une seule étamine à anthère oscillante, munie de quatre sacs s'ouvrant en long. La fleur femelle a un calice pareil, concrescent avec l'ovaire jusqu'à la base du style. Le pistil a un seul carpelle, renfermant, attaché au sommet de la suture ventrale, un seul ovule pendant orthotrope ou légèrement anatrope.

Le fruit est un achaine et la graine, collée au péricarpe, renferme un albumen oléagineux et un embryon rudimentaire formé d'un petit nombre de cellules.

Par le mode de végétation, par la nature du fruit et la conformation de l'embryon, les Cynomoriacées ressemblent aux Balanophorales parmi les Inséminées inovulées et aux Sarcophytales parmi les Inséminées innucellées, deux groupes avec lesquels ces plantes étaient encore récemment confondues. Elles en diffèrent profondément par leur rhizome non renflé en tubercule autour du point d'attache, portant des appendices radiciformes et produisant les rameaux aériens et florifères par voie exogène, ainsi que par l'organisation de la fleur et par l'ovule tégumenté.

Juglandacées. — Les Juglandacées, 6 genres dont le principal est le Noyer ou Juglans, avec 32 espèces, sont de grands arbres résineux à feuilles isolées, composées pennées sans stipules, répandus dans les régions tempérées de l'hémisphère boréal. Les fleurs sont disposées en épis, solitaires à l'aisselle des bractées, munies chacune de deux bractées latérales, unisexuées avec monœcie.

La fleur mâle des Noyers a quatre sépales, avec 8 à 40 étamines à filets courts, à anthères basifixes, avec quatre sacs s'ouvrant en long. Leur fleur femelle a quatre sépales, concrescents avec le pistil jusqu'à la base du style, ce qui rend l'ovaire infère, libres au-dessus. Le pistil est formé de deux carpelles médians, ouverts et concrescents en un ovaire uniloculaire, contenant vers sa base un seul ovule dressé, orthotrope, unitegminé, et portant au sommet un style court, terminé par deux lames stigmatiques frangées. Dans les Caryers et le Platycaryer, le calice avorte et les deux carpelles sont transversaux. Dans les Engelhardties et l'Oréomumnée, les lames stigmatiques sont bifurquées. Pour arriver à l'oosphère, située au sommet de l'endosperme, le tube pollinique, au lieu de passer comme à l'ordinaire par le pore du micropyle, chemine dans l'épaisseur du carpelle jusqu'à la base de l'ovaire; puis il se redresse, entre dans le nucelle par la chalaze et y remonte jusqu'à l'extrémité supérieure. En un mot, on peut dire qu'il y a ici *chalazodie*, et non pas, comme d'ordinaire, *porodie*.

Le fruit est une drupe, parfois ailée par l'accrescence des deux bractées latérales (Ptérocaryer), ou munie d'un involucre trilobé par l'accrescence simultanée de la bractée mère et des deux bractées latérales (Engelhardtie, Oréomumnée). Pendant sa croissance, la loge se divise par deux cloisons longitudinales incomplètes, correspondant aux bords des carpelles, et parfois aussi par deux autres cloisons moins saillantes, correspondant aux nervures médianes. La zone charnue du péricarpe se fend quelquefois en quatre valves à la maturité (Caryer) et la couche scléreuse s'ouvre parfois aussi à la germination en deux valves, suivant la ligne médiane des carpelles (Noyer, Caryer). La graine, partagée en deux ou quatre lobes par les cloisons de l'ovaire, est dépourvue d'albumen et contient un embryon épais et oléagineux, dont le plan médian coïncide avec le plan médian des carpelles, et dont la germination est hypogée.

Les Juglandacées forment dans les Corylinées une famille bien à part, correspondant en quelque sorte aux Myricacées parmi les Salicinées.

Corylacées. — Les Corylacées, 4 genres avec 22 espèces, sont des arbres (Charme, etc.) ou des arbustes (Coudrier), à feuilles isolées, simples, à stipules caduques, croissant dans les régions tempérées de l'hémisphère boréal. Les fleurs sont disposées en épis (fig. 157), unisexuées avec monœcie, les mâles solitaires, les femelles par deux à l'aisselle de chaque bractée mère; les premières sont parfois munies de deux bractées latérales (Coudrier, fig. 158, *A*); les secondes ont toujours ces deux bractées, qui sont leurs bractées mères, et en outre deux bractées latérales de second ordre (fig. 158, *B*).

La fleur mâle est dépourvue de calice et se réduit à des étamines, au nombre de quatre (Coudrier, fig. 158, *A*) ou en nombre plus grand (Charme, fig. 157, etc.), dont le filet ordinairement bifurqué porte au sommet de chaque branche une anthère à deux sacs polliniques s'ouvrant en long, couronnée par un pinceau de poils (fig. 158, *A*). Dans l'Ostryopse, le filet demeure entier et porte une anthère à quatre sacs, sans bouquet de poils. La fleur femelle a un calice de quatre sépales, concrescents avec le pistil dans toute la longueur de l'ovaire, qui est infère, libres au-dessus. Le pistil a deux carpelles, fermés et concrescents en un ovaire biloculaire, surmonté de deux longs styles divergents; ils sont médians dans les Coudriers (fig. 158, *B*), latéraux partout ailleurs. Chaque loge

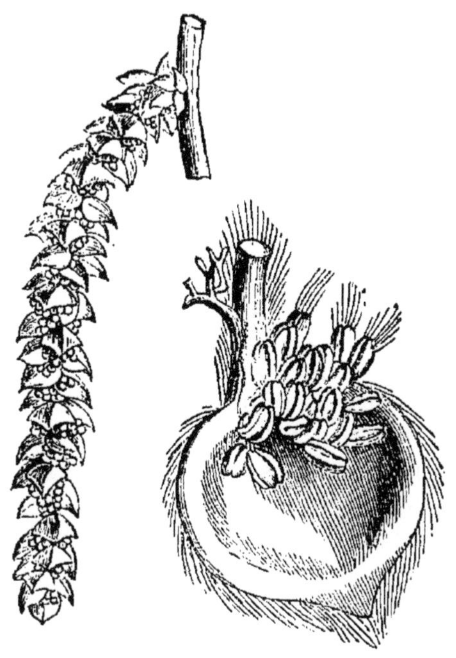

Fig. 157. — Épi mâle du Charme; à droite, un groupe de fleurs mâles, grossi.

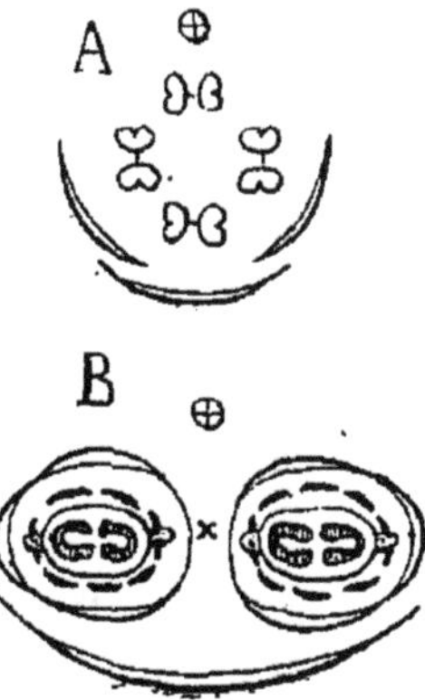

Fig. 158. — Diagramme des fleurs du Coudrier aveline. *A*, une fleur mâle à l'aisselle d'une bractée de l'épi, avec deux bractées secondaires. *B*, deux fleurs femelles à l'aisselle d'une bractée de l'épi, avec six bractées secondaires unies par trois.

renferme, attaché au sommet de la cloison, en placentation axile, par conséquent, un ovule pendant, anatrope à raphé interne, unitegminé. Pour accéder à l'oosphère, le tube pollinique chemine d'abord dans l'épaisseur du raphé jusque sous la chalaze, puis se relève, entre par la chalaze dans le nucelle, et y remonte jusqu'au sommet. Ici, comme dans les Juglandacées, il y a donc chalazodie.

Le fruit, où un seul ovule se développe en graine, est un achaine, entouré à sa base par un involucre accrescent; celui-ci est formé, tantôt par la bractée mère de la fleur et ses deux bractées latérales, concrescentes soit en une lame étalée à trois lobes (Charme), soit en un tube tridenté (Ostryopse), soit en un sac ouvert au sommet (Ostryer), tantôt par les deux bractées latérales seulement, unies en un tube à bord déchiqueté (Coudrier). La graine, dépourvue d'albumen, a un gros embryon oléagineux, comestible dans les Coudriers, dont le plan médian est perpendiculaire au plan de symétrie du tégument et qui, à la germination, épanouit d'ordinaire ses cotylédons à la lumière, mais parfois aussi les garde hypogés (Coudrier).

D'après la présence ou l'absence de bractées à la fleur mâle, la disposition des carpelles dans la fleur femelle, la composition de l'involucre autour du fruit et le mode de germination, les genres se groupent en deux tribus :

1. *Corylées.* — Bractées latérales à la fleur mâle ; carpelles médians ; involucre formé par les deux bractées latérales de second ordre ; cotylédons hypogés : Coudrier.
2. *Carpinées.* — Pas de bractées latérales à la fleur mâle ; carpelles latéraux ; involucre formé par la bractée mère et les deux bractées latérales ; cotylédons épigés : Charme, Ostryer, Ostryopse.

Bétulacées. — Les Aulnes et les Bouleaux, dont les 50 espèces forment cette famille, sont des arbres ou des arbustes à feuilles isolées, simples, à stipules caduques, répandus la plupart dans toutes les régions extra-tropicales de l'hémisphère boréal; les Bouleaux s'élèvent jusque dans les régions polaires et jusqu'à la limite des neiges éternelles. Les fleurs sont disposées en épis cylindriques, groupées par deux ou trois à l'aisselle de chaque bractée, tantôt sans bractées latérales de second ordre (Bouleau), tantôt avec l'antérieure de ces deux bractées, la postérieure avortant (Aulne, fig. 159), toujours unisexuées avec monœcie.

Les fleurs mâles, groupées par trois, ont un calice de quatre sépales et quatre étamines superposées aux sépales, à filet entier portant une anthère à quatre sacs (Aulne, fig. 159, *A*), ou bifurqué portant sur chaque branche une anthère à deux sacs (Bouleau). Les fleurs femelles, groupées par trois (Bouleau) ou par deux seulement, la médiane avortant (Aulne, fig. 159, *B*), sont dépourvues de calice et réduites à un pistil formé de deux carpelles latéraux, fermés et concrescents en un ovaire biloculaire surmonté de deux longs styles libres. Dans chaque loge est attaché, au sommet de la cloison, un ovule pendant, anatrope à raphé interne, unitegminé (fig. 159,

B). Comme chez les Corylacées, le tube pollinique pénètre dans le nucelle par la chalaze. Ce phénomène singulier de la chalazodie se retrouve donc dans les trois familles qu'on vient d'étudier et établit entre elles un lien de plus.

Le fruit, où ne se développe qu'un seul ovule, est un achaine, ailé dans les Bouleaux. Pendant sa croissance, les bractées latérales s'accroissent et s'unissent à la bractée mère également accrescente pour former une écaille, membraneuse et à trois lobes dans les Bouleaux, où il n'y a pas de bractées latérales de second ordre, ligneuse et à cinq lobes dans l'Aulne, où l'antérieure des deux bractées latérales de second ordre se développe seule. Mais cette écaille est et demeure indépendante du fruit et se détache après sa chute (Bouleau) ou reste adhérente à l'axe de l'épi (Aulne). La graine est dépourvue d'albumen et renferme un embryon oléagineux, dont le plan médian est perpendiculaire au plan de symétrie du tégument et dont les cotylédons sont épigés.

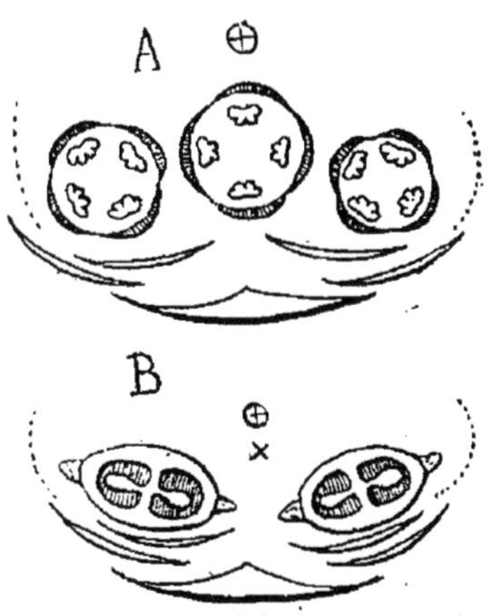

Fig. 159. — Diagramme des fleurs de l'Aulne glutineux. *A*, trois fleurs mâles à l'aisselle d'une bractée de l'épi, avec quatre bractées secondaires. *B*, deux fleurs femelles à l'aisselle d'une bractée de l'épi, avec quatre bractées secondaires; la fleur médiane a avorté.

Par la présence du calice à la fleur mâle et son absence à la fleur femelle, ainsi que par l'absence d'involucre autour du fruit, les Bétulacées forment une famille bien distincte à côté des Corylacées. Elles ressemblent pourtant aux Corylacées beaucoup plus que celles-ci aux familles précédentes; aussi convient-il de les associer aux Corylacées dans une même alliance, sous le nom de *Corylales*.

Hydnoracées. — Les Hydnoracées, 2 genres avec 8 espèces, sont des plantes charnues sans chlorophylle et dépourvues de racines, croissant en parasites sur les racines des arbres, en Afrique (Hydnore) et dans l'Amérique du Sud (Prosopanche). Renflé au-dessus du suçoir primaire, le rhizome produit tout autour des branches ordinairement prismatiques, dépourvues d'écailles foliaires et dont chaque arête porte une série de protubérances; çà et là quelqu'une de ces protubérances se développe verticalement en une grande fleur sessile et hermaphrodite.

Le calice est formé de trois sépales concrescents en tube à la base. L'androcée a trois étamines alternes, concrescentes avec le tube du calice et latéralement en anneau, à anthères sessiles munies sur la face externe d'un grand nombre de sacs polliniques linéaires, parallèles, s'ouvrant en long. Le pistil est formé de trois carpelles episépales, ouverts et concrescents bord à bord en un ovaire uniloculaire, surmonté d'un style très court et d'un large stigmate discoïde. Il est concrescent avec les deux verticilles externes jusque sous le stigmate, ce qui rend l'ovaire infère. Chaque carpelle produit un grand nombre de lames rayonnantes, couvertes d'ovules orthotropes unitegminés, qui sont autant de placentes pariétaux. Dans les Hydnores, ces lames laissent entre elles et au centre des espaces libres où les ovules proéminent librement. Dans le Prosopanche, elles se touchent toutes latéralement et au centre, et les ovules sont immergés dans leur couche superficielle, ne laissant paraître au dehors que leur micropyle.

Le fruit est une baie à nombreuses petites graines. Chacune de celles-ci renferme un albumen et un périsperme, tous deux cornés et sans amidon ; l'embryon y est rudimentaire, formé d'un petit nombre de cellules, sans aucune différenciation.

Rafflésiacées. — Les Rafflésiacées, 5 genres avec 14 espèces, la plupart tropicales, sont aussi des plantes sans chlorophylle vivant en parasites sur les racines des végétaux ligneux. Les Cytinets habitent la région méditerranéenne (C. hypociste) et le Cap (C. dioïque). Mais ici, l'appareil végétatif se réduit à une sorte de thalle, composé d'un lacis de filaments très rameux envahissant le liber, l'assise génératrice et le bois de la racine nourricière. Çà et là, ces filaments, en se ramifiant et en s'enchevêtrant davantage, forment un tubercule, qui va grossissant et produit dans son intérieur un bourgeon floral. Celui-ci perce d'abord le tubercule, puis la couche périphérique de la racine nourricière et paraît au dehors. Il porte sur ses flancs des écailles isolées (Cytinet) ou verticillées (Rafflésie, etc.), et se termine ordinairement par une fleur unique parfois colossale (Rafflésie), rarement par une grappe de fleurs (Cytinet, etc.).

Les fleurs sont unisexuées, le plus souvent avec diœcie. Le calice a quatre (Cytinet, fig. 160) ou cinq (Rafflésie, etc.)

sépales épais et charnus, concrescents en tube ou en cloche. L'androcée comprend quelquefois huit (Cytinet, fig. 160, *A*), plus souvent de nombreuses étamines, concrescentes en une colonne centrale (Rafflésie, etc.), à anthères extrorses avec quatre sacs s'ouvrant en long (Cytinet, etc.), ou avec deux (Saprie), quatre (Brugmansie) ou un nombre indéterminé de sacs s'ouvrant par des pores (Rafflésie, etc.). Le pistil, concrescent avec le calice dans toute la longueur de l'ovaire, qui est infère, a trois ou quatre, rarement jusqu'à huit carpelles (fig. 160, *B*), ouverts et concrescents en un ovaire uniloculaire à placentes pariétaux, portant un grand nombre d'ovules orthotropes unitegminés.

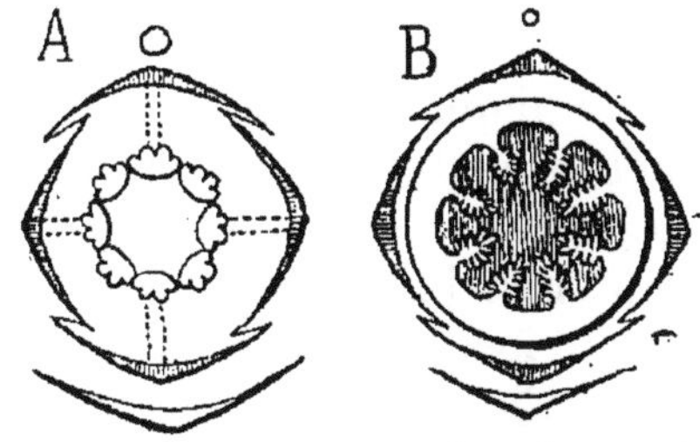

Fig. 160. Diagramme des fleurs du Cytinet hypociste. *A*, fleur mâle; *B*, fleur femelle.

Le fruit est une baie, à nombreuses petites graines, contenant chacune un petit embryon homogène, entouré d'un mince albumen, qui se réduit à une seule assise de grandes cellules oléagineuses.

D'après l'inflorescence, le nombre et la déhiscence des étamines, les genres se groupent en deux tribus :

1. *Rafflésiées*. — Fleur solitaire terminale; nombreuses étamines à déhiscence poricide : Rafflésie, Saprie, Brugmansie.
2. *Cytinées*. — Fleurs en grappe; étamines en nombre déterminé, à déhiscence longitudinale : Cytinet, Bdallophyte.

Par la singulière structure et l'endogénéité de leur appareil végétatif, par l'unisexualité des fleurs et par l'absence de périsperme, les Rafflésiacées se distinguent nettement des Hydnoracées, auxquelles elles ressemblent par leur mode de vie, par leur ovaire infère à placentation pariétale et par leurs ovules orthotropes unitegminés. Cette ressemblance est telle qu'on peut considérer ces deux familles comme formant ensemble une alliance, les *Rafflésiales*.

SOUS-ORDRE IV

Limnanthinées.

Les Unitegminées à corolle dialypétale et à ovaire supère, qui forment le sous-ordre de Limnanthinées, sont très peu nombreuses; aussi n'y distingue-t-on que deux familles, ainsi brièvement définies :

LIMNANTHINÉES. Fleurs	hermaphrodites diplostémones............	*Limnanthacées.*
	unisexuées isostémones..................	*Empétracées.*

Empétracées. — Les Empétracées, 3 genres avec 5 espèces, sont de petits arbustes toujours verts, à port de Bruyère, à feuilles isolées, simples et sans stipules, linéaires à bords reployés vers le bas, répandus surtout dans les régions froides de l'hémisphère boréal. Les fleurs sont disposées en capitules pauciflores, terminaux (Corème) ou axillaires (Empètre, Cératiole); dans le second cas, le capitule est parfois uniflore (Empètre). Elles sont unisexuées avec diœcie, dimères dans la Cératiole, trimère dans les deux autres genres (fig. 161).

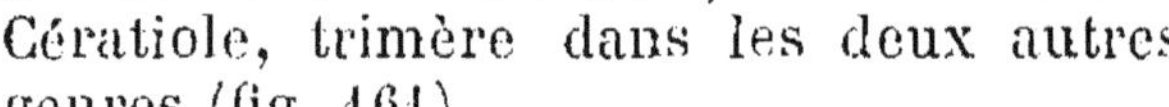

Fig. 161. Diagramme de la fleur de l'Empètre noir, supposée hermaphrodite.

La fleur mâle a trois (ou deux) sépales libres, autant de pétales libres alternes, et autant d'étamines libres épisépales, à anthères oscillantes, introrses, à quatre sacs s'ouvrant en long. La fleur femelle a aussi trois (ou deux) sépales, et autant de pétales alternes, avec un pistil de trois (ou deux) carpelles, épipétales, fermés et concrescents en un ovaire triloculaire surmonté d'un long style unique, divisé en trois branches stigmatiques. Chaque loge renferme, attachés à la base de l'angle interne, un ovule dressé, anatrope, à raphé interne, épinaste par conséquent, unitegminé. Chez les Empètres, il y a dans le pistil une multiplication, qui porte de six à neuf le nombre des carpelles et celui des larges lames stigmatiques frangées (fig. 161).

Le fruit est une drupe à autant de noyaux uniséminés que le pistil avait de carpelles. La graine renferme un albumen charnu et un embryon à radicule infère.

D'après le mode d'inflorescence, on groupe les genres en deux tribus :

1. *Corémées.* — Capitules terminaux : Corème.
2. *Empétrées.* — Capitules axillaires : Empètre, Cératiole.

Limnanthacées. — Les deux genres Limnanthe et Flœrkée,

dont les 5 espèces composent seules cette famille, sont des herbes de l'Amérique du Nord, à feuilles isolées, sans stipules, composées pennées, à fleurs solitaires axillaires, longuement pédicellées, sans bractées secondaires, hermaphrodites, pentamères (Limnanthe) ou trimères (Flœrkée).

La fleur des Limnanthes a cinq sépales libres, cinq pétales alternes libres, dix étamines en deux verticilles, l'externe épisépale, l'interne épipétale, à anthères oscillantes à quatre sacs s'ouvrant en long. Le pistil a cinq carpelles épisépales, fermés et concrescents en un ovaire à cinq loges, surmonté d'un style gynobasique terminé par cinq branches stigmatiques. Dans chaque loge proéminente est attaché, à la base de l'angle interne, un ovule anatrope dressé, à raphé interne, épinaste par conséquent, unitegminé.

Le fruit, entouré du calice persistant, se rompt à la maturité en cinq (Limnanthe) ou trois achaines (Flœrkée). La graine, dépourvue d'albumen, a un gros embryon à radicule infère.

Par l'hermaphrodisme des fleurs et la diplostémonie, la conformation du pistil, la nature du fruit et l'absence d'albumen, les Limnanthacées s'éloignent beaucoup des Empétracées. Elles leur ressemblent pourtant par la structure de l'ovule et son mode d'attache.

SOUS-ORDRE V

Ombellinées.

Les Unitegminées à corolle dialypétale et à ovaire infère, qui composent le sous-ordre des Ombellinées, sont nombreuses et il faut y distinguer neuf familles, que l'on peut caractériser brièvement comme il suit :

OMBELLINÉES.	Pas de canaux sécréteurs. Placentation	axile. Androcée	isostémone		*Cornacées.*
			obdiplostémone. Ovule épinaste.		*Haloragacées.*
			diplostémone. Ovule hyponaste.		*Grubbiacées.*
		pariétale. Androcée	isostémone. Placente	biovulé	*Bruniacées.*
				multiovulé	*Escalloniacées.*
			méristémone		*Loasacées.*
	Des canaux sécréteurs. Placentation	axile	Diachaine		*Ombellifères.*
			Drupe		*Araliacées.*
		pariétale			*Pittosporacées.*

Commençons par étudier la plus importante de toutes ces familles, celle des Ombellifères.

Ombellifères. — Les Ombellifères forment une vaste famille comprenant 152 genres avec environ 1300 espèces, répandues dans toutes les régions tempérées. Ce sont des herbes annuelles ou vivaces, rarement des arbustes (certains Peucédans et Buplèvres), à tige souvent cannelée et creuse par la prompte disparition de la moelle. Les feuilles sont isolées, munies d'une gaine très développée, parfois simples à limbe entier (Buplèvre, Hydrocotyle) ou palmilobé (Sanicle), le plus souvent composées pennées à un ou plusieurs degrés, ordinairement sans stipules, quelquefois munies de petites stipules écailleuses (Hydrocotyle, etc.). Racines, tiges et feuilles sont traversées par des canaux sécréteurs oléifères. Dans la racine, ils sont creusés dans le péricycle, non bordés de cellules spéciales et forment un arc oléifère en dehors de chaque faisceau ligneux; il en résulte que, toutes les fois que la racine a plus de deux faisceaux ligneux, le nombre des rangées de ses radicelles se trouve doublé (I, p. 111). Dans la tige et la feuille, ils sont bordés de cellules spéciales et sont situés dans le péricycle et dans la moelle de la première, dans le péridesme des méristèles de la seconde; ces canaux stéliques ou méristéliques sont quelquefois seuls (Hydrocotyle, Buplèvre, etc.), mais le plus souvent il s'en développe aussi dans l'écorce de la tige et de la feuille. Enfin, le liber secondaire de la tige et de la racine en renferme aussi.

Les fleurs sont petites, hermaphrodites, pentamères (fig. 162), actinomorphes, rarement zygomorphes (Coriandre, Berce, etc.), disposées en ombelles ordinairement composées, rarement simples (Astrance, Sanicle, Hydrocotyle), disposition d'où la famille a tiré son nom; pourtant les Panicauts ont leurs fleurs en capitule.

Le calice est rarement bien développé au-dessus du niveau où il se sépare de la corolle (Panicaut, Sanicle, Astrance), le plus souvent réduit à de petites dents (fig. 163, *a*, *b*). Les pétales, ordinairement enroulés en dedans, sont d'ordinaire égaux, parfois l'antérieur plus grand, les deux postérieurs plus petits, ce qui rend la fleur zygomorphe (Coriandre, Berce, etc.). Les étamines, en même nombre que les pétales et alternes avec eux (fig. 162), ont leurs filets libres, courbés en dedans, avec des anthères introrses à quatre sacs s'ouvrant en long. Le pistil, concrescent avec les verticilles externes dans toute la longueur de l'ovaire, qui est infère (fig. 163), est composé de deux carpelles médians, fermés et concrescents en un ovaire biloculaire, qui renferme dans chaque loge, attaché au sommet de la cloison, un seul ovule anatrope pendant à raphé interne; l'ovaire se termine par deux styles libres, recourbés en dehors, et se renfle en deux coussinets nectarifères autour de leur base (fig. 163, *a*, *b*).

Le fruit est un diachaine, dont les moitiés se séparent quel-

Fig. 162. — Diagramme de la fleur du Panicaut champêtre.

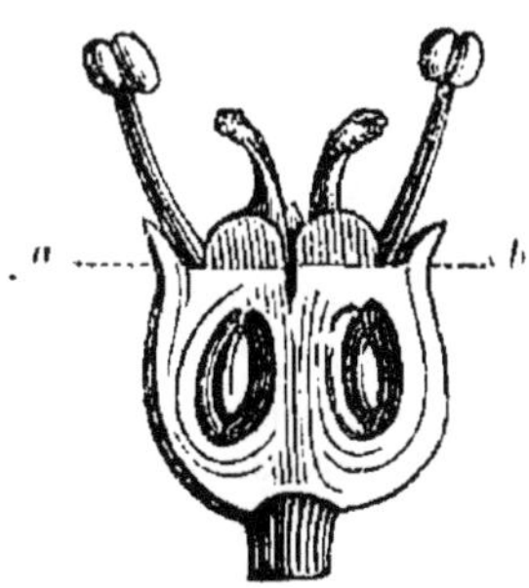

Fig. 163. — Fleur d'Hydrocotyle coupée en long.

quefois complètement (Panicaut, Hydrocotyle, etc.), mais le plus souvent laissent subsister, dans le prolongement du pédicelle, un filament dont elles se détachent de bas en haut, tandis que lui-même se fend de haut en bas en deux branches portant les deux achaines à leur sommet (fig. 164). Ceux-ci

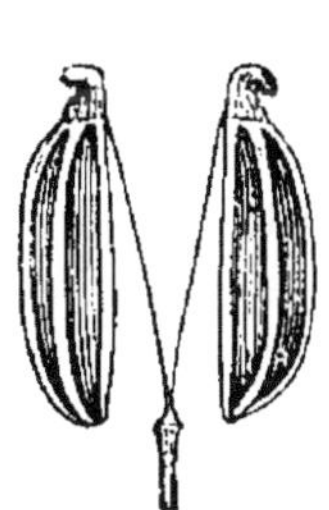

Fig. 164. — Diachaine de Fenouil se séparant.

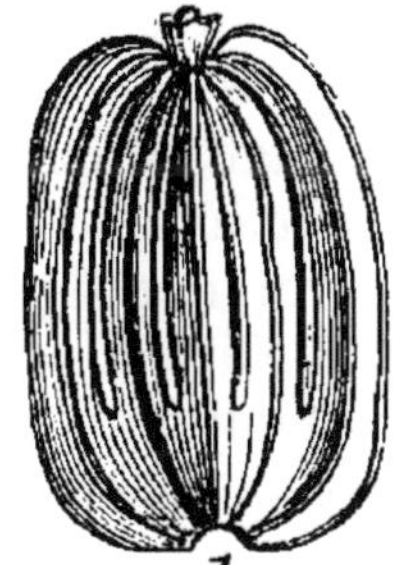

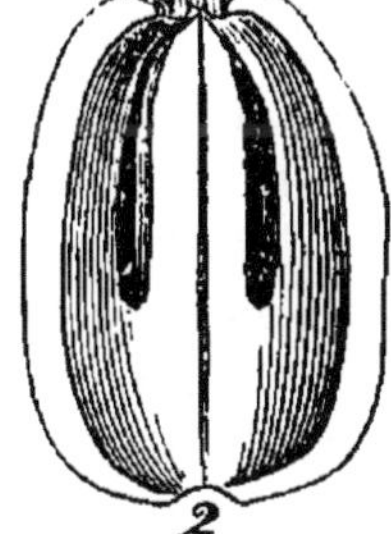

Fig. 165. — Diachaine d'Ombellifère : 1, face dorsale ; 2, face commissurale.

sont marqués de côtes ou d'ailes correspondant aux faisceaux libéroligneux, dites *primaires*, et quelquefois de côtes *secondaires*, simples saillies du parenchyme (fig. 165). Entre les côtes primaires se trouvent des canaux oléorésineux, qui y dessinent autant de *bandelettes* et qui manquent toutes les fois que l'écorce de la tige et des feuilles est dépourvue de canaux sécréteurs (Hydrocotyle, etc.). Ces côtes, primaires et secondaires, et ces bandelettes sont utilisées pour la caractérisation des genres et leur groupement en tribus. La graine contient un petit embryon droit à radicule supère et un abondant albumen corné.

Les genres, qu'il est difficile de délimiter et de grouper dans une famille aussi homogène, sont disposés comme il suit en sept tribus :

I. — Ombelles simples. Pas de canaux sécréteurs dans les sillons du fruit.
  1. *Hydrocotylées.* — Fruit comprimé latéralement : Hydrocotyle, Mulin, etc.
  2. *Saniculées.* — Fruit cylindrique : Panicaut, Astrance, Sanicle, etc.

II. — Ombelles composées. Pas de côtes secondaires.
  3. *Ammées.* — Fruit comprimé latéralement : Ciguë, Maceron, Buplèvre, Ache, Cicutaire, Amme, Care, Berle, Boucage, Cerfeuil, Scandice, Anthrisque, etc.
  4. *Séselées.* — Fruit cylindrique : Sésèle, Fenouil, Œnanthe, Éthuse, Livèche, Sélin, Angélique, Échinophore, etc.
  5. *Peucédanées.* — Fruit comprimé par le dos : Férule, Peucédan, Berce, Tordyle, etc.

III. — Ombelles composées. Des côtes secondaires.
  6. *Caucalidées.* — Côtes secondaires obtuses : Dauce, Caucalide, Bifore, etc.
  7. *Thapsiées.* — Côtes secondaires ailées : Laser, Thapsie, etc.

C'est à l'huile essentielle produite par leurs canaux sécréteurs que ces plantes doivent leurs principales propriétés. Plusieurs sont employées comme condiments : tels sont le Persil cultivé, le Boucage anis, le Care carvi, l'Anthrisque cerfeuil, le Fenouil officinal, le Coriandre cultivé, le Cumin cymin, l'Angélique archangélique, etc. D'autres sont très vénéneuses, comme la Cicutaire vireuse et la Ciguë maculée, etc. Plusieurs sont alimentaires par leur racine renflée, comme la Dauce carotte, le Panais cultivé, l'Ache odorante, vulgairement Céleri, etc.

Araliacées. — Les Araliacées, 51 genres avec environ 340 espèces, la plupart tropicales, sont des arbres ou des arbustes, grimpant quelquefois à l'aide de racines adventives (Lierre, etc.), à feuilles isolées, stipulées, tantôt simples à découpures palmées ou pennées, tantôt composées palmées ou pennées. Tige, racine et feuilles sont parcourues par des canaux sécréteurs oléifères, conformés et disposés de la même manière que chez les Ombellifères.

Les fleurs sont actinomorphes, hermaphrodites, ordinairement pentamères (fig. 166); les étamines s'y multiplient quelquefois par ramification (Tupidanthe, Plérandre, etc.). Le pistil a ses carpelles fermés et concrescents en un ovaire infère pluriloculaire, contenant dans chaque loge un ovule anatrope pendant à raphé interne; il y a quelquefois cinq carpelles (Lierre, fig. 166, *A*, Aralie, Pentapanace, etc.), parfois deux (Panace, fig. 166, *B*, etc.) ou un seul (Cuphocarpe, Arthrophylle, etc.), parfois davantage: 5-20 (Plérandre) et jusqu'à 100 (Tupidanthe).

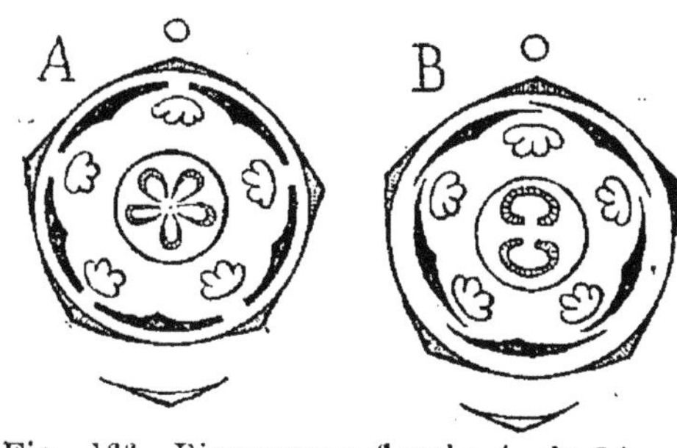

Fig. 166. Diagramme floral : *A*, du Lierre grimpant; *B*, du Panace quinquéfolié.

Le fruit est ordinairement une drupe, à autant de noyaux qu'il y a de carpelles, rarement un diachaine, comme dans les Ombellifères (Delarbrée, etc.). La graine a un petit embryon droit avec un albumen charnu ou corné.

Les Araliacées se rattachent directement aux Ombellifères, dont elles diffèrent surtout par leur fruit drupacé. Elles sont aromatiques, comme les Ombellifères, et jouissent de propriétés analogues : les feuilles de certains Panaces, par exemple, servent de condiment, comme celles du Persil; on mange les jeunes pousses de l'Aralie comestible; la moelle de la Fatsie papyrifère sert à fabriquer le papier de Chine.

Pittosporacées. — Les Pittosporacées, 9 genres avec 104 espèces, sont des arbustes dressés (Pittospore, etc.) et parfois épineux (Bursaire, etc.), ou flexueux et volubiles à droite (Sollie, etc.), à feuilles isolées, simples et sans stipules, à limbe entier. Tige, feuilles et racines produisent des canaux sécréteurs oléorésineux, conformés et disposés exactement comme dans les Ombellifères et les Araliacées.

Fig. 167. Diagramme de la fleur du Pittospore tobire.

Les fleurs sont actinomorphes, hermaphrodites, pentamères, avec un pistil dimère, indépendant des verticilles externes et par conséquent supère (fig. 167). Les deux carpelles sont concrescents, tantôt fermés dans toute leur longueur (Sollie, Marianthe, etc.), tantôt fermés en bas, ouverts en haut (Pittospore, fig. 167, Bursaire, etc.), tantôt ouverts dans toute leur étendue (Citriobate, etc.), portant dans tous les cas sur leurs bords deux rangs d'ovules anatropes unitegminés.

Le fruit est une capsule loculicide (Pittospore, Bursaire, Marianthe, etc.) ou une baie (Sollie, Citriobate, etc.). La graine a un album corné, avec un petit embryon droit.

D'après la nature du fruit, les genres se groupent en deux tribus :

1. *Pittosporées.* — Capsule : Pittospore, Hyménospore, Bursaire, Marianthe.
2. *Billardiérées.* — Baie : Sollie, Cheiranthère, Billiardière, Citriobate, Pronaie.

Ces plantes, fortement aromatiques, ressemblent aux Ombellifères et aux Araliacées par la nature et la disposition de leurs canaux sécréteurs; elles en diffèrent par l'ovaire supère, les nombreux ovules, la placentation en partie pariétale et la nature du fruit.

Ensemble, les trois familles qu'on vient d'étudier doivent donc être réunies en une alliance, les *Ombellales*, caractérisée par la présence et la disposition des canaux sécréteurs.

Loasacées. — Les Loasacées, 14 genres avec environ 200 espèces américaines et tropicales, sont des herbes dressées ou volubiles, souvent dichotomes, parfois hérissées de poils urticants (Loase, Cajophore, etc.), à feuilles isolées ou opposées, sans stipules, simples ou composées pennées.

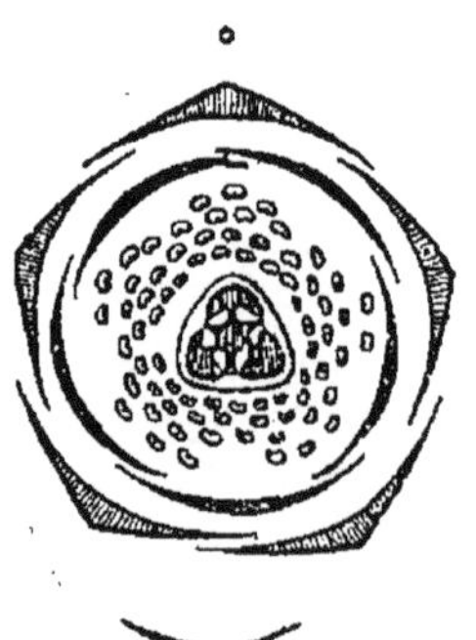

Fig. 168. Diagramme de la fleur de la Mentzélie hispide.

Les fleurs, souvent grandes, sont hermaphrodites, actinomorphes, pentamères (fig. 168), rarement tétramères (Klaprothie, etc.). L'androcée, réduit parfois à un seul verticille épisépale (Gronovie, etc.), en comprend le plus souvent deux et ramifie ordinairement l'un ou l'autre de ses deux verticilles (Loase, Cajophore, etc.) ou tous les deux à la fois (Mentzélie, fig. 168, Bartonie, etc.) en nombreuses étamines partielles; les épisépales produisent quelquefois des staminodes (Loase, Blumenbachie, Cajophore, Bartonie, Klaprothie, etc.). Le pistil a parfois cinq (Cajophore, Blumenbachie, etc.), le plus souvent trois carpelles ouverts et concrescents en un ovaire infère uniloculaire (fig. 168), dont chaque placente pariétal porte un grand nombre d'ovules anatropes unitegminés, rarement un petit nombre (Klaprothie, etc.); quelquefois la loge tout entière ne contient qu'un seul ovule pendant (Gronovie, Cévallie, etc.).

Le fruit est une capsule à déhiscence suturale (Mentzélie, Loase, etc.) ou s'ouvrant, comme dans les Crucifères, par deux fentes de chaque côté des placentes (Blumenbachie, (Cajophore, etc.), rarement un achaine (Gronovie, Cévallie). La graine a un embryon droit, à cotylédons épais sans albumen (Gronovie, etc.), ou à cotylédons foliacés avec un albumen charnu ou corné (Loase, Blumenbachie, etc.).

D'après le nombre des ovules et des étamines, la présence ou l'absence de staminodes, la nature du fruit, la présence ou l'absence d'un albumen, les genres se groupent en trois tribus :

1. *Gronoviées.* — Cinq étamines simples; ovaire uniovulé; achaine; pas d'albumen: Gronovie, Cévallie, Pétalonice.
2. *Mentzéliées.* — Dix étamines ramifiées, sans staminodes; ovaire multiovulé; capsule; un albumen : Mentzélie, Bartonie, Eucnide, Sympétalée.
3. *Loasées.* — Dix étamines ramifiées, avec staminodes; ovaire multiovulé; capsule; un albumen : Loase, Kissénie, Sclérotriche, Klaprothie, Scyphanthe, Cajophore, Blumenbachie.

Ainsi constituées, les Loasacées sont une famille très isolée, qui ne se rattache étroitement à aucune autre.

Escalloniacées. — Les Escalloniacées, 12 genres avec 82 espèces, sont des arbres ou des arbustes, à feuilles isolées, simples et sans stipules, croissant dans toutes les régions chaudes, notamment en Amérique (Escallonie, etc.). Les fleurs sont hermaphrodites, ordinairement pentamères, parfois tétramères (Polyosme). Dans les Phyllonomes, le pédoncule floral est concrescent avec la feuille mère jusque près du sommet.

Le calice est gamosépale, la corolle dialypétale, l'androcée isostémone épisépale avec anthères introrses à quatre sacs s'ouvrant en long. Le pistil est concrescent avec les trois verticilles externes dans une plus ou moins longueur, ce qui rend l'ovaire plus ou moins infère; il ne l'est parfois que très peu (Itée). Il est composé de deux ou trois carpelles ouverts, au moins en haut, concrescents en un ovaire uniloculaire, au moins dans sa région supérieure, surmonté d'un disque nectarifère et d'un style unique à stigmate lobé, rarement de deux styles libres (Forgésie, Choristyle, etc.). Les bords épaissis des carpelles portent, en placentation pariétale, un grand nombre d'ovules anatropes épinastes et unitegminés, rarement deux ovules seulement (Dédée).

Le fruit est une capsule à déhiscence suturale (Escallonie, Forgésie, etc.) ou dorsale (Argophylle, Bérénice, etc.), parfois une baie contenant tantôt plusieurs graines (Phyllonome), tantôt une seule (Polyosme). La graine, parfois ailée (Quintinie), a un petit embryon avec un albumen charnu.

D'après la nature et le mode de déhiscence du fruit, les genres se groupent en trois tribus :

1. *Escalloniées.* — Capsule à déhiscence suturale : Escallonie, Itée, Forgésie, Choristyle,
2. *Argophyllées.* — Capsule à déhiscence dorsale : Argophylle, Bérénice, etc.
3. *Polyosmées.* — Baie : Phyllonome, Polyosme, etc.

Bruniacées. — Les Bruniacées, 12 genres avec environ 50 espèces, sont des petits arbustes du Cap, à port de Bruyère ou de Myrte, à feuilles isolées, serrées, linéaires, sans stipules. Les fleurs, disposées le plus souvent en capitules, parfois en épis (Audouinie, Lonchostome, Linconie), ou solitaires Tittmannie), sont petites, hermaphrodites et pentamères.

Le calice est dialysépale, la corolle dialypétale à pétales parfois accolés (Lonchostome). L'androcée est isostémone, épisépale, à anthères introrses et dorsifixes, munies de deux paires de sacs s'ouvrant en long, paires qui sont ordinairement libres et divergentes, parfois unies tout du long par le connectif (Audouinie, etc.). Le pistil est concrescent avec les trois verticilles externes dans tout ou partie de la longueur de l'ovaire, qui est totalement ou à demi infère. Il est formé de deux carpelles fermés en bas, ouverts en haut, concrescents en un ovaire biloculaire en bas, uniloculaire en haut, surmonté de deux styles libres, rarement d'un seul style à stigmate bilobé (Audouinie, etc.) ; dans ce second cas, la base du style est entourée d'un disque nectarifère. Dans la région supérieure uniloculaire, chaque placente, devenu pariétal, porte ordinairement deux ovules anatropes pendants à raphé dorsal, épinastes par conséquent, qui descendent dans les deux loges sous-jacentes. Il y a trois carpelles biovulés dans les Audouinies, un seul uniovulé dans les Berzélies.

Le fruit est une capsule septicide à deux graines, rarement un achaine (Berzélie, Thamnée, etc.). La graine, parfois arillée (Linconie, Staavie, etc.), a un embryon très petit avec un abondant albumen corné.

D'après la conformation des anthères, l'union ou la séparation des styles, la présence ou l'absence d'un disque, on groupe les genres en deux tribus :

1. *Audouiniées*. — Anthères à paires de sacs unies ; un style composé ; un disque : Audouinie, Thamnée, Tittmannie.
2. *Bruniées*. — Anthères à paires de sacs séparées et divergentes ; autant de styles que de carpelles ; pas de disque : Lonchostome, Linconie, Brunie, Raspailie, Staavie, Berzélie, etc.

Par la conformation du corps végétatif et surtout par la dualité ou même l'unité des ovules sur chaque placente pariétal, les Bruniacées diffèrent nettement des Escalloniacées. Ces deux familles se ressemblent toutefois beaucoup par l'ensemble de l'organisation de la fleur, du fruit et de la graine, de sorte qu'il paraît nécessaire de les unir en une même alliance, sous le nom de *Bruniales*.

Grubbiacées. — Les deux genres Grubbie et Ophire, dont les trois espèces originaires du Cap composent seules cette famille, sont des arbustes à feuilles opposées, simples et sans stipules. Les fleurs, disposées en capitules triflores à l'aisselle des feuilles dans les Grubbies, en épis de capitules triflores dans l'Ophire, sont hermaphrodites et tétramères.

Le calice n'est représenté, au-dessus du niveau où il se sépare des verticilles internes, que par un très petit bourrelet. La corolle a quatre pétales libres, couverts de longs poils sur leur face externe, alternes avec les sépales et par conséquent situés diagonalement. L'androcée a huit étamines libres en deux verticilles, l'externe épisépale, l'interne épipétale, à anthère basifixe pourvue seulement de deux sacs polliniques ; chacun de ceux-ci s'ouvre d'abord par une fente longitudinale à son bord externe et la paroi se recourbe ensuite vers l'intérieur en forme de valve. Le pistil est concrescent avec les trois verticilles externes dans toute la longueur de l'ovaire, qui est tout à fait infère. Les trois fleurs de la triade sont aussi concrescentes dans toute la longueur des ovaires infères, qui forment ensemble une seule masse rectangulaire, allongée transversalement. Le pistil est formé de deux carpelles, médians dans la fleur médiane, latéraux dans les fleurs latérales, toujours épisépales, fermés et concrescents dans toute la longueur de l'ovaire, qui est complètement biloculaire et surmonté d'un style unique à stigmate bilobé, dont la base est entourée d'un disque nectarifère. Chaque loge renferme, attaché au sommet de la cloison, un seul ovule pendant anatrope à raphé interne, hyponaste par conséquent, et unitegminé.

Le fruit, où ne se développe qu'un seul ovule, est un achaine. Dans les Grubbies, les trois achaines de chaque triade sont concrescents, comme l'étaient les ovaires. Dans l'Ophire, une seule fleur de l'épi de triades donne un fruit, toutes les autres avortent; mais les bractées mères s'accroissent néanmoins, élargissent leurs extrémités en forme de losange, les durcissent et les soudent bord à bord pour former une sorte de cone globuleux indéhiscent. La graine renferme un embryon et un albumen oléagineux.

Par l'opposition des feuilles, la tétramérie des fleurs, l'avortement de la partie supérieure libre du calice, la diplostémonie et la structure si singulière des anthères, la placentation axile et l'hyponastie de l'ovule, les Grubbiacées diffèrent trop profondément des deux familles précédentes pour qu'on puisse les comprendre dans l'alliance des Bruniales; elles forment un type à part.

Haloragacées. — Les Haloragacées, 8 genres avec environ 100 espèces, sont des herbes, parfois aquatiques (Myriophylle, Hippure, etc.), ou des sous-arbrisseaux à feuilles isolées, opposées ou verticillées, sans stipules, répandus par toute la Terre, mais principalement dans les régions méridionales de l'hémisphère austral. La tige des Gunnères offre la structure polystélique. Les fleurs sont petites, hermaphrodites, parfois unisexuées avec monœcie (Myriophylle, Serpicule, etc.), tétramères (fig. 169), parfois trimères (Proserpinace) ou dimères (Gunnère, Meionecte).

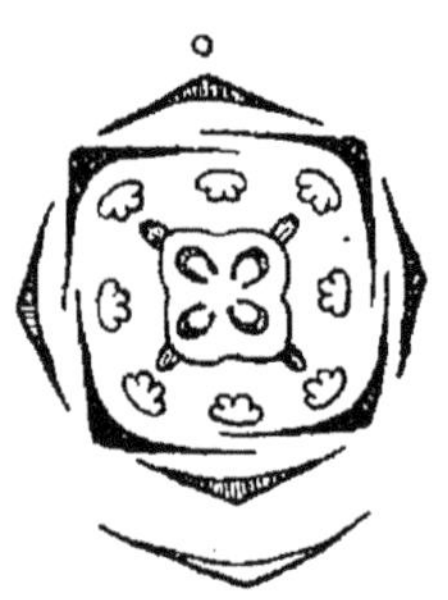

Fig. 169. — Diagramme de la fleur de l'Halorage dressé.

Le calice est dialysépale dans sa région supérieure libre, qui avorte quelquefois (Hippure). La corolle est dialypétale, très caduque, parfois avortée (Proserpinace, Hippure). L'androcée a deux verticilles, l'externe épipétale, l'interne épisépale, d'étamines à quatre sacs s'ouvrant en long; les épipétales avortent quelquefois (Proserpinace, Serpicule), ou ce sont les épisépales qui manquent (Gunnère), ou bien encore il n'y en a qu'une seule, antérieure (Hippure). Le pistil, concrescent avec les verticilles externes dans toute la longueur de l'ovaire, qui est infère, a autant de carpelles que de pétales, épipétales, fermés et concrescents en un ovaire pluriloculaire, surmonté d'autant de styles libres. Chaque loge renferme, attaché au sommet de l'angle interne, un seul ovule pendant à raphé dorsal, unitegminé. Dans l'Hippure, il n'y a qu'un seul carpelle fermé, antérieur comme l'étamine à laquelle il est superposé. Dans les Gunnères, les deux carpelles sont ouverts et forment une seule loge, qui ne contient qu'un seul ovule en placentation pariétale.

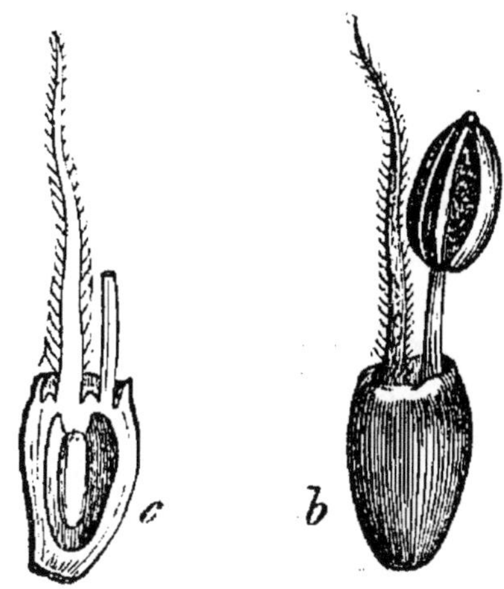

Fig. 170. — Fleur d'Hippure vulgaire : *b*, entière; *c*, coupée en long.

Le fruit est une drupe (Halorage, Gunnère), un tétrachaine (Myriophylle) ou un simple achaine (Serpicule, Hippure, etc.), parfois ailé (Loudonie). La graine a un embryon allongé, parfois court (Gunnère), avec un albumen oléagineux.

D'après la structure de la tige et la conformation du pistil, les genres se groupent en trois tribus :

1. *Haloragées*. — Tige monostélique; pistil isomère à carpelles clos : Halorage, Loudonie, Meionecte, Myriophylle, Proserpinace.
2. *Hippurées*. — Tige monostélique : pistil monomère à carpelle clos : Hippure.
3. *Gunnérées*. — Tige polystélique; pistil isomère à carpelles ouverts : Gunnère.

Par la diplostémonie, les Haloragacées ressemblent aux Grubbiacées, mais elles en diffèrent beaucoup, notamment par l'épipétalie des carpelles et par l'épinastie de l'ovule.

Cornacées. — Les Cornacées, 6 genres avec 35 espèces, sont des arbustes à feuilles opposées (Cornouillier, Aucube) ou isolées (Corokie, Griselinie, Torricellie), simples et sans stipules. Les fleurs sont disposées tantôt en cymes bipares terminales (Cornouillier), parfois condensées en une fausse ombelle (C. mâle, etc.) ou en un faux capitule muni d'un involucre pétaloïde (C. fleuri, etc.), tantôt en grappes axillaires de cymes bipares (Aucube, etc.). Elles sont tantôt hermaphrodites (Cornouillier, Corokie), tantôt unisexuées avec diœcie

(Aucube, Grisélinie, etc.), ordinairement tétramères (fig. 171), parfois pentamères (Grisélinie, Torricellie).

Le calice est dialysépale, la corolle dialypétale, l'androcée isostémone épisépale, avec anthères introrses à quatre sacs s'ouvrant en long. Le pistil est concrescent avec les verticilles externes dans toute la longueur de l'ovaire, qui est infère, surmonté d'un style unique et d'un disque nectarifère. Il est formé le plus souvent de deux carpelles épisépales médians, fermés et concrescents en un ovaire biloculaire, dont chaque loge contient, attaché au sommet de la cloison, un seul ovule pendant anatrope à raphé dorsal, épinaste par conséquent, et unitegminé. Le carpelle postérieur avorte dans les Aucubes et les Grisélinies; il y en a trois dans la Torricellie.

Fig. 171. — Diagramme de la fleur du Cornouillier sanguin.

Le fruit est tantôt une drupe à noyau biloculaire (Cornouillier, Corokie) ou triloculaire (Torricellie), tantôt une baie (Aucube, Grisélinie). Dans le premier cas, si les fleurs sont en capitule, toutes les drupes se soudent parfois en un fruit composé (Benthamie). La graine a un petit embryon avec un albumen oléagineux.

D'après la nature du fruit, les genres se groupent en deux tribus :

1. *Cornées.* — Drupe : Cornouillier, Benthamie, Corokie, Torricellie.
2. *Aucubées.* — Baie : Aucube, Grisélinie.

Par le calice bien développé, l'isostémonie, l'épinastie de l'ovule et la nature du fruit, les Cornacées se distinguent nettement des Grubbiacées, de même que, par la placentation axile et l'unité de l'ovule, elles s'éloignent des Bruniales.

SOUS-ORDRE VI

Solaninées.

Les Unitegminées à corolle gamopétale et à ovaire supère, qui composent le sous-ordre des Solaninées, sont très nombreuses. D'après la conformation de l'androcée, il convient d'y distinguer d'abord quatre alliances, ainsi définies :

SOLANINÉES. Androcée	hémistémone		*Oléales.*
	isostémone	zygomorphe	*Scrofulariales.*
		actinomorphe	*Solanales.*
	diplostémone		*Éricales.*

ALLIANCE I

ÉRICALES

Les Solaninées à androcée diplostémone, qui forment l'alliance des Éricales, comprennent cinq familles, qui peuvent être caractérisées brièvement comme il suit :

Androcée	indépendant de la corolle. Carpelles	multiovulés	*Éricacées.*
		uniovulés	*Cyrillacées.*
	concrescent à la corolle. Fruit	sec	*Diapensiacées.*
		charnu. Ovaire pluriloculaire, à loges biovulées	*Diospyracées.*
		charnu. Ovaire pluriloculaire, à loges uniovulées	*Sapotacées.*

Éricacées. — Les Éricacées, 87 genres avec environ 1330 espèces, dont 420 pour le seul genre Bruyère ou Érica, sont des arbustes ou des arbres, rarement des herbes (Pirole), parfois dépourvues de chlorophylle et humicoles (Monotrope, etc.), croissant en grande majorité dans les climats tempérés et chauds. Les feuilles sont isolées, parfois opposées (Callune, etc.) ou verticillées (Bruyère, etc.), simples et sans stipules, fréquemment persistantes, parfois réduites à des écailles incolores (Monotrope, etc.). Les fleurs sont actinomorphes, rarement zygomorphes (Rosage, etc.), hermaphrodites, le plus souvent pentamères (fig. 173), assez fréquemment aussi tétramères (Bruyère, fig. 172, Callune, Hypopite, fig. 174, Airelle, etc.).

Fig. 172. — Diagramme de la fleur de la Bruyère cendrée.

Fig. 173. — Diagramme de la fleur du Rosage hirsute.

Le calice a ses sépales libres (Bruyère, Callune, etc.) ou plus ou moins concrescents (Rosage, etc.), parfois pétaloïdes Callune, etc.) ou au contraire avortés (Monotrope). La corolle, caduque (Rosage, etc.) ou persistante (Bruyère, etc.), a ses pétales ordinairement concrescents sur une longueur plus ou moins grande, quelquefois entièrement libres (Lédon, Clèthre, Hypopite, fig. 174, Pirole, Airelle, etc.); la gamopétalie y est donc encore incomplète et inconstante. L'androcée a deux verticilles, l'externe épipétale, l'interne épisépale, le premier avortant quelquefois (Azalée, etc.); les étamines ont leurs filets indépendants du tube de la corolle; leurs anthères introrses, parfois munies d'appendices en forme de cornes (Arbousier, fig. 175, Airelle, I, p. 357, fig. 144, etc.), ont quatre sacs et s'ouvrent par des pores terminaux (fig. 175), rarement par des fentes longitudinales (Hypopite, etc.), pour mettre en liberté un pollen composé de tétrades, rarement de grains simples (Clèthre, Monotrope, etc.). Le pistil est formé de carpelles épipétales, fermés et concrescents en un ovaire pluriloculaire, surmonté d'un style unique et contenant, à l'angle interne de chaque loge, un grand nombre d'ovules anatropes unitegminés, rarement deux (Callune, Gaylussacie, etc.) ou un seul (Arctostaphyle, etc.). Le pistil est quelquefois concrescent avec les verticilles externes, ce qui rend l'ovaire infère (Airelle, Canneberge, etc.). Il est entouré à sa base d'un disque nectarifère, qui manque quelquefois (Clèthre). Il se réduit parfois à trois carpelles dans la fleur pentamère (Clèthre). Chaque loge est quelquefois dédoublée par une fausse cloison (Gaylussacie).

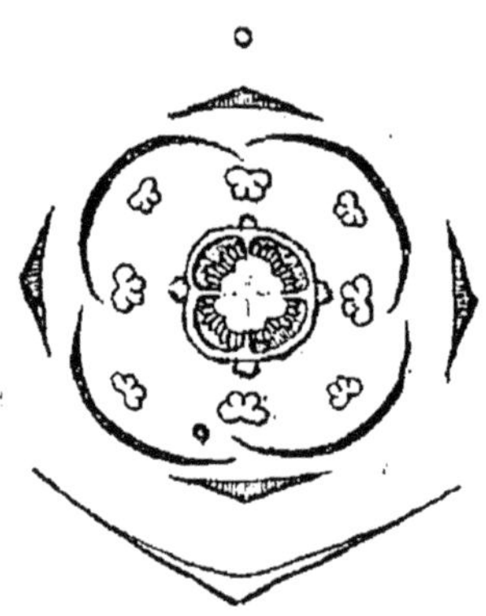

Fig. 174. — Diagramme de la fleur de l'Hypopite multiflore.

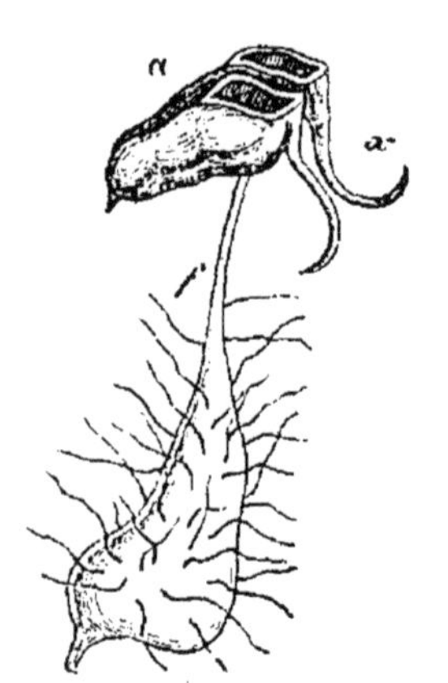

Fig. 175. — Étamine d'Arbousier, avec les cornes x de l'anthère a.

Le fruit est une capsule loculicide (Bruyère, Pirole, etc.) ou septicide (Rosage, Azalée, etc.), rarement une baie (Arbousier, Airelle, etc.) ou une drupe (Arctostaphyle, etc.); la capsule est quelquefois entourée par le calice persistant et devenu charnu, ce qui donne au fruit l'aspect d'une baie (Gaulthérie, etc.). La graine contient un albumen charnu avec un petit embryon droit, parfois homogène (Pirole, etc.) et se réduisant alors quelquefois à un petit amas de neuf cellules (Hypopite, etc.).

D'après la conformation du corps végétatif, le mode de déhiscence de l'anthère et la forme du pollen, l'ovaire supère ou infère et la nature du fruit, les genres se groupent en six tribus :

1. *Éricées.* — Plantes ligneuses. Ovaire supère. Capsule loculicide, baie ou drupe : Arbousier, Arctostaphyle, Gaulthérie, Andromède, Bruyère, Callune, Piéride, etc.
2. *Rhododendrées.* — Plantes ligneuses. Ovaire supère. Capsule septicide : Kalmie, Lédon, Rhodore, Rosage, Azalée, Menziesie, etc.
3. *Vacciniées.* — Plantes ligneuses. Ovaire infère : Airelle, Canneberge, Gaylussacie, Thibaudie, etc.
4. *Cléthrées.* — Plantes ligneuses. Pollen à grains simples. Ovaire supère à trois loges : Clèthre.
5. *Pirolées.* — Herbes vivaces à chlorophylle : Pirole, etc.
6. *Monotropées.* — Herbes sans chlorophylle. Anthères s'ouvrant en long; pollen à grains simples : Monotrope, Allotrope, Hypopite, Ptérospore, Sarcode, etc.

Plusieurs de ces genres donnent des fruits comestibles (Arbousier, Airelle, Gaulthérie, etc.), ou sont riches en tannin et servent à tanner les peaux (Arbousier, etc.). On en cultive un grand nombre pour la beauté de leurs fleurs (Bruyère, Kalmie, Rosage, Azalée, etc.).

Cyrillacées. — Les Cyrillacées, 3 genres avec 5 espèces tropicales, sont des arbustes à feuilles isolées et sans stipules, à fleurs hermaphrodites, actinomorphes, pentamères.

Le calice est dialysépale, la corolle très faiblement gamopétale, l'androcée diplostémone indépendant de la corolle, à verticille externe épisépale; les étamines épipétales avortent parfois (Cyrille); la déhiscence des anthères est quelquefois poricide (Costée). Le pistil est formé de carpelles fermés et concrescents, contenant chacun un seul ovule anatrope pendant à raphé dorsal, unitegminé.

Le fruit est une capsule, tantôt loculicide (Cyrille), tantôt indéhiscente (Costée) et parfois ailée (Cliftonie). La graine a un petit embryon avec un albumen charnu.

Ces plantes diffèrent des Éricacées notamment par leur androcée directement diplostémone, et non obdiplostémone, et par leurs carpelles uniovulés.

Diapensiacées. — Les Diapensiacées, 6 genres avec 9 espèces, sont des arbustes à nombreuses petites feuilles (Diapensie, etc.) ou des herbes avec un petit nombre de grandes feuilles (Galace, etc.), croissant dans les régions boréales. Les fleurs sont hermaphrodites, actinomorphes et pentamères.

Les étamines, dont les épipétales sont réduites à des staminodes (Galace, etc.) ou avortées (Diapensie, etc.), ont leurs filets plus ou moins concrescents avec la corolle et leurs anthères, à deux (Galace) ou quatre sacs (Berneuxie), s'ouvrent par une fente transversale (I, p. 357, fig. 143) (Pyxidanthère, Galace) ou par quatre fentes longitudinales rapprochées deux par deux (Berneuxie). Le pistil a trois carpelles clos et concrescents, multiovulés.

Le fruit est une capsule loculicide et la graine a un petit embryon droit dans l'axe d'un albumen charnu.

D'après la conformation de l'androcée, les genres se groupent en deux tribus :

1. *Diapensiées.* — Cinq étamines seulement : Diapensie, Pyxidanthère.
2. *Galacées.* — Cinq étamines et cinq staminodes : Galace, Shortie, Schizocode, Berneuxie.

Ces plantes diffèrent des deux familles précédentes surtout par la concrescence de l'androcée avec la corolle.

Sapotacées. — Les Sapotacées, 32 genres avec environ 400 espèces toutes tropicales, sont des arbres ou des arbustes, souvent munis de cellules laticifères disposées en files, à feuilles isolées, simples, ordinairement sans stipules, à limbe penniverve entier.

Les fleurs sont actinomorphes, hermaphrodites, pentamères (fig. 176), parfois tétramères (Isonandre, Lucume, etc.), hexamères (Sapotilier, Palaque, etc.) ou octomères (Imbricarie, etc.). Le calice est dialysépale, la corolle gamopétale; les pétales sont quelquefois en nombre triple des sépales, parce que chacun d'eux développe deux stipules pétaloïdes (Mimusope, Imbricarie, etc.). L'androcée a deux verticilles d'étamines, l'externe épisépale, l'interne épipétale, à anthères extrorses, à quatre sacs s'ouvrant en long; les épisépales peuvent se réduire à des staminodes, petits (Lucume, etc.) ou pétaloïdes (Sapotilier, etc.), et même avorter complètement (Chrysophylle, fig. 176, etc.). Le pistil se compose de carpelles en même nombre que les sépales, auxquels ils sont superposés, clos et concrescents en un ovaire pluriloculaire, surmonté d'un style unique et contenant dans chaque loge un seul ovule anatrope, hémi-anatrope ou campylotrope, dressé à micropyle exerne, épinaste par conséquent, et pourvu d'un seul tégument très épais.

Fig. 176. — Diagramme de la fleur d'un Chrysophylle.

Le fruit est une baie, qui atteint parfois la grosseur d'une pomme (Sapotilier). La graine a un embryon droit à cotylédons minces avec un albumen charnu (Isonandre, Sapotilier, Sidéroxyle, Mimusope, etc.), ou à cotylédons épais sans albumen (Illipe, Palaque, Lucume, etc.). Le plan médian de l'embryon est perpendiculaire au plan de symétrie du tégument.

Suivant que les pétales sont ou non munis d'appendices dorsaux stipulaires, les genres se groupent en deux tribus :

1. *Palaquiées*. — Pétales non appendiculés : Payène, Illipe, Isonandre, Palaque, Sapotilier, Butyrosperme, Lucume, Sidéroxyle, Bumélie, Chrysophylle, etc.
2. *Mimusopées*. — Pétales appendiculés : Mimusope, Imbricarie, Northie.

Plusieurs de ces plantes donnent des fruits comestibles (Sapotilier, Lucume, Chrysophylle, etc.); les cotylédons épais du Butyrosperme fournissent par expression un beurre estimé. Le latex concrété de certains de ces arbres, surtout du Palaque gutte et du Palaque oblongifolié, donne la *gutta-percha*; celui du Mimusope balate donne la *balata*, substance rouge analogue à la précédente. D'autres produisent des bois très recherchés pour les constructions (Sidéroxyle, Arganie, etc.).

Les Sapotacées diffèrent des Éricacées notamment par les laticifères, par l'épisépalie du pistil, par les carpelles uniovulés et les ovules épinastes.

Diospyracées. — Les Diospyracées, 5 genres avec environ 275 espèces, la plupart tropicales, dont plus de 180 pour le seul genre Plaqueminier ou Diospyros, sont des arbres ou des arbustes dépourvus de latex, à bois dur, lourd et souvent noir, à feuilles isolées, simples et sans stipules, à limbe coriace, entier.

Les fleurs sont unisexuées avec diœcie, actinomorphes, pentamères (Royène, Euclée, Plaqueminier), tétramères (Tétracycle) ou trimères (Mabe). Le calice est gamosépale, persistant et souvent même accrescent autour du fruit. La corolle est gamopétale. L'androcée comprend deux verticilles d'étamines, remplacées quelquefois par autant de faisceaux d'étamines partielles (Plaqueminier lotier, etc.). Le pistil a autant de carpelles que de sépales, épipétales, clos et concrescents en un ovaire pluriloculaire, dont chaque loge renferme deux ovules anatropes pendants à raphé externe et se trouve subdivisée par une fausse cloison en deux logettes uniovulées.

Le fruit est une baie; la graine a un embryon droit ou courbe avec un abondant albumen corné.

Les Plaqueminiers sont recherchés pour leurs fruits comestibles (Pl. lotier, Pl. kaki, etc.), et pour leur bois très dur, en particulier le bois d'ébène (Plaqueminier ébénier, Pl. mélanoxyle, etc.).

Les Diospyracées, nommées aussi *Ébénacées* à cause du bois d'ébène, diffèrent des Sapotacées par l'absence de latex, la diœcie, l'épipétalie du pistil et ses carpelles biovulés à fausse cloison.

ALLIANCE II

SOLANALES

Les Solaninées à androcée isostémone et actinomorphe, qui composent l'alliance des Solanales, sont très nombreuses et comprennent treize familles, que l'on peut caractériser brièvement comme il suit :

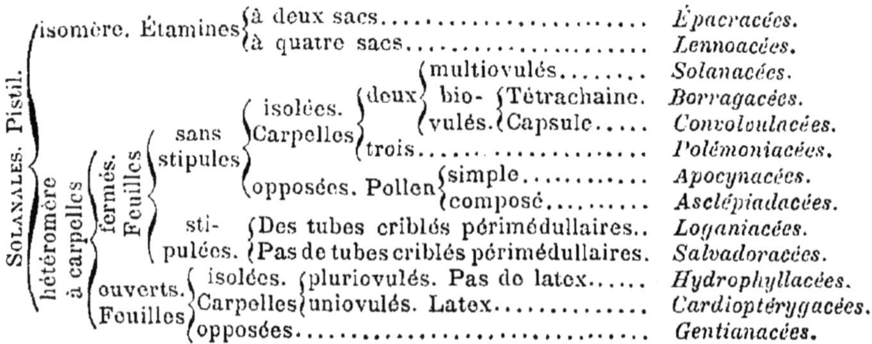
SOLANALES. Pistil.
- isomère. Étamines
  - à deux sacs ..... *Épacracées.*
  - à quatre sacs ..... *Lennoacées.*
- hétéromère à carpelles
  - fermés. Feuilles
    - sans stipules
      - isolées. Carpelles
        - deux
          - multiovulés ..... *Solanacées.*
          - biovulés. Tétrachaine. ..... *Borragacées.*
          - biovulés. Capsule ..... *Convolvulacées.*
        - trois ..... *Polémoniacées.*
      - opposées. Pollen
        - simple ..... *Apocynacées.*
        - composé ..... *Asclépiadacées.*
    - stipulées.
      - Des tubes criblés périmédullaires.. *Loganiacées.*
      - Pas de tubes criblés périmédullaires. *Salvadoracées.*
  - ouverts. Feuilles
    - isolées. Carpelles
      - pluriovulés. Pas de latex ..... *Hydrophyllacées.*
      - uniovulés. Latex ..... *Cardioptérygacées.*
    - opposées ..... *Gentianacées.*

Épacracées. — Les Épacracées, 26 genres avec environ 320 espèces habitant la plupart l'Australie extratropicale, sont des arbustes éricoïdes à feuilles persistantes, isolées, simples et sans stipules, à fleurs hermaphrodites, actinomorphes et pentamères.

Le calice est dialysépale, la corolle gamopétale, l'androcée isostémone à étamines concrescentes au tube de la corolle, à anthères introses à deux sacs s'ouvrant en long (fig. 177). Le pistil a cinq carpelles épipétales, fermés et concrescents en un ovaire à cinq loges, surmonté d'un style unique à stigmate lobé, dont les lobes alternent avec les loges; chaque carpelle renferme soit un seul ovule pendant, anatrope à raphé dorsal (Styphélie, Leucopoge, etc.), soit un grand nombre de pareils ovules (Épacre, fig. 177, Lysinème, etc.). Autour de la base du pistil est un disque, formé de cinq écailles superposées aux carpelles.

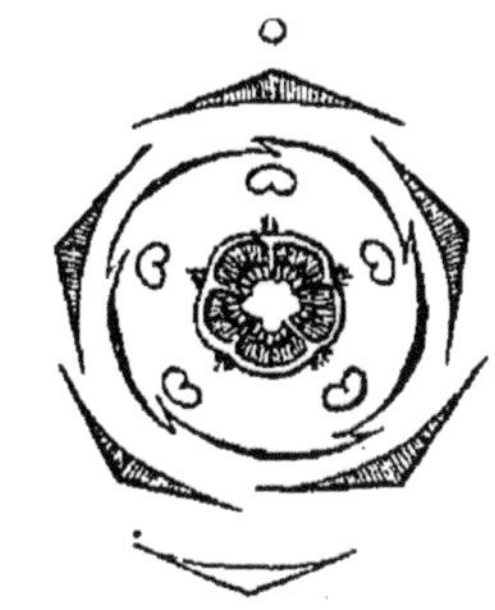

Fig. 177. — Diagramme de la fleur de l'Épacre longiflore.

Le fruit est une capsule loculicide (Épacre, etc.) ou une drupe (Styphélie, etc.). La graine a un petit embryon avec un albumen charnu.

D'après le nombre des ovules et la nature du fruit, les genres se groupent en deux tribus :

1. *Épacrées.* — Carpelles pluriovulés. Capsule loculicide : Épacre, Lysinème, Andersonie, Dracophylle, Richée, etc.
2. *Styphéliées.* — Carpelles uniovulés. Drupe : Styphélie, Leucopoge, Trochocarpe, etc.

Par le port et l'isomérie du pistil, les Épacracées ressemblent aux Éricacées, dont on les rapproche souvent; elles en diffèrent par l'isostémonie et la concrescence des étamines avec la corolle.

Lennoacées. — Les Lennoacées, 3 genres avec 5 espèces du Mexique et de la Californie, sont des herbes sans chlorophylle, à port de Monotrope, mais vivant en parasites sur les racines des plantes ligneuses. Fixée sur la racine nourricière, la tige dressée et charnue, couverte d'écailles isolées, produit tout autour de sa base des racines adventives, qui rampent sur la racine nourricière et y enfoncent çà et là de nouveaux suçoirs.

Les fleurs sont hermaphrodites, actinomorphes, ordinairement octomères, avec un calice dialysépale, une corolle gamopétale et un androcée isostémone épisépale, concrescent avec la corolle. Le pistil est isomère, à carpelles fermés et concrescents en un ovaire pluriloculaire, surmonté d'un style unique ; chaque loge renferme, attachés au sommet de l'angle interne, deux ovules pendants, anatropes à raphé ventral, et se divise entre eux par une fausse cloison.

Le fruit est une drupe à autant de noyaux que de logettes. La graine a un petit embryon homogène et un albumen amylacé.

Ces plantes (Lenne, Pholisme, Ammobrome) sont souvent rapprochées des Monotropées parmi les Éricales; elles en diffèrent par le parasitisme, l'isostémonie, la concrescence des étamines avec la corolle, les carpelles biovulés à fausse cloison, l'albumen farineux. Elles se distinguent des Épacracées par le mode de végétation, les carpelles biovulés, l'hyponastie des ovules, la nature de l'albumen.

Solanacées. — Les Solanacées, 68 genres avec environ 1250 espèces, dont plus de 700 pour le genre Morelle ou Solanum, répandues dans toutes les régions chaudes du globe, surtout en Amérique, sont des herbes ou des arbustes à feuilles isolées, souvent rapprochées deux par deux dans la région supérieure, simples, à limbe entier ou diversement découpé. La moelle de la tige et la région supérieure du péridesme des méristèles de la feuille renferment à leur périphérie des faisceaux de tubes criblés.

Les fleurs sont hermaphrodites, actinomorphes, rarement zygomorphes dans la corolle (Jusquiame) ou à la fois dans la corolle et l'androcée (Salpiglosse, fig. 178, *B*, etc.), solitaires à l'extrémité de la tige et des branches, pentamères avec pistil dimère.

Le calice est gamosépale, persistant; la corolle est gamopétale, parfois faiblement (Pétunie, Jusquiame) ou fortement zygomorphe (Schizanthe). L'androcée a cinq étamines épisépales, concrescentes avec la corolle, quelquefois inégales (Pétunie, fig. 178, *A*, Jusquiame, etc.), une d'elles pouvant rester stérile (Salpiglosse, fig. 178, *B*, etc.) ou même avorter (Browallie, etc.); dans les Morelles, les anthères s'ouvrent par des pores terminaux. Le pistil se compose de deux carpelles, obliquement situés (fig. 178), clos et concrescents en un ovaire biloculaire surmonté d'un style unique et renfermant dans chaque loge, sur un gros placente saillant, un grand nombre d'ovules anatropes ou faiblement campylotropes; les loges sont parfois subdivisées par une fausse cloison (Dature, etc.); il y a quelquefois cinq carpelles (Nicandre, etc.), ou un plus grand nombre, jusqu'à dix et davantage (Tomate comestible).

Le fruit est une baie (Morelle, etc.), parfois enveloppée par un sac renflé provenant du calice accrescent (Coqueret), une capsule septicide (Nicotiane, etc.), rarement une pyxide (Jusquiame, etc.). La graine a un albumen charnu, avec un embryon enroulé à cotylédons étroits (Morelle, etc.) ou droit à cotylédons larges (Nicotiane, etc.).

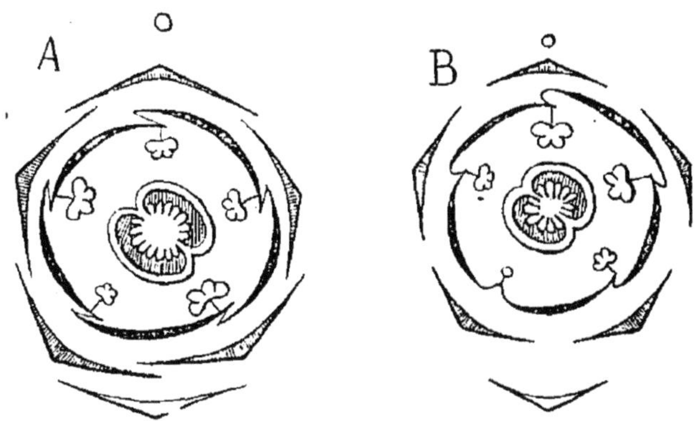

Fig. 178. — Diagramme floral : *A*, de la Pétunie nyctaginiflore ; *B*, du Salpiglosse sinueux.

D'après la conformation de l'androcée, de l'embryon et du fruit, les genres se groupent en quatre tribus :

1. *Solanées*. — Étamines égales. Embryon enroulé. Baie : Tomate, Morelle, Coqueret, Capsic, Nicandre, Lyciet, Atrope, etc.
2. *Hyoscyamées*. — Étamines égales. Embryon enroulé. Capsule : Dature, Scopolie, Jusquiame, etc.
3. *Nicotianées*. — Étamines égales. Embryon droit : Cestreau, Fabienne, Nicotiane, etc.
4. *Salpiglossées*. — Étamines inégales ou en partie stériles. Embryon droit : Pétunie, Nierenbergie, Salpiglosse, Schizanthe, etc.

Ces plantes produisent divers alcalis organiques qui les rendent vénéneuses, notamment l'atropine de l'Atrope belladone, la nicotine du Nicotiane tabac; on sait l'usage qui est fait des feuilles de cette dernière espèce. Plusieurs donnent pourtant des fruits comestibles, comme la Tomate comestible et la Morelle aubergine, ou employés à titre de condiment, comme le Capsic annuel, vulgairement Poivre rouge ou Piment de Cayenne. On sait quel rôle jouent dans l'alimentation de l'homme les renflements tuberculeux du rhizome de la Morelle tubéreuse, vulgairement Pomme de terre.

Borragacées. — Les Borragacées, 85 genres avec environ 1200 espèces répandues par toute la Terre, sont des herbes, des arbustes ou des arbres (Cordie, etc.), ordinairement hérissés de poils rudes, à feuilles isolées, simples et sans stipules, à limbe entier, rarement lobé. Les fleurs sont hermaphrodites, actinomorphes, rarement zygomorphes (Lycopse, Vipérine), pentamères, disposées en cymes bipares qui se réduisent, après la première dichotomie, à des cymes unipares scorpioïdes fortement enroulées.

Le calice est gamosépale ; la corolle est gamopétale et chaque pétale se prolonge souvent, au milieu de sa longueur et vers l'intérieur, en un éperon (Consoude, Bourrache, fig. 180, Buglosse, fig. 179, Lycopse, etc.); l'un des pétales latéraux

Fig. 179. — Diagramme de la fleur de la Buglosse officinale.

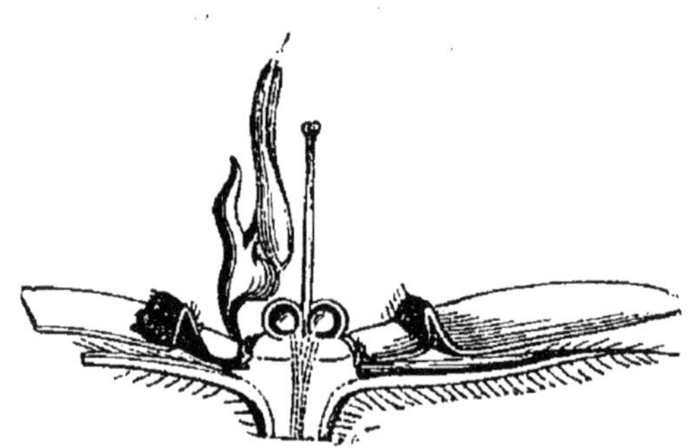

Fig. 180. — Fleur de la Bourrache officinale coupée en long.

est quelquefois plus petit (Vipérine) ou plus grand (Lycopse) que les autres, ce qui rend la corolle zygomorphe. L'androcée a cinq étamines concrescentes à la corolle, rarement inégales, l'une d'elles étant plus petite (Vipérine) ou plus grande que les autres (Lycopse), à anthères introrses, parfois munies à la base d'un appendice dorsal (Bourrache, fig. 180). Le pistil se compose de deux carpelles médians, clos et concrescents en un ovaire biloculaire terminé par un style unique, contenant dans chaque loge deux ovules anatropes ou hémi-anatropes ascendants à raphé dorsal. De bonne heure, il se fait entre les deux ovules une cloison (fig. 179) et les quatre logettes, s'accroissant plus fortement que les cloisons qui les séparent, proéminent de plus en plus en formant quatre petits tubercules entre lesquels est enfoncée la base du style, devenu ainsi gynobasique (fig. 180). Quelquefois la croissance de l'ovaire est uniforme et le style terminal; les ovules sont alors pendants à raphé ventral (Ehrétie, Héliotrope, etc.).

Le fruit est un tétrachaine quand le style est gynobasique (fig. 181), une drupe à un noyau quadriloculaire (Cordie, etc.) ou à quatre noyaux (Tournefortie) quand il est terminal. La graine a un embryon à cotylédons épais sans albumen, rarement à cotylédons foliacés avec un albumen charnu (Héliotrope, Tournefortie, etc.).

Fig. 181. — Tétrachaine de la Bourrache.

D'après le mode d'insertion du style, les genres sont groupés en deux tribus :

1. *Borragées.* — Style gynobasique : Cynoglosse, Échinosperme, Consoude, Bourrache, Buglosse, Lycopse, Nonnée, Pulmonaire, Alkanne, Myosote, Grémil, Vipérine, Cérinthe, etc.
2. *Ehrétiées.* — Style terminal : Ehrétie, Tournefortie, Héliotrope, Cordie, etc.

Les Borragacées se distinguent des Solanacées par leur inflorescence, leurs carpelles biovulés et cloisonnés, leur style fréquemment gynobasique et leurs graines ordinairement dépourvues d'albumen.

Hydrophyllacées. — Les Hydrophyllacées, 17 genres avec 150 espèces, la plupart de l'Amérique du Nord, sont des herbes souvent hérissées de poils rudes, à feuilles isolées, simples et sans stipules, à limbe entier ou diversement découpé.

Fig. 182. — Diagramme de la fleur de l'Hydrophylle de Virginie.

Les fleurs sont hermaphrodites, actinomorphes, disposées comme chez les Borragacées, pentamères avec pistil dimère (fig. 182). Le calice est gamosépale ; la corolle gamopétale est munie assez souvent de cinq émergences pétaloïdes (Hydrophylle, fig. 182, Némophile, Phacélie, etc.) ; l'androcée est concrescent avec la corolle. Le pistil a ses deux carpelles concrescents et multiovulés, mais tantôt ouverts avec placentatation pariétale (Némophile, Hydrophylle, fig. 182, etc.), tantôt fermés avec placentation axile (Hydrolée, Wigandie, etc.).

Le fruit est une capsule à déhiscence dorsale, rarement suturale (Wigandie) ou s'ouvrant de chaque côté de la cloison (Hydrolée). La graine a un petit embryon droit avec un albumen charnu.

Ces plantes se rattachent aux Borragacées par le port et l'inflorescence ; elles en diffèrent surtout par leurs carpelles souvent ouverts et multiovulés, leur fruit capsulaire et la présence d'un albumen.

Cardioptérygacées. — Les Cardioptéryges, dont les deux espèces tropicales forment seules cette famille, sont des herbes volubiles à feuilles isolées, sans stipules, à large limbe cordé. La tige et la feuille sécrètent un latex abondant, renfermé dans des tubes non cloisonnés.

Les fleurs sont hermaphrodites, actinomorphes, pentamères, avec un calice gamosépale, une corolle gamopétale, un androcée isostémone concrescent à la corolle et un pistil formé de deux carpelles ouverts et concrescents en un ovaire uniloculaire surmonté de deux styles inégaux, contenant deux ovules anatropes pendants.

Le fruit est une samare à deux ailes. La graine a un petit embryon et un albumen oléagineux.

Par la placentation pariétale, ces plantes ressemblent à certaines Hydrophyllacées ; elles diffèrent de cette famille notamment par les laticifères, les carpelles uniovulés et la nature du fruit.

Polémoniacées. — Les Polémoniacées, 8 genres avec environ 150 espèces, la plupart américaines, sont des herbes grimpant parfois à l'aide de vrilles folliaires (Cobée), à feuilles isolées, rarement opposées (Phloce, etc.), simples (Phloce, etc.) ou composées pennées (Cobée), sans stipules.

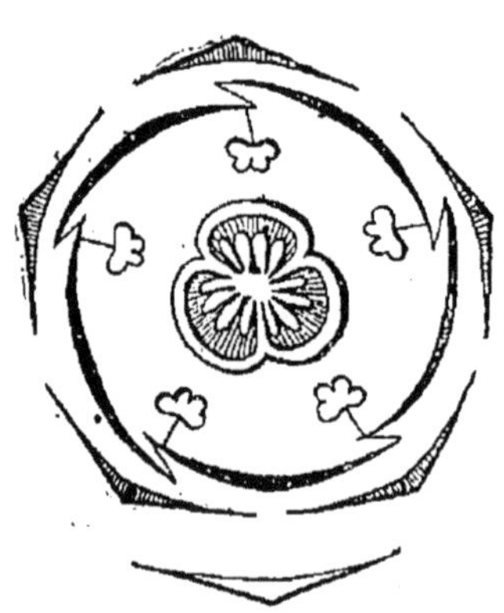

Fig. 183. — Diagramme de la fleur de la Polémoine bleue.

Les fleurs sont actinomorphes, rarement zygomorphes (Bonplandie, etc.), solitaires (Cobée) ou groupées en capitules (Gilie, etc.) et en grappes composées (Phloce, Polémoine), pentamères avec pistil trimère (fig. 183). Le pistil a ses trois carpelles clos et concrescents en un ovaire triloculaire surmonté d'un style unique, contenant dans chaque loge un grand nombre d'ovules anatropes ascendants à raphé interne (Gilie, Cobée, etc.), parfois deux (Phloce, etc.) ou un seul ovule (Bonplandie, etc.).

Le fruit est une capsule loculicide, rarement septicide

(Cobée). La graine, parfois ailée (Cobée, etc.), à épiderme quelquefois muni de bandes spiralées et se gélifiant dans l'eau (Collomie, Polémoine, etc.), renferme un embryon droit avec un albumen charnu ou corné.

Ces plantes sont voisines des Hydrophyllacées, dont elles se distinguent, ainsi que des Borragacées et des Solanacées, par le pistil trimère et la position du raphé des ovules.

Convolvulacées. — Les Convolvulacées, 43 genres avec environ 800 espèces répandues dans toutes les contrées du globe, dont plus de 300 pour le seul genre Ipomée, sont des herbes ou des arbustes, souvent pourvus de cellules laticifères superposées en files simples sans destruction de cloisons, fréquemment volubiles vers la droite, quelquefois dépourvus de chlorophylle et parasites sur les tiges, où ils se fixent à l'aide de suçoirs (Cuscute). Les feuilles sont isolées, simples et sans stipules; les racines se renflent parfois en tubercules comestibles (Ipomée batate, etc.). La tige a des faisceaux de tubes criblés à la périphérie de sa moelle et la feuille dans son péridesme.

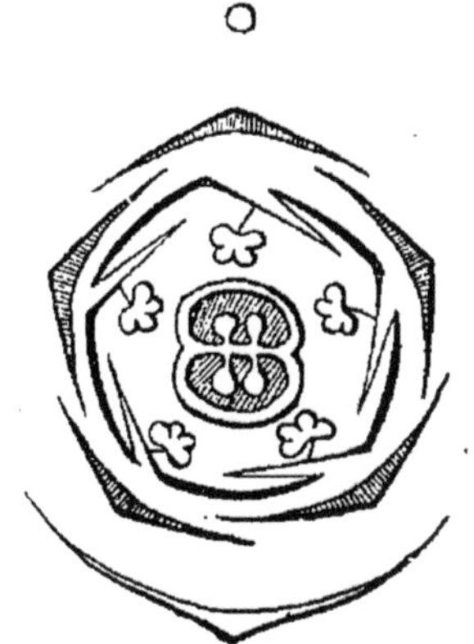

Fig. 184. — Diagramme de la fleur de la Calystégie des haies.

Les fleurs sont actinomorphes, hermaphrodites, pentamères (fig. 184), rarement tétramères (Cuscute). Les sépales sont libres, rarement concrescents (Nolane, etc.); la corolle est gamopétale et la concrescence y est parfois si profonde que les cinq lobes s'y distinguent à peine (Liseron, Calystégie, etc.). Les étamines sont concrescentes avec la corolle, à anthères introrses. Le pistil a deux carpelles clos et concrescents en un ovaire biloculaire surmonté d'un style unique, parfois de deux styles gynobasiques (Dichondre, etc.), renfermant dans chaque loge deux ovules anatropes ascendants à raphé interne (fig. 184). Il y a rarement cinq carpelles épipétales multiovulés, subdivisés en logettes par de fausses cloisons et par des sillons plus ou moins profonds (Nolane, Dolie, etc.).

Le fruit est une capsule le plus souvent septifrage et loculicide, s'ouvrant par conséquent en quatre valves (Liseron, Ipomée, etc.); c'est quelquefois une baie (Érycibe), un diachaine (Dichondre) ou un polyachaine (Nolane, etc.). La graine a un albumen charnu et un embryon courbe à larges cotylédons plissés, parfois nuls (Cuscute).

D'après le nombre des carpelles et des styles, les genres se groupent en quatre tribus :

1. *Convolvulées.* — Deux carpelles. Un style terminal : Ipomée, Liseron, Calystégie, Évolvule, Érycibe, etc.
2. *Dichondrées.* — Deux carpelles. Deux styles gynobasiques : Dichondre, Falkie.
3. *Nolanées.* — Cinq carpelles subdivisés : Nolane, Dolie, Alone.
4. *Cuscutées.* — Parasites sans chlorophylle : Cuscute.

Les Convolvulacées se distinguent des Solanacées et des Hydrophyllacées par les carpelles biovulés, des Borragacées par la direction du raphé des ovules et des Polémoniacées par la dimérie du pistil.

Gentianacées. — Les Gentianacées, 64 genres avec environ 520 espèces répandues partout, sont des herbes riches en principes amers et fébrifuges, à feuilles opposées, rarement isolées (Ményanthe), simples, sans stipules, à limbe entier souvent palminerve. La tige a des tubes criblés circummédullaires et la feuille des tubes criblés péridesmiques.

Fig. 185. — Diagramme de la fleur de la Gentiane vernale.

Les fleurs sont hermaphrodites, actinomorphes, pentamères (Érythrée, Limnanthème, Gentiane, fig. 185, etc.), parfois tétramères (Cicendie, quelques Gentianes, etc.), octomères et jusqu'à dodécamères (Chlore, etc.). Le pistil se compose de deux carpelles médians, ouverts et concrescents en un ovaire uniloculaire à deux placentes pariétaux couverts d'ovules anatropes (fig. 185); les carpelles rejoignent quelquefois leurs bords (Léianthe, etc.), ou même se ferment complètement (Exace, Cotylanthère, etc.).

Le fruit est une capsule à déhiscence suturale et la graine a un petit embryon droit avec un albumen charnu.

Les Gentianacées diffèrent des Convolvulacées par leurs feuilles opposées et leurs carpelles ouverts multiovulés. Elles se distinguent des Hydrophyllacées à placentation pariétale par l'opposition des feuilles et la déhiscence suturale de la capsule.

Loganiacées. — Les Loganiacées, 30 genres avec 350 espèces la plupart tropicales, sont le plus souvent des arbustes ou des arbres à feuilles opposées, simples, pourvues de stipules axillaires, à limbe entier. La tige a des tubes criblés circummédullaires et, en outre, renferme quelquefois des îlots de liber dans son bois secondaire (Strychne, etc.).

Les fleurs sont actinomorphes, hermaphrodites (Strychne, Spigélie, etc.), rarement dioïques (Loganie), pentamères (fig. 186), parfois tétramères (Buddlée, etc.). Le calice est gamosépale, avec le sépale externe quelquefois plus grand et pétaloïde (Ustérie); la corolle gamopétale a ses lobes parfois un peu inégaux (Loganie, Fagrée, Gelsémine); l'androcée peut se réduire à une seule étamine superposée au grand sépale pétaloïde, ce qui rend la fleur zygomorphe (Ustérie). Le pistil a deux carpelles clos et concrescents, contenant chacun un grand nombre d'ovules anatropes ascendants à raphé interne (fig. 186).

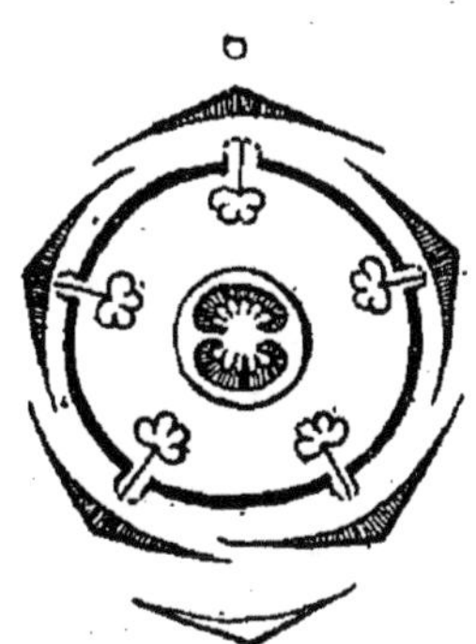
Fig. 186. — Diagramme de la fleur du Strychne noix-vomique.

Le fruit est une capsule septicide, quelquefois une baie (Strychne, Fagrée, etc.) ou une drupe (Gærtnère, etc.). La graine a un albumen charnu ou corné.

Plusieurs de ces plantes sont très vénéneuses (Strychne, Spigélie, etc.), propriété qu'elles doivent à deux alcalis organiques, la strychnine et la brucine, dont l'action sur le système nerveux sensitif est des plus énergiques, et qui abondent surtout dans la graine et l'écorce de la racine; elles servent à empoisonner les flèches.

Par leurs stipules, les Loganiacées se distinguent de toutes les familles précédentes et notamment des Gentianacées, qui ont comme elles les feuilles opposées; elles diffèrent, en outre, de cette famille par la fermeture des carpelles.

Savaldoracées. — Les Savaldoracées, 3 genres avec 6 espèces tropicales, sont des arbustes ou des arbres, parfois épineux (Azime), à feuilles opposées et stipulées, à limbe entier. La tige renferme dans son bois secondaire des îlots de liber inclus, qui manquent quelquefois (Azime).

Les fleurs sont hermaphrodites, actinomorphes, tétramères, avec un calice gamosépale, une corolle gamopétale, parfois très faiblement (Azime, Dobère) et un androcée isostémone concrescent au tube de la corolle. Le pistil est formé de deux carpelles fermés et concrescents en un ovaire biloculaire, contenant dans chaque loge un ou deux ovules dressés à raphé interne; il se réduit parfois à un seul carpelle uniovulé (Salvadore).

Le fruit est une baie. La graine a un embryon à larges cotylédons, sans albumen.

Par les feuilles opposées stipulées, ces plantes se rapprochent des Loganiacées. Elles en diffèrent notamment par l'absence de tubes criblés surnuméraires et par l'absence d'albumen.

Apocynacées. — Les Apocynacées, 130 genres avec environ 1000 espèces la plupart tropicales ou subtropicales, sont des arbres, des arbustes dressés, volubiles (Échite, Mandeville, etc.) ou grimpant à l'aide de vrilles raméales (Landolphie, etc.), rarement des herbes vivaces (Pervenche, etc.). Les feuilles sont opposées ou verticillées, simples et sans stipules, à limbe penninerve entier. Tige, racines et feuilles produisent un latex contenu dans des tubes indéfiniment rameux (I, p. 33). En outre, la tige est pourvue de tubes criblés circummédullaires et la feuille de tubes criblés péridesmiques.

Fig. 187. — Diagramme de la fleur de la Pervenche grande.

Les fleurs sont actinomorphes, hermaphrodites, pentamères (fig. 187). Les sépales, ordinairement concrescents, portent fréquemment sur leur face interne un ou plusieurs petits appendices écailleux dont l'ensemble constitue une sorte de calicule interne. La corolle porte à la gorge du tube des appendices ligulaires, superposés aux pétales (Nérion, Strophanthe, etc.) ou alternes avec eux (Prestonie); il y en a tantôt cinq entiers (Apocyn) ou frangés (Nérion), tantôt dix rapprochés par paires (Strophanthe) ou concrescents en une manchette continue (Roupellie): l'ensemble forme une couronne. Les cinq étamines, concrescentes à la corolle, prolongent quelquefois leur connectif en filament (Nérion, etc.). Le pistil se compose de deux carpelles médians, fermés et libres contenant chacun un grand nombre d'ovules campylotropes ou presque anatropes, parfois deux (Cerbère, etc.) ou un seul (Lépinie, etc.); les deux styles se soudent et portent, sous les lobes stigmatiques, un renflement discoïde contre lequel les anthères sont parfois collées par un liquide visqueux (Apocyn, Nérion, etc.); les carpelles sont rarement concrescents (Carisse, etc.) ou en nombre supérieur à deux (Pléiocarpe, etc.).

Le fruit est souvent un double follicule, parfois une capsule à déhiscence dorsale (Allamande, etc.), une baie (Hancornie, etc.) ou une drupe (Cerbère, etc.). La graine, ailée (Aspidosperme, etc.) ou aigrettée (Apocyn, Nérion, Échite, etc.), contient un embryon droit avec un albumen charnu ou corné, rarement sans albumen (Cerbère, Leuconote, etc.).

D'après la conformation du pistil et des graines, les genres se groupent en trois tribus :

1. *Carissées.* — Carpelles concrescents : Allamande, Leuconote, Willoughbée, Carisse, etc.
2. *Plumériées.* — Carpelles libres. Graines sans aigrette : Pervenche, Aspidosperme, Tabernémontane, Plumérie, etc.
3. *Apocynées.* — Carpelles libres. Graines aigrettées : Prestonie, Nérion, Strophanthe, Apocyn, Échite, Mandeville, etc.

Ces plantes sont ornementales (Nérion oléandre, vulgairement Laurier-rose, Pervenche, etc.) et utilisées surtout pour leur latex, souvent sucré et alimentaire (Carisse comestible, Carpodin doux, Tabernémontane utile, etc.) et d'où l'on extrait aussi du caoutchouc (Landolphie, Hancornie, Coume, etc.); ce latex est parfois fébrifuge (Allamande, Plumérie) ou vénéneux (Cerbère, etc.).

Les Apocynacées diffèrent des Loganiacées par l'absence de stipules, l'appareil sécréteur laticifère, la fréquente indépendance des carpelles et la conformation du style ; ces trois derniers caractères les distinguent aussi des Gentianacées.

Asclépiadacées. — Les Asclépiadacées, 217 genres avec environ 1300 espèces répandues dans toutes les régions chaudes, sont des herbes vivaces ou des arbustes dressés (Asclépiade, etc.), souvent volubiles à droite (Hoyer, Céropégie, Périploce, etc.), épaississant quelquefois beaucoup leur tige en réduisant leurs feuilles et prenant un port de Cactée (Stapélie, etc.); les feuilles sont opposées, simples et sans stipules. Elles produisent un latex contenu dans des tubes indéfiniment rameux, comme chez les Apocynacées. En outre, la tige est pourvue de tubes criblés circummédullaires et la feuille de tubes criblés péridesmiques.

Les fleurs sont zygomorphes, hermaphrodites, pentamères

avec pistil dimère (fig. 188). La corolle porte souvent à la gorge du tube des appendices de forme variée, alternes avec les pétales et constituant une couronne (Périploce, etc.). Les étamines produisent fréquemment sous les anthères un appendice dorsal de forme très diverse, parfois pétaloïde (fig. 188); les anthères, souvent agglutinées entre elles et avec le stigmate, sont introrses et ont habituellement deux sacs polliniques avec grains de pollen unis, dans chaque sac, en une masse cireuse ou pollinie (I, p. 360, fig. 150); il y a rarement quatre sacs avec grains de pollen libres (Périploce, etc.). Le pistil est formé de deux carpelles médians, clos et libres, contenant chacun un grand nombre d'ovules anatropes, et dont les styles se soudent de bonne heure dans leur région supérieure stigmatifère, renflée en un corps pentagonal contre lequel s'appliquent les anthères.

Fig. 188. — Diagramme de la fleur de l'Asclépiade de Syrie.

Le fruit se compose de deux follicules, et la graine, presque toujours munie d'une aigrette de poils soyeux, rarement lisse (Sarcolobe etc.), renferme un embryon droit avec un albumen charnu.

D'après la conformation du pollen, les genres sont groupés en deux tribus :

1. *Périplocées.* — Pollen simple : Cryptostégie, Streptocaule, Périploce, etc.
2. *Asclépiadées.* — Pollen composé : Sécamone, Asclépiade, Dompte-venin, Cynanche, Oxypétale, Gomphocarpe, Marsdénie, Hoyer, Céropégie, Stapélie, etc.

Les Asclépiadacées se rattachent intimement aux Apocynacées, dont elles ne diffèrent que par la structure des étamines; la transition s'opère par les Périplocées, qui ont les anthères à quatre sacs et le pollen simple. Elles ont aussi les mêmes propriétés : chez les unes, le latex est sucré et alimentaire (Gymnème lactifère, Oxystelme comestible, etc.); chez d'autres, il est vomitif (Sécamone émétique, Dompte-venin officinal, etc.) ou purgatif (Cynanche de Montpellier, etc.); chez d'autres encore, il est vénéneux et sert à empoisonner les flèches

(Périploce, Gonolobe, etc.). Les aigrettes des graines des Asclépiades servent à fabriquer des tissus soyeux.

ALLIANCE III

SCROFULARIALES

Les Solaninées à androcée isostémone zygomorphe, qui composent l'alliance des Scrofulariales, forment neuf familles, que l'on peut définir sommairement ainsi :

Carpelles fermés. Fleur	pentamère.	Un albumen charnu. Carpelles	multiovulés		*Scrofulariacées.*
			uniovulés ou biovulés		*Sélagacées.*
		Pas d'albumen. Carpelles	multiovulés. Graines	ailées	*Bignoniacées.*
				sans ailes	*Acanthacées.*
			biovulés. Style	terminal	*Verbénacées.*
				gynobasique.	*Labiées.*
	devenant tétramère par altération				*Plantagacées.*
Carpelles ouverts. Placentation.	basilaire				*Utriculariacées.*
	pariétale.				*Gesnériacées.*

Scrofulariacées. — Les Scrofulariacées, 177 genres avec environ 900 espèces répandues par toute la Terre, mais surtout dans les régions tempérées et montagneuses, sont ordinairement des herbes ou des arbrisseaux à feuilles opposées, rarement isolées (Molène, etc.), simples et sans stipules, à limbe entier ou diversement découpé. Bon nombre d'entre elles, bien que pourvues de chlorophylle et de feuilles normales, sont parasites sur les racines d'autres plantes, notamment des Graminées (Rhinanthe, Mélampyre, etc.); d'autres sont également parasites sur les racines des arbres, mais en outre sont dépourvues de chlorophylle et ont les feuilles réduites à des écailles (Lathrée).

Les fleurs sont hermaphrodites, zygomorphes avec plan de symétrie médian, pentamères avec pistil dimère (fig. 189). Le calice est gamosépale, actinomorphe ou zygomorphe; dans ce dernier cas, le sépale postérieur peut se réduire à une petite dent (diverses Véroniques, fig. 189, *D*. etc.), ou avorter complètement (Euphraise, Rhinanthe, Lathrée, etc.). La corolle est rarement actinomorphe (Molène, fig. 189, *A*, etc.), presque toujours zygomorphe et souvent bilabiée ; les deux pétales qui forment la lèvre supérieure sont parfois concrescents dans toute leur longueur, au point de simuler un pétale unique plus grand que les trois autres, ce qui fait paraître la fleur tétramère (Véronique, fig. 189, *D*, etc.); l'ouverture du tube est quelquefois fermée par un repli de la lèvre inférieure (Linaire, Muflier, etc.), de la lèvre supérieure (Collinsie) ou des deux lèvres à la fois (Calcéolaire), et sa base peut se prolonger en sac (Muflier) ou en éperon (Linaire, fig. 189, *B*). Les cinq étamines, alternes et concrescentes avec les pétales, sont rarement toutes fertiles, égales (Bacope, Molène noire, fig. 189, *A*) ou avec la postérieure plus petite et les deux antérieures plus grandes (Molène thapse, vulgairement Bouillon-blanc, etc.); le plus souvent, l'étamine postérieure est stérile, rudimentaire ou tout à fait avortée (fig. 189, *B*); les quatre autres sont seules fertiles, les deux antérieures ordinairement plus grandes que les latérales (Digitale, Muflier, Linaire, fig. 189, *B*, etc.) : en un mot l'androcée est *didyname* (fig. 191). Quelquefois l'avortement frappe en outre les deux étamines antérieures, qui demeurent stériles (Gratiole, fig. 189, *C*, etc.), ou disparaissent sans laisser de traces (Véronique, fig. 189, *D*, Calcéolaire, etc.). Le pistil a deux carpelles médians, fermés et concrescents en un ovaire biloculaire, terminé par un style unique et contenant dans chaque loge un grand nombre d'ovules anatropes, rarement deux (Mélampyre, etc.); la fermeture des carpelles est parfois incomplète et la placentation pariétale (Lathrée).

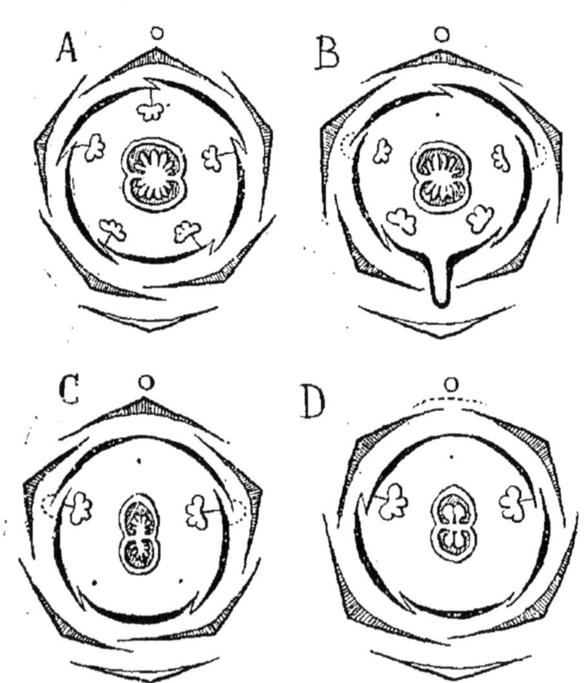

Fig. 189. — Diagramme floral : *A*, de la Molène noire; *B*, de la Linaire vulgaire; *C*, de la Gratiole officinale; *D*, de la Véronique petit-chêne.

Le fruit est une capsule loculicide (Véronique, Mélampyre, etc.), septicide (Digitale, etc.), à la fois septicide et loculicide (Molène, Gratiole, etc.) ou poricide (Muflier, Linaire, etc.). La graine a un albumen droit avec un albumen charnu.

D'après la conformation de la corolle et de l'androcée, les genres sont groupés en trois tribus :

1. *Verbascées.* — Feuilles isolées. Étamine postérieure fertile : Molène, Leucophylle, etc.
2. *Scrofulariées.* — Feuilles opposées. Étamine postérieure avortée. Pétales postérieurs externes dans le bouton : Calcéolaire, Linaire, Muflier, Maurandie, Scrofulaire, Pentstémon, Collinsie, Mimule, Gratiole, etc.
3. *Rhinanthées.* — Feuilles opposées. Étamine postérieure avortée. Pétales antérieurs externes dans le bouton : Digitale, Véronique, Euphraise, Pédiculaire, Rhinanthe, Mélampyre, Lathrée, etc.

Plusieurs de ces plantes renferment des principes vénéneux utilisés en médecine; citons seulement la Digitale pourpre, qui produit la digitaline.

Les Scrofulariacées se relient directement aux Solanacées, dont elles diffèrent surtout par la zygomorphie de la fleur, zygomorphie qui s'accuse dans l'androcée par l'avortement de l'étamine postérieure et la didynamie des quatre autres : ce sont, pour ainsi dire, des Solanacées à fleur zygomorphe et étamides didynames. Les Solanacées passent d'ailleurs aux Scrofulariacées par les Salpiglossées, tandis que les Scrofulariacées tendent vers les Solanacées par les Verbascées, en sorte que la limite entre ces deux familles paraît, sous ce rapport, un peu indécise. On lui donne plus de précision si l'on remarque que toutes les Solanacées ont des tubes criblés circummédullaires, tandis que toutes les Scrofulariacées en sont dépourvues.

Labiées. — Les Labiées, 137 genres avec environ 2600 espèces dispersées par toute la Terre, mais abondant surtout dans la région méditerranéenne, sont des herbes, rarement des arbustes (Thym, Romarin, etc.), à tige ordinairement quadrangulaire, à feuilles opposées, simples, abondamment pourvues de poils sécréteurs produisant de l'huile essentielle. Les fleurs sont hermaphrodites, zygomorphes, pentamères avec pistil dimère, disposées en petites cymes bipares (fig. 190).

Le calice est gamosépale, persistant, actinomorphe (Menthe, Lavande, etc.) ou bilabié (Mélisse, Sauge, etc.), parfois renflé en écusson en arrière (Scutellaire) ou muni de dents alternes (Marrube, etc.). La corolle est bilabiée, caractère d'où la famille a tiré son nom (I, p. 350, fig. 136) ; les deux pétales postérieurs sont quelquefois si complètement concrescents qu'ils paraissent n'en former qu'un et que la corolle semble tétramère (Menthe, Lycope, etc.); ailleurs, ils sont au contraire séparés profondément l'un de l'autre et rejetés vers le bas avec les trois autres, de manière à former les deux dents supérieures d'une corolle unilabiée (Bugle, Germandrée, etc.). L'étamine postérieure est complètement avortée; les quatre autres, rarement égales (Menthe, etc.), sont plus souvent didynames (fig. 191), les plus grandes ordinairement en avant (Lamier, fig. 190, *A*, etc.), parfois en arrière (Népète); les deux étamines latérales peuvent avorter aussi (Lycope, Romarin, Sauge, fig. 190, *B*, etc.); il peut même arriver alors que la moitié d'avant de chaque anthère antérieure soit seule fertile, l'autre étant simplement avortée (Romarin) ou transformée en une écaille (*s*) séparée de la partie fertile par un connectif en forme de fléau de balance (Sauge, fig. 190, *B*). Le pistil a deux carpelles médians, fermés et concrescents en un ovaire biloculaire, contenant dans chaque loge deux ovules anatropes ascendants à raphé interne; de bonne heure, il se fait entre les deux ovules une fausse cloison qui partage l'ovaire en quatre logettes uniovulées (fig. 190), et ces logettes, s'accroissant beaucoup plus que les cloisons, forment bientôt quatre noyaux saillants du centre desquels part le style, devenu ainsi gynobasique (fig. 193). En un mot, le pistil est exactement celui d'une Borragacée, à cette seule différence près que les ovules ont le raphé interne. Le style est quelquefois terminal (Bugle, Germandrée, Romarin, etc.).

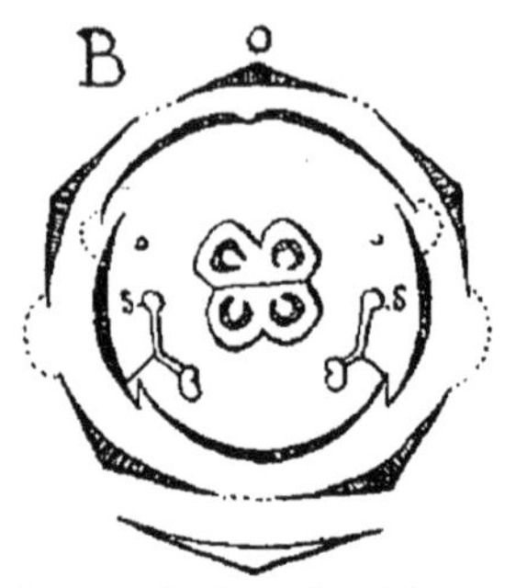

Fig. 190. — Diagramme floral : *A*, du Lamier blanc; *B*, de la Sauge des prés.

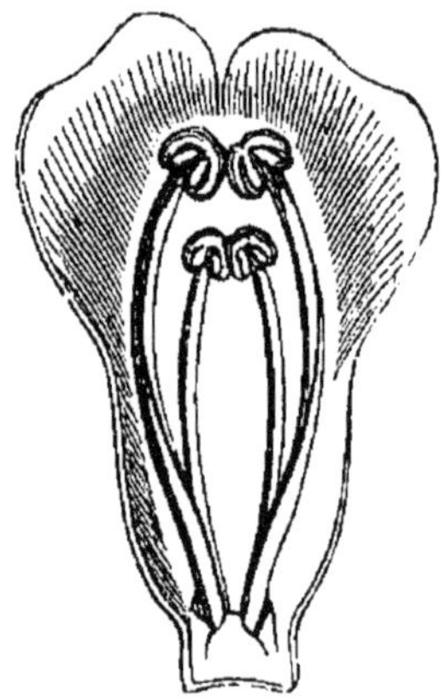

Fig. 191. — Androcée didyname de Labiée.

Fig. 192. — Tétrachaine de Mélitte.

Le fruit est un tétrachaine (fig. 192), parfois drupacé (Prase, etc.), enveloppé par le calice persistant. La graine contient un embryon droit, rarement courbe (Scutellaire, etc.) sans albumen, rarement albuminé (Prostanthère, etc.).

Cette grande famille est, comme on voit, très homogène; ses genres peuvent cependant être groupés, comme il suit, en huit tribus :

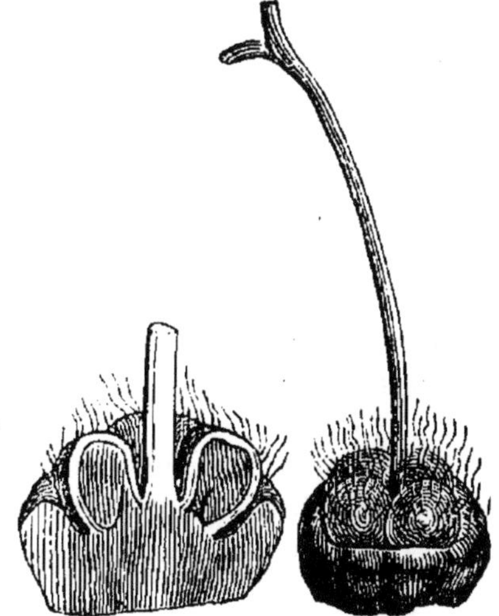

Fig. 193. — Pistil de Labiée, à style gynobasique.

1. *Ajugées*. — Style non gynobasique. Pas d'albumen : Bugle, Germandrée, Trichostème, Romarin, etc.
2. *Prostanthérées*. — Style non gynobasique. Un albumen : Prostanthère, Westringie, Hémigénie, etc.
3. *Prasiées*. — Style gynobasique. Achaine drupacé : Prase, Sténogyne, Phyllostégie, Gomphostemme, etc.
4. *Scutellariées*. — Style gynobasique. Achaine sec. Graine transversale à embryon courbe : Scutellaire.
5. *Lavandulées*. — Style gynobasique. Achaine sec. Graine dressée à embryon droit. Lobes du disque superposés aux logettes : Lavande.
6. *Stachyées*. — Style gynobasique. Achaine sec. Graine dressée à embryon droit. Lobes du disque alternes aux logettes. Étamines ascendantes : Marrube, Sidérite, Népète, Glécome, Dracocéphale, Brunelle, Mélitte, Lamier, Galéopse, Phlome, Léonure, Ballote, Epiaire, Erémostache, Leucade, Sauge, Monarde, Mélisse, Sarriette, Calament, Hyssope, Origan, Marjolaine, Thym, Lycope, Menthe, Collinsonie, Pogostème, etc.
7. *Ocimées*. — Style gynobasique. Achaine sec. Graine dressée à embryon droit. Lobes du disque alternes aux logettes. Étamines descendantes : Eriope, Hyptide, Plectranthe, Cole, Acrocéphale, Ocime, etc.
8. *Catophériées*. — Style gynobasique. Achaine sec. Graine dressée à embryon courbe : Catophérie.

Ces plantes doivent à l'huile essentielle qu'elles sécrétent d'être employées comme condiments ou comme parfums (Menthe, Mélisse, Romarin, Thym, Lavande, Sarriette, Calament, Ocyme basilic, Pogostème suave, vulgairement Patchouly, etc.).

Les Labiées se rattachent intimement aux Scrofulariacées, dont elles diffèrent surtout par le pistil, qui a ses carpelles biovulés, et par le fruit, qui est un tétrachaine, exactement comme les Borragacées différaient des Solanacées dans l'alliance des Solanales. D'autre part, elles se relient non moins intimement aux Borragacées, dont elles ne sont pour ainsi dire qu'une forme zygomorphe à graine sans albumen, c'est-à-dire exactement de la même manière que les Scrofulariacées se rattachaient aux Solanacées; le passage s'établit ici par la Vipérine du côté des Borragacées, comme il se marquait là par la Molène du côté des Scrofulariacées. On peut exprimer cette double affinité en disant que les Labiées sont aux Scrofulariacées ce que les Borragacées sont aux Solanacées, ou que les Labiées sont aux Borragacées ce que les Scrofulariacées sont aux Solanacées.

Utriculariacées. — Les Utriculariacées, 5 genres avec 250 espèces, dont plus de 200 Utriculaires, disséminées dans toutes les contrées tempérées et chaudes, sont des herbes vivaces, tantôt aquatiques submergées, dépourvues de racines, à feuilles isolées, découpées en segments filiformes dont quelques-uns se différencient en ascidies operculées (Utriculaire), tantôt marécageuses, à feuilles entières, disposées en rosette et pourvues de poils sécrétant un suc digestif (Grassette).

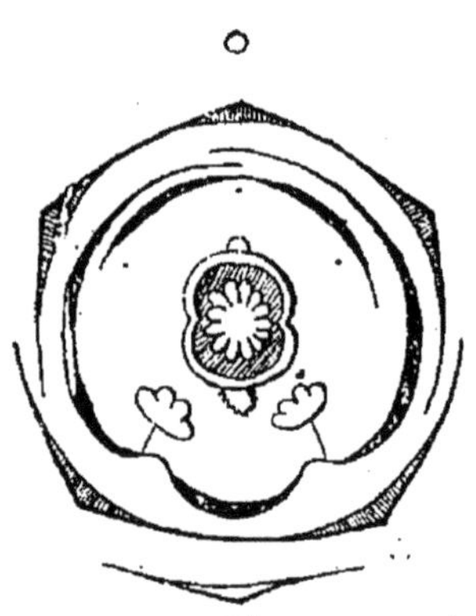

Fig. 194. — Diagramme de la fleur de l'Utriculaire vulgaire.

Les fleurs sont hermaphrodites, zygomorphes, pentamères avec pistil dimère (fig. 194). Le calice est actinomorphe (Grassette, Genlisée) ou bilabié (Utriculaire, Polypompholice); la corolle est bilabiée avec lèvre inférieure reployée vers le haut (Utriculaire, fig. 194) ou prolongée en éperon (Grassette). Les trois étamines postérieures avortent, ne laissant subsister que les deux antérieures (fig. 194). Le pistil se compose de deux carpelles ouverts et concrescents en un ovaire uniloculaire, à placente basilaire ovoïde portant de nombreux ovules anatropes (fig. 194), en un mot conformé comme celui des Primulacées, terminé par un style court.

Le fruit est une capsule à déhiscence dorsale. La graine, dépourvue d'albumen, a un embryon parfois muni d'un seul cotylédon (Grassette vulgaire, etc.) ou même réduit à sa tigelle (Utriculaire vulgaire, etc.).

Les Utriculariacées se rattachent directement aux Scrofulariacées, dont elles ne diffèrent que par la placentation basilaire et l'absence d'albumen.

Gesnériacées. — Les Gesnériacées, 115 genres avec plus de 1000 espèces la plupart tropicales ou subtropicales, sont des herbes, parfois munies d'un rhizome tuberculeux (Gesnérie, etc.) ou parasites sur les racines et dépourvues de chlorophylle (Orobanche, etc.), des arbustes (Colomnée, etc.), rarement des arbres (Cyrtandre, Crescentie), à feuilles opposées, rarement isolées (Orobanche, etc.), simples et sans stipules, produisant facilement des bourgeons adventifs (Gloxinie, etc.).

Les fleurs sont hermaphrodites, zygomorphes, rarement presque actinomorphes (Ramondie, etc.), pentamères avec pistil dimère (fig. 195). L'étamine postérieure, rarement fertile (Ramondie, etc.), se réduit d'ordinaire à un staminode ou avorte complètement, tandis que les quatre autres sont didynames (fig. 195); deux de celles-ci avortent aussi quelquefois (Cyrtandre, Columellie, etc.). Le pistil a deux carpelles ouverts et concrescents en un ovaire uniloculaire à deux placentes pariétaux couverts d'ovules anatropes (fig. 195); les carpelles sont quelquefois fermés et biovulés (Pédale, etc.); ailleurs l'ovaire est à demi (Gesnérie, etc.) ou tout à fait infère (Gloxinie, Colomnée, etc.).

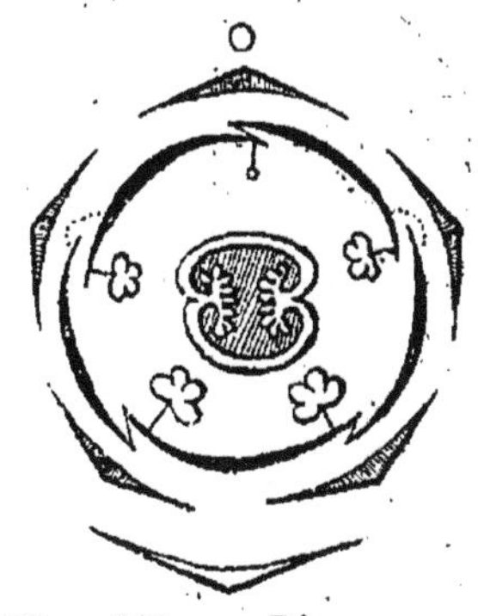

Fig. 195. — Diagramme de la fleur de la Gesnérie pendante.

Le fruit est une capsule à déhiscence dorsale (Cornaret, Sésame, etc.), rarement suturale (Ramondie, etc.) ou septicide (Columellie, etc.), parfois une baie (Colomnée, Crescentie, etc.) ou un tétrachaine (Pédale, etc.). La graine a un embryon droit, parfois non différencié (Orobanche, etc.), avec un albumen charnu (Gesnérie, Orobanche, etc.) ou sans albumen (Sésame, Cyrtandre, Pédale, etc.). De l'embryon des Sésames on extrait une huile grasse employée pour l'alimentation et pour la fabrication des savons.

D'après la conformation du corps végétatif et de la graine, les genres sont groupés en quatre tribus :

1. *Gesnériées.* — Albumen charnu : Gloxinie, Achimène, Isolome, Gesnérie, Colomnée, Cyrtandre, Columellie, Ramondie, etc.
2. *Crescentiées.* — Pas d'albumen. Arbres : Crescentie, Kigélie, etc.
3. *Pédaliées.* — Pas d'albumen. Herbes : Cornaret, Pédale, Sésame, etc.

4. *Orobanchées.* — Albumen charnu. Parasites sans chlorophylle : Orobanche, Phélipée, Cistanche, Lathrée, etc.

Les Gesnériacées se rattachent directement aux Scrofulariacées, dont elles diffèrent surtout par la placentation pariétale.

Bignoniacées. — Les Bignoniacées, 86 genres avec environ 500 espèces la plupart tropicales, sont des arbres ou des arbustes dressés, parfois volubiles à droite (Técome) ou grimpant à l'aide de vrilles foliaires (Bignone, etc.), à feuilles opposées, le plus souvent composées pennées ou palmées, rarement simples (Catalpe), sans stipules; la tige des lianes offre diverses particularités de structure signalées (I, p. 220, fig. 84).

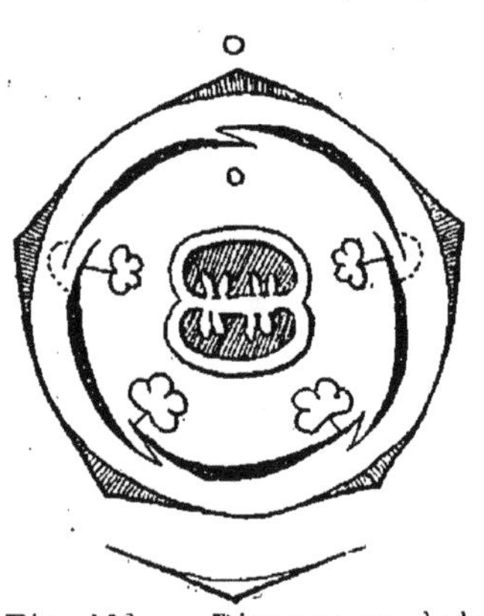

Fig. 196. — Diagramme de la fleur du Bignone grimpant.

Les fleurs sont hermaphrodites, zygomorphes, pentamères avec pistil dimère (fig. 196). La corolle est bilabiée et l'androcée didyname (fig. 196), parfois avec deux étamines fertiles (Catalpe). Le pistil a ses deux carpelles clos et concrescents en un ovaire biloculaire, surmonté d'un style unique et contenant dans chaque loge un grand nombre d'ovules anatropes, souvent séparés par une bande stérile au milieu de la cloison (fig. 196).

Le fruit est une capsule loculicide (Catalpe, Técome, etc.) ou septifrage à la façon d'une silique (Bignone, etc.). La graine est ailée et contient un embryon à larges cotylédons souvent bilobés, sans albumen.

D'après la déhiscence du fruit, les genres sont groupés en deux tribus :

1. *Bignoniées.* — Capsule septifrage : Bignone, Arrabidée, Anémopegme, Pithécoctène, Lundie, Adénocalymne, Mémore, Macfadyène, etc.
2. *Técomées.* — Capsule loculicide : Catalpe, Técome, Jacarande, Stéréosperme, Incarvillée, etc.

Les Bignoniacées se rattachent directement aux Scrofulariacées, dont elles se distinguent surtout par les graines ailées et l'absence d'albumen.

Acanthacées. — Les Acanthacées, 175 genres avec environ 1350 espèces répandues dans toutes les régions chaudes, sont des herbes, rarement des arbustes, quelquefois volubiles

(Thunbergie, Adhatode), à feuilles opposées, simples, contenant souvent des cystolithes.

Les fleurs sont hermaphrodites, zygomorphes, pentamères avec pistil dimère (fig. 197). La corolle, parfois presque actinomorphe (Thunbergie, Ruellie, etc.), est ordinairement bilabiée, ou même unilabiée (Acanthe, etc.); l'androcée est didyname (fig. 197), parfois réduit à deux étamines fertiles (Éranthème, Dianthère, Dicliptère, etc.). Le pistil a ses deux carpelles clos et concrescents en un ovaire biloculaire, surmonté d'un style unique et contenant dans chaque loge soit un grand nombre d'ovules anatropes, soit seulement deux ovules (Acanthe, fig. 197, Thunbergie, etc.).

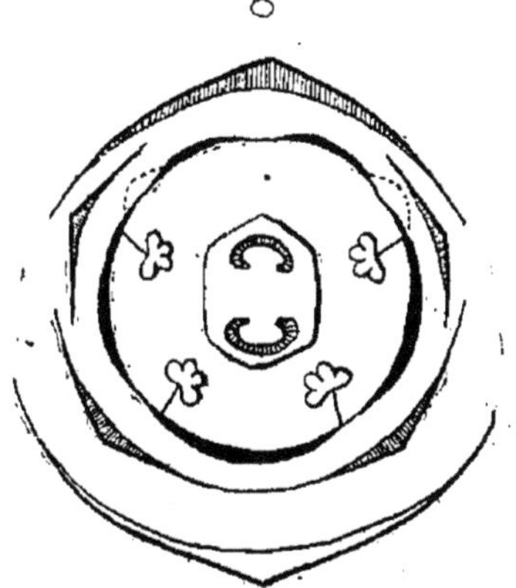
Fig. 197. — Diagramme de la fleur de l'Acanthe mou.

Le fruit est une capsule loculicide, s'ouvrant souvent avec élasticité. La graine a un embryon courbe à larges cotylédons, sans albumen.

Les Acanthacées se rattachent intimement aux Scrofulariacées, dont elles diffèrent surtout par la déhiscence loculicide de la capsule et par l'absence d'albumen.

Sélagacées. — Les Sélagacées, 16 genres avec environ 220 espèces, sont des arbustes, rarement des herbes (Globulaire), à feuilles isolées, simples et sans stipules, produisant parfois des poches sécrétrices oléifères (Myopore, etc.).

Les fleurs sont hermaphrodites, zygomorphes, pentamères avec pistil dimère (fig. 198). La corolle, parfois presque actinomorphe (Gosèle, certains Sélages, etc.), est ordinairement bilabiée ou même unilabiée en avant (diverses Globulaires, etc.) ou en arrière (Hébenstreitie). L'androcée est didyname (Globulaire, fig. 198, *B*, Myopore, etc.), parfois avec deux étamines fertiles seulement, qui sont dédoublées, chaque filet portant deux sacs polliniques (Sélage, Hébenstreitie, fig. 198, *A*). Le pistil a deux carpelles fermés et concrescents en un ovaire biloculaire, surmonté d'un style unique et contenant dans chaque loge un (Sélage, Hébenstreitie, fig. 198, *A*), deux (Pholidie, Myopore, etc.) ou quatre (Érémophile, etc.) ovules anatropes pendants à raphé dorsal; les carpelles sont rarement ouverts, avec un seul ovule pendant dans la loge unique (Globulaire, fig. 198, *B*, etc.).

Le fruit est un achaine (Globulaire), un diachaine (Sélage, Hébenstreitie, etc.) ou une drupe (Érémophile, Myopore, etc.). La graine a un embryon droit avec un albumen charnu.

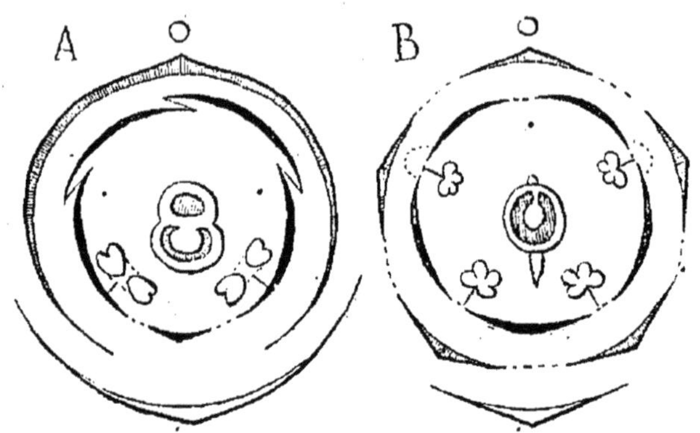

Fig. 198. — Diagramme de la fleur : *A*, de l'Hébenstreitie dentée, le carpelle postérieur est stérile ; *B*, de la Globulaire nudicaule.

D'après la conformation des étamines et des carpelles, les genres se groupent en trois tribus :

1. *Myoporées*. — Étamines à quatre sacs. Carpelles fermés : Myopore, Pholidie, Érémophile, etc.
2. *Sélagées*. — Étamines à deux sacs. Carpelles fermés : Sélage, Hébenstreitie, Dischisme, Gymnandre, etc.
3. *Globulariées*. — Étamines à quatre sacs. Carpelles ouverts : Globulaire, Lytanthe, etc.

Les Sélagacées se rattachent aux Scrofulariacées, dont elles diffèrent surtout par les carpelles uniovulés ou biovulés.

Verbénacées. — Les Verbénacées, 67 genres avec environ 700 espèces répandues dans toutes les contrées chaudes, sont des herbes (Verveine, etc.), des arbustes (Gattilier, Lantane, etc.) ou de grands arbres (Teck, etc.), à feuilles ordinairement opposées, simples et sans stipules.

Les fleurs sont hermaphrodites, zygomorphes, rarement actinomorphes (Teck, etc.), pentamères avec pistil dimère (fig. 199). Le calice est gamosépale, souvent bilabié ; la corolle gamopétale, à tube souvent courbé, est d'ordinaire bilabiée. L'androcée a quelquefois cinq étamines fertiles (Teck, Géunsie, etc.), le plus souvent quatre didynames (fig. 199). Le pistil a deux carpelles fermés et concrescents en un ovaire biloculaire, surmonté d'un style unique et contenant dans chaque loge deux ovules ascendants, souvent campylotropes, fréquemment séparés par une fausse cloison (fig. 199).

Le fruit est une drupe (Lantane, Teck, Gattilier, etc.), un diachaine (Lippie, etc.) ou un tétrachaine (Verveine), rarement une capsule (Avicennie, etc.). La graine a un embryon droit sans albumen, quelquefois avec un albumen charnu (Stilbe, etc.). Plusieurs de ces plantes sont recherchées pour leurs feuilles aromatiques (Lippie citriodore), pour leurs fruits comestibles (Lantane, etc.), ou pour leur bois qui sert aux constructions (Teck, etc.).

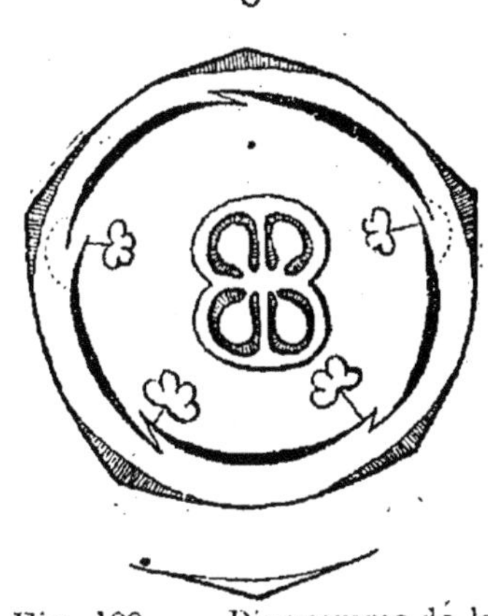
Fig. 199. — Diagramme de la fleur de la Verveine officinale.

D'après la présence ou l'absence d'albumen, les genres sont groupés en deux tribus :

1. *Stilbées*. — Un albumen charnu : Stilbe, Chloanthe, etc.
2. *Verbénées*. — Pas d'albumen : Lantane, Lippie, Verveine, Callicarpe, Teck, Gattilier, Clérodendre, Avicennie, etc.

Les Verbénacées se relient étroitement aux Labiées, dont elles ont les carpelles biovulés à ovules ascendants, séparés par une fausse cloison ; elles s'en distinguent surtout par le style terminal et le fruit drupacé.

Plantagacées. — Les Plantagacées, 3 genres avec plus de 200 espèces répandues partout, dont environ 200 Plantains, sont des herbes à feuilles isolées ou opposées, parfois en rosette, simples et sans stipules.

Les fleurs sont hermaphrodites (Plantain) ou unisexuées monoïques (Littorelle), zygomorphes et pentamères avec pistil dimère, mais simulant des fleurs tétramères actinomorphes (fig. 200). En effet, le sépale postérieur avorte ; les deux pétales postérieurs s'unissent complètement, comme dans les Véroniques ; l'étamine postérieure avorte et les quatre autres sont presque égales. Le pistil des Plantains a

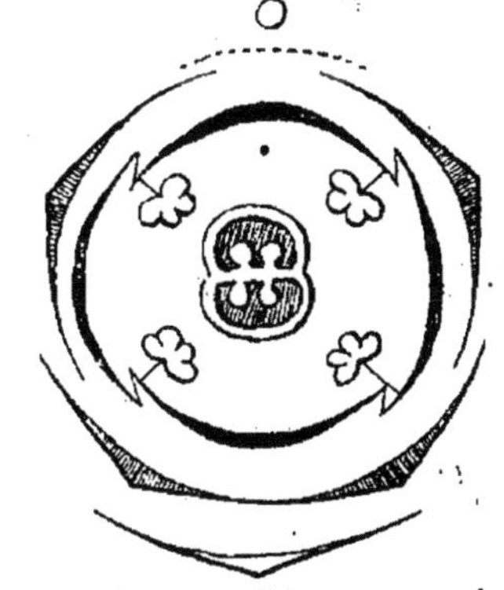
Fig. 200. — Diagramme de la fleur du Plantain moyen.

deux carpelles fermés et concrescents en un ovaire biloculaire, contenant dans chaque loge un ou plusieurs ovules hémi-anatropes (fig. 200); celui des Littorelles et des Bouguères fait avorter le carpelle postérieur, pendant que l'autre est uniovulé.

Le fruit est une pyxide (Plantain) ou un achaine (Littorelle, Bouguère); la graine a un embryon droit avec un albumen charnu.

Ces plantes se rapprochent des Verbénacées et des Labiées par la structure du pistil; elles en diffèrent notamment par la présence d'un albumen.

ALLIANCE IV

OLÉALES

Les Solaninées à androcée hémistémone, qui composent l'alliance des Oléales, sont peu nombreuses et ne forment que deux familles, ainsi définies :

OLÉALES. Périanthe	tétramère	....	*Oléacées.*
	pentamère	....	*Jasminacées.*

Oléacées. — Les Oléacées, 17 genres avec 216 espèces répandues dans toutes les contrées chaudes et tempérées, sont des arbres ou des arbustes à feuilles opposées, simples (Olivier, Lilas, etc.) ou composées pennées (Frêne), sans stipules.

Les fleurs sont hermaphrodites, actinomorphes, tétramères à androcée et pistil dimères (fig. 201). Le calice est gamosépale, la corolle gamopétale, à pétales parfois presque libres (Frêne) ou avortant en même temps que le calice (Frêne élevé, etc.). Les deux étamines sont latérales, à anthères introrses, à quatre sacs s'ouvrant en long. Le pistil a deux carpelles antéro-postérieurs, clos et concrescents en un ovaire biloculaire, surmonté d'un style unique et contenant dans chaque loge, attachés au sommet de la cloison, deux ovules pendants, anatropes à raphés contigus, exonastes par conséquent, rarement 4 à 10 ovules (Forsythie, etc.).

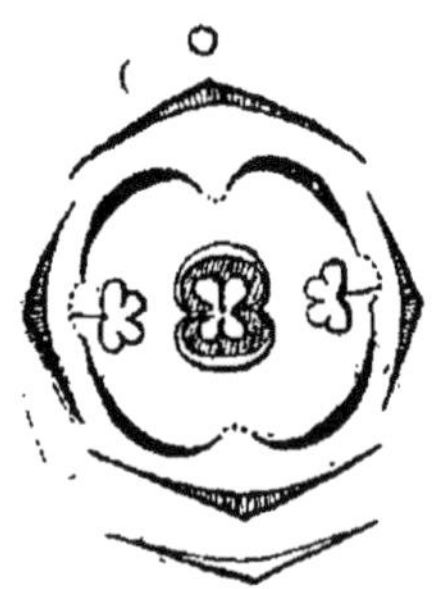

Fig. 201. — Diagramme de la fleur de l'Olivier d'Europe.

Le fruit est une capsule loculicide (Lilas, Forsythie, etc.), une samare (Frêne, Fontanésie, etc.), une baie (Troène, etc.) ou une drupe (Phyllirée, Olivier, etc.). La graine a un embryon à cotylédons minces et un albumen oléagineux.

D'après la nature du fruit, les genres sont groupés en quatre tribus :

1. *Syringées*. — Capsule loculicide : Lilas, Forsythie, Schrébère, etc.
2. *Fraxinées*. — Samare : Frêne, Fontanésie, etc.
3. *Ligustrées*. — Baie : Troène, etc.
4. *Oléées*. — Drupe : Olivier, Phyllirée, Chionanthe, etc.

La drupe de l'Olivier d'Europe est comestible avant sa maturité, et l'on extrait de son péricarpe une huile qui tient le premier rang parmi les huiles alimentaires. Plusieurs Frênes laissent exsuder de leur écorce un suc qui se concrète et forme une *manne*, presque exclusivement composée d'un principe sucré, la mannite. Les Lilas, les Troènes, les Forsythies, etc., sont cultivés comme plantes d'ornement.

Jasminacées. — Les Jasminacées, 3 genres avec 176 espèces, dont 160 Jasmins, sont des arbustes grimpants à feuilles opposées, sans stipules, à fleurs pentamères pour le périanthe, dimères pour l'androcée et le pistil.

Le calice est gamosépale, la corolle gamopétale; l'androcée a deux étamines, qui sont médianes, à quatre sacs s'ouvrant en long. Le pistil a deux carpelles, qui sont latéraux, fermés et concrescents en un ovaire biloculaire surmonté d'un style unique, et contenant chacun, attachés vers la base de la cloison, deux ovules ascendants, anatropes à raphé interne.

Le fruit est une baie (Jasmin), une capsule septicide (Nyctanthe) ou une pyxide (Ménodore). La graine a un embryon à cotylédons épais, sans albumen. Les Jasmins sont cultivés comme plantes d'ornement.

Par la pentamérie du périanthe, la disposition médiane de l'androcée et latérale du pistil, le point d'attache et la direction des ovules, enfin l'absence d'albumen, les Jasminacées se distinguent nettement des Oléacées.

SOUS-ORDRE VII

Compositinées.

Les Séminées unitegminées à corolle gamopétale et à ovaire infère, qui constituent le sous-ordre des Compositinées, sont très nombreuses et il y faut distinguer d'abord trois alliances, ainsi définies :

Androcée	indépendant de la corolle		*Campanulales*.
	concrescent à la corolle. Carpelles	fermés	*Rubiales*.
		ouverts	*Compositales*.

ALLIANCE I

CAMPANULALES

Les Compositinées à androcée indépendant de la corolle, qui forment l'alliance des Campanulales, se classent dans quatre familles, ainsi caractérisées :

CAMPANULALES.	Du latex			*Campanulacées.*
	Pas de latex. Corolle	actinomorphe		*Brunoniacées.*
		zygomorphe.	5 étamines	*Goudéniacées.*
			2 étamines	*Stylidiacées.*

Campanulacées. — Les Campanulacées, 60 genres avec environ 1000 espèces, dont 230 Campanules et 200 Lobélies, répandues dans les régions tempérées et tropicales, sont des herbes annuelles ou vivaces, parfois volubiles (Leptocode, etc.), rarement des arbustes (Rollandie, etc.), abondamment pourvues de latex renfermé dans des files de cellules fusionnées en réseau; les feuilles sont isolées, rarement opposées (Canarine, etc.), simples et sans stipules. La tige a des tubes criblés à la périphérie de sa moelle et la feuille dans la région supérieure du péridesme de ses méristèles.

Les fleurs sont hermaphrodites, tantôt actinomorphes (Campanule, etc.), tantôt zygomorphes (Lobélie, etc.), ordinairement pentamères (fig. 202 et 203). Le calice persistant est gamosé-

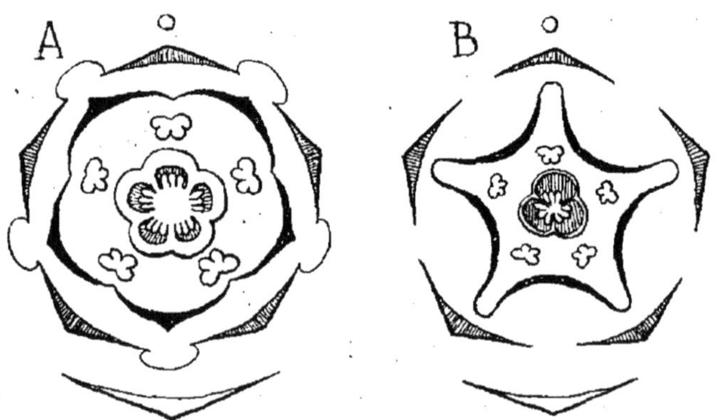

Fig. 202. — Diagramme floral : *A*, de la Campanule carillon; *B*, de la Spéculaire miroir.

pale, actinomorphe ou bilabié, parfois muni d'appendices bistipulaires (Michauxie, Campanule carillon, fig. 202, *A*, etc.). La corolle gamopétale est tantôt actinomorphe (Campanule,

Spéculaire, fig. 202, etc.), tantôt bilabiée (Lobélie, fig. 203, etc.), avec la lèvre inférieure parfois éperonnée (Hétérotome). Dans le second cas, le calice a son sépale médian antérieur (fig. 203); mais le pédicelle subit une torsion, comme chez les Orchidacées, qui ramène le sépale médian en arrière. Les cinq étamines, alternes avec les pétales, sont indépendantes de la corolle au-dessus du niveau où elle se sépare du calice (fig. 202 et 203), rarement concrescentes avec elle (Rollandie, Isotome, Siphocode); dans leur partie supérieure, les filets et aussi les anthères sont parfois soudés en une gaine qui entoure le style et les stigmates (Lobélie, fig. 203 et 204, etc.). Le pistil,

Fig. 203. — Diagramme de la fleur de la Lobélie brûlante.

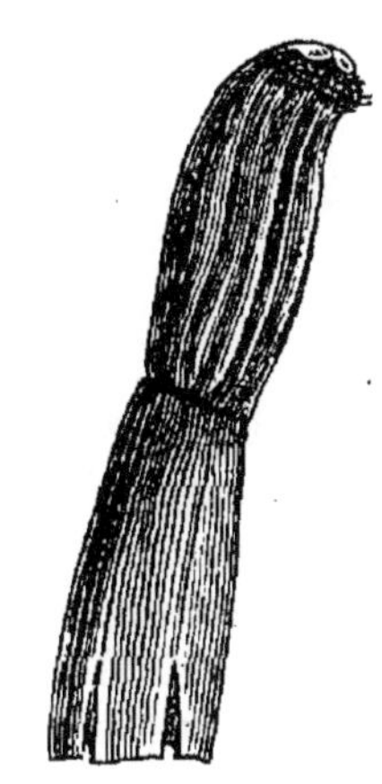

Fig. 204. — Androcée de Lobélie à étamines soudées en haut

concrescent avec les trois verticilles externes dans toute la longueur de l'ovaire, qui est infère, se compose de carpelles fermés et concrescents en un ovaire pluriloculaire, surmonté d'un style unique et contenant dans chaque loge un grand nombre d'ovules anatropes; il y a quelquefois autant de carpelles que de sépales, tantôt alternes avec les étamines et épipétales (Musschie, Platycode, Microcode, etc.), tantôt superposés aux étamines et épisépales (Michauxie, Canarine, diverses Campanules, fig. 202, *A*, et Wahlenbergies, etc.). Le plus souvent il y en a un nombre moindre : trois dont un médian postérieur (Spéculaire, fig. 202, *B*, la plupart des Campanules) ou deux médians (Jasione, Raiponce, Lobélie, fig. 203, etc.).

Le fruit est une capsule s'ouvrant tantôt au sommet en valves loculicides (Jasione, Wahlenbergie, Platycode, Lobélie, etc.) ou en pyxide (Lysipome, etc.), tantôt sur les flancs, entre les cloisons, par autant de trous (Campanule, Spéculaire, Raiponce, Adénophore, etc.) ; c'est rarement une baie (Canarine, Rollandie, etc.). La graine a un embryon droit dans l'axe d'un albumen charnu.

D'après la conformation de la corolle et de l'androcée, les genres se groupent en deux grandes tribus :

1. *Campanulées*. — Corolle actinomorphe ; anthères libres : Jasione, Lightfootie Codonopse, Roelle, Raiponce, Campanule, Wahlenbergie, Spéculaire, Prismatocarpe, Adénophore, Platycode, etc.
2. *Lobéliées*. — Corolle zygomorphe ; anthères soudées : Lobélie, Cyanée, Isotome, Centropoge, Siphocampyle, Delissée, Laurentie, Cyphée, etc.

Plusieurs Campanulacées sont cultivées comme plantes d'ornement (Campanule, Lobélie, etc.).

Brunoniacées. — La Brunonie australe, qui forme à elle seule cette famille, est une herbe australienne vivace, à feuilles en rosette, à fleurs hermaphrodites, actinomorphes et pentamères.

Le calice est gamosépale et persistant; la corolle est gamopétale ; l'androcée, indépendant de la corolle, a ses cinq anthères soudées en tube autour du style, comme chez les Lobéliacées. Le pistil a son ovaire indépendant des verticilles externes et supère ; il est formé de deux carpelles médians, ouverts et concrescents en un ovaire uniloculaire, portant à la base de l'un des bords un ovule anatrope dressé ; le style unique porte au-dessous de son stigmate bilobé une expansion cupuliforme.

Le fruit est un achaine, enveloppé par le calice accrescent, et la graine est dépourvue d'albumen.

Par l'absence de latex, cette famille s'éloigne de la précédente et son ovaire supère lui assigne une place à part dans l'alliance des Campanulales.

Goudéniacées. — Les Goudéniacées, 11 genres avec plus de 200 espèces, presque toutes australiennes, sont des herbes à feuilles isolées, souvent en rosette, simples et sans stipules, à fleurs hermaphrodites, zygomorphes, pentamères avec pistil dimère (fig. 205).

Le calice est dialysépale ; la corolle est gamopétale, souvent bilabiée (Goudénie, fig. 205, etc.), parfois unilabiée (Scévole, etc.). L'androcée, indépendant de la corolle, a cinq étamines à quatre sacs s'ouvrant en long. Le pistil a deux carpelles médians, fermés et concrescents en un ovaire biloculaire, qui est infère et renferme dans chaque loge un grand nombre d'ovules anatropes ascendants à raphé interne. Le style est entier et développe, à la base de son stigmate bilobé, une expansion cupuliforme bordée d'un anneau de poils (fig. 206) et parfois bilabiée (Leschenaultie).

Le fruit est une capsule septifrage (Goudénie, etc.) ou à la fois septifrage et loculicide (Leschenaultie, Vellée, etc.), parfois une drupe (Scévole, etc.). La graine a un petit embryon dans l'axe d'un albumen charnu.

Par la conformation du stigmate, les Goudéniacées ressem-

Fig. 205. — Diagramme de la fleur de la Goudénie ovale.

Fig. 206. — Style de Goudénie, avec cupule sous-stigmatique.

blent aux Brunoniacées, dont elles diffèrent par la zygomorphie de la fleur, l'ovaire infère et la présence d'un albumen.

Stylidiacées. — Les Stylidiacées, 4 genres avec environ 100 espèces, dont 80 Stylides, presque toutes australiennes, sont des herbes à feuilles isolées, souvent en rosette, simples et sans stipules, à limbe entier souvent petit. La tige produit des faisceaux libéroligneux secondaires dans son péricycle.

Les fleurs sont hermaphrodites, pentamères avec androcée et pistil dimères (fig. 207). Le calice est actinomorphe (Phyllachne, Forstère, etc.) ou bilabié (Stylide, etc.). La corolle est actinomorphe (Phyllachne, etc.) ou zygomorphe et presque unilabiée, parce que le pétale antérieur est très petit (Stylide, fig. 207, etc.). Des cinq étamines, la postérieure et les deux antérieures avortent; les deux latérales, indépendantes de la corolle, sont concrescentes avec le style dans toute la longueur de leurs filets et forment avec lui un gynostème, comme chez les Orchidacées (fig. 208); les deux anthères sont extrorses, à quatre sacs s'ouvrant en long. Le pistil, dont l'ovaire est infère, a deux carpelles médians, portant un grand nombre d'ovules anatropes, tantôt fermés en un ovaire biloculaire dont la loge postérieure est stérile (Stylide, fig. 207, etc.), tantôt plus ou moins ouverts (Phyllachne, Forstère, Levenhookie).

Le fruit est une capsule loculicide (Stylide) ou suturale

Fig. 207. — Diagramme de la fleur du Stylide adné.

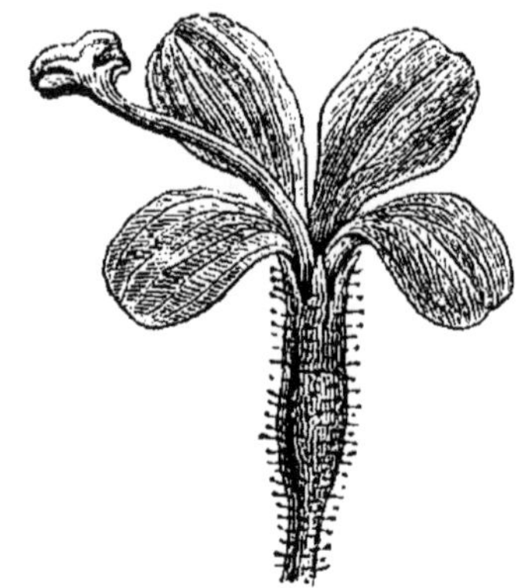

Fig. 208. — Fleur de Stylide, avec son long gynostème.

(Forstère, etc.). La graine a un petit embryon droit et un albumen charnu.

Par l'avortement de trois étamines et la concrescence des deux autres avec le style, les Stylidiacées diffèrent nettement des autres familles de l'alliance des Campanulales.

ALLIANCE II

RUBIALES

Les Compositinées à androcée concrescent à la corolle et à carpelles fermés, qui constituent l'alliance des Rubiales, comprennent cinq familles, ainsi définies :

Feuilles	stipulées				*Rubiacées.*
	sans stipules,	opposées.	Pas d'albumen		*Valérianacées.*
			Albumen charnu.	Plusieurs carpelles fertiles. Calice isomère	*Caprifoliacées.*
				Plusieurs carpelles fertiles. Calice hétéromère.	*Adoxacées.*
				Un seul carpelle fertile	*Dipsacacées.*
		isolées			*Calycéracées.*

Rubiacées. — La famille des Rubiacées est très vaste et comprend 346 genres avec environ 4100 espèces, la plupart tropicales ou subtropicales, en grande majorité américaines; les Rubiées habitent les climats tempérés de l'hémisphère boréal. Ce sont des arbres, des arbustes ou des herbes, de port très divers, parfois volubiles (Manettie, etc.), renfermant quelquefois dans l'écorce de la tige de longues cellules isolées, qui sécrètent un suc laiteux et résineux (Quinquina, Ladenbergie, etc.). Les feuilles sont opposées ou verticillées, simples, à limbe entier, pourvu de stipules; ces stipules sont latérales ou axillaires, libres ou concrescentes entre elles et avec le pétiole, persistantes ou caduques, quelquefois de même forme et grandeur que les feuilles opposées, de manière à simuler des verticilles (Gaillet, Garance, etc.).

Les fleurs sont hermaphrodites, actinomorphes, pentamères ou tétramères avec un pistil dimère (fig. 209). Le plus souvent les sépales se prolongent peu au-dessus de leur séparation d'avec les *verticilles internes* et se réduisent à de petites dents (Gaillet, etc.), fréquemment invisibles; quand ils se prolongent, le calice est quelquefois gamosépale (Quinquina, etc.), parfois même pétaloïde (Polyprème, Calycophylle, etc.). La corolle est gamopétale, *actinomorphe*. Les *étamines* sont en même nombre que les pétales, alternes avec eux et concrescents au tube de la corolle; les anthères sont introrses à quatre sacs s'ouvrant en long. Le pistil, concrescent avec les verticilles externes dans toute la longueur de l'ovaire, qui est infère, se compose de deux carpelles clos et concrescents en un *ovaire* biloculaire, surmonté parfois de deux styles (Gaillet, etc.), le plus souvent d'un style unique, et contenant dans chaque loge un (Gaillet, fig. 209, Caféier, etc.), deux (Guettarde, Rétiniphylle, etc.), ou de *nombreux* ovules anatropes ou campylotropes (Quinquina, Gardénie, etc.).

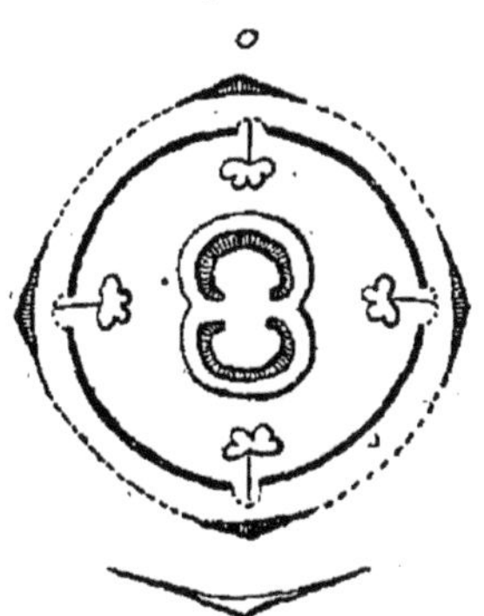

Fig. 209. — Diagramme de la fleur de l'Aspérule odorante.

Le fruit est une capsule septicide (Quinquina, Cascarille, etc.), ou loculicide (Ladenbergie, etc.), une baie (Garance, etc.), une drupe (Caféier, Céphélide, etc.) ou un diachaine (Gaillet, Aspérule, etc.). La graine a un embryon droit ou courbe, muni d'un albumen charnu ou corné, parfois creusé d'un sillon (Caféier).

D'après la forme des stipules et le nombre des ovules, on groupe les genres en trois grandes tribus :

1. *Cinchonées.* — Carpelles multiovulés. Stipules membraneuses : Quinquina, Nauclée, Cascarille, Bouvardie, Manettie, Exostemme, Bikkie, Randie, Gardénie, etc.
2. *Coffées.* — Carpelles uniovulés. Stipules membraneuses : Guettarde, Plectronie, Ixore, Pavette, Caféier, Morinde, Céphélide, Lasianthe, Anthosperme, Spermacoce, etc.
3. *Rubiées.* — Carpelles uniovulés. Stipules foliacées : Garance, Gaillet, Aspérule, Crucianelle, Shérardie, etc.

Un grand nombre de ces plantes donnent des produits utiles : les unes ont une écorce au plus haut degré fébrifuge, comme les Quinquinas ou Cinchonas, d'où l'on extrait plusieurs alcalis organiques, notamment la quinine et la cinchonine ; d'autres forment dans leurs racines des substances vomitives, comme le Céphélide ipécacuanha, ou tinctoriales, comme la Garance ou Rubia ; plusieurs sont comestibles par leur fruit (Génipe, Sarcocéphale, etc.) ou par l'albumen torréfié de leurs graines, comme le Caféier ; quelques-unes enfin donnent un bois très dense, analogue à celui du Buis (Nauclée, Uncaire, etc.).

Les Rubiacées forment une famille nettement limitée ; elle se relie aux Ombellinées, notamment aux Cornacées, dont les Coffées et les Rubiées diffèrent par leurs feuilles opposées, stipulées et par leur corolle gamopétale ; elle se rattache aussi aux Solaninées, notamment aux Loganiacées, dont les Cinchonées se distinguent surtout par l'ovaire infère.

Caprifoliacées. — Les Caprifoliacées, 10 genres avec environ 200 espèces croissant la plupart dans les régions tempérées boréales, sont des arbustes parfois volubiles à gauche (Chèvrefeuille), rarement de petits arbres (certains Sureaux), à feuilles opposées, simples (Chèvrefeuille, Viorne, etc.) ou composées pennées (Sureau, etc.), ordinairement sans stipules.

Les fleurs sont hermaphrodites, actinomorphes (Sureau, Viorne, etc.), ou zygomorphes (Chèvrefeuille, Dierville, Abélie, etc.), pentamères (fig. 210). Les sépales sont le plus souvent égaux. La corolle est tantôt actinomorphe (Sureau, Viorne, Symphorine, etc.), tantôt bilabiée faiblement (Linnée, Dierville, etc.), ou fortement, la lèvre inférieure étant réduite à un pétale, tandis que la supérieure en comprend quatre (Chèvrefeuille, etc.). Les cinq étamines, alternes avec les pétales, parfois extrorses (Sureau), sont concrescentes avec la corolle (fig. 210) ; la postérieure avorte quelquefois (Linnée, Abélie, etc.). Le pistil est concrescent avec les verticilles externes dans toute la longueur de l'ovaire, qui est infère ; il a quelquefois cinq carpelles (Leycestérie, etc.), le plus souvent trois (fig. 210, *B*), rarement quatre (Symphorine, fig. 210, *A*) ou deux (Dierville); ces carpelles sont fermés et concrescents en un ovaire pluriloculaire, surmonté d'un style unique, et contenant dans chaque loge tantôt un grand nombre d'ovules anatropes (Chèvrefeuille, Leycestérie, Dierville), tantôt un seul ovule pendant (Sureau, fig. 210, *B*, Viorne, Triostée). Des quatre carpelles des Symphorines (fig. 210, *A*), les deux médians sont multiovulés et avortent plus tard, les deux latéraux uniovulés se développant seuls pour former le fruit; des trois carpelles des Abélies et de la Linnée, deux aussi sont multiovulés et avortent, le troisième uniovulé se développant seul; dans les Viornes, deux des trois carpelles uniovulés avortent également, mais plus tôt, et le troisième se développe seul.

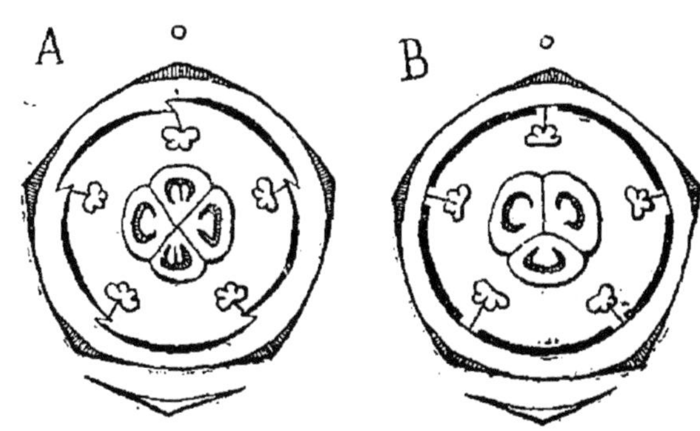

Fig. 210. — Diagramme floral : *A*, de la Symphorine à grappe; *B*, du Sureau yèble.

Le fruit est une baie (Chèvrefeuille, Symphorine, etc.), une drupe (Viorne, Sureau), une capsule (Dierville) ou un achaine (Linnée, Abélie). La graine a un petit embryon avec un albumen charnu.

Plusieurs de ces plantes sont cultivées dans les jardins (Viornes, Sureaux, Chèvrefeuilles, Symphorines, Diervilles, etc.); certaines sont utilisées pour leur bois, qui sert à fabriquer la poudre (Viorne obier), pour leurs tiges flexibles (Viorne mancienne) ou pour leur large moelle (Sureau).

Les Caprifoliacées se relient directement aux Rubiacées, dont elles diffèrent surtout par l'absence de stipules et le pistil souvent trimère.

Adoxacées. — L'Adoxe moschatelline, seul représentant de cette famille, est une herbe vivace croissant dans les régions froides et tempérées de l'hémisphère boréal, dont le rhizome rameux produit çà et là des rameaux dressés, feuillés et florifères. Chaque rameau ne porte, vers son milieu, qu'une seule paire de feuilles composées, à trois folioles lobées, et se termine par cinq fleurs hermaphrodites, brièvement pédicellées, une terminale et quatre latérales en deux paires croisées. La fleur terminale est tétramère avec un calice dimère; les latérales sont pentamères avec calice trimère.

Le calice est formé de deux (ou trois) sépales, libres au-dessus de leur séparation d'avec les verticilles internes. La corolle est gamopétale à quatre (ou cinq) pétales. L'androcée a quatre (ou cinq) étamines alternes avec les pétales, et concrescentes avec la corolle dans sa région inférieure; leur filet est bifurqué dans toute sa longueur et porte sur chaque branche une anthère introrse, basifixe, à deux sacs polliniques s'ouvrant en long. Le pistil, concrescent avec les deux verticilles externes dans la moitié de l'ovaire, qui est semi-infère, se compose de quatre (ou cinq) carpelles épisépales fermés et concrescents en un ovaire à quatre (ou cinq) loges, surmonté par autant de styles libres. Au sommet de l'angle interne de chaque loge est attaché un ovule pendant, anatrope à raphé externe, épinaste, par conséquent, et unitegminé.

Le fruit, autour duquel le calice persiste, est une drupe à quatre (ou cinq) noyaux renfermant chacun une graine munie d'un albumen corné et d'un embryon dont le plan médian coïncide avec le plan de symétrie du tégument.

Par l'ensemble de ses caractères, notamment par l'hétéromérie du calice et la bipartition des étamines, l'Adoxe se montre le type d'une famille à part dans l'alliance des Rubiales.

Valérianacées. — Les Valéraniacées, 9 genres avec environ 300 espèces, croissant la plupart dans les régions tempérées boréales, sont des herbes annuelles ou vivaces, à feuilles opposées, simples ou composées, sans stipules.

Les fleurs sont hermaphrodites, zygomorphes, pentamères (fig. 211). Le calice se prolonge très peu au-dessus de sa séparation d'avec la corolle, en un petit rebord uni ou denté. La corolle est gamopétale, dilatée à la base (Valériane, fig. 211) ou même éperonnée en avant (Centranthe, etc.), souvent bilabiée (Valériane, fig. 211, Centranthe, etc.). L'étamine postérieure avorte toujours et les autres peuvent avorter aussi à divers degrés; aussi en trouve-t-on quatre (Patrinie), trois (Valériane, fig. 211, Valérianelle), deux (Fédie) ou une seule (Centranthe). Le pistil, concrescent avec les verticilles externes, ce qui rend l'ovaire infère, comprend trois carpelles clos et concrescents, mais l'un des deux latéraux développe seul son ovaire, qui contient un ovule anatrope pendant à raphé interne, les deux autres ovaires demeurent stériles (fig. 211).

Le fruit est un achaine, couronné par le calice non modifié (Valérianelle, Patrinie) ou devenu plumeux (Valériane, Centranthe). La graine a un petit embryon droit, sans albumen.

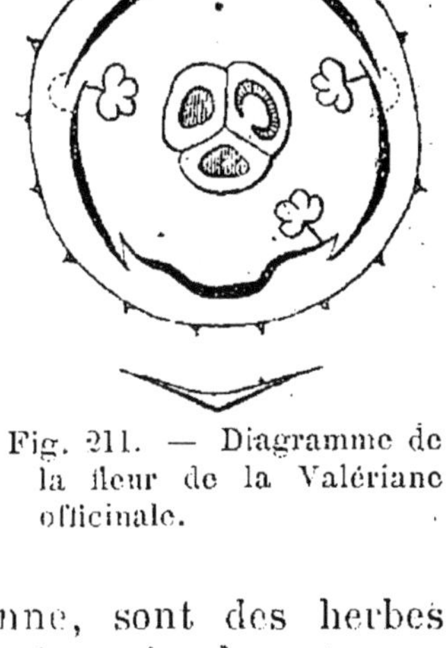

Fig. 211. — Diagramme de la fleur de la Valériane officinale.

Les Valérianes sécrètent dans leurs racines une huile odorante employée en médecine; les Valérianelles se mangent en salade, notamment la Valérianelle potagère, vulgairement Mâche.

Les Valérianacées se relient aux Caprifoliacées par les Viornes, qui font, comme elles, avorter deux de leurs trois carpelles uniovulés.

Dipsacacées. — Les Dipsacacées, 10 genres avec 120 espèces abondant surtout dans la région méditerranéenne, sont des herbes annuelles ou vivaces, à feuilles opposées, simples et sans stipules.

Les fleurs sont hermaphrodites, zygomorphes, pentamères (fig. 212), disposées en un capitule involucré où chacune d'elles est entourée d'un involucelle, formé de deux bractées latérales concrescentes (*i*). Le calice se prolonge, au-dessus du niveau où il devient libre, en cinq (Scabieuse, fig. 212, etc.), ou quatre dents (Cardère ou Dipsacus, Knautie, etc.). La corolle est gamopétale, bilabiée, avec les deux pétales postérieurs tantôt distincts (Scabieuse, fig. 212, Ptérocéphale, etc.), tantôt fusionnés en une seule pièce (Cardère, Succise, Céphalaire, etc.), ce qui, joint aux quatre dents du calice, donne l'apparence d'une fleur tétramère. L'étamine postérieure avorte et les quatre autres sont tantôt libres (Cardère, Scabieuse, fig. 212, etc.), tantôt unies latéralement deux par deux (Morine).

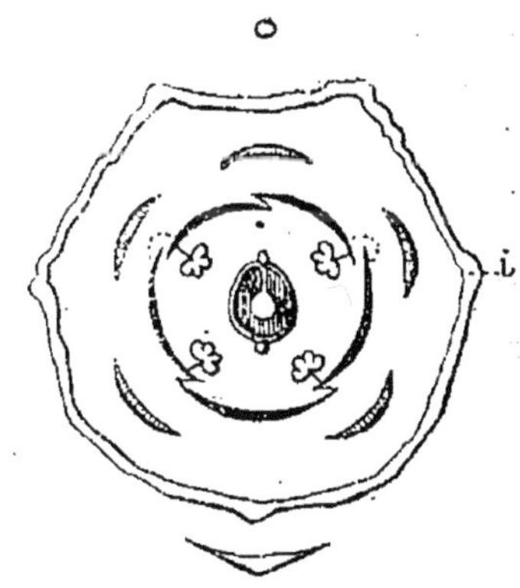

Fig. 212. — Diagramme de la fleur de la Scabieuse colombaire; *i*, involucelle.

Le pistil, concrescent avec les verticilles externes, ce qui rend l'ovaire infère, a deux carpelles médians, clos et concrescents, mais dont l'antérieur développe seul son ovaire, qui contient un seul ovule anatrope pendant à raphé dorsal (fig. 212).

Le fruit est un achaine enveloppé dans l'involucelle, souvent aussi couronné par le calice persistant. La graine a un embryon droit dans l'axe d'un albumen charnu.

Ces plantes se rattachent aux Valérianacées, dont elles se distinguent surtout par l'involucelle et la présence d'un albumen.

Calycéracées. — Les Calycéracées, 3 genres (Boope, Calycère, Acicarphe) avec 23 espèces habitant les contrées chaudes de l'Amérique australe, sont de petites herbes à feuilles isolées sans stipules, à fleurs hermaprodites, actinomorphes, pentamères avec pistil dimère, disposées en un capitule involucré.

Le calice forme cinq lobes foliacés; la corolle est gamopétale, actinomorphe et longuement tubuleuse. Les étamines, alternes aux pétales et concrescentes avec le tube de la corolle, sont toutes fertiles; les filets sont unis entre eux en tube autour du style et les anthères sont agglutinées bord à bord. Le pistil, concrescent avec les verticilles externes, ce qui rend l'ovaire infère, a deux carpelles fermés et concrescents, dont le postérieur avorte dans sa région ovarienne et dont l'antérieur contient un ovule anatrope pendant à raphé dorsal.

Le fruit est un achaine, couronné par le calice persistant et épineux. La graine a un petit embryon droit et un albumen charnu.

Ces plantes se rattachent aux Dipsacacées par la conformation du pistil; elles en diffèrent par les feuilles isolées, l'absence d'involucelle et l'actinomorphie de la fleur.

ALLIANCE III

COMPOSITALES

Les Compositinées à androcée concrescent à la corolle et à carpelles ouverts, qui forment l'alliance des Compositales, ne comprennent qu'une seule famille, il est vrai très importante, celle des *Composées*.

Composées. — La famille des Composées, répandue par toute la Terre, mais surtout dans les climats tempérés et subtropicaux, est la plus vaste de l'embranchement des Phanérogames; elle comprend, en effet, 806 genres avec plus de 10 000 espèces. Ce sont des herbes, des arbustes (Astre, etc.), rarement des arbres (Dendrosère, etc.), de port très divers, parfois volubiles (Mikanie) ou grimpant à l'aide de vrilles foliaires (Mutisie, etc.), à feuilles isolées ou opposées, sans stipules, simples ou composées, à limbe entier ou diversement découpé. Tige, feuilles et racines sont munies tantôt de longues cellules isolées sécrétant un suc opaque et résineux (Chardon, Vernonie, etc.), tantôt de cellules fusionnées en réseau produisant du latex (I, p. 33, fig. 12) (Laitue, Salsifis, etc.), tantôt de canaux sécréteurs oléifères (Hélianthe, Armoise, etc.) : ces diverses formes de l'appareil sécréteur se remplaçant pour ainsi dire et se substituant l'une à l'autre. En outre, la tige a quelquefois des faisceaux de tubes criblés à la périphérie de sa moelle (Salsifis, Laitue, etc.).

Les fleurs sont toujours disposées en capitules, ou *fleurs composées*, caractère d'où la famille a tiré son nom. Ces capitules, qui peuvent se réduire à une seule fleur (Échinope, etc.), sont solitaires (Chardon, Hélianthe, Astre, etc.) ou diversement groupés : en grappe (Armoise, etc.), corymbe (Tanaisie, Achillée, etc.), épi (Chicorée, etc.), capitule (Échinope, etc.), cyme bipare (Eupatoire, etc.) ou unipare (Vernonie, etc.); ils sont munis de bractées stériles, en un ou plusieurs rangs, formant un involucre. Les fleurs sont hermaphrodites, unisexuées ou neutres par avortement, la répartition des trois sortes de fleurs étant variable suivant les genres et pouvant servir à les caractériser; elles sont pentamères avec pistil dimère (fig. 213).

Le calice ne se prolonge, au-dessus du niveau où il devient libre, que sous forme d'un bourrelet annulaire, entier (Chrysanthème, Pâquerette, Tanaisie, Achillée, etc.) ou portant soit une couronne de soies lisses ou plumeuses (fig. 214) (Chardon, Astre, Laitue, Vernonie, etc.), soit quelques petites écailles membraneuses (fig. 215) (Hélianthe, Matricaire, Bident, etc.).

La corolle est formée de cinq pétales concrescents, souvent sans nervures médianes, quelquefois avec nervures médianes (Dahlie, Arnice, etc.). Elle est tantôt actinomorphe et tubuleuse (fig. 213, *a*) (Chardon, fig. 214, Vernonie, etc.), tantôt zygomorphe, et cela de trois manières différentes : 1° parce que les pétales, bien que tous égaux, sont profondément séparés en arrière dans la région supérieure et tous ensemble étalés en avant en une languette à cinq dents, formant ainsi une corolle *ligulée* (*b*) (Chicorée, fig. 215, etc.) ; 2° parce que les pétales sont

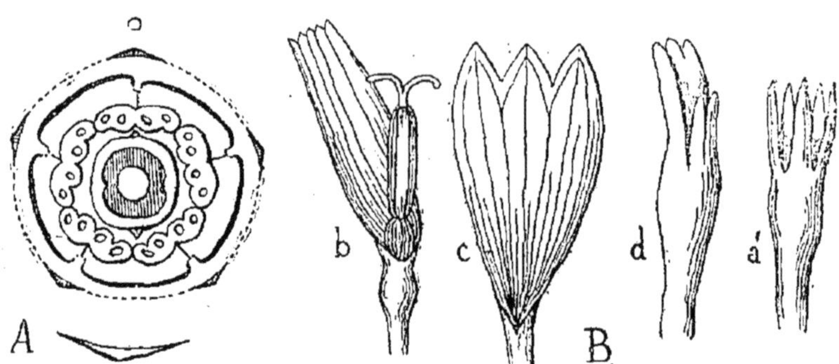

Fig. 213. — *A*, diagramme de la fleur d'une Composée ; *B*, les quatre formes de corolle : *a*, tubuleuse ; *b*, ligulée à cinq dents ; *c*, ligulée à trois dents ; *d*, bilabiée.

inégaux, plus profondément séparés sur les côtés qu'en arrière et en avant, et forment une corolle *bilabiée* à lèvre inférieure plus grande que la supérieure (*d*) (Nassauvie, etc.) ; 3° enfin parce que, dans la corolle bilabiée, la lèvre supérieure avorte de bonne heure et ne laisse subsister que la lèvre inférieure en forme de languette à trois dents, produisant encore une corolle ligulée (*c*), qu'il faut bien se garder de confondre avec la corolle ligulée à cinq dents signalée plus haut (fleurs périphériques du capitule des Anthémide, Astre, Hélianthe, etc.). De là quatre formes de corolle : tubuleuse, ligulée à cinq dents, bilabiée, ligulée à trois dents (fig. 213, *B*). Tantôt le capitule ne renferme que des fleurs d'une seule sorte : tubuleuses (Chardon, Vernonie, etc.), ligulées à cinq dents (Chicorée, etc.), bilabiées (Nassauvie, etc.). Tantôt il contient deux sortes de fleurs : au centre, des fleurs tubuleuses, à la périphérie, des fleurs bilabiées (Barnadésie, etc.) ou des fleurs ligulées à trois dents (Hélianthe, Astre, Souci, etc.) ; ou bien, au centre, des fleurs bilabiées, à la périphérie, des fleurs ligulées à trois dents (Mutisie, etc.). Les fleurs périphériques ont en outre assez souvent leur corolle colorée autrement que celles du

Fig. 214. — Fleur de Chardon.

centre, blanches, par exemple, quand celles du centre sont jaunes (Anthémide, etc.).

Les cinq étamines sont alternes avec les pétales, concrescentes avec le tube de la corolle, toutes égales et fertiles, quelle que soit la forme de la corolle; les filets sont libres, mais les anthères sont ordinairement agglutinées bord à bord en un tube qui entoure le style (fig. 213, *A*, et fig. 213, *B*, *b*), circonstance qui a fait donner quelquefois à la famille le nom de *Synanthérées* (fig. 216).

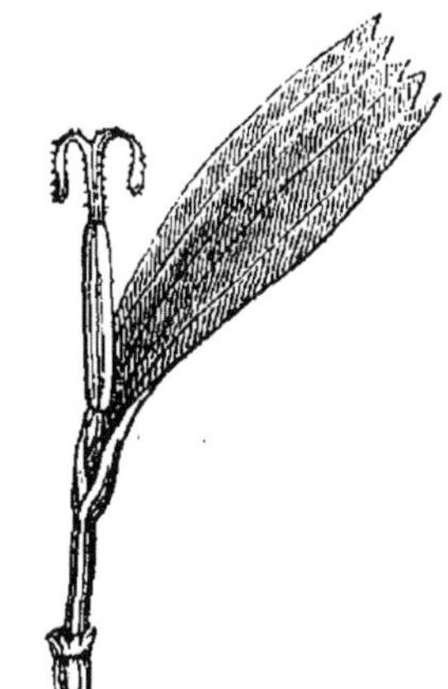

Fig. 215. — Fleur de Chicorée.

Le pistil, concrescent avec les verticilles externes dans toute la longueur de l'ovaire, qui est infère, se compose de deux carpelles médians, ouverts et concrescents en un ovaire uniloculaire, surmonté d'un style unique terminé par deux stigmates recourbés en dehors et contenant un seul ovule anatrope dressé, inséré à la base du carpelle antérieur et tournant son raphé en avant (fig. 213, *A*).

Le fruit est un achaine à sommet nu (fig. 215) (Chrysanthème, Chicorée, Hélianthe, etc.) ou couronné par une aigrette provenant du développement du calice (fig. 214) (Chardon, Laitue, Astre, etc.), aigrette qui joue un grand rôle dans la dissémination; elle est quelquefois portée par un long bec rigide (Laitue, Pissenlit, etc.). La graine renferme un embryon droit à cotylédons plans, sans albumen.

D'après la forme de la corolle dans les diverses fleurs du capitule, les genres y sont groupés en quatre grandes tribus :

Fig. 216. — Androcée de Composée, à anthères agglutinées en tube.

1. *Liguliflores*. — Fleurs d'une seule sorte, ligulées à cinq dents : Scolyme, Chicorée, Hyosère, Lampsane, Picride, Crépide, Épervière, Porcelle, Liondent, Chondrille, Pissenlit, Laitue, Laiteron, Salsifis, Scorsonère, etc.

2. *Tubuliflores*. — Fleurs d'une seule sorte, tubuleuses : Vernonie, Agérate, Eupatoire, Echinope, Bardane, Carline, Chardon, Artichaut, Sarrète, Centaurée, Carthame, etc.

3. *Radiées.* — Fleurs de deux sortes, tubuleuses au centre, ligulées à trois dents à la périphérie, où elles rayonnent : Solidage, Pâquerette, Astre, Vergerette, Conyze, Filage, Gnaphale, Inule, Pulicaire, Silphe, Zinnie, Hélianthe, Coréopse, Dahlie, Bident, Tagète, Achillée, Anthémide, Chrysanthème, Matricaire, Cotule, Tanaisie, Armoise, Arnice, Cinéraire, Séneçon, Doronic, Souci, etc.

4. *Labiatiflores.* — Fleurs bilabiées, seules (Nassauvie, etc.), avec des fleurs tubuleuses au centre (Barnadésie, etc.), ou avec des fleurs ligulées à trois dents à la périphérie (Mutisie, etc.) : Onosère, Chaptalie, Nassauvie, etc.

De ces quatre tribus, celle des Liguliflores est seule nettement limitée ; les trois autres sont reliées par de nombreuses transitions. Cette différence s'accuse encore davantage si l'on remarque que les Liguliflores possèdent des réseaux laticifères à cellules fusionnées et sont dépourvues de canaux sécréteurs ; tandis que les plantes des trois autres tribus sont, au contraire, ordinairement munies de canaux sécréteurs oléifères, mais privées de réseaux laticifères. Les Liguliflores doivent à leur latex d'être narcotiques et vénéneuses (Laitue vireuse, etc.) ou amères (Chicorée sauvage, Pissenlit dent-de-lion, etc.) ; les Radiées doivent à leurs canaux oléifères d'être aromatiques et stimulantes (Armoise commune, A. estragon, A. absinthe, Anthémide noble, vulgairement Camomille, A. pyrèthre, etc.). Plusieurs Composées sont alimentaires par leurs racines cuites (Scorsonère, Salsifis, etc.) ou torréfiées (Chicorée sauvage), par les tubercules de leurs rhizomes, riches en inuline (Hélianthe tubéreux, vulgairement Topinambour), par les feuilles, auxquelles la culture et l'étiolement ont fait perdre leur âcreté (Laitue cultivée, L. scarole, Chicorée sauvage, Ch. endive, Artichaut cardon, etc.), par les bractées de l'involucre et le réceptacle commun du capitule (Artichaut scolyme). D'autres renferment dans leurs corolles des principes colorants et servent à teindre en rouge (Carthame tinctorial), en jaune (Sarrète tinctoriale) ou en bleu (Agérate tinctorial). Plusieurs ont des graines très oléagineuses, qui donnent une huile alimentaire (Hélianthe annuel, vulgairement Grand-Soleil, Madie cultivée, Guizotie d'Abyssinie, etc.). Enfin une multitude de ces plantes sont cultivées, comme on sait, dans les jardins pour la beauté de leurs fleurs.

Par les carpelles ouverts et la placentation basilaire, les Composées occupent une place à part dans le sous-ordre des Compositinées. C'est des Dipsacacées et des Calycéracées qu'elles s'éloignent le moins ; mais elles diffèrent cependant des Dipsacacées par l'absence d'involucelle, les carpelles ouverts et la graine sans albumen; ces deux derniers caractères les distinguent aussi des Calycéracées.

Résumé de l'ordre des Unitegminées. — *En somme*, avec ses 7 sous-ordres, ses 65 familles et ses 2860 genres environ, l'ordre des Séminées unitegminées forme un ensemble très étendu et très varié. Les sept sous-ordres ont été définis p. 318. Dans les cinq premiers, nous avons distingué immédiatement les familles, caractérisées dans autant de petits tableaux p. 319, p. 322, p. 324, p. 332 et p. 333. Dans les deux autres, *beaucoup plus nombreux, nous avons dû reconnaître* d'abord des alliances, définies p. 345 et p. 375; puis, chaque alliance a été décomposée en familles, caractérisées par autant de tableaux p. 345, p. 350, p. 363, p. 374, p. 376, p. 380, et p. 386. Il suffirait maintenant de disposer à la suite ces sept sous-ordres, avec les tableaux partiels d'alliances et de familles qui leur correspondent, pour obtenir un tableau d'*ensemble, résumant* la classification de l'ordre des Séminées unitegminées, telle qu'elle vient d'être exposée. En raison de son grand développement et des difficultés d'exécution typographique qui en résultent, on laisse au lecteur le soin de le tracer en en réunissant, comme il vient d'être dit, les éléments épars.

ORDRE II

BITEGMINÉES

Caractères généraux et division en sept sous-ordres. — Les Séminées bitegminées forment un ordre très étendu, où l'organisation florale subit des modifications assez nombreuses et assez profondes pour qu'il y faille distinguer d'abord sept subdivisions ou sous-ordres, puis dans chacune de ces subdivisions plusieurs familles, qu'il y a lieu parfois de grouper en alliances.

La plupart, en effet, ont la fleur pétalée, avec corolle le plus souvent dialypétale, quelquefois gamopétale. Quelques-unes ont leur fleur apétale, tantôt munie d'un calice, tantôt tout à fait dépourvue de périanthe. Lorsque la fleur possède tout au moins un calice, il peut arriver que le pistil demeure indépendant des verticilles externes, ce qui laisse l'ovaire supère, ou qu'il entre en concrescence avec l'ensemble, lui-même concrescent, des verticilles externes dans toute la longueur de l'ovaire qui, par là, devient infère. Lorsque la fleur est nue, l'ovaire est naturellement toujours supère. Il résulte de là une subdivision des Bitegminées en sept sous-ordres, parallèle à celle qui a été établie plus haut chez les Unitegminées. Les Bitegminées à fleur nue forment le sous-ordre des *Pipérinées*. Quand l'ovaire est muni d'un calice seulement, si l'ovaire est supère, c'est le sous-ordre des *Chénopodinées*; s'il est infère, c'est celui des *Castanéinées*. Lorsque la fleur possède une corolle dialypétale, si l'ovaire est supère, c'est le sous-ordre des *Renonculinées*; s'il est infère, c'est celui des *Saxifraginées*. Quand la fleur a une corolle gamopétale, si l'ovaire est supère, c'est le sous-ordre de *Primulinées*; s'il est infère, c'est celui des *Cucurbitinées*. Le tableau suivant résume cette subdivision :

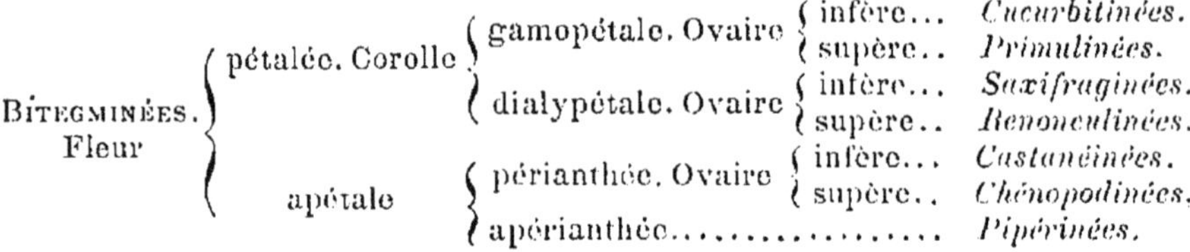
Bitegminées. Fleur
pétalée. Corolle
gamopétale. Ovaire { infère... *Cucurbitinées.* / supère.. *Primulinées.*
dialypétale. Ovaire { infère... *Saxifraginées.* / supère.. *Renonculinées.*
apétale
périanthée. Ovaire { infère... *Castanéinées.* / supère.. *Chénopodinées.*
apérianthée.................. *Pipérinées.*

Étudions chacun de ces sous-ordres en suivant la marche ascendante de la complication et du perfectionnement de l'organisation florale, c'est-à-dire en commençant par les Pipérinées pour nous élever peu à peu aux Cucurbitinées.

SOUS-ORDRE I

Pipérinées.

Les Bitegminées apérianthées, qui forment le sous-ordre des Pipérinées, sont peu nombreuses et ne comprennent que huit familles, ainsi définies :

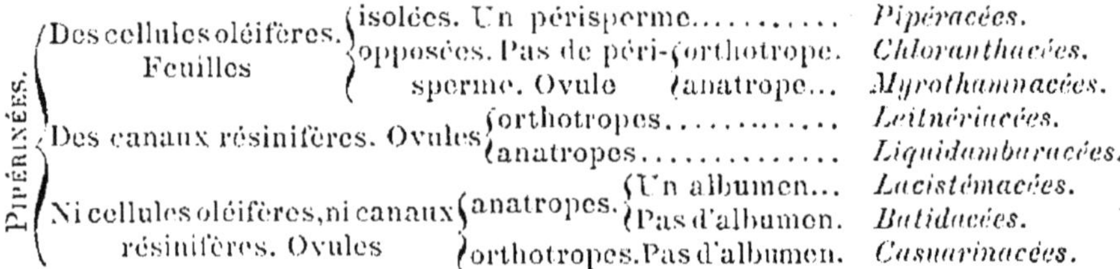
Pipérinées.
Des cellules oléifères. Feuilles
isolées. Un périsperme........... *Pipéracées.*
opposées. Pas de péri-sperme. Ovule { orthotrope. *Chloranthacées.* / anatrope... *Myrothamnacées.*
Des canaux résinifères. Ovules { orthotropes............. *Leitnériacées.* / anatropes.............. *Liquidambaracées.*
Ni cellules oléifères, ni canaux résinifères. Ovules
anatropes. { Un albumen... *Lacistémacées.* / Pas d'albumen. *Batidacées.*
orthotropes. Pas d'albumen. *Casuarinacées.*

Pipéracées. — Les Pipéracées, 17 genres avec environ 900 espèces, dont plus de 100 Poivriers et plus de 400 Pépéromies, sont des plantes herbacées, munies d'un rhizome (Saurure, Houttuynie, etc.) ou grimpant à l'aide de racines aériennes (Poivrier, etc.); les feuilles, isolées et stipulées, ont un limbe entier, penninerve, souvent charnu. Les faisceaux libéroligneux de la tige offrent souvent (Poivrier, Pépéromie, etc.), dans leur course longitudinale, une disposition particulière (I, p. 175). Le parenchyme, notamment celui des feuilles, renferme, dans certaines cellules isolées, une huile essentielle et une résine qui rendent ces plantes *aromatiques*.

Les fleurs sont hermaphrodites nues (fig. 217 et 218), dis-

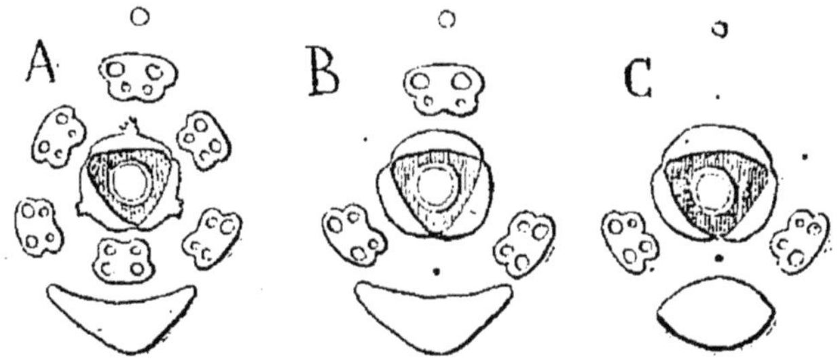

Fig. 217. — Diagramme de la fleur : *A*, de l'Enckée amalago; de l'*Artanthe courbe*; *C*, d'une Heckérie.

posées en épis, parfois munis d'un involucre coloré (Houttuynie, etc.). L'androcée comprend normalement six étamines en deux verticilles alternes (Enckée, fig. 217, *A*, Sau-

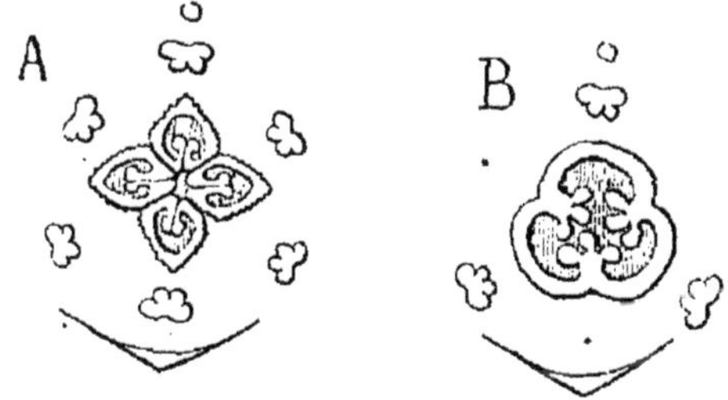

Fig. 218. — Diagramme de la fleur : *A*, du Saurure penché; *B*, de l'Houttuynie cordée.

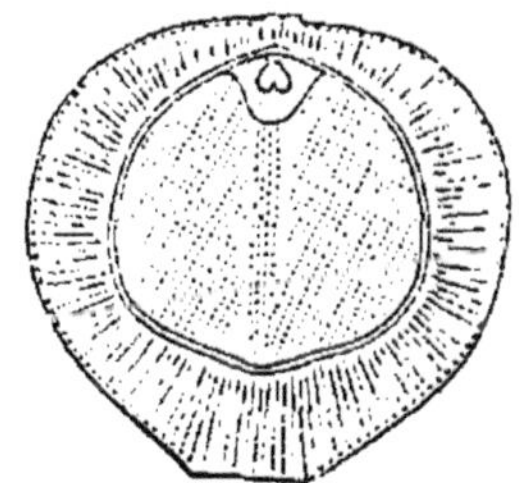

Fig. 219. — Fruit du Poivrier noir, coupé en long, montrant l'albumen et le périsperme.

rure, fig. 218, *A*, etc.); mais il peut se réduire à quatre (Ottonie, certains Poivriers), à trois (Artanthe, fig. 217, *B*, Houttuynie, fig. 218, *B*, Poivrier, etc.) et même à deux (Heckérie, fig. 217, *C*, Pépéromie, etc.), par avortement; les anthères n'ont que deux sacs polliniques dans les Pépéromies. Le pistil se compose tantôt de quatre carpelles fermés, libres, contenant chacun plusieurs ovules *orthotropes* (Saurure, fig. 218, *A*), tantôt d'un seul carpelle fermé ne contenant qu'un seul ovule orthotrope (Pépéromie). Ailleurs, il comprend trois carpelles ouverts et concrescents bord à bord en un ovaire uniloculaire, renfermant soit un seul ovule orthotrope dressé sur un placente basilaire (Poivrier, fig. 217, etc.), soit plusieurs ovules orthotropes sur trois placentes pariétaux (Houttuynie, fig. 218, *B*). Bitegminé partout ailleurs, l'ovule orthotrope est unitegminé dans les Pépéromies.

Quand l'ovaire est uniovulé, le fruit est une baie fortement aromatique (Poivrier, fig. 219, Pépéromie, etc.); quand il est pluriovulé, le fruit se compose de follicules (Saurure, etc.) ou constitue une capsule à déhiscence suturale au sommet (Houttuynie, etc.). La graine a un petit embryon droit, avec un albumen charnu peu abondant et un périsperme amylacé très développé (fig. 219).

D'après la disposition des faisceaux libéroligneux de la tige, le nombre des ovules et la nature du fruit, on groupe les genres en deux tribus :

1. *Pipérées.* — Faisceaux en deux ou plusieurs cercles. Ovaire uniovulé. Baie : Pépéromie, Poivrier, Enckée, Artanthe, Ottonie, Verhuellie, Heckérie, etc.
2. *Saururées.* — Faisceaux en un seul cercle. Ovaire pluriovulé. Capsule : Houttuynie, Saurure, Anémiopse.

Les Pipérées sont presque exclusivement tropicales; les Saururées appartiennent aux régions tempérées de l'Amérique et de l'Asie.

Plusieurs Pipéracées sont recherchées pour les propriétés aromatiques et stimulantes des feuilles, des fruits et des graines. Les feuilles du Poivrier bétel, mélangées à la noix d'Arec et à la chaux, composent le masticatoire si usité dans l'Asie équatoriale. Les baies non mûres et desséchées du Poivrier noir donnent le *poivre noir* du commerce, ses graines mûres et débarrassées du péricarpe le *poivre blanc*. Le Poivrier cubèbe et plusieurs autres espèces ont des propriétés tout aussi actives.

Chloranthacées. — Les Chloranthacées, 3 genres avec environ 35 espèces croissant la plupart dans l'Amérique et l'Asie tropicales, sont des herbes ou des arbustes à feuilles opposées, munies de stipules libres (Chloranthe) ou concrescentes en gaine entre elles et avec le pétiole (Hédyosme). L'écorce de la tige et des feuilles renferme, comme chez les Pipéracées, des cellules solitaires sécrétant de l'huile essentielle.

Les fleurs sont hermaphrodites (Chloranthe) ou unisexuées

(Hédyosme, Ascarine), sans périanthe. L'androcée comprend soit trois étamines concrescentes en avant, la médiane à quatre sacs polliniques, les latérales à deux sacs (Chloranthe), soit une seule étamine à quatre sacs (Hédyosme, Ascarine). Le pistil se réduit à un seul carpelle, renfermant un unique ovule orthotrope pendant à deux téguments.

Le fruit est une drupe et la graine a un petit embryon avec un albumen oléagineux.

D'après l'hermaphrodisme ou l'unisexualité des fleurs et d'après le nombre des étamines, les genres se groupent en deux tribus :

1. *Chloranthées*. — Fleurs hermaphrodites. Trois étamines : Chloranthe.
2. *Hédyosmées*. — Fleurs unisexuées. Une étamine : Hédyosme, Ascarine.

Par les feuilles opposées, le fruit drupacé et l'absence de périsperme, les Chloranthacées se distinguent nettement des Pipéracées.

Myrothamnacées. — Le Myrothamne d'Afrique et le Myosurandre de Madagascar, qui forment seuls cette famille, sont des arbrisseaux à feuilles opposées et stipulées, sécrétant de l'huile essentielle dans des cellules épidermiques isolées, à fleurs unisexuées avec diœcie et dépourvues de périanthe.

La fleur mâle a quatre étamines libres (Myosurandre) ou sept à huit étamines concrescentes par leurs filets (Myrothamne), à quatre sacs s'ouvrant latéralement en long avec pollen en tétrades. La fleur femelle a quatre (Myosurandre) ou trois carpelles (Myrothamne), fermés et concrescents dans leur région inférieure en un ovaire pluriloculaire, surmonté d'autant de styles libres à larges stigmates; chaque loge contient deux rangs d'ovules anatropes horizontaux, à raphé supérieur, épinastes par conséquent.

Le fruit se sépare en deux follicules. La graine a un embryon à cotylédons courts et un albumen oléagineux.

Cette famille se rapproche des Chloranthacées par ses feuilles opposées et stipulées, ainsi que par ses cellules sécrétrices isolées; elle en diffère par la pluralité des carpelles, l'anatropie des ovules et la nature du fruit.

Leitnériacées. — Les Leitnéries, dont les deux espèces composent seules cette famille, sont des arbres des marais de l'Amérique du Nord, à feuilles isolées sans stipules. La tige a son liber secondaire stratifié et renferme à la périphérie de sa moelle des canaux sécréteurs oléorésineux, que l'on retrouve au-dessus du bois du faisceau libéroligneux dans chacune des méristèles de la feuille et dont la racine paraît dépourvue. Les fleurs, disposées en épis, sont unisexuées avec diœcie et dépourvues de périanthe.

La fleur mâle comprend environ 10 étamines libres, à anthères extrorses, à quatre sacs s'ouvrant en long. La fleur femelle se réduit à un seul carpelle postérieur, terminé par un long stigmate recourbé en avant et portant vers le bas de sa suture ventrale un seul ovule orthotrope dressé à deux téguments. Ce carpelle a autour de sa base quelques petites écailles, que l'on a regardées comme un calice rudimentaire.

Le fruit est une drupe et la graine a un embryon droit avec un albumen charnu peu abondant.

Par la présence de canaux sécréteurs dans la tige et la feuille, ainsi que par la structure du liber secondaire, ces plantes s'éloignent à la fois des Pipéracées et des Chloranthacées.

Liquidambaracées. — Les Liquidambaracées, 2 genres avec 6 espèces croissant dans les régions chaudes d'Asie et d'Amérique, sont de très grands arbres à feuilles isolées et stipulées, caduques à limbe palmilobé (Liquidambar) ou persistantes à limbe ovale entier (Altingie). La tige renferme à la périphérie de sa moelle des canaux sécréteurs oléorésineux, qui passent dans les feuilles à la partie supérieure du péridesme des méristèles. La racine en contient aussi dans son liber primaire. Les fleurs sont unisexuées avec monœcie, sans périanthe, et disposées les mâles en épis, les femelles en capitules longuement pédicellés.

La fleur mâle se réduit à un bouquet d'étamines à quatre sacs s'ouvrant en long, non séparable des bouquets voisins. La fleur femelle se réduit à un pistil, formé de deux carpelles fermés et concrescents en un ovaire biloculaire, surmonté de deux styles libres et contenant dans chaque loge de nombreux ovules anatropes; tous les ovaires du capitule sont concrescents entre eux jusqu'à la base des styles. Autour de ceux-ci, on voit quelques étamines stériles à anthères sessiles.

Le fruit est une capsule septicide s'ouvrant seulement dans sa partie supérieure libre, qui est tantôt nue (Altingie), tantôt couronnée par les styles persistants (Liquidambar). La graine est ailée et contient un embryon à cotylédons foliacés avec un albumen charnu.

Ces plantes fournissent des baumes connus sous le nom de

storax; le plus estimé est le *storax liquide*, produit par le Liquidambar d'Orient.

Par l'existence et la disposition des canaux sécréteurs dans la tige et dans la feuille, elles se rapprochent des Leitnériacées, dont elles diffèrent notamment par l'existence de canaux sécréteurs dans la racine, par la dualité des carpelles, par le grand nombre et l'anatropie des ovules, enfin par la nature du fruit.

Lacistémacées. — Les Lacistèmes, dont les 16 espèces composent seules cette famille, sont des arbustes de l'Amérique tropicale, à feuilles isolées distiques, sans stipules, à fleurs hermaphrodites sans périanthe, groupées en épis.

L'androcée est réduit à une seule étamine, à connectif en T séparant beaucoup les deux paires de sacs, qui s'ouvrent en long. Le pistil comprend trois carpelles, ouverts et concrescents en un ovaire uniloculaire à trois placentes pariétaux, portant chacun vers son sommet un ou deux ovules anatropes pendants. Un disque cupuliforme entoure la base de l'androcée et du pistil.

Le fruit est une capsule s'ouvrant par trois fentes dorsales et la graine a un petit embryon droit avec un albumen charnu.

Les Lacistémacées diffèrent des trois familles précédentes notamment par l'absence de cellules oléifères et de canaux sécréteurs, par l'anatropie des ovules et par la présence d'un disque nectarifère.

Batidacées. — Le Batide maritime, qui forme à lui seul cette famille, est un arbuste des côtes d'Amérique, à feuilles opposées sans stipules, charnues et sessiles, à fleurs unisexuées avec diœcie, tétramères.

La fleur mâle a une enveloppe gamophylle et bilobée que l'on regarde comme un calice, et un androcée formé de quatre étamines fertiles épisépales, avec quatre staminodes alternes. La fleur femelle, dépourvue de calice, se réduit à un pistil de deux carpelles latéraux, fermés et concrescents, subdivisés chacun par une fausse cloison de manière à former un ovaire quadriloculaire surmonté d'un style unique à stigmate bilobé et renfermant dans chaque loge un ovule anatrope dressé à long funicule, à raphé dorsal.

Le fruit est une drupe à quatre noyaux, soudée aux drupes voisines de l'épi, en un fruit composé. La graine a un embryon à cotylédons épais, sans albumen.

Ces plantes diffèrent des Lacistémacées notamment par la

diœcie, les carpelles fermés, l'absence de disque, la nature du fruit et l'absence d'albumen.

Casuarinacées. — Les Casuarines, dont les 25 espèces constituent seules cette famille, sont des arbres ou des arbustes à feuilles très petites, verticillées par 4 à 20 et concrescentes en une gaine qui enveloppe la base de l'entre-nœud, à rameaux verticillés, en un mot à port de Prêle, habitant la plupart l'Australie et la Nouvelle-Calédonie. Les feuilles doivent leur petitesse à une concrescence avec la tige, c'est-à-dire à une croissance intercalaire nodale, ce dont témoigne l'existence dans l'écorce de la tige des méristèles qui leur sont destinées. Les fleurs sont unisexuées avec monœcie, groupées en épis et sans périanthe.

La fleur mâle se réduit à une seule étamine à quatre sacs s'ouvrant en long, entourée à la base de deux bractées latérales et de deux bractées antéro-postérieures; ces deux dernières sont regardées parfois comme un calice. La fleur femelle se compose d'un pistil, accompagné à sa base de deux bractées latérales et formé de deux carpelles médians, fermés et concrescents en un ovaire biloculaire surmonté d'un style court avec deux stigmates filiformes; la loge postérieure avorte et l'antérieure renferme, attachés vers la base de la cloison, deux ovules orthotropes ascendants, inégaux, à deux téguments. Ici, comme on l'a vu plus haut chez les Bétulacées (p. 329), les Corylacées (p. 327) et les Juglandacées (p. 326), c'est par la chalaze, non par le micropyle, que le tube pollinique pénètre dans l'ovule; pour atteindre l'oosphère, qui fait partie, comme d'ordinaire, de la triade apicale de l'endosperme, il a donc à traverser en remontant toute la longueur du nucelle; en un mot, il y a chalazodie.

Le fruit, où l'un des deux ovules se développe seul, est un achaine enveloppé par les deux bractées latérales accrescentes et ligneuses; la graine a un embryon droit à larges cotylédons foliacés, sans albumen.

Par leurs petites feuilles verticillées et concrescentes, par la manière dont le tube pollinique pénètre dans l'ovule, par la nature du fruit et l'absence d'albumen, les Casuarinacées se séparent nettement de toutes les autres Pipérinées.

Les Batidacées, par l'enveloppe de leur fleur mâle, les Casuarinacées par celle de leur fleur femelle, enveloppe que l'on peut considérer déjà comme un calice, établissent une transition vers les Chénopodinées, où la présence d'un calice devient un caractère constant.

SOUS-ORDRE II

Chénopodinées.

Les Bitegminées monopérianthées à ovaire supère, qui forment le sous-ordre des Chénopodinées, sont nombreuses et comprennent seize familles, ainsi caractérisées :

- CHÉNOPODINÉES. Fleurs
  - unisexuées. Pistil à
    - un carpelle .... *Urticacées.*
    - trois carpelles
      - biovulés .... *Buxacées.*
      - uniovulés .... *Simmondsiacées*
  - hermaprodites. Ovule
    - orthotrope .... *Polygonacées.*
    - campylotrope. Carpelles
      - ouverts .... *Chénopodiacées.*
      - fermés.
        - Uniovulés.
          - Un involucre... .. *Nyctagacées.*
          - Pas d'involucre.... *Phytolaccacées.*
        - pluriovulés .... *Aizoacées.*
    - anatrope.
      - Pas de tubes criblés périmédullaires. Androcée
        - isostémone.
          - épisépale .... *Protéacées.*
          - alternisépale ..... *Podostémacées.*
        - diplostémone. Fleur
          - hexamère .... *Céphalotacées.*
          - pentamère .... *Brunelliacées.*
          - tétramine. Carpelles
            - un ..... *Eléagnacées.*
            - quatre. *Geissolomacées.*
      - Des tubes criblés périmédullaires. Androcée
        - isostémone .... *Pénéacées.*
        - diplostémone ..... *Thyméléacées.*

Urticacées. — Les Urticacées, 109 genres avec environ 1500 espèces, dont 600 Figuiers, sont souvent des arbres comme l'Orme, le Micocoulier, le Mûrier, le Figuier, l'Artocarpe, etc., parfois des herbes dressées, comme le Chanvre, l'Ortie, la Pariétaire, etc., ou des plantes vivaces à tige volubile vers la gauche, comme le Houblon. Les feuilles, ordinairement isolées et spiralées, quelquefois distiques (Orme, Mûrier, etc.), plus rarement opposées (Ortie, Houblon, Chanvre, etc.), sont pétiolées et stipulées, à limbe entier ou diversement lobé, penninerve ou palminerve. Les stipules, persistantes (Houblon, Chanvre, etc.) ou caduques (Orme, Figuier, etc.), rarement avortées (Pariétaire), sont tantôt latérales et distinctes (Orme, Mûrier, Chanvre, Ortie, etc.), tantôt concrescentes, soit dans la même feuille, de manière à envelopper comme dans un étui l'extrémité de la branche (Figuier, Artocarpe, etc.), soit d'une feuille à l'autre quand elles sont opposées (Houblon). Beaucoup de ces plantes possèdent des tubes laticifères indéfiniment allongés et rameux (I, p. 33) (Mûrier, Figuier, Artocarpe, etc.). Un plus grand nombre encore développent dans leur épiderme ces incrustations calcaires locales de la membrane des cellules, connues sous le nom de cystolithes (I, p. 167, fig. 62) (Mûrier, Figuier, Ortie, Houblon, etc.).

Les fleurs sont d'ordinaire unisexuées monoïques (fig. 219 *bis* et 220), tantôt séparées dans des inflorescences distinctes

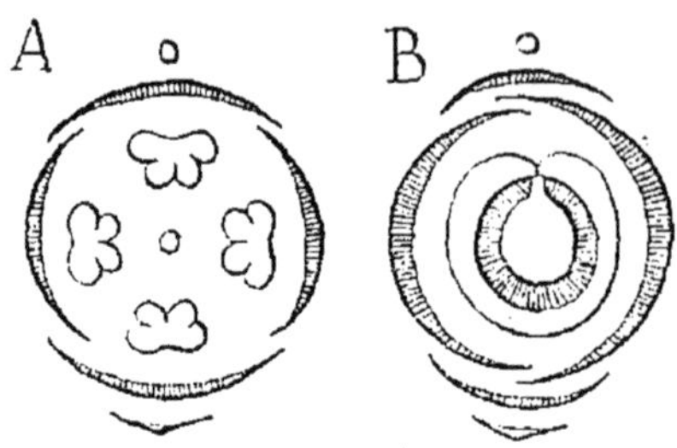

Fig. 219 *bis*. — Diagramme des fleurs de l'Ortie dioïque. *A*, fleur mâle; *B*, fleur femelle.

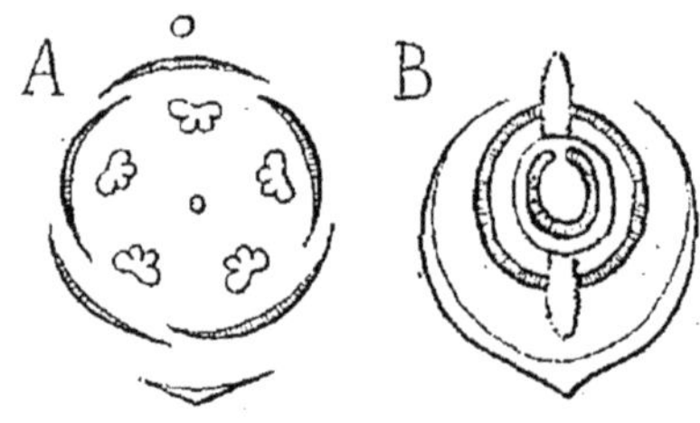

Fig. 220. — Diagramme des fleurs du Chanvre cultivé. *A*, fleur mâle; *B*, fleur femelle : le calice y est gamosépale.

(Mûrier, Artocarpe, Cécropie, etc.), tantôt réunies dans la même inflorescence, les femelles au centre, les mâles à la périphérie (Figuier, Dorsténie, Brosime, etc.); il y a quelquefois diœcie (Houblon, Chanvre, Maclure, Broussonétie, etc.); parfois aussi hermaphrodisme (fig. 221) (Orme, Planère, Micocoulier, etc.). L'inflorescence se compose de cymes bipares groupées en grappe (fleur mâle de Chanvre, Houblon, etc.), en épi (Mûrier, Cécropie, etc.), ou en capitule) Orme, Artocarpe, etc.); le réceptacle du capitule est renflé en cône ou en sphère (Conocéphale, Artocarpe, etc.), dilaté en plateau (Dorsténie), évidé en coupe (Olmédie) ou creusé en bouteille à col étroit (Figuier).

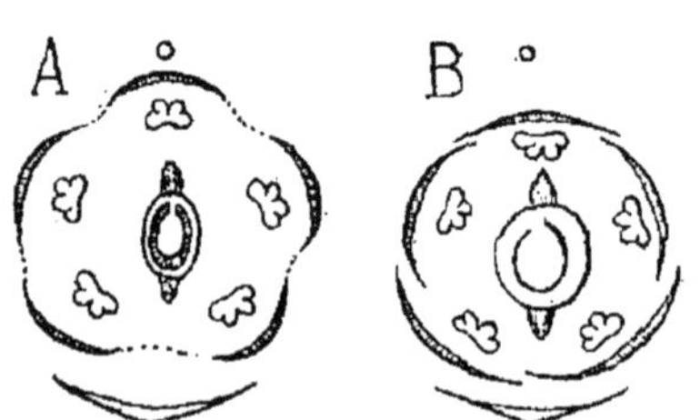

Fig. 221. — Diagramme de la fleur hermaphrodite : *A*, de l'Orme champêtre; *B*, du Micocoulier austral.

Le calice a le plus souvent quatre sépales (Ortie, fig. 219 *bis*, Pariétaire, Mûrier, etc.), quelquefois cinq (Orme, fig. 221, fleur mâle du Chanvre, fig. 220, *A*, etc.); il peut avorter (Brosime, etc.). Les étamines sont ordinairement en même nombre que les sépales, auxquels elles sont superposées (fig. 219 *bis*, *A*, fig. 220, *A*, fig. 221); elles peuvent se réduire à une seule (Artocarpe, Brosime, etc.); les anthères sont introrses, rarement extrorses (Orme, fig. 221, *A*, etc.); les filets sont tantôt droits dans le bouton (Orme, Figuier, Artocarpe, Chanvre, etc.), tantôt recourbés en dedans et se déployant brusquement en dehors au moment de l'épanouissement (Ortie, Mûrier, etc.). Le pistil comprend deux carpelles médians, fermés et concrescents; mais le carpelle postérieur tantôt se réduit à un stigmate (Orme, Mûrier, Figuier, Chanvre, fig. 222, Houblon, etc.), tantôt avorte complètement (Ortie, Artocarpe, Broussonétie, etc.); le carpelle antérieur développe seul son ovaire, qui renferme un ovule bitegminé, dont l'insertion et la forme varient à la fois. Il est tantôt attaché à la base de la suture, dressé et orthotrope (Ortie, Pariétaire, Conocéphale, etc.), tantôt fixé plus ou moins haut et pendant; il est alors campylotrope, à micropyle tourné en haut et en avant (Mûrier, Chanvre, Micocoulier, etc.), ou bien anatrope ou hémi-anatrope à raphé interne, hyponaste dans les deux cas.

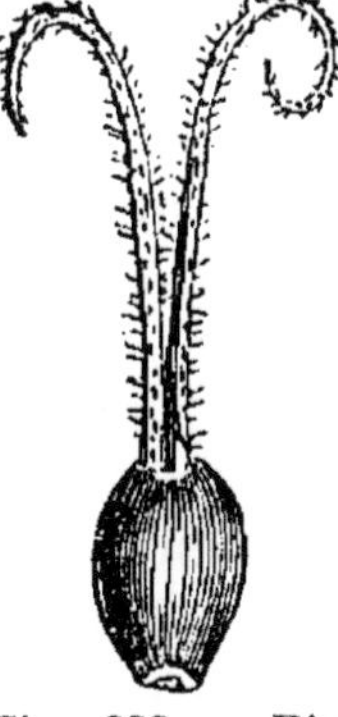
Fig. 222. — Pistil du Chanvre cultivé.

Le fruit est tantôt un achaine (Ortie, Chanvre, Artocarpe, etc.), devenant quelquefois une samare (Orme, etc.), tantôt une drupe (Micocoulier, Mûrier, Figuier, etc.). Dans le Mûrier, toutes les drupes du capitule, enveloppées par les calices persistants et charnus, se pressent et se soudent en un fruit composé, qui est la mûre; celles du Figuier sont enfermées dans la bouteille charnue qui constitue la figue. Dans l'Artocarpe intégrifolié, vulgairement Arbre à pain, et dans l'A. incisé, vulgairement Jaquier, les achaines sont enchâssés dans la substance du réceptacle sphérique, qui s'accroît en une masse comestible, à la fois charnue et amylacée. La graine contient un embryon droit (Ortie, Pariétaire, Orme, etc.) ou courbe (Mûrier, Chanvre, Micocoulier, etc.); l'albumen est charnu, quelquefois nul (Orme, Micocoulier, Artocarpe, Maclure, Cécropie, etc.).

D'après la forme et l'insertion de l'ovule, la présence ou l'absence de latex, la conformation des étamines, la nature du fruit, on groupe les genres en sept tribus :

I. Ovule dressé, orthotrope.
  1. *Urticées.* — Filets ployés : Ortie, Pilée, Procride, Ramie, Pariétaire, etc.
  2. *Conocéphalées.* — Filets droits : Cécropie, Coussape, Conocéphale, etc.

II. Ovule pendant, campylotrope ou anatrope.
  3. *Artocarpées.* — Latex; filets droits : Figuier, Brosime, Castillée, Artocarpe, etc.

4. *Morées.* — Latex; filets ployés : Mûrier, Broussonétie, Maclure, Dorsténie, etc.
5. *Cannabinées.* — Pas de latex; filets droits; fleurs dioïques : Houblon, Chanvre.
6. *Celtidées.* — Pas de latex; filets droits; fleurs hermaphrodites; drupe : Micocoulier, Trème, etc.
7. *Ulmées.* — Pas de latex; filets droits; fleurs hermaphrodites; Achaine ou samare : Orme, Planère, etc.

Les Urticacées fournissent un grand nombre de produits utiles : des bois de construction (Orme, Micocoulier, etc.), des fibres textiles (Chanvre, Ortie, Ramie) ou servant à faire le papier (Broussonétie), des feuilles pour la nourriture des vers à soie (Mûrier blanc); un latex tantôt très vénéneux servant à empoisonner les flèches de chasse (Antiar vénéneux), tantôt jouissant des qualités nutritives du lait de vache (Brosime utile), tantôt fournissant le caoutchouc (Castillée élastique en Amérique, divers Figuiers en Asie); une huile essentielle servant à aromatiser la bière (bractées femelles du Houblon); une huile grasse comestible (graines de Chanvre) ou à brûler (graines de Micocoulier); des fruits alimentaires (Mûrier, Figuier, Artocarpe, etc.); des graines comestibles (Brosime utile, Artocarpe incisé, Chanvre cultivé, etc.).

Buxacées. — Les Buxacées, 7 genres avec environ 30 espèces, sont ordinairement des arbustes, parfois des arbres (Stylocère) ou des herbes vivaces (Pachysandre), à feuilles tantôt isolées (Pachysandre, Stylocère, Sarcocoque, etc.), tantôt opposées (Buis, Tricère, Buxanthe, Notobuxe), simples et sans stipules, à limbe entier, coriace et persistant. La tige des Buis, des Buxanthes et du Notobuxe renferme quatre méristèles corticales descendantes, accolées à un faisceau fibreux cortical dans le premier genre (I, p. 170 et p. 273).

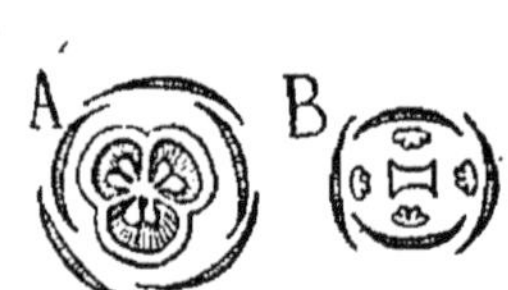

Fig. 223. — Diagramme des fleurs du Buis toujours-vert : *A*, fleur femelle : *B*, fleur mâle.

Les fleurs sont unisexuées monoïques, avec un calice de quatre sépales dans la fleur mâle, ordinairement de six dans la fleur femelle, et sans corolle (fig. 223); le calice avorte dans la fleur mâle des Stylocères. L'androcée a un seul verticille d'étamines épisépales à quatre sacs s'ouvrant en long; il y a parfois 6 étamines (Notobuxe) ou un plus grand nombre et jusqu'à 30 (Stylocère). Le pistil est formé de trois (Buis, etc.), rarement de deux (Stylocère) carpelles clos et concrescents, contenant chacun deux ovules anatropes pendants à raphé externe; dans les Stylocères, l'ovaire est partagé en quatre logettes uniovulées par deux fausses cloisons.

Le fruit, toujours couronné par les styles persistants et accrescents, est une capsule loculicide ou une drupe (Stylocère, Sarcocoque). La graine a un albumen charnu, et un embryon à larges cotylédons, incombants au raphé.

D'après le nombre des étamines et des carpelles, les genres se groupent en deux tribus :

1. *Buxées.* — Quatre ou six étamines. Trois carpelles : Buis, Buxanthe, Tricère, Notobuxe, Sarcocoque, Pachysandre.
2. *Stylocérées.* — Nombreuses étamines. Deux carpelles à fausse cloison : Stylocère.

Le Buis toujours-vert est recherché pour son bois homogène, précieux pour le dessin et la gravure.

Ces plantes se distinguent des Urticacées notamment par leur pistil pluricarpellé, leurs carpelles biovulés, leurs ovules épinastes et leur fruit ordinairement déhiscent.

Polygonacées. — Les Polygonacées, 30 genres avec environ 600 espèces, dont plus de 150 pour le genre Renouée ou Polygonum, sont des herbes annuelles ou vivaces, répandues par toute la Terre de préférence dans les régions tempérées et montagneuses, quelquefois des arbustes et même de grands arbres (Coccolobe, Triplaride, etc.), croissant dans l'Amérique tropicale. Leur tige est parfois volubile à gauche (Renouée liseron, R. des buissons, etc.), ou grimpante à l'aide de vrilles raméales (Antigone, Brunnichie, etc.). Leurs feuilles, isolées, ont le pétiole plus ou moins embrassant et sont munies d'une ligule à bords concrescents du côté opposé au pétiole, de manière à former un étui qui enveloppe la base de l'entrenœud supérieur; cet étui ligulaire manque quelquefois (Ériogone, Kœnigie, etc.). Les fleurs sont hermaphodites et disposées en cymes bipares et unipares héliçoïdes, elles-mêmes groupées en grappe, en épi ou en ombelle.

Le calice a cinq sépales dont un postérieur (Renouée, fig. 224, *C*, Coccolobe, etc.), ou six dont deux médians (Rumice, fig. 224, *B*, Rhubarbe, fig. 224, *A*, etc.); il est sépaloïde (Rumice, etc.), ou plus ou moins pétaloïde (Renouée, Sarrasin, etc.), dialysépale (Rumice, etc.), ou gamosépale (Renouée, Coccolobe, etc.). L'androcée peut ne comprendre qu'un seul verticille d'étamines alternisépales (Rumice, fig. 224, *B*, diverses Renouées, etc.); mais il s'y ajoute souvent un second verticille ternaire, ce qui porte le nombre des étamines à neuf (Rhubarbe, fig. 224, *A*, etc.), ou à huit (Coccolobe, Muhlenbeckie, diverses Renouées); les étamines du second verticille diffèrent des autres par leurs anthères extrorses (fig. 224, *C*). Le pistil se compose ordinairement de trois carpelles dont un postérieur, ouverts et concrescents en un ovaire uniloculaire surmonté de trois styles; sur la suture antérieure et vers la base est attaché un unique ovule orthotrope dressé (fig. 224).

Fig. 224. — Diagramme de la fleur : *A*, d'une Rhubarde; *B*, d'un Rumice; *C*, de la Renouée de Tartarie.

Le fruit est un achaine, diversement enveloppé par le calice persistant et accrescent. La graine renferme un abondant albumen amylacé, parfois ruminé (Coccolobe, Triplaride, etc.), avec un embryon axile et droit (Rhubarbe, Sarrasin, etc.), ou latéral et plus ou moins arqué (Renouée, Rumice, etc.).

D'après la présence ou l'absence d'un étui ligulaire, d'après la conformation de la fleur et de l'albumen, les genres se groupent en six tribus :

I. — Albumen entier.
  1. *Ériogonées.* — Pas d'étui ligulaire; deux verticilles d'étamines : Ériogone, Oxythèce, Chorizanthe, etc.
  2. *Kœnigiées.* — Pas d'étui ligulaire; un verticille d'étamines : Ptérostégie, Kœnigie, etc.
  3. *Polygonées.* — Un étui ligulaire; cinq sépales : Calligone, Renouée, Sarrasin, etc.
  4. *Rumicées.* — Un étui ligulaire; six sépales : Rhubarbe, Rumice, etc.

II. — Albumen ruminé.
  5. *Coccolobées.* — Cinq sépales : Coccolobe, Muhlenbeckie, Antigone, etc.
  6. *Triplaridées.* — Six sépales : Triplaride, Symmérie, etc.

Ces plantes fournissent à l'homme des aliments, comme les graines du Sarrasin comestible et les feuilles du Rumice oseille, des substances médicinales, comme le rhizome de la Rhubarbe officinale, ou des matières tinctoriales analogues à l'indigo (Renouée tinctoriale, etc.).

Les Polygonacées forment une famille très nettement limitée, qui ne se rattache intimement à aucune autre. Elle diffère, en effet, des Urticacées non seulement par l'hermaphrodisme des fleurs, la structure du pistil et la nature amylacée de l'albumen, mais encore par l'alternance des étamines avec les sépales en cas d'isomérie. C'est pourtant aux Urticacées et à la famille suivante des Chénopodiacées qu'elle ressemble le plus.

Chénopodiacées. — Les Chénopodiacées, 113 genres avec environ 1000 espèces répandues par toute la Terre, doivent leur nom au genre Chénopode ou Ansérine. Ce sont des herbes annuelles ou vivaces, des arbustes, rarement de petits arbres (Haloxyle, etc.). Les feuilles, isolées ou opposées, sont toujours dépourvues de stipules, à limbe entier, rudimentaire sur la tige charnue des Salicornes. La tige produit, dans son péricycle et de dedans en dehors, une série de pachytes dont la formation a été étudiée (I, p. 222). Les fleurs sont hermaphrodites, quelquefois unisexuées avec monœcie (Arroche, Amarante, etc.), ou diœcie (Épinard, etc.), ordinairement groupées en épis ou grappes de cymes bipares ou unipares.

Le calice a cinq sépales dont un postérieur (fig. 225 et 226); il est sépaloïde et plus ou moins gamosépale (Ansérine, etc.), ou pétaloïde et dialysépale (Amarante, etc.). L'androcée comprend cinq étamines superposées aux sépales; leurs anthères ont quelquefois deux sacs polliniques (Gomphrène, etc.), et leurs filets, assez souvent concrescents (Célosie, fig. 226, etc.), portent parfois des appendices stipulaires, libres (Gomphrène) ou concrescents deux par deux (Alternanthère, Achyranthe, etc.). Le pistil se compose de trois carpelles dont un postérieur (Acnide, Célosie, fig. 226, etc.) ou de deux carpelles médians (Ansérine, fig. 225, Épinard, Salicorne, Arroche, etc.), ouverts et concrescents en un ovaire uniloculaire surmonté de trois ou de deux styles; sur l'une des sutures et près de la base est attaché un unique ovule campylotrope; quelquefois les trois ou les deux commissures des carpelles portent toutes à leur base plusieurs ovules campylotropes (Cé-

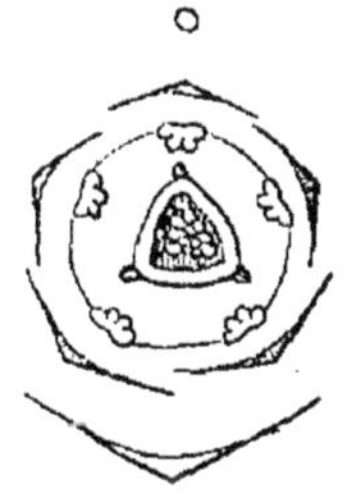

Fig. 225. — Diagramme de la fleur d'une Ansérine.

Fig. 226. — Diagramme de la fleur de la Célosie à crête.

losie, fig. 226). Dans la Bette, le pistil est concrescent à la base avec le calice et l'androcée, ce qui rend l'ovaire semi-infère.

Le fruit, ordinairement enveloppé par le calice persistant, est le plus souvent un achaine, quelquefois une baie (Blite, etc.), ou une pyxide (Amarante, Célosie, etc.). La graine contient un albumen amylacé, avec un embryon courbé en fer à cheval (Amarante, fig. 227, *a*, etc.), en anneau ou en spirale (Soude, fig. 227, *b*, etc.) autour de cet albumen; les Salicornes, les Soudes (fig. 227, *b*), etc., n'ont pas d'albumen.

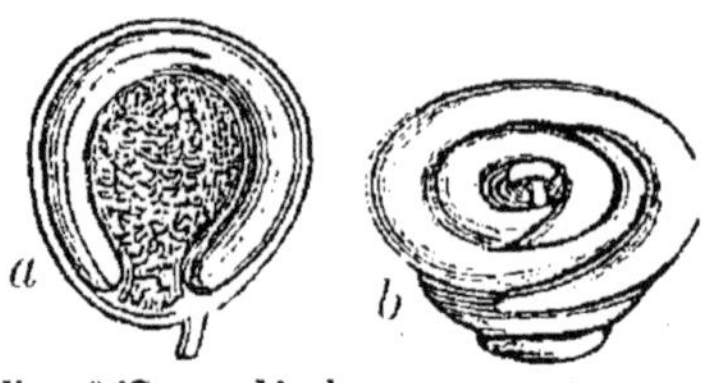

Fig. 227. — Embryon courbé : *a*, de l'Amarante ; *b*, de la Soude.

D'après la conformation du calice et de l'androcée et d'après le nombre des ovules, on groupe les genres en quatre tribus :

1. *Chénopodiées* — Sépales verts et concrescents : Soude, Salicorne, Camphrée, Arroche, Épinard, Bette, Ansérine, etc.
2. *Amarantées*. — Sépales scarieux et libres : Amarante, Acnide, Achyranthe, etc.
3. *Gomphrénées*. — Anthères à deux sacs polliniques : Alternanthère, Gomphrène, Irésine, etc.
4. *Célosiées*. — Plusieurs ovules : Célosie, etc.

Les Chénopodiacées fournissent à l'homme des aliments, comme le sucre extrait de la racine de la Bette commune, vulgairement Betterave, les feuilles de l'Épinard potager, de l'Arroche des jardins, de la Bette poirée, de l'Amarante blite, etc., les jeunes pousses de Salicorne, les graines de diverses Ansérines, Amarantes, etc. Les Soudes, Salicornes, etc., croissent en abondance sur les rivages maritimes et dans les terrains salés; on les incinère pour en extraire la soude.

Par leurs fleurs hermaphrodites pourvues d'un calice et leur ovaire ordinairement uniovulé, les Chénopodiacées se rattachent assurément aux Polygonacées, et par les Polygonacées elles se relient aux Urticacées. Mais elles diffèrent cependant beaucoup des Polygonacées par l'absence de stipules, la superposition des étamines aux sépales, comme dans les Urticacées, et la campylotropie de l'ovule.

Phytolaccacées. — Les Phytolaccacées, 22 genres avec environ 80 espèces la plupart tropicales, sont des arbres, des arbustes ou des herbes à base ligneuse dont la tige, pourvue de feuilles isolées, entières, à stipules petites ou nulles, offre dans son péricycle la même formation répétée de pachytes successifs que celle des Chénopodiacées.

Les fleurs, hermaphrodites ou unisexuées, ont un calice ordinairement pentamère (Phytolaque, fig. 228, *B*, etc.), quelquefois tétramère (Rivine, fig. 228, *A*, etc.), un androcée composé d'un nombre variable d'étamines, et un pistil formé tantôt d'un seul carpelle avec un ovule campylotrope (Rivine, fig. 228, *A*, etc.), tantôt de 2 à 10 carpelles semblables, indépendants (Ercille, etc.), ou concrescents (Phytolaque, fig. 228, *B*, etc.).

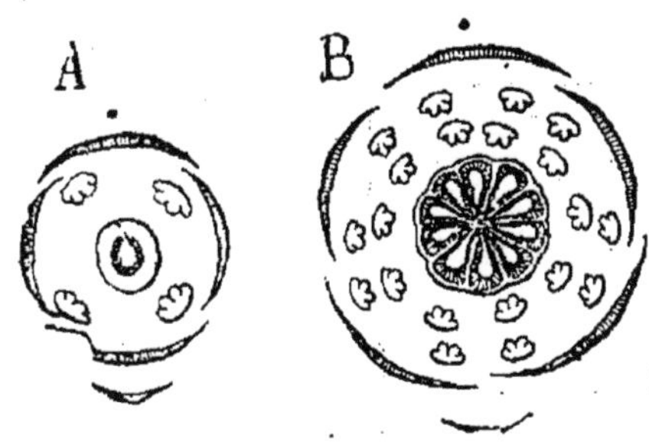

Fig. 228. — Diagramme de la fleur : *A*, de la Rivine humble ; *B*, de la Phytolaque *icosandre*.

Le fruit est souvent une baie (Rivine, Phytolaque, etc.), utilisée pour son principe colorant rouge. La *graine* a un embryon arqué entourant un albumen amylacé.

D'après la conformation de la fleur et le nombre des carpelles, les genres se groupent en trois tribus :

1. *Rivinées*. — Fleurs hermaphrodites ; un carpelle : Rivine, Microtée, etc.
2. *Phytolaccées*. — Fleurs hermaphrodites ; plusieurs carpelles : Phytolaque, Ercille, etc.
3. *Gyrostémées*. — Fleurs unisexuées ; plusieurs carpelles : Codonocarpe, Gyrostème, etc.

Aizoacées. — Les Aizoacées, 22 genres avec environ 450 espèces, dont plus de 300 Ficoïdes, la plupart tropicales ou subtropicales, sont des herbes ou des sous-arbrisseaux à feuilles assez souvent charnues et dont la tige partage la structure secondaire des Chénopodiacées et des Phytolaccacées.

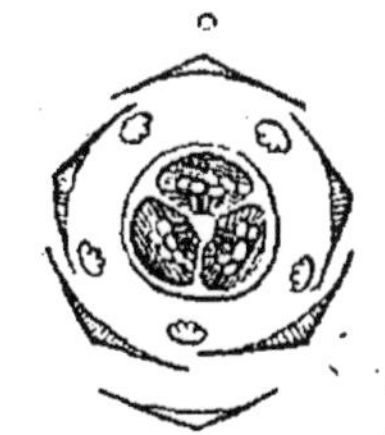
Fig. 229. — Diagramme de la fleur du Sésuve pentandre.

Les fleurs sont hermaphrodites, pentamères (fig. 229), parfois tétramères (Tétragonie, fig. 230, etc.). Les étamines sont quelquefois en même nombre que les sépales et alternent avec eux (Sésuve, fig. 229, etc.), mais le plus souvent elles se divisent et en forment chacune trois (Tétragonie cristalline, fig. 230) ou un grand nombre (Ficoïde, fig. 231, etc.) ; les plus externes sont stériles dans les Ficoïdes et se dilatent en autant de staminodes pétaloïdes qui donnent à la fleur un grand éclat (fig. 231). Le pistil est tantôt indépendant des deux verticilles externes et l'ovaire est supère (Aizoon, Mollugo, etc.), tantôt concrescent avec eux, ce qui rend l'ovaire infère (Tétragonie, Ficoïde) ; il se compose ordinairement de cinq carpelles épisépales, fermés et concrescents, contenant chacun un grand nombre d'ovules campylotropes, rarement un seul ovule anatrope (Tétragonie). Dans la plupart des Ficoïdes, le placente, d'abord interne, se trouve plus tard repoussé sur la face externe du carpelle (fig. 231).

Fig. 230. — Diagramme de la fleur de la Tétragonie cristalline.

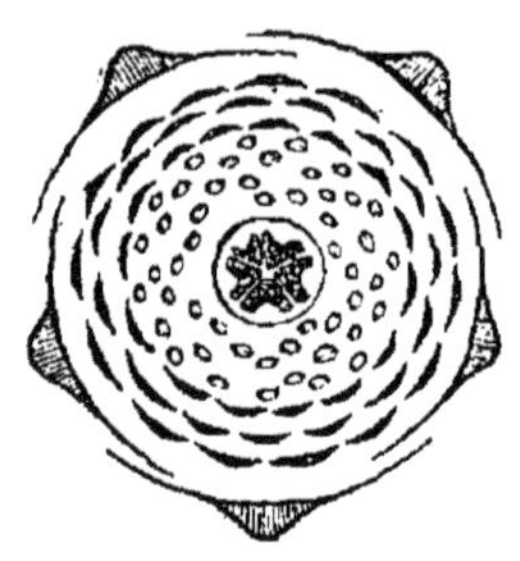

Fig. 231. — Diagramme de la fleur de la Ficoïde violette.

Le fruit est le plus souvent une capsule loculicide et la graine a son embryon courbé autour d'un albumen amylacé.

D'après la conformation de la fleur, le nombre et la forme des ovules, les genres se groupent en quatre tribus :

1. *Mollugées*. — Calice, androcée et pistil libres : Mollugo, Téléphe, etc.
2. *Aizoées*. — Calice et androcée concrescents, pistil libre : Aizoon, Sésuve, etc.
3. *Tétragoniées*. — Ovaire infère ; carpelles uniovulés ; ovule anatrope : Tétragonie.
4. *Ficoïdées*. — Ovaire infère ; carpelles multiovulés ; ovule campylotrope : Ficoïde.

Nyctagacées. — Les Nyctagacées, 23 genres avec 215 espèces, répandues dans les contrées chaudes et tropicales, sont des herbes, quelquefois des arbustes ou des arbres, à feuilles souvent opposées, simples et sans stipules, dont la tige offre la même structure secondaire que dans les trois familles précédentes.

Les fleurs sont hermaphrodites, disposées ordinairement en capitule avec un involucre parfois pétaloïde (Bougainvillée), souvent uniflore (fig. 232) (Nyctage, Oxybaphe, etc.). Le calice est gamosépale à cinq sépales souvent pétaloïdes (Nyctage, fig. 232, etc.). L'androcée comprend cinq étamines alternisépales, auxquelles s'ajoutent quelquefois des étamines épisépales (Pisonie, Bougainvillée, etc.). Le pistil est formé d'un seul carpelle antérieur dont l'ovaire, surmonté d'un long style, contient un seul ovule anatrope dressé (fig. 232).

Le fruit est un achaine, enveloppé par la base persistante et accrescente du calice. La graine a un embryon à larges cotylédons, ordinairement courbé autour d'un albumen amylacé ou charnu, rarement droit (Pisonie, etc.).

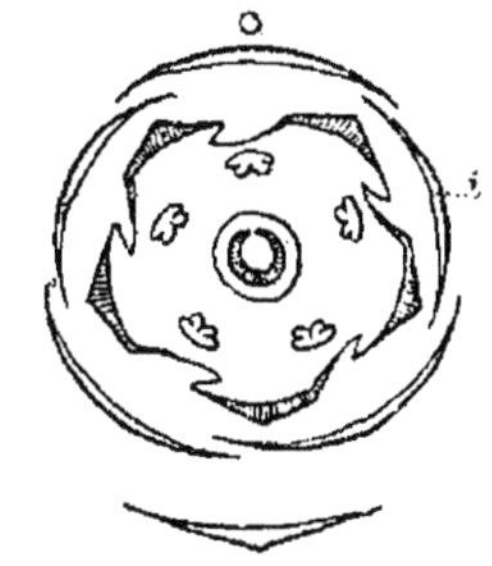

Fig. 232. — Diagramme de la fleur du Nyctage jalap; *i*, involucre uniflore.

Par la répétition centrifuge du pachyte dans le péricycle de la tige et de la racine, la campylotropie de l'ovule et la conformation de la graine où l'embryon est courbé autour d'un albumen amylacé, les Chénopodiacées, les Phytolaccacées, les Aizoacées et les Nyctagacées se montrent intimement unies entre elles, et forment ensemble une alliance, les *Chénopodiales*.

Simmondsiacées. — La Simmondsie de Californie, qui constitue à elle seule cette famille, est un arbuste à feuilles opposées, simples et sans stipules, à limbe entier. La tige produit dans son péricycle une série de pachytes successifs, comme dans les familles précédentes. Les fleurs sont unisexuées avec diœcie.

La fleur mâle a cinq sépales libres et ordinairement dix étamines en deux verticilles. La fleur femelle a aussi cinq sépales libres et un pistil formé de trois carpelles fermés et concrescents en un ovaire triloculaire surmonté de trois longs styles, libres et caduques; chaque loge contient, attaché vers le milieu de l'angle interne, un ovule anatrope pendant à raphé dorsal.

Le fruit est une capsule loculicide et la graine renferme un embryon oléagineux, à cotylédons plans convexes, accombants au raphé, sans albumen.

Par la structure de la tige, la diœcie, la pentamérie du calice, la diplostémonie, la caducité des styles, les carpelles uniovulés, l'absence d'albumen et l'orientation accombante de l'embryon, cette famille diffère beaucoup des Buxacées, avec laquelle elle était jusqu'ici confondue. La structure secondaire de la tige la rapproche des Chénopodiales; mais, par l'anatropie de l'ovule, l'embryon droit et accombant, oléagineux et dépourvu d'albumen, elle en diffère assez pour ne pas pouvoir, semble-t-il, être comprise dans cette alliance.

Podostémacées. — Les Podostémacées, 21 genres avec environ 180 espèces, sont des plantes submergées à port de Mousse et d'Hépatique, qui vivent fixées aux rochers dans les ruisseaux et les rivières rapides des contrées tropicales. La fixation a lieu par des racines rampantes qui adhèrent au support, soit par des poils, soit par des émergences plus ou moins longues de leur face inférieure, et qui produisent des bourgeons adventifs sur leur face supérieure.

Les fleurs sont hermaphrodites, rarement dioïques (Hydrostache). Le calice a trois (Terniole, etc.) ou cinq (Weddéline, etc.) sépales concrescents; ou bien il avorte (Podostème, Ligée, etc.). L'androcée a trois ou cinq étamines alternisépales, quelquefois deux concrescentes (Podostème, etc.) ou une seule (Tristiche, etc.) ou un plus grand nombre (Ligée). Le pistil a deux ou trois carpelles concrescents, fermés, rarement ouverts (Hydrostache), portant un très grand nombre d'ovules anatropes bitegminés.

Le fruit est une capsule septifrage, parfois à déhiscence suturale (Hydrostache). La graine, dont l'embryon droit a deux cotylédons épais, sans radicule, est dépourvue d'albumen.

D'après l'hermaphrodisme ou l'unisexualité des fleurs, la conformation de l'ovaire et la déhiscence du fruit, les genres se groupent en deux tribus :

1. *Podostémées*. — Fleurs hermaphrodites. Ovaire pluriloculaire. Capsule septifrage : Podostème, Lawie, Tristiche, Terniole, Weddelline, Marathre, Rhyncholace, Apinagie, Dicrée, Castelnavie, etc.
2. *Hydrostachyées*. — Fleurs unisexuées. Ovaire uniloculaire. Capsule suturale : Hydrostache.

Protéacées. — Les Protéacées, 50 genres avec environ 960 espèces appartenant la plupart à l'Australie et à l'Afrique australes, sont des arbres ou des arbustes à feuilles ordinairement isolées, simples, sans stipules, à limbe souvent coriace. Les fleurs sont hermaphrodites et le plus souvent groupées en épi (Banksie, etc.), grappe (Grévillée, etc.), ombelle (Sténocarpe, etc.), ou capitule (Protée, Conosperme, etc.).

Fig. 233. — Diagramme de la fleur d'une Grévillée.

Le calice est formé de quatre sépales pétaloïdes (fig. 233), d'abord collés bord à bord en un long tube, se séparant plus tard en s'enroulant vers le bas (fig. 234). L'androcée a quatre étamines superposées aux sépales et concrescentes avec eux dans toute la longueur des filets (fig. 233 et 234, *a*). Le pistil se compose d'un seul carpelle postérieur, renfermant un seul ovule (Protée, Conosperme, etc.), deux ovules collatéraux (Banksie, Grévillée, fig. 233, etc.), quatre ovules collatéraux (Darlingie, etc.) ou un grand nombre d'ovules en deux rangées (Sténocarpe, Lomatie, etc.); les ovules sont tantôt pendants et orthotropes (Conosperme, Roupale, etc.), tantôt ascendants et anatropes (Protée, Banksie, etc.).

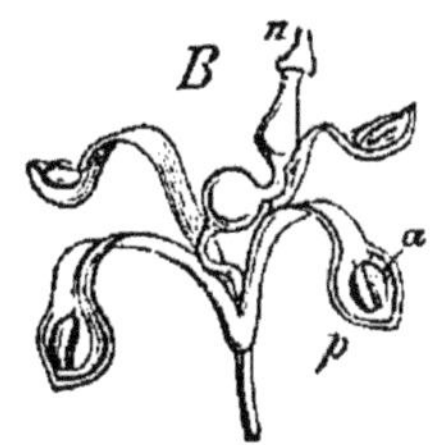

Fig. 234. — Fleur de la Manglésie glabre : *a*, anthère insérée sur le sépale *p*; *n*, carpelle pétiolé à style renflé et stigmate conique.

Le fruit est tantôt indéhiscent, achaine (Protée, etc.) ou drupe (Persoonie, etc.), tantôt déhiscent le long de la suture ventrale en forme de follicule (Hakée, Grévillée, Banksie, etc.). La graine, souvent ailée dans les follicules (Banksie, etc.), est dépourvue d'albumen et contient un embryon droit.

D'après la nature du fruit, les genres se groupent en deux tribus :

1. *Protéées*. — Achaine ou drupe : Leucodendre, Protée, Leucosperme, Isopoge, Conosperme, Persoonie, etc.
2. *Grévillées*. — Follicule : Roupale, Grévillée, Hakée, Banksie, etc.

Bon nombre de Protéacées sont de grands arbres et donnent des bois de construction et de chauffage (Protée, Cardwellie, Darlingie, etc.); d'autres produisent des graines alimentaires (Guévine, etc.).

Céphalotacées. — Le Céphalote folliculaire d'Australie, qui constitue à lui seul cette famille, est une herbe vivace à rhizome portant des feuilles de deux sortes, les unes planes et lancéolées, les autres creusées en ascidies operculées, semblables à celles des Népenthes (I, p. 269). Les fleurs sont hermaphrodites, actinomorphes et hexamères.

Le calice a six sépales libres, valvaires, persistants. L'androcée a deux verticilles de six étamines, l'externe alternisépale, l'interne épisépale. Le pistil a six carpelles libres, alternisépales, fermés et contenant chacun un seul ovule anatrope dressé à raphé dorsal, hyponaste par conséquent.

Le fruit se compose de cinq follicules uniséminés. La graine a un petit embryon droit et un albumen charnu.

Cette famille diffère des précédentes notamment par l'hexamérie, la diplostémonie, la pluralité et l'indépendance des carpelles, qui sont uniovulés.

Brunelliacées. — Les Brunellies, dont les 10 espèces américaines composent seules cette famille, sont de grands arbres à feuilles opposées et stipulées, à fleurs unisexuées avec diœcie, actinomorphes et pentamères.

La fleur mâle a un calice gamosépale et deux verticilles d'étamines libres, à anthères oscillantes à quatre sacs s'ouvrant en long. La fleur femelle a un calice pareil et cinq carpelles alternisépales fermés et libres, contenant chacun deux ovules pendants à raphé interne, hyponastes par conséquent.

Le fruit est formé de cinq follicules. La graine a un petit embryon avec un albumen amylacé.

Ces plantes diffèrent des Céphalotacées par le port, la disposition des feuilles, la diœcie, la pentamérie, les carpelles biovulés et la nature de l'albumen.

Éléagnacées. — Les Éléagnacées, 3 genres avec 17 espèces appartenant aux régions tempérées de l'hémisphère boréal, sont des arbres ou des arbustes à rameaux souvent épineux, à feuilles isolées (Chalef ou Éléagne, Argoussier) ou opposées (Lépargyrée), simples et sans stipules, à limbe entier, penninerve, couvert de poils en écusson. Les fleurs sont actinomorphes, hermaphrodites (Chalef, I, p. 381, fig. 168) ou dioïques par avortement (Argoussier, Lépargyrée).

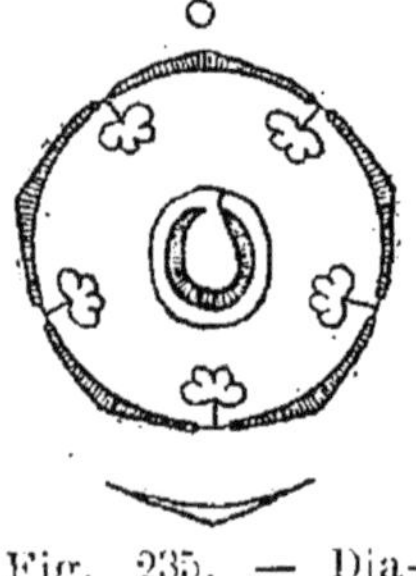

Fig. 235. — Diagramme d'une fleur pentamère du Chalef angustifolié.

Le calice est formé de deux (Argoussier) ou de quatre (Chalef, fig. 235, Lépargyrée) sépales, souvent pétaloïdes, concrescents en tube. L'androcée comprend tantôt un seul verticille alternisépale (Chalef, fig. 235), tantôt deux verticilles alternes, tétramères (Lépargyrée), ou dimères (Argoussier), d'étamines à filets concrescents avec le tube du calice. Le pistil se compose d'un seul carpelle antérieur, libre, fermé en arrière, portant à la base de la suture un seul ovule anatrope dressé à raphé ventral (fig. 235, voir aussi I, p. 381, fig. 268).

Le fruit est un achaine, enveloppé par le calice tout entier (Argoussier) ou seulement par sa base tubuleuse persistante (Chalef). Cette enveloppe, devenant ligneuse dans sa zone interne, charnue dans sa zone externe, donne au fruit l'aspect d'une drupe, quelquefois comestible (divers Chalefs) ou produisant une substance tinctoriale jaune (Argoussier rhamnoïde). La graine a un albumen très mince ou nul et un embryon droit.

Geissolomacées. — Le Geissolome marginé, qui constitue seul cette famille, est un arbuste du Cap, à feuilles opposées, sans stipules, à fleurs hermaphrodites tétramères.

Le calice est dialysépale; l'androcée a deux verticilles d'étamines libres à anthères dorsifixes, à quatre sacs s'ouvrant en long. Le pistil a quatre carpelles fermés et concrescents en un ovaire quadriloculaire, surmonté d'autant de styles libres et contenant dans chaque loge deux ovules anatropes pendants à raphé dorsal.

Le fruit est une capsule loculicide. La graine a un embryon droit et un albumen oléagineux.

Ces plantes diffèrent des Eléagnacées notamment par la dialysépalie, la pluralité des carpelles, la dualité des ovules, la nature du fruit et la présence d'un albumen.

Thyméléacées. — Les Thyméléacées, 47 genres avec environ 420 espèces répandues dans les climats tempérés, sont des arbustes, rarement des herbes annuelles (Thymélée des champs, etc.), à feuilles isolées (Daphné, Thymélée, etc.) ou opposées (Passérine, Phalérie, etc.), simples et sans stipules, à limbe entier, coriace, uninerve ou penninerve. A peu d'exceptions près (Drapète, etc.), la tige a toujours des tubes criblés à la périphérie de sa moelle, et quelquefois aussi dans son bois secondaire (Aquilaire, Gyrinope, etc.).

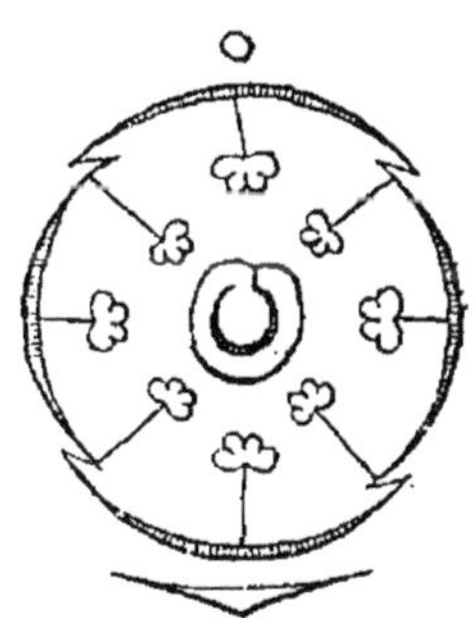
Fig. 236. — Diagramme de la fleur du Daphné mézéréon.

Les fleurs sont hermaphrodites et actinomorphes. Le calice a ordinairement quatre (fig. 236), quelquefois cinq sépales (Daïde, Aquilaire, etc.), souvent pétaloïdes, concrescents en tube ; la gorge du tube porte quelquefois, en alternance avec les sépales, des languettes simples ou bifurquées que l'on a considérées comme une corolle rudimentaire (Struthiole, Linostome, etc.). L'androcée a le plus souvent deux verticilles alternes de quatre ou cinq étamines, concrescentes avec le tube du calice (fig. 236); il n'y a quelquefois qu'un seul verticille d'étamines épisépales (Gyrinope, etc.) ou alternisépales (Struthiole, Drapète, etc.); chez les Pimélées, il n'y a que deux étamines, superposées aux deux plus externes des quatre sépales. Le pistil est formé ordinairement d'un seul carpelle antérieur, libre, fermé en arrière, portant vers le sommet de sa suture un seul ovule anatrope pendant à raphé ventral; le fruit est alors indéhiscent, achaine (Pimélée, Thymélée, etc.), ou baie (Daphné, etc.).

Dans quelques genres, il y a plusieurs carpelles concrescents en un ovaire pluriloculaire; le fruit est alors une capsule loculicide (Aquilaire, Gyrinope, etc.), ou une drupe (Phalérie, etc.). La graine a un embryon droit, ordinairement dépourvu d'albumen.

D'après la structure de la tige, la conformation du pistil et la nature du fruit, les genres se groupent en quatre tribus :

1. *Thyméléées*. — Un carpelle, achaine ou baie : Pimélée, Struthiole, Daphné, Thymélée, Passérine, Gnidie, etc.
2. *Phalériées*. — Plusieurs carpelles, drupe : Phalérie, Leucosmie, Peddiée, etc.
3. *Aquilariées*. — Plusieurs carpelles, capsule : Aquilaire, Gyrinope, etc.
4. *Drapétées*. — Pas de tubes criblés circummédullaires : Drapète, etc.

Plusieurs de ces plantes sont utilisées, les unes pour leurs principes colorants, qui servent à teindre en jaune (divers Daphnés, Thymélée tinctoriale, etc.), d'autres pour leurs fibres textiles (divers Gnidies et Daphnés, Funifère utile, Dirce palustre, etc.), ou pour leur liber secondaire fibreux finement réticulé, qui est déjà lui-même un tissu (Lagette à linge, etc.), d'autres encore pour leur bois résineux et odorant (Aquilaire, etc.).

Par la présence presque constante de tubes criblés circummédullaires, cette famille se distingue nettement de toutes les précédentes.

Pénéacées. — Les Pénéacées, 6 genres avec 22 espèces propres à l'Afrique australe, sont des arbustes très rameux, à feuilles petites, opposées, simples et sans stipules, à limbe entier et coriace. La tige a, comme celle des Thyméléacées, des tubes criblés circummédullaires.

Les fleurs, hermaphrodites et actinomorphes, se composent de quatre sépales concrescents en tube, de quatre étamines alternisépales concrescentes avec le tube du calice et de quatre carpelles épisépales, fermés et concrescents en un ovaire à quatre loges, renfermant chacune soit deux ovules anatropes dressés à raphé dorsal (Pénée, etc.), soit quatre ovules, deux dressés et deux pendants (Endonème, etc.).

Le fruit est une capsule à déhiscence loculicide. La graine a un embryon à cotylédons courts, sans albumen.

D'après le nombre des ovules dans chaque loge de l'ovaire, les genres se groupent en deux tribus :

1. *Pénéées*. — Carpelles biovulés : Pénée, Brachysiphon, Stylaptère, Sarcocolle.
2. *Endonémées*. — Carpelles quadriovulés : Endonème, Glischrocolle.

Par la présence de tubes criblés circummédullaires dans la tige, cette famille ressemble aux Thyméléacées, dont elle diffère notamment par l'isostémonie.

SOUS-ORDRE III

Castanéinées.

Les Séminées bitegminées à fleur monopérianthée et à ovaire infère, qui composent le sous-ordre des Casténéinées, sont peu nombreuses et ne comprennent que cinq familles, ainsi définies :

CASTANÉINÉES. Pistil à carpelles	fermés,	biovulés..		*Castanéacées.*
		multiovulés. Fleurs	hermaphrodites...	*Aristolochiacées.*
			unisexuées.......	*Bégoniacées.*
	ouverts. Plantes	à chlorophylle................		*Datiscacées.*
		sans chlorophylle, parasites....		*Apodanthacées.*

Castanéacées. — Les Castanéacées, 5 genres avec 350 espèces, dont plus de 200 Chênes et plus de 100 Pasanies, répandues la plupart dans les régions tempérées de l'hémisphère boréal, sont de grands arbres formant de vastes forêts, à feuilles isolées, simples, munies de stipules libres et caduques, à limbe penniverve ordinairement denté, parfois plus ou moins profondément lobé (Chêne). Les fleurs sont unisexuées avec monœcie, rarement avec diœcie (Nothofage), ordinairement disposées en épis, parfois solitaires ou en cymes bipares contractées à l'aisselle des feuilles (Hêtre, Nothofage).

Les fleurs mâles sont le plus souvent serrées en épis longs, pendants (Chêne) ou dressés (Châtaignier, Pasanie), tantôt solitaires (Chêne), tantôt groupées en cymes bipares contractées de trois à cinq (la plupart des Pasanies), ou de sept fleurs (Châtaignier), à l'aisselle des bractées mères. Dans les Nothofages, elles sont solitaires ou par trois, dans les Hêtres elles forment en grand nombre une cyme bipare contractée à l'aisselle des feuilles. Le calice a quatre à sept, ordinairement six petits sépales verdâtres, concrescents en coupe ou en cloche. L'androcée a autant d'étamines que de sépales, épisépales, à filets libres, à anthères introrses à quatre sacs s'ouvrant en long, quelquefois un nombre plus grand et indéterminé de pareilles étamines (Châtaignier, etc.).

Les fleurs femelles forment des épis distincts, pauciflores et globuleux, ou occupent la région inférieure de longs épis mixtes (Châtaignier, Pasanie), tantôt solitaires (Chêne, la plupart des Pasanies), tantôt groupées par trois (Châtaignier, certaines Pasanies) à l'aisselle des bractées mères (fig. 237); dans les Hêtres, elles sont par deux, dans les Nothofages par trois à l'aisselle des feuilles. Le calice a six sépales concrescents avec le pistil dans toute la longueur de l'ovaire, qui est infère. Le pistil a ordinairement trois, parfois six carpelles (Châtaignier, fig. 237), fermés et concrescents en un ovaire à trois ou six loges, surmonté d'autant de styles libres, contenant dans chaque loge deux ovules anatropes pendants à raphé interne, munis de deux téguments.

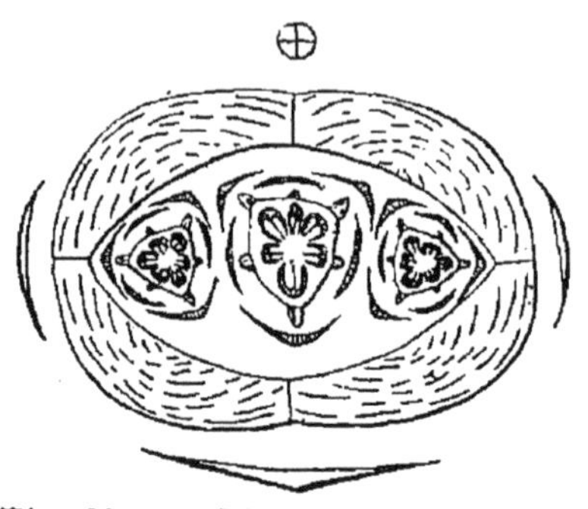

Fig. 237. — Diagramme de la fleur femelle du Châtaignier vulgaire; trois fleurs à l'aisselle de la bractée de l'épi, avec deux bractées secondaires et dans une cupule.

Pendant le développement de l'ovaire en fruit, toutes les loges avortent moins une et dans cette loge un seul des ovules se développe en graine : aussi le fruit est-il, dans tous les cas, un achaine couronné par le calice et les styles persistants. En même temps le pédicelle floral s'accroît tout autour de la base de l'ovaire, qu'il enveloppe d'une cupule couverte d'émergences (I, p. 334) : d'où le nom de *Cupulifères*, donné souvent à ces plantes. Dans les Chênes et les Pasanies, la cupule n'enveloppe qu'un seul fruit et demeure ouverte en haut, en forme de coupe plus ou moins profonde, couverte d'émergences écailleuses (fig. 238). Partout ailleurs, elle enveloppe deux (Hêtre) ou trois fruits (Châtaignier, Nothofage) et se ferme au sommet en un sac clos portant des émergences épineuses, qui s'ouvre en quatre valves à la maturité pour disséminer les achaines (fig. 239). La graine est dépourvue d'albumen; son volumineux embryon a ses cotylédons le plus

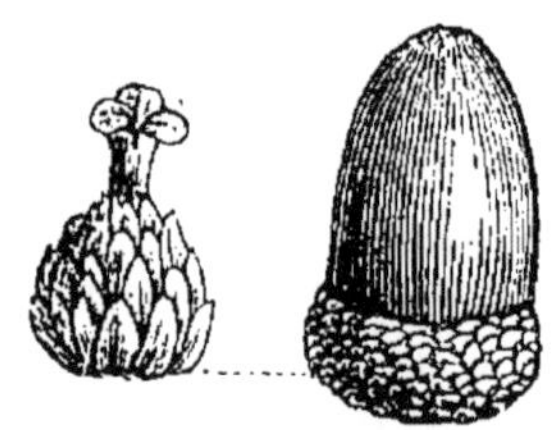

Fig. 238. — Cupule du Chêne; fleur et fruit.

souvent plans-convexes et amylacés (Chêne, Châtaignier, etc.), parfois plissés et oléagineux (Hêtre, etc.). A la germination, ils sont dans le premier cas hypogés, dans le second épigés. Les Pasanies, les Châtaigniers de la section Castanopse et divers Chênes (sections Cerris, Érythrobalan, Gallifère, etc.) mettent deux ans à mûrir leurs graines.

Fig. 239. — Cupule du Hêtre, ouverte en quatre valves.

D'après le mode d'inflorescence, la forme, la nature et le développement des cotylédons, les genres se groupent en deux tribus :

1. *Castanéées*. — Fleurs en épi. Cotylédons plans-convexes, amylacés, hypogés : Chêne, Pasanie, Châtaignier.
2. *Fagées*. — Fleurs axillaires des feuilles. Cotylédons plissés, oléagineux, épigés : Hêtre, Nothofage.

On sait de quelle utilité est le bois de ces arbres. L'écorce des Chênes sert à tanner les peaux; celle du Chêne tinctorial est employée, sous le nom de *quercitron*, à la teinture en jaune; le Chêne liège et le Chêne d'Occident sont exploités pour leur liège épais et indéfiniment renouvelable (I, p. 213). Le Hêtre, le Châtaignier et le Chêne ont des graines comestibles; celles du Hêtre fournissent une huile estimée.

Aristolochiacées. — Les Aristolochiacées, 5 genres avec 204 espèces, dont 180 Aristoloches, répandues dans les régions chaudes et tempérées, principalement de l'hémisphère boréal, sont des herbes vivaces à rhizome rampant (Asaret, etc.) ou des plantes ligneuses souvent volubiles vers la droite (Aristoloche, etc.), à feuilles isolées, souvent distiques, simples et sans stipules, pétiolées engainantes, à limbe ordinairement palminerve et entier. Les fleurs sont hermaphrodites, actinomorphes (Asaret, etc.) ou zygomorphes (Aristoloche, etc.), rarement terminales (Asaret), le plus souvent axillaires, parfois très grandes (diverses Aristoloches).

Fig. 240. — Diagramme de la fleur de l'Asaret d'Europe.

Le calice est formé de trois sépales égaux et concrescents (Asaret, fig. 240, Aristoloche siphon, fig. 241, etc.), parfois d'un seul sépale reployé en tube (Aristoloche clématite, fig. 242, etc.); il est concrescent avec le pistil dans toute la longueur de l'ovaire, qui est infère (fig. 243). L'androcée comprend ordinairement six (la plupart des Aristoloches) ou douze étamines (Asaret) à anthères extrorses, dont les connectifs épais, parfois prolongés en pointe (Asaret), sont tantôt libres (Asaret), tantôt unis latéralement entre eux et en dedans avec le style, de manière à former un épais gynostème (I, p. 395) (Aristoloche, fig. 243, etc.). Le pistil est constitué quelquefois par quatre (Bragantie, etc.), le plus souvent par six carpelles fermés, alternes avec les six étamines, concrescents en un ovaire à six loges contenant chacune deux rangs d'ovules anatropes (fig. 240, 241, 242); cet ovaire est tantôt surmonté d'autant de styles que de carpelles (Asaret, fig. 240, etc.), tantôt terminé par un style unique, concrescent avec les faces internes des anthères extrorses et constituant avec elles le gynostème (Aristoloche, fig. 241, 242 et 243, etc.).

Fig. 241. — Diagramme de la fleur de l'Aristoloche siphon.

Fig. 242. — Diagramme de la fleur de l'Aristoloche clématite.

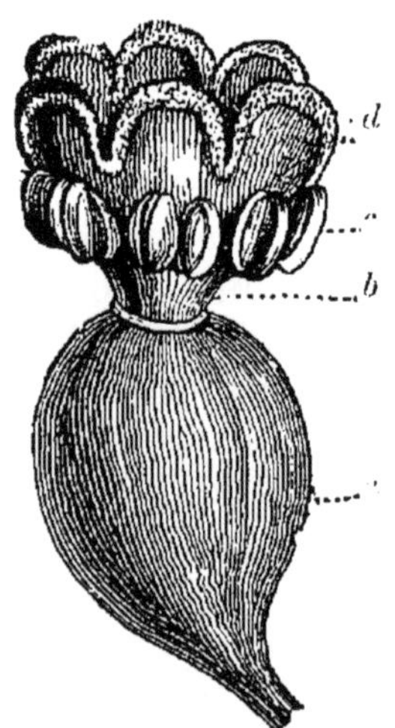

Fig. 243. — Fleur d'Aristoloche ronde; le calice est enlevé en *b*; *c*, anthères concrescentes dans toute leur longueur avec le gros style, qui se divise au sommet en six lobes stigmatiques superposés *d*; *a*, ovaire infère.

Le fruit est une capsule septicide. La graine renferme un abondant albumen charnu ou corné et un petit embryon.

D'après l'absence ou la présence d'un gynostème et le nombre des carpelles, les genres se groupent en trois tribus :

1. *Asarées.* — Anthères libres : six carpelles : Asaret.
2. *Apamées.* — Anthères libres; quatre carpelles : Apame, Thottée.

3. *Aristolochiées*. — Anthères concrescentes avec le style; six carpelles : Aristoloche, Holostyle.

Bégoniacées. — Les Bégoniacées, 4 genres avec 405 espèces, dont 400 Bégonies, répandues dans toutes les régions tropicales, sont des plantes herbacées, à tige parfois tuberculeuse ou ligneuse, à feuilles ordinairement distiques, simples, munies de deux stipules concrescentes, à limbe dissymétrique. Tige et feuilles sont pourvues de cystolithes géminés et antipodes. Les fleurs sont unisexuées monoïques, disposées en cymes bipares, les mâles terminales, les femelles latérales.

La fleur mâle a un calice pétaloïde à sépales libres, au nombre de deux, quatre ou huit chez les Bégonies, de dix dans l'Hillebrandie, concrescents dans les Bégonielles, et un androcée à nombreuses étamines libres ou diversement concrescentes, à anthères extrorses, à quatre sacs s'ouvrant en long, rarement par des pores; les Bégonielles n'ont que quatre étamines.

La fleur femelle a un calice pétaloïde dont les sépales libres sont au nombre de deux à huit chez les Bégonies, de dix dans l'Hillebrandie; ils sont concrescents dans la Symbégonie et les Bégonielles. Le pistil est composé de trois (Bégonie, Bégonielle, Symbégonie) ou cinq (Hillebrandie) carpelles fermés, concrescents avec le calice et entre eux en un ovaire à trois ou cinq loges, renfermant, sur les bords carpellaires fortement réfléchis en dehors, un grand nombre d'ovules anatropes, et surmonté de trois ou cinq styles ramifiés en dichotomie.

Le fruit est une capsule loculicide, dont les graines très petites contiennent un embryon cylindrique à cotylédons très courts, sans albumen.

Datiscacées. — Les Datiscacées, 4 genres avec 5 espèces tropicales, sont tantôt des herbes à feuilles lobées et à port de Chanvre (Datisque, Tricéraste), tantôt de grands arbres à feuilles entières (Tétramèle, Octomèle).

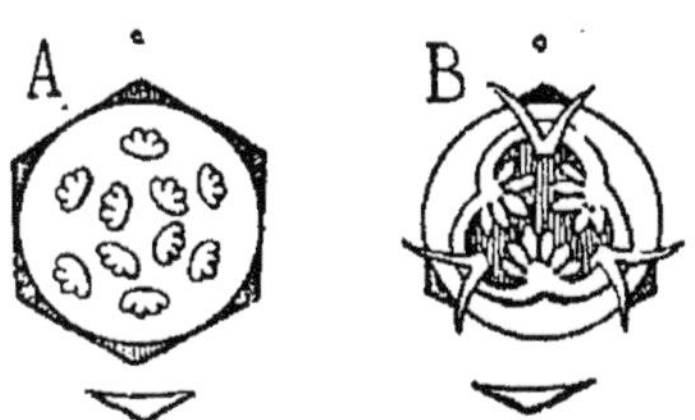

Fig. 244. — Diagramme des fleurs du Datisque chanvrin. *A*, fleur mâle; *B*, fleur femelle.

Les fleurs sont dioïques, en épi ou en grappe. Dans le Datisque (fig. 244) et le Tricéraste, la fleur mâle a six sépales avec six à douze étamines extrorses, les externes épisépales (fig. 244, *A*). La fleur femelle a trois sépales et trois carpelles épisépales ouverts et concrescents avec le calice et entre eux de manière à former un ovaire infère uniloculaire, à trois placentes pariétaux chargés de nombreux ovules anatropes, surmonté d'autant de styles bifurqués (fig. 244, *B*).

Le Tétramèle a quatre sépales, les Octomèles huit, avec autant d'étamines ou de carpelles superposés.

Le fruit est une capsule à déhiscence apicale. La graine, très petite, a un embryon cylindrique, sans albumen.

Les Datiscacées se distinguent des Bégoniacées notamment par la placentation pariétale.

Apodanthacées. — Les Apodanthacées, 2 genres avec 10 espèces tropicales, sont des plantes sans chlorophylle, vivant en parasites sur les tiges de divers végétaux, notamment de Légumineuses (Pilostyle). Le corps végétatif s'y réduit à un lacis de filaments rameux, développés à l'intérieur des jeunes rameaux de la plante nourricière. Pour fleurir, ces filaments produisent çà et là un tubercule, qui perce la couche périphérique du rameau, paraît au dehors, produit à sa base deux paires (Apodanthe) ou deux verticilles d'écailles (Pilostyle) et se termine par une fleur, qui est unisexuée avec diœcie.

La fleur mâle a ordinairement quatre sépales et deux ou trois verticilles d'étamines concrescentes par leurs filets en une colonne axile, à sacs polliniques s'ouvrant transversalement. La fleur femelle a aussi quatre sépales concrescents avec le pistil dans toute la longueur de l'ovaire, qui est infère, libres au-dessus. Le pistil est formé de quatre carpelles ouverts et concrescents en un ovaire uniloculaire surmonté d'un style unique, renfermant sur autant de placentes pariétaux un grand nombre d'ovules anatropes à deux téguments.

Le fruit est une baie parfois couronnée par le calice persistant (Pilostyle). La graine, très petite, contient un embryon homogène et un albumen oléagineux, réduit à une seule assise de cellules.

Considérées jusqu'ici comme une tribu des Rafflésiacées, dont elles ont le mode de végétation (p. 330), ces plantes en diffèrent notamment par leurs ovules bitegminés.

SOUS-ORDRE IV

Renonculinées.

Les Séminées bitegminées à corolle dialypétale et à ovaire supère, qui composent le sous-ordre des Renonculinées, sont très nombreuses. Aussi convient-il de les grouper d'abord en cinq alliances, que l'on peut définir comme il suit d'après le nombre décroissant des éléments de l'androcée et d'après la conformation du pistil :

RENONCULINÉES. Étamines	en nombre indéfini, simples................... (Androcée polystémone).		*Renonculales.*
	en deux verticilles, ramifiées. Carpelles (Androcée méristémone).	fermés..	*Malvales.*
		ouverts.	*Papavérales*
	en deux verticilles, simples.................. (Androcée diplostémone).		*Géraniales.*
	en un verticille, simples...................... (Androcée isostémone).		*Célastrales.*

ALLIANCE I

RENONCULALES.

Les Renonculinées à androcée polystémone, qui constituent l'alliance des Renonculales, ont aussi toutes le pistil formé de carpelles libres ; elles comprennent neuf familles, que l'on peut caractériser ainsi :

RENONCULALES.	Type 5. Calice simple, corolle simple......				*Renonculacées.*
	Type 3.	Calice simple,	corolle simple..		*Lauracées.*
			pas de corolle...........		*Myristicacées.*
			corolle double. Albumen...	ruminé..	*Anonacées.*
				entier....	*Magnoliacées.*
		Calice double, corolle double. Carpelle...		uniovulé...	*Ménispermacées.*
				pluriovulé.	*Berbéridacées.*
	Type ∞.	Corolle indéterminée...............			*Nélombacées.*
		Calice et corolle indéterminés....			*Monimiacées.*

Renonculacées. — Les Renonculacées, 30 genres avec environ 1200 espèces répandues la plupart dans les régions tempérées, sont des herbes annuelles ou vivaces, rarement des plantes ligneuses (Xanthorhize, Pivoine moutan) ou des arbustes grimpant à l'aide des feuilles (Clématite), parfois prolongées en vrilles (Naravélie). Les feuilles sont isolées, rarement opposées (Clématite), à pétiole souvent dilaté en gaine, rarement stipulées, à limbe entier ou diversement découpé. Les fleurs sont hermaphrodites, ordinairement actinomorphes, parfois zygomorphes (Aconit, Dauphinelle, etc.), souvent solitaires, ordinairement terminales (Renoncule, Pivoine, etc.), quelquefois groupées en grappes simples (Aconit, etc.) ou composées (Clématite, etc.); dans quelques genres, le pédicelle porte un involucre (Anémone, Éranthe, etc.).

Le calice comprend ordinairement cinq sépales (fig. 245, 247, 248), parfois trois (Ficaire), quatre (Clématite, fig. 246) ou six (Éranthe), libres, caducs, rarement persistants (Hellébore, etc.),

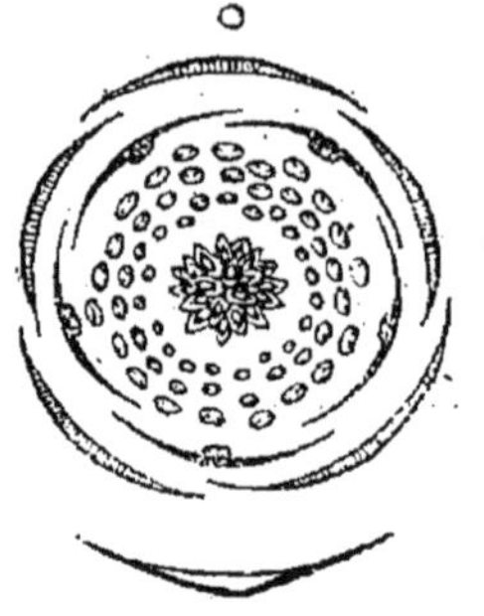

Fig. 245. — Diagramme de la fleur de la Renoncule âcre.

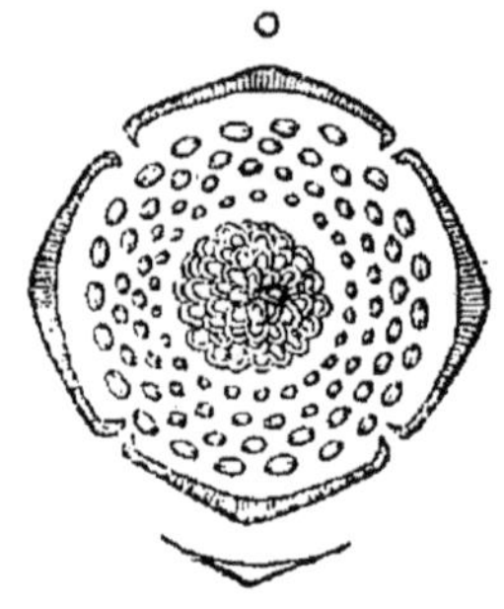

Fig. 246. — Diagramme de la fleur de la Clématite intégrifoliée.

assez souvent pétaloïdes ; quelquefois le postérieur se développe plus que les autres, s'arrondit en casque (Aconit, fig. 248, *A*) ou se prolonge en éperon (Dauphinelle, fig. 248, *B*), ce qui rend le calice zygomorphe. La corolle, formée de pétales libres, parfois éperonnés (Ancolie, fig. 247, *A*) ou creusés à la base d'une pochette nectarifère (Renoncule, fig. 245), est le plus souvent isomère et alterne avec le calice ; quelquefois, avec un calice pentamère, il y a 8 (Aconit, fig. 248, *A*, Adonide, etc.), ou même 13 et 21 pétales (Hellébore); à mesure que le calice devient pétaloïde, les pétales se réduisent à des appendices de plus en plus petits, creusés en casque au sommet (Aconit, fig. 249) ou enroulés en cornet (Hellébore, fig. 250), souvent nectarifères (Dauphinelle, Aconit, fig. 248, *A*, Éranthe, Nigelle, fig. 247, *B*, Hellébore, etc.), et enfin avortent complètement, en partie (Dauphinelle d'Ajax, fig. 248, *B*) ou en totalité (Anémone, Clématite, fig. 246, Pigamon, etc.). Quand le calice est zygomorphe, la corolle l'est aussi : des huit pétales de l'Aconit et

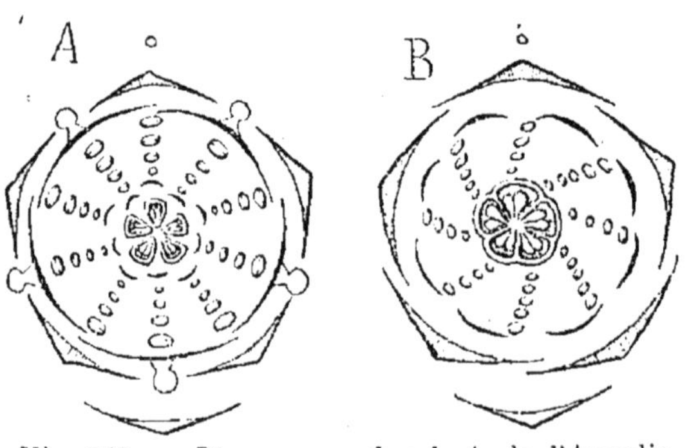

Fig. 247. — Diagramme floral. *A*, de l'Ancolie vulgaire ; *B*, de la Nigelle de Damas.

de la Dauphinelle, par exemple (fig. 248), les deux postérieurs se développent plus que les autres (fig. 248, *A*) et peuvent même s'unir en un pétale unique, éperonné comme le sépale correspondant (Dauphinelle d'Ajax, fig. 248, *B*, etc.). L'androcée se compose d'un grand nombre d'étamines libres, à anthères latérales ou extrorses, disposées quelquefois en verticilles pentamères alternes (Ancolie, fig. 247, *A*, etc.), ordinairement en une spirale continue; dans les Ancolies, les étamines des deux derniers verticilles se réduisent à des staminodes (fig. 247, *A*). Le pistil est formé tantôt d'un grand nombre de petits carpelles libres, renfermant un seul ovule anatrope, disposés en une spirale qui continue celle des étamines (Renoncule, fig. 245, Anémone, Clématite, *fig.* 246, etc.); *tantôt d'un petit nombre* de grands carpelles libres, à deux rangs d'ovules anatropes : cinq (Ancolie, fig. 247, *A*, Pivoine, Nigelle, fig. 247, *B*, etc.), trois (Hellébore, Éranthe, Aconit, fig. 248, *A*, etc.), deux (Nigelle garidelle, etc.), ou un seul (Actée, Dauphinelle d'Ajax, fig. 248, *B*); dans les Nigelles, ces grands carpelles s'unissent jusqu'à la base des styles en un ovaire à cinq loges (fig. 247, *B*).

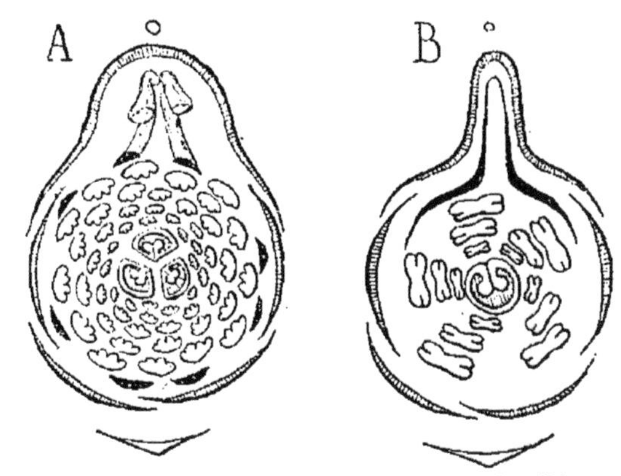

Fig. 248. — Diagramme floral : *A*, de l'Aconit napel; *B*, de la Dauphinelle d'Ajax.

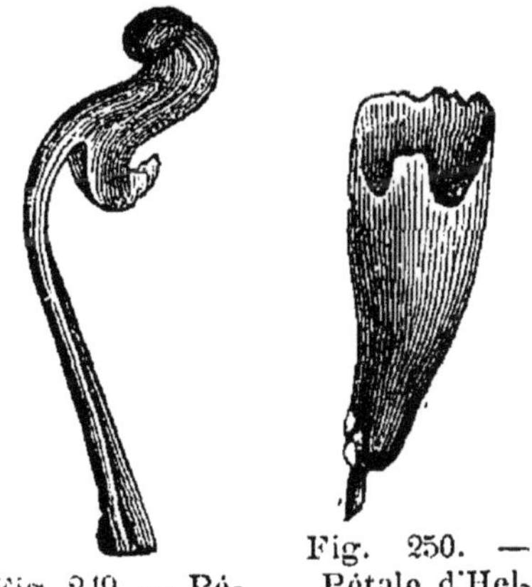
Fig. 249. — Pétale d'Aconit.

Fig. 250. — Pétale d'Hellébore.

Si les carpelles sont nombreux et uniovulés, le fruit se compose d'autant d'achaines (fig. 245 et 246); s'ils sont peu nombreux et multiovulés, ils deviennent autant de follicules (fig. 247 et 248); le fruit des Nigelles est une capsule à cinq loges, celui des Actées une baie. La graine renferme un petit embryon avec un abondant albumen charnu ou corné.

D'après la disposition des feuilles, le nombre des ovules et la nature du fruit, les genres se groupent en trois tribus :

1. *Clématitées*. — Feuilles opposées : Clématite, Naravélie.
2. *Renonculées*. — Carpelles uniovulés, achaines : Renoncule, Ficaire, Myosure, Adonide, Anémone, Pigamon, etc.
3. *Helléborées*. — Carpelles multiovulés, follicules : Populage, Trolle, Hellébore, Éranthe, Isopyre, Nigelle, Ancolie, Dauphinelle, Aconit, Actée, Cimicifuge, Xanthorhize, Pivoine, etc.

Recherchées dans les jardins pour la beauté de leurs fleurs, ces plantes renferment des principes âcres et vénéneux, qui acquièrent leur plus grande activité dans les Aconits, les Hellébores et les Renoncules.

Anonacées. — Les Anonacées, 46 genres avec environ 400 espèces presque toutes tropicales, sont des arbres ou des arbustes souvent grimpants, à feuilles isolées, simples et sans stipules, à limbe entier, renfermant de l'huile essentielle dans des cellules isolées. Les fleurs sont hermaphrodites, actino-

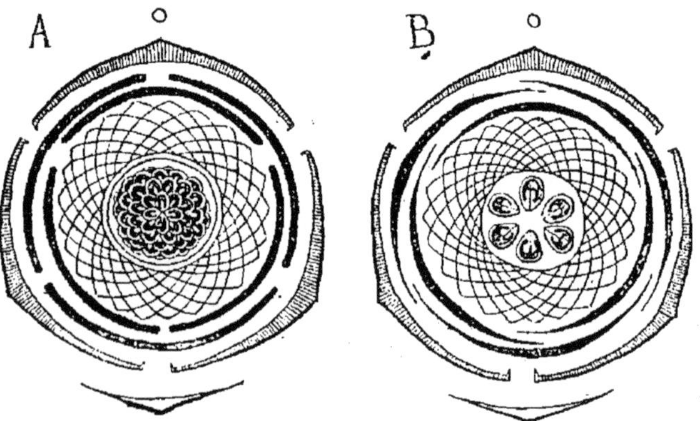

Fig. 251. — Diagramme floral. *A*, de l'Anone coriace ; *B*, de l'Asimine trilobée. Les très nombreuses étamines ne sont représentées que par leurs spires d'insertion.

morphes et conformées suivant la formule générale $F = 3S + 3P + 3P' + \infty E + \infty C$ (fig. 251).

Le calice et la corolle sont quelquefois binaires (Disépale, Tétrapétale). Les étamines ont les anthères extrorses, rarement introrses (Eupomatie), à quatre sacs souvent subdivisés en logettes ne renfermant qu'une tétrade (Xylopie, etc.); elles sont quelquefois concrescentes avec le calice et la corolle en une coupe autour du pistil (Eupomatie). Le pistil se compose ordinairement d'un grand nombre de carpelles libres, renfermant un (Anone, fig. 251, *A*, etc.) ou deux (Oxymitre, etc.) ovules anatropes; il a quelquefois six carpelles seulement avec deux rangs d'ovules (Asimine, fig. 251, *B*, etc.); dans les Monodores, les carpelles sont ouverts et concrescents en un ovaire uniloculaire à nombreux placentes pariétaux.

Le fruit est formé de baies, rarement de follicules (Anaxagorée); dans les Anones, ces baies se soudent toutes ensemble en un fruit comestible de grande dimension, qui ressemble à un ananas. La graine, parfois enveloppée d'un arille (Xylopie, etc.), a un petit embryon droit et un albumen charnu ruminé (fig. 252); l'albumen aromatique du Monodore muscadier est un condiment analogue à celui du Muscadier.

Les Anonacées diffèrent surtout des Renonculacées par le type ternaire avec double corolle, le fruit charnu et l'albumen ruminé.

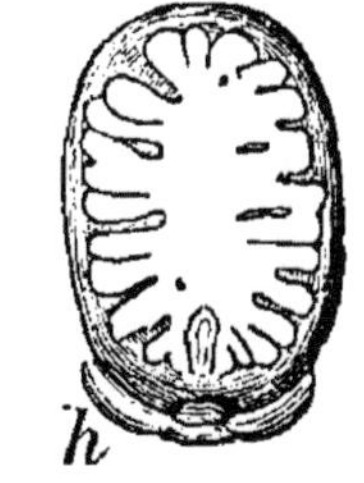

Fig. 252. — Graine de Xylopie, coupée en long, montrant l'arille *h* et l'albumen ruminé.

Myristicacées. — Les Muscadiers ou Myristices, dont les 80 espèces la plupart tropicales forment seules cette famille, sont des arbres à feuilles isolées distiques, simples et sans stipules, à limbe penninerve entier, renfermant de l'huile essentielle dans des cellules solitaires. Les fleurs sont unisexuées avec diœcie.

Le calice a trois sépales concrescents; il n'y a pas de corolle. L'androcée se compose de trois à dix-huit étamines à filets concrescents, à anthères extrorses. Le pistil se réduit à un seul carpelle, contenant un seul ovule anatrope dressé à raphé interne, bitegminé.

Le fruit est charnu et s'ouvre en deux valves à la façon d'un légume. La graine, pourvue d'un arille charnu, rouge ou orangé, irrégulièrement déchiré, a un volumineux albumen ruminé et un petit embryon à cotylédons divergents. L'albumen du Muscadier odorant est l'épice bien connue sous le nom de *noix muscade*.

Ces plantes sont très voisines des Anonacées, dont elles diffèrent surtout par l'avortement de la corolle, la concrescence des étamines, l'unité du carpelle et la déhiscence du fruit.

Magnoliacées. — Les Magnoliacées, 12 genres avec 80 espèces habitant la plupart l'Asie tropicale et le nord de l'Amérique, sont des arbustes ou des arbres à feuilles isolées simples, stipulées (Magnolier, Liriodendre, etc.) ou sans stipules (Drimyde, Badiane, etc.), produisant de l'huile essentielle dans des cellules solitaires. Les fleurs sont actinomorphes, hermaphrodites, rarement unisexuées (Schizandre, etc.), grandes et solitaires, conformées comme celles des Anonacées (fig. 252 *bis*).

Le calice et la corolle avortent quelquefois (Trochodendre, etc.), ou la corolle seulement (Lactore). Les étamines ont les anthères introrses (Magnolier, Badiane, etc.), ou extrorses (Liriodendre, fig. 252 *bis*, Drimyde, etc.); elles peuvent se réduire à six (Lactore). Le pistil se compose de nombreux carpelles spiralés, libres, renfermant chacun un (Badiane, etc.), deux (Magnolier, Liriodendre, etc.), ou deux rangées d'ovules anatropes (Drimyde, etc.) ; il se réduit à trois carpelles dans le Lactore.

Fig. 252 *bis*. — Diagramme de la fleur du Liriodendre tulipier.

Le fruit est formé de capsules s'ouvrant par une fente dorsale (Magnolier) ou ventrale (Badiane), de samares (Liriodendre) ou de baies (Drimyde, etc.). La graine contient un petit embryon avec un albumen oléagineux, non ruminé.

D'après la présence ou l'absence des stipules et la conformation de la fleur, les genres se groupent en cinq tribus :

1. *Illiciées*. — Pas de stipules, fleurs hermaphrodites : Drimyde, Badiane.
2. *Magnoliées*. — Stipules, fleurs hermaphrodites : Magnolier, Liriodendre, etc.
3. *Schizandrées*. — Pas de stipules, fleurs unisexuées : Schizandre, Kadsure.
4. *Trochodendrées*. — Pas de stipules, pas de périanthe : Trochodendre, Euptélée.
5. *Lactorées*. — Stipules, pas de corolle : Lactore.

Ces plantes sont ornementales; le Liriodendre tulipier donne aussi du bois de construction ; le fruit de la Badiane anisée, ou *anis étoilé*, est employé pour l'huile essentielle aromatique qu'il contient; il en est de même de l'écorce parfumée de plusieurs Drimydes.

Les Magnoliacées sont intimement unies aux Anonacées, dont elles diffèrent surtout par l'albumen non ruminé.

Monimiacées. — Les Monimiacées, 25 genres avec environ 150 espèces appartenant la plupart aux contrées chaudes de l'Amérique et de l'Asie, sont des arbustes ou des arbres aromatiques, à feuilles opposées, simples et sans stipules, renfermant de l'huile essentielle dans des cellules solitaires. La tige des Calycanthes et des Chimonanthes est remarquable par ses quatre méristèles corticales à faisceau libéroligneux inverse, douées d'accroissement secondaire, qui la rattachent au type mésostélique (I, p. 178).

Les fleurs, hermaphrodites (Calycanthe, etc.), ou unisexuées dioïques (Monimie, Tambourisse, etc.), ont une organisation exprimée par la formule $F = (\infty S + \infty P + \infty E) + \infty C$ (fig. 253). Le périanthe se compose, en effet, d'un plus ou moins grand nombre de feuilles spiralées, concrescentes en coupe ou en tube, les externes sépaloïdes, les internes pétaloïdes. L'androcée comprend un grand nombre d'étamines concrescentes avec le périanthe, dont elles continuent la spirale ; les anthères s'ouvrent en long (Monimie, Calycanthe, etc.), ou par deux valves (Athérosperme, etc.). Le pistil est formé par un grand nombre de carpelles libres, insérés au fond de la coupe externe et renfermant un seul (Monimie, Tambourisse, etc.), ou deux ovules anatropes (Calycanthe, fig. 253, Athérosperme, etc.)

Fig. 253. — Diagramme de la fleur du Calycanthe fleuri.

Le fruit se compose de drupes (Monimie, Tambourisse, etc.), ou d'achaines (Calycanthe, Athérosperme, etc.), ordinairement enveloppés par la coupe externe accrue et devenue charnue. La graine est tantôt munie d'un albumen charnu (Monimie, etc.), tantôt dépourvue d'albumen (Calycanthe, etc.).

D'après la structure de la tige, la déhiscence des anthères, le nombre des ovules et l'existence ou l'absence d'un albumen, les genres se groupent en trois tribus :

1. *Monimiées*. — Anthères à déhiscence longitudinale ; un ovule pendant ; albumen : Monimie, Tambourisse, Mollinédie, Kibare, Peume, etc.
2. *Athérospermées*. — Anthères à déhiscence transversale ; un ovule dressé ; albumen : Conule, Siparune, Athérosperme, etc.
3. *Calycanthées*. — Tige mésostélique. Deux ovules dressés ; pas d'albumen ; Calycanthe, Chimonanthe.

Ces plantes fournissent de beaux bois de construction, des écorces aromatiques employées comme épices, des fruits comestibles, etc.

Les Monimiacées diffèrent des trois familles précédentes par les feuilles opposées, le nombre indéterminé des pièces du périanthe et le défaut de différenciation nette en calice et corolle, mais surtout par la concrescence des trois formations externes. Par leur tige mésostélique, leurs carpelles biovulés, et leur graine sans albumen, les Calycanthées mériteraient d'être considérées comme une famille distincte, les Calycanthacées, à côté des Monimiacées.

Ménispermacées. — Les Ménispermacées, 57 genres avec 300 espèces habitant la plupart l'Asie et l'Amérique tropicales, sont des plantes ordinairement ligneuses, à tige souvent volubile à droite et offrant la répétition du pachyte dans l'écorce signalée (I, p. 223, fig. 86). Les feuilles sont isolées, simples et sans stipules, à limbe habituellement palminerve, entier ou lobé.

Les fleurs, petites, unisexuées et dioïques par avortement, ont leur constitution exprimée par la formule : F = 3S + 3S' + 3P + 3P' + 3E + 3E' + 3C (fig. 254); la fleur mâle du Cissampèle est dimère (fig. 255, *A*). Le calice est souvent pétaloïde (Coque, Ménisperme, etc.); la corolle peut être gamopétale (Cissampèle, fig. 255, *A*) ou avorter (Abute, etc.). L'androcée a ses filets libres (Coque, Ménisperme, etc.), ou concrescents en colonne (Anamirte, Sarcopétale, etc.), et les anthères s'ouvrent soit par des fentes longitudinales (Coque, etc.), ou transversales (Anamirte, etc.), soit par des pores (Chasmanthère). Le pistil a ses carpelles libres, contenant vers le sommet de l'ovaire un seul ovule anatrope pendant à raphé interne; il peut y avoir six carpelles (Sychnosépale) ou un seul (Cissampèle, fig. 255, *B*, etc.).

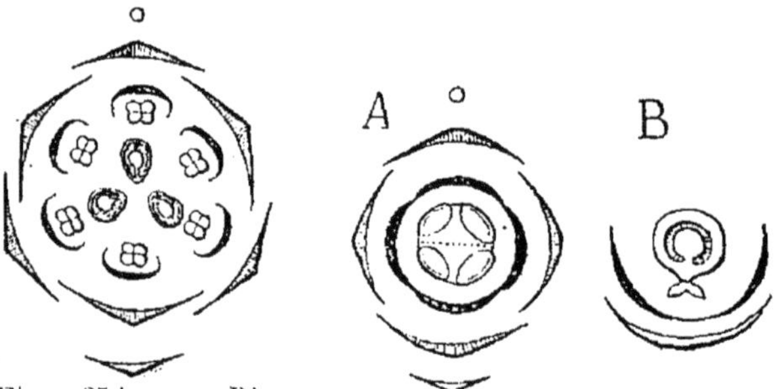

Fig. 254. — Diagramme de la fleur de la Coque de Caroline.

Fig. 255. — Diagramme des fleurs d'un Cissampèle : *A*, fleur mâle ; *B*, fleur femelle.

Le fruit se compose d'autant de drupes, droites (Triclisie, etc.), ou courbées en fer à cheval (Coque, Ménisperme, etc.). La graine a un embryon de même forme que la drupe, à cotylédons ordinairement appliqués, parfois divergents (Chasmanthère, etc.), dont le plan médian tantôt coïncide avec le plan de symétrie du tégument et du carpelle (Coque, Ménisperme, Tinospore, etc.), tantôt lui est perpendiculaire (Limacie, Pachygone, etc.). Il est accompagné d'un albumen charnu plus ou moins abondant, quelquefois sans albumen (Pachygone, etc.).

D'après la conformation de la graine, les genres se groupent en quatre tribus :

1. *Ménispermées*. — Cotylédons appliqués, incombants; un albumen : Coque, Ménisperme, Abute, Sarcopétale, Cissampèle, Cyclée, etc.
2. *Chasmanthérées*. — Cotylédons divergents, incombants, un albumen : Chasmanthère, Anamirte, Tinospore, etc.
3. *Limaciées*. — Cotylédons appliqués, accombants; un albumen : Limacie, Anomosperme.
4. *Pachygonées*. — Cotylédons appliqués, accombants; pas d'albumen : Pachygone, Chondodendre, Triclisie, Sychnosépale, etc.

Les Ménispermacées se rattachent aux Anonacées et aux Magnoliacées par les feuilles isolées et le type ternaire de la fleur; elles en diffèrent par leur double calice, par la détermination plus grande des parties de l'androcée et du pistil, ainsi que par l'absence de cellules oléifères.

Berbéridacées. — Les Berbéridacées, 15 genres avec environ 150 espèces dont plus de 100 Berbérides, répandues dans les contrées tempérées, sont des herbes ou des arbustes, parfois volubiles à droite (Lardizabale, Akébie, etc.), à feuilles isolées, simples (Berbéride, etc.) ou plus souvent composées, ordinairement sans stipules, parfois munies de stipules larges (Lardizabale, etc.) ou épineuses (Berbéride). Les fleurs, hermaphrodites (Berbéride, Épimède, etc.), ou unisexuées avec monœcie (Akébie, etc.) ou diœcie (Lardizabale, etc.), sont actinomorphes, trimères et conformées comme chez les Ménispermacées (fig. 256, *A*); il y a dimérie dans les Épimèdes (fig. 256, *B*).

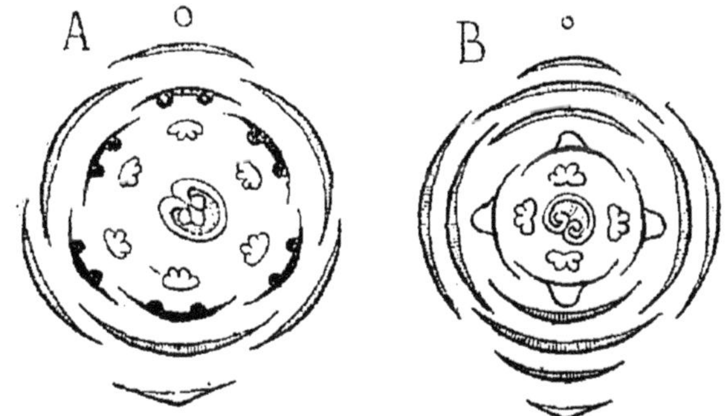

Fig. 256. — Diagramme floral : *A*, du Berbéride vulgaire; *B*, de l'Épimède alpin.

Le calice est pétaloïde et peut prendre trois (Mahonie, etc.), cinq (Épimède, fig. 256, *B*, etc.) et jusqu'à huit (Nandine) verticilles, ou se réduire à un seul (Akébie, etc.). La corolle a ses pétales petits, parfois réduits à des écailles nectarifères (Léontice, etc.) ou tout à fait avortés (Akébie, etc.). L'androcée a ses anthères introrses (Berbéride, fig. 256, *A*, etc.) ou extrorses (Épimède, fig. 256, *B*, Lardizabale, etc.), s'ouvrant soit de bas en haut par deux clapets (Berbéride, Mahonie, fig. 257, etc.), soit par des fentes longitudinales (Podophylle, Akébie, Nandine, etc.). Le pistil se compose tantôt d'un seul (Berbéride, etc.), tantôt de trois (Lardizabale, etc.) carpelles fermés, libres, terminés par un style court et un stigmate discoïde, renfermant sur la suture renflée plusieurs rangées d'ovules anatropes; ceux-ci se développent quelquefois sur toute la surface interne de l'ovaire, dont les bords ne se renflent pas (Lardizabale, Akébie, etc.); ils peuvent se réduire à deux (Nandine).

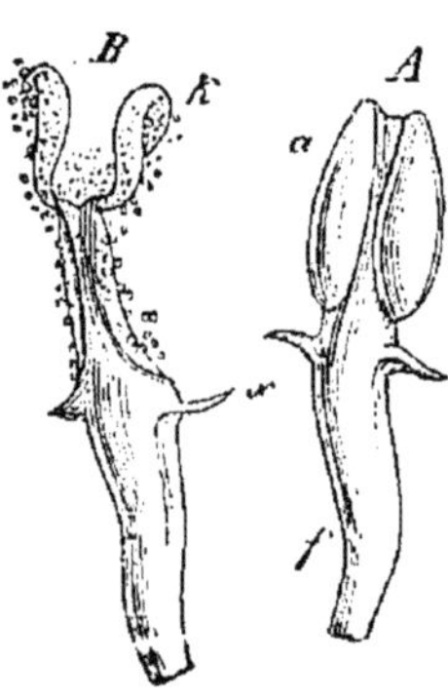

Fig. 257. — *A*, étamine de Mahonie aquifoliée; *B*, la même avec son anthère ouverte en *k*; *x*, appendices du filet *f*.

Le fruit est une baie souvent comestible (Berbéride, Lardizabale, Podophylle, etc.), rarement une capsule (Épimède, etc.). La graine a un albumen charnu et un petit embryon à cotylédons courts.

D'après l'hermaphrodisme ou l'unisexualité des fleurs, le nombre des carpelles et le mode de placentation, les genres se groupent en deux tribus :

1. *Lardizabalées*. — Fleurs unisexuées. Trois carpelles à placentation diffuse : Lardizabale, Akébie, Decaisnée, etc.
2. *Berbéridées*. — Fleurs hermaphrodites. Un carpelle à placentation axile Berbéride, Mahonie, Léontice, Nandine, Épimède, Podophylle, etc

Par les Lardizabalées, les Berbéridacées se rattachent aux Ménispermacées, dont elles diffèrent surtout par la pluralité des ovules et la nature du fruit.

Lauracées. — Les Lauracées, 39 genres avec environ 900 espèces tropicales, sont des arbustes à feuilles isolées, rarement opposées (Cannellier), simples et sans stipules, ordinairement persistantes et coriaces, à limbe entier, produisant de l'huile essentielle et du mucilage dans des cellules solitaires. Les

Cassythes sont des herbes volubiles à droite, sans chlorophylle, qui vivent en parasites sur les tiges, à la façon des Cuscutes. Les fleurs sont hermaphrodites, quelquefois unisexuées dioïques (Sassafras, etc.), actinomorphes, trimères (fig. 258, *A*), rarement dimères (Laurier, fig. 258, *B*, Litsée, etc.).

Le calice et la corolle, sépaloïdes ou pétaloïdes, sont sem-

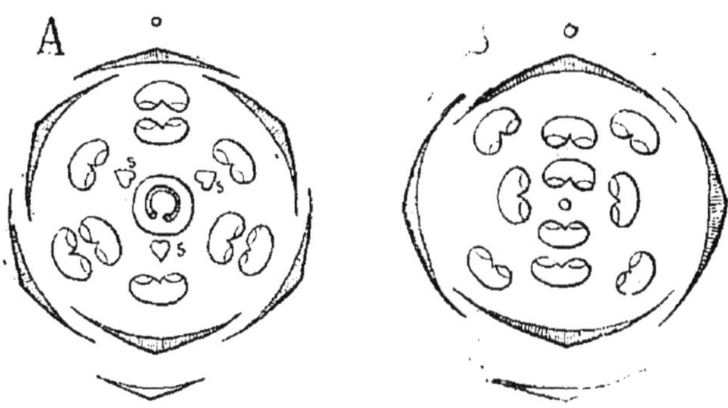

Fig. 258. — Diagramme floral : *A*, du Persée savoureux ; *s*, staminodes ; *B*, du Laurier noble (fleur mâle).

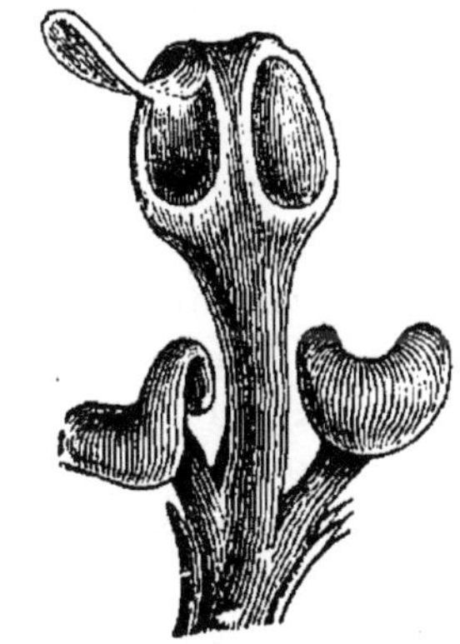

blables entre eux et concrescents en tube. L'androcée comprend quatre verticilles, dont l'interne se réduit à des staminodes (*s*), concrescents avec le tube du périanthe ; les anthères ont deux (Laurier, etc.) ou quatre sacs polliniques superposés deux par deux (Cannellier, Persée, etc.), qui s'ouvrent par autant de clapets (fig. 259) ; introrses dans les deux premiers verticilles, elles sont extrorses dans le troisième (fig. 258, *A*), quelquefois introrses partout (Laurier, fig. 258, *B*, Sassafras, etc.). Le pistil est formé d'un seul carpelle médian postérieur, à style court, contenant un ovule anatrope pendant à raphé externe.

Fig. 259. — Étamine de Laurier, avec ses deux appendices basilaires.

Le fruit est une baie, parfois comestible (Persée savoureux, vulgairement Avocatier, etc.), rarement un achaine entouré par le périanthe charnu qui lui donne l'aspect d'une drupe (Cassythe). La graine a un embryon droit, à cotylédons charnus, sans albumen.

D'après le mode de végétation, les genres se groupent en deux tribus :

1. *Laurées.* — Plantes vertes, non parasites : Cryptocaryer, Cannellier, Persée, Phœbé, Ocotée, Litsée, Laurier, Lindère, etc.
2. *Cassythées.* — Plantes sans chlorophylle, parasites : Cassythe.

Ces plantes nous donnent des feuilles (Laurier noble, etc.) et des écorces aromatiques ou *cannelles* (Cannellier de Ceylan, etc.), le camphre dit *du Japon* (Cannellier camphrier), des bois de construction et d'ébénisterie, des fruits comestibles (Avocatier).

Par la présence de cellules oléifères dans la tige et la feuille, les Lauracées ressemblent aux Monimiacées et aux familles voisines. Elles se relient aussi aux Berbéridacées monocarpellées, mais en diffèrent notamment par la concrescence en tube des verticilles externes; ce caractère, joint à l'unité de l'ovule, les rapproche des Protéacées et surtout des Éléagnacées.

Nélombacées. — Les Nélombes, dont les deux espèces, l'une d'Asie, l'autre d'Amérique, forment seules cette famille, sont des herbes aquatiques à rhizome enraciné dans la vase, portant des feuilles longuement pétiolées, dont le limbe pelté s'épanouit au-dessus de la surface de l'eau. La tige, pourvue de méristèles corticales, se rattache au type mésostélique (I, p. 178). Les fleurs sont grandes, axillaires, hermaphrodites et actinomorphes.

Le calice a quatre sépales libres, la corolle un grand nombre de pétales libres, l'androcée un grand nombre d'étamines libres à anthères extrorses, le pistil un grand nombre de carpelles libres enfoncés séparément dans le réceptacle et contenant chacun un ovule anatrope pendant à raphé dorsal. Le fruit se compose d'autant d'achaines et la graine renferme un gros embryon à cotylédons très épais, sans albumen. Cette graine ainsi que le gros rhizome farineux sont comestibles.

Par le mode de végétation, comme aussi par le grand nombre de pétales et d'étamines, ces plantes ressemblent aux Nymphéacées (p. 162), parmi lesquelles on les classe d'ordinaire, comme tribu distincte. Elles en diffèrent assez profondément par la structure de la racine, de la tige et de la feuille, par la conformation du pistil et ses carpelles uniovulés, par la structure de la graine qui n'a ni albumen, ni périsperme, pour qu'il soit nécessaire non seulement de les en séparer comme famille distincte, mais de les en éloigner beaucoup dans la classification générale des Phanérogames, comme il est fait ici.

ALLIANCE II

MALVALES

Les Renonculinées à androcée méristémone et carpelles fermés, qui composent l'alliance des Malvales, sont nombreuses et forment douze familles, que l'on peut définir sommairement comme il suit :

- MALVALES. Fleurs
  - hermaphrodites. Feuilles
    - isolées,
      - stipulées.
        - Déhiscence des anthères
          - longitudinale.......... *Malvacées.*
          - poricide.............. *Ochnacées.*
        - Disque tubuleux autour de l'androcée. *Sarcolénacées.*
        - Canaux sécréteurs................. *Diptérocarpacées.*
      - sans stipules. Carpelles
        - concrescents
          - pluriovulés...... *Théacées.*
          - biovulés........ *Rhaptopétalacées.*
          - uniovulés....... *Humiriacées.*
        - libres....................... *Dilléniacées.*
    - opposées,
      - avec
        - canaux sécréteurs............... *Clusiacées.*
        - poches sécrétrices.............. *Hypéricacées.*
      - sans canaux, ni poches............... *Quiinacées.*
  - unisexuées....................................... *Euphorbiacées.*

Malvacées. — Les Malvacées, 143 genres avec environ 1400 espèces répandues par toute la Terre, mais abondant surtout dans les régions chaudes et tropicales, sont des herbes annuelles ou vivaces, des arbustes ou des arbres à feuilles

Fig. 260. — Diagramme de la fleur du Tilleul grandifolié.

Fig. 261. — Diagramme de la fleur de la Sparmannie d'Afrique.

isolées, munies de petites stipules caduques, à limbe fréquemment palminerve, entier ou diversement découpé, parfois composées palmées (Adansonie, Bombace, Pachire, etc.). La tige a son liber secondaire stratifié et renferme, ainsi que la feuille, des cellules à gomme ou à mucilage, parfois groupées autour de lacunes et formant des canaux sécréteurs (Sterculie, Héritière, Dombeyer, etc.).

Les fleurs sont hermaphrodites, actinomorphes, le plus souvent en grappe, cyme ou grappe de cymes. Concrescent avec sa bractée mère sur une grande longueur dans le Tilleul, le pédicelle porte assez souvent un involucre sous la fleur (Mauve, Guimauve, Ketmie, Urène, etc.). La fleur est ordinairement pentamère (fig. 260), rarement tétramère (Sparmannie, fig. 261, Entélée, Antholome, etc.) ou trimère (Prockie).

Les sépales, parfois libres (Tilleul, fig. 260, Sparmannie, fig. 261, Dombeyer, etc.), sont le plus souvent concrescents (Mauve, Bombace, Sterculie, etc.), quelquefois pétaloïdes (Sterculie, etc.). Les pétales, ordinairement libres, sont assez souvent concrescents, soit à la base seulement entre eux et avec l'androcée (Mauve, Ketmie, etc.), soit sur une plus grande étendue (Bombace, Antholome, etc.); ils sont parfois munis d'une couronne (Buttnérie); ils peuvent rester très petits (Lasiopétale) ou même avorter complètement (Sterculie, Héritière, etc.). Au-dessus de la corolle, le pédicelle s'allonge quelquefois en une colonne, qui porte à son extrémité l'androcée et le pistil (Sterculie, Hélictère, Éléocarpe, etc.). L'androcée comprend normalement dix étamines en deux verticilles alternes. Elles demeurent quelquefois simples (Solmsie, Buttnérie, etc.); mais le plus souvent elles se ramifient en autant de phalanges d'étamines partielles, à filets libres ou plus ou moins concrescents. Les dix phalanges peuvent être fertiles (Mollie, etc.), mais ordinairement il n'y a que cinq phalanges épipétales (Mauve, Tilleul, fig. 260, Théobrome, etc.) ou épisépales (Sparmannie, fig. 261, Ériodendre, etc.), les autres étamines avortant complètement; les cinq phalanges épipétales sont souvent concrescentes entre elles et forment un tube autour du pistil (Mauve, fig. 262, Guimauve, fig. 263, Adansonie, etc.). Les filets issus de la ramification tantôt demeurent simples et portent une anthère extrorse à quatre sacs (Tilleul, fig. 260, Dombeyer, Buttnérie, etc.), tantôt se bifurquent et terminent chacune de leurs branches par une anthère extrorse à deux sacs, s'ouvrant par une seule double fente longitudinale (Mauve, fig. 262, Guimauve, fig. 263, Bombace, etc.); les branches staminales externes peuvent se réduire à leurs filets (Sparmannie, fig. 261, etc.).

Le pistil comprend typiquement cinq carpelles épipétales (Buttnérie, Théobrome, Bombace, etc.) ou épisépales (Ketmie, fig. 262, *A*, Tilleul, fig. 260, Sparmannie, fig. 261, Théobrome, etc.), fermés et concrescents en un ovaire à cinq loges

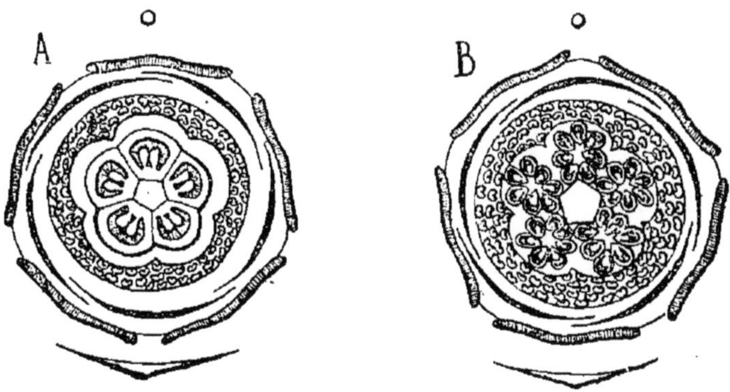

Fig. 262. — Diagramme floral : *A*, de la Ketmie de Syrie; *B*, du Malope trifide.

renfermant soit deux séries d'ovules anatropes (Ketmie, Bombace, Sparmannie, Théobrome, etc.), soit deux ovules (Tilleul, Dombeyer, Buttnérie, etc.) ou un seul (Urène, etc.), terminé par un style entier (Tilleul, etc.) ou divisé en cinq branches (Ketmie, etc.). Les carpelles sont quelquefois libres (Sterculie, Hélictère, etc.); leur nombre peut se réduire à trois (Cotonnier, Lasiopétale, etc.), deux (Mollie, etc.) ou un seul (Walthérie, etc.); souvent il augmente, au contraire, par un dédoublement pareil à celui qui frappe l'androcée, et le pistil comprend jusqu'à 20 et 30 petits carpelles uniovulés (Mauve, Malope, fig. 262, *B*, etc.).

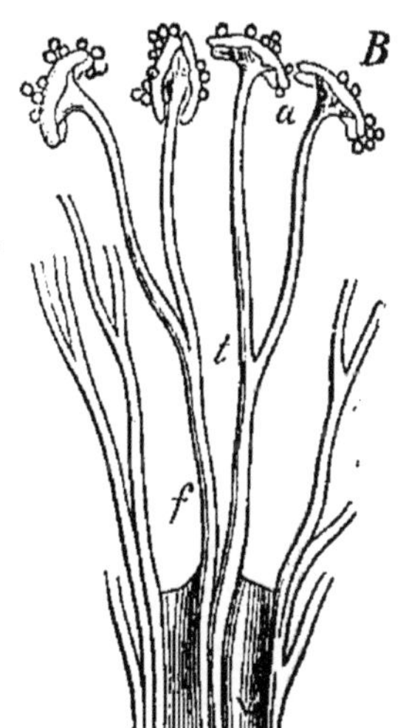

Fig. 263. — Guimauve rose, portion du tube staminal montrant quelques-uns des filets concrescents *f* bifurqués en *t*; *a*, anthères à deux sacs, ouvertes.

Quand les carpelles sont libres, le fruit se compose de cinq follicules (Sterculie, Hélictère, etc.) ou de cinq achaines (Tarriétie); quand ils sont concrescents, c'est ordinairement une capsule loculicide (Ketmie, Bombace, etc.), ou septicide (Sparmannie, etc.), quelquefois revêtue à l'intérieur de poils laineux qui enveloppent les graines (Bombace, Ériodendre, etc.); ailleurs c'est un polyachaine (Mauve, Malope, etc.), rarement une baie

(Malvavisque, Théobrome, etc.), ou une drupe (Éléocarpe, Grouie, etc.), ou un simple achaine par avortement (Tilleul). La graine, dont le tégument est parfois revêtu de longs poils (Cotonnier), parfois pourvu d'une aile (Ptérosperme) ou d'un arille (Lasiopétale), renferme un embryon droit ou courbe à cotylédons ordinairement larges et reployés, avec un albumen charnu, quelquefois sans albumen (Théobrome, Héritière, Mauve, etc.).

D'après la conformation de l'androcée, les genres se groupent en trois grandes tribus, considérées souvent comme autant de familles distinctes :

1. *Tiliées*. — Étamines libres, anthères à quatre sacs : Grouie, Triomfette, Sparmannie, Corrète, Luhée, Tilleul, Éléocarpe, etc.
2. *Sterculiées*. — Étamines concrescentes en tube, anthères à quatre sacs : Sterculie, Héritière, Hélictère, Dombeyer, Hermannie, Théobrome, Buttnérie, Lasiopétale, etc.
3. *Malvées*. — Étamines concrescentes en tube, anthères à deux sacs : Malope, Guimauve, Lavatère, Mauve, Side, Abutile, Pavonie, Malvavisque, Ketmie, Cotonnier, Adansonie, Bombace, Ériodendre, etc.

Ces plantes nous donnent par leurs graines le coton (Cotonnier) et le cacao (Théobrome cacaoyer); elles produisent aussi des fruits comestibles (Grouie, Éléocarpe), des fibres textiles (Corrète, Tilleul, etc.) et notamment le *jute* (Corrète capsulaire et C. potagère), des bois de construction (Tilleul, Éléocarpe, Luhée, etc.), etc.

Les Malvacées ressemblent aux Renonculacées par le nombre indéfini des étamines et par le pistil dont les carpelles, parfois libres, sont souvent en nombre considérable et indéterminé ; mais cette ressemblance est bien plus apparente que réelle, car le même résultat est atteint des deux côtés par un mécanisme tout différent : chez les Renonculacées, par une multiplication des verticilles ou des tours de spire, chaque étamine et chaque carpelle étant une feuille entière; chez les Malvacées, par la ramification des éléments qui composent les deux verticilles du pistil, chaque étamine et chaque carpelle n'étant qu'une foliole d'une feuille composée. Si l'on ne considère que les étamines, on peut définir cette seconde manière d'être en disant que l'androcée est *méristémone* chez les Malvacées, tandis qu'il est *polystémone* chez les Renonculacées.

Théacées. — Les Théacées, 32 genres avec environ 260 espèces presque toutes tropicales, sont des arbres ou des arbustes dressés, rarement épiphytes ou grimpants (Marcgravie, Ruyschie, etc.), à feuilles isolées, simples et sans stipules, à limbe penninerve entier ou denté, souvent coriace. L'écorce de la tige et des feuilles renferme un grand nombre de sclérites rameuses. On connaît l'usage et les propriétés des feuilles du Théier.

Les fleurs, hermaphrodites et actinomorphes, sont pentamères (fig. 264). L'androcée se compose quelquefois de deux verticilles alternes d'étamines simples (Stachyure, etc.); mais le plus souvent les épipétales se ramifient en un grand nombre d'étamines libres, massées en cinq groupes (Gordonie, etc.), ou uniformément réparties autour du pistil (Camellie, fig. 264, Taonabe, etc.). Le pistil comprend quelquefois cinq carpelles (Stachyure, Gordonie, Ruyschie, etc.), souvent trois (Camellie, Visnée, etc.), ou deux (Taonabe, etc.), rarement cinq à dix (Laplacée, Marcgravie, etc.); ils sont fermés et concrescents en un ovaire pluriloculaire surmonté d'autant de styles libres (Camellie, Laplacée, etc.), ou unis (Gordonie), dont chaque loge contient ordinairement un plus ou moins grand nombre d'ovules anatropes.

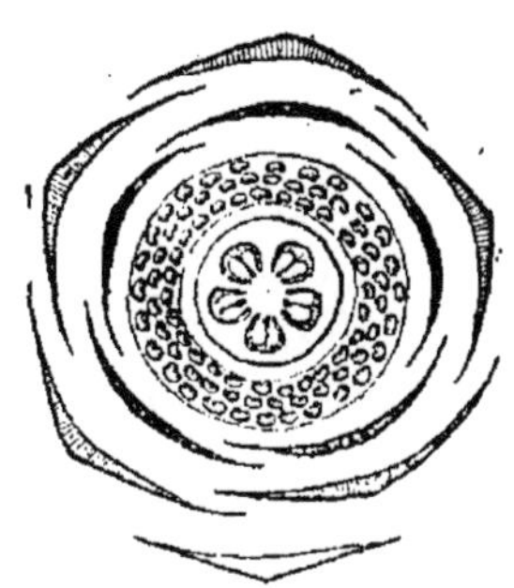
Fig. 264. — Diagramme de la fleur de la Camellie du Japon; par exception cinq carpelles.

Le fruit est tantôt une capsule loculicide (Gordonie, Camellie, etc.) ou septicide (Bonnétie, Caraïpe, etc.), tantôt une drupe (Taonabe, Caryocar, etc.). La graine renferme un embryon droit (Camellie, Bonnétie, etc.), ou courbe (Taonabe, Caryocar, etc.), avec un albumen charnu peu abondant (Taonabe, etc.) ou sans albumen (Camellie, Gordonie, Bonnétie, etc.).

Les Théacées se rattachent intimement aux Malvacées, notamment aux Tiliées, qui ont, comme elles, les étamines libres et les anthères à quatre sacs.

Rhaptopétalacées. — Les Rhaptopétalacées, 3 ou 4 genres avec autant d'espèces tropicales, sont des arbres à feuilles isolées, sans stipules, à limbe entier, à fleurs hermaphrodites trimères (Rhaptopétale) ou hexamères (Scytopétale).

Le calice est gamosépale à bord entier, la corolle dialypétale à pétales récurvés; l'androcée a un grand nombre d'étamines disposées en quatre verticilles et plus, décroissantes de dehors en dedans, libres (Scytopétale) ou concrescentes en tube à la base (Rhaptopétale), à anthères à quatre sacs s'ouvrant en long (Scytopétale) ou par un pore terminal (Rhaptopétale). Le pistil est formé d'autant de carpelles que de pétales, fermés et concrescents en un ovaire pluriloculaire, surmonté d'un style unique à stigmate lobé et renfermant dans chaque loge deux (Scytopétale) ou jusqu'à six ovules (Rhaptopétale), anatropes pendants à raphé dorsal.

Le fruit est une drupe uniséminée. La graine a un embryon droit et un albumen ruminé.

Ces plantes se distinguent des Théacées notamment par leurs carpelles biovulés et leur albumen ruminé.

Clusiacées. — Les Clusiacées, 35 genres avec 440 espèces environ, toutes tropicales, sont des arbres ou des arbustes à feuilles opposées, simples et sans stipules, à limbe entier, dont les racines, les tiges et les feuilles sont pourvues de canaux sécréteurs résinifères, diversement disposés suivant les genres.

Les fleurs sont actinomorphes, pentamères (Clusie, Platonie, fig. 265, etc.) ou tétramères (Garcinie, Havétie, etc.). L'androcée se compose quelquefois de deux verticilles alternes d'étamines simples (Œdématope, Havétie, etc.); mais le plus souvent, tandis que les épisépales avortent, les épipétales se ramifient au sommet (Xanthochyme, Platonie, etc.) ou dès la base (Clusie, Garcinie, Mammée, etc.) en un grand nombre d'étamines partielles (fig. 265); quelquefois libres (Xanthochyme, etc.), les troncs communs sont d'ordinaire concrescents en un tube, comme dans les Malvacées. Le pistil se compose de carpelles en même nombre que les sépales, auxquels ils sont superposés, fermés et concrescents en un ovaire pluriloculaire dont chaque loge contient deux séries d'ovules anatropes (Clusie, etc.), une seule série (Platonie, fig. 265), deux ovules seulement (Havétie, Mammée, etc.), ou un seul ovule (Garcinie, Tovomite, Rhédie, etc.); les Calophylles ont un ovaire uniloculaire à placente basilaire et uniovulé.

Fig. 265. — Diagramme de la fleur de la Platonie insigne.

Le fruit est une baie (Garcinie, Symphonie, etc.), une drupe (Mammée, Calophylle, etc.) ou une capsule septicide (Clusie, Havétie, etc.). La graine, souvent munie d'un arille (Clusie, Rengife, etc.), est dépourvue d'albumen et renferme un embryon tantôt à tigelle très développée et cotylédons très petits (Clusie, Garcinie, Pentadesme, etc.), tantôt au contraire à tigelle très courte et à cotylédons très développés (Mammée, Calophylle, etc.).

Plusieurs Clusiacées sont recherchées pour leurs produits de sécrétion, qui donnent la gomme-gutte (divers Garcinies, *Xanthochymes*, etc.), des baumes (Calophylle calabe, etc.), des résines (Calophylle thurifère, etc.). Aussi donne-t-on parfois à cette famille le nom de *Guttifères*. D'autres produisent *des baies comestibles (Garcinie mangostan*, Mammée d'Amérique, etc.); la baie du Pentadesme butyracé donne une sorte de beurre très estimé. D'autres encore fournissent des bois de bonne qualité (*Calophylle, Mésue, Monorobée, etc.*).

Ces plantes se relient étroitement aux Théacées, dont elles diffèrent surtout par leurs feuilles opposées et leurs canaux sécréteurs.

Hypéricacées. — Les Hypéricacées, 8 genres avec environ 260 espèces dont 200 pour le seul genre Millepertuis ou Hypéricum, sont des herbes vivaces, des arbustes, rarement des arbres, à feuilles opposées, simples et sans stipules, à limbe penninerve entier. La tige et la racine contiennent des canaux sécréteurs oléifères et la feuille est, en outre, parsemée de poches sécrétrices.

Les fleurs sont hermaphrodites, actinomorphes, pentamères au moins pour le calice et la corolle (fig. 266), qui sont rare-

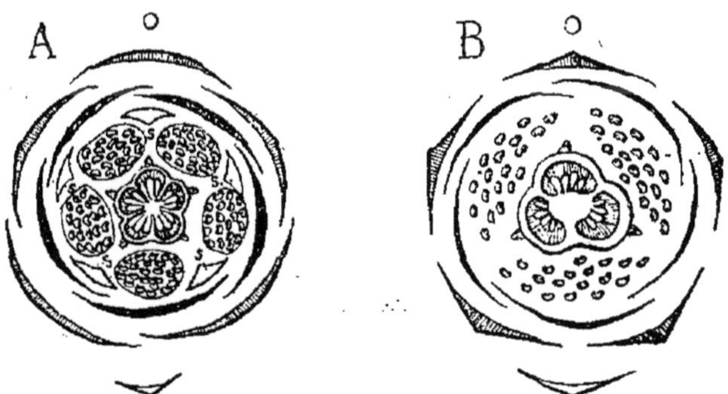

Fig. 266. — Diagramme floral : *A*, de la Vismie de Cayenne; *s*, staminodes; *B*, du Millepertuis quadrangulaire.

ment tétramères (Ascyre). L'androcée, pentamère (Vismie, 266, *A*, *Haronge*, *Millepertuis* de la section Androsème, etc.) ou trimère (Ascyre, Cratoxyle, la plupart de Millepertuis, fig. 266, *B*, etc.), a deux verticilles d'étamines dont les épisépales sont réduites à des staminodes (Vismie, fig. 266, *A*, *s*, certains Millepertuis, etc.) ou avortent complètement (Ascyre, beaucoup de Millepertuis, fig. 266, *B*, etc.), tandis que les épipétales se ramifient en autant de phalanges d'étamines partielles. Le pistil a cinq carpelles épisépales quand l'androcée est pentamère (fig. 266, *A*), trois quand il est trimère (fig. 266, *B*), fermés et concrescents en un ovaire pluriloculaire surmonté d'autant de styles libres, dont chaque loge renferme ordinairement un grand nombre d'ovules anatropes; quelquefois les carpelles sont ouverts avec placentation pariétale (Ascyre).

Le fruit est une capsule septicide (Millepertuis, Ascyre) ou loculicide (Cratoxyle, etc.), une baie (Vismie, etc.) ou une drupe à cinq noyaux (Haronge). La graine est dépourvue d'albumen.

D'après la nature du fruit, les genres se groupent en deux tribus :

1. *Hypéricées*. — Capsule : Ascyre, Millepertuis, Éliée, Cratoxyle.
2. *Vismiées*. — Fruit charnu : Endodesme, Vismie, Psorosperme, Haronge.

Les Hypéricacées se relient directement aux Clusiacées, à la fois par leurs feuilles opposées et par leurs canaux sécréteurs.

Quiinacées. — Les Quiinacées, 2 genres avec 20 espèces de l'Amérique tropicale, sont des arbres ou des arbustes à feuilles opposées et stipulées, ayant souvent des cellules gommifères dans la moelle.

Les fleurs sont hermaphrodites (Quiine) ou unisexuées (Touroulie), actinomorphes, tétramères ou pentamères. L'androcée a ses deux verticilles ramifiés en nombreuses étamines. Le pistil est formé de carpelles fermés et concrescents en un ovaire pluriloculaire, dont chaque loge renferme deux ovules anatropes dressés.

Le fruit est une baie. La graine a un embryon à cotylédons épais, sans albumen.

Ces plantes diffèrent des deux familles précédentes notamment par les feuilles stipulées et l'absence de canaux sécréteurs, ainsi que de poches sécrétrices.

Dilléniacées. — Les Dilléniacées, 16 genres avec environ 280 espèces presque toutes tropicales, dont la moitié habitent l'Australie, sont des arbres ou des arbustes souvent grimpants, à feuilles isolées, simples et sans stipules, à limbe entier.

Les fleurs sont hermaphrodites actinomorphes, pentamères

(fig. 267). L'androcée a quelquefois deux verticilles d'étamines simples (Adrastée, Pachynème, etc.), mais le plus souvent les épipétales avortent et les épisépales se ramifient en un grand nombre d'étamines d'ordinaire également espacées tout autour du pistil (Dillénie, Tétracère, fig. 267, Hibbertie, etc.). Le pistil se compose de carpelles fermés et libres, contenant chacun deux rangs d'ovules anatropes (Tétracère, Dillénie, Actinidie, etc.) ou deux ovules (Candollée, Daville, Adrastée, etc.); il y a *tantôt cinq carpelles épipétales* (Tétracère, fig. 267, Dillénie, etc.), tantôt davantage et jusqu'à 10, 20 ou 30 (Actinidie, etc.).

Le fruit se compose d'autant de follicules (Hibbertie, Candollée, Tétracère, etc.), ou bien c'est une grosse baie (Dillénie, Actinidie, etc.). La graine, pourvue d'un arille, excepté dans les Dillénies et Actinidies, a un albumen charnu et un petit embryon droit.

Fig. 267. — Diagramme de la fleur du Tétracère volubile.

Les Dilléniacées se distinguent des Clusiacées par les feuilles isolées et l'absence de canaux sécréteurs, deux caractères qui en même temps les rapprochent des Théacées, dont elles *diffèrent* par l'indépendance des carpelles et la graine arillée.

Ochnacées. — Les Ochnacées, 17 genres avec environ 205 espèces, *toutes tropicales* et la plupart américaines, sont des arbres ou des arbustes à feuilles isolées, simples et stipulées, à limbe coriace et entier. Avant de se rendre aux feuilles, les méristèles de la tige font dans l'écorce *un séjour plus ou moins long*, d'où une ressemblance avec les Diptérocarpacées.

Les fleurs sont hermaphrodites, actinomorphes et pentamères. L'androcée se compose d'étamines ramifiées, à filets libres portant des anthères poricides. Le pistil a cinq carpelles épisépales concrescents jusqu'au sommet des styles, tantôt ouverts avec placentes multiovulés pariétaux (Pécilandre, Wallacée, Luxembourgie, Sauvagésie, etc.) ou biovulés (Euthémide), parfois basilaires (Lophire), tantôt fermés à loges multiovulées (Godoyer, etc.) ou uniovulées (Ochne, Ouratée, etc.); le style est parfois gynobasique (Ochne, Ouratée, etc.).

Le fruit est une capsule septicide (Luxembourgie, Godoyer, Wallacée, Sauvagésie, etc.), une drupe à cinq noyaux (Euthémide), parfois accompagnée d'un des sépales accru en forme d'aile (Lophire), ou une série de drupes à un noyau (Ochne, Ouratée, etc.). La graine a un embryon droit, tantôt muni d'un albumen charnu (Godoyer, Luxembourgie, etc.), tantôt dépourvu d'albumen (Ochne, Ouratée, etc.).

D'après l'absence ou la présence d'un albumen, les genres se groupent en deux tribus :

1. *Ochnées*. — Pas d'albumen : Ochne, Ouratée, Lophire, Elvasie, etc.
2. *Luxembourgiées*. — Un albumen charnu : Euthémide, Luxembourgie, Godoyer, Pécilandre, Wallacée, Sauvagésie, Lavradie, etc.

Ces plantes se distinguent des familles précédentes notamment par la déhiscence poricide des anthères et la placentation souvent pariétale.

Diptérocarpacées. — Les Diptérocarpacées, 7 genres avec environ 300 espèces toutes tropicales, sont des arbres souvent de grande taille, à feuilles isolées, simples et munies de petites stipules caduques, à limbe penniverve entier. Ils produisent, notamment au pourtour de la moelle et dans le bois secondaire de la tige, des canaux sécréteurs oléorésineux. De plus, les méristèles y séjournent plus ou moins longtemps dans l'écorce avant de se rendre aux feuilles, où chacune d'elles entraîne un des canaux sécréteurs circummédullaires.

Les fleurs sont hermaphrodites, actinomorphes et pentamères. L'androcée forme, par voie de ramification, un grand nombre d'étamines uniformément réparties autour de l'ovaire. Le pistil se compose de trois carpelles fermés et concrescents, contenant chacun deux ovules anatropes pendants à raphé interne.

Le fruit est un achaine, rarement une capsule septicide (Dryobalanope); il est enveloppé par le calice persistant qui s'accroît d'ordinaire en cinq (Dryobalanope, Vatice), trois (Shorée, Doone) ou deux grandes ailes (Diptérocarpe, Hopée). La graine renferme un embryon à cotylédons épais, sans albumen.

Ces arbres sont recherchés pour la dureté de leur bois, qui sert aux constructions, et pour les sucs résineux qu'il renferme; on en extrait notamment l'*huile de bois* (divers Diptérocarpes) et le camphre dit *de Bornéo* (Dryobalanope aromatique).

Les Diptérocarpacées diffèrent des Théacées notamment par leurs canaux sécréteurs; par là, elles ressemblent aux Clusiacées et aux Hypéricacées, mais elles s'en distinguent par la position de ces canaux sécréteurs, toujours localisés au pourtour de la moelle et dans le bois secondaire, régions où on ne les rencontre jamais chez les Clusiacées et les Hypéricacées.

Sarcolénacées. — Les Sarcolénacées, 7 genres avec 22 espèces, toutes de Madagascar, sont des arbustes ou des arbrisseaux à feuilles isolées, simples et pourvues de stipules caduques, à limbe entier et coriace.

Les fleurs sont hermaphrodites, actinomorphes, avec un calice parfois pentamère (Xylolène, etc.), souvent trimère, une corolle toujours pentamère, un androcée formé de nombreuses étamines issues de ramification et un pistil à trois carpelles fermés et concrescents, contenant dans chaque loge deux (Sarcolène, Leptolène), quatre (Rhodolène) ou de nombreux ovules anatropes (Schizolène, etc.). Entre la corolle et l'androcée, le réceptacle produit une sorte de disque membraneux en forme de tube à bord uni ou denté, qui enveloppe les étamines dans la moitié de leur longueur. C'est par ce tube que les Sarcolénacées se distinguent de toutes les familles voisines.

Le fruit est une capsule loculicide; la graine a un embryon droit, à cotylédons foliacés, dans l'axe d'un albumen charnu.

Humiriacées. — Les Humiriacées, 3 genres avec 20 espèces habitant le Brésil et la Guyane, sont des arbustes souvent aromatiques, à feuilles isolées, simples et sans stipules, à limbe coriace entier ou denté.

Les fleurs sont hermaphrodites, actinomorphes, pentamères, avec un androcée méristémone, rarement diplostémone (certains Saccoglottes), à anthères munies de deux (Humirie, Saccoglotte), ou de quatre sacs (Vantanée). L'ovaire a cinq loges renfermant chacune un ou deux ovules anatropes pendants à raphé ventral.

Le fruit est une drupe; la graine a un petit embryon et un albumen charnu.

Ces plantes se distinguent des Diptérocarpacées par l'absence de stipules et de canaux sécréteurs, ainsi que par le pistil à cinq loges et la graine albuminée.

Euphorbiacées. — La vaste famille des Euphorbiacées compte 210 genres avec environ 3500 espèces, en grande majorité tropicales. Le genre Euphorbe en renferme plus de 700, les genres Croton et Phyllanthe chacun plus de 500. Ce sont des herbes annuelles ou vivaces, des arbustes ou des arbres de port très divers. Les feuilles sont isolées, simples et souvent stipulées, parfois rudimentaires sur une tige charnue et verte, ce qui donne à la plante l'aspect d'une Cactacée (Euphorbe brillante, E. splendide, etc.), parfois aussi concrescentes entre elles et avec le rameau qui les porte, d'où résultent des lames aplaties ou cladodes (I, p. 254) (Phyllanthes de la section Xylophylle). Tige et feuilles sont souvent traversées par des tubes laticifères indéfiniment rameux, déjà étudiés (I, p. 33). La tige offre parfois des faisceaux criblés à la périphérie de la moelle (Croton, Aleurite, etc.).

Les fleurs sont actinomorphes et unisexuées, avec monœcie (Ricin, Euphorbe, etc.) ou diœcie (Mercuriale, etc.); dans le premier cas, les fleurs mâles et femelles sont souvent rapprochées dans la même inflorescence. Chez les Euphorbes, par exemple (fig. 268), l'inflorescence se termine par une fleur femelle, autour de laquelle se développent cinq petites cymes contractées de fleurs mâles; le tout est enveloppé par les cinq bractées mères de ces cymes, concrescentes en un involucre tubuleux; le tube de l'involucre porte entre ses dents autant de pièces charnues, souvent très développées et comme pétaloïdes (E. résinifère, E. brillante, etc.), résultant de la concrescence d'appendices stipulaires des bractées; la pièce antérieure avorte souvent (E. des bois, E. péplide, fig. 268, etc.).

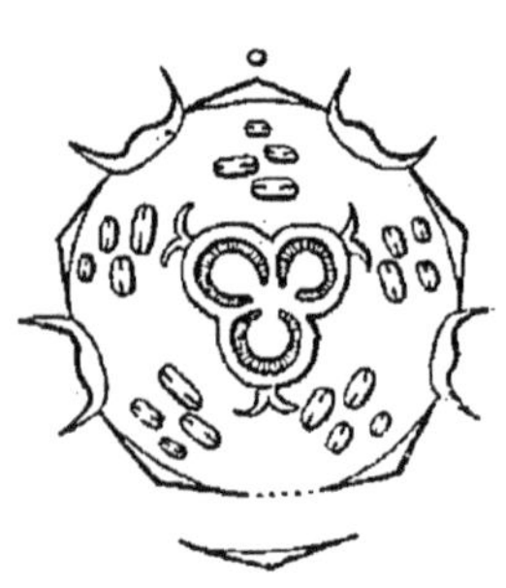

Fig. 268. — Diagramme du capitule monoïque de l'Euphorbe péplide; la pièce stipulaire antérieure de l'involucre gamophylle a avorté.

Le calice compte ordinairement cinq (Ricin, Siphonie, Croton, etc.) ou trois (Mercuriale, Phyllanthe, etc.), sépales libres (Mercuriale, Ricin, etc.) ou plus souvent concrescents (Manihot, etc.); il avorte parfois complètement (Euphorbe, fig. 268, etc.). La corolle est formée le plus souvent de cinq (Croton, Jatrophe, etc.) ou trois (Phyllanthe, etc.) pétales libres; fréquemment elle avorte et le périanthe se réduit au calice (Ricin, fig. 269, Mercuriale, Siphonie, etc.) ou manque complètement si le calice fait défaut (Euphorbe, fig. 268, etc.). L'androcée a quelquefois deux verticilles d'étamines simples, isomères avec le calice et avec la corolle quand elle existe, libres (Acalyphe, Manihot, etc.) ou concrescentes en colonne (Jatrophe, Chrozophore, etc.); ailleurs il se réduit à un seul verticille (Siphonie, Phyllanthe, etc.), qui lui-même peut se réduire par avortement à une seule étamine (Euphorbe, fig. 268, etc.). Dans les Euphorbes, les fleurs mâles sont donc monandres et nues, et comme elles sont disposées en cymes contractées *autour* d'une fleur femelle centrale, laquelle est de son côté dépourvue de périanthe, on comprend que le capitule monoïque ainsi constitué (fig. 268) ressemble beaucoup à une fleur hermaphrodite dont l'involucre serait le calice, les cymes mâles autant d'étamines épisépales ramifiées à la façon de celle des Malvacées et la fleur femelle le pistil. Le plus souvent, les étamines subissent une ramification qui substitue à chacune

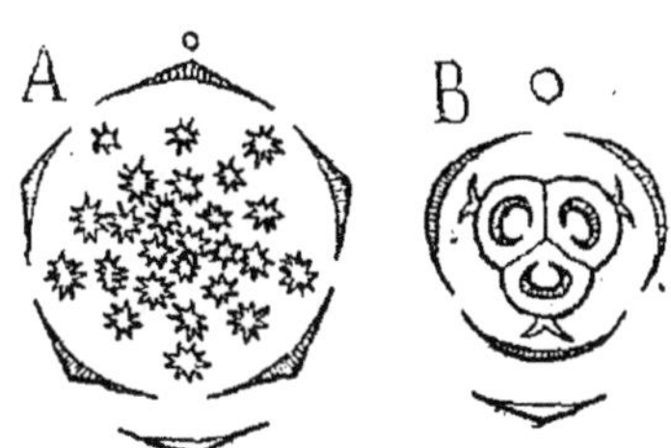

Fig. 269. — Diagramme des fleurs du Ricin commun : *A*, fleur mâle ; les corps étoilés figurent les troncs principaux des étamines ramifiées en arbre ; *B*, fleur femelle.

d'elles un plus ou moins grand nombre d'étamines partielles, tantôt libres jusqu'à la base (Mercuriale, Croton, etc.), tantôt unies par leurs filets, de diverses façons, souvent en une colonne axile (Ricinocarpe, etc.), parfois en plusieurs gros filets eux-mêmes ramifiés en arbre (Ricin, fig. 269 et 270, etc.).

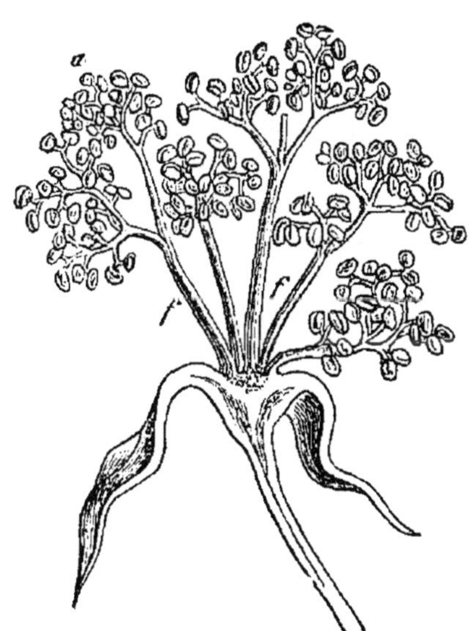

Fig. 270. — Fleur mâle du Ricin commun, coupée en long : *f*, *f*, filets primaires des étamines, ramifiées en dichotomie ; *a*, anthères.

Le pistil se compose ordinairement de trois carpelles fermés et concrescents en un ovaire triloculaire (fig. 268 et 269, *B*), renfermant dans chaque loge le plus souvent un seul ovule anatrope pendant à raphé interne, quelquefois deux ovules pendants (Phyllanthe, Bridélie, etc.), surmonté d'un style court à trois branches simples (Mercuriale, etc.), ou ramifiées (Ricin, Croton, Euphorbe, etc.); le nombre des carpelles s'abaisse quelquefois à deux (Mercuriale, etc.), ou s'élève à 6-9 (Hippomane) et 10-20 (Hure).

Le fruit est une capsule à la fois loculicide, septicide et septifrage, s'ouvrant avec élasticité, parfois même avec fracas (Hure crépitant), en laissant subsister une colonne centrale où s'attachent les graines; c'est rarement une drupe (Bridélie, Hippomane, etc.). La graine renferme un embryon à cotylédons foliacés avec un abondant albumen oléagineux, rarement sans albumen (Hévée, Cleistanthe, etc.).

D'après la disposition des fleurs mâles et femelles, et d'après le nombre des ovules, les genres se groupent en trois tribus :

1. *Euphorbiées*. — Carpelles uniovulés. Fleurs mâles monostémones, groupées en cymes autour d'une fleur femelle centrale : Anthostème, Pédilanthe, Euphorbe, etc.
2. *Crotonées*. — Carpelles uniovulés. Fleurs mâles et femelles séparées : Ricin, Jatrophe, Manihot, Chrozophore, Hévée, Croton, Mercuriale, Acalyphe, Dalechampie, Excécaire, etc.
3. *Phyllanthées*. — Carpelles biovulés : Bridélie, Cleistanthe, Phyllanthe, Antidesme, etc.

Parmi les nombreux produits utiles provenant des Euphorbiacées, il faut citer : le caoutchouc fourni par le latex de la Siphonie élastique et de plusieurs autres espèces de l'Amérique tropicale; la gomme-résine de l'Euphorbe résinifère et la laque de l'Aleurite laccifère; le latex vénéneux du Hure crépitant, de l'Hippomane mancenillier, etc., employé pour empoisonner les flèches de chasse; le tournesol en drapeaux, préparé avec le suc du Chrozophore tinctorial; le tapioca, extrait du rhizome féculent du Manihot utile et du M. aïpi; l'huile grasse et purgative des graines de l'Euphorbe épurge, du Ricin commun, du Jatrophe curcas, du Croton tiglion, etc.; le beurre du tégument des graines de la Stillingie sébifère; des bois de construction (Hippomane, Excécaire, etc.), etc.

Par la constante unisexualité des fleurs, le fréquent avortement de la corolle, l'absence de calice et la réduction de l'androcée à une seule étamine dans plusieurs genres, la famille des Euphorbiacées se montre le représentant le plus dégradé de l'alliance des Malvales.

ALLIANCE III

PAPAVÉRALES

Les Renonculinées à androcée méristémone et à carpelles ouverts, qui composent l'alliance des Papavérales, sont nombreuses et forment douze familles, que l'on peut caractériser brièvement comme il suit :

Papavérales. Type floral					
pentamère. Ovules	orthotropes				*Cistacées.*
	anatropes. Corolle	libre. Graines	poilues		*Tamaricacées.*
			lisses		*Bixacées.*
		concrescente avec le calice et l'androcée			*Samydacées.*
		munie d'une couronne			*Passifloracées.*
		libre. Plantes	à feuilles irritables		*Droséracées.*
			à ascidies	avec corolle	*Sarracéniacées.*
				sans corolle	*Népenthacées.*
	campylotropes. Fleur zygomorphe				*Résédacées.*
tétramère. Étamines tétradynames					*Crucifères.*
dimère ou trimère	Pas d'albumen				*Capparidacées.*
	Un albumen oléagineux				*Papavéracées.*

Cistacées. Les Cistacées, 4 genres avec environ 160 espèces, dont plus de 120 Hélianthènes, habitant la plupart les lieux arides des contrées tempérées de l'hémisphère boréal, surtout de la région méditerranéenne, sont des herbes annuelles ou vivaces, ou des arbrisseaux, à feuilles opposées, simples et ordinairement stipulées, à limbe entier.

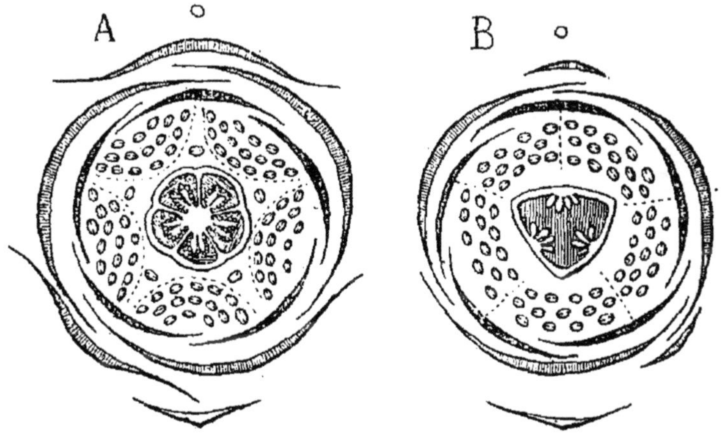

Fig. 271. — Diagramme floral : *A*, du Ciste acutifolié; les placentes ne s'y joignent pas au centre, comme sur la figure; *B*, de l'Hélianthème vulgaire.

Les fleurs sont hermaphrodites, actinomorphes, pentamères (fig. 271), avec un androcée à deux verticilles où les étamines épisépales se ramifient ordinairement en autant de groupes d'étamines partielles libres, pendant que les épipétales demeurent simples (Ciste, fig. 271, *A*) ou avortent (Hélianthème, fig. 271, *B*). Le pistil se compose de cinq (Ciste, Léchée) ou de trois (Hélianthème, fig. 271, *B*, Hudsonie) carpelles ouverts et concrescents en un ovaire uniloculaire à placentes pariétaux, couverts d'ovules orthotropes (Ciste, Hélianthème), ou seulement biovulés (Hudsonie, Léchée), terminé par un style à stigmate globuleux (Ciste, Hélianthème) ou à trois stigmates distincts (Léchée); les ovules sont hémi-anatropes dans les Hélianthèmes de la section Fumane.

Le fruit est une capsule à déhiscence dorsale. La graine a un albumen amylacé et un embryon courbé ou spiralé.

Les Cistacées se rattachent aux Malvacées, dont elles diffèrent notamment par la placentation pariétale; mais surtout elles se relient intimement à la famille suivante des Bixacées, dont elles ne se distinguent guère que par l'orthotropie des ovules.

Bixacées. — Les Bixacées, 60 genres avec environ 240 espèces tropicales, parmi lesquels le genre Rocouyer ou Bixa, sont des arbres ou des arbustes à feuilles isolées, simples, à limbe entier ou denté. La tige et la feuille renferment parfois des cellules à mucilage (Rocouyer, etc.), à huile essentielle (Wintérane, Cinnamodendre, etc.) ou à acide cyanhydrique (Pange).

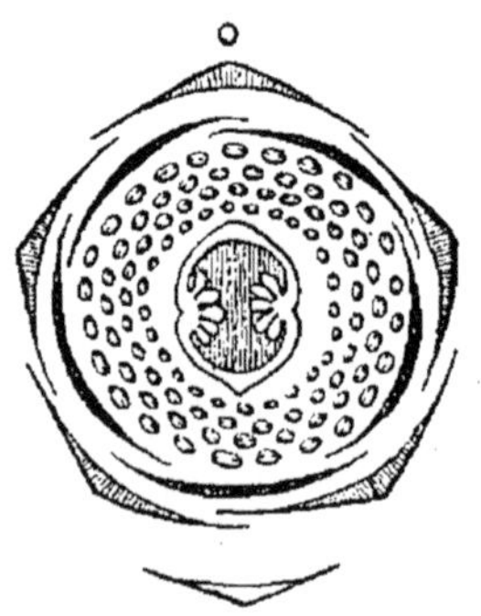

Fig. 272. — Diagramme de la fleur du Rocouyer orellane.

Les fleurs sont actinomorphes, parfois hermaphrodites (Rocouyer, fig. 272, etc.), souvent polygames ou dioïques par avortement (Flacourtie, Pange, etc.), pentamères (Rocouyer, fig. 272, Maximilianée, etc.), ou trimères (Oncobe, Wintérane, etc.). La corolle est parfois gamopétale (Cinnamosme) ou munie d'une couronne (Pange, etc.); elle avorte quelquefois (Flacourtie, Wintérane, etc.). L'androcée a quelquefois deux verticilles d'étamines simples (Aphérème, etc.), dont l'épipétale peut avorter (Érythrosperme, Pange, Turnère, etc.); le plus souvent il possède un grand nombre d'étamines ordinairement libres (Rocouyer, fig. 272, etc.), parfois concrescentes entre elles (Wintérane, etc.), provenant de ramification; les anthères sont le plus souvent extrorses, à quatre sacs s'ouvrant en long, rarement par des pores terminaux (Rocouyer, Maximilianée, etc.), ou à deux sacs s'ouvrant en long (Wintérane, etc.). Le pistil se compose de deux (Rocouyer, fig. 272, etc.) ou trois

(Maximilianée, Turnère, etc.) carpelles, ouverts et concrescents en un ovaire uniloculaire à placentes pariétaux couverts d'ovules anatropes, parfois biovulés (Wintérane, etc.).

Le fruit est ordinairement une baie, rarement une capsule à déhiscence dorsale (Rocouyer, Maximilianée, Turnère, etc.). La graine renferme un albumen charnu avec un embryon droit ou courbe. Elle est parfois munie d'un arille (Turnère, Oncobe, etc.).

D'après la conformation de l'androcée, les genres se groupent en quatre tribus :

1. *Bixées*. — Étamines libres à quatre sacs ; corolle : Rocouyer, Maximilianée, Oncobe, Pange, etc.
2. *Flacourtiées*. — Étamines libres à quatre sacs ; corolle nulle ou rudimentaire : Azare, Érythrosperme, Flacourtie, etc.
3. *Wintéranées*. — Étamines concrescentes entre elles, à deux sacs : Wintérane, Cinnamodendre, etc.
4. *Turnérées*. — Calice, corolle et étamines concrescents en tube : Turnère, Piriquète, Erblichie, etc.

Les Bixacées donnent des bois utiles (Rocouyer, Pange, etc.), des fruits alimentaires (Flacourtie), des graines dont l'amande est comestible (Pange) ou dont le tégument contient un principe colorant, employé dans la teinture en jaune ou en rouge (Rocouyer, Maximilianée).

Les Bixacées sont très voisines des Cistacées, dont elles diffèrent surtout par l'anatropie des ovules.

Samydacées. — Les Samydacées, 17 genres avec 250 espèces toutes tropicales, sont des arbustes ou des arbres, à feuilles isolées distiques, simples, à stipules caduques ou sans stipules, à limbe quelquefois parsemé de poches sécrétrices (Samyde, etc.).

Les fleurs sont hermaphrodites, actinomorphes, pentamères (Caséaire, etc.), ou tétramères (Tétrathylace, etc.), rarement hexamères (Homale, fig. 273), avec calice, corolle et androcée concrescents à la base en un tube plus ou moins long. La corolle, parfois sépaloïde (Homale, fig. 273, etc.), manque assez souvent (Samyde, Caséaire, etc.), et le calice est alors pétaloïde. L'androcée se compose quelquefois de deux verticilles d'étamines simples (Caséaire, Samyde, etc.), mais ailleurs elles se ramifient en cinq groupes épipétales (Homale, fig. 273), ou en un grand nombre d'étamines partielles distribuées également tout autour de l'axe (Banare, etc.). Le pistil a ses carpelles ouverts et concrescents en un ovaire uniloculaire à placentes pariétaux couverts d'ovules anatropes (fig. 273), surmonté parfois de styles distincts (Osmélie, Calantice); l'ovaire est quelquefois concrescent à la base avec le tube externe et semi-infère (Homale, etc.).

Le fruit est une baie (Samyde, Banare, etc.), ou une capsule 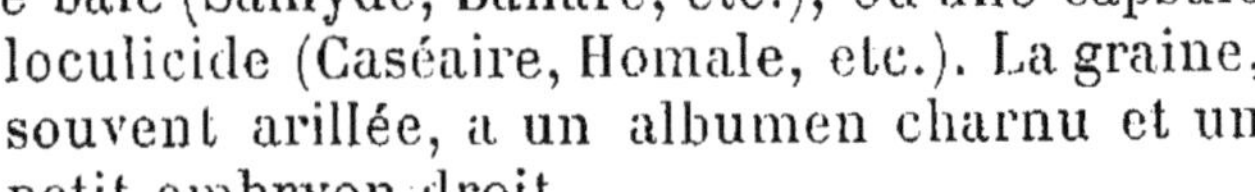 loculicide (Caséaire, Homale, etc.). La graine, souvent arillée, a un albumen charnu et un petit embryon droit.

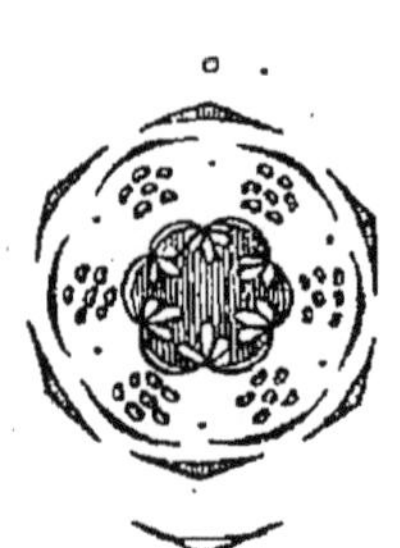

Fig. 273. — Diagramme de la fleur hexamère d'un Homale.

Quelques Samydacées sont utiles par leur bois (Homale) ou par leurs feuilles comestibles (Caséaire comestible). Ces plantes sont très voisines des Bixacées; c'est aux Turnérées qu'elles se rattachent le plus directement par la concrescence des trois verticilles externes de la fleur.

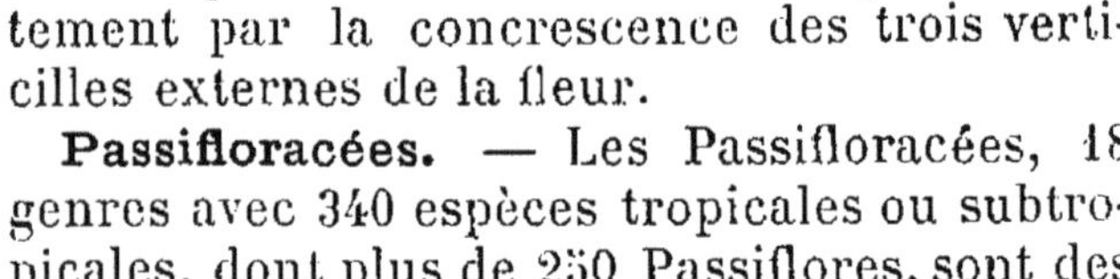

Passifloracées. — Les Passifloracées, 18 genres avec 340 espèces tropicales ou subtropicales, dont plus de 250 Passiflores, sont des arbustes ou des herbes de port divers, grimpant souvent à l'aide de vrilles raméales (Passiflore, Adénie, etc.), à feuilles isolées, simples, stipulées (Passiflore, etc.), ou sans stipules (Malesherbie, etc.).

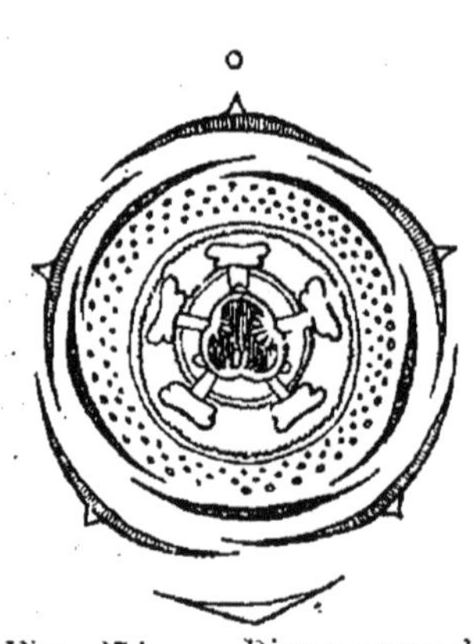

Fig. 274. — Diagramme de la fleur de la Passiflore villeuse.

Les fleurs sont actinomorphes, hermaphrodites, parfois unisexuées par avortement (Acharie, etc.), pentamères (fig. 274). Le calice et la corolle y sont concrescents à la base en une coupe, au bord de laquelle les pétales portent des appendices ligulaires, eux-mêmes concrescents en forme de manchette frangée, souvent disposés en plusieurs cercles et constituant une multiple couronne. Au-dessus du périanthe, le pédicelle forem souvent un long entre-nœud qui porte, rapprochés au sommet, l'androcée et le pistil (Passiflore, etc.). L'androcée a cinq étamines épisépales (Passiflore, fig. 274, Malesherbie, etc.); plusieurs se dédoublent quelquefois et il y en a huit à dix (Déidamie), ou toutes se ramifient de manière à en produire 20 et davantage (Bartérie, etc.). Le pistil se compose de trois carpelles ouverts et concrescents en un ovaire uniloculaire à placentes pariétaux, portant chacun un grand nombre d'ovules anatropes.

Le fruit est une capsule à déhiscence dorsale (Malesherbie, Adénie, Déidamie, etc.), ou une baie (Passiflore, Tacsonie, etc.). La graine a un albumen charnu et un embryon droit à cotylédons foliacés. Elle est munie d'un arille, qui manque quelquefois (Malesherbie).

Les Passifloracées se relient très intimement aux Bixacées par les Samydacées.

Tamaricacées. — Les Tamaricacées, 9 genres avec environ 130 espèces dont 65 Tamaris, croissant la plupart sur les rivages maritimes, sont des arbustes, rarement des arbres ou des herbes vivaces, à feuilles isolées, simples et sans stipules, petites, charnues et d'un vert bleuâtre.

Les fleurs sont actinomorphes, hermaphrodites, pentamères au moins pour le calice et la corolle (fig. 275 et 276), dont les

Fig. 275. — Diagramme de la fleur de la Myricaire germanique.

Fig. 276. — Diagramme de la fleur de la Frankénie pulvérulente.

pétales sont parfois concrescents en tube (Fouquiérie). L'androcée, parfois trimère (Frankénie, fig. 276), comprend soit un (Tamaris) ou deux (Frankénie, fig. 276, Myricaire, fig. 275) verticilles d'étamines simples, soit un verticille d'étamines ramifiées en cinq phalanges épipétales (Réaumurie), à anthères extrorses (Tamaris, Frankénie, fig. 276) ou introrses (Myricaire, fig. 275, etc.). Le pistil se compose de trois carpelles ouverts, concrescents en un ovaire uniloculaire à trois placentes pariétaux, parfois confluents en un placente basilaire (Tamaris), chargés d'ovules anatropes; l'ovaire se termine par autant de styles libres (Frankénie, Tamaris, etc.), ou de stigmates sessiles (Myricaire).

Le fruit est une capsule à déhiscence dorsale; la graine, souvent poilue, renferme un embryon droit, tantôt avec un albumen charnu (Fouquiérie) ou amylacé (Frankénie, Réaumurie, etc.), tantôt sans albumen (Tamaris, Myricaire).

D'après la conformation de la corolle, de l'androcée et de l'albumen, les genres se groupent en quatre tribus :

1. *Tamaricées.* — Pas d'albumen : Tamaris, Myricaire.
2. *Réaumuriées.* — Albumen amylacé, androcée pentamère : Réaumurie, Hololachne.
3. *Frankéniées.* — Albumen amylacé; androcée trimère : Frankénie, etc.
4. *Fouquiériées.* — Albumen charnu; pétales concrescents : Fouquiérie.

Droséracées. — Les Droséracées, 6 genres avec environ 110 espèces dont 100 pour le seul genre Rossolis ou Droséra, sont des herbes vivaces croissant la plupart dans les marécages, notamment dans les tourbières, à feuilles en rosette souvent hérissées soit de lobes filiformes excitables (Rossolis, I, p. 318, fig. 112), soit de poils irritables (Aldrovande, Dionée, I, p. 319, fig. 113), sécrétant un suc riche en pepsine et capable de digérer la viande (I, p. 320).

Les fleurs sont hermaphrodites, actinomorphes, pentamères (fig. 277). L'androcée a d'ordinaire cinq étamines à anthères extrorses (fig. 277), quelquefois dix à vingt par ramification (Dionée, Drosophylle). Le pistil est formé de cinq (Aldrovande, Dionée, Drosophylle, etc.) ou trois carpelles (la plupart des Rossolis, fig. 277), ordinairement ouverts et concrescents en un ovaire uniloculaire à placentes pariétaux chargés d'ovules anatropes, rarement fermés (Byblide, Roridule).

Fig. 277. — Diagramme de la fleur du Rossolis rotondifolié.

Le fruit est une capsule à déhiscence dorsale. La graine renferme un albumen charnu et un petit embryon droit.

Sarracéniacées. — Les Sarracéniacées, 3 genres avec 10 espèces toutes américaines, sont des herbes marécageuses à feuilles disposées en rosette, dont le pétiole, creusé en tube ou en amphore, avec un petit limbe dressé ou rabattu en forme de couvercle sur l'ouverture, constitue une ascidie (I, p. 268).

Les fleurs sont hermaphrodites, actinomorphes, pentamères (fig. 278), avec des étamines ramifiées au moins en trois (Darlingtonie), ordinairement en un grand nombre d'étamines partielles (Sarracénie, fig. 278, Héliamphore). Le pistil a ses carpelles fermés et concrescents en un ovaire à cinq loges, contenant chacune de nombreux ovules anatropes. Dans l'Héliamphore, il y a quatre sépales, trois carpelles et la corolle avorte.

Le fruit est une capsule loculicide; la graine a un albumen charnu.

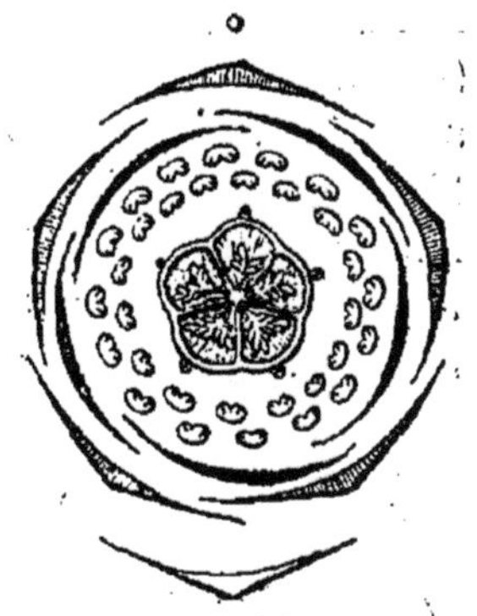

Fig. 278. — Diagramme de la fleur de la Sarracénie pourpre.

Les affinités des Sarracéniacées sont assez obscures; malgré leur placentation axile, on les place ici à côté des Droséracées, dont elles ont le mode de végétation.

Népenthacées. — Les Népenthes, dont les 40 espèces, toutes tropicales, forment seules cette famille, sont des arbrisseaux grimpants, à feuilles isolées, sans stipules; leur pétiole, dilaté en aile à la base, puis aminci et enroulé en vrille, est creusé dans sa *région terminale en forme de cruche dressée*; leur limbe se réduit à un petit couvercle, qui peut se rabattre sur l'orifice de l'urne (I, p. 268, fig. 99).

Les fleurs sont dioïques, actinomorphes, tétramères et sans corolle, comme celles de l'Héliamphore (fig. 279). Il y a quatre à seize étamines concrescentes en colonne, à anthères extrorses (fig. 279, *A*). Le pistil est formé de quatre carpelles fermés et concrescents en un ovaire quadriloculaire (fig. 279, *B*), dont chaque loge renferme un grand nombre d'ovules anatropes, surmonté d'un stigmate sessile discoïde.

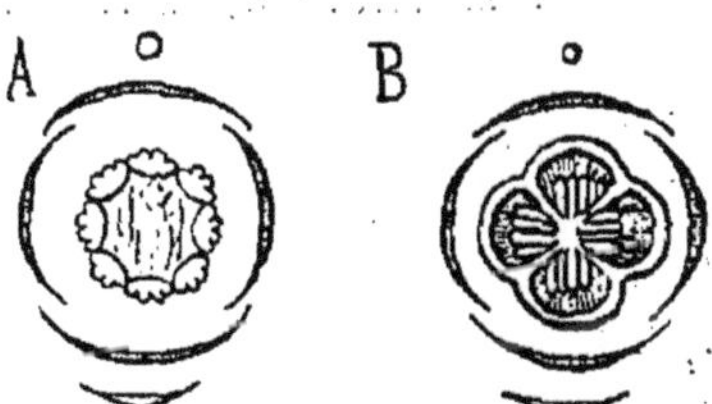

Fig. 279. — Diagramme des fleurs du Népenthe distillateur : *A*, fleur mâle; *B*, fleur femelle.

Le fruit est une capsule loculicide et la graine contient un albumen charnu.

Les affinités des Népenthes sont difficiles à préciser; par l'Héliamphore, ils se relient aux Sarracéniacées et par celles-ci aux Droséracées.

Résédacées. — Les Résédacées, 6 genres avec environ 66 espèces dont 53 Résèdes, sont des herbes annuelles ou vivaces, rarement des arbrisseaux (Randonie, etc.), à feuilles isolées, entières ou diversement découpées, munies de petites stipules glanduleuses.

Les fleurs sont hermaphrodites, zygomorphes par suite du développement prédominant du côté supérieur (fig. 280). Le calice est formé de cinq (Oligomère, Résède blanc, Astrocarpe, fig. 280, *A*), six (Résède jaune, R. odorant, fig. 280, *B*) ou huit (Randonie) sépales libres. La corolle, isomère avec le calice, a ses pétales divisés en franges (fig. 280), au-dessus desquelles leur base élargie se prolonge en une sorte de ligule (fig. 281); les postérieurs sont plus développés que les autres, ce qui rend la fleur zygomorphe; les trois antérieurs (Oligomère) et même la corolle tout entière (Ochradène) peuvent avorter.

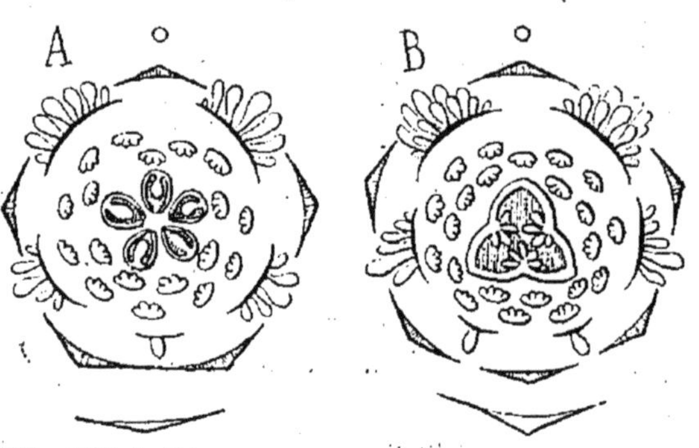

Fig. 280. — Diagramme floral : *A*, de l'Astrocarpe sésamoïde ; *B*, du Résède odorant.

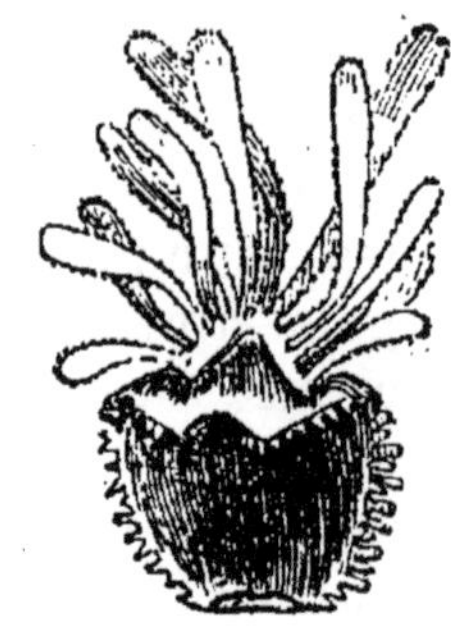

Fig. 281. — Pétale du Résède odorant.

L'androcée comprend dix à vingt étamines libres et égales. Le pistil est formé de deux (Randonie), trois (Résède, fig. 280, *B*, Ochradène), quatre (Oligomère), cinq ou six (Astrocarpe, fig. 280, *A*, Caylusée) carpelles, ordinairement ouverts et concrescents en un ovaire uniloculaire à placentes pariétaux chargés d'ovules campylotropes (fig. 280, *B*); la concrescence cesse au sommet, où l'ovaire est béant. Dans la Caylusée et l'Astrocarpe (fig. 280, *A*), les carpelles sont indépendants, ouverts complètement et biovulés dans le premier genre, ouverts seulement à mi-hauteur et uniovulés dans le second, où l'ovule est inséré en face de la fente sur la nervure dorsale de carpelle (fig. 280, *A*).

Le fruit est une capsule, qui n'a pas besoin de s'ouvrir puisque l'ovaire était déjà béant. La graine contient un embryon courbe, sans albumen.

C'est aux Capparidacées que les Résédacées se rattachent le plus directement et c'est par leur intermédiare qu'elles se relient ensuite aux Crucifères.

Crucifères. — Les Crucifères, vaste famille qui comprend

208 genres avec environ 1850 espèces répandues par toute la Terre, jusque dans les régions arctiques et alpines, sont des plantes herbacées, rarement ligneuses (Ibéride, Matthiole, etc.), à feuilles isolées, simples et sans stipules, entières ou diversement découpées. La racine, la tige et la feuille renferment dans leur parenchyme des cellules sécrétrices de deux sortes, contenant les unes du myronate de potassium, les autres de la myrosine. Dans le corps vivant, ces deux substances demeurent isolées et sans action l'une sur l'autre; mais si l'on vient à broyer le tissu qui les renferme, la myrosine agit comme une diastase sur l'acide myronique, qui est un saccharide, l'hydrate et le dédouble en glucose, acide sulfurique et sulfocyanure d'allyle ou essence de Moutarde.

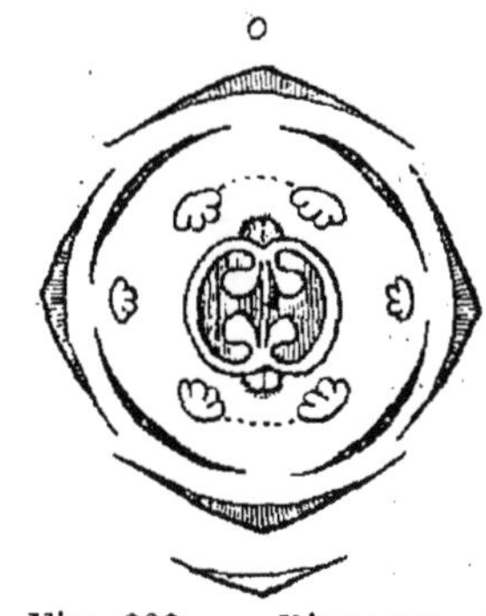
Fig. 282. — Diagramme de la fleur des Crucifères.

Les fleurs sont hermaphrodites, actinomorphes, disposées en grappes simples à l'aisselle de bractées ordinairement avortées. Le calice est formé de quatre sépales libres, en deux paires croisées, les deux premiers médians, les deux suivants latéraux (fig. 282). La corolle a quatre pétales libres, diagonalement placés; les deux antérieurs sont plus grands que les autres dans les Ibérides, dont la fleur est rendue par là zygomorphe. L'androcée est formé de deux étamines latérales plus petites et de deux paires antéro-postérieures d'étamines plus grandes, provenant du dédoublement des deux étamines médianes; il est, comme on dit, *tétradyname* (fig. 283); ce dédoublement peut ne pas avoir lieu (divers Passerages et Sénebières) ou au contraire être poussé plus loin, de manière à produire jusqu'à 16 étamines (Mégacarpée polyandre, etc.). Le pistil se compose de deux carpelles latéraux, ouverts et concrescents en un ovaire uniloculaire à deux placentes pariétaux, portant chacun deux rangées d'ovules campylotropes pendants; de bonne heure, la région du placente comprise entre les deux rangs d'ovules se développe

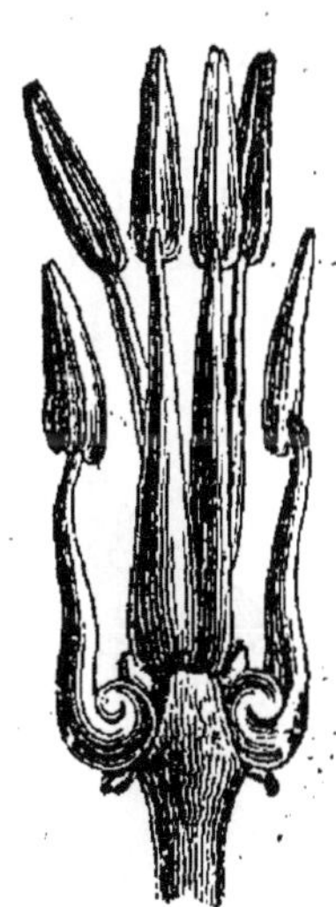
Fig. 283. — Androcée tétradyname des Crucifères.

vers l'axe et s'y rejoint en une fausse cloison. Le style est unique, court et terminé par deux stigmates superposés aux placentes. L'ovaire ne renferme quelquefois que deux ovules (Lunetière) ou même un seul (Clypéole, Pastel); dans ce dernier cas, il ne prend pas de faussse cloison.

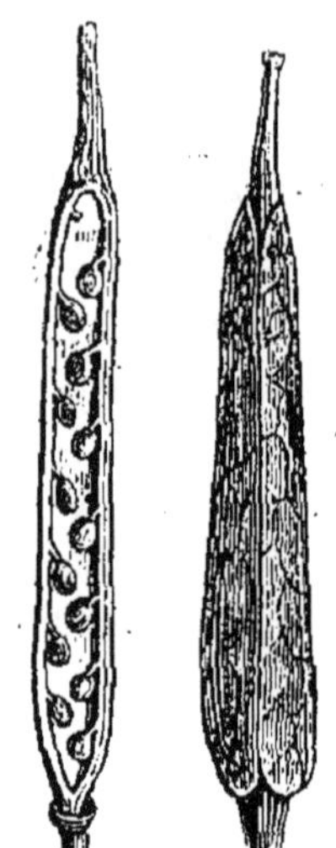

Fig. 284. — Silique d'un Chou.

Le fruit est une capsule s'ouvrant par quatre fentes, de chaque côté des placentes; en un mot, c'est une *silique* (I, p. 480), s'il est beaucoup plus long que large (fig. 284), une *silicule*, si sa longueur égale sensiblement sa largeur (fig. 285). La silicule est souvent aplatie soit parallèlement à la cloison, qui est large, soit perpendiculairement à la cloison, qui est étroite (fig. 285). La silique est quelquefois indéhiscente et partagée, par de fausses cloisons transversales, en logettes à une graine (Radis, etc.). Quand l'ovaire est uniovulé, le fruit est un achaine (Pastel, Clypéole, etc.). La graine, dépourvue d'albumen, contient un embryon oléagineux courbe, à cotylédons accombants ou incombants (I, p. 437); ils sont toujours plans dans le premier cas (Giroflée, fig. 286, *e*, etc.); ils sont tantôt plans (Sisymbre, fig. 286,

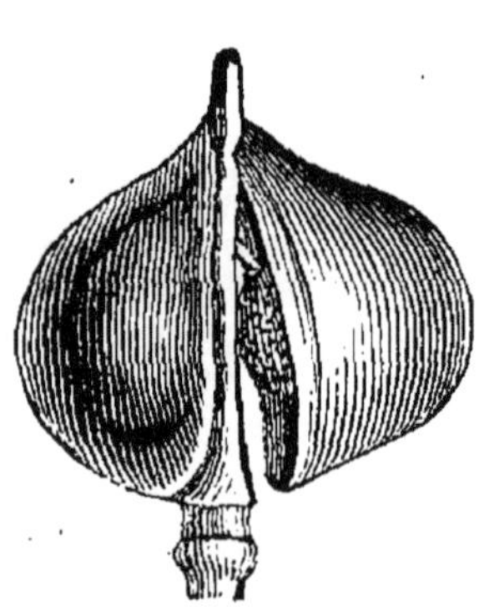

Fig. 285. — Silicule d'un Passerage.

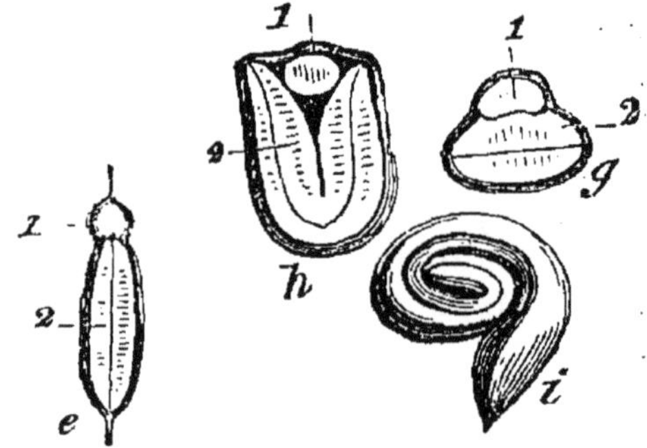

Fig. 286. — Coupe transversale de la graine : *e*, de la Giroflée; *g*, du Sisymbre; *h*, du Chou; *i*, embryon du Buniade. 1, tigelle; 2, cotylédons.

g, etc.), tantôt ployés en long (Chou, fig. 286, *h*, etc.) ou roulés en spirale (Buniade, fig. 286, *i*, etc.), dans le second.

Dans une famille aussi homogène, le groupement des genres en tribus est toujours artificiel; on peut adopter la division suivante :

I. — Silique ou silicule à cloison large, déhiscente.

1. *Arabidées.* — Cotylédons accombants, silique : Matthiole, Giroflée, Cresson, Barbarée, Arabette, Cardamine, Dentaire, etc.
2. *Alyssées.* — Cotylédons accombants, silicule : Lunaire, Alysse, Aubriétie, Drave, Érophile, Cochléaire, etc.
3. *Sysymbriées.* — Cotylédons incombants plans, silique : Julienne, Malcolmie, Sisymbre, Vélar, etc.
4. *Camélinées.* — Cotylédons incombants plans, silicule : Caméline, Subulaire, etc.
5. *Brassicées.* — Cotylédons incombants ployés en long, silique : Chou, Diplotaxe, Moutarde, Roquette, etc.

II. — Silicule à cloison étroite, déhiscente.

6. *Lépidiées.* — Cotylédons accombants : Capselle, Passerage, Sénebière, etc.
7. *Thlaspidées.* — Cotylédons incombants ; Lunetière, Tabouret, Ibéride, etc.

III. — Fruit indéhiscent, au moins en partie.

8. *Cakilées.* — Silique biarticulée, l'article supérieur indéhiscent : Crambe, Rapistre, Érucaire, Caquilier, etc.
9. *Raphanées.* — Silique indéhiscente : Radis, etc.
10. *Isatidées.* — Silicule indéhiscente : Clypéole, Pastel, Calépine, Buniade, etc.

Ces plantes sont remarquables par les propriétés antiscorbutiques que leur donne le sulfocyanure d'allyle, corps qui prend naissance, comme il a été dit plus haut, par la dilacération des tissus au contact de l'eau. Très développées déjà dans le Cresson officinal et le Passerage cultivé, ces propriétés atteignent leur plus haut degré dans les Cochléaires. Plusieurs sont alimentaires par leurs tubercules, formés à la fois par la racine et la région hypocotylée de la tige (Radis cultivé, Chou navet, Chou rave, etc.), par leurs feuilles (Chou potager et ses nombreuses variétés, Cresson officinal, Passerage cultivé, Crambe marin), par leurs inflorescences hypertrophiées (Chou potager cauliflore dit *Chou-fleur*, etc.). D'autres fournissent de l'huile grasse, que l'on extrait de leur embryon (Chou potager oléifère ou Colza, Chou navet oléifère ou Navette, Caméline cultivée). Le Pastel tinctorial sert à teindre en bleu. L'embryon de la Moutarde noire broyé avec de l'eau dégage, comme on l'a vu plus haut, l'essence sulfurée qui est le principe actif des sinapismes.

Les Crucifères sont une famille nettement circonscrite ; c'est à la famille suivante des Capparidacées qu'elle se rattache le plus directement.

Capparidacées. — Les Caparidacées, 35 genres avec environ 380 espèces, dont plus de 150 Câpriers, habitant les contrées chaudes et tropicales, sont des herbes annuelles ou des arbustes, quelquefois des arbres, à feuilles isolées, simples ou composées, parfois munies de stipules épineuses (Câprier). La tige offre quelquefois une répétition du pachyte (Cadabe, Mérue, Roydsie, etc.).

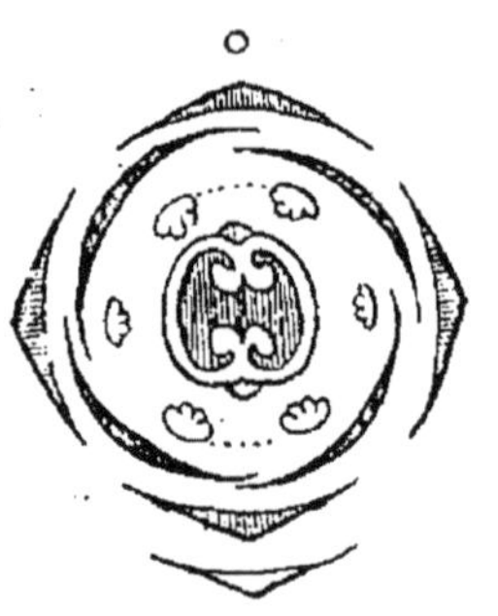

Fig. 287. — Diagramme de la fleur du Cléome épineux.

Les fleurs sont hermaphrodites, actinomorphes ou zygomorphes, et conformées comme celles des Crucifères (fig. 287). Les quatre sépales sont parfois concrescents (Mérue, certains Câpriers, etc.). Les quatre pétales sont toujours libres; les antérieurs peuvent être plus grands (Stériphome), plus petits (Cristatelle, etc.) ou nuls (certaines Cadabes), ce qui rend la fleur zygomorphe; ils avortent quelquefois tous (Thylache, etc.). Les six étamines, parfois séparées du périanthe par un long entre-nœud (Pédicellaire, Mérue), sont sensiblement égales et libres; elles peuvent se réduire à quatre (Cléome tétrandre, etc.) ou devenir plus nombreuses par ramification (Câprier, Polanisie). Le pistil, ordinairement séparé de l'androcée par un entre-nœud plus ou moins long, ou gynophore (fig 288), se compose de deux carpelles ouverts et concrescents en un ovaire uniloculaire à deux placentes pariétaux chargés d'ovules anatropes, avec stigmates sessiles, sans fausse cloison (fig. 287); il y a quelquefois plus de deux, jusqu'à dix et douze carpelles, avec autant de placentes pariétaux (Stériphome, Câprier).

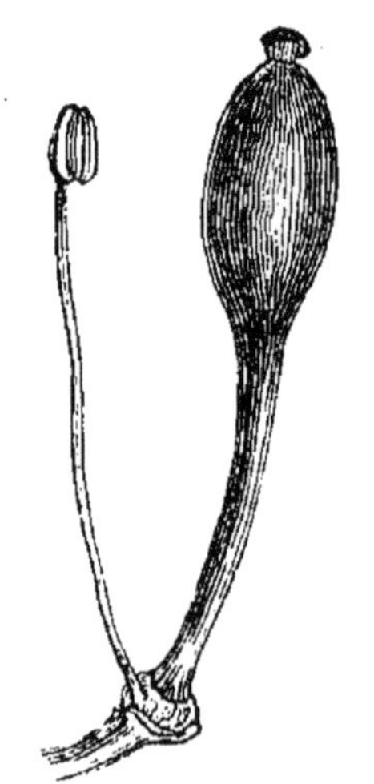

Fig. 288. — Pistil du Câprier, séparé de l'androcée par un long entre-nœud, ou gynophore.

Avec deux carpelles, le fruit est une silique (Cléome, etc.) ou une silicule (Cléomelle); quand les carpelles sont plus nombreux, c'est une baie (Câprier, etc.), rarement une drupe (Roydsie). La graine, dépourvue d'albumen, a un embryon courbe à cotylédons incombants, plans (Cléome, etc.) ou plissés (Câprier, etc.).

D'après la nature du fruit, les genres se groupent en deux tribus :

1. *Cléomées.* — Herbes à silique : Cléome, Cléomelle, Dactylène, Isomère, Pédicellaire, etc.
2. *Capparées.* — Arbustes ou arbres à baie ou à drupe : Câprier, Thylache, Mérue, Cadabe, etc.

Ces plantes ont des propriétés antiscorbutiques analogues à celles des Crucifères. Les jeunes boutons du Câprier épineux, ou câpres, sont employés comme condiment; les feuilles de certains Cléomes sont comestibles, comme celles du Cresson, et leurs graines servent aux mêmes usages que celle de la Moutarde.

Les Capparidacées se rattachent directement aux Crucifères, dont les Cléomées ne diffèrent que par l'androcée non tétradyname, l'absence de fausse cloison dans l'ovaire et la fréquente zygomorphie de la fleur.

Papavéracées. — Les Papavéracées, 28 genres avec 220 espèces vivant la plupart dans les contrées tempérées et subtropicales de l'hémisphère boréal, sont des herbes annuelles ou vivaces, souvent d'un vert glauque, grimpant quelquefois à l'aide des feuilles (Fumeterre, Corydalle), rarement munies d'un rhizome tuberculeux (Corydalle) ou d'une tige ligneuse (Dendromécon, Bocconie, etc.), à feuilles isolées, sans stipules, simples ou composées. Elles sont fréquemment pourvues de cellules laticifères isolées (Sanguinaire, Glaucière), en files fusionnées (Chélidoine, etc.) ou anastomosées en réseau (Pavot, etc.), à latex blanc (Pavot), jaune (Chélidoine, etc.) ou rouge (Sanguinaire); d'autres genres sont dépourvus de ces cellules laticifères, mais tout de même renferment des cellules sécrétrices isolées, peu différenciées (Fumeterre, Corydalle, etc.).

Les fleurs sont hermaphrodites, actinomorphes (Chélidoine, Pavot, etc.) ou zygomorphes (Fumeterre, etc.). Le calice est formé de deux sépales médians (fig. 289, *A*, et 290), libres, très caducs, rarement de trois (Argémone, Platystème, (fig. 289, *B*, etc.). La corolle a quatre pétales libres, en deux paires croisées qui sont tantôt semblables (Chélidoine, Pavot, etc.), tantôt dissemblables parce que l'externe a ses deux pétales latéraux dilatés en sac à la base (Dicentre, etc.)

ou seulement un de ses pétales prolongé en éperon (Fumeterre, Corydalle, fig. 290), ce qui rend la fleur transversalement zygomorphe; il y a six pétales quand le calice est trimère (Platystème, fig. 289, *B*, etc.). L'androcée comprend tantôt un grand nombre d'étamines simples et libres (Chélidoine,

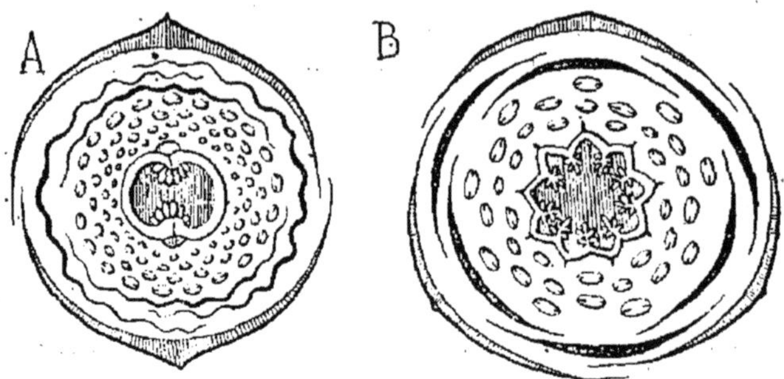

Fig. 289. — Diagramme floral : *A*, de la Glaucière jaune; *B*, du Platystème de Californie.

Glaucière, fig. 289, Pavot, etc.), tantôt deux étamines seulement, latérales, divisées chacune en trois branches (fig. 290), dont la médiane porte une anthère à quatre sacs, les deux autres une anthère à deux sacs (Fumeterre, Corydalle, Dicentre, etc.). Le pistil a deux carpelles latéraux, ouverts et concrescents en un ovaire uniloculaire à deux placentes pariétaux chargés d'ovules anatropes, surmonté de deux stigmates sessiles (fig. 289, *A*, et 290); l'ovaire est parfois uniovulé (Fumeterre, etc.); ailleurs, il y a plus de deux, jusqu'à douze et quinze carpelles, avec autant de placentes pariétaux très proéminents (Pavot, Platystème, fig. 289, *B*, etc.).

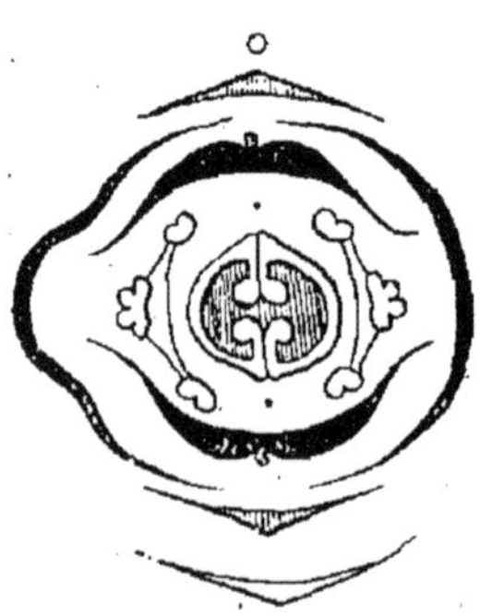

Fig. 290. — Diagramme de la fleur du Corydalle creux.

Le fruit est ordinairement une silique (Chélidoine, Glaucière, etc.), quelquefois une capsule à déhiscence suturale (Eschholtzie, Romneyer, etc.) ou poricide (Pavot, etc.), rarement une drupe (Fumeterre). La graine a un petit embryon avec un albumen oléagineux; c'est de l'albumen du Pavot somnifère (variété à graines noires) que l'on extrait l'huile dite d'*œillette*, tandis que le latex concrété de cette même plante (variété à graines blanches) est l'opium.

D'après la conformation de la corolle et de l'androcée, les genres se groupent en deux tribus bien distinctes :

1. *Papavérées.* — Latex, pétales semblables, nombreuses étamines : Platystème, Pavot, Argémone, Sanguinaire, Bocconie, Glaucière, Chélidoine, Eschholtzie, etc.
2. *Fumariées.* — Pas de latex, pétales dissemblables, deux étamines trifurquées : Hypécon, Dicentre, Corydalle, Fumeterre, etc.

Les Papavéracées se relient à la fois aux Capparidacées et aux Crucifères par la structure du pistil et de l'androcée, aux Berbéridacées par la double corolle dimère ou trimère.

ALLIANCE IV

GÉRANIALES

Les Renonculinées diplostémones, qui composent l'alliance des Géraniales, sont très nombreuses et forment vingt et une familles, que l'on peut définir sommairement comme il suit :

- Carpelles
  - clos, à côtés
    - persistants. Feuilles
      - membraneuses
        - ordinairement stipulées
          - isolées. Carpelles
            - concrescents. Limbe
              - découpé .... *Géraniacées.*
              - entier .... *Linacées.*
            - libres. Calice, corolle et androcée
              - libres. Pistil
                - isomère .... *Coriariacées.*
                - monomère .... *Légumineuses.*
              - concrescents .... *Rosacées.*
          - opposées
            - simples. Fleur
              - actinomorphe .... *Élatinacées.*
              - zygomorphe. Ovule
                - anatrope .... *Vochysiacées.*
                - campylotrope .... *Malpighiacées.*
            - composées .... *Zygophyllacées.*
        - sans stipules. Déhiscence des anthères
          - longitudinale. Ovule
            - anatrope.
              - Poches sécrétrices .... *Rutacées.*
              - Canaux sécréteurs
                - libériens. Ovule
                  - hyponaste .... *Burséracées.*
                  - épinaste .... *Anacardiacées.*
                - médullaires .... *Simarubacées.*
              - Ni poches, ni canaux. Étamines
                - soudées .... *Méliacées.*
                - libres .... *Sapindacées.*
            - orthotrope .... *Connaracées.*
          - poricide. Fleur
            - actinomorphe .... *Trémandracées.*
            - zygomorphe .... *Polygalacées.*
      - charnues .... *Crassulacées.*
    - fugaces. Calice
      - dimère .... *Portulacacées.*
      - pentamère .... *Caryophyllées.*
  - ouverts .... *Moringacées.*

Géraniacées. — Les Géraniacées, 19 genres avec 690 espèces dont 160 Géraines, 175 Pélargones et 220 Surelles ou Oxalides, répandues dans toutes les contrées tempérées et subtropicales, sont des herbes annuelles ou vivaces, grimpant parfois à l'aide des feuilles (Capucine), à rhizome quelquefois tuberculeux (Surelle, Capucine), rarement des arbrisseaux (Pélargone, etc.), ou des arbres (Carambolier, etc.). Les feuilles sont isolées ou opposées, simples (Géraine, etc.), ou composées (Surelle, Carambolier, etc.), souvent stipulées, à limbe fréquemment palminerve et diversement découpé.

Les fleurs sont hermaphrodites, ordinairement actinomorphes, parfois zygomorphes (Pélargone, Capucine, etc.), pentamères avec deux verticilles alternes d'étamines simples (fig. 291). Les cinq sépales, parfois pétaloïdes (Capucine), sont égaux (Géraine, fig. 291, *A*, Surelle, etc.), ou bien le postérieur plus développé se prolonge en éperon (Pélargone, fig. 291, *B*, Capucine, fig. 292, etc.). Les cinq pétales sont égaux (Géraine, fig. 291, *A*, Surelle, etc.), ou inégaux avec prédominance des deux postérieurs (Pélargone, Capucine, etc.); ils avortent dans les Rhynchothèces. Les cinq étamines externes sont superposées aux pétales, les autres aux sépales; en un mot, il y a obdiplostémonie (I, p. 342). Elles sont souvent toutes fertiles (Géraine, fig. 291, *A*, Surelle, etc.); parfois les épipétales se réduisent à leurs filets (Érode, etc.), ou bien les trois inférieures avortent complètement (Pélargone, fig. 291, *B*); ailleurs, l'épipétale inférieure et l'épisépale supérieure avortent, et il y a huit étamines (Capucine, fig. 292); ailleurs, au contraire, les épipétales se dédoublent, ce qui porte à quinze le nombre des étamines, qui en même temps s'unissent en cinq faisceaux épisépales (Monsonie, Sarcocaule, Hypséocharite). Ordinairement libres, les filets sont quelquefois tous concrescents en tube (Surelle, I, p. 361, fig. 151). Les anthères sont introrses et ont quatre sacs s'ouvrant en long. Les cinq carpelles sont épipétales, fermés et concrescents en un ovaire à cinq loges

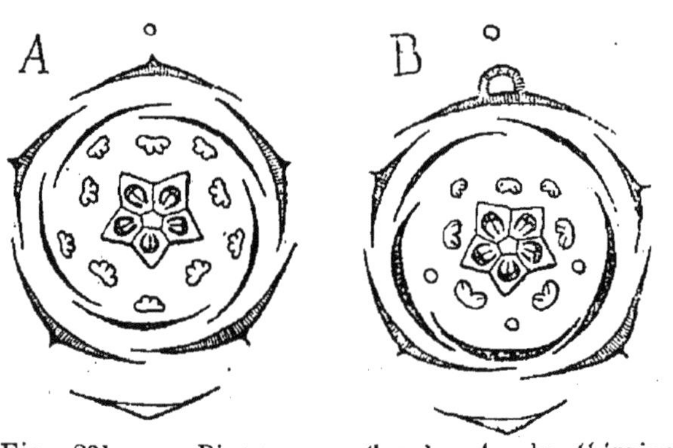

Fig. 291. — Diagramme floral : *A*, du Géraine sanguin ; *B*, du Pélargone zonal.

contenant chacune soit un grand nombre d'ovules anatropes (Surelle, Balbisie, etc.), soit deux ovules inégaux dont le plus grand seul se développe en graine (Géraine, Pélargone, fig. 291, etc.), soit un seul ovule (Capucine, fig. 292, Biebersteinie, etc.); l'ovule est toujours anatrope, pendant à raphé interne et bitegminé. L'ovaire est terminé par autant de styles libres (Surelle, etc.), ou par un style unique (Géraine, Capucine, etc.), parfois gynobasique (Biebersteinie). Il n'y a quelquefois que trois carpelles (Capucine, fig. 292, Vivianie, etc.).

Le fruit est une capsule loculicide (Surelle, etc.), ou une capsule septifrage à cinq valves soulevées par autant de lanières provenant de la région supérieure de l'ovaire accrue et divisée, lanières qui se recourbent vers le haut (Géraine) ou même s'enroulent en spirale (Érode, Pélargone); ailleurs, il est indéhiscent et se sépare en cinq (Biebersteinie), ou trois achaines (Capucine, etc.), ou bien c'est une baie (Carambolier, etc.). La graine a un embryon droit à cotylédons plans (Surelle, Capucine, etc.), ou courbe à cotylédons plissés (Géraine, Érode, etc.), tantôt avec un albumen charnu (Surelle, etc.), parfois peu abondant (Géraine, etc.), tantôt sans albumen (Érode, Pélargone, Capucine, etc.).

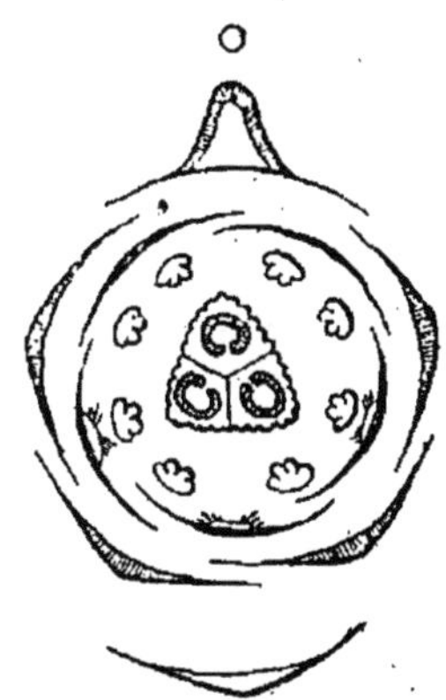

Fig. 292. — Diagramme de la fleur de la Capucine grande.

D'après le nombre des ovules et la nature du fruit, les genres se groupent en trois tribus :

1. *Géraniées*. — Capsule septifrage. Deux ovules inégaux : Géraine, Érode, Pélargone, Monsonie, Sarcocaule, Rhynchothèce, Vivianie, etc.
2. *Tropéolées*. — Polyachaine. Un seul ovule : Capucine, Biebersteinie.
3. *Oxalidées*. — Capsule loculicide ou baie. Nombreux ovules : Surelle, Biophyte, Balbisie, Carambolier, Connaropse, Hypséocharite, etc.

Beaucoup de ces plantes sont cultivées dans les jardins pour la beauté de leurs fleurs. Plusieurs produisent des huiles essentielles dans des poils sécréteurs (Géraine, Pélargone, etc.), ou forment dans leur parenchyme des principes sulfurés antiscorbutiques et ressemblent sous ce rapport aux Crucifères (Capucine, Surelle, etc.); en outre, les Surelles et les Caramboliers sont riches en acide oxalique à l'état de quadroxalate de potassium. D'autres sont alimentaires par leurs tubercules (beaucoup de Surelles, etc.), par leurs feuilles cuites ou en salade (diverses Surelles), par leurs fleurs (Capucine), ou leurs jeunes fruits (Capucine, Carambolier).

Les Monsonies, etc., où les étamines épipétales se dédoublent, relient les Géraniacées à l'alliance des Malvales, notamment à la famille type des Malvacées.

Linacées. — Les Linacées, 11 genres avec 210 espèces, dont plus de 90 Lins et autant d'Érythroxyles, sont des herbes habitant surtout les régions tempérées (Lin, etc.), ou des plantes ligneuses la plupart tropicales (Érythroxyle, etc.), à feuilles isolées, simples, entières, sans stipules (Lin, Radiole, etc.), ou stipulées (Érythroxyle, etc.).

Les fleurs sont hermaphrodites, actinomorphes, pentamères (fig. 293), rarement tétramères (Radiole). L'androcée, qui est obdiplostémone, a ses dix étamines fertiles (Érythroxyle, Hugonie, etc.), ou bien les épipétales se réduisent à des staminodes (Lin, fig. 293, etc.), et même avortent complètement (Radiole). Le pistil a cinq (Lin, fig. 293, etc.), quatre (Radiole) ou trois (Érythroxyle, etc.) carpelles épipétales, fermés, concrescents et biovulés, à styles libres, souvent partagés entre les deux ovules par une fausse cloison (Lin, fig. 293, Radiole, etc.). Les ovules sont anatropes pendants à raphé interne.

Fig. 293. — Diagramme de la fleur du Lin commun.

Le fruit est une capsule septicide (Lin, etc.), une drupe à un (Érythroxyle, etc.) ou plusieurs noyaux (Hugonie), parfois un achaine (Anisadénie). La graine a un albumen charnu avec un embryon droit à cotylédons plans.

D'après le nombre des étamines fertiles, les genres se groupent en deux tribus :

1. *Linées.* — Cinq étamines fertiles : Radiole, Lin, Anisadénie, etc.
2. *Érythroxylées.* — Dix étamines fertiles : Hugonie, Érythroxyle, etc.

La tige du Lin commun fournit des fibres textiles, tandis que sa graine donne à la fois un mucilage par son tégument et une huile siccative par son albumen et son embryon. Les feuilles de l'Érythroxyle coca sont employées dans l'Amérique méridionale aux mêmes usages que le thé et le café.

Les Linacées se rattachent très directement aux Géraniacées, dont on pourrait les considérer comme n'étant qu'une tribu, caractérisée par la déhiscence septicide du fruit quand il est capsulaire, et par les feuilles à limbe entier.

Coriariacées. — Les Coriaires ou Redouls, dont les 8 espèces répandues dans les régions chaudes et tempérées forment seules cette famille, sont des arbustes ou des herbes annuelles, à feuilles opposées, simples et sans stipules, à limbe entier, à fleurs hermaphrodites, actinomorphes et pentamères.

Le calice est gamosépale, persistant et accrescent autour du fruit; la corolle a ses pétales courts, épais et charnus (fig. 294). Des deux verticilles d'étamines, l'externe est épisépale, l'interne épipétale, suivant la règle d'alternance. Le pistil est, par conséquent, épisépale; il est formé de cinq carpelles fermés, libres, terminés par autant de longs styles et renfermant chacun un seul ovule anatrope pendant à raphé dorsal, muni de deux téguments (fig. 294).

Fig. 294. — Diagramme de la fleur de la Coriaire myrtifoliée.

Le fruit est un pentachaine. La graine a un embryon droit à cotylédons plans convexes, entouré d'un mince albumen corné.

Par l'alternance des cinq verticilles floraux, l'indépendance des carpelles et l'épinastie des ovules, ces plantes diffèrent profondément des deux familles précédentes. Elles correspondent assez bien aux Limnanthacées parmi les Unitegminées (p. 332); aussi a-t-on souvent rapproché, parfois même réuni en une seule ces deux familles.

Crassulacées. — Les Crassulacées, 14 genres avec environ 470 espèces, dont 120 Crassules, 140 Orpins et 90 Cotylets, répandues dans les climats tempérés et subtropicaux, sont des herbes ou des sous-arbrisseaux à feuilles charnues, isolées ou opposées, sans stipules, simples et entières.

Les fleurs sont hermaprodites, actinomorphes et leur organisation s'exprime par la formule : $F = nS + nP + nE + nE' + nC$, dans laquelle n prend, suivant les genres, des valeurs différentes : 3 (certaines Tillées), 4 (Bryophylle, etc.), 5 (Cotylet, Echévérie, Crassule, Rochée, etc.), 4-7 (Orpin, fig. 295, *A*), 6-30 (Joubarbe, 295, *B*). Les sépales sont quelquefois concrescents en tube (Bryophylle), les pétales aussi (Bryophylle, Ombilic, Cotylet, Rochée). Les étamines, concrescentes avec la corolle dans ce dernier cas, sont ordinairement libres; les épipétales, qui sont les plus externes, avortent quelquefois (Crassule, Rochée, Tillée, etc.). Les carpelles, épipétales, sont munis à leur base d'autant de petits appendices écailleux et nectarifères (fig. 295), parfois grands et pétaloïdes (Monanthe). Ils sont fermés, libres, avec deux ou plusieurs rangs d'ovules anatropes à deux téguments.

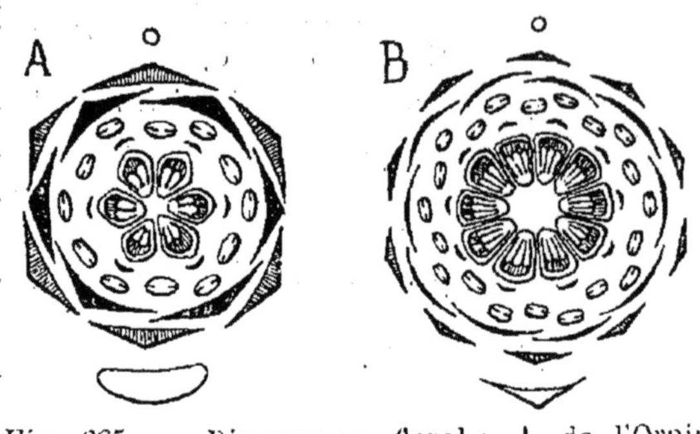

Fig. 295. — Diagramme floral : *A*, de l'Orpin d'Espagne; *B*, de la Joubarbe de montagne.

Le fruit est composé d'autant de follicules que la fleur avait de carpelles. La graine a un petit embryon droit, avec un albumen charnu peu abondant.

Les Crassulacées se distinguent des Géraniacées et des Linacées notamment par l'appareil végétatif et l'indépendance des carpelles; elles diffèrent des Coriariacées par l'obdiplostémonie, les nombreux ovules et le fruit capsulaire.

Élatinacées. — Les Élatinacées, 2 genres avec 30 espèces répandues par toute la Terre, sont des herbes ou des arbrisseaux rampants, aquatiques, à feuilles opposées ou verticillées, simples et stipulées, à limbe entier ou denté.

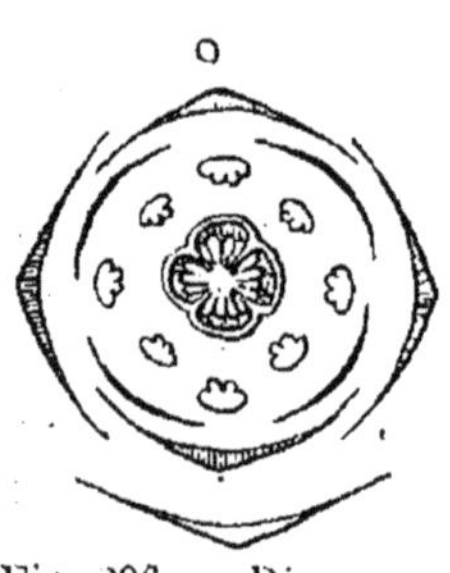

Fig. 296. — Diagramme de la fleur tétramère de l'Élatine alsinastre.

Les fleurs sont hermaphrodites, pentamères (Bergie) ou tétramères (Élatine, fig. 296). L'androcée, diplostémone, a ses étamines externes épisépales, suivant la règle. Le pistil est composé de carpelles épisépales fermés et concrescents en un ovaire pluriloculaire, renfermant de nombreux ovules anatropes à l'angle interne de chaque loge, terminé par autant de styles libres.

Le fruit est une capsule septifrage et la graine renferme un embryon courbe, sans albumen.

Cette petite famille se rattache à la fois aux Crassulacées, dont elle diffère par ses feuilles non charnues et stipulées, par l'épisépalie et la conformation du pistil, enfin par la nature du fruit. Elle se relie plus intimement à la famille suivante.

Caryophyllées. — Les Caryophyllées, 70 genres avec environ 1250 espèces, dont 300 Silènes et 230 Œillets, répandues dans toutes les régions extratropicales de l'hémisphère boréal, sont des herbes à rameaux souvent renflés aux nœuds, caractère d'où la famille a tiré son nom, à feuilles opposées, simples, entières, ordinairement uninerves et sans stipules, parfois stipulées (Gnavelle, etc). Les fleurs sont hermaphrodites, actinomorphes, disposées en cymes bipares, pentamères (fig. 296), rarement tétramères (Buffonie, Sagine, etc.).

Le calice est gamosépale (Silène, fig. 297, *B*, etc.), ou dialy-

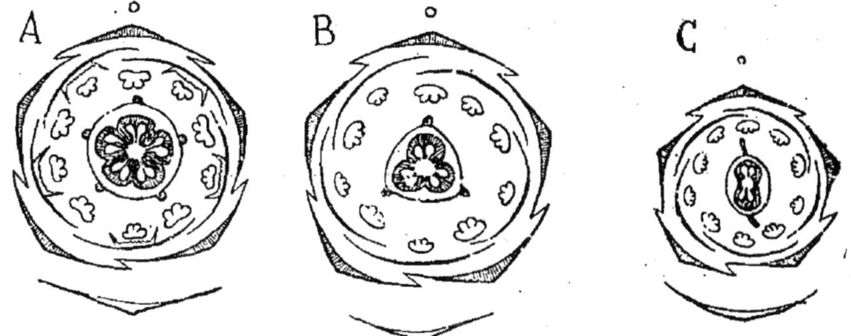

Fig. 297. — Diagramme floral : *A*, de la Viscaire visqueuse ; *B*, du Silène enflé ; *C*, de l'Œillet barbu.

sépale (Alsine, etc.). La corolle, parfois séparée du calice par un long entre-nœud (Lychnide, Œillet, etc.), a ses pétales libres, souvent onguiculés, parfois échancrés (Stellaire, Céraiste, etc.), ou munis d'appendices ligulaires formant une couronne (Lychnide, fig. 297, *A*, etc.) ; elle avorte quelquefois (Sagine, Herniaire, Gnavelle Paronyque, etc.). L'androcée a deux verticilles alternes d'étamines libres, l'externe épipétale, l'interne épisépale, les épipétales avortant quelquefois (Buffonie, Herniaire, etc.). Le pistil est composé de cinq (Lychnide, fig. 297, *A*, Agrostemme, Céraiste, Spargoute, etc.), trois (Silène, fig. 297, *B*, Stellaire, Alsine, etc.), ou deux (Saponaire, fig. 297, *C*, Œillet, Gypsophile, etc.) carpelles, fermés et concrescents en un ovaire pluriloculaire, surmonté d'autant de styles libres et renfermant dans l'angle interne de chaque loge deux rangs d'ovules campylotropes, rarement deux ovules seulement (Buffonie). De très bonne heure, la partie médiane des cloisons disparaît, comme on l'a vu (I, p. 390, fig. 175, *f*), laissant libre au centre la colonne placentaire formée par la concrescence des bords carpellaires (fig. 297). Les styles s'unissent quelquefois en un style unique (Polycarpe, etc.). Quand il est isomère, le pistil est tantôt épisépale (Viscaire, fig. 297, etc.), tantôt épipétale (Spargoute, Sagine, etc.).

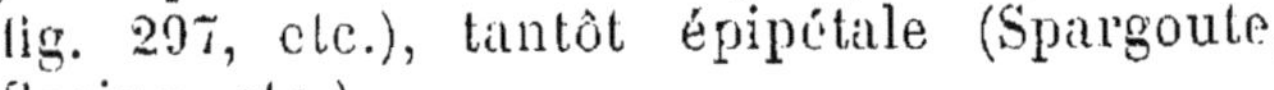

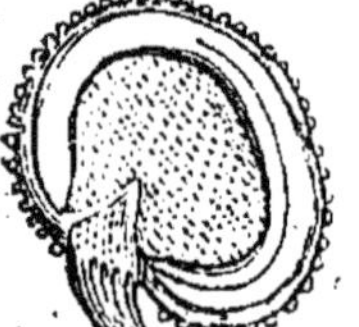

Fig. 298. — Graine de Cucubale coupée en long.

Le fruit est une capsule s'ouvrant à la partie supérieure par des fentes longitudinales, qui correspondent aux dos des carpelles (Alsine, Spargoute, etc.), aux cloisons (Lychnide, Agrostemme, etc.) ou à la fois au dos et aux cloisons (Silène, Céraiste, etc.). Il est quelquefois sec et indéhiscent (Herniaire, Gnavelle, etc.) ou s'ouvrant à la base (Illécèbre, Paronyque, etc.); c'est rarement une baie (Cucubale). La graine a un albumen amylacé et un embryon courbé en anneau autour de l'albumen (fig. 298), rarement droit (Œillet, etc.).

D'après la conformation du calice, du fruit et des feuilles, les genres sont groupés en cinq tribus :

1. *Silénées*. — Calice gamosépale. Styles libres : Œillet, Gypsophile, Saponaire, Silène, Cucubale, Viscaire, Lychnide, Agrostemme, etc.
2. *Alsinées*. — Calice dialysépale. Capsule. Styles libres : Céraiste, Stellaire, Sabline, Buffonie, Sagine, Spargoute, etc.
3. *Polycarpées*. — Calice dialysépale. Capsule. Styles concrescents : Drymaire, Polycarpe, Polycarpée, etc.
4. *Paronychiées*. — Calice dialysépale. Achaine. Feuilles sans stipules : Paronyque, Corrigiole, Herniaire, Illécèbre, etc.
5. *Scléranthées*. — Calice dialysépale. Achaine. Feuilles stipulées : Gnavelle, Comète, etc.

Les Caryophyllées se distinguent nettement des familles précédentes par les feuilles opposées sans stipules, la prompte disparition des cloisons ovariennes, la forme de l'ovule et la structure de la graine. Par l'ovule campylotrope et l'embryon courbé en anneau autour de l'albumen amylacé, elles ressemblent aux Chénopodiacées et aux familles voisines, dans le sous-ordre des Chénopodinées.

Portulacacées. — Les Portulacacées, 15 genres avec environ 150 espèces la plupart américaines, sont des herbes à feuilles isolées ou opposées, simples, entières, souvent charnues, munies de petites stipules frangées ou sans stipules.

Les fleurs sont hermaphrodites, actinomorphes, avec un calice formé de deux sépales médians (fig. 299) et une corolle de cinq pétales libres (Pourpier, Calandrinie, fig. 299, *A*, etc.) ou concrescents en tube (Claytonie, Montie, fig. 299, *B*, etc.). L'androcée a dix étamines, qui peuvent se dédoubler (Pourpier potager, etc.) ou au contraire avorter en partie et se réduire à cinq (fig. 299, *A*) ou à trois (Montie, fig. 299, *B*). Le pistil a trois carpelles fermés et concrescents en un ovaire surmonté d'un style unique, à cloisons fugaces comme dans les Caryophyllées, avec une colonne placentaire portant un grand nombre d'ovules campylotropes (Pourpier, fig. 299, *A*, etc.), trois (Montie, fig. 299, *B*, etc.) ou même un seul ovule (Portulacaire); l'ovaire est parfois semi-infère (Pourpier).

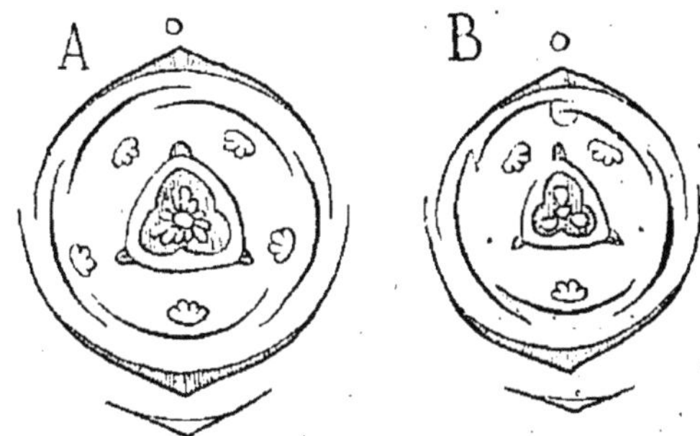

Fig. 299. — Diagramme floral : *A*, de la Calandrinie couchée; *B*, de la Montie des fontaines.

Le fruit est une capsule s'ouvrant en pyxide (Pourpier, etc.) ou par des fentes loculicides (Montie, Talin, etc.), rarement une samare (Portulacaire). La graine contient un albumen amylacé et un embryon courbé autour de l'albumen. Plusieurs de ces plantes sont potagères (Pourpier potager, diverses Calandrinies).

Les Portulacacées se rattachent directement aux Caryophyllées, dont elles diffèrent surtout par le calice dimère.

Zygophyllacées. — Les Zygophyllacées, 21 genres avec 135 espèces habitant la plupart les contrées chaudes de l'hémisphère boréal, sont des herbes ou des arbustes, rarement des arbres (Gaïac), à feuilles opposées, composées pennées, munies de stipules parfois épineuses.

Les fleurs sont hermaphrodites, actinomorphes et pentamères (fig. 300), avec un androcée obdiplostémone, qui peut dédoubler ses étamines épipétales (Pégan) ou les faire avorter en divisant en trois ses épisépales (Nitraire). Le pistil comprend ordinairement cinq (fig. 300), quelquefois trois (Pégan, Nitraire) ou deux (Gaïac) carpelles fermés et concrescents en un ovaire pluriloculaire, surmonté par un style simple et contenant dans chaque loge soit deux rangs d'ovules anatropes, pendants à raphé interne (Zygophylle, Gaïac, etc.), soit deux (Fagonie, etc.) ou un seul ovule (Nitraire, etc.).

Fig. 300. — Diagramme de la fleur du Tribule terrestre.

Le fruit est une capsule septicide, quelquefois loculicide (Pégan); une fois séparés, les carpelles s'ouvrent en dedans (Gaïac, etc.) ou sont indéhiscents parce qu'il s'est fait des cloisons transversales entre les graines (Tribule); dans les Nitraires, c'est une drupe. La graine a un embryon droit avec un albumen charnu, quelquefois sans albumen (Tribule, Nitraire, etc.).

D'après la nature du fruit, les genres se groupent en deux tribus :

1. *Zygophyllées*. — Capsule : Fagonie, Zygophylle, Gaïac, Porliérie, Tribule, Pégan, etc.
2. *Nitrariées*. — Drupe : Nitraire.

Le bois de Gaïac renferme une résine, remarquable par la facilité avec laquelle elle se colore en vert ou en bleu sous l'influence des agents oxydants.

Rutacées. — Les Rutacées, 111 genres avec environ 880 espèces répandues dans toutes les contrées tempérées et chaudes, sont des arbustes ou des arbres, à feuilles souvent opposées, simples ou plus fréquemment composées, sans stipules, à limbe entier. L'écorce de la tige et des feuilles est parsemée de poches sécrétrices, pleines d'huile essentielle.

Les fleurs sont hermaphrodites, actinomorphes, rarement zygomorphes (Dictame, Galipée, etc.), pentamères (fig. 301), quelquefois tétramères (Amyride, Tétradicle, etc.) ou trimères (Triphasie, etc.). Les sépales et les pétales sont parfois concrescents (Galipée, etc.). Des deux verticilles d'étamines, que comprend l'androcée obdiplostémone, les épipétales avortent assez souvent (Pilocarpe, Clavalier, Barosme, Citronnier), et il peut se faire alors que les épisépales se dédoublent de manière à produire 20, 30 et jusqu'à 60 étamines libres (Eglé) ou concrescentes en tube (Citronnier, fig. 302). Le pistil se compose de carpelles clos contenant quelquefois deux rangs d'ovules anatropes, pendants à raphé interne (Rue, fig. 301, Citronnier, fig. 302, etc.), le plus souvent deux pareils ovules, rarement un seul (Skimmie, etc.); ces carpelles sont ordinairement libres avec styles *gynobasiques* soudés (Rue, fig. 301, Diosme, etc.), parfois au contraire concrescents jusqu'au sommet des styles (Ptélée, Toddalie, Citronnier, fig. 302, etc.); ils sont souvent en même nombre que les sépales et épipétales (fig. 301), mais ils peuvent se réduire à trois (Clavalier, Ptélée, etc.), à deux (Thamnosme, etc.), à un (Amyride, etc.),

Fig. 301. — Diagramme d'une fleur terminale de la Rue puante.

Fig. 302. — Diagramme d'une fleur du Citronnier oranger.

ou bien au contraire s'élever à 10-20 (Eglé, Citronnier, fig. 302).

Le fruit est le plus souvent formé d'autant de capsules uniloculaires à déhiscence dorsale qu'il y avait de carpelles, s'ouvrant parfois avec élasticité (Dictame, Diosme, Galipée, etc.); c'est quelquefois une capsule pluriloculaire loculicide (Flindersie), une drupe (Toddalie, etc.), une samare (Ptélée) ou une baie dont la pulpe comestible est composée de poils charnus issus de la face dorsale des carpelles (Citronnier, etc.). La graine renferme un embryon droit (Dictame, etc.) ou courbe (Rue, etc.), avec un albumen charnu (Rue, Ptélée, etc.), ou sans albumen (Diosme, Amyride, Citronnier, etc.); celle des Citronniers renferme plusieurs embryons.

D'après l'indépendance ou la concrescence des carpelles, le nombre des ovules, la nature du fruit et de la graine, les genres se groupent en neuf tribus :

I. — Carpelles libres.

1. *Rutées*. — Plus de deux ovules. Albumen charnu. Embryon courbe : Rue, Dictame, Tétradicle, Thamnosme, etc.

2. *Diosmées.* — Deux ovules. Pas d'albumen. Embryon droit : Diosme, Barosme, Agathosme, Emplèvre, etc.
3. *Galipéées.* — Deux ovules. Pas d'albumen. Cotylédons enroulés : Galipée, Érythrochite, Ticorée, etc.
4. *Boroniées.* — Deux ovules. Albumen charnu : Boronie, Corrée, etc.
5. *Zanthoxylées.* — Deux ovules. Cotylédons plans : Clavalier, Mélicope, Pilocarpe, etc.

II. — Carpelles concrescents.

6. *Flindersiées.* — Capsule pluriloculaire. Pas d'albumen : Flindersie, etc.
7. *Toddaliées.* — Fruit indéhiscent. Albumen : Toddalie, Ptélée, Skimmie, etc.
8. *Amyridées.* — Un seul carpelle. Drupe. Pas d'albumen : Amyride, etc.
9. *Citrées.* — Baie. Pas d'albumen : Limonie, Clausène, Citronnier, Églé, etc.

Ces plantes sont recherchées pour leurs huiles essentielles (Citronnier limonier, Citronnier de Médie, Citronnier oranger, etc.) ; elles donnent aussi des bois aromatiques (Citronnier, Amyride, etc.), des écorces fébrifuges (Galipée fébrifuge, etc.) ou tinctoriales (Clavalier frêné) et des fruits comestibles, notamment les oranges et les citrons.

Par leurs poches sécrétrices, les Rutacées se distinguent nettement de toutes les familles qui précèdent et qui suivent.

Méliacées. — Les Méliacées, 40 genres avec 570 espèces répandues dans les régions chaudes de l'Amérique et de

Fig. 303. — Diagramme de la fleur de la Mélie azédérach.

Fig. 304. — Androcée gamostémone de la Quivisie décandre.

l'Asie, sont des arbustes ou des arbres à feuilles isolées, souvent composées pennées, sans stipules.

Les fleurs sont hermaphrodites, actinomorphes et pentamères (fig. 303). Rarement libres (Cédrèle), les dix étamines de l'androcée obdiplostémone sont ordinairement concrescentes en un tube plus ou moins long (fig. 304), dont le bord porte les anthères et se prolonge dans les intervalles en autant de dents (fig. 303). Le pistil a parfois cinq (Mélie, fig. 303, Quivisie, etc.), le plus souvent trois carpelles fermés et concrescents en un ovaire pluriloculaire, dont chaque loge contient quelquefois deux rangs d'ovules anatropes pendants à raphé ventral (Cédrèle, Swieténie, etc.), le plus souvent deux pareils ovules.

Le fruit est une capsule loculicide (Trichilie, Carape, etc.), septicide (Cédrèle, Swieténie, etc.) ou une drupe (Mélie, etc.). La graine, parfois ailée (Cédrèle, etc.), est munie d'un albumen charnu (Mélie, etc.) ou dépourvue d'albumen (Trichilie, etc.).

D'après l'indépendance ou la concrescence des étamines, le nombre des ovules et la conformation de la graine, les genres se groupent en quatre tribus :

1. *Méliées.* — Étamines concrescentes. Deux ovules. Albumen charnu : Quivisie, Mélie, Azadirachte, Carape, Turrée, etc.
2. *Trichiliées.* — Étamines concrescentes. Deux ovules. Pas d'albumen : Trichilie, Guarée, Sandoric, Dysoxyle, Ékébergie, etc.
3. *Swieténiées.* — Étamines concrescentes. Nombreux ovules : Swieténie, Khaye, etc.
4. *Cédrélées.* — Étamines libres. Nombreux ovules : Cédrèle, Ptéroxyle.

Plusieurs Swieténiées et Cédrélées donnent des bois recherchés pour l'ébénisterie (Cédrèle odorant, Khaye du Sénégal, Swiétenie, etc.); le plus utile de tous est l'acajou (Swieténie mahogani). D'autres ont des fruits comestibles (Sandoric, etc.) ou des graines dont on extrait l'huile (Mélie, etc.).

Simarubacées. — Les Simarubacées, 28 genres avec 125 espèces croissant la plupart dans les régions chaudes et tropicales, sont des arbustes ou des arbres à feuilles isolées, ordinairement composées pennées et sans stipules. La tige et les feuilles renferment souvent des canaux sécréteurs résinifères, situés dans la région périphérique de la moelle pour la tige, dans la région supérieure du péridesme de chaque méristèle pour la feuille.

Les fleurs sont actinomorphes, parfois hermaphrodites (Quassie, etc.), le plus souvent unisexuées par avortement, pentamères et construites comme dans les familles précédentes, avec un androcée obdiplostémone à étamines libres, dont cinq peuvent avorter (Picrène, Brucée, etc.) et un pistil à carpelles clos ordinairement uniovulés, libres (Simarube, Quassie, etc.) ou concrescents (Picramnie, etc.).

Le fruit est le plus souvent une drupe, quelquefois une

samare (Ailante) ou une baie (Picramnie). La graine est ordinairement dépourvue d'albumen.

D'après la conformation du pistil, les genres se groupent en deux tribus :

1. *Simarubées.* — Carpelles libres : Quassie, Simabe, Simarube, Samadère, Eurycome, Castèle, Brucée, Picrasme, Ailante, Suriane, Soulamée, etc.
2. *Picramniées.* — Carpelles concrescents : Picramnie, Irvingie, etc.

Ces plantes sont remarquables par l'amertume et la propriété fébrifuge de leur bois et de leur écorce, caractère qui atteint son plus haut degré dans la Quassie amère, le Picrène élevé et la Soulamée amère. L'Ailante glanduleux est un arbre des plus utiles, dont la culture s'est généralisée en Europe.

Voisines des Rutacées, les Simarubacées sont nettement caractérisées notamment par leurs canaux sécréteurs circummédullaires.

Anacardiacées. — Les Anacardiacées, 60 genres avec environ 345 espèces, dont plus de 120 Sumacs, presque toutes tropicales, sont des arbres ou des arbustes à feuilles isolées, souvent composées pennées, sans stipules. La tige et les feuilles renferment des canaux sécréteurs oléorésineux, situés dans le liber de leurs faisceaux libéroligneux; la racine en

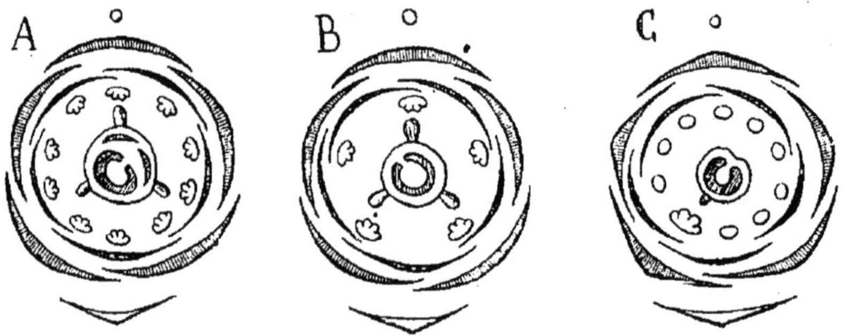

Fig. 305. — Diagramme floral : *A*, du Schin mollé ; *B*, du Sumac des corroyeurs *C*, de l'Anacarde occidental; une seule étamine est fertile.

contient aussi dans ses faisceaux libériens. Ce caractère distingue immédiatement cette famille de toutes les précédentes et notamment des Simarubacées.

Les fleurs sont actinomorphes (fig. 305, *A* et *B*), quelquefois zygomorphes avec plan de symétrie oblique (Anacarde, (fig. 305, *B*), hermaphrodites ou unisexuées par avortement, pentamères, avec un androcée obdiplostémone dont cinq étamines peuvent avorter (Sumac, fig. 305, *B*, Pistachier, Manguier, etc.) et où il peut même n'y avoir qu'une seule étamine fertile (Anacarde, fig. 305, *C*, Manguier). Le pistil est formé quelquefois de cinq carpelles fermés et concrescents (Monbin, etc.), le plus souvent de trois dont un seul, latéral antérieur, se développe complètement (Sumac, Schin, fig. 305, *A* et *B*, Pistachier, etc.), ou même d'un seul, latéral antérieur (Manguier, Anacarde, fig. 305, *C*); chaque carpelle contient un seul ovule anatrope pendant à raphé dorsal, épinaste par conséquent.

Le fruit est une drupe, au-dessous de laquelle le pédicelle se renfle quelquefois en poire (Anacarde, fig. 306, Sémécarpe). La graine a un embryon courbe à cotylédons plans (Sumac, Pistachier, etc.), sans albumen.

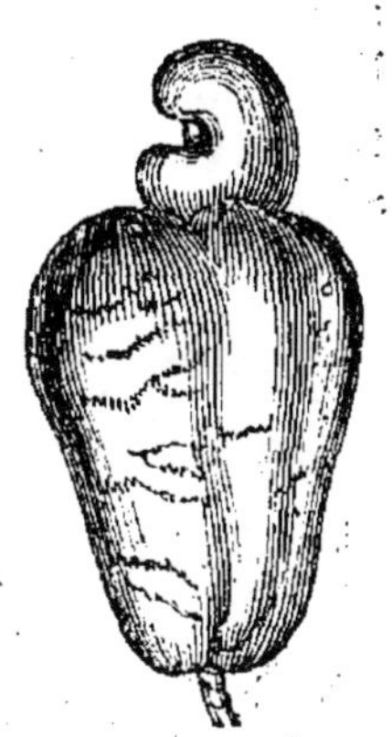

Fig. 306. — Fruit à pédicelle charnu de l'Anacarde occidental.

Ces plantes produisent des résines ou vernis employés à divers usages; tels sont le vernis du Japon et la laque de Chine (Sumac vernis, etc.), la térébenthine de Chio (Pistachier térébinthe), le mastic d'Orient (Pistachier lentisque), etc. Elles sont riches en tannin et servent à tanner les peaux, notamment les Sumacs. Plusieurs sont comestibles par leurs fruits (Manguier, Monbin, etc.), par leur pédicelle renflé sous le fruit (Anacarde, fig. 306, Sémécarpe) ou par leurs graines (Pistachier vrai). Enfin beaucoup de ces arbres donnent des bois d'ébénisterie (Sumac, Pistachier, Comoclade, etc.).

Burséracées. — Les Burséracées, 16 genres avec 280 espèces toutes tropicales, dont 40 Gommarts ou Bursères, sont des arbres à feuilles isolées, souvent composées pennées, sans stipules. La racine, la tige et la feuille renferment des canaux sécréteurs libériens, disposés comme chez les Anacardiacées.

Les fleurs sont actinomorphes, hermaphrodites ou unisexuées par avortement, pentamères, parfois trimères (Pachylobe, etc.), avec un androcée obdiplostémone à anthères dorsifixes et un pistil formé de cinq (Prote, etc.) ou trois (Gommart, Boswellie, etc.) carpelles fermés et concrescents en un ovaire pluriloculaire, dont chaque loge renferme deux ovules anatropes pendants à raphé ventral, hyponastes par conséquent.

Le fruit est une drupe; la graine contient un gros embryon à cotylédons plissés, sans albumen.

Ces plantes produisent en abondance des résines, gommes, baumes et essences, tels que la myrrhe (Commiphore d'Abyssinie, etc.), l'encens (Boswellie thurifère), etc. Elles ressemblent aux Anacardiacées par l'existence et la disposition des canaux sécréteurs, mais s'en distinguent nettement par la conformation du pistil, dont les loges sont biovulées, et par celle des ovules, qui sont hyponastes.

Sapindacées. — Les Sapindacées, 120 genres avec plus de 1000 espèces la plupart tropicales, parmi lesquels les Savonniers ou Sapindus, sont des arbres ou des arbustes, grimpant assez souvent à l'aide de vrilles raméales (Serjanie, Paullinie, etc.); la tige offre alors l'anomalie de structure signalée (I, p. 219, fig. 83). Les feuilles sont isolées, rarement opposées (Marronnier, Érable, Staphylier), sans stipules, parfois munies de stipules caduques libres (Paullinie, etc.) ou axillaires (Mélianthe, etc.), fréquemment composées pennées, quelquefois composées palmées (Marronnier, etc.) ou simples (Érable, etc.). La tige et les feuilles renferment parfois des files de cellules sécrétrices fusionnées (Érable, etc.).

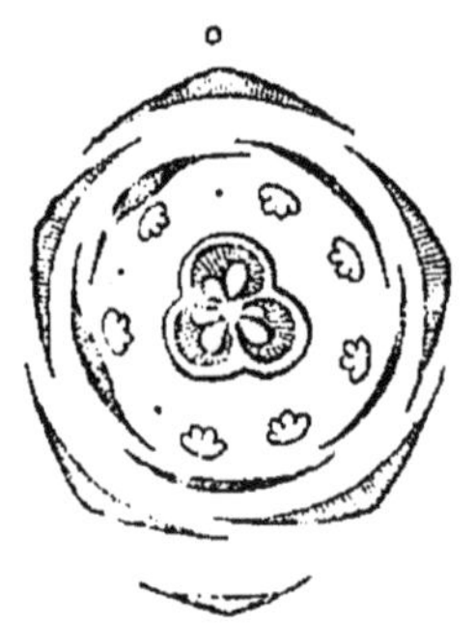

Fig. 307. — Diagramme de la fleur du Marronnier hippocastane.

Les fleurs sont hermaphrodites, quelquefois actinomorphes (Érable, etc.), ordinairement zygomorphes (fig. 307), pentamères, rarement tétramères (Cardiosperme, etc.). Les pétales sont égaux (Érable, Savonnier, etc.) ou inégaux, celui qui est situé dans le plan de symétrie avortant assez souvent (Mélianthe, Marronnier, etc.); ils peuvent avorter tous (Négonde). L'androcée a quelquefois ses dix étamines fertiles (Savonnier, Érable, etc.), mais le plus souvent il en avorte plusieurs et le nombre se réduit à huit ou sept (Marronnier, fig. 307, Serjanie, Paullinie, etc.), à cinq (Pavier, Staphylier, etc.) ou à quatre (Mélianthe, etc.). Le pistil a ordinairement trois (fig. 307), rarement deux (Érable, etc.) ou quatre (Mélianthe, etc.) carpelles clos, concrescents en un ovaire pluriloculaire contenant dans chaque loge un (Savonnier, Serjanie, etc.) ou deux (Marronnier, fig. 307, Érable), rarement de plus nombreux (Xanthocère, Staphylier, etc.) ovules anatropes ou campylotropes, pendants ou dressés, ordinairement épinastes. Entre la corolle et l'androcée, rarement entre l'androcée et le pistil (Staphylier), le réceptacle forme un disque nectarifère.

Le fruit est tantôt une capsule loculicide (Marronnier, Kœlreutérie, Cardiosperme, etc.), septicide (Paullinie, etc.) ou apicide (Mélianthe, Staphylier, etc.), tantôt un polyachaine (Savonnier, etc.), souvent ailé et devenant une trisamare (Serjanie, etc.) ou une disamare (Érable, etc.). La graine renferme un embryon quelquefois droit (Staphylier, etc.), le plus souvent courbé ou enroulé, sans albumen, rarement avec un albumen charnu ou corné (Mélianthe, Staphylier, etc.).

D'après la conformation du pistil, la situation du disque et la présence ou l'absence d'un albumen, les genres sont groupés en cinq tribus :

1. *Sapindées*. — Trois carpelles uniovulés. Pas d'albumen : Urvillée, Serjanie, Cadiosperme, Paullinie, Kœlreutérie, Cupanie, Savonnier, etc.
2. *Esculées*. — Trois carpelles biovulés. Pas d'albumen : Marronnier, Pavie, Billie.
3. *Acérées*. — Deux carpelles. Pas d'albumen : Érable, Négondo, Diptéronie.
4. *Mélianthées*. — Disque extrastaminal. *Albumen charnu* : Mélianthe, etc.
5. *Staphylées*. — Disque intrastaminal. Albumen charnu : Staphylier, Turpinie, etc.

Plusieurs de ces plantes donnent des fruits comestibles (Savonnier, Érioglosse, etc.) ou des graines comestibles (Marronnier, etc.). L'écorce des Savonniers sert à la lessive. La tige des Érables (Érable à sucre, etc.) contient au printemps une sève sucrée qu'on exploite au Canada. Plusieurs donnent des bois recherchés (Érable, Marronnier, Stadmannie, etc.).

Les Sapindacées diffèrent des Anacardiacées, qui ont comme elles les ovules épinastes, surtout par l'absence de canaux sécréteurs.

Malpighiacées. — Les Malpighiacées, 54 genres avec 650 espèces la plupart tropicales, croissant principalement au Brésil ou à la Guyane, sont des arbres ou des arbustes, souvent volubiles ou grimpants et dont la tige offre alors une structure anormale (I, p. 221), à feuilles ordinairement opposées, simples et stipulées, portant des poils en navette.

Les fleurs sont hermaphrodites, actinomorphes (Malpighie, fig. 308, etc.) ou zygomorphes avec plan de symétrie oblique (Stigmaphylle, etc.), pentamères avec pistil trimère. Les sépales sont fréquemment munis de deux glandes sur leur face externe (fig. 308); les pétales sont parfois inégaux (Banistérie, Hyptage, etc.). L'androcée est obdiplostémone et les étamines épipétales y avortent quelquefois (Aspicarpe, Gaudichaudie, etc). Les trois carpelles, fermés et concrescents en ovaire triloculaire surmonté de styles libres, contiennent chacun un seul ovule hémi-anatrope, presque orthotrope ou campylotrope, pendant et hyponaste.

Fig. 308. — Diagramme de la fleur de la Malpighie macrophylle.

Le fruit est une triachaine, souvent muni de côtes ou d'ailes dorsales (Banistérie, etc.), ou latérales (Hirée, etc.), qui en font une trisamare, rarement une drupe (Malpighie, Byrsonime) ou un simple achaine par avortement (Dicelle, etc.). La graine a un embryon droit ou courbe, sans albumen. Les drupes de diverses Malpighies et Byrsonimes sont comestibles; le bois des Byrsonimes est employé dans la teinture en rouge; celui des Bembices sert aux constructions.

Les Malpighiacées sont une famille très homogène, qui diffère des Sapindacées surtout par les feuilles opposées et simples, par les glandes du calice, par la forme et l'hyponastie des ovules.

Polygalacées. — Les Polygalacées, 10 genres avec environ 650 espèces dont 450 Polygales, sont des herbes ou des arbustes grimpants (Sécuridace, etc.), à feuilles isolées, rarement opposées (Polygales du Cap), simples et sans stipules, à limbe entier.

Les fleurs sont hermaphrodites, zygomorphes, pentamères avec un pistil dimère (fig. 309). Les deux sépales latéraux sont d'ordinaire plus grands et pétaloïdes; par contre, les deux pétales latéraux avortent le plus souvent, tandis que l'antérieur se développe beaucoup plus que les autres et se ploie en carène. Calice et corolle sont parfois concrescents en tube à la base (Moutabée). Dans l'androcée diplostémone, les deux étamines médianes avortent et les huit autres demeurent libres (Xanthophylle) ou s'unissent en un tube fendu en arrière, lui-même concrescent avec la carène (Polygale, fig. 309, etc.); les anthères ont deux sacs polliniques s'ouvrant au sommet par une fente en croissant. Le pistil est formé de deux carpelles médians, concrescents et fermés avec un ovule anatrope pendant à raphé interne dans chaque loge (Polygale, fig. 309, etc.), rarement ouverts et portant plusieurs ovules sur chaque placente pariétal (Xanthophylle). Il y a cinq carpelles, fermés et uniovulés, dans les Moutabées.

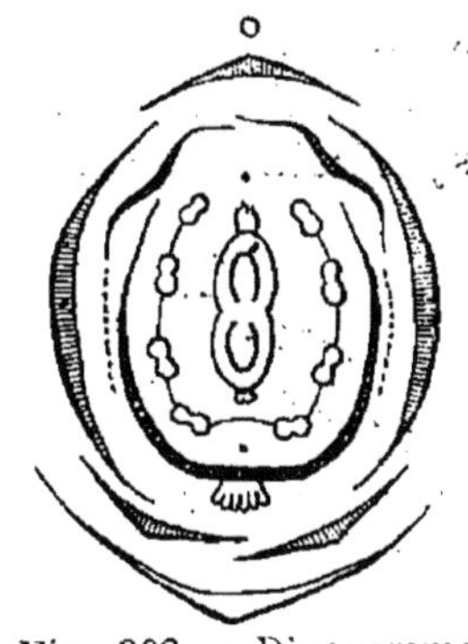
Fig. 309. — Diagramme de la fleur du Polygale vulgaire.

Le fruit est le plus souvent une capsule loculicide (Polygale, Muraltie, Comésperme, etc.), parfois un achaine muni d'une aile transversale (Monnine) ou unilatérale (Sécuridace), une drupe comestible (Carpolobie, etc.) ou une baie (Xanthophylle, etc.). La graine, parfois aigrettée (Comésperme) ou arillée (Polygale, etc.), contient un petit embryon avec un albumen abondant (Polygale, etc.), ou un gros embryon sans albumen (Xanthophylle, Sécuridace, etc.).

Les Polygalacées sont une famille très homogène, qui diffère très nettement de toutes les autres Géraniales.

Trémandracées. — Les Trémandracées, 3 genres avec 24 espèces australiennes, sont de petits arbustes à feuilles isolées, opposées ou verticillées, simples, entières et sans stipules.

Les fleurs sont hermaphrodites, actinomorphes, pentamères (Trémandre, Platythèce) ou tétramères (Tétrathèce), avec un pistil dimère. L'androcée, qui est diplostémone, est formé d'étamines à quatre sacs collatéraux (Tétrathèce) ou superposés (Platythèce), ou seulement à deux sacs (Trémandre), qui s'ouvrent au sommet par une fente transversale. L'ovaire contient dans chaque loge un (Platythèce) ou deux (Trémandre, etc.) ovules anatropes pendants.

Le fruit est une capsule loculicide. La graine renferme un albumen charnu et un petit embryon droit.

Ces plantes se rattachent directement aux Polygalacées, dont elles sont, pour ainsi dire, les représentants actinomorphes.

Vochysiacées. — Les Vochysiacées, 8 genres avec 135 espèces propres à l'Amérique tropicale, sont des arbres ou arbustes résineux, parfois grimpants (Trigonie), à feuilles souvent opposées, simples, entières, avec stipules caduques. La tige renferme assez souvent des tubes criblés dans sa moelle, situés soit dans la zone périphérique (Callisthène, etc.), soit dans la région centrale (Vochysie, Salvertie, etc.), soit en même temps dans les deux parties (Qualée, Érisme); en outre, elle offre parfois des îlots libériens inclus dans son bois secondaire (Érisme).

Les fleurs sont hermaphrodites, zygomorphes avec plan de symétrie oblique (fig. 310), pentamères avec pistil trimère. Les sépales et les pétales sont inégaux; les deux pétales postérieurs peuvent avorter, seuls (Vochysie, etc.) ou avec les moyens (Érisme, etc.). Dans l'androcée typiquement diplostémone, il n'y a que six étamines fertiles (Trigonie) ou quatre (Lightie) ou même une seule (Salvertie, fig. 310, Vochysie, Érisme, etc.), les autres se réduisant à des staminodes ou même avortant. Calice, corolle et androcée sont concrescents en coupe à la base, rarement libres (Trigonie). Chaque loge de l'ovaire triloculaire contient soit deux ovules anatropes (Salvertie, fig. 310, Vochysie, Érisme, etc.), soit deux rangs d'ovules (Trigonie, Qualée, etc.); le pistil est quelquefois concrescent avec la coupe externe, ce qui rend l'ovaire infère (Érisme).

Fig. 310. — Diagramme de la fleur de la Salvertie convallariodore.

Le fruit est une capsule loculicide (Vochysie, etc.) ou septicide (Trigonie, etc.), rarement un achaine (Érisme) ou une trisamare (Trigoniastre). La graine, ailée (Vochysie, etc.) ou velue (Trigonie, etc.), contient un embryon à cotylédons plans avec un albumen charnu (Trigonie, etc.) ou à cotylédons repliés sans albumen (Vochysie, etc.).

D'après la structure de la tige, la déhiscence du fruit, l'absence ou la présence d'un albumen, les genres se groupent en deux tribus, parfois considérées comme deux familles distinctes :

1. *Vochysiées.* — Faisceaux criblés médullaires. Capsule loculicide; pas d'albumen : Vochysie, Salvertie, Callisthène, Qualée, Érisme.
2. *Trigoniées.* — Pas de faisceaux criblés médullaires. Capsule septicide; un albumen : Trigonie, Lightie, Trigoniastre.

Par sa zygomorphie, cette famille se relie aux Polygalacées.

Légumineuses. — La vaste famille des Légumineuses comprend 430 genres avec plus de 7000 espèces, répandues par toute la Terre. Ce sont des herbes, des arbustes ou des arbres, parfois grimpant à l'aide de vrilles foliaires (Gesse, Vesce, Bauhinie, etc.) ou volubiles à droite (Haricot, Glycine, etc.), à feuilles isolées, ordinairement composées palmées ou pennées, quelquefois réduites au pétiole dilaté en phyllode (diverses Acacies, Mimeuses, Casses, etc.), munies de stipules parfois très petites et rudimentaires.

Les fleurs sont hermaphrodites, parfois actinomorphes (Mimeuse, etc.), le plus souvent zygomorphes (Haricot, etc.), pentamères avec un androcée directement diplostémone et un pistil monomère (fig. 311 et 312).

Le calice a quelquefois son sépale médian postérieur

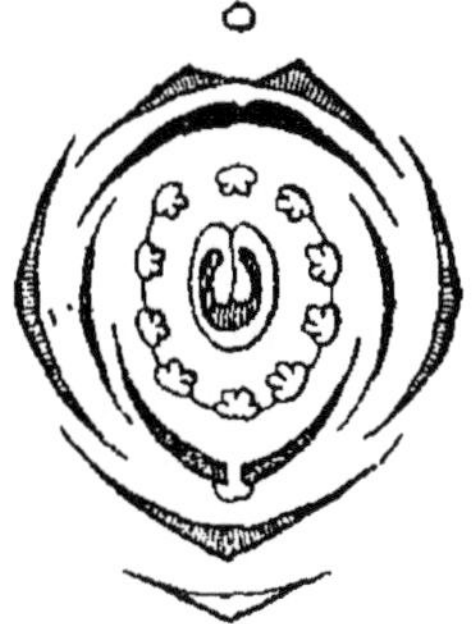

Fig. 311. — Diagramme de la fleur de la Fève vulgaire.

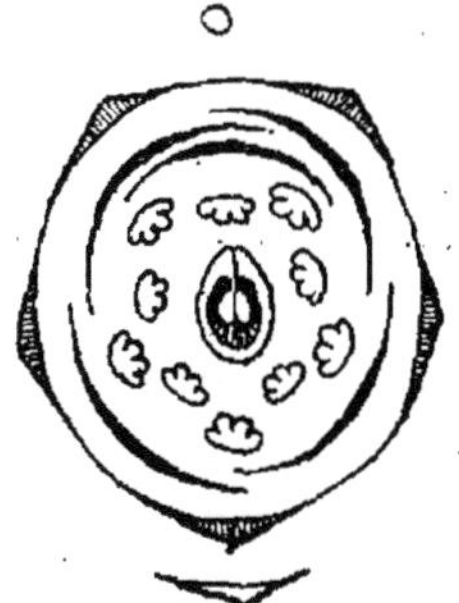

Fig. 312. — Diagramme de la fleur du Gainier siliquastre.

(Mimeuse, Acacie, etc.), le plus souvent il est antérieur; les sépales sont libres (fig. 311), ou diversement concrescents (fig. 312), égaux ou inégaux, parfois rudimentaires (Mimeuse, Caroubier, etc.). La corolle a ses pétales parfois égaux (Mimeuse, Cadie, etc.), le plus souvent inégaux; dans ce dernier cas, ou bien le pétale médian, qui est postérieur et qu'on nomme l'*étendard*, recouvre dans le bouton les deux latéraux nommés les *ailes*, qui à leur tour recouvrent les deux antérieurs appliqués bord à bord et formant ensemble ce qu'on appelle la *carène* (fig. 311) : la préfloraison est dite *vexillaire* et la corolle *papilionée* (fig. 313); ou bien, ce sont les deux pétales antérieurs qui recouvrent les deux latéraux, lesquels à leur tour recouvrent le postérieur : la préfloraison est dite *carénale* (fig. 312). Les pétales s'unissent quelquefois en une corolle gamopétale (Mimeuse, Acacie, Trèfle, etc.); ailleurs deux (Tamarin, etc.) ou quatre (Amorphe, Swartzie, etc.) d'entre eux avortent, ou même ils avortent tous (Caroubier, Copaïer, etc.). L'androcée a ses étamines libres (Sophore, Gainier, fig. 312, Cadie, etc.), ou toutes concrescentes en tube (Genêt, Cytise, Bugrane, etc.), ou la supérieure libre, les neuf autres unies en un tube fendu en haut en face de l'étamine libre (Haricot, Vesce, Fève, fig. 311, Trèfle, etc.) (I, p. 361, fig. 152); plusieurs avortent quelquefois et l'androcée se trouve réduit à cinq (Caroubier, etc.), quatre (Kramérie), trois (Tamarin, etc.) ou deux étamines (Diale); ailleurs, au contraire, les étamines se multiplient par ramification, partiellement (Swartzie) ou toutes à la fois (Acacie, Albizzie, Inge, etc.). Les anthères ont quelquefois plus de quatre sacs polliniques, produisant chacun une petite masse de pollen composé (Acacie, Mimeuse, etc.). Le pistil se compose d'un seul carpelle clos, médian, toujours antérieur, portant sur chaque bord une rangée d'ovules anatropes ou campylotropes, rarement un seul ovule (Kramérie, Hématoxyle, etc.), surmonté d'un style souvent arqué ou enroulé.

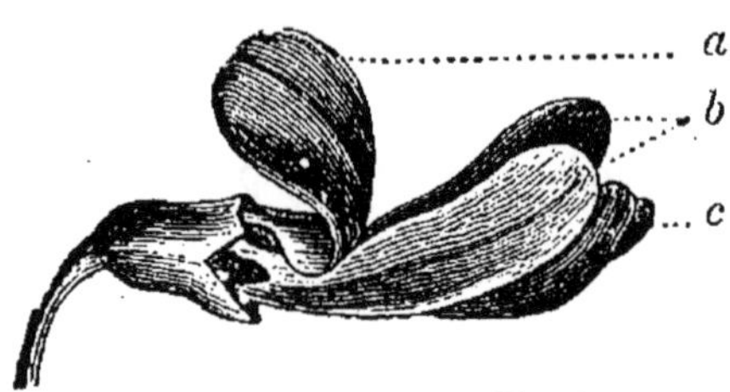

Fig. 313. — Corolle papilionée : *a*, étendard; *b*, ailes ; *c*, carène.

Le fruit est un légume, caractère auquel la famille doit son nom; il est parfois spiralé (Luzerne, etc.) ou subdivisé, soit par une fausse cloison longitudinale (Astragale), soit par des cloisons transversales entre les graines; dans ce dernier cas, il demeure indéhiscent et se conserve entier (Casse, etc.) ou se rompt en articles qui sont autant d'achaines (Sainfoin, Mimeuse, Tamarin, etc.); ailleurs il se réduit à un achaine (Esparcette, Arachide, Hématoxyle, etc.), parfois ailé (Ptérocarpe); ailleurs encore, c'est une drupe (Coumaroune, Diale, etc.). La graine a un embryon droit (Mimeuse, Brésillet ou Césalpinie, etc.) ou courbe (Haricot, Pois, etc.), avec un albumen charnu ou corné (Mimeuse, Caroubier, Casse, etc.) ou sans albumen (Haricot, Pois, etc.).

D'après la forme de la corolle et de l'embryon, les genres se groupent en trois grandes tribus :

1. *Mimosées*. — Corolle actinomorphe; embryon droit : Parkie, Entade, Prosope, Mimeuse, Acacie, Inge, etc.
2. *Césalpiniées*. — Corolle zygomorphe à préfloraison carénale; embryon droit : Brésillet, Casse, Bauhinie, Copaïer, Swartzie, Gainier, Févier, Caroubier, etc.

3. *Papilionées.* — Corolle zygomorphe à préfloraison vexillaire; embryon courbe : Lupin, Genêt, Ajonc, Cytise, Bugrane, Trigonelle, Luzerne, Trèfle, Lotier, Indigotier, Galège, Astragale, Coronille, Sainfoin, Esparcette, Vesce, Gesse, Haricot, Dolic, Dalbergie, Sophore, etc.

La famille des Légumineuses est une des plus utiles à l'homme. Les Papilionées donnent des graines alimentaires (Pois, Haricot, Dolic, Fève, Vesce, Lentille, Chiche, Lupin, etc.), ou oléagineuses (Arachide, etc.), des tubercules comestibles (Ape tubéreux, etc.), des fourrages (Trèfle, Sainfoin, Luzerne, Lupin, Gesse, Vesce, Lotier, Ornithope, etc.), des principes colorants, natamment l'indigo (Indigotier), des matières sucrées (racines de Réglisse, d'Astragale, etc.), de la gomme adragant (divers Astragales), du cachou (Ptérocarpe, etc.), du baume de Tolu (Toluifère), de beaux bois de construction et d'ébénisterie (Robinier, Cytise, Ptérocarpe, Dalbergie, Coumaroune, etc.). Les Césalpiniées produisent des fruits comestibles ou purgatifs (Tamarin, Caroubier, Casse, etc.), des baumes et résines (Copaïer, Hyménée, etc.), des bois de teinture (Hématoxyle, dit *bois de Campêche*, etc.), des bois de construction et d'ébénisterie. Les Mimosées donnent aussi des fruits comestibles (Inge, etc.). des gommes et du tannin (gomme arabique et cachou de diverses Acacies, etc.), des bois de construction et de menuiserie.

Les Légumineuses forment une famille nettement circonscrite, qui se rattache aux Anacardiacées par ses types actinomorphes, aux Polygalacées par ses types zygomorphes, et aux Rosacées, comme il sera dit plus loin.

Connaracées. — Les Connaracées, 16 genres avec 140 espèces toutes tropicales, sont des arbres ou des arbustes à feuilles isolées, composées pennées, sans stipules. Les fleurs sont hermaphrodites, actinomorphes et pentamères, avec un androcée obdiplostémone et un pistil composé de cinq carpelles épipétales, fermés et libres, contenant chacun deux ovules orthotropes, réduit quelquefois à un seul carpelle à deux ovules anatropes (Tricholobe).

Le fruit se compose de cinq follicules, parfois réduits à un seul par avortement (Connare); c'est quelquefois un légume (Tricholobe). La graine, parfois arillée (Connare, Rourée, etc.), a un gros embryon sans albumen (Connare, Tricholobe, etc.), ou un petit embryon avec un albumen charnu (Cneste, etc.).

Ces plantes se rattachent, d'une part aux Oxalidées, et notamment aux Caramboliers et Connaropses, de l'autre aux

Légumineuses actinomorphes, dont elles diffèrent surtout par l'absence de stipules, l'obdiplostémonie, l'isocarpellie et les ovules orthotropes.

Rosacées. — Le grande famille des Rosacées comprend 89 genres avec plus de 1450 espèces répandues partout. Ce sont des herbes, des arbustes ou des arbres, à feuilles isolées, simples ou diversement composées, stipulées.

Les fleurs sont actinomorphes, hermaphrodites, rarement unisexuées (Pimprenelle, Quillaie, etc.), pentamères (fig. 314-

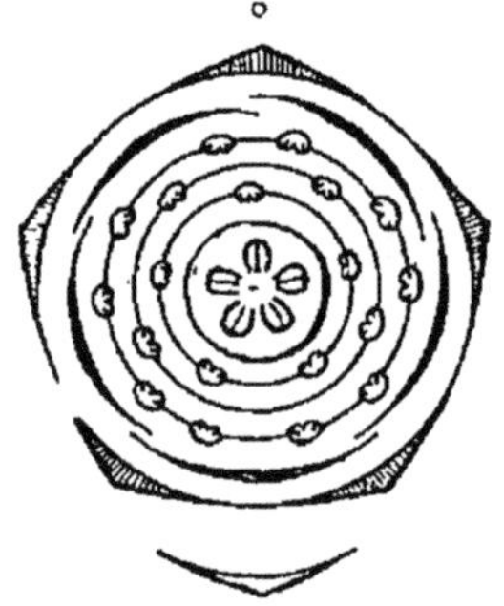

Fig. 314. — Diagramme de la fleur du Poirier commun.

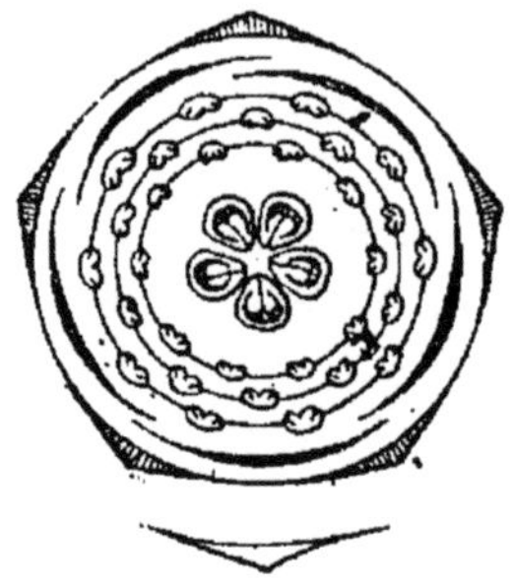

Fig. 315. — Diagramme de la fleur de la Spirée ulmaire.

317), rarement tétramères (Pimprenelle, Sanguisorbe, Alchimille, etc.), ou trimères (Cliffortie).

Le calice est quelquefois pourvu d'un calicule (Potentille,

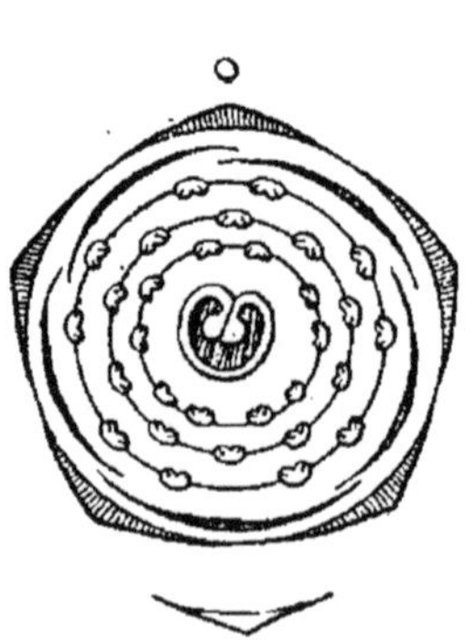

Fig. 316. — Diagramme de la fleur du Prunier épineux.

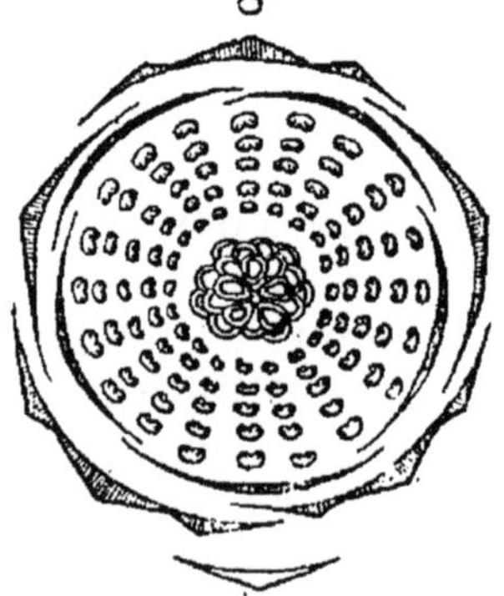

Fig. 317. — Diagramme de la fleur du Rosier cotonneux.

Fraisier, etc.). La corolle a ses pétales libres au-dessus du calice; elle avorte quelquefois (Pimprenelle, Sanguisorbe, Alchimille, etc.). L'androcée se compose le plus souvent de vingt étamines libres, en trois verticilles : cinq épisépales, cinq épipétales, et dix superposées par paires aux pétales (fig. 314); quelquefois il y a réduction à quinze (Raphiolépide, etc.), à dix (Quillaie, etc.), à cinq ou quatre (Sanguisorbe, Sibbaldie, Alchimille, etc.), ou au contraire multiplication à 30 (fig. 315 et 316), 40, 50 et davantage (fig. 317) Ronce, Dryade, Rosier, etc.). Calice, corolle et androcée sont concrescents à la base, sur une plus ou moins grande longueur, et forment un plateau (Fraisier, etc.), une coupe (Prunier, fig. 318, Spirée, etc.), ou un tube (Rosier, fig. 320). Le pistil,

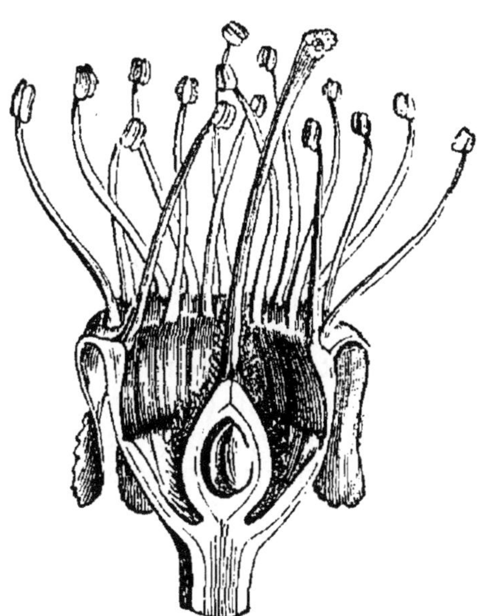

Fig. 318. — Fleur du Prunier domestique coupée en long.

Fig. 319. — Fleur du Pommier commun, coupée en long.

disposé au centre du plateau sur un prolongement conique du réceptacle (Fraisier, Ronce, Potentille, etc.), ou au fond de la coupe ou du tube (Prunier, fig. 318, Rosier, fig. 320, etc.), se compose de carpelles clos, libres, contenant chacun deux rangs d'ovules anatropes (Coignassier, Spirée, Quillaie, etc.), deux ovules (Prunier, Poirier, Sorbier, etc.), ou un seul ovule (Fraisier, Rosier, Aigremoine, etc.), à style quelquefois gynobasique (Fraisier, Alchimille etc.). Il y a tantôt cinq carpelles (Poirier, fig. 314, Coignassier, Spirée, fig. 315, etc.), tantôt moins, deux, par exemple (Sanguisorbe, Aigremoine, etc.), ou un seul (Prunier, fig. 316, Alchimille, etc.), tantôt au contraire un grand nombre disposés en spirale (Fraisier, Potentille, Ronce, Rosier, fig. 317 et 320, etc.). Les carpelles sont quelquefois concrescents par leur face dorsale avec le tube formé par l'union des verticilles externes, ce qui donne l'apparence d'un ovaire infère (Poirier, Pommier, fig. 319, Néflier, Aubépine, Sorbier, etc.). Dans les Rosiers, le pédicelle floral se creuse au sommet en une coupe, surmontée par le tube externe, et les nombreux carpelles tapissent toute la surface de cette coupe (fig. 320).

Le fruit est formé d'autant de follicules (Spirée, etc.), de légumes (Quillaie), d'achaines (Rosier, Fraisier, Potentille, etc.), ou de drupes (Ronce, Prunier, etc.), que le pistil avait de carpelles. Le réceptacle se développe quelquefois en une masse charnue et comestible (Fraisier); ailleurs, c'est le tube externe qui s'accroît et forme autour du fruit une enveloppe, sèche (Pimprenelle, Aigremoine, etc.), ou charnue (Rosier); dans ce dernier cas, si les carpelles sont concrescents avec ce tube charnu, et si eux-mêmes deviennent des drupes, on obtient un fruit dont la portion charnue a une origine mixte (Poirier, Pommier, Coignassier, Aubépine, Néflier, etc.). La graine a un embryon droit, sans albumen.

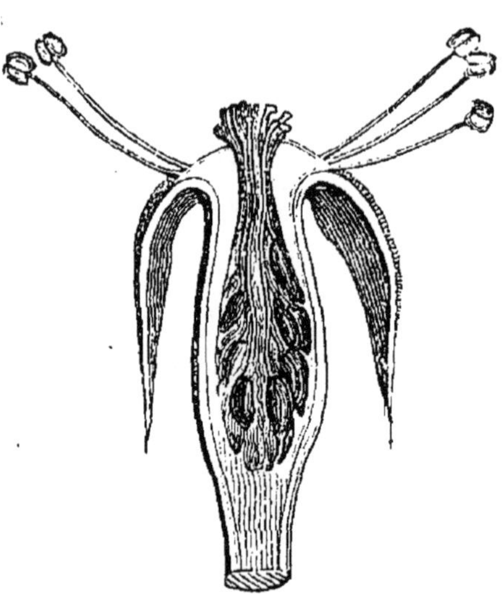

Fig. 320. — Fleur du Rosier, coupée en long.

D'après la conformation du pistil et du fruit, les genres sont groupés en dix tribus :

I. — Fruit nu.

1. *Chrysobalanées.* — Un carpelle, deux ovules ascendants; drupe : Chrysobalan, Licanie, Hirtelle, etc.
2. *Prunées.* — Un carpelle, deux ovules pendants; drupe : Prunier, Amandier, Nuttallie, etc.
3. *Spirées.* — Plusieurs carpelles, ovules pendants; follicules ou drupes : Spirée, Gillénie, Kerrie, etc.
4. *Quillajées.* — Plusieurs carpelles, ovules ascendants; follicule ou capsule : Quillaie, Kagéneckie, etc.
5. *Fragariées.* — Nombreux carpelles uniovulés; achaines : Potentille, Dryade, Benoîte, Fraisier, etc.
6. *Rubées.* — Nombreux carpelles uniovulés; drupes : Ronce.

II. — Fruit enveloppé.

7. *Potériées.* — Plusieurs carpelles uniovulés; achaines libres dans un tube sec : Alchimille, Aigremoine, Pimprenelle, Sanguisorbe, etc.
8. *Neuradées.* — Plusieurs carpelles uniovulés; follicules concrescents avec un tube sec : Neurade, Griéle.
9. *Rosées.* — Nombreux carpelles uniovulés; achaines libres dans un tube charnu : Rosier.
10. *Pirées.* — Plusieurs carpelles; drupes concrescentes avec un tube charnu : Poirier, Pommier, Coignassier, Sorbier, Néflier, Aubépine, Cotonéastre, Photinier, Amélanchier, etc.

Les Rosacées nous donnent beaucoup de fruits comestibles : poires, pommes, coings, nèfles, sorbes, cormes, prunes, cerises, abricots, pêches, brugnons, fraises et framboises. Elles produisent aussi des graines comestibles et oléagineuses, comme les amandes douces, des écorces servant au tannage et à la teinture, de la gomme provenant d'une altération locale de la tige (Prunier, etc.), des principes vermifuges comme le *kousso* (fleurs de Brayère anthelmintique), des bois de construction et d'ébénisterie (Poirier, Aubépine, Sorbier, Néflier, etc.).

Par les Prunées et les Chrysobalanées, qui n'ont qu'un carpelle, les Rosacées se rattachent aux Légumineuses; par les Pirées et les Neuradées, elles font transition vers le sous-ordre des Saxifraginées.

Moringacées. — Les Moringes, dont les 3 espèces, originaires de l'Asie tropicale et de l'Arabie, forment seules cette famille, sont des arbres à feuilles isolées, composées pennées, à stipules caduques.

Les fleurs sont hermaphrodites, zygomorphes, pentamères, avec dix étamines concrescentes en un tube fendu en arrière, à anthères introrses, munies de deux sacs polliniques s'ouvrant en long. Le pistil a trois carpelles ouverts et concrescents en un ovaire uniloculaire à placentes pariétaux, portant chacun deux rangs d'ovules anatropes pendants à raphé ventral; calice, corolle et androcée sont concrescents dans leur région inférieure en une coupe au fond de laquelle se dresse le pistil.

Le fruit est une capsule à déhiscence dorsale. La graine, munie de trois ailes, renferme un gros embryon droit, sans albumen.

Par leur placentation pariétale, ces plantes occupent une place tout à fait à part dans l'alliance des Géraniales; elles ressemblent par là aux Xylophylles parmi les Polygalacées. Elles sont aux autres Géraniales ce que l'alliance des Papavérales est à celle des Malvales dans l'ensemble des Renonculinées méristémones. Elles ressemblent aussi aux Légumineuses par leur port et aux Rosacées par la concrescence des trois verticilles floraux externes.

ALLIANCE V

CÉLASTRALES

Les Renonculinées isostémones, qui composent l'alliance des Célastrales, sont assez nombreuses et comprennent onze familles, ainsi définies :

CÉLASTRALES. Carpelles	Androcée	Ovules / Corolle				
fermés.	épisépale. Ovules	anatropes	épinastes	dressés........		*Célastracées.*
				pendants	solitaires.	*Ilicacées.*
					multiples.	*Impatientacées.*
			hyponastes............			*Dichapétalacées*
		campylotropes..................				*Cnéoracées.*
		orthotropes....................				*Platanacées.*
	épipétale. Corolle	alternisépale. Ovules	épinastes..........			*Vitacées.*
			hyponastes.......			*Rhamnacées.*
		épisépale......................				*Subiacées.*
ouverts, placentation		basilaire. Androcée épipétale....				*Basellacées.*
		pariétale. Androcée épisépale....				*Violacées.*

Célastracées. — Les Célastracées, 43 genres avec 540 espèces abondant surtout dans la région tropicale, sont des arbres ou des arbustes, parfois épineux (Glossopétale, etc.), ou grimpants (Célastre, Hippocratée, etc.), à feuilles isolées (Célastre, etc.) ou opposées (Fusain, etc.), simples, à stipules caduques, à limbe entier.

Les fleurs sont hermaphrodites, actinomorphes, et pentamères, avec un seul verticille d'étamines, rarement tétramères (Schefférie, Fusain d'Europe, fig. 321, etc.). Les sépales sont petits et persistants; les pétales sont quelquefois soudés en tube vers le milieu (Stackhousie), quelquefois ligulés (Glossopétale). Entre la corolle et l'androcée, le pédicelle se renfle en un disque nectarifère épais. Les étamines sont parfois extrorses (Hippocratée, etc.); deux d'entre elles demeurent quelquefois plus petites que les autres (Stackhousie) ou même avortent complètement (Hippocratée). Calice, corolle et androcée peuvent être concrescents en coupe (Stackhousie). Le pistil est formé de carpelles clos et concrescents, au nombre de cinq (Fusain, Célastre, etc.), trois (Hippocratée, Stackhousie etc.), deux (Maytène) ou un seul (Glossopétale), contenant chacun ordinairement deux ovules anatropes, ascendants, à raphé interne, parfois un seul ovule (Stackhousie); l'ovaire est surmonté d'un style unique, quelquefois de styles libres (Stackhousie).

Le fruit est une capsule loculicide (Fusain, Célastre, etc.), un triachaine (Stackhousie) ou une trisamare (Hippocratée, etc.), une drupe (Cassine, etc.) ou une baie (Perrotétie, Salacie, etc.). La graine, souvent arillée (Fusain, etc.), parfois ailée (Hippocratée), contient soit un embryon à cotylédons courts (Stackhousie) ou foliacés (Fusain, etc.), avec un albumen charnu, soit un embryon à cotylédons épais, sans albumen (Hippocratée, etc.).

Fig. 321. — Diagramme de la fleur du Fusain d'Europe.

D'après la conformation de la corolle, de l,androcée et de la graine, les genres sont groupés en trois tribus :

1. *Célastrées*. — Pétales libres : cinq étamines égales ; albumen charnu : Fusain, Célastre, Maytène, Cassine, Gymnosporie, etc.
2. *Stackhousiées*. — Pétales soudés ; cinq étamines inégales ; albumen charnu : Stackhousie, etc.
3. *Hippocratées*. — Pétales libres ; trois étamines ; pas d'albumen : Hippocratée, Salacie, etc.

Plusieurs de ces plantes produisent des fruits comestibles (Salacie piriforme, etc.), des graines alimentaires (Hippocratée chevelue, etc.). ou dont l'arille sert à teindre en jaune (Fusain, etc.), des feuilles dont l'infusion a les propriétés du thé (Cathe comestible), enfin des bois jaunes employés en ébénisterie (Fusain d'Europe, etc.), en teinture (Fusain tinctorial, Cassine jaune) ou pour préparer le charbon qui sert à fabriquer la poudre (Fusain, Célastre).

Ilicacées. — Les Ilicacées, 5 genres avec 178 espèces dont 170 Houx, la plupart tropicales, sont des arbres ou des arbustes à feuilles isolées, simples et sans stipules, à limbe entier coriace et persistant.

Les fleurs sont hermaphrodites, actinomorphes, fréquemment tétramères, avec un petit calice, des pétales souvent concrescents à la base (Houx), des étamines épisépales et un pistil isomère avec les verticilles externes, formé de carpelles clos et concrescents contenant chacun un ou deux ovules anatropes pendants à raphé externe.

Le fruit est une drupe et la graine contient un petit embryon avec un albumen charnu.

Le bois du Houx aquifolié est recherché en ébénisterie pour sa densité et sa dureté; son écorce fournit une glu aux oiseleurs.

Ces plantes diffèrent des Célastracées par l'absence de stipules et de disque, ainsi que par la direction des ovules épinastes et la petitesse de l'embryon.

Impatientacées. — Les Impatientacées, 2 genres avec 221 espèces dont 220 Impatientes, habitant la plupart les régions tropicales de l'ancien monde, sont des herbes souvent charnues, à feuilles entières et sans stipules, à fleurs hermaphodites, zygomorphes et pentamères.

Le calice a cinq sépales inégaux, le postérieur plus grand éperonné, les deux antérieurs très petits et le plus souvent avortés. La corolle a cinq pétales inégaux, l'antérieur plus grand, libre, les latéraux plus petits, souvent soudés de chaque côté en deux paires. L'androcée a cinq étamines épisépales, les deux antérieures plus grandes, à filets libres, à anthères accolées autour du stigmate en forme de capuchon. Le pistil a cinq carpelles épipétales, clos et concrescents en un ovaire à cinq loges surmonté d'un style unique; chaque loge contient, superposés en une série dans l'angle interne, plusieurs ovules anatropes pendants à raphé dorsal, munis de deux téguments libres seulement autour du micropyle, concrescents dans le reste de leur longueur. Par une torsion du pédicelle, la fleur ramène en bas son grand sépale postérieur.

Le fruit est une capsule loculicide charnue, s'ouvrant avec élasticité et projetant au loin les graines chez les Impatientes, qui doivent leur nom à cette propriété; c'est une baie dans l'Hydrocère. La graine a un embryon droit, sans albumen.

Par l'isostémonie et l'épinastie des ovules, ces plantes ressemblent aux deux familles précédentes; elles en diffèrent notamment par la zygomorphie et la pluralité des ovules dans chaque carpelle.

Dichapétalacées. — Les Dichapétalacées, 3 genres avec 77 espèces tropicales, sont des arbustes souvent grimpants, à feuilles isolées, simples et stipulées, à limbe entier et coriace.

Les fleurs sont hermaphrodites, ou unisexuées par avortement, actinomorphes (Dichapétale, Stéphanopode) ou zygomorphes (Tapure), pentamères, avec un calice gamosépale une corolle parfois gamopétale (Tapure, Stéphanopode), cinq étamines épisépales, un disque nectarifère à cinq lobes et un pistil à deux ou trois carpelles fermés et concrescents, contenant chacun deux ovules anatropes pendants à raphé interne, hyponastes par conséquent.

Le fruit est une drupe à noyau biloculaire; la graine est dépourvue d'albumen.

Ces plantes diffèrent des trois familles précédentes notamment par l'hyponastie des ovules.

Cnéoracées. — Les Cnéores, dont les 12 espèces croissant dans les rochers du littoral méditerranéen composent seules cette famille, sont des arbustes à feuilles isolées, sans stipules, à limbe coriace entier, renfermant des cellules oléifères dans l'écorce de la tige et des feuilles.

La fleur est hermaphrodite, trimère, avec un androcée épisépale et un pistil épipétale à carpelles fermés et concrescents, renfermant chacun deux ovules campylotropes pendants à micropyle supérieur, hyponastes par conséquent.

Le fruit est une drupe à trois noyaux, qui se sépare en trois coques à deux graines; l'embryon est courbe et accompagné d'un albumen charnu.

Ces plantes diffèrent des précédentes notamment par leurs ovules campylotropes; elles se rapprochent des Dichapétalacées par l'hyponastie de ces ovules.

Platanacées. — Les Platanes, dont les 4 espèces, une d'Europe et d'Asie, les 3 autres d'Amérique, constituent seules cette famille, sont des arbres à feuilles isolées et stipulées, à limbe palmilobé, à fleurs actinomorphes, unisexuées par avortement avec monœcie, trimères ou tétramères, parfois hexamères.

La fleur mâle a quatre étamines épisépales, à anthère presque sessile dont le connectif s'élargit en plateau au-dessus des quatre sacs polliniques, qui s'ouvrent en long.

La fleur femelle a quatre staminodes épisépales et quatre carpelles libres épipétales, contenant chacun un seul ovule orthotrope pendant, bitegminé.

Le fruit est un tétrachaine. La graine a un embryon à radicule infère et un mince albumen, tous deux oléagineux.

Ces plantes diffèrent de toutes les familles précédentes notamment par l'unisexualité de fleurs, l'indépendance des carpelles, l'orthotropie des ovules et la nature du fruit.

Vitacées. — Les Vitacées, 11 genres avec 480 espèces dont plus de 250 Cisses, répandues dans les contrées tempérées et chaudes, sont des arbustes grimpant à l'aide de vrilles raméales opposifoliées, à feuilles isolées, distiques, souvent simples, parfois composées, palmées ou pennées, fréquemment stipulées.

Les fleurs sont petites, actinomorphes, hermaphrodites, souvent pentamères (Vigne, Ampélopse, fig. 322, *B*, etc.), parfois tétramères (Cisse, fig. 322, *A*, etc.), avec un calice très petit, une corolle à pétales libres (Cisse, Ampélopse, etc.), ou soudés au sommet et se détachant tous ensemble à la base au moment de l'épanouissement (Vigne), des étamines épipétales, un disque nectarifère tubuleux et un pistil formé de deux carpelles fermés et concrescents en un ovaire biloculaire, contenant dans chaque loge deux ovules anatropes ascendants à raphé interne, rarement un seul (Lie).

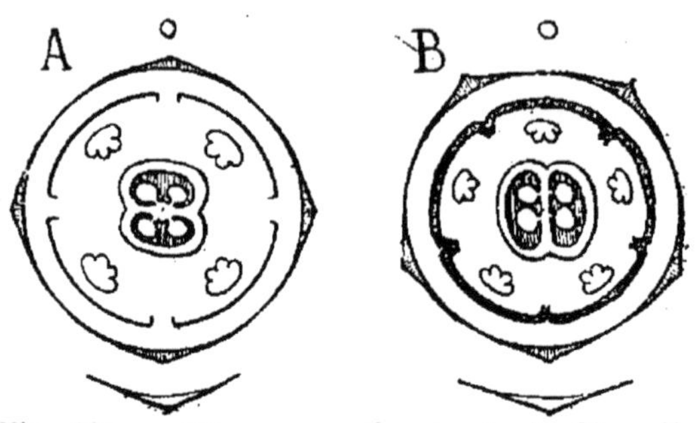

Fig. 322. — Diagramme floral : *A*, du Cisse discolore, *B*, de l'Ampélopse hédéracé, vulgairement Vigne-vierge.

Le fruit est une baie, comestible dans la Vigne vinifère et les autres espèces du même genre qui servent à faire le vin. La graine a un tégument dur et un petit embryon avec un albumen corné.

Les Vitacées se relient aux Célastracées, dont elles diffèrent surtout par leurs vrilles et par la superposition des étamines aux pétales.

Rhamnacées. — Les Rhamnacées, 46 genres avec environ 480 espèces répandues dans les régions tempérées et chaudes, sont des arbres ou des arbustes souvent épineux (Paliure, Jujubier, etc.), grimpant parfois à l'aide de vrilles raméales (Gouanie, etc.), à feuilles isolées ou opposées, simples, ordinairement pourvues de stipules quelquefois épineuses.

Les fleurs sont petites, actinomorphes, hermaphrodites, habituellement pentamères, avec le calice, la corolle et les étamines épipétales concrescents en tube (fig. 323 et 324). Le pistil a d'ordinaire trois carpelles fermés et concrescents en un ovaire triloculaire, dont chaque loge contient un ovule anatrope ascendant à raphé externe, hyponaste par conséquent, terminé par trois styles libres (Jujubier, etc.), ou par un style unique (Nerprun, etc.); il est tantôt indépendant du tube externe (Nerprun, fig. 324, Collétie, etc), tantôt plus ou moins concrescent avec ce tube, ce qui rend l'ovaire semi-infère (Jujubier, etc.), ou tout à fait infère (Gouanie, etc.).

Le fruit est une drupe à noyau triloculaire (Jujubier, etc.), ou à trois noyaux (Nerprun, etc.), quelquefois un achaine diversement ailé (Paliure, Gouanie, etc.). Dans l'Hovénie, le pédicelle se renfle au-dessous du fruit et devient charnu. La graine a un embryon droit avec un albumen charnu. Les drupes du Jujubier commun sont comestibles, ainsi que les pédicelles charnus qui portent celles de l'Hovénie douce. Les Nerpruns ou Rhamnus sont riches en tannin et en matières colorantes;

Fig. 323. — Diagramme de la fleur du Nerprun bourdaine.

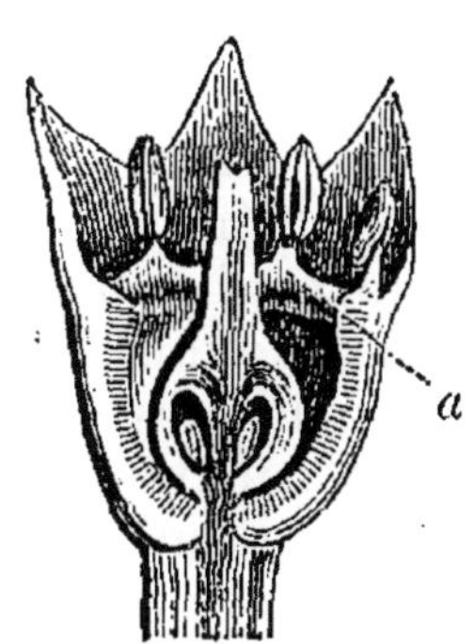

Fig. 324. — Fleur du Nerprun bourdaine coupée en long.

leurs drupes donnent notamment le vert de Chine; leur bois fournit un charbon léger, qui sert comme celui des Fusains à fabriquer la poudre.

Cette famille se relie intimement aux Célastracées, dont elle diffère par l'épipétalie des étamines, la concrescence des trois verticilles externes et la position du raphé des ovules; par ces deux derniers caractères, elle se distingue aussi des Vitacées. Enfin, par ses genres à ovaire infère (Gouanie, etc.), elle fait transition vers le sous-ordre des Saxifraginées.

Sabiacées. — Les Sabiacées, 4 genres avec 22 espèces tropicales ou subtropicales, sont des arbres ou des arbustes à feuilles isolées, sans stipules, simples ou composées pennées.

La fleur, pentamère avec pistil dimère, a la corolle superposée au calice et l'androcée superposé à la corolle; en un mot, elle est cyclique. L'androcée a toutes ses étamines fertiles (Sabie) ou bien les trois superposées aux pétales externes sont stériles (Méliosme). Le pistil a ses carpelles fermés, libres

(Sabie) ou concrescents (Méliosme), et contenant chacun deux ovules anatropes pendants à raphé ventral.

Le fruit est une drupe simple (Méliosme, Phoxanthe) ou double (Sabie). La graine a un embryon courbe, sans albumen.

Ces plantes se distinguent de toutes les précédentes par la superposition des trois verticilles floraux externes; elles ressemblent aux Rhamnacées et aux Dichapétalacées par l'hyponastie des ovules.

Basellacées. — Les Basellacées, 5 genres avec 14 espèces tropicales, l'un asiatique (Baselle), les autres américains, sont des herbes vivaces à tige volubile à droite, à feuilles isolées sans stipules, à limbe entier souvent charnu. La tige offre à la périphérie de sa moelle un faisceau criblé en dedans de chaque faisceau libéroligneux, et ce faisceau se retrouve dans la région supérieure du péridesme des méristèles foliaires.

La fleur est hermaphrodite, actinomorphe, avec un calice de deux sépales, une corolle de cinq pétales libres, un androcée de cinq étamines épipétales et un pistil de trois carpelles ouverts et concrescents en un ovaire uniloculaire surmonté d'un style unique. Un seul des carpelles est fertile et porte à sa base un seul ovule dressé, campylotrope à micropyle infère, épinaste par conséquent.

Le fruit est un achaine, entouré par le périanthe persistant, non modifié (Boussingaultie, Tournonie), ou ailé (Anrédère), ou charnu (Baselle, etc.), parfois une baie (Ulluce). La graine a un embryon courbe autour d'un albumen amylacé.

Les rameaux feuillés de la Baselle sont comestibles, ainsi que les rhizomes tubéreux de l'Ulluce.

Par l'hétéromérie du calice, la conformation de l'ovule et celle de la graine, ces plantes ressemblent aux Portulacacées, parmi les Géraniales; elles en diffèrent notamment par la structure de la tige et par l'isostémonie. Par leur pistil à ovaire uniloculaire et uniovulé, elles occupent une place à part dans l'alliance des Célastrales.

Violacées. — Les Violacées comprennent 15 genres avec environ 300 espèces, dont plus de 200 Violettes, les unes herbacées répandues surtout dans les contrées tempérées, les autres ligneuses surtout dans la zone tropicale. Les feuilles sont isolées, simples, avec des stipules foliacées et persistantes dans les herbes, écailleuses et caduques dans les arbustes.

Les fleurs sont hermaphrodites, pentamères, actinomorphes (Rinorée, fig. 325, *B*, etc.) ou zygomorphes par suite du développement prédominant du côte inférieur, notamment du pétale médian qui se prolonge en éperon (Violette, fig. 325, *A*).

L'androcée a cinq étamines épisépales à filets courts, les deux antérieures prolongées quelquefois en appendices nectarifères enfoncés dans l'éperon du pétale antérieur (Violette, fig. 325, *A*, etc.). Le pistil a trois carpelles ouverts et concrescents en un ovaire uniloculaire à placentes pariétaux chargés d'ovules anatropes, surmontés par un style unique avec stigmate en tête (Violette, I, p. 388, fig. 174, etc.). Le fruit est une capsule à déhiscence dorsale (Violette, etc.). La graine a un albumen charnu et un petit embryon droit.

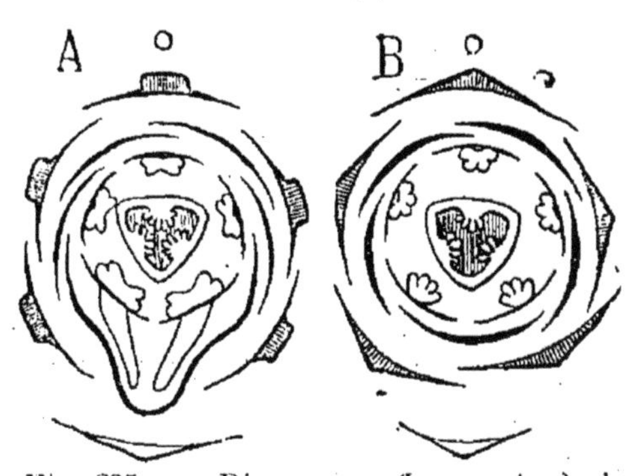

Fig. 325. — Diagramme floral : *A*, de la Violette canine ; *B*, d'une Rinorée.

D'après la conformation de la corolle, les genres se groupent en deux tribus :

1. *Violées.* — Corolle zygomorphe : Violette, Calyptrion, Hybanthe, etc.
2. *Rinoréées.* — Corolle actinomorphe : Rinorée, Paypayrole, Mélicyte, etc.

Par la placentation pariétale, les Violacées se rapprochent des Basellacées, avec lesquelles elle forment chez les Célastrales un groupe correspondant aux Moringacées chez les Géraniales. Par là, elles ressemblent aux Papavérales, parmi lesquelles on les classe ordinairement, et dont elles diffèrent notamment par l'isostémonie. Elles se distinguent d'ailleurs nettement des Basellacées par la structure normale de la tige, l'isomérie du calice, la pluralité et la forme des ovules, la nature du fruit et la conformation de la graine.

SOUS-ORDRE V

Saxifraginées.

Les Séminées bitegminées à corolle dialypétale et ovaire infère, qui composent le sous-ordre des Saxifraginées, ne sont pas très nombreuses et ne forment que seize familles. Il n'est donc pas nécessaire de les grouper d'abord en alliances, et l'on peut tout de suite les définir sommairement comme il suit :

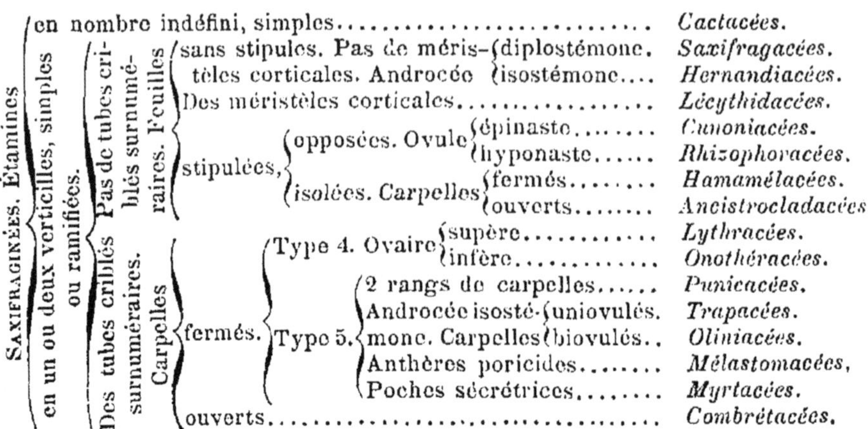

Saxifraginées. Étamines
- en nombre indéfini, simples .... *Cactacées.*
- en un ou deux verticilles, simples ou ramifiées.
  - Pas de tubes criblés surnuméraires. Feuilles
    - sans stipules. Pas de méristèles corticales. Androcée
      - diplostémone. *Saxifragacées.*
      - isostémone.... *Hernandiacées.*
    - Des méristèles corticales.................. *Lécythidacées.*
    - stipulées,
      - opposées. Ovule
        - épinaste......... *Cunoniacées.*
        - hyponaste...... *Rhizophoracées.*
      - isolées. Carpelles
        - fermés........ *Hamamélacées.*
        - ouverts........ *Ancistrocladacées.*
  - Des tubes criblés surnuméraires. Carpelles
    - fermés.
      - Type 4. Ovaire
        - supère............ *Lythracées.*
        - infère............. *Onothéracées.*
      - Type 5.
        - 2 rangs de carpelles...... *Punicacées.*
        - Androcée isostémone. Carpelles
          - uniovulés. *Trapacées.*
          - biovulés.. *Oliniacées.*
        - Anthères poricides........ *Mélastomacées.*
        - Poches sécrétrices........ *Myrtacées.*
    - ouverts.................................. *Combrétacées.*

Cactacées. — Les Cactacées, 20 genres avec plus de 1000 espèces, dont 300 Mamillaires, 200 Cierges, autant d'Échinocactes et 150 Oponces, toutes américaines, à l'exception des Rhipsalides, qui sont de l'Afrique australe, la plupart tropicales ou subtropicales, sont des plantes vivaces, souvent arborescentes, auxquelles le grand développement de l'écorce de la tige, charnue et verte, joint à l'avortement corrélatif des feuilles, qui se réduisent à de petites écailles ou à des épines, donne un port tout particulier qu'on ne retrouve ailleurs que chez certaines Euphorbes et chez les Didiérées parmi les Sapindacées. Les feuilles se développent quelquefois dans le jeune âge et sont cylindriques et charnues (Oponce, etc.); ou bien elles se forment normalement à tout âge avec un limbe aplati (Peireskie). La tige est simple ou ramifiée, cylindrique (Rhipsalide, etc.) ou marquée soit de mamelons séparés correspondant à chaque

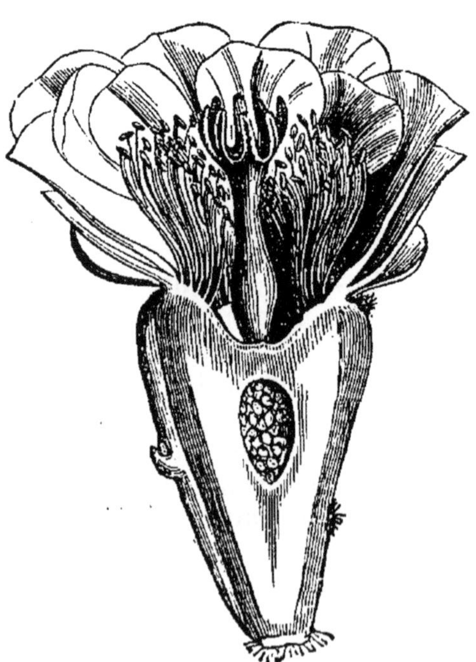

Fig. 326. — Fleur de l'Oponce vulgaire, coupée en long.

insertion foliaire (Mamillaire, etc.), soit de côtes saillantes répondant aux génératrices d'insertion des feuilles (Cierge, etc.); dans ce dernier cas, si les feuilles sont distiques, la tige est rubanée (Épiphylle, etc.). Ailleurs, elle est dilatée en sphère (Mélocacte, etc.), ou renflée dans une direction et aplatie dans l'autre avec des étranglements à chaque ramification, en forme de raquette (Oponce).

Les fleurs sont grandes, hermaphrodites et actinomorphes, ordinairement solitaires à l'aisselle des feuilles avortées. Sépales, pétales, étamines et carpelles s'y succèdent en spirale continue et en nombre indéterminé; en outre, toutes ces feuilles sont concrescentes, au moins dans toute la longueur de l'ovaire, qui est infère (fig. 326). Au-dessus de la séparation du style, les pièces externes tantôt deviennent toutes libres (Oponce, fig. 326, Rhipsalide, Peireskie, etc.), tantôt demeurent unies en un tube plus ou moins long (Mélocacte, Mamillaire, Cierge, etc.); dans les deux cas, les sépales deviennent pétaloïdes vers l'intérieur et passent aux pétales par d'insensibles transitions. Le pistil a ses carpelles ouverts et concrescents en un ovaire uniloculaire, à placentes pariétaux couverts d'ovules anatropes, surmonté d'un style unique divisé au sommet en autant de branches stigmatiques.

Le fruit est une baie, comestible dans l'Oponce figue-d'Inde. La graine a un embryon droit (Rhipsalide, etc.) ou courbe (Oponce, etc.); elle est dépourvue d'albumen (Rhipsalide, Mélocacte, etc.) ou munie d'un albumen charnu (Oponce, Échinocacte, etc.).

D'après la conformation de la fleur, les genres se groupent en deux tribus :

1. *Opontiées.* — Calice, corolle et androcée libres au-dessus de l'ovaire : Rhipsalide, Oponce, Peireskie, etc.
2. *Échinocactées.* — Calice, corolle et androcée concrescents en tube au-dessus de l'ovaire : Mélocacte, Mamillaire, Échinocacte, Phyllocacte, Épiphylle, Cierge, etc.

Les Cactacées forment une famille très homogène et très isolée; elle représente seule le type polystémone dans le sous-ordre des Saxifraginées.

Saxifragacées. — Les Saxifragacées, 50 genres avec plus de 300 espèces, dont 200 Saxifrages, croissant la plupart dans les climats tempérés et froids, sont des herbes vivaces (Saxifrage, etc.) ou des arbustes (Groseillier, Seringat, etc.), à feuilles tantôt isolées, en rosette (Saxifrage, Parnassie, etc.) ou éparses (Groseillier, etc.), tantôt opposées (Seringat, Hydrangée, etc.), simples et sans stipules. Les fleurs sont actinomorphes, rarement zygomorphes (Tétille, quelques Saxifrages et Heuchères), hermaphrodites, pentamères (fig. 327), parfois tétramères (Dorine, Francée, Seringat, etc.).

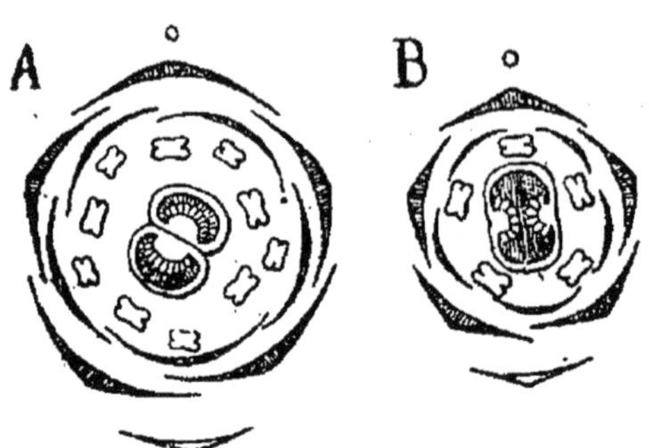

Fig. 327. — Diagramme floral : *A*, de la Saxifrage grenue ; *B*, de l'Heuchère d'Amérique.

Le calice est quelquefois pétaloïde (Groseillier, etc.) ; la corolle a parfois ses pétales inégaux (Saxifrage sarmenteuse, etc.), ou tous très petits (Mitelle, Heuchère, etc.), ou même complètement avortés (Dorine, etc.). L'androcée comprend deux verticilles alternes (fig. 327, *A*) et est obdiplostémone ; les étamines épipétales peuvent se réduire à des staminodes écailleux et frangés en éventail (Parnassie, fig. 328), ou bien avorter (Heuchère, fig. 327, *B*, Groseillier, etc.), tandis que les épisé-

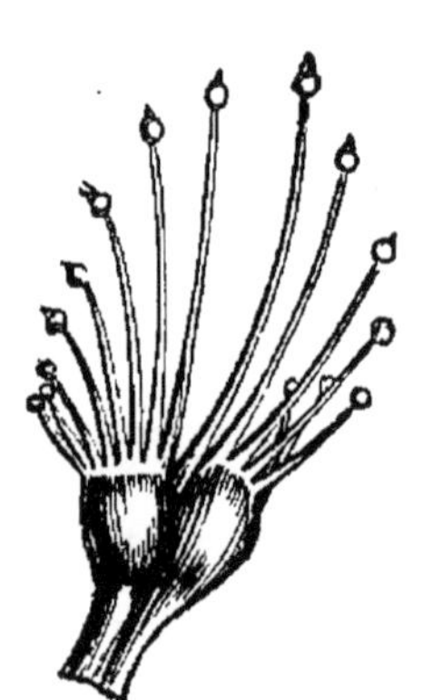

Fig. 328. — Staminode frangé de la Parnassie palustre.

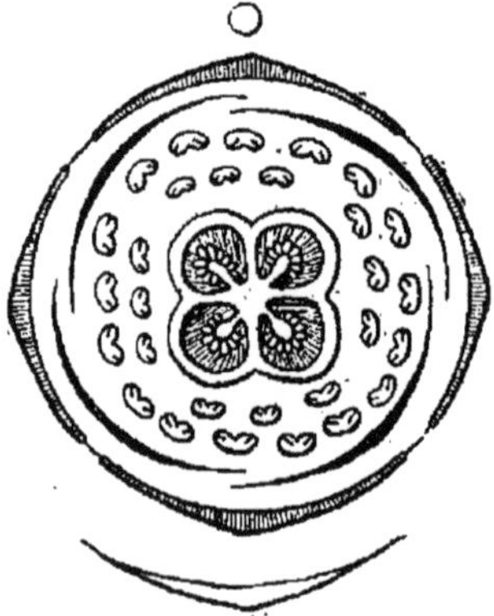

Fig. 329. — Diagramme de la fleur du Seringat coronaire.

pales peuvent se ramifier en un nombre plus ou moins grand d'étamines partielles (Seringat, fig. 329, Deutzie, etc.). Calice, corolle et androcée sont concrescents à leur base en un tube plus ou moins long.

Le pistil se compose de carpelles ouverts (Heuchère, fig. 327, *B*, Dorine, Parnassie, Groseillier, fig. 330, etc.), ou fermés (Saxifrage, fig. 327, *A*, Francée, Seringat, fig. 329, Deutzie, etc.), ordinairement concrescents, parfois libres (Astilbe, etc.), avec beaucoup d'intermédiaires entre l'ouverture et la fermeture, entre la concrescence et l'indépendance. Il y a quelquefois autant de carpelles que de sépales (Seringat, fig. 329, Francée, etc.) et épipétales, le plus souvent deux seulement (Saxifrage, fig. 327, Astilbe, Groseillier, fig. 330, etc.), ou trois (Deutzie). Chaque carpelle porte ordinairement sur ses bords un grand nombre d'ovules anatropes. Le pistil est tantôt indépendant du tube externe, ce qui laisse l'ovaire supère (Parnassie, Francée, diverses Saxifrages, etc.), tantôt concrescent avec le tube, ce qui rend l'ovaire infère (Hydrangée, Seringat, Groseillier, etc.), avec de nombreuses transitions entre ces deux états (beaucoup de Saxifrages, etc.).

Fig. 330. — Diagramme de la fleur du Groseillier sanguin.

Le fruit est une capsule à déhiscence soit loculicide ou dorsale (Parnassie, Francée, Seringat, etc.), soit septicide ou suturale (Heuchère, Dorine, Deutzie, etc.), quelquefois une baie (Groseillier). La graine renferme un petit embryon droit avec un albumen charnu.

D'après la conformation du corps végétatif et de la fleur, les genres sont groupés en quatre tribus :

1. *Saxifragées*. — Herbes. Fleurs pentamères : Astilbe, Saxifrage, Heuchère, Dorine, Mitelle, Parnassie, etc.
2. *Francoées*. — Herbes. Fleurs tétramères : Francée, Tétille.
3. *Hydrangéées*. — Arbres et arbustes à feuilles opposées. Ovaire infère : Hydrangée, Deutzie, Seringat, etc.
4. *Ribésiées*. — Arbustes à feuilles isolées. Ovaire infère. Baie : Groseillier.

Un grand nombre de ces plantes sont cultivées pour la beauté de leurs fleurs; les Groseilliers donnent des fruits comestibles.

Les Saxifragacées réalisent à la fois les deux types diplostémone et méristémone que, pour la facilité de l'étude, nous avons distingués dans le sous-ordre des Renonculinés, sous-ordre vers lequel elles tendent par leurs genres à ovaire supère. Aussi est-ce aux Rosacées, qui joignent à la diplostémonie une ramification des étamines et dont plusieurs ont l'ovaire infère, qu'elles se rattachent le plus directement;

elles s'en distinguent surtout par la présence d'un albumen.

Cunoniacées. — Les Cunoniacées, 19 genres avec environ 120 espèces, dont plus de 70 Weinmannies, croissant la plupart dans les régions extratropicales de l'hémisphère austral, sont des arbres ou des arbustes à feuilles opposées et stipulées, à fleurs hermaphrodites, actinomorphes, ordinairement pentamères, rarement hexamères (Bélangère).

Le calice a ses sépales libres; la corolle avorte quelquefois (Spiréanthème, Bélangère, Callicome, etc.). L'androcée, qui est obdiplostémone, multiplie parfois ses étamines par ramification (Bélangère, Macrodendre, etc.). Le pistil, qui est supère, rarement infère (Codie), a le plus souvent deux carpelles fermés et concrescents en un ovaire biloculaire, surmonté de deux styles libres et contenant dans chaque loge deux rangs d'ovules anatropes, ascendants à raphé ventral; il y a quelquefois cinq carpelles épipétales (Spiréanthème, Aphanopétale, etc.); les carpelles sont parfois uniovulés (Codie, etc.).

Le fruit est une capsule septicide, rarement un achaine (Codie, etc.) ou une drupe (Schizomérie).

Ces plantes sont très voisines des Saxifragacées, dont elles diffèrent surtout par leurs feuilles opposées et stipulées.

Hamamélacées. — Les Hamamélacées, 17 genres avec 45 espèces subtropicales, sont des arbres ou des arbustes à feuilles isolées et stipulées, à fleurs actinomorphes, rarement zygomorphes (Rhodolée), hermaphrodites ou unisexuées, tétramères ou pentamères avec pistil dimère.

Le calice, ordinairement persistant, peut avoir jusqu'à sept sépales (Fothergille, Parrotie). La corolle avorte assez souvent (Distyle, Parrotie, Fothergille, etc.). L'androcée a normalement deux verticilles d'étamines; les épipétales se réduisent parfois à des staminodes (Hamamèle, Dicoryphe, etc.) ou avortent complètement (Parrotie, etc.); ailleurs, le nombre des étamines s'élève jusqu'à 15 et 25, par ramification (Fothergille, etc.); les anthères n'ont parfois que deux sacs polliniques (Hamamèle, etc.). Le pistil, supère (Distyle, Fothergille, etc.), semi-infère (Hamamèle, Bucklandie, etc.), ou tout à fait infère (Eustigme, etc.), a toujours deux carpelles fermés, concrescents en un ovaire biloculaire surmonté de deux styles libres et renfermant dans chaque loge soit deux rangs d'ovules anatropes pendants à raphé ventral (Bucklandie, etc.), soit un seul pareil ovule (Hamamèle, etc.).

Le fruit est une capsule à la fois loculicide et septicide,

s'ouvrant seulement dans sa région supérieure. La graine a un embryon à cotylédons foliacés et un mince albumen.

D'après le nombre des ovules de chaque carpelle, on groupe les genres en deux tribus :

1. *Bucklandiées.* — Carpelles pluriovulés : Bucklandie, Disanthe, Rhodolée.
2. *Hamamélées.* — Carpelles uniovulés : Distyle, Fothergille, Parrotie, Corylopse, Loropétale, Eustigme, Sycopse, Hamamèle, Dicoryphe, etc.

Ces plantes ressemblent beaucoup aux Cunoniacées, dont elles diffèrent surtout par les feuilles isolées, l'hyponastie des ovules et la déhiscence du fruit.

Ancistrocladacées. — Les Ancistroclades, dont les 8 espèces tropicales, la plupart asiatiques, forment seules cette famille, sont des arbustes, qui grimpent à l'aide de vrilles raméales, à feuilles isolées, stipulées, à limbe entier, à fleurs hermaphrodites, actinomorphes et pentamères.

Calice, corolle et androcée sont concrescents avec le pistil dans toute la longueur de l'ovaire, qui est infère. L'androcée a deux verticilles d'étamines. Le pistil a trois carpelles ouverts, concrescents en un ovaire uniloculaire surmonté d'un style unique et renfermant un seul ovule dressé, hémi-anatrope.

Le fruit est un achaine couronné par le calice accrescent. La graine a un embryon à cotylédons minces et divergents, avec un albumen charnu et ruminé.

Ces plantes ressemblent aux Hamamélacées par les feuilles isolées et stipulées; elles en diffèrent notamment par les carpelles ouverts, l'ovaire uniovulé et la nature du fruit.

Lythracées. — Les Lythracées, 24 genres avec 370 espèces dont 157 Cuphées, la plupart tropicales, sont des herbes, des arbustes ou des arbres, à feuilles opposées, simples et sans stipules. La tige a des tubes criblés à la périphérie de sa moelle et la feuille dans le péridesme de ses méristèles.

Les fleurs sont actinomorphes, parfois zygomorphes (Cuphée, etc.), hermaphrodites, le plus souvent tétramères ou hexamères (fig. 331). Calice, corolle et androcée sont concrescents en tube : le calice est souvent muni d'un calicule (Lythre, fig. 331, Péplide, etc.), et le sépale postérieur est parfois éperonné (Cuphée); la corolle a quelquefois ses pétales inégaux (Cuphée) ou très petits (Péplide, etc.); l'androcée, normalement composé de deux verticilles d'étamines et obdiplostémone, peut en perdre quelques-unes par avortement

(Cuphée, Cryptéronie, etc.) ou en accroître le nombre par ramification (Lagerstrémie, etc.). Le pistil, libre d'adhérence avec le tube externe, a ses carpelles fermés et concrescents en un ovaire pluriloculaire, dont chaque loge contient un grand nombre d'ovules anatrophes; ils sont quelquefois en même nombre que les sépales et épipétales (Lagerstrémie, Nésée, etc.), ordinairement au nombre de deux (Lythre, fig. 331, Cuphée, etc.).

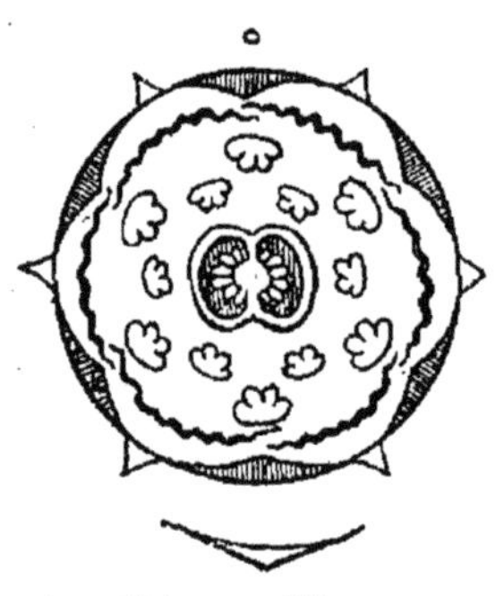

Fig. 331. — Diagramme de la fleur du Lythre salicaire.

Le fruit est une capsule loculicide (Nésée, Lagerstrémie, etc.) ou septicide (Lythre, etc.), une pyxide (Pemphide), une capsule à déhiscence irrégulière (Ammanie) ou même indéhiscente (Péplide). La graine a un embryon droit à larges cotylédons, sans albumen.

Plusieurs de ces plantes sont ornementales (Cuphée, Lagerstrémie, etc.) ou riches en tannin et en matières colorantes, comme la Lawsonie inerme qui fournit le henné. Les Lythracées ont toutes, comme on voit, l'ovaire supère, au même titre que les Rosacées, par exemple, ou que les Rhamnacées; aussi est-ce seulement à cause de leur étroite affinité avec les Onothéracées qu'on les place ici à côté d'elles, dans l'alliance des Saxifraginées.

Punicacées. — Le genre Punice constitue seul cette famille, avec deux espèces, dont l'une, le P. grenadier, est répandue dans toutes les régions tropicales et subtropicales. Ce sont de petits-arbres à tige tordue vers la droite, à feuilles opposées et sans stipules. La tige a des tubes criblés circummédullaires, la feuille des tubes criblés péridesmiques, comme chez les Lythracées.

La fleur est hermaphrodite, actinomorphe, pentamère. Le calice a ses sépales charnus, persistants; la corolle est dialypétale. L'androcée comprend un grand nombre d'étamines à anthères introrses, oscillantes, à quatre sacs s'ouvrant en long. Le pistil est concrescent avec les trois verticilles externes dans toute la longueur de l'ovaire, qui est infère. Il se compose de deux verticilles de carpelles clos et concrescents, l'externe de cinq, l'interne de trois, formant ensemble un ovaire surmonté d'un style unique, à deux étages de loges renfermant chacune un grand nombre d'ovules anatropes.

Le fruit est sec et indéhiscent, quoique renfermant de nombreuses graines. Dans leur tégument, qui est charnu et comestible, celles-ci *renferment* un embryon à larges cotylédons enroulés, sans albumen.

Ces plantes se rattachent aux Lythracées, dont elles diffèrent surtout par l'ovaire infère, la conformation si singulière du pistil et la nature du fruit.

Onothéracées. — Les Onothéracées, 36 genres avec 470 espèces répandues par toute la Terre, sont des herbes, parfois aquatiques (Jussiée, etc.), rarement des arbustes (Fuchsie, etc.), à feuilles isolées ou opposées, simples et sans stipules. La tige est pourvue de faisceaux criblés circummédullaires, la feuille de faisceaux criblés péridesmiques. En outre, on y observe un grand nombre de cellules à raphides.

Les fleurs sont actinomorphes, rarement zygomorphes (Lopézie), hermaphrodites, tétramères (fig. 332), rarement dimères (Circée) ou pentamères (Jussiée). Le calice est quelquefois pétaloïde (Fuchsie); la corolle a ses pétales parfois bilobés (Épilobe, Circée) ou trilobés (Clarkie, Eucharide, etc.), quelquefois avortés (Isnardie, etc.). L'androcée est obdiplostémone (fig. 332); les étamines épipétales peuvent avorter (Circée, Isnardie, etc.); les épisépales latérales avortent aussi quelquefois, pendant que l'épisépale antérieure se transforme en un staminode pétaloïde en forme de cuiller, de sorte que l'androcée se réduit à une seule étamine postérieure, d'où résulte la zygomorphie de la fleur (Lopézie, etc.). Le pistil, concrescent avec les verticilles externes dans toute la longueur de l'ovaire, qui est infère, se compose d'autant de carpelles que de sépales, épipétales (fig. 332), fermés et concrescents en un ovaire pluriloculaire surmonté d'un style unique et contenant dans chaque loge un grand nombre d'ovules anatropes épinastes, rarement deux ovules (Gaure) ou un seul (Circée).

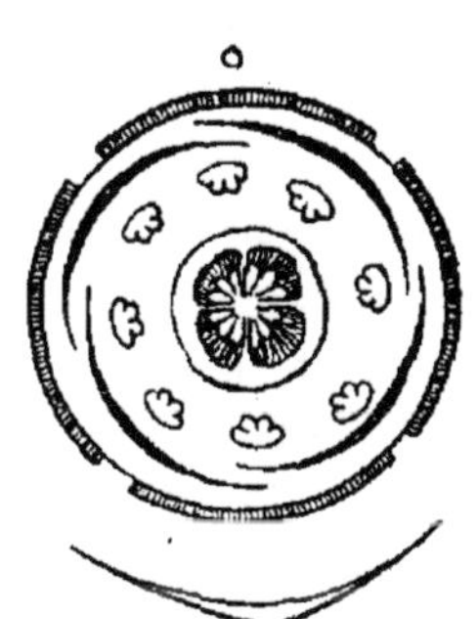

Fig. 332. — Diagramme de la fleur de la Fuchsie éclatante.

Le fruit est une capsule loculicide (Onothère, Épilobe, etc.), septicide (Isnardie, etc.), ou à la fois septicide et loculicide (Jussiée), parfois un achaine (Circée, Gaure) ou une baie (Fuchsie). La graine, parfois aigrettée (Épilobe) ou ailée

(Haüyer), renferme un embryon droit à cotylédons épais, sans albumen.

Beaucoup d'Onothéracées sont cultivées pour la beauté de leurs fleurs (Onagre, Fuchsie, etc.); les baies des Fuchsies sont comestibles.

Ces plantes se rattachent intimement aux Lythracées; ce sont, pour ainsi dire, des Lythracées à ovaire infère.

Trapacées. — Le genre Mâcre ou Trapa, dont les 3 espèces, répandues dans l'Ancien monde, forment seules cette famille, sont des herbes aquatiques annuelles, à feuilles nageantes, isolées et stipulées, dont la tige submergée produit à chaque nœud, de part et d'autre de la feuille tombée, deux racines, bientôt ramifiées. La tige et la feuille ont aussi des tubes criblés circummédullaires, mais les raphides y sont remplacées par des mâcles sphériques.

La fleur est hermaphrodite, actinomorphe et tétramère. L'androcée n'a que quatre étamines épisépales. Le pistil, entouré d'un disque tubuleux à sa base, est semi-infère et possède deux carpelles seulement, latéraux et épisépales, fermés et concrescents en un ovaire biloculaire surmonté d'un style unique et renfermant dans chaque loge un seul ovule anatrope, pendant à raphé dorsal.

Le fruit, où ne se développe qu'une graine, est un achaine couronné par les quatre sépales, accrus en autant de cornes. La graine a un embryon dépourvu de radicule et à deux cotylédons très inégaux, sans albumen; le grand cotylédon, très volumineux et amylacé, qui rend la graine comestible, reste hypogé à la germination, mais allonge beaucoup son pétiole en poussant au dehors et vers le haut la tigelle, avec le petit cotylédon et la gemmule.

Ces plantes se relient directement aux Onothéracées, dont elles diffèrent notamment par l'absence de raphides, par l'androcée isostémone et la dualité des carpelles.

Oliniacées. — Les Olinies, dont les 6 espèces africaines composent seules cette famille, sont des arbustes très rameux à feuilles opposées, sans stipules, à limbe entier. La tige a des tubes criblés circummédullaires, la feuille des tubes criblés péridesmiques.

La fleur est hermaphrodite, actinomorphe, pentamère. Calice, corolle et androcée sont concrescents avec le pistil dans toute la longueur de l'ovaire, qui est infère, et demeurent ensuite unis en tube. Les pétales sont plus petits que les sépales. Les étamines sont en même nombre que les pétales et épipétales, à anthères sessiles. Le pistil a trois ou cinq carpelles clos et concrescents en un ovaire pluriloculaire surmonté d'un style unique et contenant dans chaque loge deux ovules anatropes pendants à raphé dorsal.

Le fruit est une drupe à autant de noyaux que de carpelles. La graine a un embryon à cotylédons inégaux, sans albumen.

Ces plantes ressemblent aux familles précédentes par leurs tubes criblés surnuméraires; elles se rapprochent notamment des Trapacées par l'androcée isostémone, mais s'en distinguent par la pentamérie, la dualité des ovules dans chaque carpelle et la nature du fruit.

Combrétacées. — Les Combrétacées, 15 genres avec environ 280 espèces, presque toutes tropicales, sont des arbres ou des arbustes, parfois volubiles à droite (Crombrète, etc.), à feuilles isolées (Terminalie, etc.), rarement opposées (Combrète, etc.), simples et sans stipules, à limbe souvent coriace, entier. La tige est pourvue de tubes criblés circumédullaires, la feuille de tubes criblés péridesmiques.

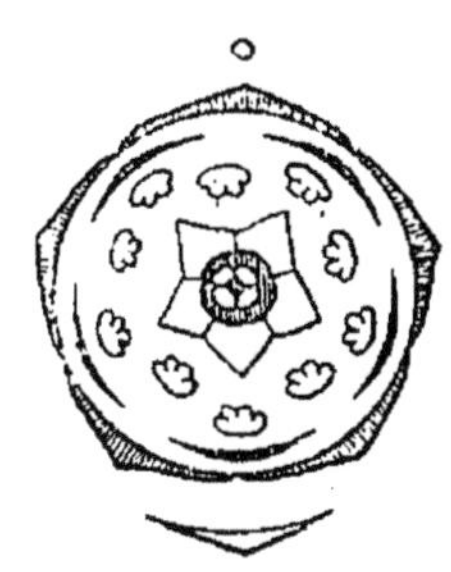

Fig. 333. — Diagramme de la fleur du Combrète poivré.

Les fleurs sont actinomorphes, hermaphrodites, parfois dioïques (Terminalie), pentamères (fig. 333), quelquefois tétramères (la plupart des Combrètes). Les pétales sont petits, ont une tendance à avorter et sont quelquefois nuls (Terminalie, Conocarpe, etc.). L'androcée a deux verticilles d'étamines, dont les externes sont épisépales; les internes avortent quelquefois (Lumnitzère, etc.). Le pistil, concrescent dans toute la longueur de l'ovaire avec les verticilles externes, qui se prolongent en tube au-dessus de lui, et isomères avec ces verticilles, se compose de carpelles épisépales ouverts et concrescents en un ovaire uniloculaire, surmonté d'un style unique et contenant, attachés au sommet par de longs funicules, autant d'ovules anatropes pendants à raphé dorsal (fig. 333).

Le fruit, toujours monosperme, est parfois une drupe (Terminalie, etc.), le plus souvent un achaine fréquemment ailé (Combrète, Conocarpe, etc.). La graine a un embryon droit, à cotylédons enroulés ou plissés, quelquefois plans convexes (Quisquale, etc.), sans albumen.

Les Combrétacées sont riches en tannin et en matières

colorantes; leur écorce et leurs fruits servent à tanner les peaux et à teindre les étoffes. Ces plantes se distinguent des familles précédentes surtout par leur androcée directement diplostémone et par leur placentation pariétale.

Hernandiacées. — Les Hernandiacées, 4 genres sur 20 espèces tropicales, sont des arbres ou des arbustes parfois grimpants (Illigère, etc.), à feuilles isolées et sans stipules, sécrétant de l'huile essentielle dans des cellules isolées et produisant aussi quelquefois des cystolithes (Gyrocarpe, etc.).

Les fleurs sont actinomorphes, hermaphrodites, rarement monoïques par avortement (Hernandie), ordinairement pentamères. L'androcée a cinq étamines épisépales, à anthères introrses à deux sacs polliniques s'ouvrant par des clapets. Le pistil, concrescent avec les trois verticilles externes dans toute la longueur de l'ovaire, qui est infère, se réduit à un seul carpelle renfermant un seul ovule anatrope pendant.

Le fruit est un achaine, parfois ailé (Gyrocarpe, Illigère). La graine a un embryon à larges cotylédons plissés, sans albumen.

D'après la présence ou l'absence de cystolithes, les genres se groupent en deux tribus :

1. *Gyrocarpées.* — Des cystolithes : Gyrocarpe, Sparattanthèle.
2. *Hernandiées.* — Pas de cystolithes : Hernandie, Illigère.

Ces plantes ressemblent aux Lauracées par leurs cellules oléifères et la déhiscence de leurs anthères; elles en diffèrent notamment par l'isostémie et par l'ovaire infère. Elles se distinguent de toutes les familles précédentes par les trois premiers caractères, par l'unité du carpelle et par l'absence de tubes criblés surnuméraires dans la tige et dans la feuille.

Rhizophoracées. — Les Rhizophoracées, 15 genres avec environ 50 espèces toutes tropicales, croissant la plupart sur les rivages limoneux des estuaires, sont des arbres ou des arbustes à feuilles opposées, simples, munies de stipules caduques, rarement isolées et sans stipules (Anisophyllée, etc.).

Les fleurs sont actinomorphes, hermaphrodites, à type numérique variable : 4 (Rhizophore, fig. 334, etc.), 5-8 (Carallie), 8-15 (Bruguière, etc.). L'androcée a deux verticilles d'étamines, quelquefois munies de nombreux sacs polliniques s'ouvrant tous ensemble par une seule valve (Rhizophore, fig. 334). Le pistil, ordinairement infère, quelquefois semi-infère (Crossostyle, etc.) ou même supère (Cassipourée, etc.), se compose de carpelles fermés et concrescents, contenant chacun le plus souvent deux ovules anatropes pendants à raphé interne, *tantôt en même* nombre que les sépales (Bruguière), tantôt en nombre moindre : trois (Cériope), ou deux (Rhizophore, fig. 334), ou en nombre plus grand (Crossostyle, etc.).

Le fruit est ordinairement un achaine (Rhizophore, Cériope, etc.) ou une baie (Gynotroche, etc.), rarement une capsule (Crossostyle, etc.). La graine, qui germe souvent pendant que le fruit est encore attaché à la branche (Rhizophore, etc.), renferme un embryon parfois muni d'un albumen charnu (Carallie, Crossostyle, etc.), le plus souvent sans albumen (Rhizophore, Cériope, etc.).

Fig. 334. — Diagramme de la fleur du Rhizophore manglier.

D'après la disposition des feuilles et la présence ou l'absence d'un albumen, les genres sont groupés en deux tribus :

1. *Rhizophorées.* — Feuilles opposées et stipulées. Un albumen : Rhizophore, Crossostyle, Gynotroche, Cériope, Bruguière, Cassipourée, Carallie, etc.
2. *Anisophyllées.* — Feuilles isolées, sans stipules. Pas d'albumen : Anisophyllée, Combrétocarpe.

Comme les Combrétacées, les Rhizophoracées sont riches en tannin et en principes colorants; aussi leur écorce sert-elle aux mêmes usages, notamment celle du Rhizophore manglier.

Ces plantes diffèrent des familles précédentes et ressemblent aux Hernandiacées par l'absence de tubes criblés surnuméraires dans la tige et la feuille.

Mélastomacées. — Les Mélastomacées, 148 genres avec environ 2800 espèces presque toutes tropicales et la plupart américaines, sont des herbes, des arbustes ou des arbres, à feuilles opposées ou verticillées, simples et sans stipules, à limbe entier, muni de 3 à 9 nervures courbes partant de la base. La tige, toujours pourvue d'une zone criblée circummédullaire, a quelquefois la structure normale (Sonérile, Loreyer, etc.); mais le plus souvent elle a des faisceaux libéroligneux surnuméraires dans l'écorce (Microlicie, Trembleyer, Axinandre, etc.), dans la moelle (Bertolonie, Mérianie, Oxyspore, Astronie, Dissochète, Miconie, Blakée, etc.) ou à la fois dans l'écorce et dans la moelle (Tibouchine, Osbeckie, Rhéxie, Mélastome, etc.). Le bois secondaire y renferme quelquefois des îlots de liber inclus (Mémécyle, Mouririe, Pternandre, Kibessie, etc.).

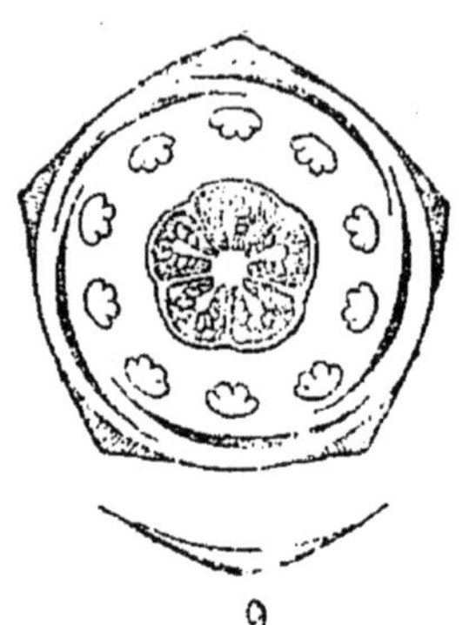

Fig. 335. — Diagramme de la fleur d'une Tibouchine.

Les fleurs sont hermaphrodites actinomorphes, souvent pentamères (fig. 335), rarement trimères (Sonérile, etc.), tétramères (Oxyspore, Mémécyle, etc.) ou sur un type variable entre 6 et 10 (divers Mélastomes, Miconies, etc.). Le calice, parfois muni d'un calicule (Mélastome, etc.), a ses sépales quelquefois concrescents en une coiffe, fendue plus tard circulairement à la base (Calyptrelle, Kibessie, etc.). L'androcée comprend deux verticilles d'étamines, l'externe épisépale, dont les filets sont reployés vers l'intérieur dans le bouton, de manière à enfoncer les anthères dans autant de logettes, creusées dans l'épaisseur du parenchyme qui résulte de la concrescence du pistil avec les verticilles externes; les anthères, pourvues à la base d'appendices tantôt antérieurs (Tibouchine, Osbeckie, Microlicie, etc.), tantôt postérieurs (Oxyspore, Bertolonie, Miconie, etc.) (fig. 336), ont quatre sacs et s'ouvrent au sommet par un pore unique (fig. 337), plus rarement par deux pores distincts. Les étamines épipétales peuvent avorter (Sonérile, etc.) ou au contraire se ramifier en nombreuses étamines partielles (Calyptrelle, etc.). Le pistil est tantôt concrescent avec le tube résultant de l'union des verticilles externes, ce qui rend l'ovaire infère (Médinille, Léandre, etc.), tantôt indépendant de ce tube (Mélastome, Osbeckie, etc.), avec divers intermédiaires entre ces deux états (Centradénie, etc). Il est composé de carpelles, ordinairement en même nombre que les sépales et épisépales, fermés et concrescents en un ovaire pluriloculaire surmonté d'un style unique, contenant dans chaque loge un grand nombre d'ovules anatropes, qui peuvent se réduire à deux (Mouririe). Quelque-

Fig. 336. — *A*, étamine de Centradénie rose ; *a*, anthère en train de se redresser au sortir du bouton ; *x*, son appendice basilaire postérieur ; *f*, filet.

fois les cloisons disparaissent et l'ovaire devient uniloculaire (Mémécyle), ou bien le placente s'étend sur le dos de chaque loge (Kibessie, Pternandre, etc.).

Le fruit est une baie (Mélastome, etc.) ou une capsule loculicide (Centradénie, etc.). La graine contient un petit embryon droit (Oxyspore, Microlicie, Miconie, etc.) ou courbe (Tibouchine, Osbeckie, etc.), sans albumen.

D'après la structure de la tige et le mode de placentation, les genres se groupent tout d'abord en deux grandes tribus :

1. *Mélastomées.* — Bois secondaire normal. Placentation axile : Tibouchine, Centradénie, Osbeckie, Mélastome, Rhéxie, Microlicie, Axinandre, Bertolonie, Mérianie, Oxyspore, Astronie, Dissochète, Miconie, Blakée, Sonérile, Loreyer, etc.
2. *Mémécylées.* — Bois secondaire à liber inclus. Placentation dorsale ou basilaire : Pternandre, Kibessie, Mémécyle, Mouririe, etc.

Ensuite, les Mélastomées se subdivisent en quatre sous-tribus, savoir : les *Dermomyélodesmes*, qui ont des méristèles corticales et des faisceaux cribrovasculaires dans la moelle (Tibouchine, Centradénie, Osbeckie, Mélastome, Rhéxie, etc.); les *Dermodesmes*, qui n'ont que des méristèles corticales (Microlicie, Axinandre, etc.); les *Myélodesmes*, qui n'ont que des faisceaux cribrovasculaires médullaires (Bertolonie, Mérianie, Oxyspore, Miconie, etc.); et les *Adesmes*, dont la structure est normale (Sonérile, Loreyer, etc.).

Fig. 337. — Étamine de Miconie, s'ouvrant par un pore.

De même, les Mémécylées se subdivisent en deux sous-tribus, savoir : les *Pternandrées*, où la placentation est dorsale (Pternandre, Kibessie, etc.) et les *Mouririées*, où elle est basilaire (Mémécyle, Mouririe).

Ces plantes sont recherchées surtout pour leur feuillage ornemental; plusieurs donnent des bois de construction (Astronie, Kibessie, etc.), ou des fruits charnus comestibles, employés aussi pour teindre en jaune ou en rouge (Mélastome, Miconie, Osbeckie, etc.).

Les Mélastomacées sont une famille très homogène, qui se relie à la fois aux Lythracées par ses genres à pistil libre et aux Onothéracées par ceux qui ont l'ovaire adhérent. Elles diffèrent de toutes les familles voisines par la nervation particulière des feuilles et la structure singulière des étamines.

Myrtacées. — Les Myrtacées, 72 genres avec environ 2750 espèces presque toutes tropicales, dont plus de 500 pour le seul genre Eugénier, sont des arbustes ou des arbres souvent de grande taille, à feuilles opposées, simples et sans stipules. L'écorce de la tige et des feuilles est parsemée de poches sécrétrices oléifères, analogues à celles des Rutacées. En outre, la tige a des tubes criblés à la périphérie de sa moelle et la feuille au-dessus du bois de ses méristèles.

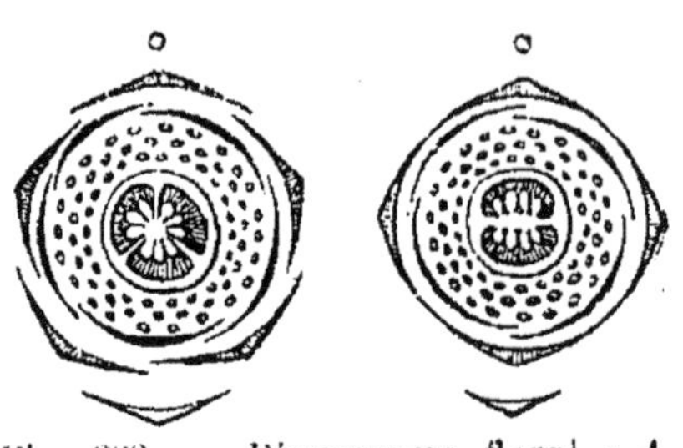

Fig. 338. — Diagramme floral : *A*, du Myrte commun ; *B*, de l'Eugénier aromatique.

Les fleurs sont hermaphrodites, actinomorphes, pentamères (Myrte, fig. 338, *A*, Callistème, etc.) ou tétramères (Eugénier, fig. 338, *B*, etc.). Le calice a parfois ses sépales concrescents en une coiffe qui, à l'épanouissement, se détache circulairement (Calyptranthe, etc.) et la corolle se comporte quelquefois de la même manière (Eucalypte, etc.). L'androcée peut comprendre deux verticilles alternes d'étamines simples, avec obdiplostémonie (Verticordie, Chamélauce, etc.); mais le plus souvent elles se ramifient en formant autant d'étamines composées ou de groupes d'étamines partielles, tantôt les épipétales seules, les autres demeurant simples en avortant (Calothamme, I, p. 363, fig. 156, Mélaleuce, fig. 339, etc.), tantôt toutes à la fois (Myrte, fig. 338, *A*, Eugénier, fig. 338, *B*, Eucalypte, etc.). Le pistil est infère, formé de carpelles en même nombre que les sépales et épipétales (Piléanthe, etc.) ou en nombre moindre : trois (Myrte, fig. 338, *A*, Callistème, etc.) ou deux (Eugénier, fig. 338, *B*, etc.), fermés et concrescents en un ovaire pluriloculaire contenant dans chaque loge un grand nombre d'ovules anatropes, rarement

Fig. 339. — Étamines ramifiées en ombelle d'un Mélaleuce.

deux seulement (Piment, Myrcie, etc.); la placentation est quelquefois pariétale ou basilaire (Chamélauce, etc.).

Le fruit est une baie (Myrte, Eugénier, etc.), une drupe (Aulacocarpe, etc.), une capsule loculicide (Mélaleuce, Calothamne, etc), ou un achaine (Chamélauce, etc.). La graine renferme un embryon droit (Eugénier, etc.), courbe ou spiralé (Myrte, etc.), sans albumen.

Les Myrtacées produisent des bois recherchés et des huiles essentielles qui les font employer à une foule d'usages médicinaux et domestiques, notamment comme condiments (écorce et fruit du Piment commun, boutons de l'Eugénier aromatique nommés *clous de girofle*, etc.). Elles donnent aussi des fruits comestibles (plusieurs Goyaviers, Eugéniers, Myrcies, Myrtes, etc.).

D'après la conformation de l'ovaire et la nature du fruit, les genres se groupent en trois tribus :

1. *Myrtées.* — Ovaire pluriloculaire. Baie ou drupe : Goyavier, Myrte, Myrcie, Eugénier, Campomanésie, Marliérie, etc.
2. *Leptospermées.* — Ovaire pluriloculaire. Capsule loculicide : Leptosperme, Callistème, Mélaleuce, Calothamne, Eucalypte, Métrosidère, etc.
3. *Chamélauciées.* — Ovaire uniloculaire. Achaine Verticordie, Chamélauce, Calythriche, etc.

Les Myrtacées se distinguent de toutes les familles précédentes par leurs poches sécrétrices, caractère qui les rapproche des Rutacées et qui, joint à leur méristémonie très marquée, les rattache aussi aux Hypéricacées.

Lécythidacées. — Les Lécythidacées, 18 genres avec 360 espèces toutes tropicales, sont des arbustes ou des arbres à feuiles isolées, simples et sans stipules, à limbe entier ou denté. La tige et la feuille sont dépourvues de tubes criblés surnuméraires et de poches sécrétrices corticales. Par contre, la tige renferme dans son écorce des méristèles en nombre divers, orientées tantôt normalement (Lécythide, Berthollétie, Napoléone, etc.), tantôt en sens inverse (Japarandibe, Barringtonie, etc.), qui la rattachent au type mésostélique (I, p. 178).

Les fleurs sont hermaphrodites, actinomorphes, solitaires (Napoléone, etc.) ou diversement groupées, pentamères (Napoléone, etc.) ou tétramères (Barringtonie, etc.). La corolle est parfois gamopétale (Napoléone) ou avortée (Fétidie). L'androcée ne comprend quelquefois que cinq étamines ramifiées, épisépales (Napoléone); le plus souvent, il a deux verticilles d'étamines abondamment ramifiées, parfois concrescentes en tube à la base (Cariniane, etc.). Le pistil est infère, formé de carpelles en même nombre que les sépales (Barringtonie, Japarandibe, Napoléone, etc.), ou en nombre moindre (Cariniane, etc.), fermés et concrescents en un ovaire pluriloculaire contenant dans chaque loge un grand nombre d'ovules anatropes épinastes.

Le fruit est tantôt plus ou moins charnu et indéhiscent (Japarandibe, Barringtonie, Napoléone, etc.), tantôt sec, ligneux et déhiscent en pyxide (Lécythide, Eschweilère, Berthollétie, Cariniane, etc.). Les graines, dépourvues d'albumen, ont un embryon tantôt réduit à sa tigelle (Berthollétie, Lécythide, Barringtonie, etc.), tantôt muni de deux larges cotylédons foliacés (Couratare, Cariniane, etc.), ou charnus (Napoléone, etc.). Dans la Berthollétie, notamment, dont les graines sont connues sous le nom de *noix de Para*, le gros embryon, riche en matières grasses, est comestible.

D'après la structure de la tige, on peut grouper les genres en trois tribus :

1. *Barringtoniées.* — Méristèles corticales inverses : Barringtonie, Fétidie, Planchonie, etc.
2. *Lécythidées.* — Méristèles corticales directes, en nombre supérieur à 8 : Japarandibe, Lécythide, Eschweilère, Berthollétie, Couroupite, etc.
3. *Napoléonées.* — Méristèles corticales directes, au nombre de 4 ou 2 : Napoléone, Astéranthe.

L'absence de tubes criblés surnuméraires et de poches sécrétrices, jointe à la présence de méristèles corticales, sépare nettement les Lécythidacées des Myrtacées, auxquelles on les a longtemps réunies.

SOUS-ORDRE VI

Primulinées.

Les Bitegminées à corolle gamopétale et ovaire supère, qui forment le sous-ordre des Primulinées, sont peu nombreuses et ne comprennent que cinq familles, ainsi définies :

PRIMULINÉES. Carpelles	ouverts,	avec placente central	pluriovulé. Fruit	sec..........	*Primulacées.*
				charnu......	*Myrsinacées.*
			uniovulé..............		*Plombagacées.*
		avec placentes pariétaux multiovulés.			*Caricacées.*
	fermés, avec placentes axiles..................				*Styracacées.*

Primulacées. — Les Primulacées, 29 genres avec environ

360 espèces dont plus de 150 Primevères, croissant la plupart dans les régions tempérées boréales, notamment dans les régions alpines, sont des herbes, ordinairement vivaces à l'aide d'un rhizome, qui peut se renfler en tubercule (Cyclame), parfois aquatiques (Hottonie), à feuilles isolées, parfois opposées (Mouron, Lysimaque, etc.), simples et sans stipules, à limbe entier, rarement pennifide (Hottonie). Par la structure polystélique de leur tige, les Auricules se distingent de tous les autres genres, notamment des Primevères, auxquelles on les réunit souvent.

Les fleurs sont hermaphrodites, actinomorphes, rarement zygomorphes (Coride), ordinairement pentamères (fig. 340). Les pétales sont quelquefois libres (Astérolin, etc.) ou avortés avec un calice pétaloïde (Glauce). L'androcée a cinq étamines épipétales concrescentes avec la corolle, ou avec le calice quand la corolle avorte (Glauce); les épisépales sont réduites à de petites dents (Samole, Soldanelle, etc.) ou complètement avortées. Le pistil est composé de cinq carpelles épisépales, ouverts et concrescents, à bords stériles, mais portant à leur base autant d'appendices ligulaires, concrescents en une colonne renflée au sommet, où elle porte un grand *nombre* d'ovules hémi-anatropes, rarement anatropes (Hottonie), à deux téguments. En un mot, la placentation y est centrale (I, p. 389 et 390, fig. 175, *e*). L'ovaire uniloculaire ainsi conformé (fig. 340) est surmonté d'un style simple avec un stigmate entier; dans les Samoles, il est concrescent avec les verticilles externes et semi-infère.

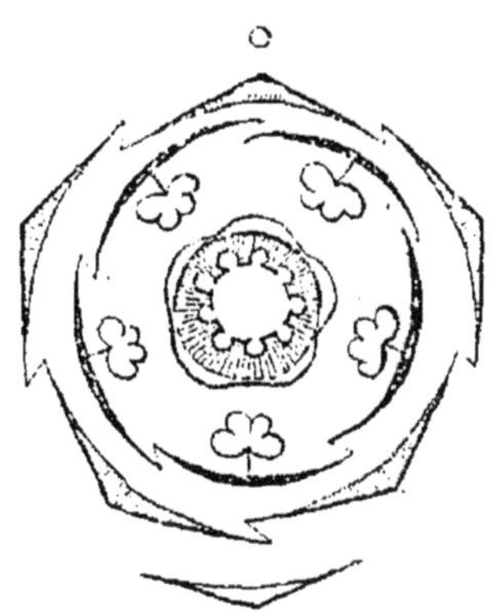
Fig. 340. — Diagramme de la fleur de la Primevère officinale.

Le fruit est une capsule à déhiscence suturale (Primevère, Auricule, Androsace, Lysimaque, etc.), ou une pyxide (Mouron, Centenille, etc.). La graine a un albumen charnu et un embryon droit, parallèle au hile, qui est latéral.

Plombagacées. — Les Plombagacées, 10 genres avec environ 180 espèces dont plus de 120 Statices, croissant la plupart sur les côtes maritimes et les terrains salés de la région méditerranéenne, sont des herbes vivaces, à feuilles isolées, disposées en rosette, simples et sans stipules, plus ou moins engainantes.

Les fleurs sont hermaphrodites, actinomorphes et pentamères, avec cinq étamines épipétales, tantôt concrescentes avec la corolle (Statice, fig. 341, etc.), tantôt libres ou seulement unies entre elles (Dentelaire ou Plombage, etc.). Le pistil a la même conformation que celui des Primulacées, mais la colonne placentaire ne porte au sommet qu'un seul ovule anatrope, pendant à raphé dorsal, bitegminé, et l'ovaire est surmonté de cinq styles libres.

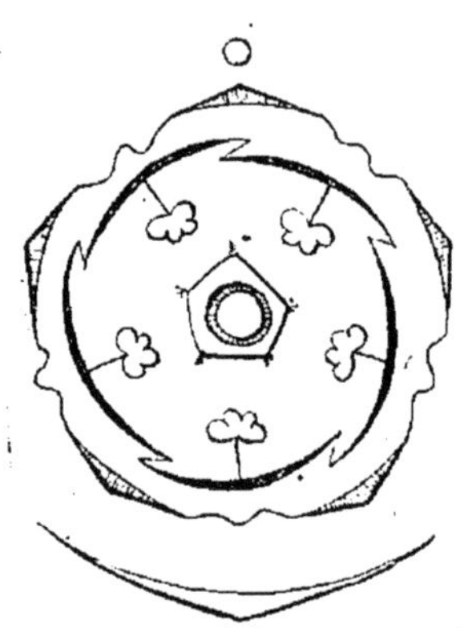

Fig. 341. — Diagramme de la fleur du Statice latifolié.

Le fruit est sec et s'ouvre d'ordinaire circulairement soit vers le sommet (Statice, etc.), soit vers la base (Dentelaire, etc.). La graine a un embryon droit avec un albumen amylacé (Statice, Armérie, etc.), parfois sans albumen (Égialite, etc.).

Ces plantes se distinguent des Primulacées surtout par la pluralité des styles, l'unité de l'ovule et l'albumen amylacé.

Myrsinacées. — Les Myrsinacées, 23 genres avec environ 500 espèces presque toutes tropicales, dont plus de 200 Ardisies et plus de 80 Myrsines, sont des arbustes ou des arbres, à feuilles ordinairement isolées, simples et sans stipules, à limbe entier, souvent parsemé de poches sécrétrices oléifères.

Les fleurs sont hermaphrodites, actinomorphes et pentamères (Jacquinie, Théophraste, etc.), ou tétramères (Cybianthe, etc.). L'androcée a cinq étamines épipétales concrescentes avec la corolle, à anthères introrses (Ardisie, Myrsine, etc.) ou extrorses (Théophraste, Jacquinie, etc.), à quatre sacs, parfois subdivisés en logettes superposées (Égicère); les épisépales sont remplacées par des pièces pétaloïdes (Théophraste, Jacquinie, Clavije, etc.), ou complètement avortées (Myrsine, Ardisie, etc.). Le pistil est conformé comme celui des Primulacées, quelquefois réduit à trois carpelles (Myrsine, etc.) ou concrescent avec les verticilles externes, ce qui rend l'ovaire infère (Mèse). Les ovules hémi-anatropes, à deux téguments, sont souvent enfoncés dans le placente.

Le fruit est une drupe, comestible dans les Ardisies. La graine a un embryon souvent courbe, avec un albumen charnu ou corné, rarement sans albumen (Égicère).

Ces plantes se rapprochent des Primulacées encore plus que les Plombagacées, car elles ont les ovules multiples et hémi-anatropes avec l'albumen charnu; elles s'en distinguent surtout par leur tige ligneuse et leur fruit charnu.

Caricacées. — Les Caricacées, 2 genres avec 30 espèces tropicales, presque toutes américaines, sont de petits arbres simples ou ramifiés, à tige charnue, à feuilles isolées sans stipules, à limbe palmilobé (Carice) ou composé palmé (Jacaratie). Toutes les parties de la plante renferment, dans toutes leurs régions, un réseau de tubes laticifères à cellules fusionnées.

Les fleurs sont unisexuées par avortement, avec monœcie ou diœcie, actinomorphes et pentamères. La fleur mâle a un calice gamosépale, une corolle gamopétale longuement tubuleuse, qui alterne avec le calice (Carice) ou qui lui est superposée (Jacaratie), et un androcée diplostémone concrescent avec la corolle, à anthères munies de quatre sacs s'ouvrant en long. La fleur femelle a une corolle à tube court, alterne (Carice) ou superposée au calice (Jacaratie), et un pistil à cinq carpelles ouverts, concrescents en un ovaire uniloculaire surmonté de cinq styles libres, simples ou ramifiés; l'ovaire a cinq placentes pariétaux chargé d'ovules anatropes bitegminés. Entre les placentes se développent parfois de fausses cloisons, qui partagent l'ovaire en cinq loges (Jacaratie, Carices de la section Vasconcellée).

Le fruit est une drupe de la grosseur et de l'aspect d'un melon. La graine a un embryon à cotylédons foliacés et un albumen charnu. Le Carice papayer est cultivé dans toute la zone tropicale pour ses fruits comestibles. Son latex contient un ferment soluble, la *papaïne*, qui coagule le lait et peptonise les substances albuminoïdes.

Ces plantes diffèrent de toutes les autres Primulinées par leur réseau laticifère et leur placentation pariétale.

Styracacées. — Les Styracacées, 7 genres avec 225 espèces, dont 150 Symploces et 60 Aliboufiers ou Styrax, toutes tropicales ou subtropicales, sont des arbres ou des arbustes à feuilles isolées, simples et sans stipules, à limbe penninerve entier ou denté.

Les fleurs sont hermaphrodites, actinomorphes et pentamères, rarement tétramères (Lissocarpe), avec deux verticilles d'étamines, dont les épipétales peuvent avorter (Pamphilie), ou qui se ramifient parfois en nombreuses étamines partielles (Symploce), et dont les anthères s'ouvrent quelquefois par une fente transversale (Diclidanthère). Le pistil a rarement autant de carpelles que de sépales, épisépales (Diclidanthère, Lissocarpe), d'ordinaire trois seulement. Ils sont concrescents, tantôt fermés dans toute la longueur (Symploce, Lissocarpe, etc.), tantôt fermés seulement dans la région inférieure et ouverts en haut (Aliboufier, Halésie, etc.); chaque loge renferme soit un seul ovule anatrope bitegminé, dressé à raphé interne (Pamphilie, etc.) ou pendant à raphé externe (Diclidanthère, etc.), soit deux pareils ovules (Lissocarpe, etc.), soit quatre ovules, deux dressés et deux pendants (Halésie), soit un plus grand nombre d'ovules pendants (Aliboufier, Symploce, etc.). L'ovaire, surmonté d'un style unique, est parfois semi-infère (Aliboufier), ou tout à fait infère (Halésie, Symploce).

Le fruit, entouré ou couronné par le calice persistant, est une drupe, parfois sèche et ailée (Halésie). La graine a un embryon droit et un albumen charnu.

D'après la conformation des étamines, les genres se groupent en deux tribus :

1. *Styracées.* — Étamines simples : Aliboufier, Halésie, Lissocarpe, Diclidanthère, etc.
2. *Symplocées.* — Étamines ramifiées : Symploce.

Les Aliboufiers produisent, non pas normalement, mais par suite d'altérations locales de leurs tissus, des baumes riches en acide benzoïque, notamment le *benjoin* (Aliboufier benjoin) et le *storax* des anciens (Aliboufier officinal); d'autres sont employés en teinture (Symploce, etc.) ou donnent des graines comestibles (Halésie).

Par leur ovaire pluriloculaire, au moins dans sa région inférieure, et leur placentation axile, ces plantes se distinguent nettement de toutes les familles précédentes. Par la fréquente concrescence, partielle ou totale, de l'ovaire avec les verticilles externes, elles établissent la transition entre les Primulinées et les Cucurbitinées, qu'il nous reste à étudier.

SOUS-ORDRE VII

Cucurbitinées.

Les Séminées bitegminées à corolle gamopétale et ovaire infère, qui composent le sous-ordre des Cucurbitinées, ne forment qu'une seule famille, les Cucurbitacées.

Cucurbitacées. — Les Curcubitacées, 87 genres avec 650

espèces croissant dans les régions chaudes et tropicales, sont des herbes à feuilles isolées, simples et sans stipules, qui rampent et grimpent à l'aide de vrilles foliaires, rameuses (Courge, etc.) ou simples (Bryone, etc.); ces vrilles manquent dans l'Ecballe. Les faisceaux libéroligneux ont en dedans d'eux, dans la stèle de la tige, au-dessus d'eux, dans les méristèles de la feuille, autant d'arcs criblés très développés (I, p. 173). Dans les Monordiques, l'épiderme renferme des cystolithes antipodes.

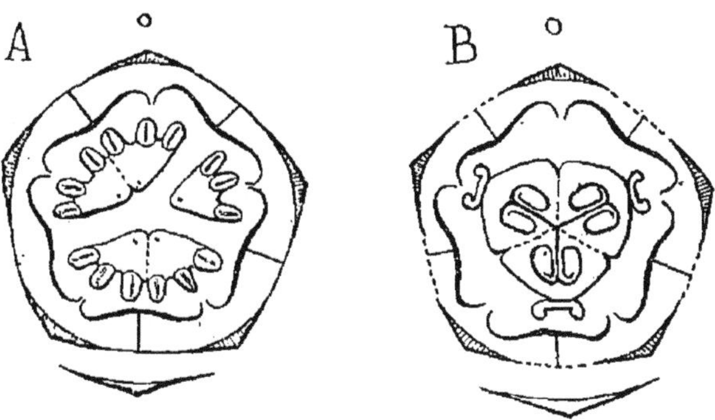

Fig. 342. — Diagramme des fleurs de l'Ecballe agreste : *A*, fleur mâle; *B*, fleur femelle.

Les fleurs sont unisexuées avec monœcie, rarement dioïques (Févillée, Zanonie, etc.), ou hermaphrodites (Schizopépon), pentamères à pistil trimère (fig. 342), les femelles actinomorphes, les mâles ordinairement zygomorphes dans l'androcée. Le calice et la corolle demeurent d'abord concrescents après s'être séparés du pistil; au-dessus du niveau où ils quittent le calice, les pétales sont tantôt concrescents en une corolle gamopétale (Concombre, Courge, Citrouille, etc.), tantôt libres (Bryone, Ecballe, fig. 342, Sicie, etc.).

La fleur mâle (fig. 342, *A*) a cinq étamines, indépendantes de la corolle au-dessus du niveau où celle-ci s'est séparée du calice, à anthères extrorses, munies de deux sacs polliniques s'ouvrant en long sur les bords contigus, très rarement à quatre sacs (Telfairie, Angurie). Elles sont parfois libres et épisépales (Févillée, Zanonie, Telfairie, etc.), le plus souvent concrescentes par paires, de manière à former deux étamines épipétales à quatre sacs et une cinquième épisépale à deux sacs (fig. 342, *A*), d'où résulte pour l'androcée une zygomorphie marquée, quelquefois toutes concrescentes en colonne (Sicie,

Cyclanthère). Les sacs polliniques sont quelquefois courts et droits, disposés soit en long (Févillée, Thladianthe, Mélothrie, etc.), soit en travers (Zanonie, Cyclanthère, etc.), le plus souvent très longs et recourbés en S ou en N (fig. 343); dans les Cyclanthères, les sacs polliniques transversaux confluent en deux anneaux superposés.

La fleur femelle (fig. 342, *B*) a son pistil concrescent avec les verticilles externes dans toute la longueur de l'ovaire, qui est infère. Il se compose de trois carpelles clos et concrescents en un ovaire triloculaire, surmonté d'un style unique avec trois stigmates épais et bilobés, contenant dans chaque loge un grand nombre d'ovules anatropes hyponastes et bitegminés, rarement deux (Echynocyste) ou un seul ovule (Sicie, Chayote); les bords placentaires se réfléchissent d'abord en dehors jusque contre la paroi externe, puis se replient de nouveau en dedans jusqu'à rapprocher les ovules des cloisons (fig. 342, *B*).

Fig. 343. — Étamine double de Bryone.

Le fruit est une baie, dans laquelle la couche externe du péricarpe est dure et parfois ligneuse, tandis que les cloisons et les bords placentaires se résolvent en un pulpe liquide; il s'ouvre quelquefois, soit au sommet en pyxide (Luffe) ou par un ou deux pores (Échinocyste), soit à la base en se détachant du pédicelle et projetant les graines par l'ouverture (Ecballe). La graine a un embryon à larges cotylédons plans, accombants au raphé, riches en huile, sans albumen.

D'après la conformation de l'androcée, les genres se groupent en trois tribus :

1. *Telfairiées*. — Cinq étamines à quatre sacs, libres : Telfairie, Angurie, etc.
2. *Févillées*. — Cinq étamines à deux sacs, libres : Févillée, Zanonie, Actinostemme, Schizopépon, etc.
3. *Cucurbitées*. — Cinq étamines à deux sacs, concrescentes en trois : Courge, Concombre, Gourde, Citrouille, Bryone, Chayote, Ecballe, Luffe Momordique, Cyclanthère, etc.

Beaucoup de ces plantes sont cultivées pour leurs fruits comestibles (diverses Courges, notamment la Courge maxime, vulgairement Potiron, Concombre melon et Concombre cultivé, Gourde vulgaire, Citrouille commune, Chayote comestible, etc.); d'autres sont alimentaires par leurs racines tuberculeuses (Bryone d'Abyssinie, etc.).

Les Cucurbitacées sont, comme on voit, une famille très singulière et très isolée, dont les affinités sont encore très obscures. C'est peut-être aux Unitegminées à corolle gamopétale et à ovaire infère qui ont, comme elles, les étamines indépendantes de la corolle, c'est-à-dire aux Campanulales, et notamment aux Campanulacées, qu'elles ressemblent le plus.

Résumé de l'ordre des Bitegminées. — En somme, avec ses 7 sous-ordres, ses 116 familles et ses 3554 genres environ, l'ordre des Séminées bitegminées forme un ensemble très vaste et très divers. Les sept sous-ordres ont été définis p. 392. Dans les trois premiers, on a distingué directement les familles, caractérisées dans autant de petits tableaux p. 392, p. 399 et p. 415. Dans le quatrième, particulièrement riche en formes diverses, il a fallu reconnaître d'abord cinq alliances, définies p. 421, puis dans chacune de ces alliances des familles, caractérisées dans autant de petits tableaux p. 421, p. 433, p. 447, p. 461, et p. 488. Dans les trois derniers, on a pu aller directement aux familles, qui sont définies dans autant de petits tableaux p. 496, p. 512 et p. 516.

Il suffirait maintenant de disposer à la suite ces sept sous-ordres, avec les tableaux partiels d'alliances et de familles qui leur correspondent, pour obtenir un tableau d'ensemble résumant la classification de l'ordre des Séminées bitegminées, telle qu'elle vient d'être exposée. En raison de son grand développement et des difficultés d'exécution typographique qui en résultent, on laisse au lecteur, comme pour l'ordre des Séminées unitegminées (p. 391) le soin de le tracer en en réunissant, comme il vient d'être dit, les éléments épars.

Résumé de la classe des Dicotylédones. — En résumé, l'immense classe des Stigmatées climacorhizes, ou Dicotylédones, a été partagée d'abord en deux sous-classes, puis en sept ordres, comprenant 220 familles. Les cinq ordres de la sous-classe des Inséminées étant peu étendus, on y a distingué tout de suite des alliances, renfermant chacune un certain nombre de familles. Les deux ordres de la sous-classe des Séminées étant, au contraire, très vastes, il a fallu les diviser d'abord chacun en sept sous-ordres dans lesquels, suivant leur degré d'extension, on a soit reconnu directement les familles, soit distingué d'abord des alliances comprenant chacune un plus ou moins grand nombre de familles.

Il suffirait maintenant d'ajuster bout à bout le tableau de la divison en ordres, alliances et familles de la sous-classe des Inséminées donné à la p. 316, le tableau de la division en sous-ordres, alliances et familles de l'ordre des Séminées unitegminées, construit d'après les indications de la p. 391, et celui de la division en sous-ordres, alliances et familles de l'ordre des Séminées bitegminées, tracé comme il a été dit plus haut, pour obtenir un tableau d'ensemble résumant la classification des Dicotylédones, tableau qui ferait pendant à celui qui a été donné pour la classe des Monocotylédones à la p. 251. On laisse au lecteur le soin de l'établir.

Résumé de l'embranchement des Phanérogames. — En somme, l'embranchement des Phanérogames comprend 2 sous-embranchements, 4 classes, dont une très vaste est subdivisée en sous-classes, 16 ordres, dont plusieurs, très étendus, sont subdivisés en sous-ordres, en alliances ou même à la fois en sous-ordres et en alliances, et 257 familles. En assemblant, comme il vient d'être dit, les tableaux partiels des sous-embranchements, classes, sous-classes, ordres, sous-ordres, alliances et familles, donnés au début de chaque groupe, on obtiendrait un tableau général, résumant la classification de l'embranchement tout entier. Faute d'espace, on doit laisser au lecteur le soin de le tracer.

Relevé général des embranchements, sous-embranchements, classes, sous-classes, ordres, sous-ordres, alliances et familles du règne végétal. — Somme toute, l'embranchement des Thallophytes a offert 2 classes, 8 ordres et 46 familles, celui des Muscinées 2 classes, 4 ordres et 8 familles, celui des Cryptogames vasculaires 3 classes, 7 ordres et 16 familles, celui des Phanérogames 4 classes, 16 ordres et 257 familles, ce qui porte à 11 le nombre des classes, à 35 celui des ordres, parfois subdivisés en sous-ordres et alliances, et à 327 celui des familles que l'on a distinguées dans le règne végétal et étudiées sommairement dans la Partie spéciale de ces Éléments.

Le tableau suivant résume cette division du règne végétal en 4 embranchements, 11 classes, parfois subdivisées en sous-classes, 16 ordres, quelquefois subdivisés en sous-ordres et alliances, et 327 familles, dans la succession même où les caractères de ces divers groupes ont été exposés au cours de cet Ouvrage :

TABLEAU RÉSUMANT LA DIVISION DU RÈGNE VÉGÉTAL

EN EMBRANCHEMENTS, CLASSES, ORDRES ET FAMILLES.

EMBRANCHEMENTS.	CLASSES.	ORDRES.	SOUS-ORDRES.	FAMILLES.
THALLOPHYTES	**Champignons**	MYXOMYCÈTES		*Trichiacées.*
				Cératiacées.
				Acrasacées.
		OOMYCÈTES		*Vampyrellacées.*
				Chytridiacées.
				Mucoracées.
				Entomophthoracées.
				Péronosporacées.
				Saprolégniacées.
				Monoblépharitacées.
		BASIDIOMYCÈTES		*Agaricacées.*
				Lycoperdacées.
				Tillétiacées.
				Trémellacées.
				Tylostomacées.
				Ecchynacées.
				Auriculariacées.
				Pucciniacées.
				Ustilagacées.
		ASCOMYCÈTES		*Pézizacées.*
				Sphériacées.
				Périsporiacées.
				Lichens.
	Algues	CYANOPHYCÉES		*Spirulinacées.*
				Nostocacées.
				Bactériacées.
		CHLOROPHYCÉES		*Protococcacées.*
				Siphonées.
				Cénobiées.
				Cladophoracées.
				Palmellacées.
				Conjuguées.
				Confervacées.
				Characées.
		PHÉOPHYCÉES		*Péridiniacées.*
				Cryptomonadacées.
				Diatomacées.
				Phéozoosporées.
				Dictyotacées.
				Fucacées.
		FLORIDÉES		*Bangiacées.*
				Némaliacées.
				Cryptonémiacées.
				Rhodyméniacées.
				Gigartinacées.

EMBRANCHEMENTS.	CLASSES.	ORDRES.	SOUS-ORDRES.	FAMILLES.
MUSCINÉES.	**Hépatiques**	JONGERMANNINÉES.		*Jongermanniacées.*
				Anthocéracées.
		MARCHANTINÉES		*Ricciacées.*
				Marchantiacées.
	Mousses	SPHAGNINÉES		*Sphagnacées.*
				Andréacées.
		BRYINÉES		*Phascacées.*
				Bryacées.
CRYPTOGAMES vasculaires.	**Filicinées**	FOUGÈRES		*Hyménophyllacées.*
				Gleichéniacées.
				Cyathéacées.
				Polypodiacées.
				Osmondacées.
				Schizéacées.
		MARATTINÉES		*Marattiacées.*
				Ophioglossacées.
		HYDROPTÉRIDES		*Salviniacées.*
				Marsiliacées.
	Équisétinées	ÉQUISÉTINÉES ISOPORÉES		*Équisétacées.*
		ÉQUISÉTINÉES HÉTÉROSPORÉES		*Annulariacées.*
	Lycopodinées	LYCOPODINÉES ISOSPORÉES		*Lycopodiacées.*
		LYCOPODINÉES HÉTÉROSPORÉES		*Isoétacées.*
				Sélaginellacées.
				Lépidodendracées.
PHANÉROGAMES.	**Astigmatées ou Gymnospermes.**	CYCADINÉES		*Cycadacées.*
		ABIÉTINÉES		*Ginkgacées.*
				Abiétacées.
				Cupressacées.
				Taxacées.
		EPHÉDRINÉES		*Ephédracées.*
				Welwitschiacées.
				Gnétacées.
	Monocotylédones	CYPÉRINÉES		*Cypéracées.*
				Centrolépidacées.
				Lemnacées.
				Naïadacées.
				Aracées.
				Typhacées.
				Pandanacées.
				Cyclanthacées.

EMBRANCHEMENTS.	CLASSES.	SOUS-CLASSES.	ORDRES.	SOUS-ORDRES.	ALLIANCES.	FAMILLES.
PHANÉROGAMES (*Suite.*)	**Monocotylédones** (*Suite.*)		JONCINÉES			*Restiacées.*
						Ériocaulacées.
						Triglochinacées.
						Palmiers.
						Joncacées.
			LILIINÉES			*Alismacées.*
						Commélinacées.
						Pontédériacées.
						Liliacées.
			IRIDINÉES			*Amaryllidacées.*
						Dioscoréacées.
						Iridacées.
						Hémodoracées.
						Broméliacées.
						Scitaminées.
						Orchidacées.
						Hydrocharitacées.
	Liorhizes dicotylées.		GRAMININÉES			*Graminées.*
			NYMPHÉINÉES			*Nymphéacées.*
						Cabombacées.
	Dicotylédones.	INSÉMINÉES.	LORANTHINÉES		BALANOPHORALES	*Balanophoracées.*
						Hélosacées.
					VISCALES	*Viscacées.*
						Ginallacées.
						Arceuthobiacées.
					LORANTHALES	*Loranthacées.*
						Treubaniacées.
						Gaïadendracées.
						Nuytsiacées.
					ÉLYTRANTHALES	*Dendrophthoacées.*
						Elytranthacées.
			SANTALINÉES		SARCOPHYTALES	*Lophophytacées.*
						Sarcophytacées.
						Hachettéacées.
					SANTALALES	*Opiliacées.*
						Myzodendracées.
						Santalacées.
						Arionacées.
						Schœpfiacées.
					OLACALES	*Olacacées.*
						Aptandracées.
						Harmandiacé

EMBRANCHEMENTS.	CLASSES.	SOUS-CLASSES.	ORDRES.	SOUS-ORDRES.	ALLIANCES.	FAMILLES.
PHANÉROGAMES (*Suite.*)	**Dicotylédones** (*Suite.*)	Inséminées (*Suite.*)	Anthobolinées...	....	Anthobolales.....	*Anthobolacées.*
			Icacininées...	....	Ximéniales.	*Tétrastylidiacées.*
						Ximéniacées.
						Strombosiacées.
				....	Icacinales..	*Emmotacées.*
						Pleurisanthacées.
						Icacinacées.
				....	Phytocrénales...	*Sarcostigmacées.*
						Phytocrénacées.
						Iodacées.
						Leptaulacées.
			Heistérinées.....	....	Chaunochitales....	*Chaunochitacées.*
						Scorodocarpacées.
				....	Heistériales......	*Érythropalacées.*
						Cathédracées.
						Heistériacées.
						Coulacées.
		Séminées.	Unitegminées.	Salicinées.	....	*Salicacées.*
					....	*Myricacées.*
					....	*Callitrichacées.*
					....	*Balanopsacées.*
				Cératophyllinées.	....	*Cératophyllacées.*
					....	*Garryacées.*
					....	*Triuracées.*
					....	*Cynocrambacées.*
				Corylinées......	....	*Cynomoriacées.*
					....	*Juglandacées.*
					....	*Corylacées.*
					....	*Bétulacées.*
					....	*Hydnoracées.*
					....	*Rafflésiacées.*
				Limnanthinées..	....	*Empétracées.*
					....	*Limnanthacées.*
				Ombellinées....	Ombellales.	*Ombellifères.*
						Araliacées.
						Pittosporacées.
					....	*Loasacées.*
					....	*Escalloniacées.*
					....	*Bruniacées.*
					....	*Grubbiacées.*
					....	*Haloragacées.*
					....	*Cornacées.*

EMBRANCHEMENTS.	CLASSES.	SOUS-CLASSES.	ORDRES.	SOUS-ORDRES.	ALLIANCES.	FAMILLES.
PHANÉROGAMES (*Suite.*)	**Dicotylédones** (*Suite.*)	SÉMINÉES (*Suite.*)	UNITEGMINÉES (*Suite.*)	SOLANINÉES	ÉRICALES	*Éricacées.*
						Cyrillacées.
						Diapensiacées.
						Diospyracées.
						Sapotacées.
					SOLANALES	*Épacracées.*
						Lennoacées.
						Solanacées.
						Borragacées.
						Convolvulacées.
						Polémoniacées.
						Apocynacées.
						Asclépiadacées.
						Loganiacées.
						Salvadoracées.
						Hydrophyllacées.
						Cardioptérygacées.
						Gentianacées.
					SCROFULARIALES	*Scrofulariacées.*
						Labiées.
						Utriculariacées.
						Gesnériacées.
						Bignoniacées.
						Acanthacées.
						Sélagacées.
						Verbénacées.
						Plantagacées.
					OLÉALES	*Oléacées.*
						Jasminacées.
				COMPOSITINÉES	CAMPANULALES	*Campanulacées.*
						Brunoniacées.
						Goudéniacées.
						Stylidiacées.
					RUBIALES	*Rubiacées.*
						Valérianacées.
						Caprifoliacées.
						Adoxacées.
						Dipsacacées.
						Calycéracées.
					COMPOSITALES	*Composées.*

EMBRANCHEMENTS.	CLASSES.	SOUS-CLASSES.	ORDRES.	SOUS-ORDRES.	ALLIANCES.	FAMILLES.
PHANÉROGAMES (*Suite.*)	**Dicotylédones** (*Suite.*)	SÉMINÉES (*Suite.*)	BITEGMINÉES	PIPÉRINÉES		*Pipéracées.*
						Chloranthacées.
						Myrothamnacées.
						Leitnériacées.
						Liquidambaracées.
						Lacistémacées.
						Batidacées.
						Casuarinacées.
				CHÉNOPODINÉES		*Urticacées.*
						Buxacées.
						Polygonacées.
					CHÉNOPODIALES	*Chénopodiacées.*
						Nyctagacées.
						Phytolaccacées.
						Aizoacées.
						Simmondsiacées.
						Protéacées.
						Podostémacées.
						Céphalotacées.
						Brunelliacées.
						Eléagnacées.
						Geissolomacées.
						Pénéacées.
						Thyméléacées.
				CASTANÉINÉES		*Castanéacées.*
						Aristolochiacées.
						Bégoniacées.
						Datiscacées.
						Apodanthacées.
				RENONCULINÉES	RENONCULALES	*Renonculacées.*
						Anonacées.
						Myristicacées.
						Magnoliacées.
						Monimiacées.
						Ménispermacées.
						Berbéridacées.
						Lauracées.
						Nélombacées.
					MALVALES	*Malvacées.*
						Théacées.
						Rhaptopétalacées.
						Clusiacées.
						Hypéricacées.
						Quiinacées.
						Dilléniacées.
						Ochnacées.

EMBRANCHEMENTS.	CLASSES.	SOUS-CLASSES.	ORDRES.	SOUS-ORDRES.	ALLIANCES.	FAMILLES.
PHANÉROGAMES (*Suite.*)	**Dicotylédones** (*Suite.*)	SÉMINÉES (*Suite.*)	BITEGMINÉES (*Suite.*)	RENONCULINÉES (*Suite.*)	MALVALES (*Suite.*)	*Diptérocarpacées.*
						Sarcolénacées.
						Humiriacées.
						Euphorbiacées.
					PAPAVÉRALES	*Cistacées.*
						Bixacées.
						Samydacées.
						Passifloracées.
						Tamaricacées.
						Droséracées.
						Sarracéniacées.
						Népenthacées.
						Résédacées.
						Crucifères.
						Capparidacées.
						Papavéracées.
					GÉRANIALES	*Géraniacées.*
						Linacées.
						Coriariacées.
						Crassulacées.
						Élatinacées.
						Caryophyllées.
						Portulacacées.
						Zygophyllacées.
						Rutacées.
						Méliacées.
						Simarubacées.
						Anacardiacées.
						Burséracées.
						Sapindacées.
						Malpighiacées.
						Polygalacées.
						Trémandracées.
						Vochysiacées.
						Légumineuses.
						Connaracées.
						Rosacées.
						Moringacées.
					CÉLASTRALES	*Célastracées.*
						Ilicacées.
						Impatientacées.
						Dichapétalacées.
						Cnéoracées.
						Platanacées.
						Vitacées.
						Rhamnacées.
						Sabiacées.
						Basellacées.
						Violacées.

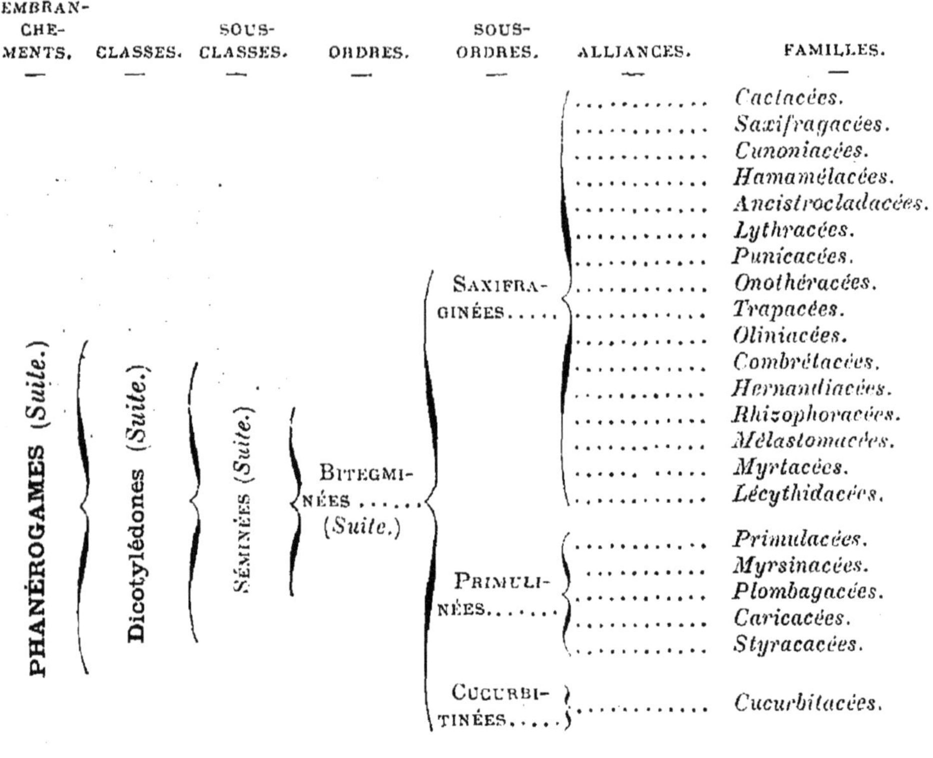

EMBRANCHEMENTS.	CLASSES.	SOUS-CLASSES.	ORDRES.	SOUS-ORDRES.	ALLIANCES.	FAMILLES.
PHANÉROGAMES (*Suite.*)	Dicotylédones (*Suite.*)	SÉMINÉES (*Suite.*)	BITEGMINÉES (*Suite.*)	SAXIFRAGINÉES	....	*Cactacées.*
					....	*Saxifragacées.*
					....	*Cunoniacées.*
					....	*Hamamélacées.*
					....	*Ancistrocladacées.*
					....	*Lythracées.*
					....	*Punicacées.*
					....	*Onothéracées.*
					....	*Trapacées.*
					....	*Oliniacées.*
					....	*Combrétacées.*
					....	*Hernandiacées.*
					....	*Rhizophoracées.*
					....	*Mélastomacées.*
					....	*Myrtacées.*
					....	*Lécythidacées.*
				PRIMULINÉES	....	*Primulacées.*
					....	*Myrsinacées.*
					....	*Plombagacées.*
					....	*Caricacées.*
					....	*Styracacées.*
				CUCURBITINÉES	....	*Cucurbitacées.*

DISTRIBUTION DES PLANTES A LA SURFACE DE LA TERRE

Il reste maintenant à étudier la manière dont toutes ces plantes sont réparties à la surface du globe ; c'est ce qui fera l'objet du dernier chapitre de cet Ouvrage.

Sous l'influence combinée des conditions de milieu, de la lutte pour l'existence avec les autres êtres vivants, et de leur répartition antérieure, les plantes se trouvent aujourd'hui distribuées d'une certaine manière à la surface du globe. Elles ne l'ont pas toujours été de cette façon ; aux diverses époques géologiques, leur répartition a subi des changements profonds. Il y a donc à considérer d'abord la distribution actuelle des végétaux, ce qu'on appelle la *géographie botanique*, puis leur distribution ancienne, qui constitue la *paléobotanique* ou *botanique fossile*.

§ 1

DISTRIBUTION ACTUELLE DES PLANTES

Influence des conditions de milieu. — On sait que l'oxygène de l'air, l'eau, la radiation et l'aliment sont les conditions d'existence nécessaires des végétaux : on sait aussi que chaque espèce a, pour chacune de ces conditions, un maximum, un minimum et un optimum propres. Or l'humidité, la température, la lumière et l'aliment sont distribués d'une façon très inégale à la surface du globe. A supposer donc que les œufs, spores ou graines de toutes les espèces fussent une fois disséminés uniformément sur toute l'étendue de la Terre, toutes ne pourraient s'y développer également ; certaines se trouveraient bientôt cantonnées dans des régions déterminées, tandis que d'autres deviendraient spéciales à d'autres contrées.

Les variations dans l'aération, l'humidité et la qualité de l'aliment ont leur importance. En ce qui concerne l'humidité, par exemple, pour qu'une espèce donnée prospère dans une localité, il faut que la quantité d'eau qu'elle y reçoit soit toujours comprise entre le minimum et le maximum qui lui sont propres, et qu'en outre la moyenne ne soit pas trop éloignée de l'optimum. C'est ainsi que la limite méridionale d'extension de l'Alchimille vulgaire est déterminée par la quantité de pluie annuelle minimum, environ 40 centimètres, qui est nécessaire à cette espèce ; au contraire, l'humidité trop grande du sol exclut le Sapin pectiné du nord-ouest de l'Allemagne.

Mais c'est surtout l'inégale distribution de la radiation qui est la cause dominante de l'inégale répartition des espèces végétales. Chaque plante a besoin, en effet, pour effectuer son développement complet, d'une certaine quantité de chaleur ; la manière dont cette quantité de chaleur lui est fournie est d'ailleurs à peu près indifférente, pourvu que la température de son corps soit toujours maintenue entre les limites qui lui sont propres. C'est ainsi qu'un même végétal peut se développer tout aussi bien dans une contrée où la saison est courte et la température moyenne que dans une région où la température est toujours plus basse, mais où elle se maintient pendant un temps plus long. Pourvu que la même somme de chaleur soit reçue dans les deux cas, le même développement morphologique a lieu.

Il y a donc, pour chaque espèce, une somme de chaleur déterminée qui en limite l'extension à la surface de la Terre. Cette quantité de chaleur n'a pas été mesurée directement, mais on s'en rend compte approximativement en sommant les températures utiles, c'est-à-dire les températures successives comprises, pour une saison, entre le maximum et le minimum relatifs à l'espèce considérée. On comprend ainsi que les espèces pour lesquelles la somme de chaleur utile est la moins élevée soient confinées vers les régions polaires ou dans les plus hautes altitudes, et que les grandes lignes de distribution des espèces se suivent des pôles à l'équateur ou du sommet des montagnes jusqu'aux plaines. Mais il ne faut pas oublier qu'à côté de cette cause principale les autres peuvent intervenir et troubler la régularité de répartition des plantes dans les différentes zones. Ainsi, la sécheresse du Sahara y détermine une flore spéciale très pauvre en espèces, à des latitudes où les sommes de chaleur permettraient le plus riche développement de toutes les formes végétales.

Influence de la lutte pour l'existence. — La lutte pour l'existence intervient aussi dans la distribution des plantes. Sans parler des parasites, dont l'extension est limitée par celle des végétaux qu'ils attaquent, la lutte s'établit souvent pour l'alimentation, et elle offre parfois un rapport intéressant avec la nature du sol. Ainsi, par exemple, dans les Alpes orientales, où le Rosage ferrugineux existe en concurrence avec le Rosage hirsute, qui préfère les sols calcaires, il est à peu près exclusivement limité aux sols siliceux, tandis que dans les Alpes occidentales, où il existe seul, on le rencontre indifféremment sur les terrains calcaires et sur les sols siliceux. Une espèce peut aussi en supplanter d'autres par la manière facile dont elle se fractionne et dont elle multiplie ses individus. C'est de cette manière que l'Élodée canadienne, depuis son introduction en Europe, chasse peu à peu de tous les fossés, étangs et ruisseaux presque toutes les espèces aquatiques qui vivent dans des conditions analogues aux siennes.

L'extension de certains insectes nuisibles, l'influence directe des animaux herbivores, et surtout les modifications apportées par la culture dans la végétation, sont aussi des causes qui agissent puissamment sur la distribution des espèces.

Influence de la répartition antérieure et du mode de dissémination. — L'influence des conditions de milieu et celle de la lutte pour l'existence ne suffisent pas pour expliquer la distribution actuelle des plantes. Des deux côtés d'une mer, deux continents peuvent offrir des climats identiques et pourtant être peuplés d'espèces différentes. C'est qu'il y a un état antérieur, dont il faut toujours tenir compte. La forme des continents n'a pas été la même aux diverses périodes géologiques; même aux époques les plus récentes de l'histoire du globe, la distribution des terres et des mers a subi de notables changements. Il en résulte que les climats ont eu autrefois une répartition très différente de celle qu'ils ont actuellement. Mais sur cet état antérieur on n'a, comme on le verra plus loin, que des renseignements fort incomplets.

Il faut considérer aussi le mode de dissémination des plantes. Une mer, une haute chaîne de montagnes, peuvent être un obstacle à la propagation d'un végétal. On s'en assure en transportant des graines d'un continent à l'autre. Si les espèces ainsi introduites prospèrent et luttent avantageusement contre les espèces indigènes, c'est bien évidemment qu'aucune graine de ces plantes n'avait pu jusqu'alors traverser la mer considérée. On peut citer comme exemple la natu, ralisation facile en Europe de plusieurs espèces de l'Amérique tempérée (Élodée canadienne, Vergerette canadienne, etc.), et réciproquement.

Limites de végétation. — Pour observer dans toute sa netteté l'influence des conditions de milieu, et notamment de la quantité de chaleur, sur la distribution des plantes, il faut choisir une localité assez restreinte pour que les graines et les spores puissent y être disséminées dans tous les points, et qui présente cependant des différences considérables de climat; une région montagneuse de la zone tempérée remplira bien cette double condition. Nous prendrons pour exemple la chaîne de Belledonne, dans les Alpes françaises.

Si l'on s'y élève, depuis le fond d'une vallée basse jusqu'au-dessus de la limite des neiges éternelles, on rencontre successivement plusieurs végétations d'aspect différent.

La région basse, presque partout envahie par les cultures, présente la végétation ordinaire des coteaux peu élevés, à cette latitude; les bois de Chêne ou parfois de Hêtre sont dominants. Au-dessus de cette zone inférieure, on ne tarde pas à entrer dans une région qui renferme une tout autre végétation : c'est la *zone subalpine*. Les Sapins sont les arbres les plus abondants. Le Chêne a disparu lorsqu'on atteint cette zone; le Hêtre cesse aussi bientôt de croître. D'autres arbres dicotylédones deviennent, au contraire, relativement plus nombreux (Frêne, Bouleau, Sorbier des oiseleurs, Aulne vert); mais ce sont les Conifères qui forment surtout les forêts (Sapin pectiné, Pesse élevée). Dans les forêts de Sapins et de Pesses, et là même où les forêts manquent, une végétation herbacée, spéciale à cette zone et comprise entre des limites d'altitude déterminées, peut être considérée comme très caractéristique. Ce sont le Mélampyre des bois, le Prénanthe pourpre, la Pirole seconde, le Mulgède alpin, etc., et, parmi les plantes ligneuses, l'Airelle vigne-d'Ida, un certain nombre d'espèces de Chèvrefeuilles, de Groseilliers, etc.

Quand on a dépassé la région où les Sapins et les Pesses peuvent croître, la végétation change assez brusquement. L'ensemble des plantes qu'on trouve alors répandues sur les rochers ou dans les prairies prend bientôt un caractère particulier. On appelle cette zone la *zone alpine inférieure*. Des arbustes comme les Rosages, les Genévriers nains, certains Saules, etc., y sont très abondants et les plantes herbacées présentent à cette hauteur une diversité de formes très remarquable. On peut citer, parmi celles qui sont les plus répandues et les plus caractéristiques, les Dryade octopétale, Anémone alpine, Renouée vivipare, Phléole alpine, Silène acaule, etc.

Si l'on s'élève encore plus haut, on atteint les éboulis et les maigres prairies qui avoisinent les névés. Les Mousses et les Lichens fournissent alors les espèces dominantes; il ne subsiste plus qu'un nombre restreint de plantes vasculaires : la Saxifrage bryoïde, la Renoncule glaciale, le Saule herbacé; ce dernier est la plante phanérogame qui s'élève le plus haut, avec le Pavot alpin et le Paturin lâche. Cette zone, qui peut être caractérisée par un certain nombre de plantes vasculaires, toutes vivaces, à rhizomes très développés, est appelée *zone alpine supérieure*; elle est, en général, assez nettement limitée par rapport à la zone alpine inférieure.

On voit ainsi s'étager, depuis le fond de la vallée jusqu'aux neiges perpétuelles, les limites successives de végétation et, dans une telle *contrée*, où les influences autres que celle de la radiation sont assez uniformes, on peut observer d'une manière frappante comment les espèces se cantonnent en des zones bien circonscrites, caractérisées surtout par la somme annuelle de chaleur reçue.

Aire des espèces. — Sous l'influence des diverses causes qui viennent d'être examinées, chaque espèce a pris, on le comprend, une extension plus ou moins grande à la surface du globe. La surface occupée par une espèce donnée est ce qu'on nomme l'*aire* de cette espèce.

Le plus habituellement, l'aire d'une espèce est plus étendue parallèlement à l'équateur que du nord au sud. Mais il faut dire que l'aire d'un grand nombre d'espèces est de forme très irrégulière; cela se comprend facilement, puisqu'on a vu que, par la naturalisation, l'aire des espèces peut être incessamment agrandie, surtout parallèlement à l'équateur.

L'aire d'une espèce peut être considérée par rapport à l'organisation de l'espèce elle-même, ou par rapport aux conditions extérieures. Une espèce dont les graines ou les spores seront organisées pour une facile dissémination aura, à conditions égales, une aire plus étendue qu'une autre dont les graines seront moins bien organisées à cet égard. Une espèce dont les conditions d'existence auront des limites plus étendues que celles d'une autre, et dont l'aliment sera plus répandu à la surface du globe, aura aussi une aire relativement plus considérable.

D'autre part, comme on l'a vu plus haut, on ne saurait déduire l'aire d'une espèce de la seule étude des causes actuelles de dissémination ou des conditions actuelles d'existence, lorsqu'on a affaire à des contrées assez grandes. L'extension actuelle d'une espèce dépend en partie de son aire antérieure à une époque précédente de l'histoire du globe. Il est donc impossible d'étudier l'aire des espèces en les classant par les conditions au milieu desquelles elles croissent, ou encore par leur organisation. Ce qu'on peut remarquer de plus général, à ce dernier point de vue, c'est que l'aire d'une espèce est souvent plus vaste quand cette espèce est peu différenciée.

Nous devons donc nous borner à passer en revue les espèces à aires très étendues, à aires moyennes et à aires très restreintes.

Espèces à aire très étendue. — Aucune espèce végétale ne s'étend sur toute la surface du globe. Un certain nombre de Cryptogames (Algues, Champignons, et parmi eux surtout les Lichens) paraissent pouvoir se développer partout où les conditions d'existence générale des végétaux se trouvent réalisées entre leurs limites extrêmes et, quoique l'étude de la distribution des végétaux inférieurs n'ait pas été faite encore d'une manière générale, on peut affirmer que le nombre des espèces de Thallophytes qui supportent toutes les latitudes et toutes les altitudes où la vie peut se manifester est assez élevé. Une seule espèce phanérogame semble être constituée de manière à se trouver, pour ainsi dire, sous tous les climats : c'est le Laiteron potager.

Les plantes qui ont ensuite l'aire la plus vaste et qui se sont spontanément naturalisées partout, sauf aux extrêmes régions des montagnes ou des pôles, sont cependant limitées en deçà de l'extension des Thallophytes les plus répandues. Ce sont presque uniquement les Pourpier potager, Lamier amplexicaule, Ansérine blanche, Ortie brûlante, Ortie dioïque, Chiendent dactyle, Paturin annuel.

Voici maintenant les espèces phanérogames qui occupent plus de la moitié de la surface du globe :

Capselle bourse-à-pasteur.	Samole de Valerand.	Ortie dioïque.
Cardamine hirsute.	Morelle noire.	Potamot nageant.
Stellaire moyenne.	Lamier amplexicaule.	Jonc des crapauds.
Pourpier potager.	Brunelle vulgaire.	Chiendent dactyle.
Vergerette canadienne.	Ansérine des murs.	Paturin annuel.
Éclipte dressée.	Ansérine blanche.	
Laiteron potager.	Ortie brûlante.	

Le nombre des espèces phanérogames dont l'aire est au moins égale au tiers de la surface terrestre n'atteint pas 120.

Parmi ces plantes à aire très étendue, il est à remarquer qu'il y a plus de 40 pour 100 d'espèces plus ou moins aquatiques, ce qui semblerait indiquer que le transport par les eaux des graines ou des boutures naturelles est favorable à une grande dissémination. 30 pour 100 des espèces à aire très large sont des plantes qui vivent dans les cultures ou croissent dans les décombres et sur le bord des chemins; elles doivent évidemment à l'homme leur grande extension. Il est à remarquer aussi qu'aucune espèce à aire très étendue n'est ligneuse. Les arbres ou les arbustes ont toujours une aire assez restreinte.

Les *Cryptogames* à aire étendue sont en beaucoup plus grand nombre que les Phanérogames.

Espèces à aire moyenne. — Les espèces phanérogames dont l'aire occupe une surface *inférieure* au tiers de celle des continents, mais pourtant encore assez étendue, sont de beaucoup les plus nombreuses. Certaines d'entre elles, dont les individus sont très abondants dans une région, peuvent servir à en caractériser la flore, et c'est parmi ces espèces que sont surtout pris les types des diverses flores naturelles.

Les Sapins, les Bouleaux, les Hêtres et la plupart des plantes ligneuses sont des espèces dont l'extension est moyenne : c'est sans doute parce que les arbres ou les arbrisseaux ont, en général, pour l'eau et la chaleur, des limites inférieure et supérieure assez restreintes. Les plantes *qui croissent au bord de la mer* n'ont pas été comptées parmi celles dont l'aire est très étendue, parce que la surface absolue qu'elles occupent est peu considérable, mais beaucoup d'entre elles sont, comme un grand nombre d'Algues, répandues aux latitudes les plus diverses. Les courants marins sont, en effet, très favorables à la dissémination de ces plantes.

L'aire des espèces, suivant que les *fruits* sont charnus ou non, suivant que la faculté germinative des graines se conserve plus ou moins longtemps, suivant que les fruits ou les graines sont plus ou moins bien organisés pour la dissémination, n'est pas régulièrement plus ou moins grande. La comparaison des faits ne donne sur ce point aucune loi générale. Ainsi les achaines aigrettés des Composées sont considérés comme très bien disposés pour la dissémination ; or, l'aire des Composées munies d'aigrette n'est pas plus étendue que celle des Composées sans aigrette. On pourrait supposer aussi que les espèces à graines conservant le plus longtemps leur faculté germinative sont celles qui ont la plus grande extension ; or, c'est précisément le contraire qui a lieu.

On ne peut donc raisonner par de simples observations sur les causes qui limitent ou étendent l'aire de la plupart des espèces ; tout ce qu'on peut remarquer à ce sujet, c'est que l'aire des espèces est en général plus grande pour celles qui ont la taille la plus petite et dont la vie n'est pas de longue durée.

Parmi les groupes qui ont un assez grand nombre d'espèces, et pour ne considérer que les plantes à aire moyennement étendue, on peut citer les suivantes, en plaçant en tête celles qui ont l'extension la plus large :

Lichens.
Algues.
Champignons.
Mousses.
Naïadacées.
Joncées.
Phytolaccacées.
Papavéracées.
Amarantées.
Convolvulacées.
Salsolées.
Graminées.
Scrofulariacées.
Labiées.
Crucifères.
Ombellifères.
Dipsacacées.
Borragacées.
Saxifragacées.
Hépatiques.
Conifères.
Pandanacées.
Palmiers
Composées.
Malvacées.
Légumineuses.
Caryophyllées.
Orchidacées.
Rubiacées.
Valérianacées.
Asclépiadacées.
Mélastomacées.
Cyrtandrées.
Buttnériées
Gesnériacées.
Cucurbitacées.
Myrtacées.
Épacracées.

On voit, d'après ces quelques exemples, que, malgré la remarque générale faite plus haut, il n'est pas absolument exact de dire que, plus la différenciation d'une espèce est grande, plus son aire est restreinte.

Espèces à aire très restreinte. — Les espèces dont l'aire est très peu étendue se trouvent le plus souvent dont les îles, et surtout dans celles qui sont très éloignées des continents. Les îles Sainte-Hélène, Kerguelen, Tristan d'Acunha, Juan Fernandez, etc., ont dans leur flore un très grand nombre d'espèces propres. On s'explique ces faits par la difficulté qu'ont les graines à arriver dans ces contrées isolées au milieu des mers. Mais d'autres espèces, même placées à l'intérieur des continents, ont une aire très restreinte, sans qu'on puisse l'expliquer par l'étude des causes actuelles. A l'inverse de ce qu'on remarque pour les espèces à aire très étendue, il arrive souvent que les plantes à aire très restreinte sont ligneuses et presque toujours vivaces. Ainsi, pour citer un exemple, les plantes appartenant à des genres propres à l'île Sainte-Hélène sont au nombre de onze appartenant aux genres Commidendre, Pétrobe, Lachanode, Mélanodendre (Composées) et Nésiote (Rhamnacées). Sur les onze espèces appartenant à ces genres, neuf sont des arbres, une est un arbrisseau et la dernière est une plante vivace ligneuse.

Quant au nombre des espèces à aire très restreinte, inférieure par exemple à $\frac{1}{1000000}$ de la surface terrestre, il est beaucoup plus grand que celui des espèces dont l'aire très étendue dépasse la moitié de la surface des continents.

Relations entre les espèces qui ont la même aire. Flores naturelles. — Il est peu fréquent, on le comprend, que plusieurs espèces occupent assez exactement la même surface, sauf pour celles qui sont parasites l'une de l'autre. Aussi, lorsque plusieurs espèces ont à peu près la même aire, si en même temps elles sont nombreuses en individus, elles donnent à toute la contrée une physionomie particulière : ce sont des *espèces caractéristiques*. Lorsqu'une contrée possède un assez grand nombre d'espèces qui y sont très répandues et qui se trouvent à-peu près limitées à cette région, on peut nommer *flore naturelle* l'ensemble des plantes qui s'y trouvent, et cette flore naturelle sera surtout définie par un certain nombre des plantes caractéristiques dont nous venons de parler.

On peut citer les exemples suivants d'espèces ayant des aires voisines : Citronnier oranger et Punice grenadier, Dryade octopétale et Silène acaule, Oponce figue-d'Inde et Agave américain, Bananier de paradis et Ricin commun, etc. D'autres, sans être parasites, sont liées à des espèces différentes, qui les supportent, comme les lianes et les Orchidacées épidendres.

On peut aussi remarquer assez fréquemment des associations de deux ou plusieurs plantes de port déterminé ; mais alors ce ne sont pas forcément les mêmes plantes qui sont associées, et une espèce peut fort bien se substituer à une autre de port analogue. C'est ainsi, par exemple, que plusieurs végétaux habitent ordinairement les forêts de Pins ou de Pesses, certaines espèces du genre Pirole par exemple ; mais, suivant les localités, les Pirole chloranthe, seconde ou uniflore pourront se remplacer, tandis que d'autre part le Pin silvestre ou le Mélèze d'Europe pourront prendre la place de la Pesse élevée. C'est aussi par une semblable association que les diverses plantes à forme de lianes, disposées pour rechercher la lumière en grimpant sur les arbres élevés, se trouvent, dans les forêts vierges où l'ombre est intense, associées à des espèces arborescentes de même port, mais qui peuvent aussi être remplacées l'une par l'autre.

Malgré la diversité de toutes ces associations, on peut cependant diviser la surface du globe en un certain nombre de flores naturelles, qui donnent une idée générale du mode de distribution des espèces les plus répandues. Nous allons passer en revue les principales de ces flores naturelles.

Flore arctique. — On peut désigner sous le nom de *flore arctique* la flore des contrées situées au nord de la limite septentrionale des forêts. Elle comprend le nord de la Sibérie, la Nouvelle-Sibérie, la terre de François-Joseph, la Nouvelle-Zemble, le Spitzberg, l'Islande, le Groënland et la partie septentrionale de l'Amérique du Nord limitée au sud par le cap Mugford, au nord-est du Labrador, les îles Dormous dans la baie d'Hudson, le lac du Grand Ours dans le bassin du Mackenzie et la terre Kioumi au détroit de Behring.

Les Cryptogames, et surtout les Lichens, sont les végétaux les plus abondants; mais il est difficile de dire s'il y a parmi eux des espèces propres à la flore arctique. Quant aux plantes vasculaires, on en distingue environ 750 espèces; or, sur ces 750 espèces, il n'y en a qu'une vingtaine qu'on n'ait pas retrouvées dans d'autres contrées. Ce sont :

Drave à corymbe.
Parrye arénicole.
Cochléaire fenestré.
Brayer glabre.
Brayer pileux.
Astragale polaire.
Potentille jolie.
Potentille tridentée.
Saxifrage siléniflore.
Saxifrage de Richardson.
Nardosmie glaciale.
Chrysanthème intégrifolié.
Armoise androsacée.
Armoise de Steven.
Arnica alpin.
Pédiculaire du Groënland.
Monolépide d'Asie.
Saule glacial.
Dupontie de Fischer.
Deschampsie bréviioliée.
Pleuropoge de Sabine.
Atropide étroite.
Fétuque de Richardson.

Parmi ces quelques espèces propres, il n'y a que deux genres absolument spéciaux; ce sont deux Graminées, le Pleuropoge, de l'île Melville, et la Dupontie, qui se trouve assez répandue dans la flore arctique, sauf en Asie. Ainsi donc, la flore arctique est assez mal caractérisée par des espèces à aires communes et qu'on ne rencontre nulle part ailleurs. C'est que, dans les régions élevées des montagnes qui se trouvent plus au sud, on retrouve jusqu'à un certain point les mêmes conditions climatériques, et là, dans cette zone alpine supérieure, on observe la presque totalité des plantes de la flore arctique. On serait donc tenté de joindre aux contrées dont on vient de parler l'ensemble de tous les points situés ailleurs à une altitude assez élevée pour présenter une flore analogue; mais outre que ces régions possèdent un très grand nombre d'espèces qui ne sont pas dans les contrées polaires, il n'est pas absolument exact que les conditions physiques soient les mêmes aux latitudes extrêmes et sur les hauts sommets des montagnes.

Le caractère le plus saillant de tous les végétaux de la flore arctique, c'est l'exiguïté de leur taille. Les arbrisseaux aux branches rabougries sont aplatis contre la surface du sol, à peine distincts de la masse des Lichens qui les entoure. Çà et là seulement, certaines Graminées, en quelques endroits abrités, s'élèvent un peu plus haut que ces arbrisseaux étalés contre la terre. Les Cryptogames, qui dominent de beaucoup par le nombre des individus, sont toutes aussi de petite taille. On peut dire qu'en général aucun végétal ne dépasse 40 centimètres de hauteur, et la taille moyenne des plantes est voisine de 6 centimètres. Dans les parties de la flore arctique où la température du sol est la plus froide à la surface et où la terre reste gelée au-dessous de 4 à 8 centimètres de profondeur, on rencontre presque exclusivement des Mousses (Polytric, Sphaigne) et des Lichens (Cladonie des rennes, Cladonie onciale, Évernie ocreuse, Cétraire piquante, Cétraire triste, Cétraire d'Islande, Cétraire des neiges). La teinte des Lichens donne souvent au sol un coloris spécial visible à distance, brun, noir ou d'un blanc jaunâtre, presque fleur de soufre.

Les prairies sont composées d'un très grand nombre de Graminées et de quelques Joncées, qui sont pour la plupart des plantes de la flore forestière, sauf les quelques espèces spéciales mentionnées plus haut. Les Cypéracées sont de formes extrêmement nombreuses, sans être plus fréquentes que les Graminées par le nombre des individus; ce sont surtout diverses Laiches et des Ériophores aux aigrettes rousses qui donnent aux prairies de Cypéracées leur physionomie; on compte environ 9 pour 100 de végétaux de cette famille parmi les plantes vasculaires de la flore arctique. Les prairies que l'on rencontre au bord des continents, jusqu'aux latitudes les plus élevées que l'on connaisse, sont émaillées de fleurs appartenant à des espèces variées. Presque toutes ces plantes sont vivaces; leurs rhizomes sont extrêmement développés et leur partie aérienne très courte, à entre-nœuds presque nuls, à feuilles en rosette (Silène acaule, Dryade octopétale, Saxifrage oppositifoliée, Diapensie de Laponie, Drave alpine, Myosote villeux); quelques autres espèces moins nombreuses ont des tiges à développement plus rapide dans les derniers entre-nœuds et peuvent élever leurs fleurs un peu plus haut (Renoncule glaciale, Pavot nudicaule, Auricule farineuse, Polémoine bleue, Oxyrie digyne).

Quant aux arbustes, qui sont ordinairement très petits, ce sont surtout des Saules ou des Airelles. Certains d'entre eux n'ont pas plus de 2 à 3 centimètres de hauteur. On peut citer les petits arbustes suivants : Saule polaire, Airelle vigne-d'Ida, Airelle des marais, Andromède tétragone, Rosage de Laponie. Dans la partie la moins septentrionale, dans le sud de l'Islande ou le détroit de Behring par exemple, on trouve des arbustes plus élevés, qui peuvent atteindre parfois jusqu'à plus d'un mètre de hauteur et constituent une transition avec la flore des forêts boréales (Saule laineux, Bouleau blanc, Bouleau nain, Aulne blanc, Aulne en broussaille, etc.).

Les variations que présente la distribution des plantes dans ces régions, à mesure qu'on s'élève sur les montagnes, sont, on le comprend, peu marquées. Cependant, lorsqu'on atteint des altitudes de plus en plus élevées, on voit disparaître peu à peu certaines espèces. La plante vasculaire qui s'élève le plus haut paraît être le petit Saule glauque ; au-dessus, on rencontre un nombre limité de Mousses et de Lichens.

Flore des forêts boréales. — Lorsqu'on se dirige vers le sud en partant des contrées arctiques, on rencontre une ligne de forêts. Ces forêts semblent être étendues sur presque toute la partie septentrionale de la région boréale tempérée. Sur l'ancien continent et déjà sur le nouveau, elles ont été en grande partie défrichées et remplacées par des cultures, mais si l'on fait abstraction de ces changements relativement récents, on peut caractériser toute cette flore naturelle par la présence d'un grand nombre d'arbres (Hêtre, Pin silvestre, Frêne, Bouleau, Chêne, etc.), dont les individus de même espèce se trouvent en abondance dans les mêmes contrées : c'est là le caractère principal des forêts boréales.

Cette flore naturelle est limitée au nord par la flore arctique et au sud de la façon suivante. Dans l'ancien continent, la limite, partant du milieu de l'île Sachalian, passe au sud de l'Amour vers la chaîne de l'Altaï et au nord de la Caspienne, atteint la mer Noire à l'embouchure du Dnieper, puis suit à peu près la limite du Danube, passe au midi des Alpes, traverse le Rhône non loin du confluent de l'Isère, passe au sud des Pyrénées et se termine en Galice vers le cap Corsubedo. Sur le nouveau continent, la limite de la flore forestière va d'abord presque du sud au nord depuis l'embouchure du Mississipi jusqu'au bassin de l'Albanie, puis presque de l'ouest à l'est jusqu'à l'embouchure de l'Orégon.

Le nombre des espèces est considérable dans cette flore, par rapport au nombre des espèces arctiques et la variété des formes est d'autant plus grande qu'on se rapproche du sud. Dans le nord de la flore forestière, il y a tout autant de végétaux, mais on y observe un bien plus grand nombre d'individus de la même espèce, et l'on peut parcourir des distances énormes sans constater aucun changement dans la nature du tapis végétal. Le nombre des espèces propres et même des genres spéciaux à cette flore est aussi très grand; il y a plus, dans un très grand nombre de sous-régions d'étendue souvent peu considérable, on rencontre des espèces spéciales. C'est ainsi que la Saxifrage des Carpathes, la Campanule des Carpathes, le Chrysanthème rotondifolié, la Fétuque des Carpathes, etc., sont limités aux Carpathes. La Pédiculaire d'Œder et l'Armoise de Norvège sont les seules espèces propres à la presqu'île Scandinave. Dans la partie méridionale de la flore, les espèces spéciales sont beaucoup plus nombreuses pour une région donnée; ainsi on compte treize plantes spéciales aux plaines de Hongrie et un nombre bien plus considérable d'espèces qui ne se rencontrent que dans les Alpes du Dauphiné, plus nombreuses encore dans les Pyrénées.

On a vu que presque toutes les plantes de la flore arctique se retrouvent dans la flore forestière; mais cette dernière est relativement mieux limitée vers le sud. Ainsi, il n'y a que 11 pour 100 des espèces méditerranéennes qui s'avancent dans la flore des forêts boréales, et il n'y a que 20 pour 100 des plantes de l'Asie centrale ou mériodionale qui pénètrent très loin dans la zone forestière de la Sibérie.

Comme ce sont surtout les arbres qui donnent à cette flore naturelle un caractère dominant, citons d'abord les principales espèces qui constituent les forêts. Les arbres gymnospermes principaux sont le Pin silvestre, dont l'aire est la plus étendue, la Pesse élevée, le Mélèze d'Europe, le Sapin pectiné, le Sapin de Sibérie, le Sapin de Menzies d'Asie ou des Montagnes Rocheuses, le Pin maritime qui s'étend au sud de la flore en Europe. En Amérique, on trouve des espèces voisines, la Pesse blanche correspondant à la Pesse élevée, le Mélèze américain correspondant au Mélèze d'Europe, le Pin résineux correspondant au Pin silvestre, le Sapin baumier correspondant au Sapin pectiné, etc., auxquels il faut ajouter quelques autres Gymnospermes (Thuier, Chamécyparide, Taxode).

Parmi les arbres angiospermes, il faut citer surtout le Hêtre, le Chêne, le Frêne, le Châtaignier, le Charme, l'Orme, le Peuplier, le Saule, le Bouleau, le Coudrier, l'Aulne, l'Érable, le Tilleul, le Sorbier. On trouve aussi en Amérique les espèces correspondantes, le Hêtre ferrugineux, le Chêne verdissant et le Chêne de Garry, le Castanopse, le Noyer noir, les Érables et les Négondes, les Peupliers, les Saules, les Bouleaux. Il faut y ajouter d'autres formes arborescentes qu'on ne trouve pas en Europe, telles que le Liriodendre tulipier, le Sassafras, le Yuque, le Magnolier et quelques Palmiers nains vers la partie sud.

Les arbustes sont l'Empètre noir et les Bouleaux nains (au nord), les Genévriers, le Houx aquifolié, les Berbérides, les Nerpruns, etc., des Rosacées (Aubépine, Prunier épineux, Ronces, Rosiers), les Argoussiers, les Myricaires, et des Araliacées dans la Sibérie orientale (Aralie, Eleuthérocoque), ainsi qu'en Amérique au voisinage de l'Orégon (Fatsie). Ces formes se retrouvent sur le nouveau continent, ainsi que les Airelles. En Amérique, il faudrait citer aussi quelques formes spéciales : les Calycanthe, Asimine, Comptonie, le Houx cassine, correspondant au Houx aquifolié, les Mahonies remplaçant les Berbérides, etc. Quant à la forme végétale des Bruyères, assez localisée dans l'ancien continent, elle est à peine représentée dans le nouveau (Empètre, Menziesie, et la Callune, venue sans doute d'Europe).

Aux forêts il faut joindre les plantes dont l'habitat est lié à celui des arbres, comme un grand nombre de plantes volubiles et grimpantes. C'est ainsi que l'aire du Houblon est déterminée par celle des arbres angiospermes, celle du Lierre par celle du Hêtre. C'est de la même manière que sont limitées d'autres plantes volubiles, le Schizandre dans le bassin de l'Amour, le Ménisperme en Amérique, etc. Les prairies sont essentiellement constituées par des Graminées et des Cypéracées, auxquelles il faut joindre un grand nombre d'espèces variées appartenant à d'autres familles. Dans la flore forestière, les prairies à Graminées sont surtout déterminées par l'eau courante; les espèces les plus répandues appartiennent aux genres Paturin, Ivraie, Flouve, Agroste, Avoine, Calamagroste. Les prairies à Cypéracées et à Joncées doivent au contraire leur formation à l'eau stagnante (Laiche, Scirpe, Souchet, Ériophores à aigrettes blanches, Clade, etc.); on peut mettre à part quelques formes élevées de Graminées ou de Cypéracées aquatiques, telles que les Phragmites et certains Scirpes. En Amérique, les prairies de la flore forestière sont très sembables à celles d'Europe; dans l'Ouest (Orégon), les genres Blé et Fétuque sont dominants parmi les Graminées.

A l'ombre des forêts, comme dans les prairies, les herbes vivaces surtout sont en très grand nombre et présentent les formes les plus variées, surtout dans la partie méridionale de la flore forestière et dans les régions montagneuses; on ne saurait citer de genres ou d'espèces caractéristiques, à cause de leur abondance.

Les Cryptogames présentent dans la flore naturelle des forêts boréales une importance beaucoup moindre que dans la flore arctique, quant au nombre des individus. C'est surtout dans la partie septentrionale que ces plantes sont très développées. Leurs formes sont, d'ailleurs, beaucoup plus variées. Les Cryptogames vasculaires sont représentées par un certain nombre d'espèces croissant dans les forêts (Aspide, Polypode, Ptéride aquiline, Lycopode, etc.).

On sait combien varie la flore avec l'altitude dans les régions tempérées. Au sujet de cette distribution on peut se reporter à ce qui a été dit page 532.

Flores des steppes boréales. — On peut comprendre sous ce nom deux flores complètement différentes par leurs espèces, mais très semblables par la physionomie de leurs formes végétales, ainsi que par leur climat : d'une part, les steppes de l'Asie centrale et la Perse, d'autre part, toute la partie à la fois centrale et méridionale de l'Amérique du Nord, où s'étendent les grandes prairies américaines. L'ensemble de ces deux flores, où les forêts manquent, est limité au nord par la flore forestière boréale et elle lui fait suite partout, sauf sur les points où une mer intérieure importante (région méditerranéenne) ou un climat spécial (Japon, Californie) déterminent des flores d'un tout autre aspect et à formes bien plus richement variées.

La flore des steppes d'Asie est limitée à l'est par les montagnes du Khou-Khounoor et de Khang-Kaï, au sud par l'Himalaya et l'Indus; la limite passe ensuite au sud de l'Euphrate et s'arrête au littoral de l'Asie Mineure. Elle comprend donc les déserts d'Asie et la partie centrale des bassins de la Caspienne, de la mer d'Aral ainsi que le bassin de l'Euphrate. La flore des steppes de l'Amérique septentrionale est limitée au sud vers le tropique boréal, à l'est par la Californie, au nord et à l'est par la flore forestière boréale, sauf certains plateaux du Nouveau-Mexique où l'on voit reparaître les caractères de la flore des forêts boréales et où l'on trouve un grand nombre d'espèces européennes.

Aussi bien dans l'ancien continent que dans le nouveau, les formes végétales dominantes semblent aptes, dans ces régions, à supporter la sécheresse, soit par des réserves d'eau (plantes grasses), soit par un revêtement pileux protecteur.

Les plantes arborescentes les plus caractéristiques des steppes asiatiques et américaines appartiennent aux Chénopodiacées ou aux groupes voisins. Ce sont, dans l'ancien continent, les buissons d'Anabase ou de Brachylépide, et surtout l'Haloxyle, qui s'étend en Perse, dans le Turkestan et dans la région de l'Aral. Ce sont, dans le nouveau continent, l'Arroche blanchissante et le Sarcobate vermiculaire. On trouve aussi, dans les deux régions, des Armoises à port de Chénopodiées. Dans toutes ces contrées, le sol salifère est fréquent et supporte en grand nombre ces espèces et d'autres analogues. Les Graminées des steppes sont mêlées à des herbes vivaces, beaucoup plus variées dans leur organisation que celles des prairies de la région forestière. En Amérique, les plantes grasses sont les Agaves et surtout les Cactacées, qui présentent leur maximum de développement dans les savanes du Mexique : à l'ouest croît le Cierge géant, qui peut atteindre jusqu'à 20 mètres de hauteur, remplacé vers l'est par l'Oponce arborescente.

La richesse des flores des steppes est beaucoup plus grande encore que dans la partie méridionale de la flore forestière boréale, et l'on voit s'accentuer la différenciation des formes végétales à mesure qu'on s'avance vers le sud. On compte plus de trois mille espèces spéciales aux steppes américaines boréales et plus du double d'espèces propres aux steppes de l'ancien continent. Quant aux limites de ces flores, elles sont peu tranchées au centre de l'Amérique du Nord, à l'ouest de l'Asie et vers l'Asie Mineure. Les quelques forêts enclavées au nord dans les contrées des steppes dépendent de la flore forestière.

Les Cryptoganes sont relativement moins nombreuses et moins développées que dans la zone des forêts boréales.

Les montagnes, telles que le Caucase dans l'ancien continent et les Montagnes Rocheuses en Amérique, présentent naturellement dans leurs altitudes élevées une flore très différente de celle des steppes. On trouve dans le Caucase une région forestière à Bouleau, Pin silvestre, etc., vers 2000 ou 2500 mètres d'altitude, ainsi que dans les Montagnes Rocheuses (Pin flexible, etc.), où elle peut s'élever au sud de la région jusqu'à

5700 mètres. En d'autres points, la zone forestière présente encore dans les montagnes des formes qui se rapprochent de celles plus septentrionales (Charme oriental et Chêne de Perse, par exemple, en Perse, etc.).

Au-dessus, se trouve une région alpine. Dans le Caucase, à côté d'espèces spéciales (Rosage du Caucase, Genévrier très fétide) ou d'autres plantes qui rappellent celles des steppes, on observe des plantes de la flore forestière ou des Alpes (Myosote des bois, Drave blanche, Thym serpolet), même à 4500 mètres d'altitude. La région alpine des Montagnes Rocheuses est beaucoup moins étendue et moins caractérisée.

Flore méditerranéenne et flore californienne. — Le littoral de la Méditerranée possède une flore très spéciale, qui diffère tout à fait à la fois de celle des steppes et de celle de la flore forestière. La douceur de ce climat marin, les pluies limitées à la saison d'hiver, suffisent pour expliquer de semblables différences; ce semble être surtout l'absence de froid en hiver qui détermine le changement qu'on remarque dans la flore lorsque, venant du nord de l'Europe, on atteint le littoral de la Méditerranée.

La partie septentrionale de la Californie possède une flore dont les espèces sont, il est vrai, absolument différentes des espèces méditerranéennes, mais un climat marin très semblable; la douceur de l'hiver, les pluies de février, le courant d'eau froide qui empêche les chaleurs de l'été d'être excessives, donnent en effet au littoral un climat très analogue à celui de la Méditerranée. Aussi les formes des plantes y sont-elles les mêmes et la beauté de la végétation méditerranéenne se retrouve-t-elle dans cette région de la Californie, qu'on a quelquefois appelée l'Italie du Pacifique.

Sur environ 6000 plantes vasculaires, on en compte 60 pour 100 qui sont propres à la flore méditerranéenne. Il y a donc 4200 espèces spéciales, ce qui est un nombre très élevé relativement à l'étendue de la région, si on la compare à celle des steppes. En Californie, où la zone comparable à la région méditerranéenne n'a pas le quart de son étendue, il y a plus de 1000 espèces spéciales de plantes vasculaires.

Les buissons toujours verts sont peut-être les plantes les plus caractéristiques de ces flores. Sur les bords de la Méditerranée, ce sont le Myrte commun, les Arbousiers, le Laurier noble, le Chêne yeuse, la Bruyère arborescente, les Cistes, le Pistachier lentisque, l'Osyride blanc, les Daphnés, etc.

En Californie, les buissons toujours verts sont les Arbousiers et les Arctostaphyles, les Chênes agrifolié et densiflore, correspondant au Chêne yeuse, puis d'autres plantes appartenant à des familles très différentes, mais qui ont le port du Myrte, du Laurier ou de la Bruyère (Simmondsie, Photinier, Adénostome, etc.).

Parmi les arbres angiospermes de la région méditerranéenne, il faut citer surtout l'Olivier d'Europe, puis le Punice grenadier, le Figuier de Carie, le Citronnier oranger, le Chêne liège, le Mûrier noir, le Caroubier à silique. A ces formes correspondent, en Californie, le Tétranthère californien, le Castanopse chrysophylle à feuilles persistantes, etc. Les arbres gymnospermes caractéristiques de la région méditerranéenne sont surtout le Cyprès toujours vert, le Pin pignon, le Pin maritime. En Californie, les Chamécyparides et les Torreyers peuvent être considérés comme analogues; mais au-dessus de 1500 mètres d'altitude, on rencontre en outre le genre spécial Séquoier, et aussi la Wellingtonie géante, qui peut dépasser 150 mètres de hauteur.

Au printemps, les Monocotylédones bulbeuses ou tuberculeuses fleurissent partout en masse (Safrans, Narcisses, Tulipes, Scilles, Jacinthes, Asphodèles, Orchidacées, etc.). Les Graminées vivaces forment gazon et sont beaucoup moins nombreuses que dans la flore forestière; au contraire les Graminées annuelles sont d'espèces variées et répandues. C'est le même caractère qu'on retrouve dans la flore californienne et, dans les deux flores, le genre Avoine est l'un des plus répandus. On peut s'expliquer ce fait général par l'absence habituelle d'eau courante à la surface du sol. Les autres herbes sont aussi abondantes et de formes très diverses; dans l'ancien continent comme dans le nouveau, les Composées, les Légumineuses, les Ombellifères et les Labiées sont les familles dominantes.

Quant aux Cryptogames, elles ne sont guère plus nombreuses en individus que dans la flore des steppes. Dans la région méditerranéenne, la Ptéride aquiline, commune avec la flore forestière, est peut-être la seule Cryptogame vasculaire importante.

Flore chino-japonaise. — La flore du Japon et de la partie orientale de la Chine se rapproche à certains égards des flores méditerranéenne et californienne; mais l'hiver plus froid et la régularité plus grande des précipitations atmosphériques donnent à cette région un climat différent et les plantes de la flore chino-japonaise ont des formes qui les rapprochent tantôt de la flore forestière, tantôt de la flore méditerranéenne, ou même, vers le sud, de la flore tropicale.

L'étendue de cette flore est limitée au nord par le bassin de l'Amour, à l'ouest par les steppes, au sud par le bassin du Kouang-Si, un peu au nord des limites de la Chine. Elle occupe ainsi un espace compris entre le tropique boréal et le 50e degré de latitude. *Le caractère dominant de cette flore*, c'est l'abondance des végétaux ligneux. Ainsi, tandis qu'un cinquième des espèces seulement est formé de plantes ligneuses dans les flores méditerranéenne et californienne, il y en a la moitié dans la région chino-japonaise.

Les arbres gymnospermes sont de beaucoup les plus répandus. On peut citer surtout les espèces suivantes : le Pin chinois, le Pin de Bunge, le Sciadopite verticillé, le Cyprès funèbre aux branches retombantes, enfin, parmi les espèces à larges feuilles, le Podocarpe de Chine et le Ginkgo bilobé.

Comme arbres angiospermes, on peut indiquer, rappelant les espèces de la flore forestière, le Hêtre de Siebold, le Châtaignier japonais, le Planère kiaki, les Érables, les Frênes, les Tilleuls, les Ailantes, ainsi qu'un grand nombre de Légumineuses et de Rosacées arborescentes.

Mais à côté de ces caractères, qui sembleraient faire croire que la flore chino-japonaise est *une flore principalement forestière*, il faut signaler les traits principaux qui la rapprochent de la flore méditerranéenne; c'est surtout la présence des végétaux à forme de Laurier, et d'autres arbustes : le Cannellier camphrier, le Houx latifolié, l'Aucube japonais, le Théier, la Ketmie rose-de-Chine, le Néphèle li-tschi, l'Aleurite laccifère, l'Aralie papyrifère, la Broussonétie papyrifère, etc. D'autre part, dans la partie méridionale, des formes telles que les Palmiers et les Bambous rattachent la flore chino-japonaise à celle des tropiques.

Enfin, avec la flore de la Californie, il n'y a pas seulement analogie dans les formes et l'on a pu citer plus de vingt espèces communes aux deux flores. Ainsi, il y a une certaine relation entre ces régions d'Asie et d'Amérique, situées en regard des deux côtés du Pacifique, quoique bien moins marquée ici que pour la flore forestière.

Flore du Sahara. — La flore du Sahara s'étend en Arabie

et en Afrique, dans toute la région où règnent les vents alizés, sans rencontrer d'obstacles très importants sur leur passage. Elle est limitée au nord par la région méditerranéenne et le bassin de l'Euphrate, où elle confine à la flore des steppes, à l'est par le golfe Persique et le littoral de l'Arabie, à l'ouest par la côte d'Afrique entre le 20e et le 32e degrés de latitude, au sud par une ligne qui passe au nord du Sénégal et du Soudan et vient couper le Nil vers Dongola. On peut y rattacher aussi le littoral indien voisin des bouches de l'Indus. Elle est traversée, un peu au delà du tiers de son étendue à partir du sud, par le tropique boréal. C'est surtout l'absence de pluies, l'extrême sécheresse, aussi bien au Sahara proprement dit qu'au centre de l'Arabie et au voisinage de l'Indus, qui détermine cette flore des déserts.

L'ensemble de la flore du Sahara est très pauvre, on le conçoit, par suite de cette sécheresse excessive. On n'y compte pas mille espèces de plantes vasculaires différentes, parmi lesquelles, en comprenant les plantes de l'Arabie et des bouches de l'Indus, il n'y a guère qu'environ 25 pour 100 d'espèces spéciales. Jusqu'à un certain point, on pourrait comparer la flore du Sahara à la flore arctique pour la pauvreté ; seulement ici ce ne sont pas les limites extrêmes de température qui se trouvent très rapprochées entre elles, ce sont les limites d'humidité.

Le Phénice dattier est l'arbre caractéristique de la flore du Sahara. Sur les parties non salées du sol, on observe çà et là des buissons presque sans feuilles (Éphèdre, Calligone), et dans les parties salées, des plantes grasses dont le port rappelle certaines espèces des steppes boréales (Salsolées et Zygophyllées). Les Graminées ont aussi le port de celles des steppes, mais leur développement est moins grand et leurs formes moins nombreuses. Elles résistent à la sécheresse d'une manière très remarquable et leurs tissus peuvent passer à l'état de la vie latente et reprendre par l'humidité après avoir été desséchés et même arrachés du sol. La plupart des arbustes feuillés sont pourvus d'épines et la plupart des herbes vivaces sont protégées par des poils.

Les Cryptogames sont peu variées. Les plus remarquables sont la Roccelle tinctoriale ou orseille, et surtout la Lécanore comestible ou manne, qui peut se détacher, retomber plus loin en pluie et reprendre vie encore plus facilement que les Graminées dont on vient de parler.

Flores tropicales. — A mesure qu'on se rapproche de l'équateur, les limites transversales qui bornent les grandes flores naturelles ont une direction de plus en plus voisine de celle des degrés de latitude. Aussi, malgré des divisions d'une importance capitale au point de vue des espèces, et en exceptant la région sud du Sahara et le nord de l'Australie, toutes les parties des continents et presque toutes les îles situées entre les deux tropiques ont une végétation dont les caractères généraux sont les mêmes et qui diffère de celles qui recouvrent les autres parties du globe. C'est, d'une manière générale, la flore tropicale.

La flore tropicale d'Asie et d'Océanie s'étend dans la région des moussons, au sud et au sud-est de la flore chino-japonaise. Elle comprend l'Indoustan, l'Indo-Chine, la Malaisie, la Nouvelle-Guinée, les Philippines et s'étend jusqu'aux îles Marquises. En Afrique, la flore tropicale s'étend depuis le Sahara jusqu'au 20e degré de latitude sud et au delà sur la rive sud-est de l'Afrique jusqu'à la limite méridionale de la Cafrerie. La flore tropicale d'Amérique est limitée à peu près exactement au nord par le tropique boréal; au sud, elle s'étend un peu au delà du tropique austral, jusqu'au Chili d'une part et jusqu'aux sources de l'Uruguay à l'est.

Sauf dans la région désolée du Sahara, on a reconnu que les formes végétales deviennent de plus en plus variées à mesure qu'on se rapproche de l'équateur. Dans la zone tropicale, la diversité des espèces atteint son maximum. Presque toutes les familles connues y sont représentées, et dans chaque région restreinte on peut compter une quantité considérable d'espèces distinctes. Aussi ne voit-on pas les nombreux individus d'une même espèce dominante donner au paysage sa physionomie. Il est très rare de trouver des forêts où, sur une grande surface, les mêmes arbres soint abondants, comme cela est ordinaire dans les zones tempérées. Cependant beaucoup d'espèces ligneuses, appartenant aux familles les plus diverses, ont, par leur feuillage et par la manière dont elles se ramifient, un port assez semblable, qui donne au premier abord aux forêts tropicales une certaine homogénéité. Les plantes volubiles et les végétaux épidendres habitent en grand nombre dans ces forêts et, quoique d'allure semblable aussi, ils sont à classer dans les groupes les plus différents. Le développement des forêts semble très inégal dans les diverses régions; mais cela s'explique le plus souvent par les modifications que les cultures déjà très anciennes ont pu produire dans certaines contrées. On ne saurait rencontrer, par exemple, dans les Indes, avec la même intensité, l'exubérante végétation des forêts vierges d'Amérique ou de Java. En dehors des régions boisées, il faut signaler surtout les immenses étendues occupées par les savanes, dans presque toutes les régions sauvages de la zone torride. Là encore, quoique à un degré un peu moindre que dans les forêts, on observe une très grande diversité d'espèces.

La presque totalité des plantes phanérogames de la zone torride et la grande majorité des plantes cryptogames sont des espèces propres à ces régions, ou qu'on ne retrouve que çà et là, isolées, au delà des limites des flores tropicales.

Parmi les arbres, les Palmiers dominent à la fois par le nombre des individus et par le nombre des formes. Les genres à feuilles en éventail (Thrinace, Borasse, Arec cachou, etc.), et ceux à feuilles pennées (Phénice, Euterpe, Eléide, etc.), se retrouvent aussi dans les trois flores tropicales d'Asie, d'Afrique et d'Amérique. En Asie, ce sont le Cocotier à noix, le Métroxyle de Rumpf, vulgairement Sagoutier, le Coryphe ombreux; en Afrique, le Borasse d'Éthiopie, l'Éléide de Guinée, la Raphie vinifère; en Amérique, le Sabal mexicain, le Céroxyle andicole, la Mauritie vinifère, l'Éléide de Guinée, l'Oréodoxe potager, le Phytéléphant, etc. Les Pandanacées, aux formes voisines des Palmiers, sont aussi représentées dans toutes les flores tropicales : en Asie, c'est le Vaquois de Java et la Freycinétie; en Afrique, le Vaquois candélabre; en Amérique, le Carludovice palmé.

Après les Palmiers, la forme arborescente la plus caractéristique est peut-être celle des Mimosées et de certaines autres Légumineuses. En Asie et dans les îles de la Sonde, les Mimosées se rencontrent souvent (Albizzie, Acacie cachou, etc.); en Afrique, le genre Acacie est nombreux en espèces remarquables (Acacie à longues épines, Acacie du Nil). On peut citer aussi d'autres Légumineuses (Indigotier, Casse, etc.). En Amérique, le genre Acacie est également représenté (Acacie des buissons, etc.), près duquel il faut ranger les Mimeuses du Mexique et les Mimosées des Antilles au tronc élevé (Entérolobe, Calliandre). On peut citer aussi l'Hématoxyle de Campêche et le Dimorphandre élevé ou Mora de la Guyane. Les Figuiers de très grande taille sont représentés dans les parties les plus différentes de la flore tropicale. En Asie, c'est le Figuier religieux; en Afrique, c'est le Figuier sycomore et le Figuier populifolié; en Amérique, ce sont des espèces correspondantes du même genre.

Un groupe tout entier d'arbres gymnospermes, limité à la flore tropicale, quoique représenté par un plus petit nombre d'individus et de formes que les deux groupes précédents, est très caractéristique de la zone torride; ce sont les Cycadacées : les Cycades d'Asie, les Zamies d'Afrique, les Dions et les Cératozamies du Mexique, la Zamie des Antilles.

Les Liliacées arborescentes à forme de Dragonnier sont encore parmi les arbres spéciaux à ces contrées. Il faut citer surtout le genre Vellosie, commun à l'Afrique et à l'Amérique méridionale, les Dragonniers d'Afrique, les Dasylires et Fourcroyers du Mexique, les Barbacénies et Fourcroyers du Brésil.

Enfin, dans les régions un peu plus élevées au-dessus du niveau de la mer, se développent les Fougères arborescentes, les Cryptogames les plus remarquables de la zone torride. En Asie, ce sont par exemple les Alsophiles, qu'on rencontre dans la région supérieure de Java et parmi lesquelles il faut signaler l'Alsophile laineuse, qui peut dépasser 16 mètres de hauteur; en Amérique, les Fougères arborescentes des Antilles ne se trouvent guère au-dessous de 100 mètres d'altitude et s'élèvent jusqu'à 1800 mètres (Gymnoptéride, Polypode doré, etc.); en Afrique, où les Fougères arborescentes sont moins fréquentes, on en observe cependant dans les plateaux de la Guinée et de l'Angola, ainsi que dans le Cameron. En Angola, on trouve des Cyathées qui atteignent 10 mètres de hauteur.

Les lianes des forêts tropicales appartiennent surtout aux familles suivantes, dans l'ancien et dans le nouveau continent : Vitacées, Convolvulacées, Cucurbitacées, Légumineuses, Pipéracées, Sapindacées, Mélastomacées; certains Palmiers grimpants (Calame rotang, etc.) et quelques Fougères sont aussi à compter parmi les lianes. En Amérique, il faut ajouter, parmi les groupes dominants fournissant des lianes, les Apocynacées, Passifloracées, Malpighiacées, Smilacées (entre autres la Salsepareille officinale) et certaines Orchidacées, comme la Vanille. Tandis qu'en Afrique les lianes des forêts sont relativement moins nombreuses en espèces, le maximum de diversité de leurs formes se rencontre en Amérique; ainsi l'on compte plus de 8 pour 100 de lianes parmi les plantes vasculaires des Antilles.

Les plantes épidendres donnent aussi un caractère commun à toutes les grandes forêts tropicales. Dans l'ensemble de toute la zone torride, ce sont surtout les Loranthinées qui dominent parmi ces végétaux, supportés par les arbres ou les lianes; puis viennent les Orchidacées et les Aracées. En Asie, beaucoup d'épidendres appartiennent aux Urticacées, aux Mélastomacées et aux Scitaminées; il faut aussi signaler le curieux Rosage de Java, qui est épidendre. En Amérique, de nombreuses Broméliacées du Mexique et des Antilles, des Cactacées, des Cassythes, des Fougères et des Pipéracées doivent aussi être comptées parmi les plantes épidendres.

La forme des plantes grasses se retrouve en Asie, en Afrique et en Amérique, entre les tropiques, soit parmi les Cactacées, soit parmi les Euphorbiacées. On peut remarquer les espèces suivantes : l'Euphorbe candélabre et l'Euphorbe d'Abyssinie de la région du Soudan, l'Euphorbe tétragone de Cafrerie, la Siphonie élastique de l'Amérique méridionale, les Cactacées de la Guyane (Cierge, Oponce), auxquelles correspondent le Rhipsalide d'Angola et les autres Cactacées d'Afrique, identiques à celles d'Amérique et qui ont peut-être été introduites dans l'ancien continent.

Les Graminées des savanes sont très nombreuses en grandes espèces. Les Cannes se rencontrent dans toute la zone tropicale, spontanées ou cultivées. En Asie (Java) comme en Afrique, on trouve la Canne spontanée, qui est remplacée, dans l'Indoustan et l'Indo-Chine, par l'Impérate cylindrique. C'est au Mexique que les Graminées des savanes ont les formes les plus diverses; au Brésil, les Panicées et les Stipées dominent; en Afrique, quelques régions présentent en abondance des Barbons, dont certaines espèces dépassent 7 mètres : ce sont les plus grandes Graminées herbacées. Parfois, ce sont des Cypéracées qui comptent parmi les plantes dominantes des savanes : telles sont les Killingies du Vénézuela. Les Bambous et les formes voisines sont aussi à peu près caractéristiques de la zone torride. Le genre Bambou est très répandu dans les flores tropicales de l'ancien et du nouveau continent. Dans les Antilles, le Bambou arondinacé, naturalisé de l'Inde, croît mêlé au genre voisin indigène Arthrostylide. Dans les Andes tropicales, on rencontre le genre Chusquée, qui présente le même port.

Les Bananiers et les Scitaminées qui s'y rattachent sont aussi assez spéciaux à toutes ces contrées. Le Bananier ensète d'Afrique, le Bananier des sages d'Asie, l'Héliconie d'Amérique, le Bananier de paradis sont les principales espèces.

Les arbustes qui donnent, par leur présence au milieu des Graminées et des plantes herbacées vivaces, un aspect spécial à la plupart des savanes d'Amérique, ou qui se rencontrent en grandes masses dans l'ancien continent, appartiennent surtout aux groupes suivants : Rubiacées, Éricacées, Urticacées, Myrtacées, Mélastomacées. Les herbes vivaces sont comprises dans un grand nombre de familles : Composées, Rubiacées, Labiées, Scrofulariacées, Euphorbiacées, Lycopodiacées, etc.; on y observe aussi de nombreuses plantes bulbeuses, surtout en Afrique.

En dehors de ces formes générales des flores tropicales, certains types de végétaux ont des limites d'extension plus restreintes, comme les Quinquinas de l'Amérique méridionale, l'Adansonie digitée ou Baobab d'Afrique, certaines Araliacées d'Asie, le Rhizophore manglier, etc.; on ne saurait les citer tous dans un tableau d'ensemble des végétaux de la zone torride.

Tout ce qui vient d'être dit sur la flore des tropiques ne s'applique qu'aux plaines ou aux plateaux peu élevés; mais les hautes montagnes, comme l'Himalaya et les Andes, offrent naturellement, à des altitudes plus grandes, une flore très différente.

Dans l'Himalaya, sur le versant méridional, on voit les Palmiers les plus élevés, les Bananiers et les Fougères arborescentes disparaître successivement entre 1900 et 2100 mètres d'altitude, puis ce sont les Lauracées (2600 mètres) et les Magnoliacées (vers 3000 mètres), qui sont peu à peu remplacées par des formes arborescentes de la région forestière tempérée; ce sont des Chênes (Ch. à épis, Ch. d'Anderson), des Conifères (Pin élevé, Sapin pindrow, etc.), des Bouleaux, etc. Mais certaines formes tropicales sont encore mélangées aux formes tempérées jusqu'à d'assez grandes altitudes; ainsi les Bambous peuvent se rencontrer encore jusqu'à près de 2700 mètres d'altitude. Plus haut (3700 mètres à 4900 mètres) s'étend la région alpine, où l'on observe de nombreux types végétaux analogues à ceux des Alpes et souvent même des genres identiques (Anémone, Renoncule, Violette, Gentiane, Laiche, etc.); dans la région supérieure, les Cryptogames, surtout les Mousses et les Lichens, deviennent relativement beaucoup plus abondants.

Dans les Andes tropicales, il en est à peu près de même quant à la succession des formes végétales, mais ici les genres spéciaux sont encore plus nombreux que dans l'Himalaya, parmi ceux qui comprennent les espèces dominantes. Au-dessus de la région des Palmiers et de celle des Fougères arborescentes se trouve celle des hautes forêts (Chênes, Quinquinas, etc.). De 2700 mètres à 3300 mètres se développe la zone des buissons subalpins (Composées, Vacciniées, etc.), et enfin, au delà de 3300 mètres à 4800 mètres, c'est la région alpine proprement dite (Graminées nombreuses, Gentiane, Millepertuis, Séneçon, Drave, Ephèdre, Valériane, Baccharide, Acène, etc.); ici, certaines Phanérogames atteignent, comme les Lichens, les extrêmes limites de la végétation.

Flore des steppes australes. — Les Pampas qui s'étendent au sud du tropique austral, entre les Andes, le Brésil et l'extrême Patagonie méridionale, sont des steppes comparables dans leur ensemble aux prairies de l'Amérique du Nord. En Afrique, les régions désolées de Damara, de Namaqua et du Kalahari, jusqu'à un certain point comparables au Sahara, reçoivent pourtant des pluies pendant une période assez régulière et rappellent un peu la flore des steppes, surtout dans leur partie méridionale. On peut donc réunir ces deux régions sous le nom de steppes australes.

La flore des steppes australes d'Afrique est mal connue. Les Graminées, en certaines contrées, sont très abondantes et croissent en touffes épaisses, comme dans les steppes d'Asie. Les buissons (Vanguérie, Lébeckie, Euclée) ont aussi le port de ceux des steppes, ainsi que ceux à feuilles velues (Tarchonanthe, etc.). Parmi les buissons épineux spéciaux, il faut citer surtout les Acacies de la région littorale (Acacie des girafes, Acacie rude, etc.), et c'est dans cette contrée qu'on rencontre la Welwitschie admirable.

Comme en Afrique, la région des steppes australes des Pampas est ordinairement dépourvue de forêts. Les Graminées (Gynère, Poées, Avénées, Barbon, etc.) y sont plus nombreuses que partout ailleurs et les herbes vivaces sont moins variées que dans les steppes boréales; d'autres surfaces sont occupées çà et là par des genres voisins du Chardon, spontanés ou introduits (Artichaut, Silybe, Bardane) ou par des Ombellifères (Fenouil). Parmi les Dicotylédones des Pampas, beaucoup appartiennent aux genres Trèfle, Lupin, Statice, Sénebière, etc. Comme rapprochement caractéristique avec les steppes boréales, il faut encore signaler les formes des

Chénopodiées (Soude, Salicorne, Arroche), développées dans les steppes salées de la Plata.

Flores du Cap et du Chili. — C'est dans la partie méridionale de la Contrée du Cap, en Afrique, et surtout dans le littoral du Chili, qu'on peut retrouver des régions où la flore est analogue à celle des régions méditerranéenne et californienne.

La flore du Cap, par une série de transitions au nord et à l'est, passe à celle des steppes australes africaines et à la flore tropicale. On y compte plus de 8 000 espèces vasculaires, dont la presque totalité sont des espèces propres. C'est par la prédominance des Bruyères frutescentes et des autres plantes arborescentes à forme de Myrtacées ou de Lauriers, que la flore du Cap peut être comparée à celle du littoral méditerranéen. Certains genres même sont communs aux deux flores (Othonne, Aptéranthe, Pélargone, Hélichryse, etc.). Quant aux genres endémiques les plus étendus, ils appartiennent surtout aux familles suivantes : Crucifères, Polygalacées, Rutacées, Rhamnacées, Légumineuses, Rosacées, Asclépiadacées et Protéacées, dont plusieurs sont aussi très nombreuses en genres spéciaux dans la région méditerranéenne. Mais, d'autre part, la flore du Cap a de plus grandes analogies dans son allure générale avec celle de l'Australie méridionale.

Dans ses traits principaux, le climat du Chili est analogue à celui de l'Espagne méridionale ou de la Sicile et du littoral de la Californie. Les arbres de la région méditerranéenne (Olivier d'Europe, Figuier de Carie, Punice grenadier, Citronnier oranger, etc.) y prospèrent dans presque toutes les parties et les arbustes spontanés ont souvent la forme du Myrte ou du Laurier. Au nord, un seul Palmier (Jubée insigne) se maintient dans la flore chilienne, comme au sud de l'Europe le seul Chamérope nain peut se rencontrer en certains points du littoral méditerranéen.

Un grand nombre de plantes spéciales (Composées arborescentes, Broméliacées, etc.) et quelques Cactacées donnent d'ailleurs à la flore du Chili un caractère particulier. Enfin il est à remarquer qu'un grand nombre de familles qui renferment les espèces dominantes sur le littoral californien sont les mêmes sur le littoral chilien. Il y a même des espèces identiques : Acène pinnatifide (Rosacée), Lépuropétale spatulé (Saxifragacée), Collomie grêle (Polémoniacée), Pectocarye du Chili (Borragacée).

Flore des forêts australes. — La région qui s'étend depuis le Chili méridional jusqu'à la Terre de Feu, à l'ouest de la chaîne des Andes, est presque partout recouverte par des forêts de Hêtres. Par ce caractère important, par son climat, par ses principales formes végétales, cette flore correspond à celle des forêts boréales. Pour une même surface, le nombre des espèces propres y est beaucoup moins considérable que dans les flores du Chili et du Cap; aussi les forêts, ou les grandes étendues végétales formées par de nombreux individus de la même espèce, donnent-elles au paysage l'aspect de ceux des régions tempérées septentrionales.

Les buissons de Berbéride ou d'Empètre, les ruisseaux à Populage et à Dorine, les prairies humides à Cardamine, Mélandre, Épilobe, Benoîte et d'autres genres boréaux (Renoncule, Drave, Gaillet, Vergerette, Gentiane, Primevère, Saxifrage, Véronique), indiquent nettement l'analogie végétale des deux régions. A côté de ces caractères, il en est d'autres très importants qui relient les formes végétales de la flore des forêts australes à celles de la Nouvelle-Zélande.

Outre le Hêtre antarctique, qui domine, il faut signaler le Hètre oblique et le Hètre bétuloïde. Parmi les arbres dicotylédones, on peut encore signaler l'Aristotèle ou Tilleul antarctique, une Rosacée en arbre, l'Eucryphie, et la plus grande Composée arborescente, la Flotowie, qui atteint 35 mètres de hauteur.

Les arbres gymnospermes sont aussi un des éléments importants des forêts antarctiques; ce sont des Conifères, comme dans l'hémisphère boréal, le Libocèdre tétragone, le Dacryde et la Saxegothée. Ce qui donne un caractère différent à certaines de ces forêts vers le Nord, c'est la présence de lianes, de quelques Bambous et de végétaux épidendres qui subsistent encore, quoique très peu développés.

Les Fougères sont ici herbacées, comme dans la flore des forêts boréales (Lomarie, Hyménophylle, etc.).

Les groupes prédominants dans les contrées magellaniques sont les suivants : Composées, Graminées, Cypéracées, Rosacées, Renonculacées, Ombellifères, Saxifragacées, Légumineuses, Caryophyllées, Scrofulariacées, Crucifères, Joncacées.

Flores d'Australie, de Madagascar et des autres îles océaniques. — Ainsi qu'on l'a vu plus haut, la flore d'Australie, celle de Madagascar et celles des îles de l'Océan qui ne sont pas dans la région des moussons tropicales, sont chacune des flores très spéciales, comprenant un grand nombre d'espèces propres.

L'Australie, comprise entre les 10e et 38e degrés de latitude sud, possède au nord un climat tropical, au sud un climat presque méditerranéen; les alizés déterminent dans sa région centrale un désert comparable au Sahara. La végétation d'Australie est surtout caractérisée par les nombreuses espèces du genre Eucalypte et les formes variées des Protéacées, dont les feuilles presque toujours entières sont toutes à teintes d'un vert blanchâtre, grise ou bleuâtre. Parmi les types arborescents d'Australie, il faut encore mentionner les Casuarines aux branches déliées et d'autres plantes aphylles (Exocarpe, Leptomérie, Sphérolobe, etc.), puis les Gymnospermes australiens (Araucarie, Dacryde, Callitre) et, parmi les Monocotylédones, des arbres graminiformes (Xanthorrhée, Kingie). La Graminée herbacée la plus répandue est l'Anthistirie. Quoique dans la région tropicale du nord la flore soit très différente, il y a une concordance remarquable entre les formes végétales de tous les points de l'Australie. Presque toutes les plantes australiennes sont des espèces spéciales et le nombre même des genres propres à cette flore est considérable.

L'île de Madagascar a, dans les formes végétales des tropiques, une flore toute particulière aussi, quoique cette île ne soit pas très éloignée du continent africain. On peut citer, parmi les plantes les plus caractéristiques, la Ravenale, dont les gaines foliaires retiennent de l'eau que boit le voyageur, les Raphie, Arec, Dypside et Philippie. Les espèces spéciales appartiennent surtout aux Composées, Apocynacées, Euphorbiacées et Asclépiadacées.

La flore, spéciale aussi, de la Nouvelle-Zélande est relativement assez pauvre. On y observe de nombreuses Cryptogames vasculaires, parmi lesquelles il faut citer de grandes Fougères arborescentes (Dicksonie, etc.) et une Fougère comestible (Ptéride comestible). Les Graminées et les Légumineuses, si développées ailleurs, sont peu abondantes. Cette flore se rapproche de celle des forêts antarctiques par des formes rappelant les Hêtres et les Cyprès du sud de l'Amérique méridionale (Hêtre brun, H. de Menzies, H. cliffortioïde, Libocèdre de Bidwill). La plupart des familles dominantes sont les mêmes que dans la région antarctique et un grand nombre d'espèces sont équivalentes.

Quelques traits principaux peuvent être indiqués pour les

autres îles océaniques. Aux Açores, la végétation a les formes végétales de la flore méditerranéenne. A Madère, le climat est plus chaud et moins humide, ainsi qu'aux Canaries, où la majorité des formes se compose de plantes importées d'Europe. Dans les îles du Cap-Vert, rapprochées du continent africain, la proportion des plantes spéciales n'est que de 16 pour 100. Aux îles Seychelles, on doit mentionner un genre voisin du Cocotier, la Lodoïcée des Seychelles.

Dans la Nouvelle-Calédonie, la flore est plus riche que dans les archipels de l'Océanie méridionale. Un de ses caractères est la prédominance des Rubiacées et le développement relativement inférieur des Composées. L'archipel de Kerguelen, situé vers 50° de latitude sud, possède une flore toute spéciale, très pauvre, même en Lichens et en Mousses ; on peut signaler, par exemple, comme formes rappelant celles des régions septentrionales, la Canche antarctique et l'Aspide antarctique.

§ 2

DISTRIBUTION DES PLANTES PENDANT LES DIVERSES PÉRIODES GÉOLOGIQUES.

Ce n'est qu'après avoir examiné comment les plantes sont distribuées actuellement à la surface de la Terre et après avoir étudié comment les formes végétales sont liées aux divers climats, qu'on peut chercher, au moyen des documents paléobotaniques, à se faire une idée de la manière dont les végétaux étaient répartis pendant les diverses périodes géologiques. Cette recherche ne peut guère donner de résultats certains que pour les époques les plus récentes de l'histoire du globe, et encore ces résultats sont-ils toujours forcément très incomplets. A mesure que les formations sont plus anciennes, la portion conservée des terrains qui y correspondent est, en effet, de moins en moins grande, et d'autre part, la comparaison des formes fossiles avec celles qui sont actuellement vivantes est de plus en plus difficile.

Période du Cambrien, du Silurien et du Dévonien. — A l'exception de quelques couches du Silurien supérieur d'Amérique, on ne connaît aucune empreinte ou aucun fossile qui se rapporte d'une manière certaine au monde végétal pendant les périodes cristalline, cambrienne et silurienne inférieure.

Ce n'est guère que dans l'Amérique du Nord que l'on rencontre, pour le Silurien supérieur, quelques empreintes d'une origine végétale incontestable. Ce sont des Cryptogames vasculaires (Psilophyte, Annulaire), qui indiquent un développement déjà marqué des Lycopodinées et des Équisétinées, ainsi que des débris appartenant à des végétaux d'une organisation plus élevée, comme celle des Sigillaires (Protostigme); enfin quelques empreintes ont été rapportées aux Gymnospermes. Dans le Silurien supérieur de l'Hérault, on observe aussi des Gymnospermes (Cordaïte).

Les fossiles végétaux de l'époque dévonienne ne sont pas non plus très nombreux. On en connaît surtout en Europe (Scandinavie, Eifel, Angleterre) et au Canada, qui en fournit d'importants dépôts. Ce sont encore des Cryptogames et surtout des Cryptogames vasculaires. A côté des formes déjà connues dans le Silurien supérieur (Psilophyte, Annulaire), on rencontre d'autres formes surtout dans le Dévonien supérieur. Ce sont les Bornies, les Calamodendres et les Astérophyllites au port d'Équisétacées, les Lycopodites et les Lépidodendres arborescents; c'est aussi toute une série de Fougères aux formes les plus variées (Neuroptéride, Mégaloptéride, Cauloptéride, Sphénoptéride, Cycloptéride, Archéoptéride); ce sont enfin de vraies Sigillariées, auxquelles il faut joindre quelques rares Conifères (Prototaxite).

On voit qu'avec de semblables documents, et en considérant qu'on ne connaît presque pas les dépôts siluriens et dévoniens, puisque la majorité des terrains de cette époque ont été détruits pour contribuer à la formation des terrains suivants, on ne saurait avoir aucune indication précise sur la distribution des végétaux pendant cette période ancienne.

Période du Carbonifère et du Permien. — A l'époque carbonifère, la conservation des empreintes végétales se montre beaucoup plus complète dans les schistes houillers, et l'on peut mieux se rendre compte de la variété des formes. Tous les végétaux fossiles connus que l'on rapporte à l'époque carbonifère sont des Thallophytes, et surtout des Cryptogames vasculaires, ou des Gymnospermes. On n'a décrit aucun fossile de cette époque faisant partie de l'embranchement des Muscinées, ni du sous-embranchement des Angiospermes.

Parmi les Gymnospermes (dont on a vu que la présence est déjà constatée dans les premiers débris connus qui soient nettement d'origine végétale), il faut citer, à l'époque carbonifère : des Cycadacées (Cardiocarpe, Nœggérathie, Ptérophylle), des Cordaïtes et des Conifères, soit Taxées (Ginkgophylle), soit d'une organisation plus élevée (Walchie, Araucarite, etc.).

Parmi les Cryptogames vasculaires, on peut signaler les nombreuses empreintes qui se rapportent les unes aux Lépidodendracées, c'est-à-dire aux Sigillariées (Sigillaire, etc.), aux Lépidodendrées (Lépidodendre, etc.) et aux Sphénophyllées (Sphénophylle); d'autres aux Lycopodiacées (Lycopode, etc.); d'autres enfin aux Équisétinées, c'est-à-dire aux Équisétacées (Calamite, etc.) et aux Annulariacées (Astérophyllite, Annulaire).

Les formes arborescentes des Lépidodendres et des Sigillaires, à dichotomies successives, se rapprochaient un peu dans leur allure de celle des Dragonniers, mais les tiges étaient plus élancées; dans ces forêts se trouvaient aussi les formes non rameuses des Cycadacées et des arbres à feuilles aciculaires, ayant le port du Sapin ou de l'If. A l'ombre de ces arbres et des Fougères arborescentes (Protoptéride, Psarone), se développaient les formes les plus diverses de Fougères herbacées, les unes à rhizomes allongés (la plupart des genres cités plus haut dans le Dévonien, Pécoptéride, Hyménophyllite, Odontoptéride, Scolécoptéride, Marattiothèce, etc.), les autres à souches renflées bulbiformes (Aulacoptéride, Myéloptéride, etc.).

On connaît un certain nombre d'Algues de l'époque carbonifère; les plus remarquables sont des Diatomacées, très analogues aux types actuels, et des Bactériacées semblables aux espèces vivantes, notamment des Bacilles voisins du Bacille amylobacter et de nombreuses espèces de Microcoques.

A l'époque permienne, les fossiles végétaux sont très peu nombreux; les Conifères ont les mêmes formes que dans le Carbonifère (genres cités plus haut, Ulmannie, etc.); il en est de même des Cycadacées et des Cryptogames vasculaires.

Les dépôts rapportés par les statigraphes aux époques carbonifère et permienne se rencontrent sous les latitudes les plus diverses (Spitzberg, Amérique du Nord, Angleterre, Alpes, Indoustan, Amérique du Sud), et partout on observe les mêmes formes végétales, avec une grande diversité dans les espèces. Le fait le plus saillant, c'est l'extension de l'aire des Cycadacées, aujourd'hui limitées aux flores tropicales. Il faut en conclure qu'à cette époque de l'histoire du globe, la distribution des végétaux devait offrir certainement une localisation beaucoup moins grande que dans la flore actuelle. Quant à attribuer ce fait à l'uniformité générale qu'auraient présentée les climats à cette époque, ce ne saurait être démontré d'une manière absolue; non seulement le nombre des documents certains est encore insuffisant, mais on a vu plus haut (p. 534) que des espèces autrement différenciées que celles du Carbonifère tolèrent tous les climats du globe compris dans les latitudes des gîtes carbonifères connus.

Période du Trias, du Jurassique et du Crétacé, depuis le Wealdien jusqu'au Cénomanien. — Dans ses traits généraux, la flore toute entière de cette époque est sensiblement la même depuis le Trias jusqu'au Néocomien supérieur. Sauf quelques empreintes attribuées avec plus ou moins de sûreté aux Angiospermes monocotylédones, les plantes dont on observe les fossiles les plus nombreux sont des Gymnospermes et des Cryptogames vasculaires. Au point de vue de la distribution des espèces, quoique les renseignements soient bien incomplets, car on ne possède pas un très grand nombre de fossiles végétaux pour des époques stratigraphiquement synchroniques, on peut dire que les formes végétales étaient très peu dissemblables sur des étendues de terrain s'étendant de l'Inde aux régions arctiques. Mais à cette époque on peut cependant signaler une différence d'allure sensible entre les plantes qui ont été déposées dans le sable et les végétaux déposés dans la vase argileuse ou argilo-calcaire; on peut considérer ce fait assez général comme montrant que la lutte pour l'existence déterminait des aires spéciales à certaines espèces, plus nettement peut-être qu'à l'époque carbonifère.

Les Gymnospermes (Conifères et Cycadacées) et les Fougères sont les groupes qui sont représentés par le plus grand nombre d'empreintes. Les Équisétacées, les Lépidodendrées, les Sigillariées, les Lycopodiées, les Algues sont également des groupes dont on rencontre de nombreux fossiles. On a aussi observé quelques Champignons parasites des Gymnospermes. Aucune empreinte n'a pu être rapportée ni aux Angiospermes dicotylédones, ni à l'embranchement entier des Muscinées.

Parmi les Conifères, on remarque les Voltzies du Trias, les Taxées du Jurassique (Baière), les Pachyphylles et les Czékanowskies du même terrain, ainsi que les fossiles du Gault et du Néocomien (Araucarie, Pin, etc.), dont les formes se rapprochent davantage de celles qui vivent actuellement. Parmi les Cycadacées, ce sont surtout les Ptérophylles, puis les Podozamite, Zamite, Otozamite, Zamiostrobe.

Un fait des plus remarquables, au point de vue de la distribution des Gymnospermes à cette époque, c'est la présence dans les dépôts arctiques néocomiens de vestiges qui rappellent les formes de la flore californienne actuelle (Séquoier, Torreyer), associés à des Ptérophylles analogues à ceux du Trias; c'est aussi la présence dans le Crétacé inférieur (Wealdien) du genre Ginkgo associé à des Cycadacées.

Les Fougères les plus nombreuses sont les Dicksonie et Thyrsoptéride parmi les Cyathéacées, les Laccoptéride et Dictyophylle dans les groupes voisins des Polypodiacées nues actuelles, les Asplénite, Doradille et Adiantite dans les Polypodiacées indusiées, enfin les Danée et Marattie parmi les Marattiacées, ainsi que le groupe spécial des Gleichéniacées; il faut y joindre un grand nombre des genres de Fougères herbacées, dont les empreintes ont été reconnues aussi dans le Carbonifère ou le Permien (Sphénoptéride, Clathroptéride, etc.). Quelques genres enfin ont été rapportés aux Marsiliacées (Sagénoptéride).

Les Algues fossiles connues, correspondant à ces époques, sont des formes beaucoup plus variées que celles dont les empreintes bien réellement végétales ont été trouvées dans les terrains primaires. Les Characées (Charagne) sont représentées dès le Trias; on en connaît aussi dans l'Oolithe, l'Oxfordien et le Wealdien. Les Chondrite, Codite, Laminarite, Ilière, sont des empreintes rapprochées des Algues les plus diverses. De nombreux fossiles pris longtemps pour des animaux, mais se rapportant à des Algues imprégnées de calcaire de la famille des Siphonées, voisines des Acétabulaires, etc., ont été observés dans ces dépôts secondaires.

Période du Crétacé, depuis le Cénomanien jusqu'au Tertiaire. — C'est à l'époque cénomanienne que l'on rapporte les empreintes végétales de l'Arkansas, parmi lesquelles s'observent les Dicotylédones. Le Groënland, l'Amérique du Nord, le Harz, la Bohême, la Provence, la Suède méridionale fournissent des dépôts du Crétacé supérieur où la majorité des espèces observées sont des Angiospermes.

Mais les diverses localités connues, correspondant à des époques jusqu'à un certain point synchroniques, sont loin d'avoir les mêmes flores. Tandis qu'en Provence, les Angiospermes (Magnolier, etc.) sont peu abondantes et les Gymnospermes (Araucarie, Cyparisside, etc.), ainsi que les Fougères (Lomatoptéride, etc.), semblent dominer, on observe au contraire, en Bohême, un grand développement des Dicotylédones : ce sont des Légumineuses, des Araliacées (Aralie, Lierre), des Myricacées (Comptonie) et des types végétaux spéciaux (Crednérie) qu'on retrouve aussi au Groënland. Dans cette dernière région, on rencontre à la fois, au même endroit, des formes végétales très différentes, comme actuellement en certaines zones de l'Himalaya. Ce sont des Bananiers et des Bambous, mêlés à des Peupliers, des Ginkgos et des Séquoiers. Dans l'Amérique du Nord, les Dicotylédones sont aussi dominantes et les genres rappellent ceux de la Bohême (Lierre, Aralie), mais ce sont d'autres espèces. On y observe un grand développement des Lauracées, des Platanacées et des Castanéacées (Chêne primordial, Hêtre polyclade, etc.), ainsi que certains genres particuliers (Aspidiophylle).

Il faut encore signaler, pendant cette période, la présence de vrais Palmiers (Flabellaire, etc.).

Les Cryptogames vasculaires de cette époque sont peu connues et les empreintes d'Algues ne sont pas très nombreuses.

Période de l'Éocène inférieur. — On ne connaît qu'un nombre assez restreint de localités correspondant à la base des terrains tertiaires et où se rencontrent d'abondantes empreintes végétales. Ce sont surtout, en Europe, les environs de Liège, de Reims et de Soissons, en Amérique, la partie inférieure des formations éocènes du Dakota.

On a observé dans ces diverses régions de nombreux fossiles, dont beaucoup de genres d'Angiospermes sont les mêmes que plusieurs de ceux observés dans le Crétacé supérieur. En Europe, si l'on cherche à juger du climat de cette époque géologique par l'étude des vestiges végétaux observés et par leur comparaison avec les plantes actuelles, on trouve que la flore de ces localités se rapproche de celle de la région méditerranéenne ou de la végétation que présentent certaines parties de l'Asie centrale. Ainsi, en même temps que certains Châtaigniers à feuilles persistantes voisins des Castanopses (Dryophylle), en même temps que des Noyers, des Chênes, des Viornes, on rencontre de nombreuses Lauracées (Persée, Laurier, Sassafras), et, d'autre part, des Araliacées (Lierre, Aralie), des Artocarpées et des Tiliées.

Comme pour le Crétacé supérieur, on peut signaler la présence de Palmiers et de Bambous en certains points de cette flore. Des Fougères herbacées (Osmonde, Alsophile) ont été aussi trouvées, parmi les autres fossiles, et l'on peut signaler pour la première fois avec certitude des Mousses fossiles.

En somme, si l'on généralisait des observations paléobotaniques faites dans ces diverses localités très restreintes de la base des terrains tertiaires, on pourrait conclure que la distribution des plantes à cette époque ne devait pas différer sensiblement de la distribution actuelle.

Période de l'Éocène moyen et supérieur. — Au contraire, vers le milieu de l'époque éocène, le climat des régions actuellement tempérées de l'ancien continent serait redevenu plus chaud, si l'on en juge par les fossiles observés. La flore de l'Europe d'alors rappelle, par ses principales formes, celle de l'Afrique ou des Indes.

Parmi les Dicotylédones, on peut citer les Sapindacées, Buttnériées, Coffées, Apocynacées, Loranthacées, Protéacées, abondantes alors en espèces sous les latitudes actuellement occupées par la flore forestière du Nord; à ces plantes sont mêlées des Légumineuses, Araliacées, Rhamnacées, Myricacées, Lauracées, etc.

Parmi les Monocotylédones, les Palmiers et les Pandanacées fournissent de nombreux fossiles. On trouve les Flabellaires (déjà cités dans le Crétacé) aux environs de Paris et en Provence, les Sabals au centre de la France, les Phénices dans le Velay, des fruits de Nipe (analogues à ceux du Cocotier) aux environs de Londres, ainsi que beaucoup d'empreintes rapportées à des genres différents (Arec, Chamérope, Eléide, etc.) et d'autres Monocotylédones (Scitaminées, Agave, Dragonnier, Ottélie, etc). Les Gymnospermes ont aussi des formes variées; on peut signaler les genres Séquoier, Taxode, qui ont encore des espèces vivantes.

Parmi les Algues, il faut citer les Charagne, Chondre, Dactylospore, Ovulite, etc.

On rapporte à cette époque, avec plus ou moins de doute, les gisements du Groënland, du Canada septentrional et du Spitzberg, où se trouvent de nombreux végétaux fossiles. Dans cette flore septentrionale, on ne rencontre aucun Palmier, ni aucune des formes très méridionales observées en Europe. On peut même jusqu'à un certain point reconnaître, dans la flore arctique de cette époque, une distribution inégale des espèces avec la latitude. Sur les points les plus septentrionaux, on trouve les vestiges des Peupliers, Bouleaux, Taxode distique (Cyprès chauve), Sapin argenté, Nénuphar arctique, etc., tandis que, plus au sud, les Castanéacées et les Gymnospermes sont mêlées à quelques rares Lauracées et à des formes plus méridionales.

Période du Miocène. — On a sur la flore miocène, surtout en Europe, des renseignements plus nombreux encore que sur les flores de l'époque éocène.

Les plantes aquatiques y sont observées plus fréquemment et, d'une manière générale, l'examen des fossiles végétaux semble indiquer en Europe un climat plus humide qu'à l'époque de l'Éocène moyen et supérieur. La plupart des genres et même souvent des espèces, qui formaient sans doute une région forestière dans les terres arctiques, se trouvent dans le Miocène beaucoup plus au sud et, en certaines contrées, se mêlent à quelques formes très méridionales (Palmiers, Fougères arborescentes, Sapindacées), devenues cependant beaucoup moins fréquentes en Europe.

Vers la fin de l'époque miocène, il semble que toute l'Europe, sauf l'extrême Nord, ait eu un climat assez égal. Avec les formes que nous avons déjà citées, on rencontre un très grand nombre d'espèces appartenant à des genres qui vivent actuellement sous les mêmes latitudes (Chêne, Érable, Micocoulier, Orme, Châtaignier, Clématite, Massette, Iride, etc.).

Période du Pliocène. — Il semble résulter de l'étude des fossiles végétaux connus que, pendant l'époque pliocène, la flore de l'Europe ne s'est pas très sensiblement modifiée. On ne retrouve plus les formes les plus méridionales. C'est ainsi que, parmi les Palmiers, on n'observe que le Chamérope nain près de Marseille, quoique certaines formes tropicales soient encore conservées, comme les Bambous (Bambou lyonnais, etc.); mais on a vu plus haut que cette forme peut coexister avec le climat tempéré dans les Andes et dans la flore forestière australe. La plupart des arbres qui semblent dominants à cette époque appartiennent à des genres actuels (Chêne, Hêtre, Mélèze, Peuplier, Érable, etc.), et les espèces fossiles sont souvent les mêmes que celles qui vivent actuellement en Algérie, dans la flore chino-japonaise ou dans l'Amérique du Nord. Quelques-unes sont des plantes croissant encore aujourd'hui à la même place (Érable opulifolié, etc.).

Les recherches faites dans les dépôts pliocènes du Japon ont donné des résultats analogues à ceux déjà connus en

Europe. Il s'y trouve une flore dont les genres rappellent ceux de la flore actuelle du même pays et dont les espèces sont quelquefois les mêmes (Érable mono, Zelcove de Kéaki) ou existent encore dans l'Amérique du Nord (Hêtre ferrugineux).

Période du Quaternaire. — Les tufs calcaires de l'époque quaternaire permettent d'étudier les fossiles végétaux qui ont été déposés à peu près synchroniquement en des contrées très diverses (Moret aux environs de Paris, Montpellier, Canstadt près Stuttgart, Toscane, Tlemcen, Sahara, etc.). D'autre part, les argiles glaciaires, déposées dans les contrées basses à l'époque de l'extension des glaciers, fournissent aussi un certain nombre d'empreintes végétales reconnaissables.

Les végétaux des tufs calcaires montrent qu'à Moret, comme à Tlemcen et à Stuttgart, vivaient le Saule cendré, le Figuier de Carie, le Laurier noble, etc. Toute la région septentrionale de l'Afrique semble avoir eu alors, comme une grande partie de la France, un climat analogue à celui qu'offre aujourd'hui la côte méridionale de Bretagne.

A une époque peu différente, et peut-être même en partie à la même époque, on observe, dans des contrées toutes voisines, des plantes aujourd'hui confinées dans la flore arctique ou sur le sommet des montagnes élevées. C'est ainsi que, dans les dépôts glaciaires des plaines, soit près des Alpes, soit au sud de la presqu'île scandinave, on trouve à l'état fossile les plantes de la région alpine supérieure (Saule réticulé, Dryade octopétale, etc.), ou, en d'autres points, des plantes aujourd'hui reléguées au nord de la flore forestière (Bouleau odorant, Bouleau nain, etc.). L'étude des anciennes tourbières, soit dans les Alpes, soit en Norvège, a révélé des changements encore très remarquables dans la distribution des espèces à la fin même de l'époque quaternaire.

L'étude de ces fossiles, qui appartiennent tous à des plantes actuellement vivantes, montre donc que, même à une époque aussi récente, les plus grandes variations se sont produites dans la distribution générale des végétaux à la surface du globe. On peut comprendre, par cet exemple, combien les documents paléobotaniques fournis par les fossiles des époques antérieures sont insuffisants pour permettre d'établir avec quelque certitude soit le mode de distribution des flores à une époque donnée, soit l'enchaînement des flores qui ont successivement formé le tapis végétal de la Terre.

TABLE ALPHABÉTIQUE

DES

GENRES, TRIBUS, FAMILLES, ORDRES, CLASSES & EMBRANCHEMENTS

Les noms français des genres sont en romain, les noms latins en *italique*. Les noms des tribus sont en romain, ceux des familles sont en **égyptienne large**, ceux des alliances en PETITES CAPITALES, ceux des ordres et sous-ordres en **égyptienne allongée**, ceux des classes et sous-classes en PETITES CAPITALES, ceux des embranchements et sous-embranchements en ANTIQUES. En regard des familles, alliances, ordres, sous-ordres, classes, sous-classes et embranchements, le chiffre **gras** indique la page où commence l'étude spéciale du groupe.

B

D

E

F

G

I

M

S

T

U

V

W

X

Coulommiers. — Imp. PAUL BRODARD. — 884-97.

OUVRAGES

DE MM.

Ch. VACQUANT	A. MACÉ DE LÉPINAY
Ancien professeur au lycée Saint-Louis, Inspecteur général de l'Instruction publique.	Ancien élève de l'École normale, Professeur de mathématiques spéciales au lycée Henri IV.

Cours de Géométrie élémentaire à l'usage des élèves de *Mathématiques élémentaires* avec des compléments destinés aux candidats à l'École normale et à l'École polytechnique. 5e édition. 1 volume in-8, broché . . . . . **8 fr.** »

Éléments de Géométrie à l'usage des élèves de l'*Enseignement secondaire moderne.* 7e édition. 1 volume in-16, cartonné toile anglaise. . . . . **4 fr. 50**

On vend séparément :

1re partie : Classes de 4e et de 3e. 1 volume, cartonné toile anglaise. . . . . **2 fr. 50**

2e partie : Classes de 2e et 1re. 1 volume, cartonné toile anglaise. . . . . **2 fr. 50**

Géométrie élémentaire à l'usage des *Classes de Lettres,* nouvelle édition. 1 vol. in-16, cart. toile anglaise. . . **3 fr.** »

On vend séparément :

1re partie : *Géométrie plane.* 8e édition. 1 volume, cartonné toile anglaise. . . . . **1 fr. 75**

2e partie : *Géométrie dans l'espace.* 8e édition. 1 volume, cartonné toile anglaise. . . . . **1 fr. 50**

Cours de Trigonométrie à l'usage des élèves de Mathématiques élémentaires et des candidats aux écoles du gouvernement. Nouvelle édition. 1 volume in-8, broché. **5 fr.** »

On vend séparément :

1re partie, à l'usage des élèves de Mathématiques élémentaires et des candidats aux écoles du gouvernement. 1 vol. **3 fr.** »

2e partie, à l'usage des élèves de Mathématiques spéciales **2 fr. 50**

Éléments de Trigonométrie à l'usage des élèves de l'Enseignement secondaire moderne (classe de seconde moderne et de première sciences). 1 volume in-16, cartonné toile anglaise. . . . . **2 fr. 80**

Précis de Trigonométrie par M. Ch. Vacquant. 8e édition. 1 volume in-16, cartonné toile anglaise. . . . . . . **1 fr. 30**

BERT (Paul), membre de l'Institut, et BLANCHARD (Raphaël), professeur agrégé à la Faculté de médecine de Paris.

Éléments de Zoologie. 1 volume petit in-8, avec 613 figures. . . . . 7 fr.

BURAT, professeur au lycée Louis-le-Grand.

Précis de Mécanique. 8e édition. 1 vol. in-18, avec 259 figures, cartonné toile . . . . 3 fr.

CARLET (Dr) et PERRIER (R.), chargé de cours à la Faculté des Sciences de Paris.

Précis de Zoologie du Dr CARLET. *Quatrième édition* entièrement refondue par R. PERRIER, 1 vol. in-8 avec 740 figures dans le texte. . . . . 9 fr.

CAZO, docteur ès sciences.

Questions de Physique, à l'usage des candidats au baccalauréat et à l'École spéciale militaire de Saint-Cyr. Enoncés et solutions. 3e édition. 1 vol. in-18. . . 2 fr.

DAMIEN (B.-C.), professeur à la Faculté de Lille et PAILLOT (R.), chef des travaux pratiques à la Faculté de Lille.

Traité de Manipulations de Physique. 1 vol. in-8, avec 246 figures dans le texte . . . . 7 fr.

DUCATEL, professeur agrégé de Mathématiques au lycée Condorcet.

Leçons d'Arithmétique à l'usage des classes élémentaires des lycées et collèges de garçons et de jeunes filles et de l'Enseignement primaire. 1 vol. in-18, avec des questionnaires, de nombreux exercices et les réponses aux exercices, cartonné toile. . . . . 2 fr. 50

KNOLL, préparateur au lycée Louis-le-Grand.

Guide pour les Manipulations chimiques à l'usage des élèves de mathématiques élémentaires et des candidats aux baccalauréats. 1 vol. in-12, avec figures. . . 1 fr.

LAPPARENT (A. de), professeur à l'Institut catholique.

Abrégé de Géologie. 3e édition, entièrement refondue. 1 volume in-18, avec 134 gravures et 1 carte géologique de la France chromolithographiée, cart. toile. . . 3 fr.

MARAGE, professeur à l'École Sainte-Geneviève.

Mémento d'Histoire naturelle. 1 volume in-12, avec 102 figures. . . . . 2 fr.

MAUDUIT, ancien professeur au lycée Saint-Louis.

Précis d'Algèbre. 9e édition. 1 vol. in-18, cart. 1 fr. 60

Précis d'Arithmétique. 7e édition. 1 vol. in-18, cartonné toile . . . . 1 fr. 40

MILNE-EDWARDS (Alph.), membre de l'Institut.

Précis d'Histoire naturelle (zoologie, botanique, géologie). 22ᵉ édition. 1 vol. in-18, avec 411 figures, cart. toile. . . . . 3 fr.

Histoire naturelle des animaux :

ZOOLOGIE MÉTHODIQUE ET DESCRIPTIVE. 3ᵉ édition. 1 vol. in-18, avec 487 figures dans le texte, cart. toile. 3 fr.

ANATOMIE ET PHYSIOLOGIE ANIMALES. 3ᵉ édition. 1 vol. in-18, avec 241 figures dans le texte, cartonné toile. . . 3 fr.

ŒCHSNER de CONINCK, professeur à la Faculté des Sciences de Montpellier.

Éléments de Chimie organique et de Chimie biologique, 1 vol. in-16. . . . . 2 fr.

PROUST, professeur à la Faculté de médecine de Paris.

Douze conférences d'Hygiène, rédigées conformément au plan d'études du 12 août 1890. Nouvelle édition. 1 vol. in-18, cartonné toile. . . . . 2 fr. 50

ROUBAUDI, professeur de mathématiques au lycée Buffon et de géométrie descriptive au lycée Carnot.

Cours de Géométrie descriptive, 1 vol. in-8, avec 215 figures et une épure hors texte. . . . . 4 fr.

VAN TIEGHEM (Ph.), membre de l'Institut, professeur de botanique au Muséum.

Éléments de Botanique. 2ᵉ édition. 2 volumes in-18 jésus, avec 550 gravures dans le texte. . . . 10 fr.

VÉLAIN (Ch.), chargé de cours à la Faculté des sciences de Paris.

Cours élémentaire de Géologie stratigraphique. 4ᵉ édition, entièrement refondue. 1 volume in-18, avec 435 gravures dans le texte et 1 carte géologique de la France, imprimée en couleurs . . . . 4 fr. 50

WURTZ, membre de l'Institut, professeur à la Faculté des sciences de Paris.

Leçons élémentaires de Chimie moderne. 7ᵉ édit. 1 vol. in-18, avec 133 figures. . . . . 9 fr.

Enseignement secondaire des jeunes filles
Enseignement primaire supérieur

VOLUMES IN-16, CARTONNÉS TOILE VERTE

Géographie

OUVRAGES DE M. MARCEL DUBOIS

Notions élémentaires de géographie générale. Nouvelle édition, publiée en collaboration avec M. PARMENTIER, professeur au collège Chaptal, et M. BERNARD, agrégé d'histoire et de géographie . . . . 2 fr. 25

éographie de l'Europe. Nouvelle édition, publiée avec la collaboration de M. Paul DURANDIN, agrégé d'histoire et de géographie, avec cartes et croquis. . . . . 2 fr. 25

Géographie de la France. Nouvelle édition, publiée avec la collaboration de M. BENOIT, agrégé d'histoire et de géographie, avec cartes et croquis. 2 fr. 25

Précis de géographie économique des cinq parties du monde . . . . 6 fr.

Histoire

OUVRAGES DE M. CORRÉARD

Histoire nationale et Notions sommaires d'histoire générale, *des origines gauloises au milieu du quinzième siècle.*

Histoire nationale et Notions sommaires d'histoire générale, *du milieu du quinzième siècle à la mort de Louis XIV.*

Histoire nationale et Notions sommaires d'histoire générale, *de la mort de Louis XIV à* 1875.

Chaque volume. **2 fr. 50**

OUVRAGES DE M. CH. SEIGNOBOS

Histoire de la civilisation. — *Histoire ancienne de l'Orient.* — *Histoire des Grecs.* — *Histoire des Romains.* — *Le Moyen âge jusqu'à Charlemagne.* 3e édition, avec 105 figures . . . 3 fr. 50

Histoire de la civilisation. — *Moyen âge depuis Charlemagne.* — *Renaissance et temps modernes.* — *Période contemporaine.* 3e édition, avec 72 figures. . . . . 5 »

Troisième Partie :

Géographie générale,
Asie, Océanie, Afrique, Amérique

DEUXIÈME ÉDITION

50 feuilles (250 cartes et cartons), reliées en un volume in-4, 2 fr. 50

1 et 2. Le globe terrestre. — 3. Les mers. — 4. Les continents. — 5. Le relief terrestre. — 6. Les eaux douces (fleuves, lacs). — 7. Les côtes. — 8 et 9. L'atmosphère. — 10. Principales productions du sol. — 11. Ethnographie. — 12. Asie *physique*. — 13. Asie politique. — 14. Sibérie, Turkestan. — 15. Iran, Arménie, pays du Caucase. — 16. Asie Mineure. — 17. Mésopotamie, Syrie, Arabie. — 18. Inde physique. — 19. Inde politique et économique. — 20. Asie centrale. — 21. Chine. — 22. Indo-Chine. — 23. Japon et Corée. — 24. Océanie (carte générale), Nouvelle-Zélande et Nouvelle-Guinée. — 25. Australie. — 26. Indes Néerlandaises, Philippines. — 27. Polynésie détaillée. — 28 à 37. Afrique. — 38. Amérique physique. — 39. Canada (carton Amérique du Nord politique). — 40. Etats-Unis (physique). — 41. Etats-Unis (politique et économique). — Mexique et Amérique centrale (physique). — 43. Mexique et Amérique centrale (politique). — 44. Les Antilles. — 45. Amérique du Sud politique. — 46. Colombie, Venezuela, Guyanes. — 47. Equateur, Pérou, Bolivie. — 48. Brésil. — 49. Etats-Unis de la Plata. — 50. Grandes voies de communication du globe.

Les 3 atlas sont en outre vendus reliés en un seul volume. *Prix*. . . . . **6 fr.**

Nouvelles Cartes d'Étude

à l'usage des CLASSES ÉLÉMENTAIRES

LES CINQ PARTIES DU MONDE. — LA FRANCE

Par MM. Marcel DUBOIS et E. SIEURIN

26 cartes avec texte explicatif en regard

Reliés en un volume in-4°. . . . . 2 fr. 60

En écrivant cet ouvrage, les auteurs n'ont jamais oublié qu'ils s'adressaient à de jeunes enfants. Ils ont réduit la nomenclature au strict nécessaire, aux noms absolument indispensables; néanmoins aucune chose essentielle n'a été oubliée. Le texte a été rigoureusement placé en regard de la carte; il ne renferme aucun nom géographique qui ne se rencontre sur le croquis correspondant. Enfin, les cartes, peu chargées de noms et souvent en deux teintes, sont d'une lecture facile et d'une reproduction commode.

ENSEIGNEMENT SECONDAIRE

(CLASSIQUE ET MODERNE)

COURS COMPLET DE GÉOGRAPHIE

PUBLIÉ SOUS LA DIRECTION DE

M. MARCEL DUBOIS

Professeur de Géographie coloniale à la Faculté des lettres de Paris et maître de conférences à l'École normale de jeunes filles de Sèvres.

DIVISION DU COURS

Géographie élémentaire des cinq parties du monde, avec 90 figures, cartes et croquis, avec la collaboration de M. Thalamas, professeur au lycée de Saint-Quentin (*Huitième classique*). . 2 fr.

Géographie élémentaire de la France et de ses colonies. — *Cours élémentaire*, avec 59 figures, cartes et croquis, avec la collaboration de M. Thalamas, professeur au lycée de Saint-Quentin (*Septième classique*) . . . . 2 fr.

Géographie générale du monde. — Géographie du bassin de la Méditerranée, avec 71 figures, cartes et croquis, avec la collaboration de M. A. Parmentier, professeur au collège Chaptal (*Sixième classique*). . . . . 2 fr.

Géographie de la France et de ses Colonies. — *Cours moyen*, avec 112 figures, cartes et croquis (*Cinquième classique et sixième moderne*). . . . . 3 fr.

Géographie générale. — Étude du continent américain, avec 59 cartes et croquis, avec la collaboration de M. Aug. Bernard, professeur agrégé d'histoire et de géographie (*Quatrième classique et Cinquième moderne*). . . . . 3 fr.

Afrique — Asie — Océanie, avec 20 cartes et croquis, avec la collaboration de M. C. Martin, professeur agrégé d'histoire et de géographie, et M. H. Schirmer, chargé de cours à la Faculté des lettres de Lyon (*Troisième classique et Quatrième moderne*). 2e édition revue et corrigée. . . . . 3 fr. 50

Europe, avec la collaboration de MM. Durandin et Malet, professeurs agrégés d'histoire et de géographie (*Seconde classique et Troisième moderne*), 2e édition revue et corrigée. . . . . 5 fr.

Géographie de la France et de ses Colonies. — *Cours supérieur*, avec la collaboration de M. F. Benoît, agrégé d'histoire et de géographie, 209 figures, cartes et croquis, 2e édition (*Rhétorique et Seconde moderne*). . . . . 6 fr.

ENSEIGNEMENT SECONDAIRE CLASSIQUE ET MODERNE

Nouveau Cours d'Histoire

PAR F. CORRÉARD

Professeur d'histoire au lycée Charlemagne.

4 VOLUMES IN-16, CARTONNÉS TOILE

TROISIÈME CLASSIQUE ET QUATRIÈME MODERNE

Histoire de l'Europe et de la France depuis 395 jusqu'en 1270. 4e édition. . . . . 2 fr. 50

SECONDE CLASSIQUE ET TROISIÈME MODERNE

Histoire de l'Europe et de la France depuis 1270 jusqu'en 1610. 2e édition. . . . . 3 fr. 50

RHÉTORIQUE CLASSIQUE ET SECONDE MODERNE

Histoire de l'Europe et de la France depuis 1610 jusqu'en 1789. 2e édition. . . . . 3 fr. 50

PHILOSOPHIE CLASSIQUE ET PREMIÈRE MODERNE

Histoire de l'Europe et de la France depuis 1789 jusqu'en 1889. 2e édition . . . . 6 fr.

Histoire de la Civilisation

PAR CH. SEIGNOBOS

Docteur ès lettres, Maître de conférences à la Faculté des lettres de Paris.

3 VOLUMES IN-16, AVEC FIGURES

Histoire de la civilisation ancienne (Orient, Grèce, Rome). 3 fr.

Histoire de la civilisation au moyen âge et dans les temps modernes.. . . . . 3 fr.

Histoire de la civilisation contemporaine.. . . . 3 fr.

Leçons de Littérature Grecque

Par M. CROISET, professeur à la Faculté des lettres de Paris.

4e édition. 1 volume in-16, cart. toile. . . . . 2 fr.

Leçons de Littérature Latine

Par MM. LALLIER, maître de conférences, et LANTOINE, secrétaire de la Faculté des lettres de Paris.

3e édition. 1 vol. in-18, cartonné. . . . . . 2 fr.

PREMIÈRES LEÇONS D'HISTOIRE LITTÉRAIRE

Littérature grecque, littérature latine, littérature française, par MM. CROISET, LALLIER et PETIT DE JULLEVILLE.

4e édition, 1 vol. in-16, cartonné toile . . . 2 fr.

ENSEIGNEMENT SECONDAIRE DES JEUNES FILLES

Morceaux Choisis

A L'USAGE

des Classes Préparatoires

Publiés par Mesdames **CHAPELOT**, **BOUCHEZ** et **HOCDÉ**, Professeurs au lycée Fénelon.

Parmi les livres de morceaux choisis qui existent, il n'en est aucun qui s'adresse particulièrement aux jeunes filles ; il a semblé aux auteurs de ce recueil qu'il était utile de combler cette lacune et elles ont réuni en trois volumes les extraits des auteurs classiques et modernes qu'elles font apprendre à leurs élèves depuis plusieurs années.

La difficulté des morceaux est graduée d'après l'âge des élèves. Le *premier degré et le deuxième degré* s'adressent aux fillettes de 6 à 9 ans : les auteurs n'y ont pas ajouté de notes, sachant, par expérience, que pour de si jeunes enfants aucune explication écrite ne peut remplacer la parole du professeur. Le *troisième degré,* qui est destiné aux élèves de 9 à 11 ans, contient quelques notes explicatives. Le *quatrième degré*, plus complet sous ce rapport, sera pour les enfants de 11 à 13 ans une préparation aux études littéraires : les extraits de chaque auteur y sont précédés d'une courte biographie, et les fragments des œuvres dramatiques sont accompagnés d'une analyse sommaire de la pièce.

Ainsi ordonnée, cette publication est appelée, nous l'espérons, à amener les toutes jeunes filles, par une pente insensible, à l'intelligence des chefs-d'œuvre de notre littérature.

Les morceaux choisis comprennent 3 volumes in-18 cartonnés toile.

Chacun des 2 premiers volumes est vendu 1 fr. 50;
le troisième est vendu 2 fr. 50.

COLLECTION LANTOINE

Livres de Lectures et d'Analyses

Classiques Grecs et Latins

CHOIX ET EXTRAITS

Traduits et publiés par une réunion de professeurs, sous la direction de M. **H. LANTOINE**, secrétaire de la Faculté des lettres de Paris.

Cette collection a été créée en vue de l'*Enseignement moderne et de celui des Jeunes filles*, qui, sans étudier les langues mortes, doivent être cependant à même de lire et d'analyser les chefs-d'œuvre de l'antiquité.

Confiées à des professeurs distingués, qui ont apporté au choix de ces extraits le soin le plus minutieux, qui ont soigneusement revu, quand ils ne les ont pas faites eux-mêmes, les traductions des auteurs publiés, ces éditions sont en outre accompagnées de notices historiques et littéraires qui en rendent la lecture facile et fructueuse.

Chaque volume est précédé d'une *Notice biographique et bibliographique*, de *commentaires*, et suivi d'un *Index* quand il a paru nécessaire à la lecture du texte.

Voici le détail des **Auteurs publiés**, avec le nom des collaborateurs qui ont bien voulu nous prêter leur concours :

Homère. *Odyssée* (Analyse et Extraits), par M. ALLÈGRE, professeur à la Faculté des lettres de Lyon. (6e Moderne.)

Plutarque. *Vies des Grecs illustres* (Choix), par M. LEMERCIER, maître de conférences à la Faculté des lettres de Caen. (6e Moderne.)

Hérodote (Extraits), par M. CORRÉARD, professeur au lycée Charlemagne. (6e Moderne.)

Homère. *Iliade* (Analyse et Extraits), par M. ALLÈGRE. (5e Moderne.)

Plutarque. *Vies des Romains illustres* (Choix), par M. LEMERCIER. (5e moderne.)

Tite-Live (Extraits), par M. H. LANTOINE, secrétaire de la Faculté des lettres de Paris. (5e moderne.)

Virgile (Analyse et Extraits), par M. H. LANTOINE. (5e Moderne.)

Xénophon (Analyse et extraits), par M. VICTOR GLACHANT, professeur au lycée Buffon. (4e Moderne.)

Salluste, par M. H. LANTOINE. (4e Moderne.)

Eschyle, Sophocle, Euripide (Choix), par M. PUECH, maître de conférences à la Faculté des lettres de Paris. (3e Moderne.)

Plaute, Térence (Extraits choisis), par M. AUDOLLENT, maître de conférences à la Faculté des lettres de Clermont. (3e Moderne.)

César, par M. H. LANTOINE. (3e Moderne.)

Eschyle, Sophocle, Euripide (Pièces choisies), par M. PUECH, maître de conférences à la Faculté des lettres de Paris. (2e Moderne.)

Aristophane, pièces choisies par M. FERTÉ, professeur au lycée Charlemagne. (2e Moderne.)

Sénèque. Extraits par M. LEGRAND, professeur au lycée Buffon. (2e Moderne.)

Cicéron. Traités. Discours. Lettres, par M. H. LANTOINE. (2e Moderne.)

Tacite. Extraits, par M. H. LANTOINE. (2e Moderne.)

Chaque volume est vendu cartonné toile anglaise 2 fr.

Ouvrages de M. PETIT DE JULLEVILLE

Professeur à la Faculté des lettres de Paris.

HISTOIRE DE LA *Littérature française*

Depuis les origines jusqu'à nos jours

10e édition avec un index des ouvrages et des auteurs cités. 1 volume in-16. Broché. . 3 fr. 50, cart. toile. . 4 fr.

Cet ouvrage est la *dixième édition* soigneusement revue des LEÇONS DE LITTÉRATURE. On peut se procurer séparément.

DES ORIGINES A CORNEILLE. 1 vol. in-16, cart. toile. . . . . 2 fr.
DE CORNEILLE A NOS JOURS. 1 vol. in-16, cart. toile. . . . . 2 fr.

MORCEAUX CHOISIS *des auteurs français* *poètes et prosateurs.*

1 vol. in-16, cart. toile. . . . . 5 fr.

Ce recueil renferme environ 400 extraits des principaux écrivains depuis le onzième siècle jusqu'à nos jours, avec de courtes notices d'histoire littéraire. Nous avons, pour nous conformer aux besoins des programmes, divisé ce livre en trois volumes qui sont vendus séparément.

I. MOYEN AGE ET XVIe SIÈCLE. — II. XVIIe SIÈCLE. — III. XVIIIe ET XIXe SIÈCLES.
Chaque volume, cart. toile verte, est vendu séparément . . . . 2 fr.

E. BAUER ET DE SAINT-ÉTIENNE

Professeurs à l'École alsacienne.

Premières Lectures littéraires. 4e *édition revue et corrigée.* 1 vol. in-16, cartonné toile. . . . 1 fr. 50

Ouvrage couronné par la Société pour l'Instruction élémentaire : lectures intéressantes, simples et familières, qui plaisent aux enfants et forment leur goût.

Des mêmes Auteurs

avec une Préface

Par M. PETIT DE JULLEVILLE.

Nouvelles Lectures littéraires, avec notes et notices. 2e édit., 1 vol. in-16, cartonné toile. 2 fr. 50

Cet ouvrage, suite naturelle du précédent, est divisé en sept chapitres : *Contes et Légendes; Fables; Anecdotes et Récits; Études morales; Portraits et Caractères; Scènes et Tableaux de la nature.* Il comprend 200 morceaux, prose et poésie, empruntés aux meilleurs auteurs, et renferme la matière de deux années d'études.

BRUNOT, maître de conférences à la Faculté des lettres de Paris.
Précis de Grammaire historique de la langue française, avec une introduction sur les origines et le développement de cette langue. *Ouvrage couronné par l'Académie française.* 3e édition. 1 vol. in-18, cart. toile verte . . . . 6 fr.

CAUSSADE (De), conservateur à la Bibliothèque Mazarine, membre des commissions d'examens de l'Hôtel de Ville.
Notions de Rhétorique et étude des genres littéraires, 6e édit. 1 vol. in-18, toile anglaise. . . . . 2 fr. 50
Littérature grecque, 6e édition. 1 volume in-18, toile anglaise . . . . 3 fr.
Littérature latine, 4e édition. 1 vol. in-18, toile anglaise. 6 fr.

GRÉARD, de l'Institut, vice-recteur de l'Académie de Paris.
Précis de littérature. 5e édition. 1 vol. in-18, cartonné 1 fr. 60

GUADALUPE (I.), professeur d'espagnol au collège Rollin et aux cours de la Ville, professeur examinateur à l'École de commerce.
Éléments de Grammaire espagnole, 1 volume in-16, cartonné toile . . . . 3 fr.

LE GOFFIC (Charles) et **THIEULIN (Édouard)**, professeurs agrégés de l'Université.
Nouveau traité de versification française, à l'usage des classes de l'enseignement classique et de l'enseignement spécial des lycées et des collèges, des écoles normales, du brevet supérieur et des classes de l'enseignement secondaire des jeunes filles. 2e édition. 1 vol. in-16, cartonné toile . . . . . 1 fr. 50

LIARD, directeur de l'enseignement supérieur au Ministère de l'Instruction publique.
Logique (cours de philosophie). 3e édition. 1 vol. in-18, cartonné toile. . . . . 2 fr.

MORILLOT (Paul), professeur à la Faculté de Grenoble.
Le Roman en France depuis 1610 jusqu'à nos jours. *Lectures et Esquisses.* 1 vol. in-16. . . . . 5 fr.

Lectures Historiques Allemandes

TIRÉES DES MEILLEURS ÉCRIVAINS

Par Paul DURANDIN

Agrégé de l'Université, Examinateur au Collège Stanislas.

Programmes des classes de St-Cyr, de Rhétorique et de Philosophie.

1 volume in-16, cartonné toile. . . . . 4 fr. 50

Ce qui a le plus nui jusqu'ici aux langues vivantes, c'est que rien ne les relie au reste des études. L'auteur a eu l'intention d'en faire un élément actif de l'instruction du lycéen, de la relier à l'étude de l'histoire et de la géographie, d'en doubler du même coup l'intérêt, la facilité et l'utilité, d'en faire un enseignement vivant, portant sur des idées et des faits que les élèves étudient volontiers et qu'ils ont intérêt à bien connaître pour leurs examens.

36902. — Imprimerie LAHURE, rue de Fleurus, 9, à Paris.

www.ingramcontent.com/pod-product-compliance
Ingram Content Group UK Ltd.
Pitfield, Milton Keynes, MK11 3LW, UK
UKHW022318190726
13856UKWH00001B/73